国家科技重大专项
大型油气田及煤层气开发成果丛书
（2008—2020）

卷 54

长宁—威远页岩气高效开发理论与技术

谢 军 何 骁 雍 锐 佘朝毅 陈更生 杨洪志 等编著

石油工业出版社

内容提要

本书立足于长宁—威远国家级页岩气示范区建设实践,全面阐述了适应于复杂山地条件下的页岩气综合地质评价技术、开发优化技术、水平井优快钻井技术、水平井体积压裂技术、水平井工厂化作业技术及高效清洁开采技术,系统总结了页岩气高效开发典型案例与认识,技术理论与生产实践深度融合,具有较高的理论水平和实用价值。

本书可为从事页岩气勘探开发工作的科研人员、管理人员提供参考和借鉴,也可供高等院校相关专业师生参阅和学习。

图书在版编目(CIP)数据

长宁—威远页岩气高效开发理论与技术 / 谢军等编著. —北京:石油工业出版社,2023.4

(国家科技重大专项·大型油气田及煤层气开发成果丛书:2008—2020)

ISBN 978-7-5183-5699-7

Ⅰ.①长… Ⅱ.①谢… Ⅲ.①油页岩–油气田开发–研究–四川 Ⅳ.①P618.130.8

中国版本图书馆CIP数据核字(2022)第195351号

责任编辑:何　莉　李熹蓉
责任校对:郭京平
装帧设计:李　欣　周　彦

出版发行:石油工业出版社
　　　　(北京安定门外安华里2区1号　100011)
　　　　网　址:www.petropub.com
　　　　编辑部:(010)64523535　图书营销中心:(010)64523633
经　销:全国新华书店
印　刷:北京中石油彩色印刷有限责任公司

2023年4月第1版　2023年4月第1次印刷
787×1092毫米　开本:1/16　印张:24.25
字数:560千字

定价:240.00元

(如出现印装质量问题,我社图书营销中心负责调换)
版权所有,翻印必究

《国家科技重大专项·大型油气田及煤层气开发成果丛书（2008—2020）》编委会

主　任： 贾承造

副主任：（按姓氏拼音排序）

　　常　旭　陈　伟　胡广杰　焦方正　匡立春　李　阳
　　马永生　孙龙德　王铁冠　吴建光　谢在库　袁士义
　　周建良

委　员：（按姓氏拼音排序）

　　蔡希源　邓运华　高德利　龚再升　郭旭升　郝　芳
　　何治亮　胡素云　胡文瑞　胡永乐　金之钧　康玉柱
　　雷　群　黎茂稳　李　宁　李根生　刘　合　刘可禹
　　刘书杰　路保平　罗平亚　马新华　米立军　彭平安
　　秦　勇　宋　岩　宋新民　苏义脑　孙焕泉　孙金声
　　汤天知　王香增　王志刚　谢玉洪　袁　亮　张　玮
　　张君峰　张卫国　赵文智　郑和荣　钟太贤　周守为
　　朱日祥　朱伟林　邹才能

《长宁—威远页岩气高效开发理论与技术》

编写组

组　　长：谢　军

副组长：何　骁　雍　锐　佘朝毅　陈更生　杨洪志　吴建发

成　　员：（按姓氏拼音排序）

白　璟	常　程	陈柯宇	陈力力	陈明忠	陈天欣
程　凯	党录瑞	邓　琪	邓小江	段希宇	付玉坤
苟其勇	何一凡	胡俊杰	黄　诚	黄　毅	黄洪春
纪国栋	季春海	贾艳芬	蒋　睿	蒋　鑫	蒋德生
井　翠	景岷嘉	黎俊峰	李　丹	李　杰	李　荣
李奔驰	李文哲	李武广	廖　刚	刘　佳	刘　力
刘　敏	刘　勇	刘文平	罗　超	罗运祥	孟鐾桥
聂世均	潘春锋	齐宝权	桑　宇	闪从新	石孝志
石学文	宋　彬	宋　毅	唐　庚	田　冲	汪　洋
王　兵	王　梦	王　勇	王　玉	王　越	王道奇
王广耀	王庆蓉	王守毅	王颂夏	王星皓	王兴睿
王怡亭	文山师	吴鹏程	吴　伟	伍　帅	夏自强
肖　坤	谢维扬	徐　亮	徐尔斯	许　园	杨　宁
杨学锋	岳砚华	曾　波	曾　嵘	曾凌翔	张　鉴
张成林	张德良	张洞君	张晓斌	张永红	赵圣贤
郑马嘉	郑云川	钟成旭	钟光海	钟可塑	周　祥
周　鋆	周拿云	周小金	朱　进	朱怡晖	

丛书·序

能源安全关系国计民生和国家安全。面对世界百年未有之大变局和全球科技革命的新形势，我国石油工业肩负着坚持初心、为国找油、科技创新、再创辉煌的历史使命。国家科技重大专项是立足国家战略需求，通过核心技术突破和资源集成，在一定时限内完成的重大战略产品、关键共性技术或重大工程，是国家科技发展的重中之重。大型油气田及煤层气开发专项，是贯彻落实习近平总书记关于大力提升油气勘探开发力度、能源的饭碗必须端在自己手里等重要指示批示精神的重大实践，是实施我国"深化东部、发展西部、加快海上、拓展海外"油气战略的重大举措，引领了我国油气勘探开发事业跨入向深层、深水和非常规油气进军的新时代，推动了我国油气科技发展从以"跟随"为主向"并跑、领跑"的重大转变。在"十二五"和"十三五"国家科技创新成就展上，习近平总书记两次视察专项展台，充分肯定了油气科技发展取得的重大成就。

大型油气田及煤层气开发专项作为《国家中长期科学和技术发展规划纲要（2006—2020年）》确定的10个民口科技重大专项中唯一由企业牵头组织实施的项目，以国家重大需求为导向，积极探索和实践依托行业骨干企业组织实施的科技创新新型举国体制，集中优势力量，调动中国石油、中国石化、中国海油等百余家油气能源企业和70多所高等院校、20多家科研院所及30多家民营企业协同攻关，参与研究的科技人员和推广试验人员超过3万人。围绕专项实施，形成了国家主导、企业主体、市场调节、产学研用一体化的协同创新机制，聚智协力突破关键核心技术，实现了重大关键技术与装备的快速跨越；弘扬伟大建党精神、传承石油精神和大庆精神铁人精神，以及石油会战等优良传统，充分体现了新型举国体制在科技创新领域的巨大优势。

经过十三年的持续攻关，全面完成了油气重大专项既定战略目标，攻克了一批制约油气勘探开发的瓶颈技术，解决了一批"卡脖子"问题。在陆上油气勘探、陆上油气开发、工程技术、海洋油气勘探开发、海外油气勘探开发、非常规油气勘探开发领域，形成了6大技术系列、26项重大技术；自主研发20项重大工程技术装备；建成35项示范工程、26个国家级重点实验室和研究中心。我国油气科技自主创新能力大幅提升，油气能源企业被卓越赋能，形成产量、储量增长高峰期发展新态势，为落实习近平总书记"四个革命、一个合作"能源安全新战略奠定了坚实的资源基础和技术保障。

《国家科技重大专项·大型油气田及煤层气开发成果丛书（2008—2020）》（62卷）是专项攻关以来在科学理论和技术创新方面取得的重大进展和标志性成果的系统总结，凝结了数万科研工作者的智慧和心血。他们以"功成不必在我，功成必定有我"的担当，高质量完成了这些重大科技成果的凝练提升与编写工作，为推动科技创新成果转化为现实生产力贡献了力量，给广大石油干部员工奉献了一场科技成果的饕餮盛宴。这套丛书的正式出版，对于加快推进专项理论技术成果的全面推广，提升石油工业上游整体自主创新能力和科技水平，支撑油气勘探开发快速发展，在更大范围内提升国家能源保障能力将发挥重要作用，同时也一定会在中国石油工业科技出版史上留下一座书香四溢的里程碑。

在世界能源行业加快绿色低碳转型的关键时期，广大石油科技工作者要进一步认清面临形势，保持战略定力、志存高远、志创一流，毫不放松加强油气等传统能源科技攻关，大力提升油气勘探开发力度，增强保障国家能源安全能力，努力建设国家战略科技力量和世界能源创新高地；面对资源短缺、环境保护的双重约束，充分发挥自身优势，以技术创新为突破口，加快布局发展新能源新事业，大力推进油气与新能源协调融合发展，加大节能减排降碳力度，努力增加清洁能源供应，在绿色低碳科技革命和能源科技创新上出更多更好的成果，为把我国建设成为世界能源强国、科技强国，实现中华民族伟大复兴的中国梦续写新的华章。

中国石油董事长、党组书记
中国工程院院士　戴厚良

丛书·前言

石油天然气是当今人类社会发展最重要的能源。2020年全球一次能源消费量为 134.0×10^8 t 油当量，其中石油和天然气占比分别为30.6%和24.2%。展望未来，油气在相当长时间内仍是一次能源消费的主体，全球油气生产将呈长期稳定趋势，天然气产量将保持较高的增长率。

习近平总书记高度重视能源工作，明确指示"要加大油气勘探开发力度，保障我国能源安全"。石油工业的发展是由资源、技术、市场和社会政治经济环境四方面要素决定的，其中油气资源是基础，技术进步是最活跃、最关键的因素，石油工业发展高度依赖科学技术进步。近年来，全球石油工业上游在资源领域和理论技术研发均发生重大变化，非常规油气、海洋深水油气和深层—超深层油气勘探开发获得重大突破，推动石油地质理论与勘探开发技术装备取得革命性进步，引领石油工业上游业务进入新阶段。

中国共有500余个沉积盆地，已发现松辽盆地、渤海湾盆地、准噶尔盆地、塔里木盆地、鄂尔多斯盆地、四川盆地、柴达木盆地和南海盆地等大型含油气大盆地，油气资源十分丰富。中国含油气盆地类型多样、油气地质条件复杂，已发现的油气资源以陆相为主，构成独具特色的大油气分布区。历经半个多世纪的艰苦创业，到20世纪末，中国已建立完整独立的石油工业体系，基本满足了国家发展对能源的需求，保障了油气供给安全。2000年以来，随着国内经济高速发展，油气需求快速增长，油气对外依存度逐年攀升。我国石油工业担负着保障国家油气供应安全，壮大国际竞争力的历史使命，然而我国石油工业面临着油气勘探开发对象日趋复杂、难度日益增大、勘探开发理论技术不相适应及先进装备依赖进口的巨大压力，因此急需发展自主科技创新能力，发展新一代油气勘探开发理论技术与先进装备，以大幅提升油气产量，保障国家油气能源安全。一直以来，国家高度重视油气科技进步，支持石油工业建设专业齐全、先进开放和国际化的上游科技研发体系，在中国石油、中国石化和中国海油建立了比较先进和完备的科技队伍和研发平台，在此基础上于2008年启动实施国家科技重大专项技术攻关。

国家科技重大专项"大型油气田及煤层气开发"（简称"国家油气重大专项"）是《国家中长期科学和技术发展规划纲要（2006—2020年）》确定的16个重大专项之一，目标是大幅提升石油工业上游整体科技创新能力和科技水平，支撑油气勘探开发快速发展。国家油气重大专项实施周期为2008—2020年，按照"十一五""十二五""十三五"3个阶段实施，是民口科技重大专项中唯一由企业牵头组织实施的专项，由中国石油牵头组织实施。专项立足保障国家能源安全重大战略需求，围绕"6212"科技攻关目标，共部署实施201个项目和示范工程。在党中央、国务院的坚强领导下，专项攻关团队积极探索和实践依托行业骨干企业组织实施的科技攻关新型举国体制，加快推进专项实施，攻克一批制约油气勘探开发的瓶颈技术，形成了陆上油气勘探、陆上油气开发、工程技术、海洋油气勘探开发、海外油气勘探开发、非常规油气勘探开发6大领域技术系列及26项重大技术，自主研发20项重大工程技术装备，完成35项示范工程建设。近10年我国石油年产量稳定在$2×10^8$t左右，天然气产量取得快速增长，2020年天然气产量达$1925×10^8m^3$，专项全面完成既定战略目标。

通过专项科技攻关，中国油气勘探开发技术整体已经达到国际先进水平，其中陆上油气勘探开发水平位居国际前列，海洋石油勘探开发与装备研发取得巨大进步，非常规油气开发获得重大突破，石油工程服务业的技术装备实现自主化，常规技术装备已全面国产化，并具备部分高端技术装备的研发和生产能力。总体来看，我国石油工业上游科技取得以下七个方面的重大进展：

（1）我国天然气勘探开发理论技术取得重大进展，发现和建成一批大气田，支撑天然气工业实现跨越式发展。围绕我国海相与深层天然气勘探开发技术难题，形成了海相碳酸盐岩、前陆冲断带和低渗—致密等领域天然气成藏理论和勘探开发重大技术，保障了我国天然气产量快速增长。自2007年至2020年，我国天然气年产量从$677×10^8m^3$增长到$1925×10^8m^3$，探明储量从$6.1×10^{12}m^3$增长到$14.41×10^{12}m^3$，天然气在一次能源消费结构中的比例从2.75%提升到8.18%以上，实现了三个翻番，我国已成为全球第四大天然气生产国。

（2）创新发展了石油地质理论与先进勘探技术，陆相油气勘探理论与技术继续保持国际领先水平。创新发展形成了包括岩性地层油气成藏理论与勘探配套技术等新一代石油地质理论与勘探技术，发现了鄂尔多斯湖盆中心岩性地层大油区，支撑了国内长期年新增探明 $10×10^8$t 以上的石油地质储量。

（3）形成国际领先的高含水油田提高采收率技术，聚合物驱油技术已发展到三元复合驱，并研发先进的低渗透和稠油油田开采技术，支撑我国原油产量长期稳定。

（4）我国石油工业上游工程技术装备（物探、测井、钻井和压裂）基本实现自主化，具备一批高端装备技术研发制造能力。石油企业技术服务保障能力和国际竞争力大幅提升，促进了石油装备产业和工程技术服务产业发展。

（5）我国海洋深水工程技术装备取得重大突破，初步实现自主发展，支持了海洋深水油气勘探开发进展，近海油气勘探与开发能力整体达到国际先进水平，海上稠油开发处于国际领先水平。

（6）形成海外大型油气田勘探开发特色技术，助力"一带一路"国家油气资源开发和利用。形成全球油气资源评价能力，实现了国内成熟勘探开发技术到全球的集成与应用，我国海外权益油气产量大幅度提升。

（7）页岩气、致密气、煤层气与致密油、页岩油勘探开发技术取得重大突破，引领非常规油气开发新兴产业发展。形成页岩气水平井钻完井与储层改造作业技术系列，推动页岩气产业快速发展；页岩油勘探开发理论技术取得重大突破；煤层气开发新兴产业初见成效，形成煤层气与煤炭协调开发技术体系，全国煤炭安全生产形势实现根本性好转。

这些科技成果的取得，是国家实施建设创新型国家战略的成果，是百万石油员工和科技人员发扬艰苦奋斗、为国找油的大庆精神铁人精神的实践结果，是我国科技界以举国之力团结奋斗联合攻关的硕果。国家油气重大专项在实施中立足传统石油工业，探索实践新型举国体制，创建"产学研用"创新团队，创新人才队伍建设，创新科技研发平台基地建设，使我国石油工业科技创新能力得到大幅度提升。

为了系统总结和反映国家油气重大专项在科学理论和技术创新方面取得的重大进展和成果，加快推进专项理论技术成果的推广和提升，专项实施管理办公室与技术总体组规划组织编写了《国家科技重大专项·大型油气田及煤层气开发成果丛书（2008—2020）》。丛书共62卷，第1卷为专项理论技术成果总论，第2～9卷为陆上油气勘探理论技术成果，第10～14卷为陆上油气开发理论技术成果，第15～22卷为工程技术装备成果，第23～26卷为海洋油气理论技术装备成果，第27～30卷为海外油气理论技术成果，第31～43卷为非常规油气理论技术成果，第44~62卷为油气开发示范工程技术集成与实施成果（包括常规油气开发7卷，煤层气开发5卷，页岩气开发4卷，致密油、页岩油开发3卷）。

各卷均以专项攻关组织实施的项目与示范工程为单元，作者是项目与示范工程的项目长和技术骨干，内容是项目与示范工程在2008—2020年期间的重大科学理论研究、先进勘探开发技术和装备研发成果，代表了当今我国石油工业上游的最新成就和最高水平。丛书内容翔实，资料丰富，是科学研究与现场试验的真实记录，也是科研成果的总结和提升，具有重大的科学意义和资料价值，必将成为石油工业上游科技发展的珍贵记录和未来科技研发的基石和参考资料。衷心希望丛书的出版为中国石油工业的发展发挥重要作用。

国家科技重大专项"大型油气田及煤层气开发"是一项巨大的历史性科技工程，前后历时十三年，跨越三个五年规划，共有数万名科技人员参加，是我国石油工业史上一项壮举。专项的顺利实施和圆满完成是参与专项的全体科技人员奋力攻关、辛勤工作的结果，是我国石油工业界和石油科技教育界通力合作的典范。我有幸作为国家油气重大专项技术总师，全程参加了专项的科研和组织，倍感荣幸和自豪。同时，特别感谢国家科技部、财政部和发改委的规划、组织和支持，感谢中国石油、中国石化、中国海油及中联公司长期对石油科技和油气重大专项的直接领导和经费投入。此次专项成果丛书的编辑出版，还得到了石油工业出版社大力支持，在此一并表示感谢！

中国科学院院士 贾承造

《国家科技重大专项·大型油气田及煤层气开发成果丛书（2008—2020）》

分卷目录

序号	分卷名称
卷1	总论：中国石油天然气工业勘探开发重大理论与技术进展
卷2	岩性地层大油气区地质理论与评价技术
卷3	中国中西部盆地致密油气藏"甜点"分布规律与勘探实践
卷4	前陆盆地及复杂构造区油气地质理论、关键技术与勘探实践
卷5	中国陆上古老海相碳酸盐岩油气地质理论与勘探
卷6	海相深层油气成藏理论与勘探技术
卷7	渤海湾盆地（陆上）油气精细勘探关键技术
卷8	中国陆上沉积盆地大气田地质理论与勘探实践
卷9	深层—超深层油气形成与富集：理论、技术与实践
卷10	胜利油田特高含水期提高采收率技术
卷11	低渗—超低渗油藏有效开发关键技术
卷12	缝洞型碳酸盐岩油藏提高采收率理论与关键技术
卷13	二氧化碳驱油与埋存技术及实践
卷14	高含硫天然气净化技术与应用
卷15	陆上宽方位宽频高密度地震勘探理论与实践
卷16	陆上复杂区近地表建模与静校正技术
卷17	复杂储层测井解释理论方法及CIFLog处理软件
卷18	成像测井仪关键技术及CPLog成套装备
卷19	深井超深井钻完井关键技术与装备
卷20	低渗透油气藏高效开发钻完井技术
卷21	沁水盆地南部高煤阶煤层气L型水平井开发技术创新与实践
卷22	储层改造关键技术及装备
卷23	中国近海大中型油气田勘探理论与特色技术
卷24	海上稠油高效开发新技术
卷25	南海深水区油气地质理论与勘探关键技术
卷26	我国深海油气开发工程技术及装备的起步与发展
卷27	全球油气资源分布与战略选区
卷28	丝绸之路经济带大型碳酸盐岩油气藏开发关键技术

序号	分卷名称
卷29	超重油与油砂有效开发理论与技术
卷30	伊拉克典型复杂碳酸盐岩油藏储层描述
卷31	中国主要页岩气富集成藏特点与资源潜力
卷32	四川盆地及周缘页岩气形成富集条件、选区评价技术与应用
卷33	南方海相页岩气区带目标评价与勘探技术
卷34	页岩气气藏工程及采气工艺技术进展
卷35	超高压大功率成套压裂装备技术与应用
卷36	非常规油气开发环境检测与保护关键技术
卷37	煤层气勘探地质理论及关键技术
卷38	煤层气高效增产及排采关键技术
卷39	新疆准噶尔盆地南缘煤层气资源与勘查开发技术
卷40	煤矿区煤层气抽采利用关键技术与装备
卷41	中国陆相致密油勘探开发理论与技术
卷42	鄂尔多斯盆缘过渡带复杂类型气藏精细描述与开发
卷43	中国典型盆地陆相页岩油勘探开发选区与目标评价
卷44	鄂尔多斯盆地大型低渗透岩性地层油气藏勘探开发技术与实践
卷45	塔里木盆地克拉苏气田超深超高压气藏开发实践
卷46	安岳特大型深层碳酸盐岩气田高效开发关键技术
卷47	缝洞型油藏提高采收率工程技术创新与实践
卷48	大庆长垣油田特高含水期提高采收率技术与示范应用
卷49	辽河及新疆稠油超稠油高效开发关键技术研究与实践
卷50	长庆油田低渗透砂岩油藏CO_2驱油技术与实践
卷51	沁水盆地南部高煤阶煤层气开发关键技术
卷52	涪陵海相页岩气高效开发关键技术
卷53	渝东南常压页岩气勘探开发关键技术
卷54	长宁—威远页岩气高效开发理论与技术
卷55	昭通山地页岩气勘探开发关键技术与实践
卷56	沁水盆地煤层气水平井开采技术及实践
卷57	鄂尔多斯盆地东缘煤系非常规气勘探开发技术与实践
卷58	煤矿区煤层气地面超前预抽理论与技术
卷59	两淮矿区煤层气开发新技术
卷60	鄂尔多斯盆地致密油与页岩油规模开发技术
卷61	准噶尔盆地砂砾岩致密油藏开发理论技术与实践
卷62	渤海湾盆地济阳坳陷致密油藏开发技术与实践

本卷·前言

21世纪以来，水平井分段压裂技术的突破掀起了页岩气商业开发的浪潮，美国页岩气年产量呈暴发式增长，使其2009年成为世界第一大天然气生产国，2015年美国页岩气年产量达$4291×10^8m^3$。页岩气开发的巨大成功支撑美国实现能源独立，同时也彻底改变了世界能源及地缘政治格局。

我国页岩气资源丰富，根据初步估计，页岩气地质资源量约为常规天然气量的2倍，位居世界前列，大力发展页岩气产业对保障国家能源安全、降低能源对外依存度、促进经济社会发展、保护生态环境等均具有重大战略意义。我国页岩气资源主要分布于四川盆地，在全国页岩气资源量中占比超过60%，中国石油2006年在国内率先开展页岩气地质综合评价和野外地质勘查，2010年自主钻成国内第一口页岩气直井——W201井并压裂获气，2011年钻成国内第一口页岩气水平井——W201-H1井并压裂获气，2012年钻获国内第一口具有商业价值页岩气井——ND201-H1井。2012年4月，国家发展和改革委员会、国家能源局批准设立"长宁—威远国家级页岩气示范区"，正式拉开了示范区页岩气工业化开采的序幕。

受制于示范区页岩气开发地质、工程和地面条件与北美的显著差异，无法简单复制北美成熟的经验和技术。示范区建设初期，尚未形成与地质特征相匹配的主体开发技术，规模效益开发面临诸多挑战。2016年国家科学技术部批准设立国家科技重大专项"长宁—威远页岩气开发示范工程"，以"规模、效益、清洁"开发为目标，以"提产量、降成本、控风险"为核心，围绕地质评价及开发优化、水平井钻井及压裂、水平井工厂化作业、高效清洁开采等4个关键环节开展技术攻关。依托5年技术攻关与应用示范，创新形成了页岩气综合地质评价、开发优化、优快钻井、体积压裂、工厂化作业、高效清洁开采六大主体技术系列，建成了集规模、技术、管理、绿色为一体的页岩气产业化示范基地，实现了示范区页岩气资源的有效开发，支撑建成国内首个"万亿立方米储量，百亿立方米产量"页岩气大气田。为全面介绍示范区规模效益开发系列技术成果，促进页岩气科技工作者的相互交流，共同推动我国页岩气勘探开发技术不断发展，编写了本书。

我国实现了埋深3500m以浅的页岩气勘探开发技术突破，取得了显著的开发成效，但"十四五"页岩气开发主体——埋深3500m以深页岩储层面临资源品位变差、难动用程度增加等一系列难题与挑战，需要在今后的勘探开发实践中不断解决和突破。谨希望本书能抛砖引玉，为我国从事页岩气勘探开发的技术人员提供参考。

本书由谢军担任编写组组长，何骁、雍锐、佘朝毅、陈更生、杨洪志、吴建发担任副组长。第一章由吴建发、杨学锋、张鉴、赵圣贤等编写；第二章由邓小江、黄诚、吴伟、刘佳等编写；第三章由张德良、李武广、常程、刘文平等编写；第四章由唐庚、白璟、黄洪春、李文哲等编写；第五章由曾波、桑宇、周小金、宋毅、周拿云等编写；第六章由石孝志、李荣、郑云川、曾凌翔等编写；第七章由陈天欣、肖坤、闪从新、王越等编写；第八章由石学文、伍帅、王颂夏、王广耀等编写。在本书的编写过程中还得到了中国石油勘探开发研究院、东方地球物理勘探有限责任公司、川庆钻探工程有限公司、西南石油大学等单位的领导、专家及技术人员的大力支持和帮助，在此一并表示感谢。

由于作者水平有限，书中难免有疏漏乃至错误之处，敬请广大读者批评指正。

目 录

第一章 绪论 ... 1
第一节 长宁—威远页岩气示范区建设的背景及意义 ... 1
第二节 长宁—威远页岩气示范区勘探开发技术与建设管理模式 ... 3

第二章 页岩气地质综合评价 ... 6
第一节 长宁—威远五峰组—龙马溪组页岩气地质情况 ... 6
第二节 页岩储层实验评价方法 ... 17
第三节 页岩储层测井技术 ... 24
第四节 页岩储层地震综合预测技术 ... 32
第五节 页岩气高产富集理论 ... 57
第六节 页岩气有利区优选及资源量计算方法 ... 82

第三章 页岩气开发优化技术 ... 89
第一节 页岩气流动规律实验分析技术 ... 89
第二节 地质工程一体化数值模拟技术 ... 109
第三节 水平井开发优化设计技术 ... 131
第四节 全生命周期产能评价技术 ... 140
第五节 页岩气排水采气技术 ... 145

第四章 页岩气三维丛式水平井优快钻井技术 ... 154
第一节 三维井眼轨道优化及控制技术 ... 154
第二节 长宁—威远区块页岩气钻井提速技术 ... 169
第三节 钻井液技术 ... 182
第四节 页岩气固井工艺关键技术 ... 193

第五章 页岩气水平井体积压裂技术 ····· 210
第一节 压裂机理实验模拟技术 ····· 210
第二节 压裂设计优化及示范区主体工艺 ····· 216
第三节 体积压裂配套技术 ····· 237
第四节 压裂监测及后评估技术 ····· 265

第六章 工厂化作业技术 ····· 273
第一节 工厂化钻井作业技术 ····· 273
第二节 工厂化压裂作业技术 ····· 283
第三节 工厂化测试作业技术 ····· 296

第七章 页岩气高效清洁开采技术 ····· 301
第一节 废物清洁处理技术 ····· 301
第二节 地下水监测 ····· 325
第三节 标准化与模块化设计技术 ····· 336
第四节 页岩气数字化气田技术 ····· 341

第八章 长宁—威远国家级页岩气示范区建设实践 ····· 352
第一节 长宁—威远国家级页岩气示范区概况 ····· 352
第二节 长宁区块开发设计与建设成效 ····· 355
第三节 威远区块开发设计与建设成效 ····· 360
第四节 示范区经济社会效益 ····· 364

参考文献 ····· 366

第一章 绪 论

美国是世界上最早开发页岩气的国家，1821年在纽约钻了第一口页岩气井。1999年到2009年的10年里，美国的页岩气年产量从$22\times10^8m^3$猛增到$1235\times10^8m^3$，一跃成为全球第一天然气生产大国，不仅实现了天然气的自给自足，还成为天然气净出口国，称为美国页岩气革命。页岩气革命带来了国际能源价格的大幅度下降，改变了世界能源格局。同时，全球的非常规油气开发取得了战略性突破，页岩气的勘探开发成为世界关注的热点。

我国页岩气资源丰富，开发潜力巨大，大力发展页岩气产业对保障能源安全、优化能源结构、促进节能减排、推动经济发展、保护生态环境具有重要意义。大力推进页岩气资源调查和勘探开发，已成为中国油气资源领域重要而迫切的战略任务，页岩气示范区的设立将为完成这一战略任务提供有力的现实基础。通过页岩气示范区的建设，能够掌握页岩气开发利用的关键技术，实现主要装备的自主化生产，形成规模化推广应用，完善页岩气产业政策体系，充分发挥引领示范作用，积极推动我国页岩气产业向前迈进。

第一节　长宁—威远页岩气示范区建设的背景及意义

一、中国页岩气的前期探索

中国自20世纪80年代便开始了页岩气的理论研究，随着研究的深入，对页岩气的认识不断地更新和升华。2004年，中国就已经开始着手跟踪国外页岩气的进展工作；2005年以后即开始进行国内页岩气前景和中—新生界盆地的调研。之后，国土资源部门联合相关高校和科研部门，做了大量前期工作，为"页岩气实现跨越式发展"奠定了基础。通过在页岩气的开发实践中不断探索，基本掌握了适应中国地质现况的页岩气水平井开发关键技术。

张义纲于1982年在《石油实验地质》杂志刊登了《多种天然气资源的勘探》一文，首先介绍了页岩气赋存在有机质十分丰富、层理发育的暗色页岩中，为富含有机质和富含矿物质的黏土互层，指出"非常规气"主要有致密砂岩气、页岩气、煤层气、地压气和深源气5种类型。关德师等（1995）认为泥页岩气具有自身构成一套生储盖体系、多具高压异常、储集空间多样且以裂缝为主等基本地质特征。与美国的早期研究类似，中国学者普遍将页岩气藏理解为"聚集于泥页岩裂缝中的游离相油气"，认为油气的聚集成藏主要受泥页岩中裂缝控制，而较少考虑其中的吸附作用。

随着研究的不断深入，国内学者认为与通常所理解的传统泥页岩裂缝油气不同，现代概念的页岩气在概念、成因来源、赋存介质以及聚集方式等方面均具有特殊性。页岩中存在大量吸附状天然气。刘魁元等（2001）认为，渤海湾盆地中济阳坳陷的沾化凹陷、车镇凹陷"自生自储"泥岩油气藏为裂缝性油气藏，泥岩储层形成于半深水—深水、低能、强还原环境。页岩气在成藏机理及其分布规律上存在特殊性（贾承造等，2002）。对于裂缝性页岩气，其气体来源为生物气或热解气，它既可以吸附在干酪根或黏土颗粒的表面，也可以游离气的形式赋存于天然裂缝和粒间孔隙中，还可以溶解在沥青中（陈建渝等，2003）。国外越来越多的学者认同吸附作用是页岩气聚集的基本属性之一（Curtis，2002）。页岩中天然气的赋存状态，除极少量的溶解态天然气以外，大部分以吸附态赋存于岩石颗粒和有机质表面，或以游离态赋存于孔隙和裂缝之中，页岩气藏为天然气生成之后在烃源岩层内就近聚集的结果，表现为典型的"原地"成藏模式（张金川等，2004）。刘成林等（2004）认为，中国泥页岩气资源主要分布在松辽盆地的白垩系、渤海湾盆地及江汉盆地的古近—新近系、四川盆地中生界、扬子准地台、华南褶皱带和南秦岭褶皱带等。张金川等（2006）认为，页岩气藏中的天然气不仅包括存在于裂缝中的游离相天然气，也包括存在于岩石颗粒表面的吸附气。页岩气成藏可表现为典型吸附机理、活塞成藏机理或置换成藏机理。

二、长宁—威远页岩气示范区设立的目的和意义

大力推进页岩气资源战略调查和勘探开发，已成为中国油气资源领域重要而迫切的战略任务，页岩气示范区的设立将为完成这一战略任务提供有力的现实基础。页岩气示范区设立的目的包括以下5个方面：

（1）掌握页岩气开发利用的关键技术。在国家级页岩气示范区内优先开展页岩气勘探开发技术集成应用，不断完善页岩气勘探开发利用的理论和技术体系，逐步形成适合中国页岩气地质特点的经济有效开采配套工程技术系列标准和规范。

（2）实现主要装备的自主化生产。由于页岩气开发技术最先全部来自美国，因此引进的设备和材料能否尽快实现国产化就成为降成本的关键。利用我国产业链完整的优势，加强装备工具研发攻关，尽早实现钻井、压裂关键装备和配套工具的全部国产化，彻底打破国外垄断，实现页岩气田的低成本开发。

（3）形成规模化推广应用。充分发挥页岩气示范区的引领作用，尽快实现页岩气规模化、工厂化生产，为新技术大面积推广应用奠定基础，将示范区所取得的经验更广泛地应用到中国其他页岩气资源富集的地方，真正使页岩气成为中国能源结构中的重要一极。

（4）完善页岩气产业政策体系。开发页岩气离不开完善政策的指导，结合示范区实际开发情况，研究出台相应的财政、税收等激励政策，持续优化页岩气勘探开发的政策引领作用，保障页岩气产业的稳健发展。

（5）探索清洁开采。页岩气的开发过程中也存在着一定的环保问题，中国页岩气开发尤其如此。因为中国的开发区域和美国不同，美国是在人口稀少的荒漠戈壁开采，环境容量大。而中国是在人口稠密的山区开采，不仅环境容量小，而且生态更脆弱。"如何既采出气，又能保护一方的绿水青山？"这是中国页岩气开发的重大课题。为此，通过

示范区建设，探索出适合中国国情的页岩气田的环保标准就显得尤为关键。

川南地区页岩气资源丰富，设立页岩气示范区开发利用好页岩气将使中国的能源需求在很大程度上实现自给，对整个国民经济的发展具有重大战略意义：

（1）优化能源结构，促进节能减排。开发利用页岩气可以为目前不堪重负的煤炭产业"减负"，为中国北方的冬季保供提供充足的气源。而页岩气相对于煤炭是一种更为清洁的能源，推广使用页岩气将有利于减少温室气体排放，助推美丽中国建设。

（2）保障能源安全，促进经济发展。能源是中国全面建设小康社会、实现现代化和富民强国的重要物质基础。能源安全对于国家发展至关重要，页岩气的高效开发将有利于国家能源安全得到保障。加强页岩气示范区产能建设，不仅能促进示范区所在地形成"页岩气开发"产业链，从而提升当地经济发展水平，更能为一带一路建设和"长江经济带"建设等国民经济发展提供有力支持。

第二节 长宁—威远页岩气示范区勘探开发技术与建设管理模式

一、示范区勘探开发主体技术

川南地区龙马溪组页岩气资源量丰富，但相比北美地区，我国页岩气田地质条件复杂、地面条件较差，对页岩气勘探开发技术要求比较高。为了实现工业化大规模开采，长宁—威远国家级页岩气示范区通过不懈探索和持续攻关，从无到有，创新建立了适合中国南方多期构造演化海相页岩气勘探开发6大关键技术，包括综合地质评价技术、开发优化技术、水平井优快钻井技术、水平井体积压裂技术、水平井工厂化作业技术以及高效清洁开采技术。示范区建设过程中持续优化完善6大关键技术，技术适应性和可复制性不断增强，为川南地区页岩气快速上产提供了有力的技术支撑。

1. 综合地质评价技术

四川盆地长期以常规气勘探开发为主，没有针对页岩气开展过专门的地质研究和资源评价，缺乏相应的方法和技术体系。借鉴北美地区的经验做法，通过地质评价和先导试验阶段总结，创新建立了适合中国南方多期构造演化、高—过成熟海相页岩气资源评价和有利区优选技术体系，应用该技术开展了资源评价和有利区优选，确定了资源规模与开发建产区。

2. 开发优化技术

针对页岩气独特的输运机制和流动特征，从室内实验出发，通过不同尺度页岩岩心物理模拟实验明确页岩气的流动机理和开发规律。考虑川南地区页岩气"一薄、两低、三高、三发育"（黄金靶体厚度仅3～5m，孔隙度和渗透率较低，高应力差、高闭合压力和高杨氏模量，局部微幅构造、小断层、天然裂缝发育）的地质工程特征，创新建立地质工程一体化数值模拟技术，实现了页岩气水平井的开发优化设计和全生命周期产能评价，解决了页岩气藏如何规模有效开发的难题。

3. 水平井优快钻井技术

积极试验集成钻井工艺技术，持续改进井身结构，优化井眼轨道，自主研制油基钻井液，形成页岩气水平井优快钻井工艺技术，有效减少了钻井复杂，基本解决了页岩层水平段钻井井壁失稳、井眼轨迹控制难度大、机械钻速低、油基钻井液依靠引进等问题，实现了安全快速钻井的目标。

4. 水平井体积压裂技术

从借鉴北美页岩气体积压裂设计技术起步，逐步形成了页岩气地质工程一体化精细压裂设计技术，形成埋深 3500m 以浅体积压裂工艺技术（密切割＋高强度加砂＋暂堵转向）及施工配套技术，基本解决了水平应力差大、缝网形成困难等压裂难题，有效提高了储层改造体积和裂缝复杂程度，单井产量大幅度提高，并且实现了压裂关键工具与工作液的国产化，大幅度降低了作业成本。

5. 水平井工厂化作业技术

立足四川盆地地形地貌及人居环境与北美地区之间存在的明显差异，创新形成了适应于盆地复杂山地条件的工厂化作业技术，实现了钻井、压裂、排采多工种交叉作业，各工序无缝衔接，资源共享，有效解决了复杂山地地形条件下场地受限、大规模、多工序、多单位同时作业效率较低的难题，作业效率显著提升，成本大幅度下降。

6. 高效清洁开采技术

为了实现快建快投和自动化生产、智能化管理，节约土地和水资源、防止地下水和地表水污染，实现清洁开发，创新形成了页岩气地面采输技术、数字化气田建设技术及清洁开发技术。

二、示范区建设管理模式

长宁—威远示范区建设过程中，以优化管理和完善机制为前提，建立了 3 级管理体制，形成了 4 种作业机制，健全了研发体系，搭建了运维保障平台，逐步形成了油公司管理模式，大幅度提升了管理水平，为有效实现质量提高、工期缩短、成本控制的目标奠定了基础。

（1）建立了 3 级管理模式。长宁—威远示范区在中国石油页岩气业务发展领导小组的领导下，采取中国石油页岩气业务发展领导小组实施决策部署，川渝页岩气前线指挥部实施指挥协调，西南油气田公司及川庆钻探公司和长城钻探公司两家工程服务公司共同实施页岩气开发的 3 级管理模式，充分发挥了中国石油技术、管理和保障的整体优势。

（2）采取了 4 种作业机制。示范区形成了"BP 公司国际合作，四川长宁天然气开发有限责任公司和四川页岩气勘探开发有限责任公司国内合作，川庆钻探公司、长城钻探公司风险作业，蜀南气矿、中国石油西南油气田公司开发事业部自营开发"4种作业机制，整合了各方资源和优势，推动了技术进步，提升了实施效果。

（3）建立健全了技术研发体系。集团公司层面，在勘探开发研究院、工程技术研究院、安全环保研究院、规划总院成立了国家级重点研究机构；油公司层面，在勘探开发研究院、工程技术研究院、安全环保研究院、天然气研究院、天然气经济研究所、页岩气研究院成立了省部级重点研究机构，建立了中国石油页岩气技术支持体系，培养了一批技术管理人才，编制了一系列国家标准和行业标准，有力地支撑了页岩气产能建设。

（4）搭建了运维保障平台。充分发挥川渝地区天然气工业基地的支撑作用，搭建了集"操作维护、水电信运、物资采购、企地协调"的页岩气专业化运维保障平台，为推进页岩气勘探开发各项工作提供了有力保障。

（5）形成了油公司管理模式。坚持油公司主导的管理理念，主导重大开发技术政策、主导关键工艺技术路线、主导设计优化与施工方案、主导现场复杂情况处置、主导关键工具液体质量。推广以提高单井产量为核心的"345"管理准则（具体指"3个着力、4个坚持、5个主导"，即着力提高储层品质、着力提高钻井品质、着力提高完井品质，坚持工程服从于地质、坚持地面服从于地下、坚持速度服从于质量、坚持一切服务于产量，主导重大开发技术政策、主导关键工艺技术路线、主导设计优化与施工方案、主导现场复杂情况处置、主导关键工具液体质量）和"定好井、钻好井、压好井、管好井"4个成功做法，有效地提高了开发效果和效益。

第二章 页岩气地质综合评价

四川盆地广泛分布有 6 套页岩地层，其中寒武系筇竹寺组和奥陶系五峰组—志留系龙马溪组是海相页岩勘探开发有利层系，当前在长宁—威远页岩气示范区的勘探开发主要对象为五峰组—龙马溪组。盆地及邻区在奥陶纪五峰期—志留纪龙马溪期整体处于深水陆棚环境，沉积了富有机质的黑色页岩，含笔石、骨针和放射虫等生物，长宁—威远页岩气示范区处于最有利的沉积相带。页岩气地质评价以区域地质演化分析为基础，主要研究 3 个内容：（1）页岩层段的划分，包括页岩的总有机碳含量（TOC）、镜质组反射率（R_o）、岩石和矿物成分、页岩厚度、埋深、纵横向变化规律等；（2）页岩的储层特征，包括含气量、吸附能力、储集空间、储层物性、储层裂缝等；（3）页岩开发的经济性，包括储层温度、流体压力、流体饱和度、页岩岩石力学参数、区域现今地应力特征等。

页岩气地质综合评价技术的关键在于勘探评价阶段便及时开展气藏精细描述工作，创新形成了多期构造演化、高—过成熟页岩气地质综合评价技术。通过开发小层划分、岩心纹层刻画、高精度地球物理预测和沉积相成因分析等手段，形成了页岩储层描述的理论基础。包括测井与岩心结合分析、地化分析实验、综合储层参数分析等，在常规技术的基础上形成了针对性的页岩气勘探评价的关键技术（蒋裕强等，2010）。

第一节 长宁—威远五峰组—龙马溪组页岩气地质情况

四川盆地作为多层系含油气盆地，具有多套烃源岩层。从 2006 年开始盆地内页岩气开展地质评价，2009 年开展先导试验，2010 年在威远构造钻成国内第一口页岩气直井（W201 井）并压裂获气，2011 年钻成国内第一口页岩气水平井（W201-H1 井）并压裂获气，2012 年在长宁背斜南翼钻获国内第一口具有商业价值的页岩气井（ND201-H1 井）。页岩气主力产层五峰组—龙马溪组的开发在川南地区获得重大进展，其主要地质特征相较于常规气存在较大差异，需要在生产中的关注点也有不同。

一、长宁页岩气地质特征

1. 构造

长宁构造主体背斜位于四川盆地与云贵高原结合部，川南低陡构造区与娄山褶皱带之间，北受川东褶皱冲断带西延影响，南受娄山褶皱带演化控制，其构造特征为集二者于一体的构造复合体。整体上，在燕山期—喜马拉雅期发生较强的压扭性构造运动，使得长宁构造隆升为背斜，核部出露最老地层为下寒武统龙王庙组。长宁建产区位于长宁背斜南翼，构造相对稳定，地表出露中侏罗统—嘉陵江组。

目前建产区位于筠连潜伏构造与长宁构造之间的向斜区内，东南部为建武向斜。上奥陶统五峰组底界构造表现为一个中东部低、四周高的向斜构造，但受地震工区范围限制未能闭合形成圈闭，大断层不发育，构造较简单。

区内构造以寒武系内部滑脱层为界，主要发育两种样式：（1）中上寒武统及以上地层以盖层滑脱构造样式为主，盖层滑脱断层以中上寒武统中的塑性泥页岩为滑脱面，断层一般不穿过中间的不整合面，中上寒武统以上断裂不发育，构造为简单向斜斜坡；（2）中下寒武统及以下地层以基底卷入构造为主，基底卷入断层一般不向上穿过中间的不整合面。

2. 地层

五峰组—龙马溪组一段为长宁页岩气田页岩气勘探开发的主要目的层段。五峰组厚度较薄，一般 0~4.5m，龙马溪组厚度 0~373m。

1）五峰组

五峰组岩性为深色硅质泥岩、碳质泥岩、灰质泥岩夹较多斑脱岩，与下伏临湘组灰色瘤状灰岩、泥灰岩及上覆志留系龙马溪组均呈整合接触。五峰组根据其岩性、古生物特征及海平面的升降变化可分为两段。下段常见岩性为灰黑色硅质页岩、泥质硅岩、泥页岩和灰质泥岩等，显微镜下可见有机质集中的不连续条带沿层理分布。此外，在该段中所夹的石灰岩透镜体中产牙形石、介形虫和几丁虫等。上段为"观音桥段"，是划分五峰组和龙马溪组的标志层，观音桥段厚度在上扬子地区一般不超过 1.5m，仅在黔北局部地区达到 2m 以上。在长宁双河—泸州深水坳陷区，观音桥段主要为薄层钙质硅质页岩。

2）龙马溪组

长宁页岩气田龙马溪组与下伏五峰组观音桥段整合接触，顶部为深灰色、黑灰色页岩与石牛栏组灰绿色泥岩、薄层瘤状灰岩互层整合接触。根据地层特征、海平面变化特征，辅以岩性及古生物特征，结合测井曲线特征可将龙马溪组从下至上划分为龙马溪组一段和龙马溪组二段。

（1）龙马溪组一段（龙一段）。

为鲁丹期—埃隆期沉积，主要为深灰色—黑色硅质页岩、碳质页岩、粉砂质泥岩夹纹层状泥质粉砂岩；古生物以笔石为主，种类多样，个体较大，分异度大，包含了龙马溪组 70% 以上的笔石分布，镜下可见放射虫、海绵骨针等远洋浮游生物；纹层发育，见大量黄铁矿。总体来看，该段由下至上，具有颜色变浅、粒度变细、有机质含量变低、自然伽马变小的趋势。龙马溪组一段为持续海退的进积式反旋回，依照次级旋回和岩性特征将其自下而上分为 2 个亚段，即龙一$_1$亚段和龙一$_2$亚段。

长宁页岩气田龙一$_1$亚段厚 6.4~55.4m，为一套富有机质灰黑色—黑色碳质页岩、硅质页岩夹粉砂质泥岩地层，发育形态各异的笔石群，页理或纹层较发育，富含黄铁矿结核、侵染状黄铁矿以及黄铁矿充填水平缝，测井解释伽马（GR）、声波时差（AC）整体高于龙一$_2$亚段,密度(DEN)整体低于龙一$_2$亚段。

长宁页岩气田龙一$_2$亚段厚55.6~160.5m,处于高位体系域逐渐海退的过程,岩性主要为厚层粉砂质泥岩与泥质粉砂岩互层的岩性组合为主;笔石数量较龙一$_1$亚段较少,浅水钙质生物丰富;多见风暴岩、钙质结核以及平行层理等沉积构造,少见黄铁矿结核及纹层等沉积构造;川南地区两个亚段的岩性界限以龙一$_2$亚段底部深灰色页岩与下伏龙一$_1$亚段灰黑色页岩分界,在长宁页岩气田界线不明显,在威远页岩气田以及川东地区界线清楚。

(2)龙马溪组二段(龙二段)。

长宁页岩气田龙二段厚150~200m,岩性粒度整体相对龙一段较粗,颜色整体相对龙一段较浅;底以灰色—灰绿色黏土质泥岩、粉砂质泥岩与下伏龙一段顶部(龙一$_2$亚段)深灰色页岩—灰色粉砂质页岩相间的韵律层分界,该段主要为黄绿色—灰色的粉砂质泥岩、粉砂岩类;其中笔石数量较少,个体较小,如半耙笔石、耙笔石及单笔石等,且浅水腹足等生物发育;纹层、黄铁矿含量相对于龙一段减少,多发育块状层理,长宁区多见眼球—似眼球状构造;总体而言,与龙一段相同,该段由下至上也具有颜色变浅、粒径变细、有机质含量变低、自然伽马变小的趋势。

3. 沉积特征

早志留世龙马溪组沉积期整体表现为海平面相对上升,水体变深,其间大致经历了两次海平面的升降变化,且每次海平面变化从快速海侵开始到缓慢海退结束,长宁地区主要为一套深水相陆源碎屑沉积体系,物源主要来自周边古陆。

五峰组—龙一段:海水由川东方向入侵,川南地区水体逐渐加深,沉积了一套厚度在50m左右的深水碳质硅质页岩,沉积构造主要以水平层理、块状层理和韵律层理为主,见定向沙纹层理和冲刷侵蚀面构造,结核状和侵染状黄铁矿较发育,笔石化石含量丰富,见海绵骨针、介形虫和棘屑等生物碎片。

龙二段:长宁地区表现为海平面下降、水体变浅,沉积物相对粗粒,主要以灰色块状(页片状)灰色泥质粉砂岩、灰色块状灰岩为主,局部夹薄层深灰色粉砂质泥岩相和灰色风暴岩相,沉积构造主要以水平层理、块状层理为主,见定向沙纹层理和冲刷侵蚀面构造,结核状和侵染状黄铁矿较发育,笔石化石含量相对较少,沉积构造主要以水平层理、块状层理和韵律层理为主。

总体来看,川南地区五峰组—龙一段处于一个陆表海内部的陆棚相带,不同程度受到周边古陆和水下隆起(主要为西部的乐山—龙女寺古隆起和南部的黔中古隆起)的影响,依据其水动力条件、岩石类型及其组合关系、岩石颜色、沉积构造、沉积环境、古生物组合、指相矿物等特征,又将长宁页岩气田五峰组—龙马溪组一段陆棚相进一步划分为深水陆棚和浅水陆棚两种亚相环境沉积。其中,深水陆棚亚相可进一步分出富有机质硅质泥棚微相、富有机质泥棚微相和深水粉砂质泥棚微相。

长宁地区富有机质硅质泥棚微相稳定发育,其沉积环境为深水陆棚水体能量最低的海域,水动力条件最弱,基本不受海流和风暴流的影响,沉积厚度一般3~18m,重要特点就是有机质含量极其丰富，总有机碳含量高（平均 TOC＞3%），生烃潜力极大，主要发育黑色碳质页岩，富含笔石化石，硅化生物含量高，常见硅质海绵骨针，局部层段见放射虫（图 2-1-1）；显微镜下粉粒陆源石英、长石极少，低于 10%，X 衍射成果显示硅质含量较高，一般大于 40%，脆性指数较高；U/Th 比值大于 1.25，反映了该沉积环境低能、强还原以及低速欠补偿的深水特征。在页岩气勘探中，该微相是最有利的生油和储集相带。

(a) ND209 井，2365.50～3165.65m，黑色碳质页岩　　(b) ND216 井，2321.0m，放射虫生物硅

图 2-1-1　富有机质硅质泥棚沉积相标志

富有机质泥棚微相与深水粉砂质泥棚微相比较，沉积于水体能量更低的海域，水动力条件较弱，基本不受海流和风暴流的影响，还原性更强的环境。

富有机质泥棚微相以黑色、黑灰色页片状或块状粉砂质泥岩为主，沉积构造主要以水平层理和韵律层理发育为主，结核状和侵染状黄铁矿发育，岩心断面见大量的笔石化石，底栖生物化石较少，见少量的生物碎屑，如硅质骨针、介形虫等，U/Th 比值介于 0.75～1.25，反映了该沉积环境低能、还原以及低速欠补偿的较深水的特征（图 2-1-2）。与深水粉砂质泥棚比较，该微相有机质含量明显增加，环境还原性更强，笔石化石含量明显增加。其中，实测 TOC 平均值介于 1.6%～2.9% 之间，生烃潜力强；X 衍射成果显示陆源石英、长石平均含量为 46.33%，脆性指数较高。在页岩气勘探中，该微相是有利的生油和储集相带。

4. 储层特征

1）有机地化特征

（1）总有机碳含量。

长宁页岩气田 ND216—ND209 井区五峰组—龙马溪组一段 TOC 介于 0.95%～7.99%，平均值 2.32%，中值 2.20%，总体反映区内主要为中—高 TOC，这为形成有利的页岩气藏提供了良好的物质基础。

页岩总有机碳含量（TOC）在纵向上差异明显，其中底部五峰组—龙一$_1$亚段优质泥页岩段 TOC 最高，以 ND213 井为例，五峰组—龙一$_1$亚段（2535.4～2583.6m）TOC 普遍大于 1.0%，最高可达 5.22%，平均 2.89%，中值 2.99%，评价为高—特高 TOC。龙一$_2$亚段 TOC 介于 0.18%～1.39%，平均 1.02%，中值 1.03%，评价为低—中 TOC。

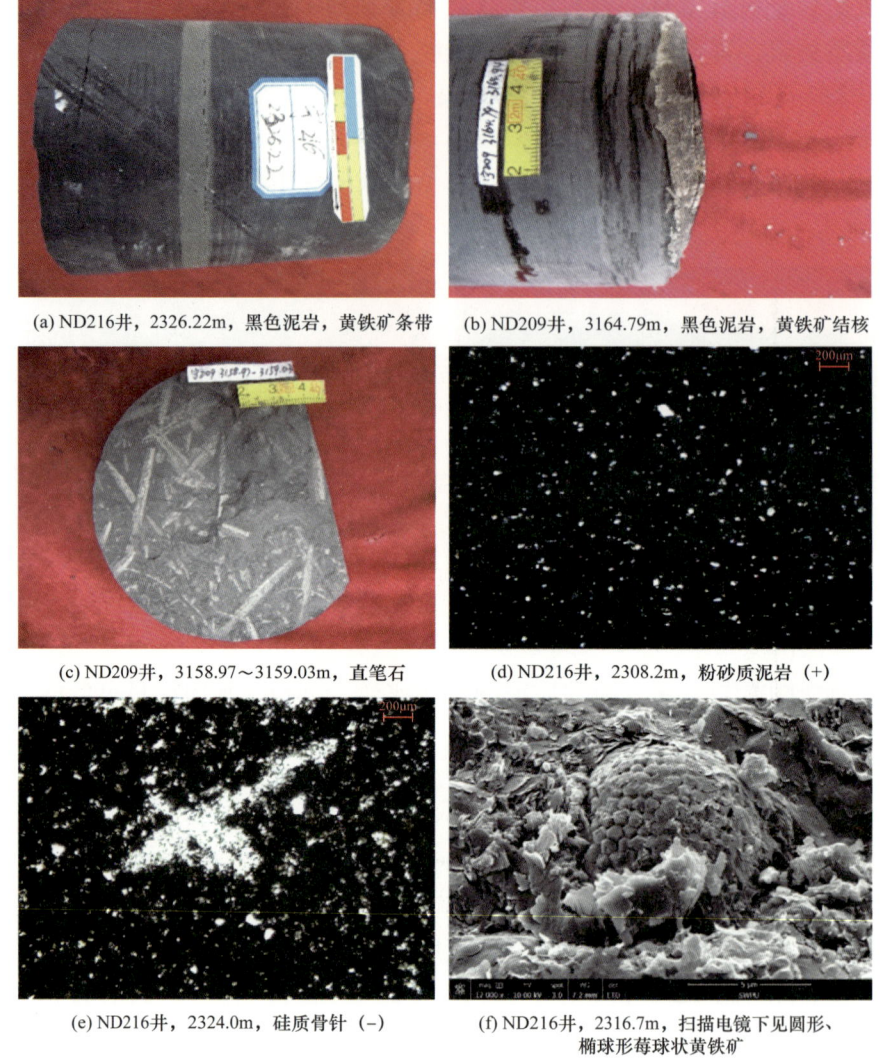

图 2-1-2 富有机质泥棚沉积相标志

（2）有机质类型和热演化程度。

长宁页岩气田龙马溪组一段岩心样品通过干酪根镜检腐泥组含量平均大于80%，为Ⅰ型干酪根，其母质来源主要为菌藻类。

2）储集特征

长宁页岩气田五峰组—龙马溪组页岩储集空间主要发育有机孔、有机缝、无机孔和无机缝4种基本孔隙类型。

（1）有机孔。

黑色页岩中有机质热演化过程中，当成熟度均已达过成熟阶段，干酪根和油裂解沥青都会产生有机质演化孔。其中，干酪根与黏土、石英、长石、碳酸盐及其他矿物混合形成的蜂窝状、球形或气孔状有机孔最为常见。另外，油裂解形成的沥青充填在矿物粒间孔和裂缝中，在地层抬升过程中，温度和压力降低导致沥青收缩、变形形成收缩孔。

有机孔发育大致分3种情况，其一是发育圆形介孔—宏孔，宏孔之间有机质发育介孔；其二是均衡发育微孔—介孔—宏孔，宏孔以大型槽状为主；其三是以圆形大宏孔为主。三者连通性不同，第三类连通性最好，第一类连通性相对最差（图2-1-3）。

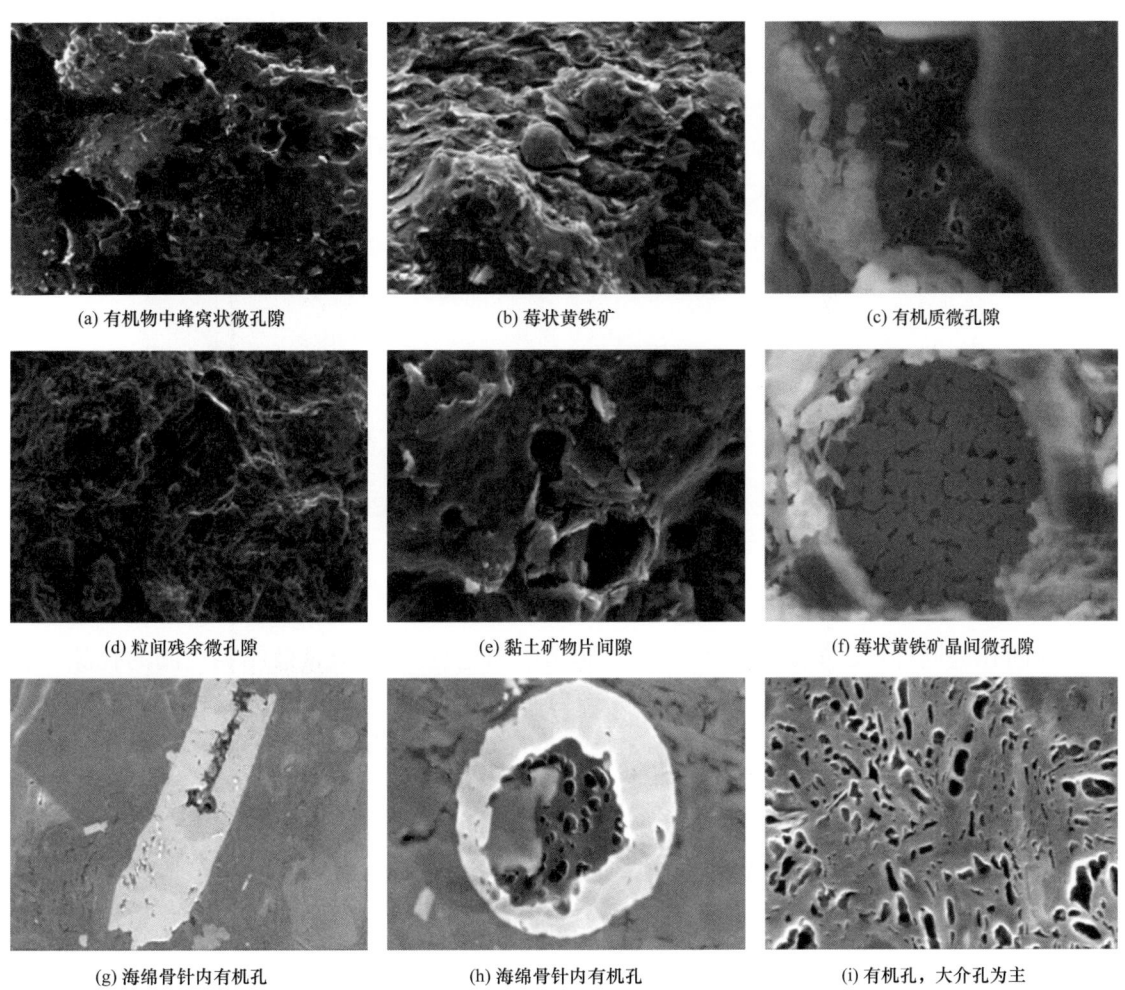

图 2-1-3　长宁页岩气田孔隙类型扫描电镜照片

（2）有机缝。

原油裂解产生的沥青在冷凝过程中或受力作用下会产生缝隙。根据其成因，在拉张作用下形成有机质张裂缝，剪切力作用下形成有机质剪切缝，冷凝作用下形成有机质收缩缝（图2-1-4）和有机质粒缘缝。在长宁地区有机缝并不常见，尤其是有机质粒缘缝和收缩缝。

（3）无机孔。

根据产状无机孔可分为粒内孔和粒间孔。无机粒内孔为碎屑颗粒（包括晶体和化石）、基质及胶结物内孔隙。长宁地区黑色页岩无机粒内孔主要发育于石英、黏土、长石、草莓状黄铁矿碳酸盐矿物和云母内部。矿物特性决定了其粒内孔成因机制有所不同，由于石英较为稳定，其粒内孔主要是原生孔隙；黏土矿物在压实过程中存在粒内孔，埋藏过程中蒙皂石向伊利石转化时也可能有利于粒内孔的形成，也有少数因后期溶蚀形成溶蚀粒内孔；长石和碳酸盐等不稳定矿物较易形成溶蚀粒内孔［图 2-1-5（a）］，粒径为 50～300nm，少数孔达到微米级；黄铁矿也存在溶蚀现象，黄铁矿单晶或者草莓状黄铁矿部分溶蚀存在粒内溶孔；云母内部节理也可存在粒内孔；粒内孔形态多为球形、槽状或者蜂窝状；孔径大小不一，变化范围为几十纳米到十几微米，连通性相对较差。总体而言，粒内孔发育程度取决于矿物的稳定性，一般石英粒内孔较小且不常见，而长石、白云石和方解石粒内孔较多较大且极其普遍。

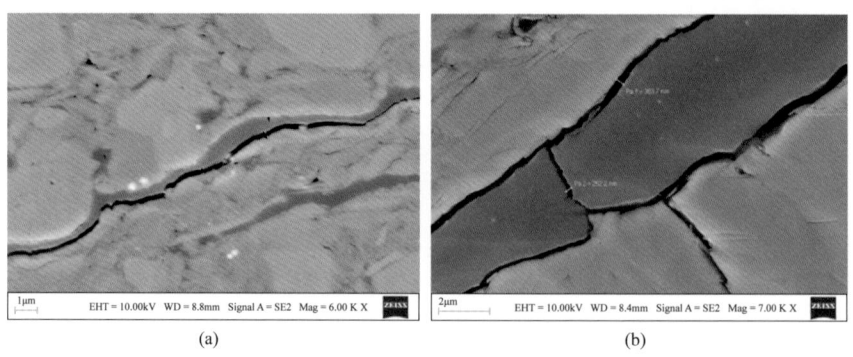

图 2-1-4　长宁页岩气田五峰组—龙一段有机缝特征图

粒间孔为同种或不同种碎屑颗粒（包括晶体和化石）、基质及胶结物之间的孔隙。长宁地区五峰组—龙马溪组页岩矿物粒间孔主要由石英、黏土矿物、长石和白云石等颗粒或晶体之间形成粒间孔，孔径相对粒内孔更大。硅质岩以石英矿物粒间孔常见，一般在几十纳米至 200nm 左右［图 2-1-5（b）］；少量存在的长石颗粒间可见粒间孔，若长石颗粒边缘溶蚀则粒间孔更为显著，一般也在 200nm 以内，也可大至微米级。页岩中存在较多的浸染状黄铁矿、草莓状黄铁矿和铁白云石，其间易形成粒间孔。长宁地区碳酸盐矿物较多，颗粒间易形成粒间孔［图 2-1-5（c）］。总体而言，硅质岩的石英碎屑粒细小且相互之间紧密接触，粒间孔小而多，但总面孔率或者孔体积不大，连通性也不好。黏土、长石和黄铁矿等粒间孔少而大。粒间孔形态多为槽状、孔喉状和不规则状。

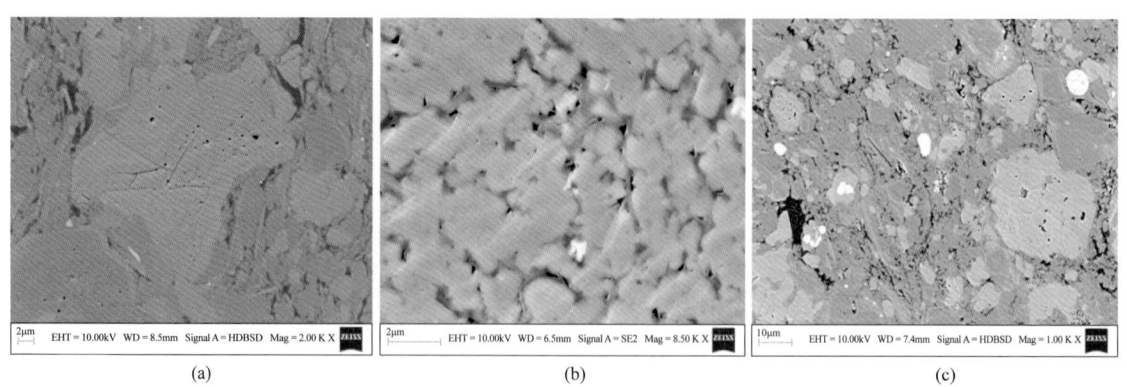

图 2-1-5　长宁页岩气田五峰组—龙一段无机孔特征图

（4）无机缝。

无机缝的形成主要与构造应力和矿物属性有关。首先，长宁地区受多期隆升和不同方向构造运动叠加，容易形成不同走向的高陡构造裂缝、水平层理缝和矿物颗粒粒内缝。ND216井微裂缝较发育，但以水平缝为主，高角度裂缝较少。缝宽较大，常见1～2μm张性微裂缝，且多数裂缝未被有机质充填，为页岩气提供良好的运输通道[图2-1-6（a）（b）]。其次，与石英、长石和碳酸盐等脆性矿物相关的粒缘缝主要是由于脆性矿物与周围矿物硬度的差异在受力的过程中形成[图2-1-6（c）]；黏土中的裂缝主要成因是成岩作用过程中黏土矿物的脱水作用形成和埋藏过程中受力导致。

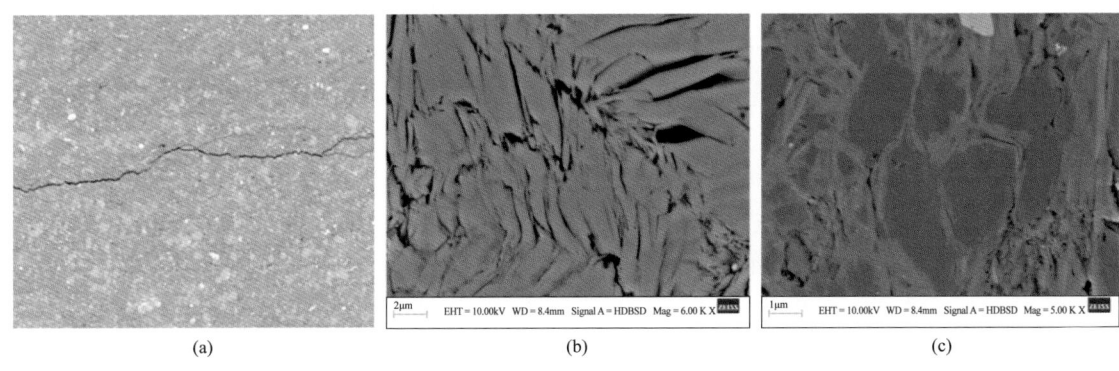

图2-1-6 长宁页岩气田五峰组—龙一段无机缝特征图

典型井分析表明，ND216井龙马溪组底部总面孔率比ND203井略好，其中有机孔发育程度相当，约1.1%，占总孔隙的60%。从单井纵向面孔率对比分析，龙一$_1$亚段底部最大，其次是中上部较大，中部和顶部则较小。有机孔孔径以100nm至1μm宏孔为主，无机孔孔径比ND203井更大，以300～600nm为主。

通过对有机质进行聚焦离子束扫描电镜切片扫描，针对所得二次电子图像进行三维重构，并分别提取有机质和有机孔三维图像，可见有机孔孔隙网络发育，有机质内孔隙度为33.8%，连通性好。

长宁页岩气田五峰组—龙马溪组页岩气层总体表现出低孔—中孔、特低渗透—低渗透特征。样品分析表明，ND216—ND209井区页岩孔隙度分布在2.03%～7.78%之间，平均为4.58%，中值4.67%；其中孔隙度为2%～5%的占总样的61.48%，孔隙度为5%～10%的占总样的36.96%。N213井等4口井87个岩心样品的渗透率分布在1.95×10^{-5}～9.08×10^{-1}mD之间，平均3.14×10^{-3}mD，中值2.14×10^{-3}mD，其中渗透率1×10^{-5}～1×10^{-3}mD的占总样的33.3%，大于1×10^{-3}mD的占总样的66.7%。单井分析表明，ND216—ND209井区块单井平均孔隙度为3.12%～5.68%，渗透率为2.40×10^{-4}～2.49×10^{-3}mD；CN H18-6井块单井平均孔隙度4.44%，渗透率为9.98×10^{-3}mD。

3）含气性

ND216—ND209井区页岩现场解吸法总含气量分布在0.41～11.82m³/t之间，平均3.05m³/t，中值2.32m³/t；页岩气层段405个样品现场解吸法总含气量分布在1.01～11.82m³/t之间，平均3.18m³/t，中值2.50m³/t。

纵向上，五峰组—龙一段现场解吸总含气量特征与 TOC、孔隙度变化趋势基本一致，总体上具有自上而下增大的规律，龙一$_1$亚段最高。平面上具有自西向东增大的特征。

4）可压性

（1）矿物学特征。

ND216—ND209 井区五峰组—龙马溪组一段矿物成分主要为石英、长石、方解石、白云石、黄铁矿和黏土等矿物，其中黏土矿物主要为伊利石、伊/蒙混层和绿泥石。

页岩气层段脆性矿物含量 32.4%~92.8%，平均 67.3%，中值 66.8%，硅质含量 14.7%~81.6%，平均 52.0%，中值 51.6%；钙质含量 1.8%~62.8%，平均 15.3%，中值 12.5%；黏土含量 4.6%~58.1%，平均 30.5%，中值 31.0%。

脆性矿物和硅质含量总体具有自上而下逐渐增高特征，底部矿物含量最高。以 N216 井为例，脆性矿物含量龙一$_2$亚段为 34.6%~72.8%、平均 62.5%，龙一$_1$亚段为 52.0%~92.8%、平均 72.0%，五峰组为 73.0%~86.2%、平均 79.5%。

黏土矿物含量总体较低，在纵向上的变化特征与脆性矿物含量有"镜像"的特征，具有从上至下逐渐减小的特点。N216 井黏土矿物含量龙一$_2$亚段为 25.5%~58.7%、平均 36.5%，龙一$_1$亚段为 4.6%~40.1%、平均 25.0%，五峰组为 11.8%~27.0%、平均 20.0%。

平面上，ND216—ND209 井区脆性矿物含量总体往东北方向增高，位于东侧的 ND215 井脆性矿物含量为 51.7%~89.0%，中值 73.9%；ND224 井脆性矿物含量为 57.2%~86.3%，中值 73.4%。

（2）岩石力学特征。

龙马溪组三轴抗压强度分布范围为 242.35~569.64MPa，平均值为 355.92MPa；杨氏模量分布范围为 2.85×10^4~5.33×10^4MPa，平均值为 3.99×10^4MPa；泊松比分布范围为 0.18~0.31，平均值为 0.25。岩石力学参数变化范围较大，总体显示较高的杨氏模量和较低的泊松比特征。

地应力方向对于水平井井轨迹的方位选择有着至关重要的影响。对 ND 209H16-5 井、ND213 井、ND215 井、ND216 井和 ND217 井开展了 11 批次的地应力方向实验，认为长宁页岩气田地应力方向为近东西向。三向主应力分布规律为 $\sigma_H>\sigma_v>\sigma_h$；最小水平主应力（$\sigma_h$）为 74~77MPa，最大水平主应力（$\sigma_H$）为 87~92MPa，垂向主应力（$\sigma_v$）为 81~82MPa，主应力差 10~16MPa。

二、威远页岩气地质特征

1. 构造

威远页岩气田所在的威远构造属于四川盆地川西南低陡褶带，为一大型的穹窿背斜构造，呈北东东向展布，地面及地腹均表现为北缓南陡的不对称的短轴背斜，西端部细长，东端部粗短，其东部及东北部与安岳南江低褶皱带相邻，南界新店子向斜接自流井凹陷构造群，北西界金河向斜与龙泉山构造带相望，西南部与寿保场构造鞍部相接（图 2-1-7）。

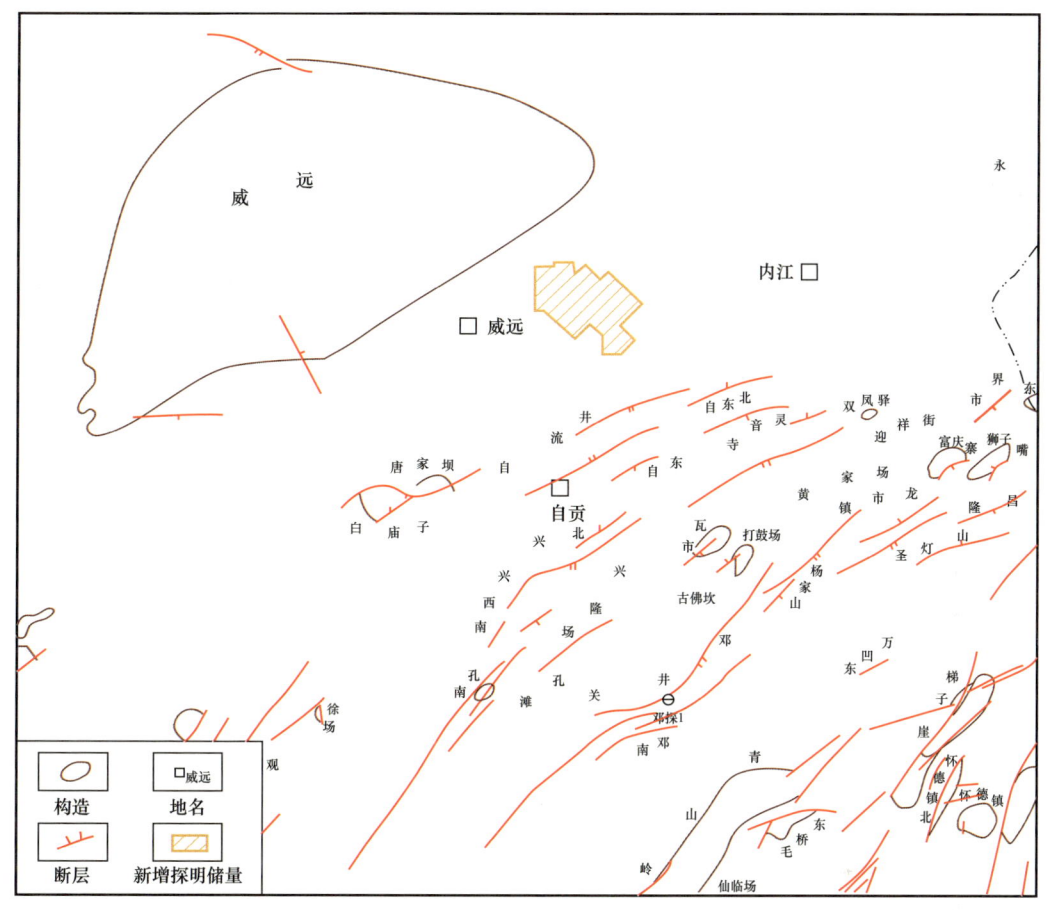

图 2-1-7　威远区域构造简图

威远构造是乐山—龙女寺加里东古隆起中部南翼的一个巨型穹隆背斜构造。初步认为有两方面的因素导致威远隆起的形成：一是基底的隆起，是威远隆起形成的基础；二是水平方向的挤压，震旦系沉积后，经历了从桐湾运动至喜马拉雅运动的全过程。

2. 地层

威远页岩气田出露地层主要为侏罗系—三叠系，最新地层为中侏罗统沙溪庙组。威远页岩气田中奥陶统以上地层自上而下依次为：中侏罗统沙溪庙组，下侏罗统凉高山组、大安寨组、马鞍山组、东岳庙组、珍珠冲组，上三叠统须家河组，中三叠统雷口坡组，下三叠统嘉陵江组、飞仙关组，上二叠统长兴组、龙潭组，下二叠统茅口组、栖霞组、梁山组，下志留统龙马溪组，上奥陶统五峰组、临湘组和中奥陶统宝塔组，缺失泥盆系和石炭系。

五峰组—龙马溪组为威远页岩气田勘探的主要目的层段。五峰组厚度较薄，一般 0.5～15m，在 W201 井附近较厚，在 W204 井、W211 井和 W213 井附近厚度较薄。龙马溪组厚度为 162～556m，靠近古剥蚀区地层厚度有减薄的趋势，纵向上可进一步将其细分为龙马溪组一段和龙马溪组二段。

1）五峰组

五峰组底部以灰色含介形类和少许笔石的泥岩的出现与下伏临湘组含三叶虫 *Nankinolithus* 的瘤状灰岩相区分，顶部以上覆龙马溪组底部黑色页岩的出现为分界标志，其间常见有一层 0.3~0.5m 厚的介壳灰岩层，属于观音桥段地层，上下均为整合接触。五峰组下部黑色页岩段与上部观音桥段之间的界线各地不一，表现为明显的穿时界面。

2）龙一段

据省地层资料总结，奥陶系—志留系界线置于笔石 *Glyptograptus persculptus*（雕笔石）带与三叶虫 *Dalmanitia*（达尔曼虫）—腕足 *Hirnantia*（赫南特贝）组合带之间。在威远页岩气田，龙马溪组黑色页岩与下伏含 *Hirnantia-Dalmanitina* 动物群的奥陶系五峰组观音桥段深灰色介壳灰岩呈整合接触，界线明显，在测井曲线形态上，观音桥段与龙一段底部的黑色页岩有着明显的差异：高伽马值、变化幅度大。龙马溪组一段为持续海退的进积式反旋回，依照次级旋回和岩性特征将其自下而上分为 2 个亚段，即龙一$_1$ 亚段和龙一$_2$ 亚段。

龙一$_1$ 亚段：为一套富有机质黑色碳质页岩，发育大量形态各异的笔石群，黄铁矿发育，为深水陆棚相。底部与五峰组介壳灰岩整合接触，顶部与龙一$_2$ 亚段底部深灰色页岩分界。

龙一$_2$ 亚段：沉积旋回为高体系域逐渐海退的过程，出现大段砂泥质互层或夹层岩性组合，为粉砂质泥棚相沉积，沉积构造有风暴岩、钙质结核、平行层理，笔石数量少。

3）龙二段

受加里东运动的影响，乐山—龙女寺古隆起抬升，各区域龙马溪组与不同的上覆地层接触，其遭到不同程度的剥蚀。威远页岩气田龙马溪组顶部的深灰色、灰绿色页岩或粉砂质页岩与二叠系梁山组底部的黑灰色泥岩及泥灰岩假整合接触。二者的电性特征差异明显，龙马溪组顶部为泥质粉砂岩和粉砂质泥岩互层，其自然伽马值明显低于梁山组泥页岩的伽马值，界线处曲线突变明显。

龙二段主要为一套灰色、灰黑色灰质粉砂页岩或灰质页岩夹泥灰岩、粉砂岩，由下而上碳质逐渐减少，钙质逐渐增多，并影响着不同生物群的发育。龙二段除笔石外，还有三叶虫、腕足类等的发育，且在钙质重、泥质少的地区，笔石少见，而三叶虫、腕足类较富，说明海水转为浑浊，沉积物质更替频繁，还原作用减弱（如黄铁矿减少），比海水略为清洁（碳质减少，特别是最晚期）时补充的物质成分不同（砂质、钙质增多），但沉积环境的这种变化却为腕足类、三叶虫等生存繁殖创造了一定的条件。

3. 沉积特征

根据单井沉积相及海平面升降变化的分析，并结合区域地质资料研究，威远页岩气田在龙马溪组沉积时期海平面相对上升，水体变深，在三级海平面的旋回变化的基础上，出现多次次级海平面的周期旋回变化。早志留世龙马溪组沉积时期大致经历了两次海平面的升降变化，且每次海平面变化从快速海侵开始到缓慢海退结束，早志留世龙马溪组主要沉积一套陆源碎屑沉积体系，为浅海陆棚相分布区，物源主要来自周边古陆。

五峰组—龙一段：第一次次级相对海平面变化旋回，海水由川东方向入侵，川南地区水体逐渐加深，沉积了一套厚度在50m左右的深水碳质硅质页岩，沉积构造主要以水平层理、块状层理和韵律层理为主，见定向沙纹层理和冲刷侵蚀面构造，结核状和侵染状黄铁矿较发育，笔石化石含量丰富，见海绵骨针、介形虫和棘皮类等生物碎片。

龙二段：威远页岩气田在海退期，海平面下降、水体变浅，物源区沉积物发生一定的变化，沉积物颗粒相对较粗，主要以灰色块状（页片状）灰色泥质粉砂岩、灰色块状灰岩为主，局部夹薄层深灰色粉砂质泥岩相和灰色风暴岩相，沉积构造主要以水平层理、块状层理为主，见定向沙纹层理和冲刷侵蚀面构造，结核状和侵染状黄铁矿较发育，笔石化石含量相对较少，沉积构造主要以水平层理、块状层理和韵律层理为主。

4. 储层特征

1）有机地化特征

晚奥陶世—早志留世初期，威远页岩气田整体处于深水陆棚沉积相带，沉积水体相对平静、缺氧，有利于烃源岩的形成。富有机质页岩（TOC≥1.0%）分布范围广、厚度较大，厚度一般为30～70m；优质烃源岩（TOC≥2%）主要位于五峰组—龙马溪组一段，厚度一般为20～50m。干酪根类型以Ⅰ型为主，见少量的Ⅱ$_1$型；R_o介于1.7%～2.5%，处于高—过成熟阶段。虽然主生烃期早已过去，但在后期良好的保存条件下，有利于页岩气的富集，龙马溪组一段总有机碳含量在0.1%～10.2%之间，平均值大于2%，页岩生气能力强。

2）储集特征

威远页岩气藏具有自生自储的特点，五峰组—龙马溪组一段页岩层整体物性较好，孔隙度介于1.9%～10.9%之间，平均值为6.0%；基质渗透率分布在1.06×10^{-5}～7.12×10^{-3}mD，平均4.26×10^{-4}mD，以中孔隙度、特低渗透页岩层为主。

储集空间主要包含孔隙、裂缝两种：孔隙主要表现为纳米级，按成因类型可识别出有机质孔、黏土矿物间微孔以及脆性矿物孔（晶间孔、次生溶蚀孔等）类型，孔径一般为50nm至1μm，以宏孔为主，为页岩气吸附和储集的主要空间。裂缝主要以微裂缝为主，水平缝发育，高角度缝较为发育，裂缝长度一般小于30cm，且部分被黄铁矿、泥质条带或方解石等充填。水平缝在页岩气层整体较发育，龙一$_1$亚段底部尤其发育。

3）含气性

根据威远页岩气田W208井区9口页岩气评价井测井资料显示，储层总含气量为0.48～14.21m³/t，平均为5.11m³/t，中值4.37m³/t，纵向上龙马溪组底部页岩含气量较高，龙马溪组一段较龙马溪组二段含气性好，龙一$_1$亚段较龙一$_2$亚段含气性好，总体分析，威远页岩气田龙马溪组一段含气较好，是目前该地区页岩气开发的主要层段。

第二节 页岩储层实验评价方法

以川南页岩气的地质分析为例来看，川南页岩气地质面临的主要挑战就是海相页岩成熟度高、孔隙度、渗透率低、储层微观孔隙结构非常复杂、且非均质性强、一般以纳米级孔隙为主（陈桂华等，2012）。

一、常规分析测试技术

1. 有机地球化学分析技术

1）有机质丰度分析

目前常规油气勘探中的有机质丰度分析项目主要包括总有机碳分析、岩石氯仿沥青测定、岩石热解分析等，这些成熟技术可直接用于页岩气勘探过程中。

2）有机质类型分析

页岩中有机质性质不同，其生烃潜力、生烃类型（油、气）和门限深度（温度）均相差甚大，因而有机质性质的研究自然成为评价页岩有机地球化学特征的重要内容之一。目前主要采用的方法有干酪根显微组分鉴定法、干酪根稳定碳同位素分析法和有机元素分析法等。

3）有机质成熟度表征

表示页岩中有机质成熟度的指标很多，例如热解参数、镜质组反射率、孢粉碳化物、可溶有机质的化学组成特征、干酪根自由基含量、干酪根颜色、H/C—O/C 原子比关系和时间温度指数（TTI）等都可以用来表征页岩有机质成熟度。

2. 岩石矿物学分析技术

页岩岩石矿物鉴定有多种方法，如扫描电镜分析法、X 射线衍射分析法、化学分析法、显微镜分析法等。

1）扫描电镜分析法

扫描电子显微镜是石油地质行业必不可少的研究检测仪器设备，利用扫描电镜可直接观察岩石样品微区的颗粒形态和接触关系、孔隙类型、孔隙特征及分布、胶结物及自生矿物类型的特征及产状、岩心自然断面上孔隙的结构和充填特征、岩石铸体骨架的特征、储层岩石的孔喉形态和大小、连通情况及配位数等。

2）X 射线衍射分析法

特定的矿物具有特定的晶体结构，而晶体结构是原子基团（晶胞）的 3 维周期排列，这种周期结构会对入射的准单色 X 射线在一系列特定方向上产生相干加强出射 X 射线，因此采用实验的方式得到一系列特定方向上产生的相干加强出 X 射线谱图，由此可以确定矿物种类，并利用矿物的含量与其特征衍射峰的强度之间的正相关关系，进而通过测量未知样品中该矿物的特征峰的强度而求出该矿物的含量。

3. 岩石物性分析技术

1）页岩储层岩石的孔隙度测定

页岩岩石孔隙度可通过实验室直接测定和利用测井资料间接确定，但通过测井方法确定的孔隙度通常需要实验室数据进行校正。实验室测定页岩储层岩石孔隙度的方法有液体饱和法和气体饱和法。

2）页岩储层岩石的渗透率测定

岩石的渗透率是岩石（多孔介质）的一种性质，是指在一定的驱替压差下岩石允许流体（石油、天然气或地层水）通过能力大小的量度。页岩储层岩石的渗透率是页岩气勘探开发过程中最重要的基本参数，测定方法有传统的稳态法和压力脉冲衰竭法。

3）含水饱和度测定

所谓含水饱和度是指页岩储层岩石孔隙中含水体积占总孔隙体积的百分比，它表征了页岩储层孔隙空间被水饱和的程度。由于四川盆地页岩储层成熟度较高，岩心中的流体通常只有气和水，因此可采用烘干法测定页岩储层的含水饱和度。

4. 页岩含气量分析技术

页岩含气量是指每吨页岩所含天然气折算到标准状况下的天然气总量，在数值上等于页岩的生烃量减去排烃量。页岩气的赋存状态包括游离气、吸附气和溶解气等，其中游离气和吸附气占绝大多数，游离气一般忽略不计。目前，应用最为广泛的页岩含气量实验分析技术为现场解吸法和等温吸附实验法。

1）现场解吸法测定页岩含气量

现场解吸法是指通过测定现场钻井岩心的解吸行为获取实际含气量。现场解吸法测得的含气量包括直接测得的解吸气量和残余气量以及对解吸气量数据进行回归分析后得到的损失气量组成。

2）等温吸附法测定页岩含气量

测量页岩中的吸附气量主要采用等温吸附法进行，常用的测定页岩吸附气量的等温吸附法有容量法和重量法两种，这两种方法各有优劣。

5. 岩石力学分析技术

岩石力学是以岩石为研究对象，探讨岩石对其周围物理环境中力场反应的科学，岩石的力学分析包括岩石的本构性质和地应力分析两个方面。支撑岩石本构性质研究的实验检测参数有岩石强度、杨氏模量、泊松比、断裂韧性、内摩擦角和内聚力等，地应力的实验包括地应力大小和地应力方向测试。

1）岩石的强度测试

当受力超过一个限度后，岩石将发生破坏，长期以来人们将该限度作为岩石的性能指标——强度。通常通过测试岩石的单轴抗压强度和抗拉强度和抗剪强度等参数来进行评判。

2）岩石的弹性参数测试

岩石在较低应力条件下，可视为弹性体，当外力作用时岩石发生形变，外力撤出时变形消失。岩石的杨氏模量、体积模量及泊松比等是描述岩石形变、衡量岩石抵抗变形能力的主要参数。通常通过岩石单轴/三轴压缩实验、纵波/横波测试、岩石力学脆性指数计算等来进行测量。

3）岩石断裂韧性测试

断裂韧性是评价裂缝扩展难易的参数，对研究页岩缝网形成机理具有重要意义。通常有三点弯曲法、巴西圆盘法、厚壁圆筒法等测试方法。

4）地应力测试

蓄存在岩体内部未受到扰动的应力称为地应力，地应力分为原地应力和诱发地应力。科学家们共提出了数十种地应力测试方法，可分为基于岩心的方法（岩心定向测试）、基于钻孔的方法（非弹性应变恢复法）、地质学方法（构造应力建模法）、地球物理方法（差波速分析法、波速各向异性分析法、声发射法）等。

二、页岩气特色分析测试技术

孔隙结构是指岩石内的孔隙和喉道类型、大小、分布及其相互连通关系。针对页岩微纳米孔隙，研究孔隙结构的方法很多，发展较快，按照实验过程与手段的不同总体上分为间接测定法、直接测定法、数字岩心法。在页岩孔隙结构研究中应用较广的实验方法共有10种，主要描述页岩孔隙的大小、形貌以及分布特征，各种实验方法的适用范围如图2-2-1所示。

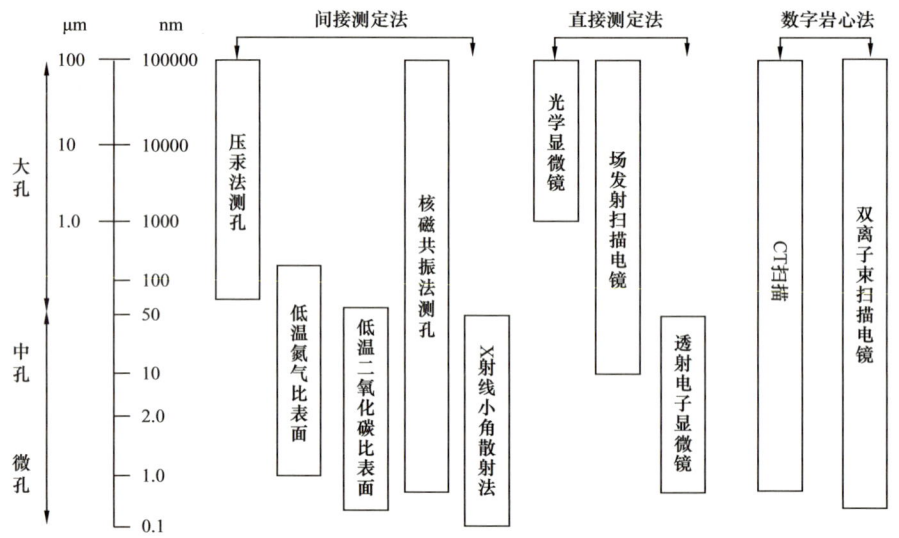

图2-2-1 不同测量孔隙结构方法的适用范围

1. 大面积高分辨率背散射成像（MAPS）孔隙结构定量表征技术

在开展页岩储层微观孔隙结构定量表征时，受页岩沉积物颗粒细小、储层致密和有机质发育影响，面临分辨率和视域范围不能兼顾的问题，即分辨率高但视域范围小和数据代表性差，视域范围大时但分辨率低，所得数据准确性低，传统扫描电镜方法难以满足页岩纳米级孔隙研究的需要，导致开展页岩储层微观孔隙结构二维定量评价难以实现。为解决该技术难题，针对传统扫描电镜高精度但视域小问题，通过扫描电镜定位纵横向连续拍摄，在0.8mm×0.8mm范围内大致完成40排×36列拍摄，完成约1440张多图拼接（图2-2-2），形成大面积高分辨率背散射图像，利用灰度识别原理，获取有机孔、有机缝、无机孔和无机缝的面孔率及其孔径分布。

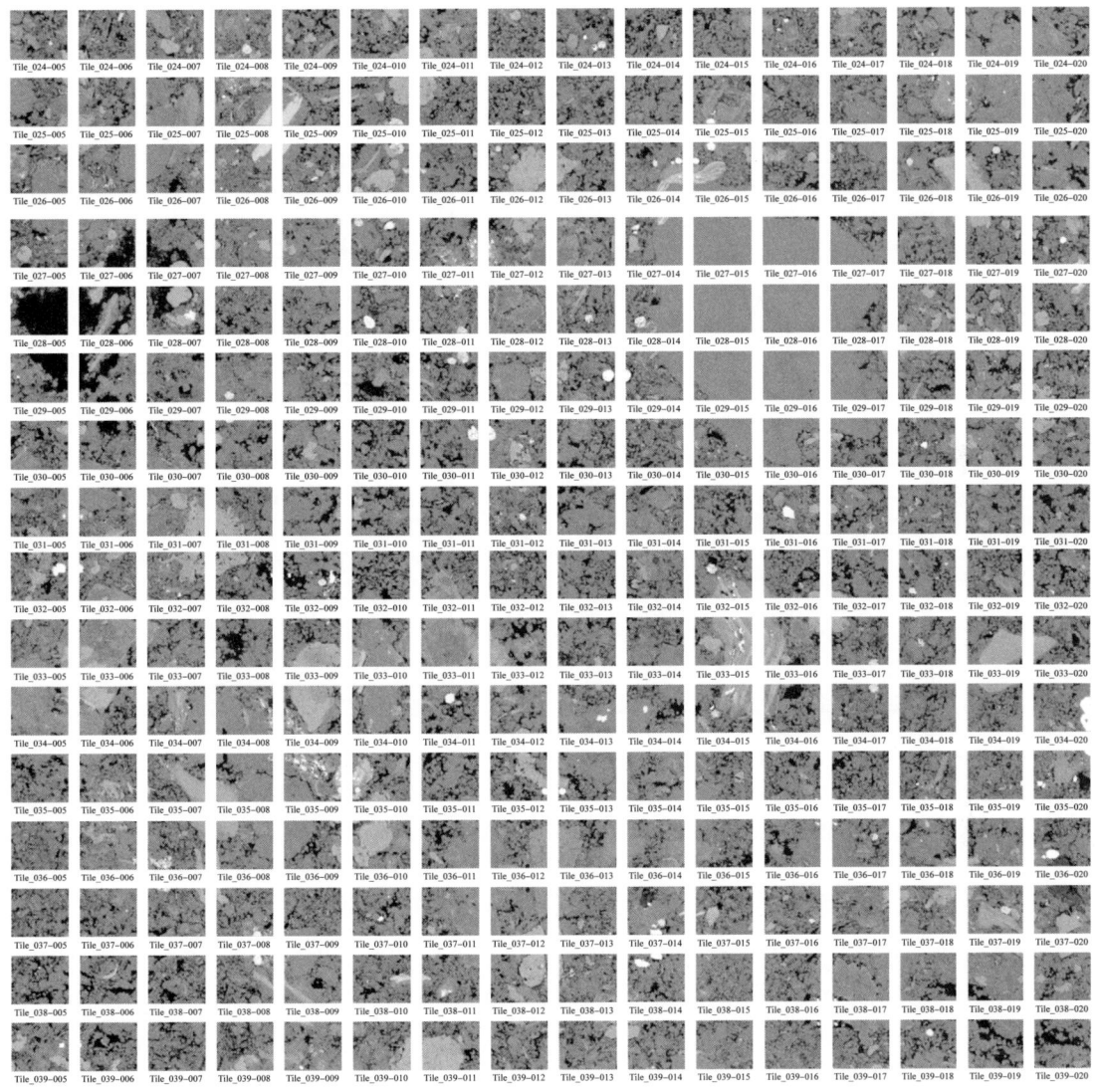

图2-2-2 大面积高分辨率背散射成像（MAPS）多图拼接示意图

通过对长宁—威远地区典型井不同小层的对比研究发现，ND203井有机孔面孔率较高，其中1小层和3小层最高，1小层既发育小孔，又发育大孔，而3小层主要以大于100nm大孔为主；W201井面孔率各小层均较低，4小层有机孔面孔率相对较高，因此，龙一$_1$亚段中下部基本不发育有机孔，仅在其顶部有发育。另外，长宁和威远地区储层无机孔面孔率相当，且其孔径分布规律几乎一致，只是ND203井的10～20nm无机孔相对更为发育（图2-2-3）。

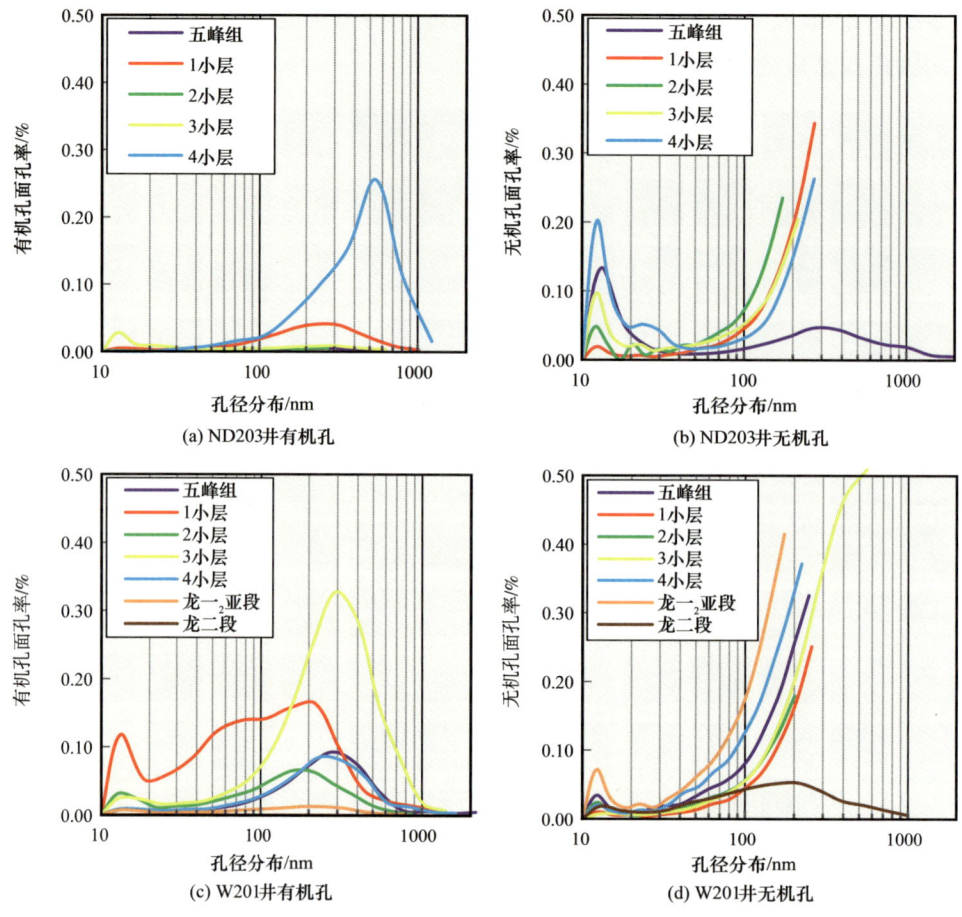

图 2-2-3 长宁—威远地区五峰组—龙马溪组面孔率孔径分布图

2. 扫描电镜矿物定量分析技术（QEMSCAN 或 AMICSCAN）

扫描电镜矿物定量分析是基于大面积高分辨率成像技术，对 2.5mm×0.4mm 范围 1μm 分辨率连续扫描，形成一张大图，通过电脑后台识别矿物边界并对矿物颗粒进行能谱识别矿物，将各矿物含量统计形成面积百分比和换算成质量分数，进而定量分析矿物组分。

通过对长宁—威远地区典型井矿物定量分析，认为 N201 井五峰组底部石英含量较低，黏土含量较高，至顶部方解石急剧增加；龙一$_1$亚段石英含量降低，由 1 小层 59% 降低至 4 小层 22%；黏土含量升高，1~2 小层仅 13%，4 小层则高达 60%；龙一$_2$亚段黏土含量较高，长石含量增加较多，陆源碎屑输入大（图 2-2-4）；W202 井五峰组石英底部高而顶部低，黏土含量总体较低，碳酸盐岩规律与石英相反，至顶部增至 68%；龙一$_1$亚段 1 小层和 3 小层石英为主，2 小层黏土、碳酸盐岩和长石较高（图 2-2-5）。

3. 聚离子双束扫描电镜（FIB-SEM）三维重构及孔隙结构定量表征技术

开展了聚离子双束扫描电镜（FIB-SEM）三维切片和三维数字岩心重构研究，利用离子束抛光一次结合电子束照相一次，连续切割和拍照 600 次（图 2-2-6）。通过将所有照片三维重构，并进行数据分割和提取，获取单一介质或多种介质的成分和孔隙结构信息，尤其形成了一套有机质孔隙网络的处理技术，获取有机质内孔隙度和孔径分布特征。

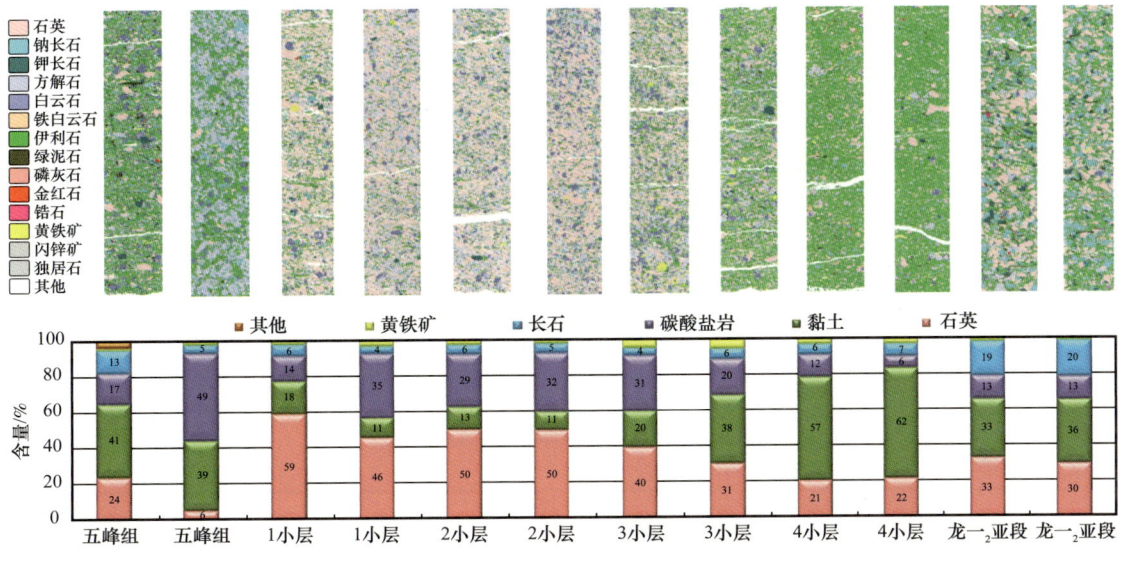

图 2-2-4　ND201 井矿物组分定量分析柱状图

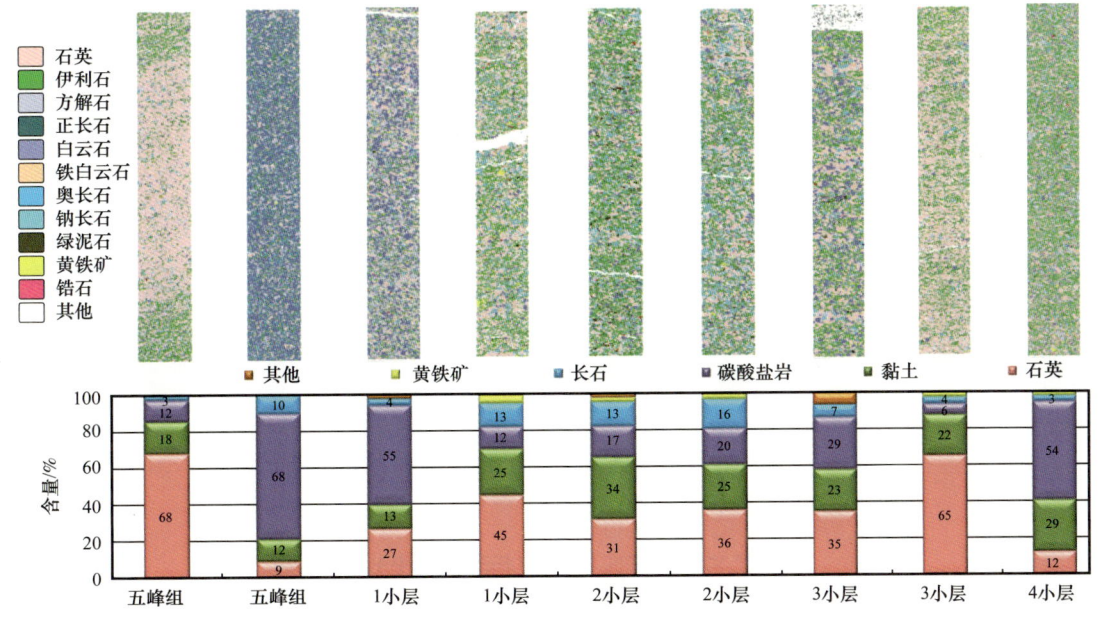

图 2-2-5　W202 井矿物组分定量分析柱状图

通过对长宁—威远地区龙一$_1^1$小层样品三维重构和分析，认为 ND203 井有机质丰度高，有机孔微孔、介孔和宏孔均有发育，孔隙性极好，有机质内孔隙度可达 33.8%；W204 井同样有机质丰度高，但有机孔以大宏孔为主，微孔和介孔发育相对较少。W201 井有机质丰度也高但孔隙不发育，有机质内孔隙度仅 2.2%；ZI201 井有机质孔隙发育也较差，有机质丰度为 6.6%，但有机质内的孔隙度约为 4.8%，略优于 W201 井（图 2-2-7）。

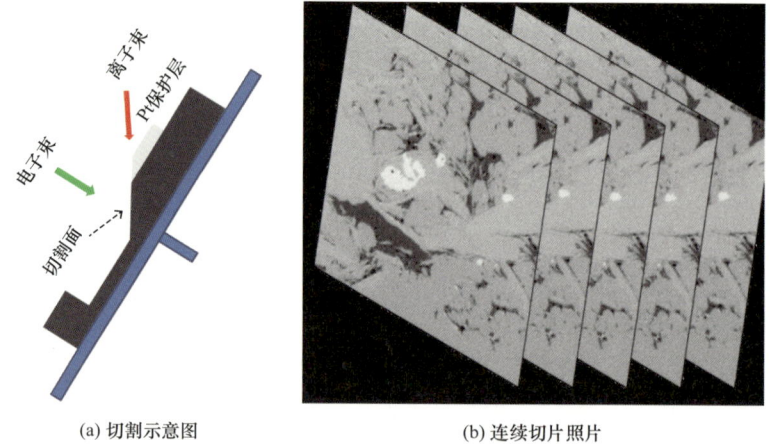

(a) 切割示意图　　　　　　　　(b) 连续切片照片

图 2-2-6　页岩三维数字岩心重构图

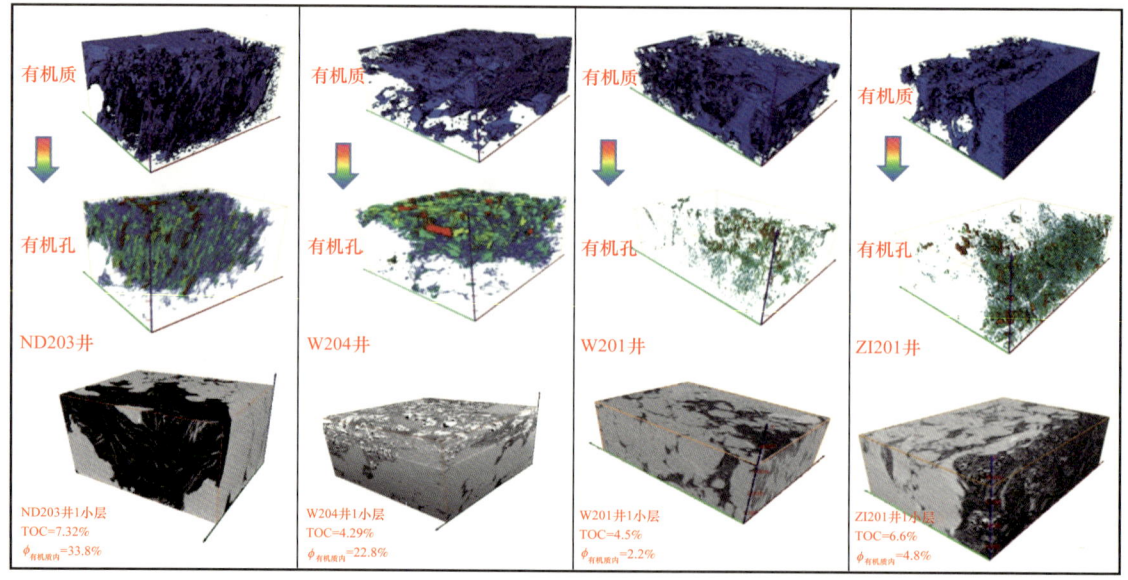

图 2-2-7　长宁—威远地区龙一$_1^1$小层有机质三维孔隙网络对比

第三节　页岩储层测井技术

一、存储式测井仪器研发及其配套测井工艺

为了克服传统阵列感应发射电路功耗高的缺点，设计出了小功耗的三频率调谐发射电路，以满足存储式仪器的低功耗要求。通过数值模拟和计算，设计出了适合小直径的

阵列感应线圈系及结构。

存储式阵列感应线圈系以 1515 感应线圈系作为原型，线圈之间的距离与 1515 感应线圈是相同的，但是由于直径变小，线圈圈数需要增加。通过数值模拟和计算，其线圈约为 1515 感应线圈圈数的 2 倍。该线圈系采用 6 个子阵列，3 种工作频率。每个子阵列采用三线圈系结构，即一个发射线圈、一个屏蔽接收线圈和一个主接收线圈，屏蔽线圈不但可以屏蔽直耦分量，还可以增加仪器径向探测深度和纵向分辨率。阵列感应线圈系工作原理如图 2-3-1 所示。

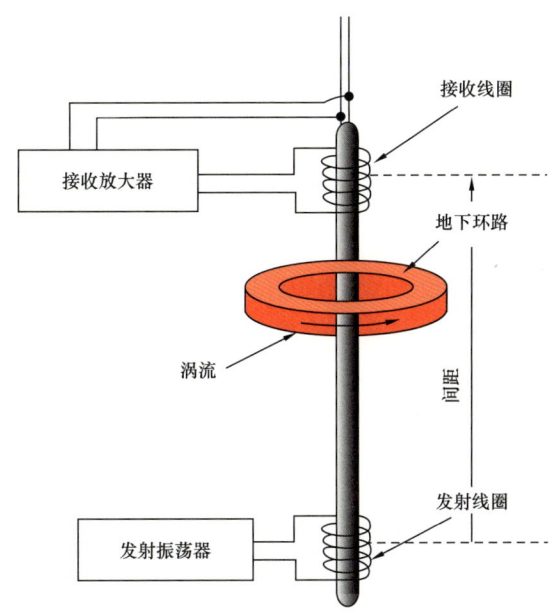

图 2-3-1　阵列感应线圈系工作原理图

存储式阵列感应线圈系的探测特性研究成果有以下 3 项：

（1）径向微分响应函数及图版，即仪器的探测深度，反映出线圈系随着子阵列间距的增大，其探测深度加深，受井眼影响小。

（2）纵向微分响应函数及图版，即仪器的分辨率，反映仪器的纵向分层能力和围岩的影响。

（3）真分辨率聚焦的二维响应函数，不同探测深度的曲线，分辨率是不同的。为使分辨率一致，软件在真分辨率聚焦基础上设计一维纵向分辨率匹配，用信息补偿原理来实现分辨率匹配。

为了能够更好地确定岩性、黏土类型及含量、测量地层厚度、辨别潜在破裂带等问题，研发了存储式自然伽马能谱测井仪，仪器由两个探测器总成，两路仪器探测器各自输出的脉冲信号，送到各自对应的信号放大板分别处理成两路脉冲信号，再分别送到数字电路，经过 4 路脉冲幅度分析器进行数字化，2 路用作稳谱，2 路用作工程量计算。数字化后的数据通过存储芯片进行存储，等仪器回到地面后再读取出来移植到地面系统。

当伽马射线通过 NaI 晶体时，由于晶体内能量交换而产生闪烁光，NaI 晶体发出的闪烁光经光耦合连接到光电倍增管的阴极，光电倍增管在高压电源的作用下对产生的电子产生一个强大的多级电场，在电场的作用下射向第一电极，从该电极又产生大量的刺激电子，并射向后续的电极。经最后一级电极生成的电子汇集到阳极产生一信号脉冲，信号脉冲送到模拟放大电路板上，由于光电倍增管是进口原装的，其信号输出需要外接负载和隔离电容才能提取信号，所以要在信号放大板上进行相关电路配接。过钻具存储式自然伽马能谱测井仪的电子线路，由电源电路、探测器总成、信号放大电路、高压电源电路、峰值保持电路、数字处理电路等部分组成。在电路结构上，都处于电路骨架当中。存储式能谱测井资料在多口井完成了与5700系列能谱测井仪器1329的现场测试对比以及存储式现场施工测井，资料质量合格。如图2-3-2所示为存储式能谱测井资料与5700系列能谱测井资料的对比图。

在存储式测井仪器研发的同时，设计了配套的测井工艺。过钻具存储式测井是利用下钻方式将安放在钻杆内的测井仪器下放至测井段底部位置，然后将仪器释放出钻杆，最后起钻测井的工艺。它包括地面系统、悬挂释放系统和井下仪器串（包括存储式自然伽马井斜方位测井仪、双侧向测井仪、补偿声波测井仪、感应、中子测井仪、密度测井仪、井径测井仪及声波变密度测井仪等，根据测井项目可进行多种组合测井）。测井施工时，先将地面系统的绞车编码器、钩载传感器和立管压力传感器安装在钻井平台的对应接口，用于地面系统采集井下仪器深度信息、大钩负载和立管压力信息。

由于过钻具存储式测井工艺要求，仪器与工具组合下井必须按固定流程装配：先下下部悬挂短节，其作用是仪器释放后挂住井下仪器串；再下调整短节，其作用是调整高度，便于测井结束后拆卸井下仪器串；再下循环短节，它用于起下钻过程中循环钻井液，保证井控安全；再下钻具保护套，它用于保护井下仪器串；再下上部悬挂短节，它用于悬挂井下仪器串及释放器；将卡盘放置在上部悬挂短节上，再利用风动绞车将第一支仪器缓慢放入上部悬挂短节内，并用卡盘卡住，再将第二支井下仪器与第一支井下仪器通过螺纹连接后缓慢下放，再用卡盘卡住；最后依次下放所有剩余井下仪器；安装释放器，使释放器与井下仪器连接，然后移去卡盘，将释放器悬挂在上部悬挂短节内；再下上部短节，它用于螺纹类型转换，便于悬挂释放系统与普通钻杆对接；最后正常下钻将仪器串下至测井段位置。

待钻具底部到达测井段底部位置后，循环钻井液，保证钻具水眼畅通，上提仪器串长度加5m，在井口投球，钻井泵缓慢加压至比设计的剪切压力小1～2MPa，将投球推送至释放器上，当投球封住释放器的钻井液循环孔后，增加泵压剪切销被切断，仪器串释放出钻具水眼，进入裸眼井段，释放器悬挂在下部悬挂短节上，最后起钻测井，测井数据以时间—测井数据方式存储在仪器串的存储器中。

测井完毕仪器串取出井口后，地面系统读取井下仪器串内数据。地面系统将井下仪器存储的时间—测井数据和地面系统存储的时间—深度数据进行时深转换，获得深度—测井数据关系文件，最后回放形成测井曲线。

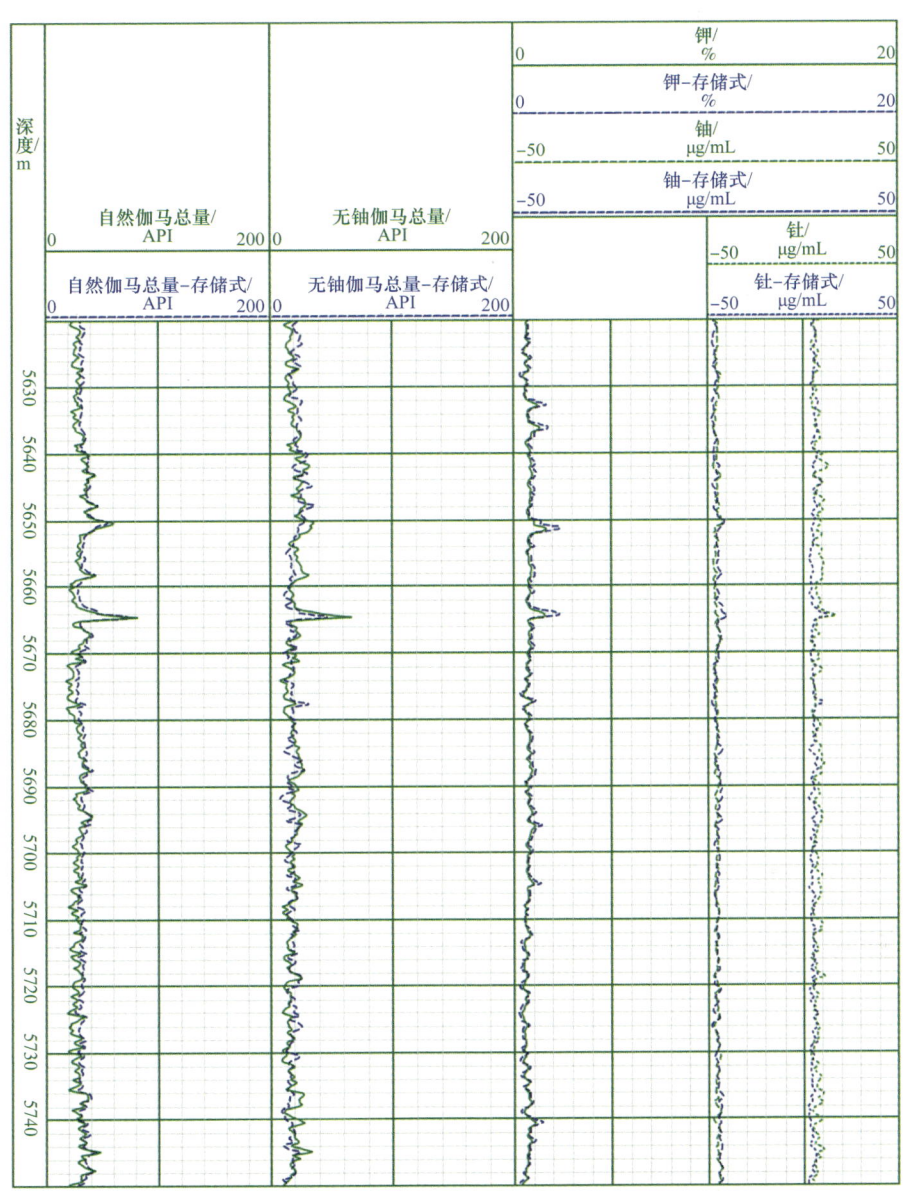

图 2-3-2　存储式能谱测井资料与 5700 系列能谱测井资料对比图

二、页岩气水平井测井评价技术

页岩气以游离气和吸附气为主,总有机碳含量与孔隙度的大小控制了含气量的大小;由于页岩气储层的低孔隙度和特低渗透率特征,大型水力压裂成为页岩气增加产量的关键,因而岩石脆性和可压裂性评价成为页岩气评价的重要内容。除了过去通常评价常规的砂岩和碳酸盐岩储层的孔隙度、渗透率、含水(气)饱和度和储层厚度4个参数外,页岩气储层还有了总有机碳含量、吸附气含量、游离气含量和岩石脆性等关键性参数需要进行研究和评价(严伟等,2014)。

页岩气储层中总有机碳又称剩余有机碳，指岩石中残留的或剩余的有机碳。油气成因理论认为，烃源岩中只有很少一部分有机质转化成油气排替出去，大部分仍残留在烃源岩中，同时由于碳是有机质中含量大、稳定程度高的元素，所以用剩余有机碳来近似地反映烃源岩内的有机质含量。通常认为剩余有机碳与剩余有机质之间存在一定比例关系，二者间多以 1.22 或 1.33 作为恢复系数。

干酪根的定义：沉积物中不溶于常用有机溶剂的所有有机质，包括各种牌号的腐殖煤（泥炭、泥煤、烟煤、无烟煤）、藻煤、烛煤、地沥青类物质（天然沥青、沥青、焦油矿中的焦油）、近代沉积物和泥土中的有机质。这个定义的内涵太广泛，于是将其简化为：干酪根是沉积物中的能溶于非氧化的无机酸、碱和有机溶剂的一切有机质。干酪根是由腐黑物进一步缩聚来的，被认为是生油原始物质。它在沉积岩中分布非常广泛，占了沉积物中总有机质的 70%～90%。

计算出总有机碳含量后，结合岩石的密度测井值和总有机碳与干酪根体积之间的换算关系，应用测井资料可以计算出页岩储层中干酪根的体积。在长宁—威远研究区块，总有机碳含量的计算方法主要采用 4 种方法：一是电阻率与孔隙度重叠法；二是放射性铀元素含量与总有机碳关系回归法；三是三孔隙度曲线计算方法；四是综合上面 3 种计算方法，分段处理，取得合理的计算结果。在使用测井计算的总有机碳含量曲线时，可以根据具体的情况分类选用不同的计算方法，并可分段计算和分段取值，从而消除环境影响和地层本身特征的影响，使计算的结果更准确。N206 井低阻高成熟页岩、含其他异常放射性矿物和井眼扩径等因素都会对计算的有机碳含量有影响，需要进行综合处理，如图 2-3-3 所示。

页岩气孔隙度低，一般无自由可动水，故所求得的含水饱和度为束缚水饱和度。常规测井曲线中的总孔隙度定义包含了黏土束缚水，是不属于孔隙中毛细管压力束缚水和孔隙中自由水，实际上在储层分析中没有任何意义，并且还可能误导地质分析家。一般地应用三孔隙度曲线计算储层的孔隙度时，黏土的含氢指数、声波时差和黏土的密度值所谓的黏土骨架值都包含了黏土束缚水的响应部分，故测井计算的孔隙度为有效孔隙度。针对页岩气储层的特点，建立方程组，通过多次迭代，求取地层的孔隙度。

$$\begin{cases} \rho_b = \rho_1 V_1 + \rho_2 V_2 + \cdots + \rho_i V_i + \cdots + \rho_m V_m \\ \Delta t = \Delta t_1 V_1 + \Delta t_2 V_2 + \cdots + \Delta t_i V_i + \cdots + \Delta t_m V_m \\ \text{CNL} = \text{CNL}_1 V_1 + \text{CNL}_2 V_2 + \cdots + \text{CNL}_i V_i + \cdots + \text{CNL}_m V_m \\ \quad\quad\quad\quad\quad\quad\quad \vdots \\ 1 = V_1 + V_2 + \cdots + V_i + \cdots + V_m \end{cases} \quad (2\text{-}3\text{-}1)$$

式中　V_1，V_2，V_3，…，V_i——各矿物组分体积和孔隙度；

　　　CNL_1，CNL_2，…，CNL_i，Δt_1，Δt_2，…，Δt_i，ρ_1，ρ_2，…，ρ_i——各矿物组分和流体的测井响应值（中子、声波时差、密度）。

ρ_b、Δt 和 CNL 为测井曲线值,在简化的计算模型中,应先计算出有机质、黄铁矿组分,对三孔隙度测井曲线进行校正,然后代入式(2-3-1)计算孔隙度和其他矿物组分的体积。在有 ECS 测井资料的情况下,在优化方程中加入碳酸盐岩和石英矿物的组分含量,转化成体积含量,作为 V_i,这样就对体积方程部分矿物含量进行了约束,其处理出的矿物剖面就更加合理。从图 2-3-4 中看到,一方面含量高的矿物计算结果与岩心相差较小,而含量低的矿物如斜长石和白云石的含量与岩心相差偏大;另一方面,石英和长石测井特征相近,要准确计算出长石的含量,比较困难。整体上,误差较小,采用常规测井资料处理页岩气复杂矿物组分的方法是能够满足地质工程的参数计算的。

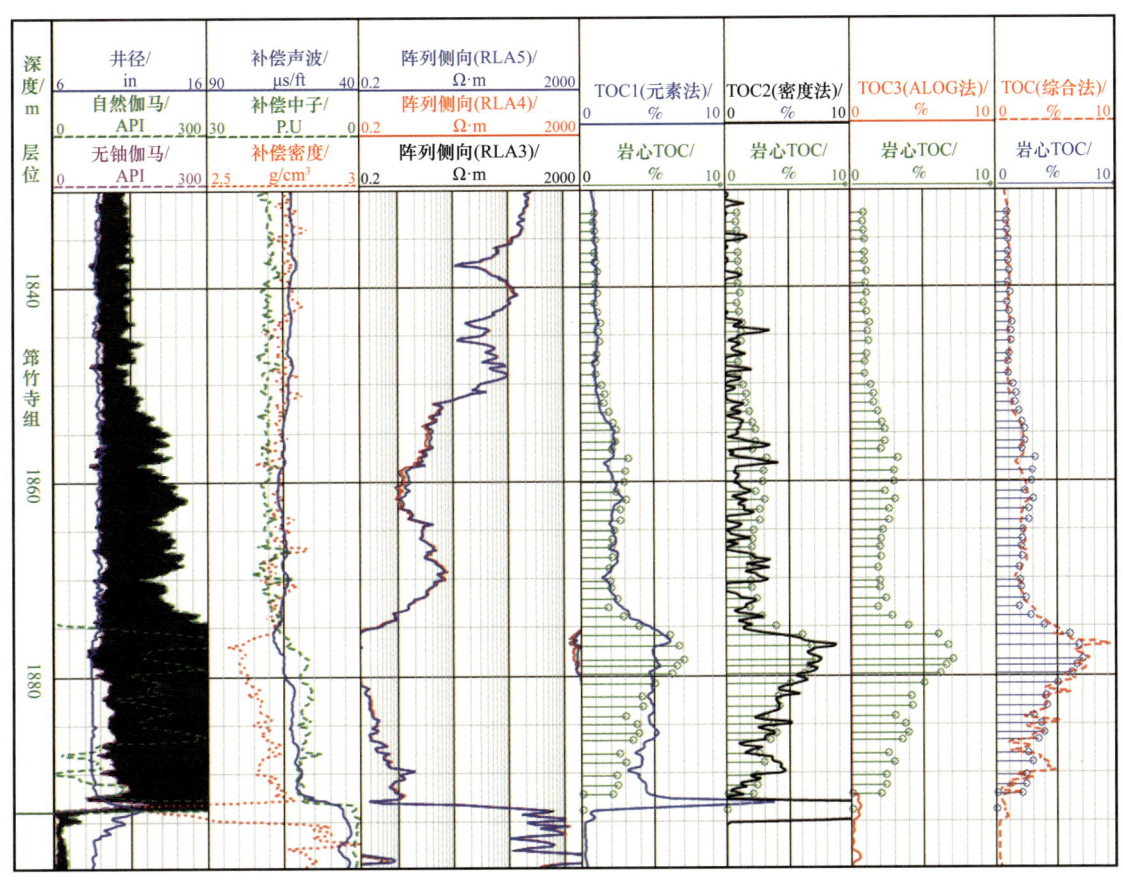

图 2-3-3 ND206 井多方法计算 TOC 效果图

页岩含气量的影响因素较多,包括孔隙和裂缝发育程度、含气饱和度、地层压力、地层温度、总有机碳含量、干酪根类型、黏土类型等。

对于游离气而言,有效孔隙度和含气饱和度是评价游离气的主要内容,当然,由于页岩气储层要计算含气量,含气量是每吨岩石从井下储层条件换算到地面标准条件下(1atm,25℃),故与地层的压力和温度以及天然气的压缩因子等有关。

页岩气吸附气含量因井的深浅,总有机碳含量的大小不同,吸附气含量占总含气量的 20%~80%,埋深浅,压力和温度对含气量的影响权重小,相对地吸附气含量所占比例就高。吸附气的计算使用了兰格缪尔方程。

相对于吸附气而言，游离气含量的计算较为简单，主要与有效孔隙度、含气饱和度、地层压力和温度有关，与常规储层的评价相似。当然，由于页岩气储层要计算含气量，这种含气量是每吨岩石从井下储层条件换算到地面标准条件下（1atm、25℃），故与地层的压力和温度以及天然气的压缩因子等有关。

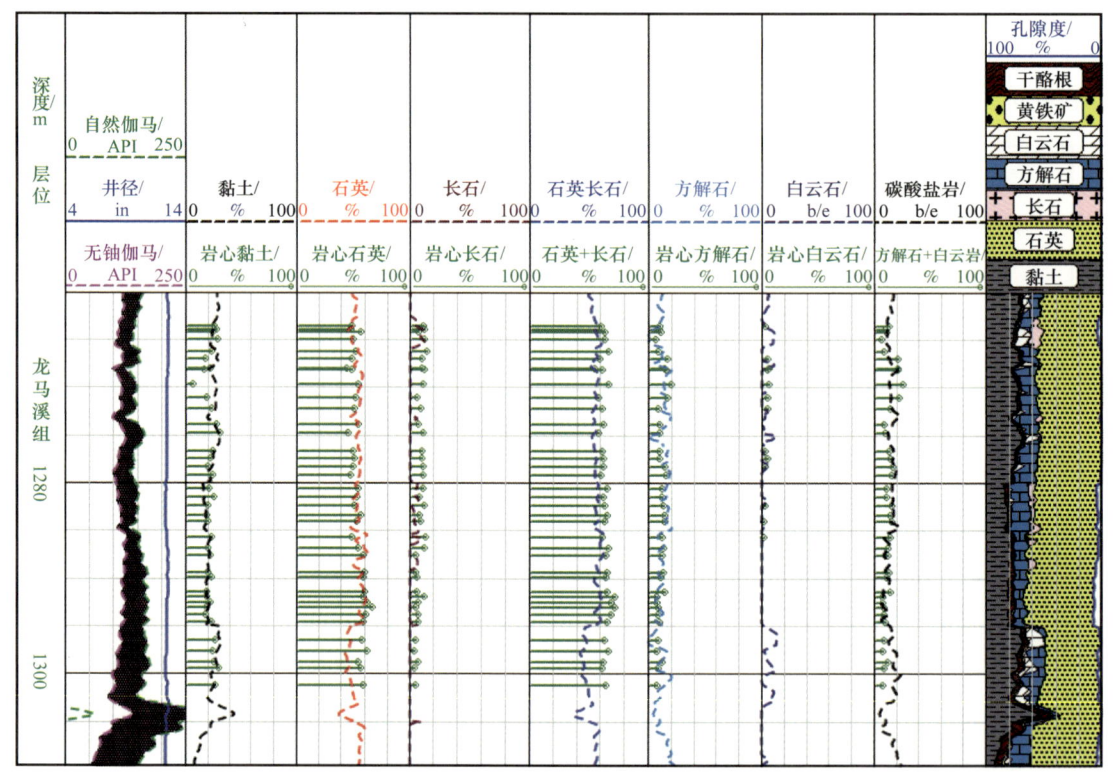

图 2-3-4　ND208 井龙马溪组页岩矿物处理成果对比图

针对页岩气含气量的计算方法包括吸附气和游离气两个部分。吸附气的计算根据岩心的兰格缪尔等温吸附曲线，在压力和温度变化的情况下，吸附气含量随储层压力和温度变化而变化，它们之间可以通过区域岩心分析资料建立相应的公式。而游离气含量的计算与常规储层含气量算法相似，即在测井计算出储层孔隙度和含水饱和度后，算出单位质量岩石的体积和孔隙中游离气含体积，然后换算到地面标准条件下的游离气含气量。

岩石的脆性是页岩缝网压裂所考虑的重要岩石力学特征参数之一。页岩在压裂过程中只有不断产生各种形式的裂缝，形成裂缝网络，气井才能获得较高产气量，这有别于常规气藏压裂设计。裂缝网络形成的必要条件除与地应力分布有关，岩石的脆性特征是内在的重要影响因素。脆性特征同时也决定了页岩压裂设计中液体体系与支撑剂用量选择。

岩石脆性理论是泊松比和杨氏模量的综合体现。这两个分量（泊松比和杨氏模量）结合起来能够反映岩石在应力下破坏和一旦岩石破裂时维持一个裂缝张开的能力。塑性页岩不是好的储层，因为地应力将驱使任何天然或人工裂缝闭合。然而塑性页岩是很好的盖层，可以把烃圈闭起来，使其滞留在下面更脆的岩石中。脆性页岩有可能是天然破碎的，并且在水力压裂时能够取得很好效果。因此有必要把脆性因素用一种结合了页岩力学性质的方式予以量化。这种方法不同于其他主要依靠岩心测量结果来确定脆性的矿物学方法。与岩心测量方法相比，使用岩石物理解释的方法优点是，在包括页岩段的感兴趣的层段及其上下围岩都有测井曲线，而岩心数据一般只在将要水力压裂的层段才有。

就泊松比而言，其值越低，岩石越脆，并且当杨氏模量增加时，岩石将更脆。由于泊松比和杨氏模量的单位是不相同的，由每个分量引起的脆性进行归一化处理，然后进行平均从而计算出脆性指数。按照上述地层破裂压力方法，对威远、长宁、泸州和自贡等区块页岩气井破裂压力进行了处理、解释和精细评价。并与测井计算的地层破裂压力与压裂施工资料确定的地层破裂压力测量值进行了对比（表2-3-1），对比结果表明相对误差小于10%。

表2-3-1 页岩气水平井地层破裂压力预测值与测量值对比表

井号	施工井段/m	地层破裂压力/MPa		相对误差/%
		测量值	预测值	
W202H18-1	3370~3436	71.791	70.647	2
W204H45-1	3177~3240	75.174	69.483	8
W204H1-3	5090~5180	101	92	8.9
CNH6-4	4545~4465	76	70	7.9
CNH6-6	4422~4481	96.5	102	5.7

三、页岩气储层测井综合评价

页岩气储层划分的依据是以下4条：

（1）自然伽马高值储层，含有机碳量高段自然伽马特别高，与无铀伽马值相差大，主要是铀元素含量明显增高；

（2）双侧向中、低值储层，页理发育段双侧向一般为负差异，随粉砂质和灰质含量增高，电阻率增大，负差异不明显或呈正差异；

（3）三孔隙度高值储层，在高含有机碳井段补偿密度明显低异常；

（4）湖相沉积和海相沉积的页岩储层测井曲线特征有一定的差异，湖相沉积的页岩储层声波时差和补偿中子值高于海相沉积，湖相页岩储层无明显特别高伽马异常。

页岩气储层分类标准的依据是以下6条：
（1）对可能含油气的渗透层进行划分。
（2）对目的层段的主要储层进行细致划分。
（3）对有油气显示的厚度大于0.5m的储层进行划分。
（4）对气测、地化有显示层段要认真细致处理解释，做到不漏解释可能的油气层。
（5）根据所测的钻探目的，精细评价钻探目的层，本井对龙马溪组、五峰组页岩气储层进行认真细致的处理解释。页岩气储层综合评价主要从储层品质评价方面进行分析。储层品质（RQ）评价的关键参数有孔隙度、渗透率、含水饱和度、总有机碳含量TOC、总含气量等。

（6）页岩气水平井储层测井分类评价标准（吴庆红等，2011）。

页岩气储层分类评价标准见表2-3-2；页岩综合品质分类评价标准见表2-3-3。

表 2-3-2　页岩气储层分类评价标准

项目	评价参数		不同分类评价标准			备注
	指标	单位	I类	II类	III类	
烃源岩	总有机碳含量	%	>3	2~3	<2	
物性特征	孔隙度	%	>5	3~5	<3	孔隙型储层
			>4	3~4	<3	裂缝型储层
含气性	游离和吸附气量	m³/t	>3	2~3	<2	
岩石力学	脆性指数	%	>55	35~55	<35	

表 2-3-3　页岩综合品质分类评价标准

项目	单项参数	单项分类后权重系数			综合品质分类评价		
指标	单项权重系数	I类	II类	III类	I类	II类	III类
总有机碳含量	0.3	1	0.7	0.4	综合品质≥0.85	综合品质≥0.6	综合品质<0.6
孔隙度	0.2	1	0.7	0.4			
含气量	0.3	1	0.7	0.4			
脆性指数	0.2	1	0.7	0.4			

第四节　页岩储层地震综合预测技术

一、复杂山地页岩储层地震采集配套技术

1."两宽一高"地震采集技术

四川盆地页岩气区具有构造复杂、断裂较为发育等特点，传统的"低密度采样、窄方位观测"地震勘探逐渐无法满足页岩气高效开发的需求。将"两宽（宽频带、宽方位）一高（高密度）"地震采集技术应用于页岩气大规模开发期，所获资料满足对页岩气层进

行精细构造解释、对"甜点体"进行综合预测，指导页岩气水平井组部署、支撑井轨道设计及优化，并指导水平井压裂和微地震监测工作的需求（刘振武等，2011）。

1）基于波动方程正演的三维观测系统参数测试

四川盆地页岩储层地震勘探往往面临复杂的地表和地腹条件，地震波波场复杂，不同观测系统的采集效果往往很难预测，造成较大的勘探风险。近年来，波动方程正演技术在观测系统参数设计中发挥着越来越重要的作用。相对于简单的射线理论，波动方程正演技术考虑了地震波传播的运动学和动力学特征，能够更真实地模拟地震波在地腹的传播路径和能量变化。通过建立起伏地表或是带近地表结构信息的真地表地质模型，设计不同参数的观测系统开展波动方程正演，对正演结果进行评价来指导观测系统参数的选择。

地震波照明分析是在给定观测系统和地腹构造的情况下对反射地震探测能力提供定量描述的方法。照明分析可以作为分析成像质量的依据，以判断地震成像是地下构造的客观反映还是由于照明不均匀造成的假象。由于上覆介质的复杂性，出现照明不均匀引起的成像畸变或缺失是常见的现象，照明分析可以作为校正这些畸变的依据。在页岩储层地震采集参数论证中，常常把照明分析用于论证偏移距大小，通过设计不同偏移距大小的观测系统对目标地质体进行照明正演（图2-4-1），通过提取目的层的照明强度值来判断偏移距的大小是否合适，还可以根据局部构造目标照明能量不足反推地表对应的激发区范围，通过增加激发点等变观手段来增加目标构造的能量，从而改善局部构造的成像质量。

2）基于实际地震数据的三维观测系统参数后评价

随着地震技术发展和地震装备的进步，在页岩气领域，高密度三维地震技术逐步得到广泛的应用。高密度三维地震使得地震资料成像精度显著提高，资料信噪比明显改善，越来越多的复杂构造得到进一步落实和精细刻画。但随着三维地震参数不断地强化，随之而来的是地震勘探投入的大幅增加，其推广应用范围也受到制约，因此，高密度三维地震的经济性越来越受到重视，技术经济一体化的三维观测系统是地震采集工程技术设计所追求的。利用高密度三维地震资料，对参数进行优化设计和观测系统的重建，通过资料处理得到不同参数成果资料，在成像质量、信噪比等方面评价不同参数成果资料的优劣，最终获得最优参数并优化观测系统设计，已得到了越来越多的应用并取得了较好的效果。

3）基于岩性识别的动态井深激发

地震勘探中原始单炮品质与接收因素有关，但主要还是受激发因素的控制。激发要素中激发岩性和激发耦合两个要素往往是紧密相关的。在四川盆地页岩气区块，地表主要为侏罗系砂岩和砂泥岩覆盖，而近地表的砂泥岩通常为互层结构，相对砂岩而言泥岩的激发耦合性更好，在泥岩层激发会有更多的能量转化为弹性波下传，这正是地震勘探所追求的。因此在四川盆地页岩气地震勘探中，有条件寻找泥岩层激发，提高原始单炮品质。

激发岩性识别具体施工工艺是先通过微测井、小折射等方法对近地表结构和低降速层厚度进行精细调查，绘制工区低降速带厚度平面图等，逐点设计每口井的最浅激发深

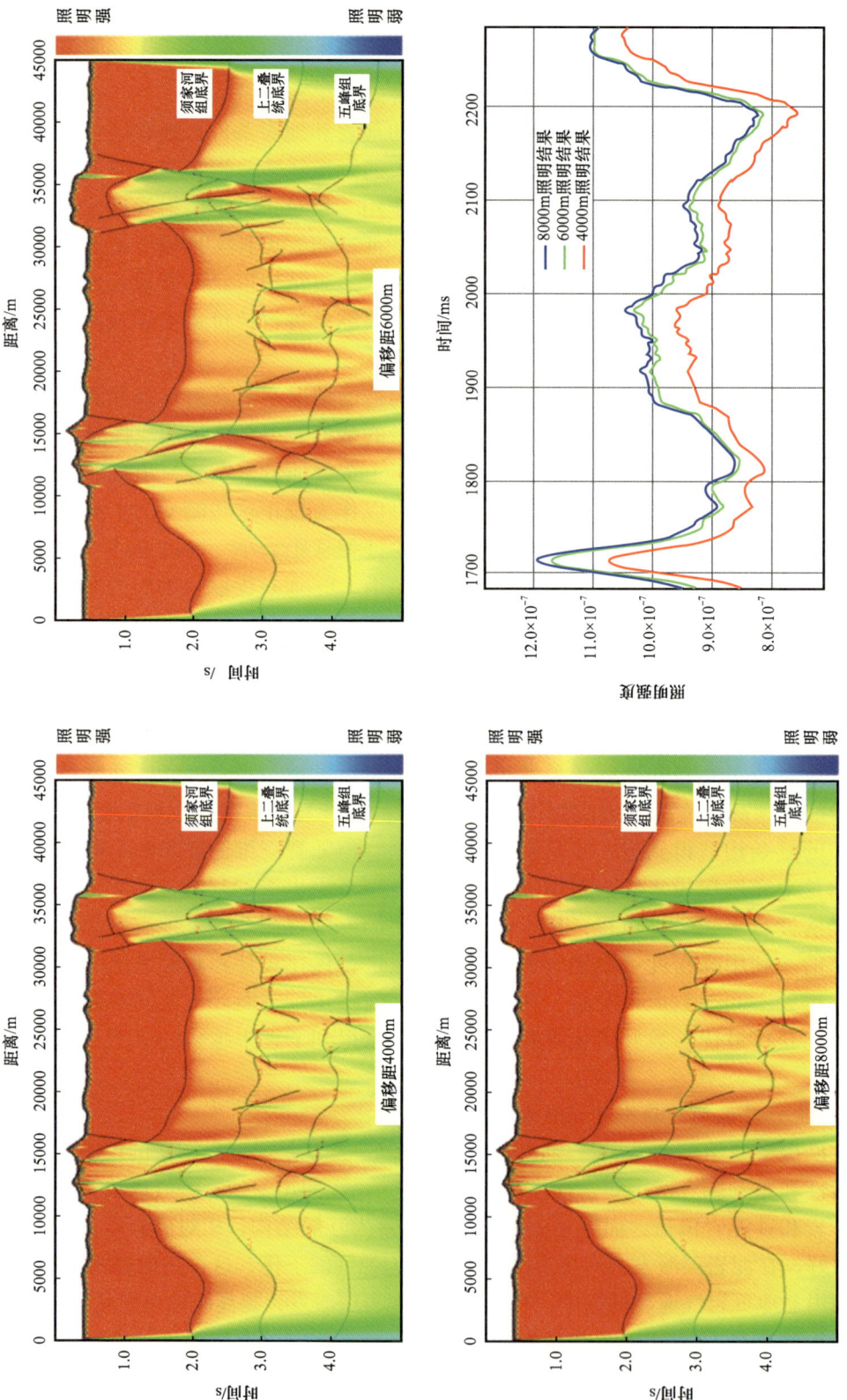

图 2-4-1 不同偏移距照明度正演

度，确保在高速层中激发。在井炮钻井过程中，当进入高速层最浅激发深度后通过岩性识别来判断是否钻获泥岩，如遇泥岩层，则在泥岩段停钻，确保炸药柱在泥岩层激发；如没钻遇泥岩层，则钻至最大设计井深后停钻。

4）高灵敏度单点检波器接收

高密度地震采集需要在野外布设大量的接收点，然而常规组合接收勘探方法，信号传输道和检波器动态范围有限，采集道距较大，最终输出是对组合内每个检波器输出的简单叠加。组合内检波器之间的耦合误差、定位误差、敏感度差异等因素都会引起组内干扰，导致波形畸变和空间假频，使组合输出的质量变差，地震勘探的分辨率降低，得到的成像结果不能满足高分辨率勘探的要求，为此单点高密度地震勘探技术应运而生。该技术与常规组合接收方法的区别是放弃野外组合，而采用单点接收、小道距、高道数、大动态范围的地震采集方式，避免组合接收带来的降频影响。单点接收可以很好地适应日益复杂的勘探形势，在提高资料分辨率、改善油藏特征描述、解决复杂构造成像精度等方面展现出独特的优势。

相对于传统的常规模拟检波器，高灵敏度单点检波器具有更高的灵敏度，由于是单点接收，不具有组合压制效应，因此对接收到的地震波频率完全通放，在信息采集方面更具优势。高灵敏度单点检波器使高密度采集成为可能，通过高密度地震采集，能够获得连续的无假频的全波场信息，有效波和干扰波的线性特征增强，有利于室内处理去噪，相对于野外串检的组合压噪，不仅去噪效果更好，同时能够保留更多的高低频有效信息，为获得高品质的地震剖面奠定了资料基础（图2-4-2）。

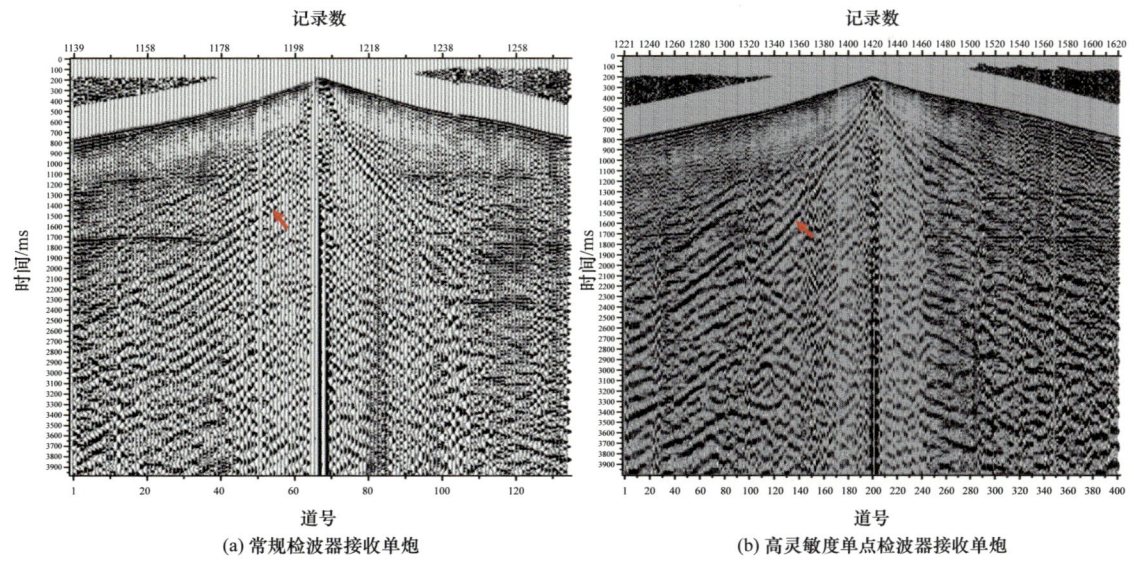

图 2-4-2　常规检波器和高灵敏度单点检波器单炮对比图

2. 3D VSP 采集技术

1）3D VSP 采集参数论证技术

3D VSP 主要有线性、放射状及环状 3 种观测方式，线性观测系统同地面观测系统一样，震源在地面分纵向和横向线性分布；放射状观测系统炮点从井口向外呈线状分布，炮点等间隔变化，线与线之间等角度变化；环状观测系统震源在地面围绕井口呈圆形分布，炮点均匀地分布在圆上。每一种观测方式均有其优缺点，需要根据地质任务的需要选择合适的观测方式，关键参数论证必须要满足地质任务的需要，保证目标层观测资料的完整性。

3D VSP 观测系统设计及其属性分析研究是地震数据采集的一个重要环节。3D VSP 观测系统的设计原则是使观测系统参数最优化，达到最小的成本获得最佳的资料品质。在实际野外数据采集之前，在室内需要模拟地质目标体进行预勘探，针对目的层深度，最优化 3D VSP 的震源位置。设计 3D VSP 观测系统的注意事项是：首先不要出现成像盲区，其次在不危及成像体和分辨率的前提下，尽可能地减少 3D VSP 的成本和对环境的影响。

3D VSP 观测系统关键参数主要包括观测点间距、检波器沉放深度、最大井源距、炮线距、炮点距等。最大井源距和检波器沉放深度直接关系到目的层的成像范围，炮线距和炮点距与覆盖次数有关。覆盖次数是衡量炮点分布是否合理的主要因素，设计合理的炮点分布方式，可使得目的层的观测效果达到最优。3D VSP 观测系统设计就是如何确定这些参数，在有限级数的井中检波器条件下，如何最大限度地得到具有较高覆盖次数和井周目的层的更大反射范围。

3D VSP 参数论证具体思路是：首先收集和综合分析钻井、测井、地质和地震等资料，利用三维解释层位离散数据生成层面；其次，根据构造封闭边界面形成块状地质模型；再次，根据井的测井速度资料，填充模型参数，形成三维速度模型。在三维速度模型基础上，分别论证最大井源距、炮线距、炮点距和检波器沉放深度等主要参数。

2）基于起伏地表的 3D VSP 观测系统设计技术

在复杂山地地震勘探中，观测系统设计时，假设地表是水平的，不能准确描述观测系统属性变化特征，可能导致产生采集脚印，影响后续资料的处理和解释精度。基于起伏地表的 3D VSP 观测系统设计技术考虑了地表真实起伏高程数据和障碍物等信息，提高设计的针对性和可行性，进一步满足复杂山地地表地区观测系统设计的需求，提高针对地震目标的设计能力。

炮点布设是三维观测系统设计的重要部分，炮间距和炮线距主要表征目的层覆盖次数的分布情况，合理的设计能够有效地压制采集脚印，提高采集质量。通过对不同炮间距与炮线距的组合形式进行模型正演，当目的层覆盖次数的均匀性相对最好时，选取的炮间距和炮线距也最为合理。

为了解炮点分布对采集脚印的影响，对地质模型进行正演，设计地面布设的炮线距和炮点距都为 100m，地面最大起伏 1500m，检波器沉放深度范围 $-3505\sim-2245m$，检波器级间距 15m，共 85 级，当进行观测系统设计时，不考虑地表高程影响，按照水平地表均匀布设炮点分布，正演成像目的层覆盖次数为 10～150 次，井口四周近 500m 范围覆盖次数大于 80 次，覆盖相对较为均匀（图 2-4-3）。

因实际地表存在高程差，按照水平地表设计的炮点在布设时，不同炮点或炮线之间存在高程差，虽然炮线距、炮点距仍为 100m，总炮数与检波器沉放深度范围不变，但因起伏地表造成布设炮点之间的高程差存在，目的层覆盖次数分布不均匀（图 2-4-4）。

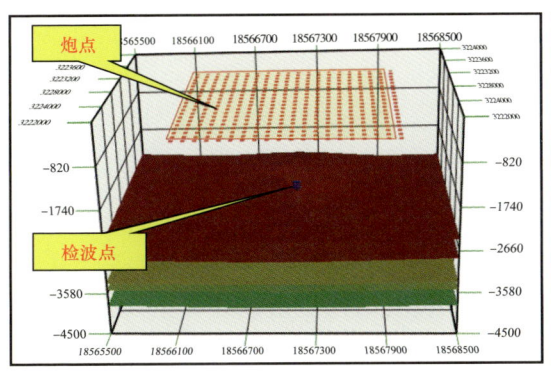 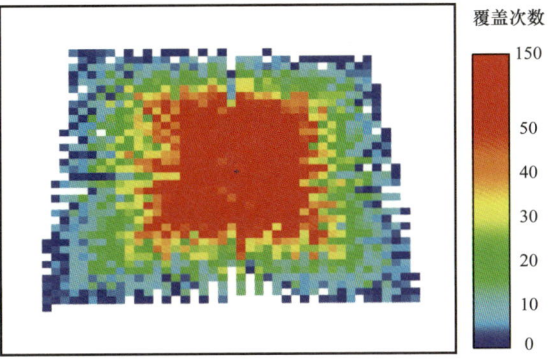

图 2-4-3　炮点水平布设及目的层覆盖次数分布图

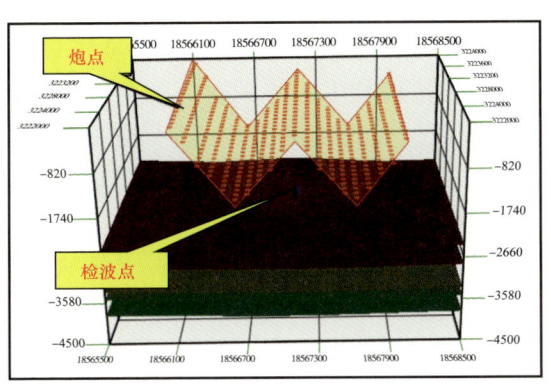 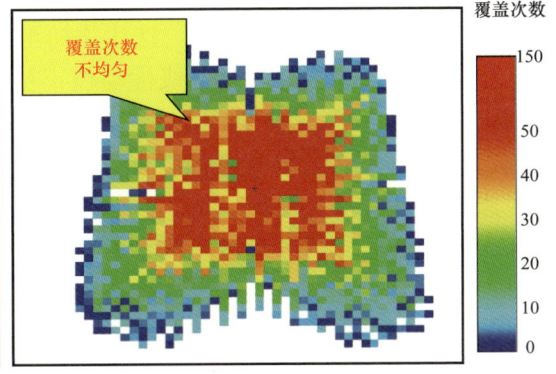

图 2-4-4　按水平地表设计炮点在实际起伏地表布设及目的层覆盖次数分布图

起伏地表 3D VSP 观测系统设计时，必须考虑地表起伏对目的层最终成像的影响，如在观测系统设计时，仍然按照水平地表布设炮点，会导致目的层实际资料覆盖次数不均匀，影响后续资料的处理和解释精度。根据踏勘获得的地表信息和障碍信息优化炮点后的观测系统，考虑了地表真实起伏高程数据和障碍物等信息，目的层成像覆盖次数较为均匀，无采集脚印，提高了设计的精度（图 2-4-5）。

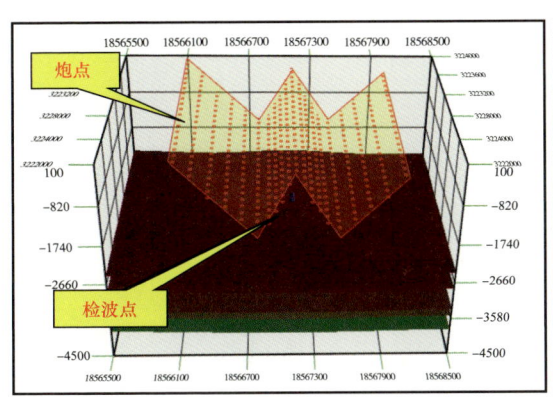 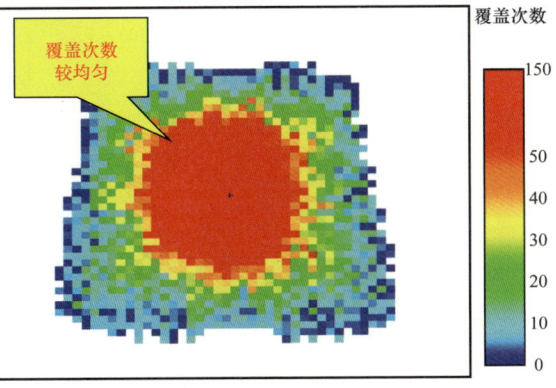

图 2-4-5　按起伏地表实际高程优化炮点布设及目的层覆盖次数分布图

二、复杂山地页岩气地震处理配套技术

1."两宽一高"地震处理技术

"两宽(宽频带、宽方位)一高(高密度)"地震采集能更好地满足页岩气高效开发的需求,相对应地也需要有配套的地震资料处理技术系列,以发挥高精度地震数据的优势。

1)微测井约束层析静校正

长宁—威远地区地形起伏大,地表高程差异大,表层结构复杂,静校正处理不好会导致目的层存在小断层和地层倾角不准的假象。精确的初至波拾取是解决长波长静校正的基础,为提高静校正拾取的精度,传统方法采用迭代思路进行初至波拾取,即拾取第一轮初至波后,立即进行静校正量计算,再应用校正量到浮动面,这样初至信息更加清楚,再进行第二轮初至波拾取。迭代法初至波拾取对人工判别初至信息准确性要求较高,且工作量大,效率不高。空变线性动校正初至波自动拾取技术,将360°方位角初至分成4个象限,沿4个象限分别时变拾取不同方向的视速度,然后在整个工区进行空变控制点插值,速度变化的区域多选控制点,速度稳定的地区控制点选取少一些,以控制工区初至视速度变化趋势为原则,从而使初至拉平,提高自动拾取精度。

在解决低降速带的静校正问题时,静校正量的信息主要来自两个方面:一是从野外直接观测数据进行整理换算,如小折射数据、微测井数据、微VSP数据等;二是从地震记录中,根据初至波信息求取校正量。在川南页岩气地震资料处理中优选了层析静校正,层析静校正实现步骤是利用地震波走时层析反演速度,计算折射波的透入深度从而得出近地表模型,再根据模型计算静校正量。将微测井信息作为约束条件,反演建立近地表模型。通过微测井约束静校正后,单炮初至更为平滑,单炮的有效反射特征更为清晰,约束后校正量反映的地形细节特征更为清楚,能很好地解决山地页岩气资料的静校正问题(图2-4-6)。

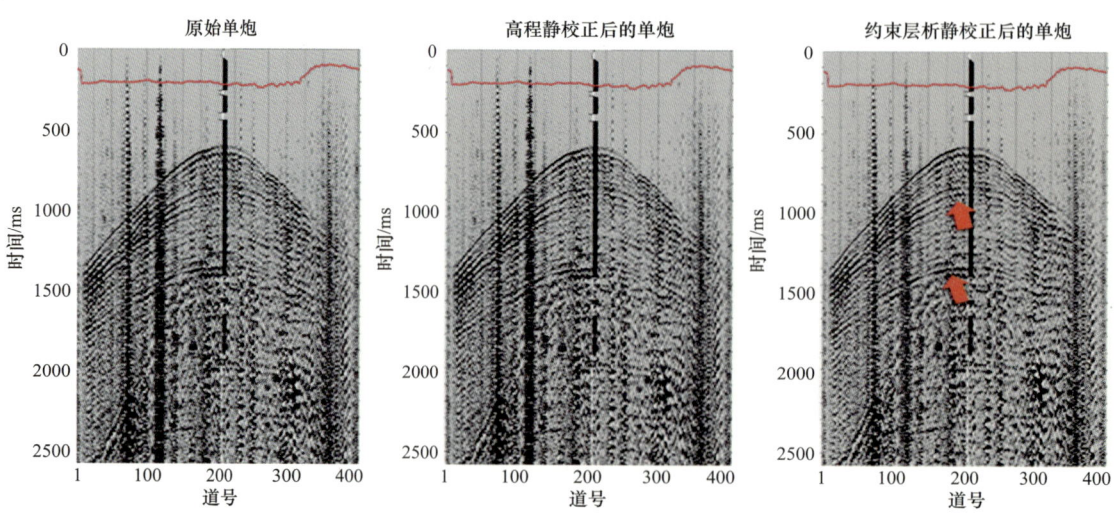

图 2-4-6 微测井约束层析静校正的单炮效果

2）叠前高保真噪声压制

山地页岩气面临地表起伏剧烈、石灰岩出露，直达面波、散射面波、相干噪声、随机干扰、规则干扰等各种干扰大，有效反射信号常常淹没在噪声中，资料信噪比低，不能满足页岩地震成像所需的资料高信噪比要求。叠前高保真噪声压制主要包括面波噪声压制技术、高能异常振幅压制技术、层间多次波噪声压制技术。

因为面波的速度不同，不同阶的面波在 F-K 谱上呈现不同的线性特征，因此可以根据这一特征对其分阶，拾取不同阶的面波谱，从而模拟出不同阶的面波模型，从原始信号上减去不同阶的面波模型，直达面波得到了很好的压制。

陆上三维地震勘探由于过障碍等因素影响，不具备一个完全规则的观测系统，面波的线性特征受到削弱，更多地表现为相干特征，同时，在 F-K 谱上表现出较严重的假频，假频信息达到奈奎斯特波数时，发生折叠后与有效信号相混，常规的相干噪声压制技术采用的扇形滤波器不能充分压制折叠后的假频干扰，非规则相干噪声压制技术采用全新的滤波器设计可以很好地解决这一问题（图 2-4-7）。

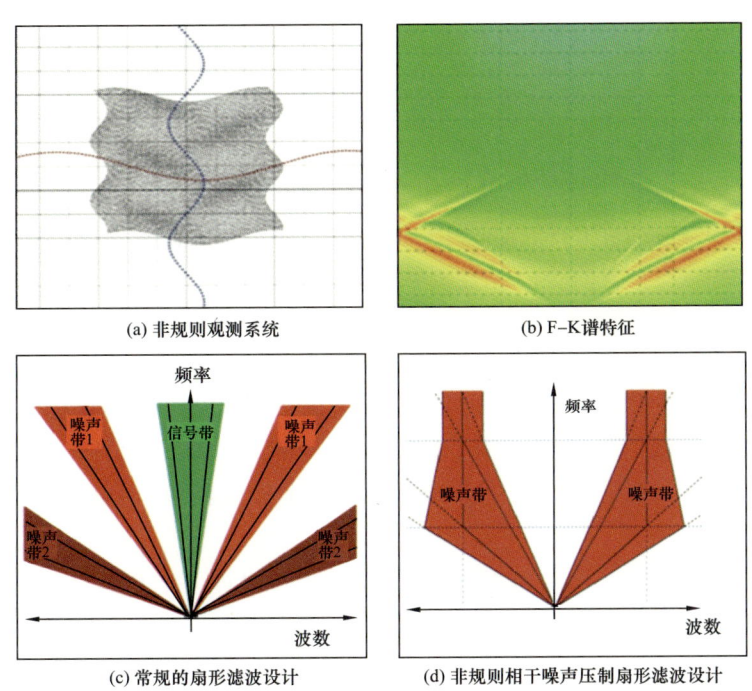

图 2-4-7 非规则相干噪声压制技术的优势

异常振幅噪声压制方法采用的是"多道统计、单道去噪、分频压制"的思路，在不同的频带内自动识别地震记录中存在的强能量干扰，确定出噪声出现的空间位置，根据定义的门槛值和衰减系数，采用时变、空变的方式给以压制。基于特定频段范围内振幅差异衰减噪声，当振幅能量大于计算的门槛值时，认为该频段振幅异常。门槛值是通过给定道数频段范围内的平均振幅能量乘以特定异常振幅因子计算出来的。异常振幅被衰减或者用相邻道的相同频段内插来替换该异常振幅值。

多次波衰减方法相对较多，主要分为3类：（1）基于视周期或视速度的滤波类方法；（2）基于模型的预测相减法；（3）稀疏脉冲反演法，该方法现今还停留在理论研究阶段。山地页岩气层间多次波压制采用方法以Radon变换和反馈迭代为主。Radon变换利用多次波与一次波的视速度差异来衰减多次波，根据Radon变换采用的近似方程不同，可以分为抛物线Radon变换、双曲线Radon变换、多项式Radon变换，山地页岩气主要采用抛物线Radon变换压制多次波（图2-4-8）。

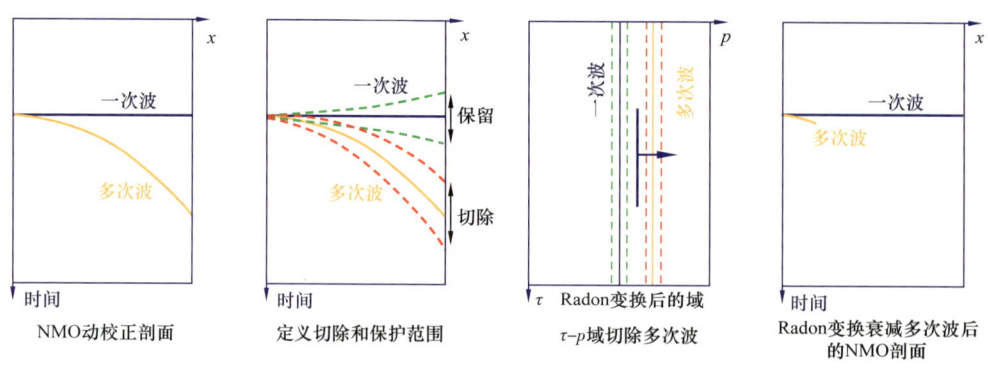

图 2-4-8　抛物线 Radon 法压制多次波算法过程

3）提高分辨率处理

长宁—威远页岩气主力层系龙马溪组龙一$_1^1$小层厚度为1~5m，常规处理方法难以满足龙一1^1薄小层甜点参数的精确预测、微断裂识别。采用保真保幅高分辨率处理技术，包括井控地震资料处理、叠前叠后综合提频处理。

井控地震资料处理是指在地震资料处理过程中，最大程度地利用工区内已有井的测井、VSP等资料，将高质量的井点数据和低分辨率的地面地震数据进行充分的分析、结合、约束，定量分析并优选处理参数，以指导地震资料的处理，使地震数据与井数据达到最佳匹配，在不降低信噪比的前提下，提高资料的分辨率。长宁—威远页岩气井控地震资料处理流程相对常规处理流程主要是增加了4个处理环节：真振幅恢复、子波整形、反Q滤波、零相位化。

井控处理真振幅恢复是用零井源距VSP资料下行纵波（一次波）的均方根振幅曲线按时间函数增益表达式进行拟合，求取球面扩散补偿因子，然后对地震资料进行真振幅恢复。由于地表激发接收条件的影响，页岩气工区不同位置接收资料能量存在较大差异，地震子波横向存在较大差异，会给资料处理带来较多不确定性因素。叠前叠后综合提频可采取地表一致性反褶积，有效地消除了激发接收条件带来的地震子波差异，提高子波横向一致性，采取谱约束反褶积，多道预测反褶积提高资料分辨率，用反Q滤波方法补偿由于大地吸收损失的高频能量，提高分辨率。

4）TTI各向异性叠前深度偏移

页岩具有强烈的各向异性，传统的各向同性叠前深度偏移成像结果与真实界面深度不符，为了消除这种井震误差，VTI介质各向异性叠前深度偏移技术得到了广泛的使用。但VTI介质假设地层产状水平，与实际情况不符。TTI介质各向异性处理在参数提取和偏移的过程中充分考虑了地层的倾角和方位角信息，与实际情况更接近，因而反射界面归位更准确。在总结前人研究经验的基础上，针对长宁—威远页岩气区块特点，提出一套优化的页岩气 TTI 各向异性参数模型提取及更新方法（图 2-4-9）。

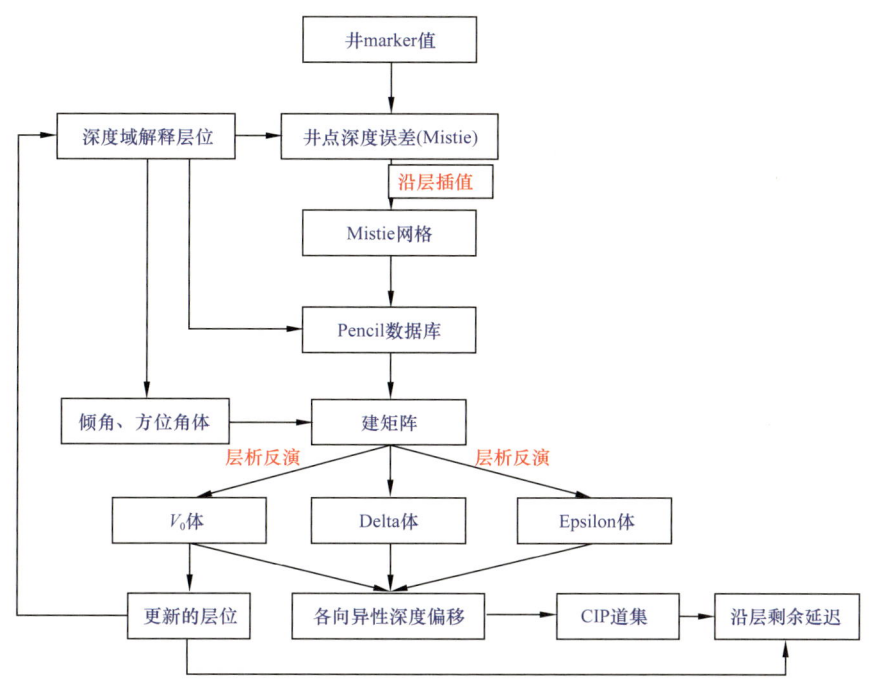

图 2-4-9　TTI 介质各向异性参数提取流程图

TTI 介质各向异性叠前深度偏移提取各向异性模型参数的方法也主要依靠井震数据结合。不同的是，它使用井震联合的层析反演方法求取各向异性参数。其详细流程如下：

（1）利用各向同性深度域层位提取地层倾角和方位角，得到倾角、方位角属性体；

（2）输入井 marker 值和深度域地震资料解释层位，并求取它们之间的深度误差（Mistie）；

（3）根据层位走势和层厚，沿层插值，求出沿层分布的 mistiemap 值；

（4）将 mistiemap 值、深度域解释层位和各向同性深度域速度并入 Pencil 数据库；

（5）使用 pencil 数据库和倾角、方位角属性体建立网格层析矩阵；

（6）网格层析反演得到 V_0 体、Delta 体和 Epsilon 体；

（7）用 V_0 体和 Delta 体将时间域地震资料解释层位重新转换到深度域，并与井 marker 值做对比。若井信息与地震分层信息还存在误差，则回到（2），开始迭代；井信息与地震分层完全匹配后，利用倾角、方位角属性体、V_0 体、Delta 体和 Epsilon 体进行 TTI 介质各向异性深度偏移，得到 CIP 道集。若 CIP 道集未被拉平，则进入（8）。

（8）在 CIP 道集上沿层拾取剩余延迟，将剩余延迟信息、深度域层位与各向异性参数模型输入层析反演模块中，经过建矩阵、解矩阵的过程，输出更新后的 Epsilon 体。

（9）利用更新后的各向异性参数模型进行 TTI 介质各向异性深度偏移，判断 CIP 道集是否拉平。若未拉平，则重复（8）。

可以看出，求取 TTI 介质各向异性参数模型是个逐渐逼近的迭代反演过程。在求取 V_0 体、Delta 体和 Epsilon 体的时候充分考虑了倾角和方位角的影响，更适用于 TTI 介质，因此结果将更为精确。

2. 3D VSP 处理技术

1）逐点矢量合成技术

在三维 VSP 地震观测系统中，采用地面不同测线放炮，井中三分量多级检波器接收。单分量仅能记录三维矢量波场的部分投影，未能反映地震波场的本质，而三分量合成的目的就是由三个单分量的标量合成得到三维矢量波场。相比起地面地震来说，三分量矢量合成技术意义更加重要。目前 VSP 测井三分量井下检波器在井中的不同深度随机地推靠在不同方位，若井为直井，检波器的 z 分量铅垂向下；若井为斜井，检波器的 z 分量沿着井的轨迹方向；而无论是直井还是斜井，它们的两个水平方向都随机地停靠于不同方位，而且检波器也无法记录采样时刻的水平轴取向。检波器三轴在井下旋转使各道记录的能量不能够较好地进行对比，甚至有可能发生波形极性反转。三分量矢量合成的目的就是把不同观测点检波器的观测方位调整到相同方位，经合成后三分量能够消除检波器在井下各点旋转的影响，效果也将会得到很大改善。

在 VSP 三分量处理中，偏振分析主要应用于井下检波器的水平分量定向，通过水平分量 x 和 y 旋转合成直达 P 波在水平面上的水平投影 H_p，从而进一步从 H_p 和 z 分量重分离出 P 波和 SV 波（图 2-4-10）。

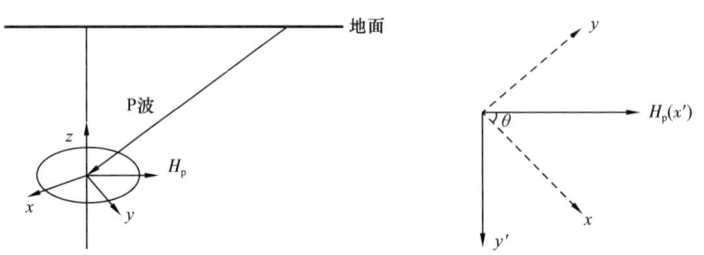

(a) 水平分量 x 和 y 与直达波 P 的水平投影　　　(b) 水平分量转换到以 H_p 为参考的坐标系

图 2-4-10　水平分量重定向示意图

2）高精度波场分离技术

通过逐点矢量合成步骤可将视速度相近的上行纵波和上行转换横波分离至不同分量对应的剖面上。但其中仍然存在下行波和其他干扰波，由于这些波的视速度和上行纵波以及转换波相差较大（视速度方向相反），可用传统的多道滤波逐次滤掉，最后得到分离的上行纵波和转换波波场。然而，由于传统方法多道滤波分离过程中有可能使有效波受损，或者分离不够彻底。为了提高分离效果，采用基于中值滤波的逐波场分离技术（图 2-4-11），其具体流程如下：

（1）静态时移与排齐。将初始数据按照使初至时间校正到相等原则进行时移，使下行波按照时间方向排齐；

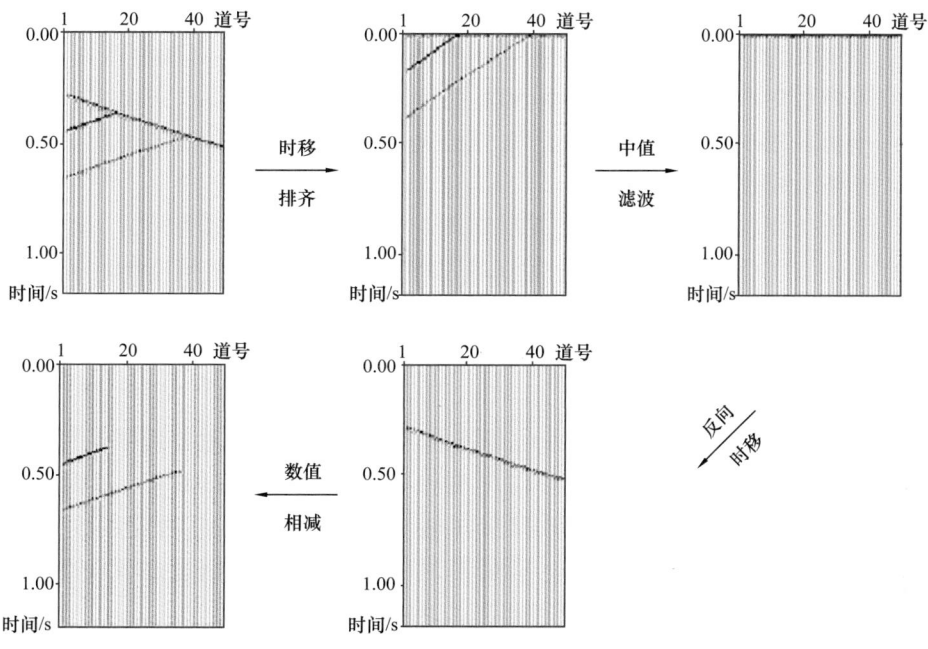

图 2-4-11　中值滤波过程示意图

（2）沿时间方向进行中值滤波。这时排齐的下行波得到增强，而倾斜方向的上行波大大削弱；

（3）将中值滤波的结果按原来的时移时间反向时移；

（4）从初始数据中减去下行波，得到上行波，完成 VSP 上下行波波场分离。

使用该方法按从强到弱的顺序利用中值滤波逐次去除干扰波波场，每次应用中值滤波滤除一种波场时，从剩余的波场中再次提取残余波场并保存，如此反复多次提取出较干净的波场，再将其从原始波场中去掉实现波场的最终分离。

3）3D VSP 成像速度模型建立及迭代优化技术

3D VSP 成像所用速度模型与实际地层速度越接近，所得成像结果越可靠。但实际上地层的真实速度难以精确获得，但在一定情况下，例如速度模型的理论地震响应与实测波场较一致时，可以认为相应的速度模型与实际较为接近，此时成像结果也比较可靠。为了得到地震响应与实测波场运动学特征吻合度较高的纵波与横波速度模型，研究形成了联合下行直达波（或下行转换波）和上行反射波（包括上行纵波和转换波）走时的多波走时联合反演技术。该技术所得速度模型的进一步优化由后续的剩余校正部分实现。

根据分离的 VSP 上行、下行纵波和转换波波场分析，通过拾取多波走时进行联合反演来建立 VSP 成像所需的纵波与横波初始速度模型。

迭代反演的关键是每次迭代如何更新速度模型，而其中地震波走时对模型参数敏感度（即偏导数）的计算比较关键。在迭代反演过程中有可能不收敛的情况，特别是井源距较大时，此时如何提高收敛性是改善反演效果的重要因素。此外，当地质构造较复杂且有较可靠的三维地震剖面时，直接反演不一定得到好的效果，此时如何利用三维地震剖面作为反演的约束也是实际应用中需要考虑的一个重要内容。

基于射线追踪推导出走时对模型偏导数的解析计算公式。当井源距较大时引入 Thomsen 各向异性参数，并通过从简单到复杂逐步的参数反演技术来提高收敛性。速度模型界面采用可调整的起伏界面，在已知三维地震的情况下可方便地引入对地层界面的倾角控制，提高反演效果。

走时反演分为纵波速度反演和横波反演两部分，其反演步骤为：（1）对地层进行速度模型参数化；（2）纵波速度反演是对分离后的纵波波场进行上行反射波和直达波走时拾取，横波反演时对分离后的转换波场进行上行转换波和下行转换波走时拾取；（3）零井源距资料建立层状速度初始模型；（4）逐步反演速度参数模型。

4) 3D VSP 成像技术

井旁精细成像是 3D VSP 的优势，也是进行 3D VSP 勘探的重要理由。目前的成像方法有两种：一是基于射线追踪的 VSP-CDP 变换法；二是偏移法成像。这两种方法各具特色：变换法对速度模型已知度和精确度要求较高，对数据量（共激发点数）要求较低；克希霍夫积分法对速度模型要求不高（只要合理就行），但对数据量要求较高（否则会有背景"弧"出现）。现用的方法以基于射线追踪的 VSP-CDP 变换为主。

VSP-CDP 转换成像是一种传统而有效的井中地震成像方法，可应用于纵波反射波成像，也可应用于转换波成像；可用于下行波成像，也可以用于上行波成像。该方法对波场按射线追踪法确定的反射点（或者转换点）位置进行归位成像，不存在各种波动方程偏移方法存在的边界"画弧"现象，不需要做成像边界切除处理，可以最大限度地保持地震波成像范围。

VSP-CDP 转换成像主要用于反射波成像，以下用反射波成像波过程来阐述其原理（图 2-4-12）。首先根据已知速度模型和观测系统进行射线追踪，得到反射时间和反射点位置，再将各反射点连线构成反射点轨迹（图中绿线）。有了反射时间和反射点轨迹以后，再逐炮、逐道、逐采样点地按反射时间把观测波场的反射波能量搬至相应反射点位置实现最终成像。

VSP-CDP 成像方法是根据反演的初至走时进行取点转换成像的。但反演的走时和实际走时或多或少可能存在时差，在成像时可以将按速度模型计算的走时减去这个时差，校正至和拾取值一致后再进行成像。

VSP 勘探方法因在井中测量而具有的一大优势是对层位深度测量的准确性，即在接收排列达到的地方所观测到反射波同相轴所对应的深度估计比较准确。这就要求成像过程中充分利用这个深度的准确性。为此，首先在深度域进行 VSP-CDP 转换成像，成像过程中根据直达波和上行波同相轴的交汇来控制层位成像深度的可靠性，最后进行时深转换得到时间域成像剖面。

三、页岩甜点地震预测

与常规油气藏不同，页岩气藏具有独特的地质特征，主要表现为：自成生储盖系统、游离气和吸附气的赋存状态，储层改造后才能获得工业产能，富集规律不受构造控制，裂缝发育。因此，寻找到最佳勘探与开发的区域或层位的甜点，精准布井，提高储层钻遇率和油气产量，降低开发成本，对于页岩气勘探开发至关重要。目前"甜点"评价主要从两方面进行：表征页岩气资源潜力的"地质甜点"和表征储层改造潜力的"工程甜点"（李大军等，2017）。

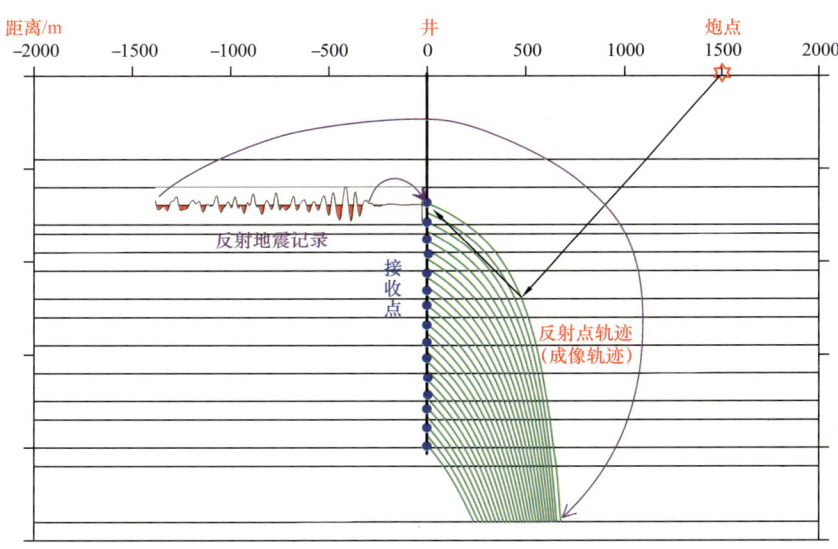

图 2-4-12　反射波 VSP-CDP 转换成像示意图

1. 预测思路

在三维地震资料精细处理和解释、测井资料统计对比分析的基础上，明确页岩气层地震响应特征，采用以叠前参数反演为核心的地球物理综合描述技术，开展页岩气层的精细预测与综合评价。具体技术路线如图 2-4-13 所示。

首先，对研究区的地质、测井成果进行归纳和总结，根据已钻井资料建立页岩气层的评价标准；其次，开展页岩气层评价参数与测井参数交会分析，寻找出对页岩气层最为敏感的测井参数；再次，通过叠前同时反演技术计算页岩气层厚度、总有机碳含量、总含气量、孔隙度、脆性指数等；最后，基于上述成果，结合实际钻井资料，对五峰组—志留系龙马系组一段页岩气层进行综合评价。

2. 地质甜点预测技术

页岩气地质甜点评价主要围绕地层构造特征、埋藏深度、破裂特征、生烃能力、储层物性特征几个方面进行，即构造、埋深、断裂、储层厚度、总含气量、总有机碳含量和储层孔隙度。本书重点探讨储层厚度、总含气量、总有机碳含量和孔隙度预测技术。

1）叠前同时反演

弹性波阻抗概念的提出，扩展了波阻抗的概念，不但考虑了纵波速度和密度对波阻抗的影响，还考虑了横波速度对波阻抗的影响，同时也将波阻抗这一概念从零角度入射扩展到了非零角度入射的情况，利用它可从地震数据中获取更多的信息。

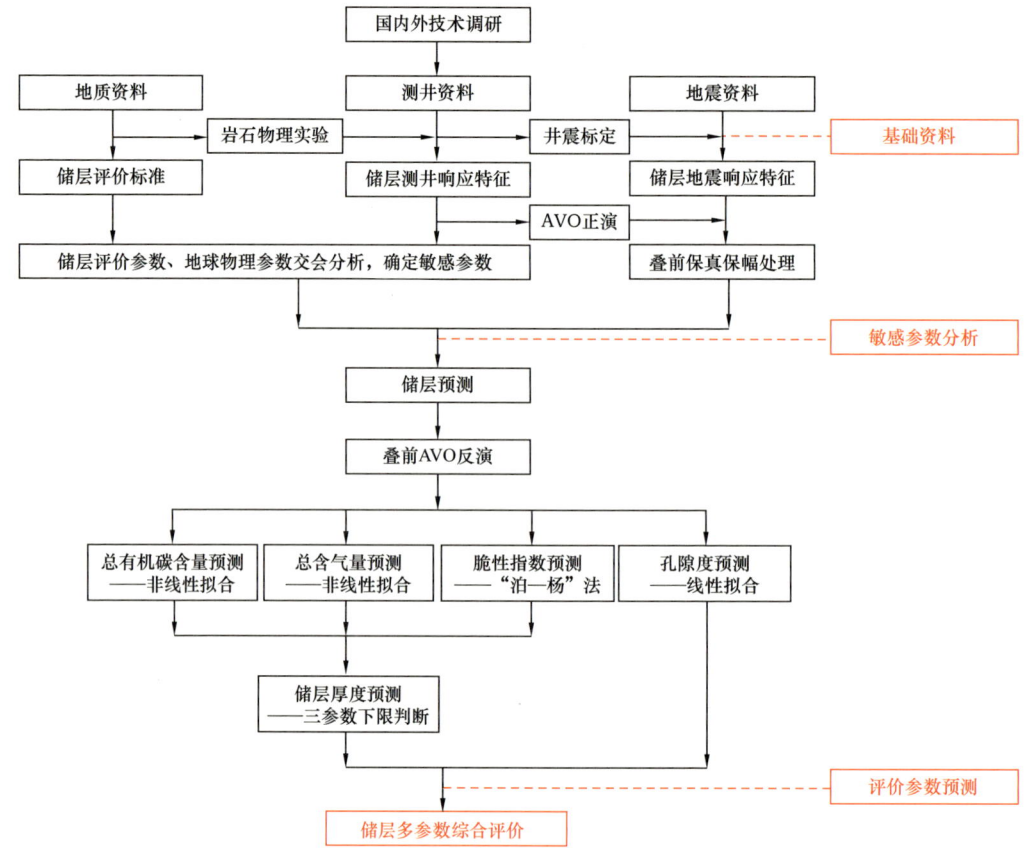

图 2-4-13　页岩甜点地震预测技术路线图

叠前同时反演可以利用不同角度的部分叠加数据体来同步（或同时）直接反演各种岩石地球物理参数，如纵波阻抗（AI）、横波阻抗（SI）、密度和泊松比等。同时反演对各个部分叠加数据体使用不同的子波，在反演过程中各个部分叠加数据体之间的上述差异可以通过子波得以很好地消除。子波在叠前同时反演中，起到了均衡不同角度部分叠加数据体之间振幅、频率和相位差异的作用。根据反演结果，通过公式计算得到纵横波速度比（v_p/v_s）、拉梅系数（λ）、密度（ρ）、剪切模量（μ）、泊松比（σ）和弹性模量（E）等岩石物理参数。

叠前同时反演主要经过数据导入、层位标定、子波提取、模型构建、反演参数选取（反演参数 QC）及反演共 6 个步骤完成。

2）储层厚度

页岩成藏，无论从生烃或气体赋存方面，都需要岩层厚度达到一定的门槛值：一方面，因为烃源岩厚度需要超过排烃厚度才能保证有足够的有机质和充足的储集空间形成页岩气藏。不同的地区地质背景不一样，排烃厚度有所差异；另一方面，太薄的厚度也不利于后期储层改造。因此，页岩储层厚度门槛值基本上确定在 30m 以上。

利用地球物理方法预测储层厚度有很多种，目前主要通过叠前和叠后方法。具体的方法，视不同区块的优质页岩敏感的地球物理参数而定。例如，某些区块，优质页岩的纵波速度较低，与围岩存在较强的阻抗差，则利用叠后地震属性或波阻抗反演就可以达到较好的预测效果。而某些区块，优质页岩与围岩的阻抗差并不明显，叠后地震属性或波阻抗反演并不能很好地反映，就需要求助更多的弹性地球物理参数进行综合判别，通常采用叠前反演方法进行量化预测。

3）总有机碳含量

总有机碳含量（TOC）是评价页岩气藏地质评价的重要参数。它既反映了页岩中有机质含量，也反映了生烃能力。目前普遍认为，可经济效益开发的页岩气藏储层TOC下限是2%。

岩石TOC直接测量主要是采用岩心、岩屑和露头等不同样品在实验室进行测定。但由于受样品数量、获取位置以及测量方式的不同，结果仅仅反映取样位置的结果，较难对页岩气藏分布的空间连续规律进行评价。TOC的测井评价主要利用钻井的测井数据（自然伽马、电阻率、声波时差等曲线）较为方便和合理地计算TOC曲线，其结果纵向变化趋势与岩石实验室保持一致，但仍然只能反映一孔之见，无法反映地下横向变化趋势。TOC的地质评价，考虑地震数据的空间连续的优势，建立TOC与地震参数的量化关系，明确敏感弹性参数，利用储层弹性参数量化预测，得到能反映纵向和横向变化趋势的TOC数据体。

4）总含气量

储层的含气量大小决定了页岩气是否具有商业价值，因此对含气量的评价决定了气藏是否可供勘探开发。含气量是指每吨页岩中所含的天然气折算到标准温度和压力下的天然气总量，包括游离气、吸附气和溶解气等。由于溶解气在岩石中含量极少，所以总含气量可近似表示为吸附气和游离气含量之和。游离气含量受岩石有效孔隙度和含气饱和度控制，吸附气受TOC和有机质成熟度控制。

总含气量计算方法：实验室通过测定出不同岩性的含气饱和度、含水饱和度计算出游离气含量，通过等温吸附模拟法计算吸附气含量，从而得到样本的总含气量；利用测井数据计算出含气饱和度曲线，得到游离气含量曲线，拟合TOC与吸附气含量关系，得到吸附气含量曲线，与实验室样本数据标定后，得到钻井的总含气量曲线。总含气量的地质评价，考虑地震数据的空间连续的优势，建立总含气量与地震参数的量化关系，明确敏感弹性参数，利用储层弹性参数量化预测，得到能反映纵向和横向变化趋势的总含气量数据体。

5）孔隙度

孔隙度是储层岩石的固有性质，也是页岩气地质评价的主要参数之一。对于页岩储层，孔隙存在于粒间孔隙、有机质内，以及黏土矿物或微裂缝中。一般而言，页岩孔隙可分为无机孔隙和有机孔隙。

孔隙度计算方法：实验室孔隙度测量包括总孔隙度测量和有效孔隙度测量。总孔隙度是指对地下所有孔隙空间的测量，包括连通孔隙和孤立孔隙；有效孔隙度是对地下连通孔隙的测量。实际工作中，不同实验室的给定条件不一样，同一岩样的孔隙度测量值可能呈现很大差异；测井评价基于岩心分析结果，综合利用声波时差、密度测井等计算储层孔隙度；孔隙度空间预测，建立多参数（有机质含量、地应力、声波时差、含气量等）与孔隙度的关系，通过量化预测方法，得到孔隙度数据体。

3. 工程甜点预测技术

前文讲到，与常规油气藏不同，页岩气的开采需要对目标层进行压裂，并由此产生了工程甜点的概念，用作压裂改造条件的统称。总而言之，若属于工程甜点，则说明压裂较易于实施、压裂效果较好、所需要的压裂成本低；反之，则说明压裂难度大、效果较差、需要的压裂成本高。

按现今对页岩气开发的认识，从广义上来说，影响页岩气压裂的因素包括：脆性矿物（硅质和钙质矿物）含量、泥质含量、断裂韧度、脆性指数、杨氏模量、泊松比、弱层理面、微裂缝数量、最大及最小水平主应力、应力差异系数、孔隙压力梯度、破裂压力等。根据这些因素的类型和地震预测技术的实际能力，可以将其分为4种工程甜点参数：页岩脆性指数、页岩层裂缝、地层压力系数、地应力参数。

1）页岩脆性指数

针对页岩气来说，脆性指数反映的是储层受到人工压裂时，是否易于破裂形成复杂缝网。通常，脆性指数高的页岩层对压裂作业反应敏感，能快速形成复杂的网状裂缝；而脆性指数低的页岩层易于形成简单的双翼型裂缝。因此，脆性指数是页岩气最重要的工程甜点参数之一，是表征储层可压裂性的关键参数。

页岩脆性指数主要通过两种方法进行计算：一是利用岩石矿物学方法，对其中的脆性矿物和黏土矿物含量进行计算，脆性矿物含量高，利于压裂改造；黏土矿物含量高，不利于压裂改造，因此可以通过计算脆性矿物所占比重来表征脆性特征，但由于取心井少，脆性指数的平面预测难以实现。二是利用岩石力学方法进行综合计算，Rickman于2008年提出基于弹性参数的脆性指数（Brittleness Index，BI）的概念，认为低泊松比、高弹性模量的页岩为脆性较好的页岩。杨氏模量是表征岩石抵抗形变能力的弹性参数，其值越大，岩石越不容易变形；泊松比是表征岩石横向变形的弹性参数，其值越大，岩石越容易发生横向形变。

通过前文所述的叠前反演，得到纵波速度 v_p、横波速度 v_s、密度 ρ，然后根据近似计算公式得到泊松比和杨氏模量：

$$\sigma = \frac{v_p^2 - 2v_s^2}{2v_p^2 - 2v_s^2} \tag{2-4-1}$$

$$E = \frac{\rho(3v_p^2 - 4v_s^2)}{\dfrac{v_p^2}{v_s^2} - 1} \tag{2-4-2}$$

式中 σ——泊松比；

v_p——纵波速度，m/s；

v_s——横波速度，m/s；

ρ——密度，g/cm³；

E——杨氏模量。

将泊松比和杨氏模量的结果进行归一化之后，计算出平均值，得到脆性指数。

2）页岩层裂缝

页岩气富集机理研究及钻井结果表明，富有机质泥页岩的发育是页岩气生成和储集的物质基础，但与北美等其他页岩气产区相比，天然裂缝发育情况是位于复杂山地区域的四川盆地及周缘下古生界高产的关键因素。

天然裂缝对页岩气成藏和开发的控制作用较为复杂，一般认为其具有双重作用，一方面，裂缝发育不仅可以为页岩气的游离富集提供储集和渗透空间，并成为页岩气运移、开采的通道；另一方面，裂缝的发育有可能对已经稳定的页岩气藏产生破坏作用，如其与断层联通，对页岩气的保存非常不利；另外，地层水可能会通过裂缝进入页岩储层，使气井含水率增大。

为了充分挖掘地震数据的信息，优选了多种叠后裂缝检测方法，结合叠前裂缝检测，对裂缝发育带作出综合预测。叠后裂缝检测技术对宏观裂缝发育带如断层和小断裂进行预测，搞清不同裂缝发育带的走向以及相互切割关系；利用叠前裂缝检测方法对裂缝的方位及密度进行预测。

（1）第三代相干。

相干技术是利用相邻地震信号的相似性来描述地层和岩性的横向不均匀性的。目前相干体算法已从第一代基于互相关的算法、第二代利用多道相似性的算法，发展到第三代基于特征结构的相干算法。第一代相干算法适用于高质量的地震资料，而不适用于存在相干噪声的地震资料；1998年，Marfurt等提出的沿倾角计算的多道第二代相干算法具有较强的抗噪能力，但分辨率低；1999年，Marfurt提出了第三代相干算法，具有最佳的横向分辨率，但对大倾角不敏感，为此，后来的研究者们不断修正第三代相干的算法，提出了基于GST（Gradient Structural Tensor）的相干体方法，该方法用梯度矢量来描述地质体的倾角和方位，用梯度张量矩阵的特征值来描述地震数据的结构特征，较好地避免了前面各方法的不足，使得裂缝的边界更为清晰，细节更加丰富。

（2）蚂蚁追踪。

蚂蚁追踪技术是Pederson和Randen等提出的一种断层提取技术，其效果明显，对低信噪比属性体，如混沌属性的提升效果更明显。

该方法的思想是将大量人工蚂蚁释放在属性体内，让每一只蚂蚁沿着断层移动并释放信息素。如果蚂蚁释放处没有断层，如噪声等，该蚂蚁将会很快消失；而断层处将会被很多蚂蚁追踪，并被信息素做出明显标记，非断层结构则不会被释放信息素。最后每一点的信息素浓度来表征该处的断层。

通过蚂蚁追踪技术得到的蚂蚁追踪体在解释断层的时候有极佳的表现，远超其他边缘增强体，如方差体等，因为噪声和其他非断层结构在蚂蚁追踪的过程中被去掉了，信噪比提升明显，能够很好展现细节处的断层区域。

（3）属性融合。

由于地震属性与地下裂缝之间的关系十分复杂，采用单一属性预测裂缝发育情况往往具有多解性，为了更高效地利用地震属性信息，降低多解性，可以使用多个地震属性联合开展研究，称为属性融合。与一般地震属性采用的红绿蓝三色融合（RGB）、聚类分析、多远线性回归、神经网络等方法不同，基于前述的地震属性优化结果和断裂正演模拟结果，可以采用人工确定性属性融合方法，对优选的两种属性进行平面融合或体融合。

（4）叠前裂缝预测。

地下介质的方位各向异性会引起地震波特征的方位各向异性，垂直裂缝发育带的存在会引起地下介质的方位各向异性，这就是裂缝发育带叠前地震预测的理论基础。叠前纵波方位各向异性裂缝检测方法，是利用叠前纵波信号所携带的与方位相关的变化特征，来解决裂缝方位和密度问题。目前利用纵波各向异性进行裂缝预测的方法有：动校正速度方位变化裂缝预测、纵波方位 AVO 裂缝检测、纵波阻抗随方位角变化裂缝预测。第三种方法克服了前两种方法存在的分辨率低和不稳定的缺陷，因而在裂缝预测具有一定优势。但是该方法对地震资料有如下要求：小面元、高覆盖次数、宽方位、各方位偏移距、覆盖次数分布均匀，并且要有较高的信噪比。

4. 页岩甜点地震预测实例

1）页岩气层地质特征

威远页岩气田五峰组—龙马溪组主要为外陆棚和内陆棚沉积，外陆棚发育在五峰组和龙马溪组一段，内陆棚发育在龙马溪组一段上部的龙马溪组二段，页岩气层仅在外陆棚有分布，具有无明显夹层、纵向分布连续的特点。

研究区已钻井的页岩气层总厚度（垂厚）在 23.2~56.6m 范围内，页岩气层总体具有较高 TOC、高脆性矿物含量、较高孔隙度和高含气量的特点。测井解释的 TOC 介于 1.2%~4.9%，平均为 3%，主要为中—特高有机碳含量。脆性矿物介于 31%~87.1%，平均为 56.8%，主要为高脆性矿物含量。储集空间以纳米级有机质孔、黏土矿物间微孔为主，并发育晶间孔、次生溶蚀孔等，孔径主要为中孔，页岩气层孔隙度分布在 2.3%~8.2% 之间，平均 6.1%，总含气量介于 2.0~8.3m^3/t，平均达到了 4.98m^3/t。

2）地震响应特征分析

从研究区的钻井合成记录标定（图 2-4-14）可见龙马溪组储层顶部在波谷反射中，底部为一强波峰反射。在地震剖面上，页岩储层底部反射对应奥陶系五峰组底界反射层，该反射层在全区稳定，对比可靠，为反演的可靠约束层位，优质页岩顶界距五峰组底界约 30ms。

从 ZI201 井、ZI203 井、W209 井和 W211 井井合成记录与井旁道（图 2-4-15）分析对比认为，与下伏石灰岩比较而言，研究区内龙马溪组具有较为明显的低速特征，因此地震剖面上龙马溪组底界面为一强波峰反射。而龙马溪组内部由于岩性差异较小，基本都为大套的泥页岩，波阻抗界面差异小，其内部反射波能量较弱。储层顶部，如果储层内部为空白反射，则位于波谷；如果储层内部发育弱波峰，其顶位于弱波峰上面的波谷。

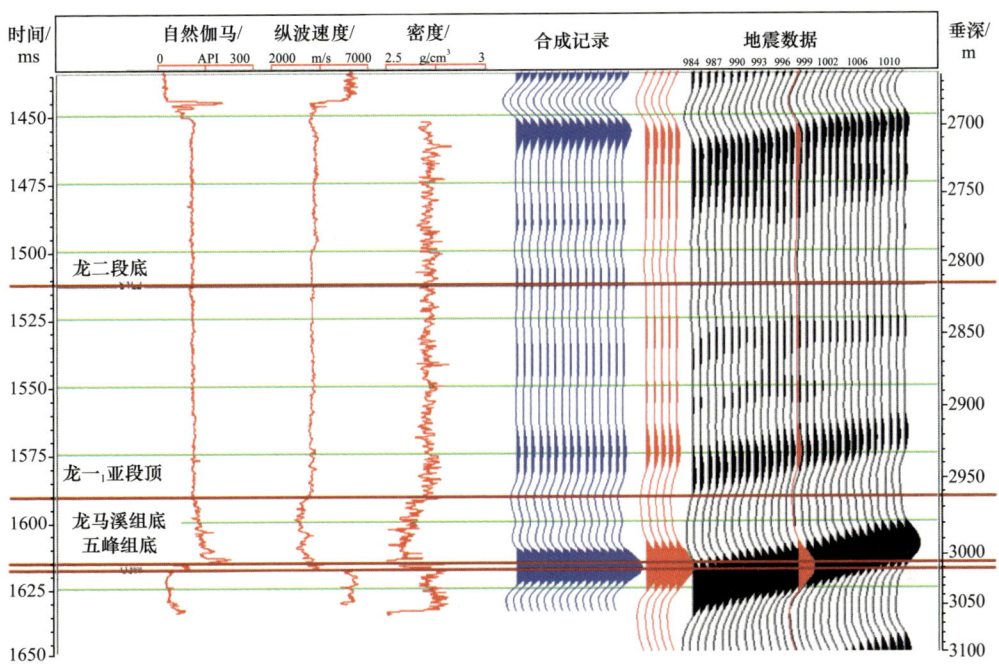

图 2-4-14 ZI 203 井合成地震记录

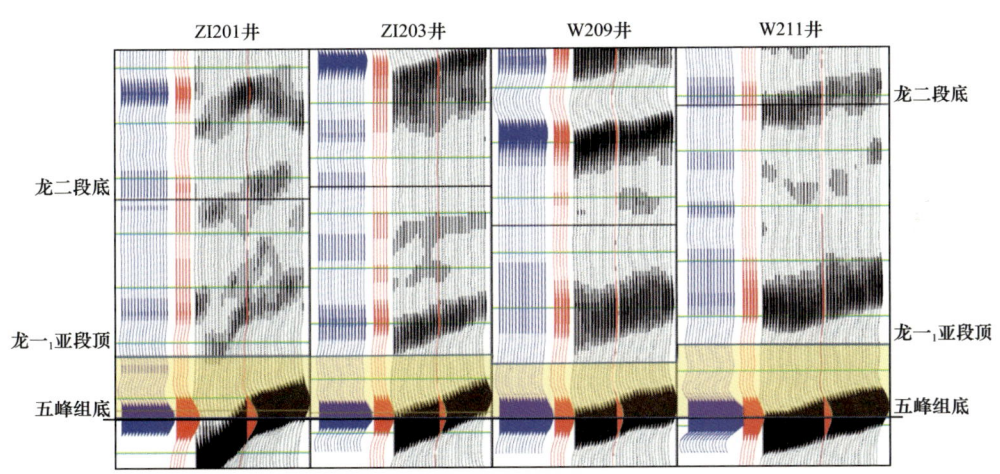

图 2-4-15 ZI201 井、ZI203 井、W209 井和 W211 井合成记录标定图

3）敏感参数分析

钻井资料揭示（以 W204 井为例）：W204 井 3485.4～3535.8m（垂深）井段发育 50.4m（垂深）页岩层段。根据页岩气岩石物理实验的结果和测井曲线（图 2-4-16），页岩气层具有高自然伽马、高总有机碳含量、高总含气量、高孔隙度、低纵横波速度比和低密度的特点。

根据页岩气层下限标准，即总有机碳含量大于等于 1%，区内实钻的 W204 井测井解释页岩气层厚度为 47.5m（垂深）。

利用岩石物理实验数据刻度后的测井数据，对研究区龙马溪组页岩储层敏感参数进

-51-

行分析，从图 2-4-17 可以看出，研究区龙马溪组储层与非储层在纵波速度、横波速度和纵横波速度比上有较大的重叠区域，利用纵波速度、横波速度和纵横波速度比识别储层的难度较大。但密度可较好地区分龙马溪组储层与非储层，页岩储层门槛值为：密度不大于 2.66g/cm^3。

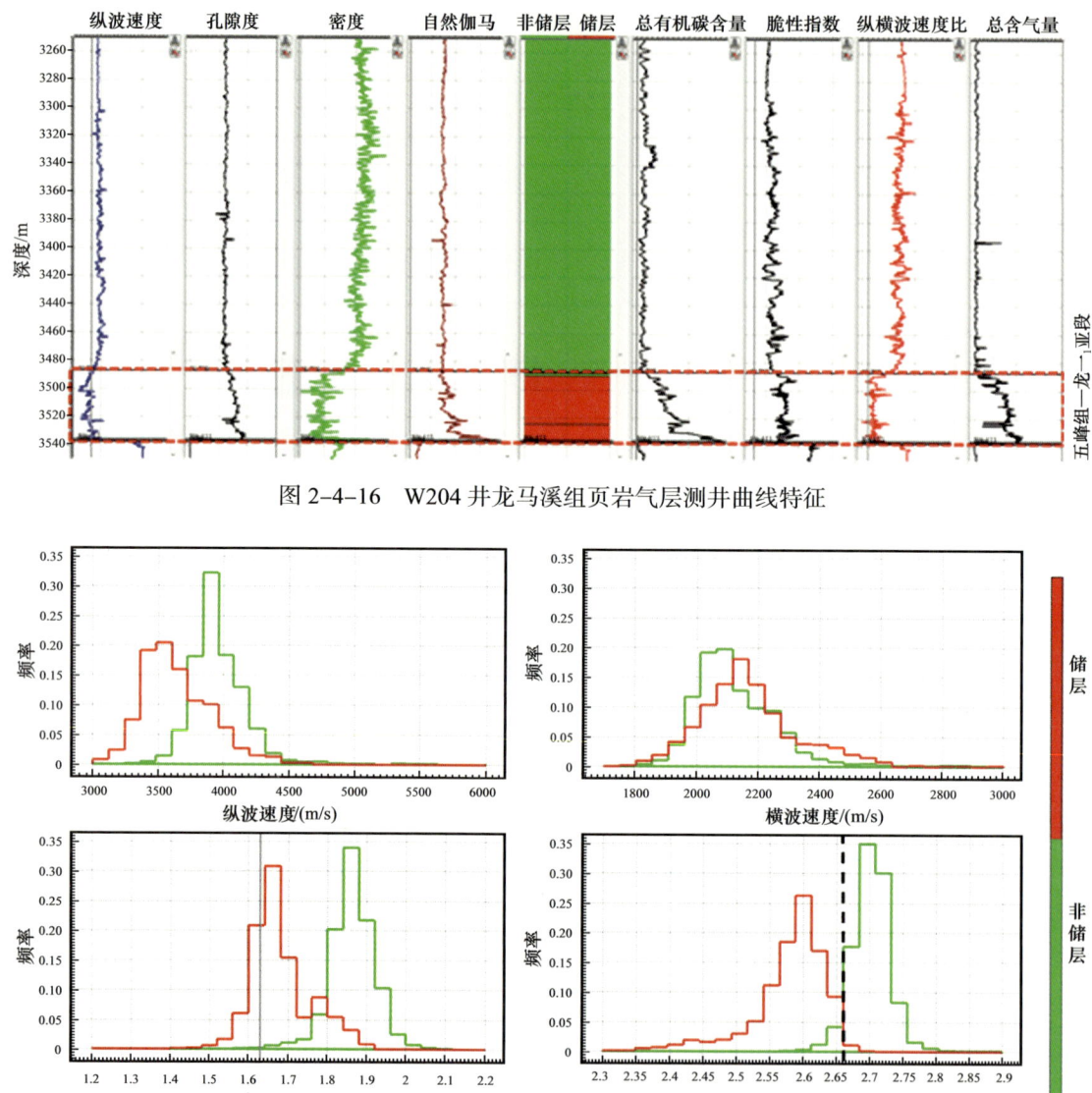

图 2-4-16　W204 井龙马溪组页岩气层测井曲线特征

图 2-4-17　研究区龙马溪组储层敏感参数直方图

4）页岩气层甜点参数地震预测

叠前同时反演技术是利用叠前 CRP 道集数据（或部分叠加数据）、速度数据（一般为偏移速度）和井数据（横波速度、纵波速度、密度及其他弹性参数资料），通过使用不同的近似式反演求解得到与岩性、含油气性相关的多种弹性参数的一种反演方法，用来预测储层岩性、储层物性及含油气性等。

此次叠前同时反演是在叠前 CRP 道集数据上进行反演，主要经过数据导入、层位标定、子波提取、模型构建、反演参数选取（反演参数 QC）及反演共 6 个步骤完成，反演得到纵波速度、横波速度和密度，通过参数计算可以得到 v_p/v_s、λ_ρ、μ_ρ、σ 和岩石脆性等。

对研究三维区叠前时间偏移角道集数据（图 2-4-18）进行分析研究发现，角道集目的层入射角范围在 0°～42°之间，用于叠前反演角道集的入射角范围确定为 0°～42°。

如果用于同时反演的角道集分组个数较少，叠前同时反演所利用的叠前地震信息也就较少，会影响反演的稳定性；如果用于同时反演的角道集分组个数过多，会降低每组数据的信噪比，同样影响反演的效果，此外也会增加反演所需的时间。由于 W207—W212 井区和 ZI201 井区三维满覆盖区覆盖次数为 64～196 次、道集资料信噪比较高，为了增强叠前 AVO 反演的稳定性，得到稳定的密度反演体，故将角道集分为 7 组来开展反演研究，确定了 0°～6°、6°～12°、12°～18°、18°～24°、24°～30°、30°～36°与 36°～42°的分组方案。提取随角度变化的地震统计子波。

叠前同时反演中用于控制反演效果的参数较多，这些参数对反演结果影响不同。

经测试，反演的主要参数如下：

纵波阻抗不确定度为 0.10；

横波阻抗不确定度为 0.08；

密度不确定度为 0.05；

比例调整系数为 1。

反演时窗：二叠系下统底界向上 50ms 至奥陶系五峰组底界向下 50ms。

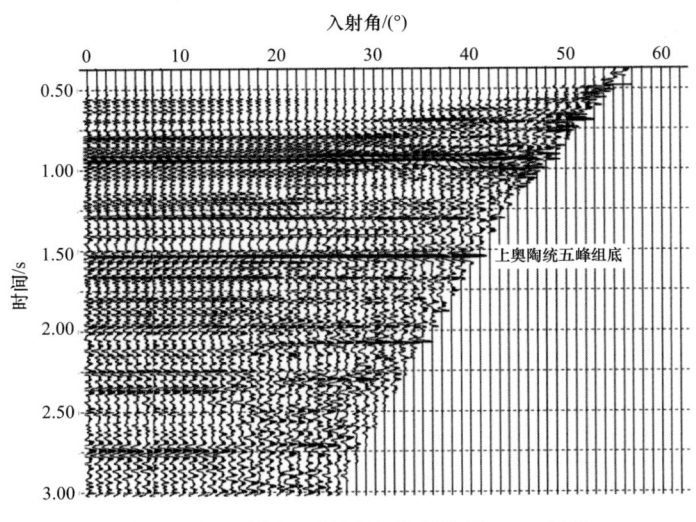

图 2-4-18　研究三维区地震角度域 CRP 道集

图 2-4-19 为过井纵波速度反演剖面，其中红黄暖色调代表的是低纵波速度，绿蓝冷色调代表的是高纵波速度。从图上可以看出：反演剖面上井旁道反演结果与纵波速度曲线吻合度高，特征一致；龙马溪组底部呈现为低纵波速度特征，此特征分布较连续，与龙马溪组页岩储层地质特征相吻合。

图 2-4-20 为过井密度反演剖面，其中红黄暖色调代表的是低密度，绿蓝冷色调代表

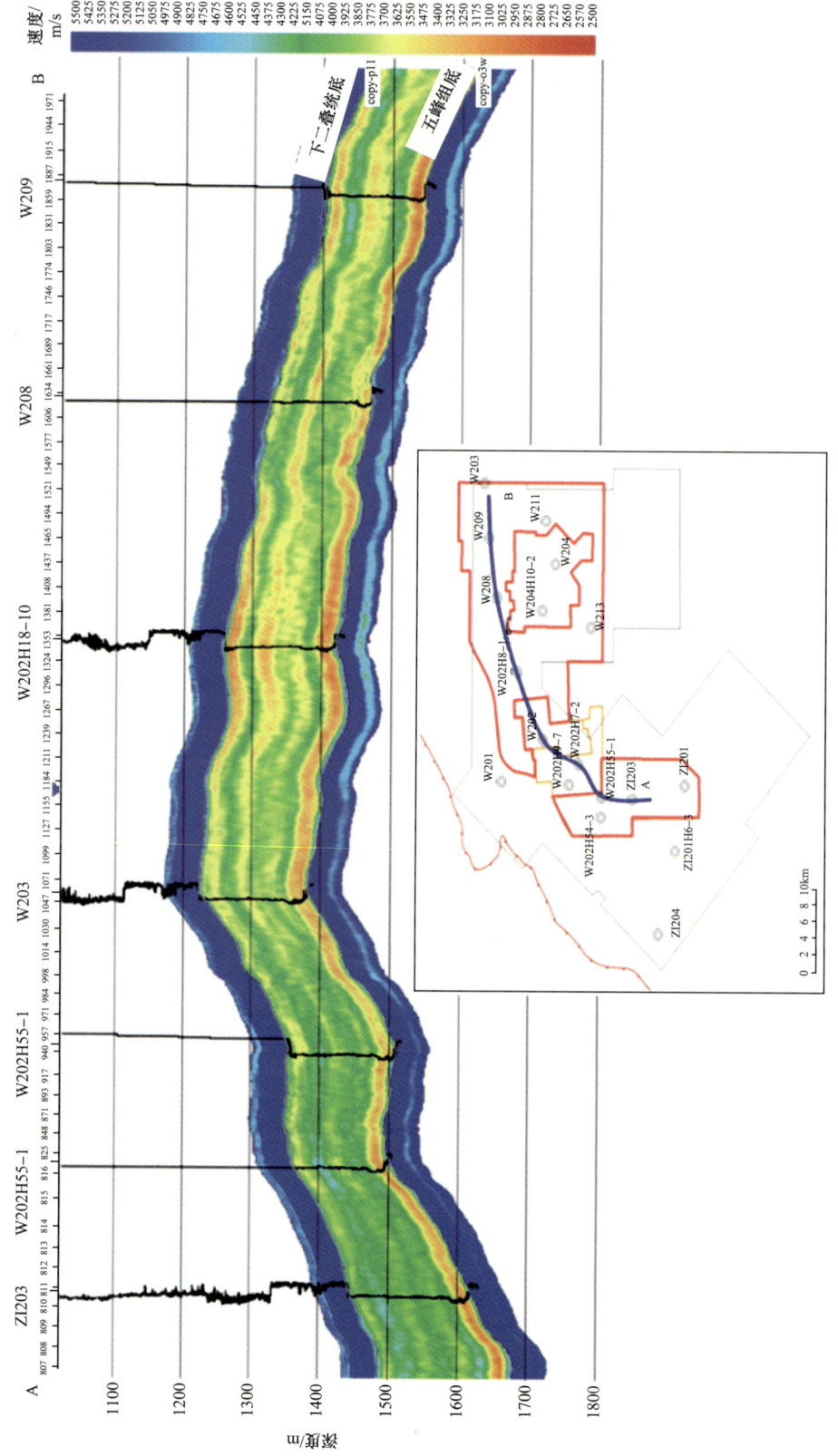

图 2-4-19 过井纵波速度反演剖面

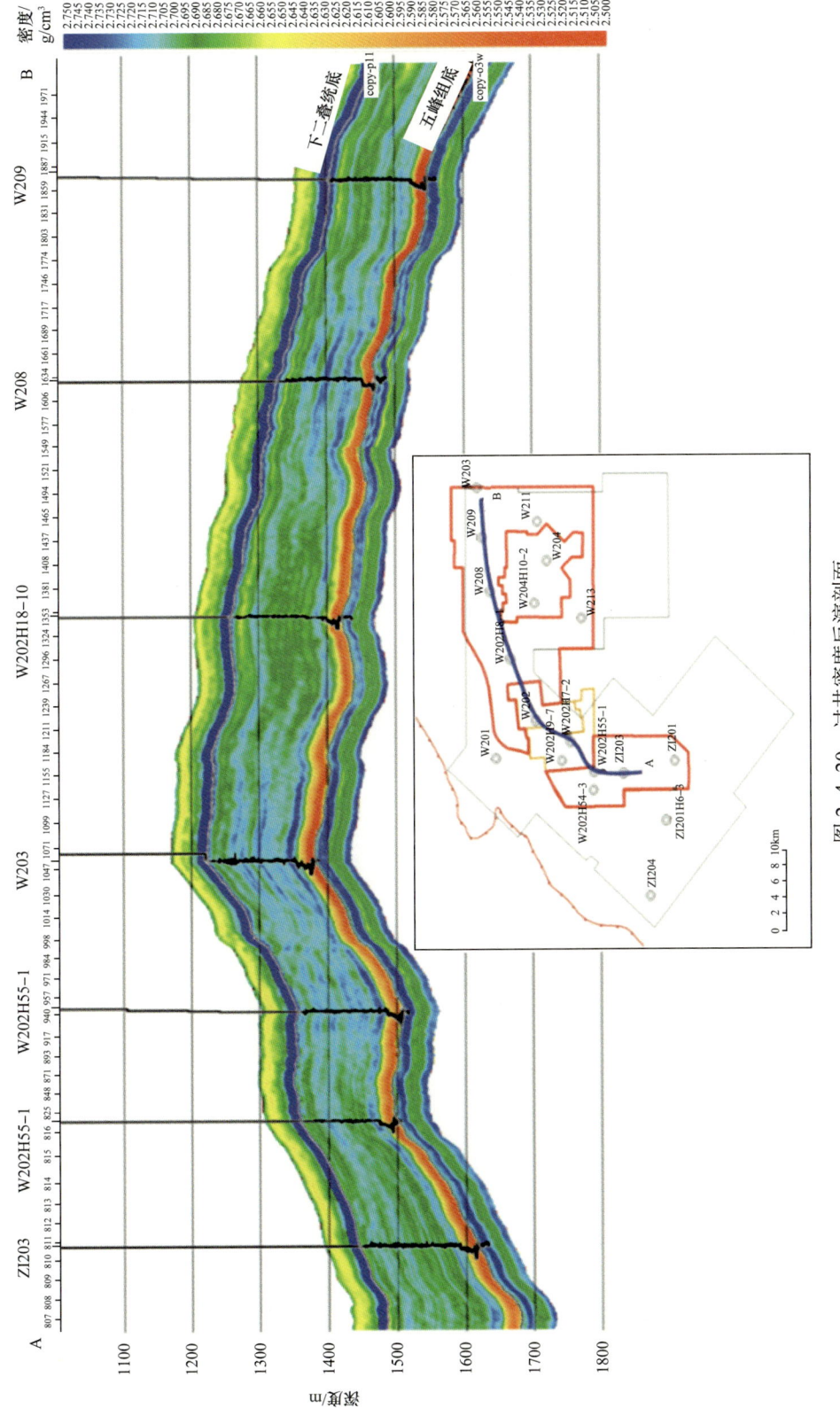

图 2-4-20 过井密度反演剖面

的是高密度。从图上可以看出：反演剖面上井旁道反演结果与密度曲线吻合度高，特征一致。龙马溪组底部呈现为低密度特征，此特征横向分布稳定，与龙马溪组页岩储层地质特征相吻合。

目前页岩气的勘探开发更关注于优质页岩的厚度，即Ⅰ类+Ⅱ类储层厚度，根据页岩气储层分类评价标准，优质页岩（Ⅰ类+Ⅱ类储层）的总有机碳含量应大于等于2%，总含气量应不小于2m³/t，孔隙度应不小于3%，脆性指数应不小于35。

根据脆性指数数据体、总有机碳含量数据体、总含气量数据体、孔隙度数据体，提取五峰组底至五峰组底向上30ms时窗范围内脆性指数不小于35、总有机碳含量不小于2%、总含气量不小于2m³/t、孔隙度不小于3%的采样点的时间累计厚度，乘以对应点速度，编制出威远气田W207—W212井区和ZI201井区三维区优质页岩（Ⅰ类+Ⅱ类储层）厚度平面分布图（图2-4-21），表2-4-1为W207—W212井区和ZI201井区三维优质页岩地震预测厚度与测井解释厚度对比表，可以看出，地震预测厚度与测井解释厚度绝对误差最大不超过1.35m，相对误差不超过10%。从优质页岩厚度图中可以看出，研究区五峰组—龙马溪一段优质页岩整体发育，中部较厚，厚度范围在0~52m范围内。

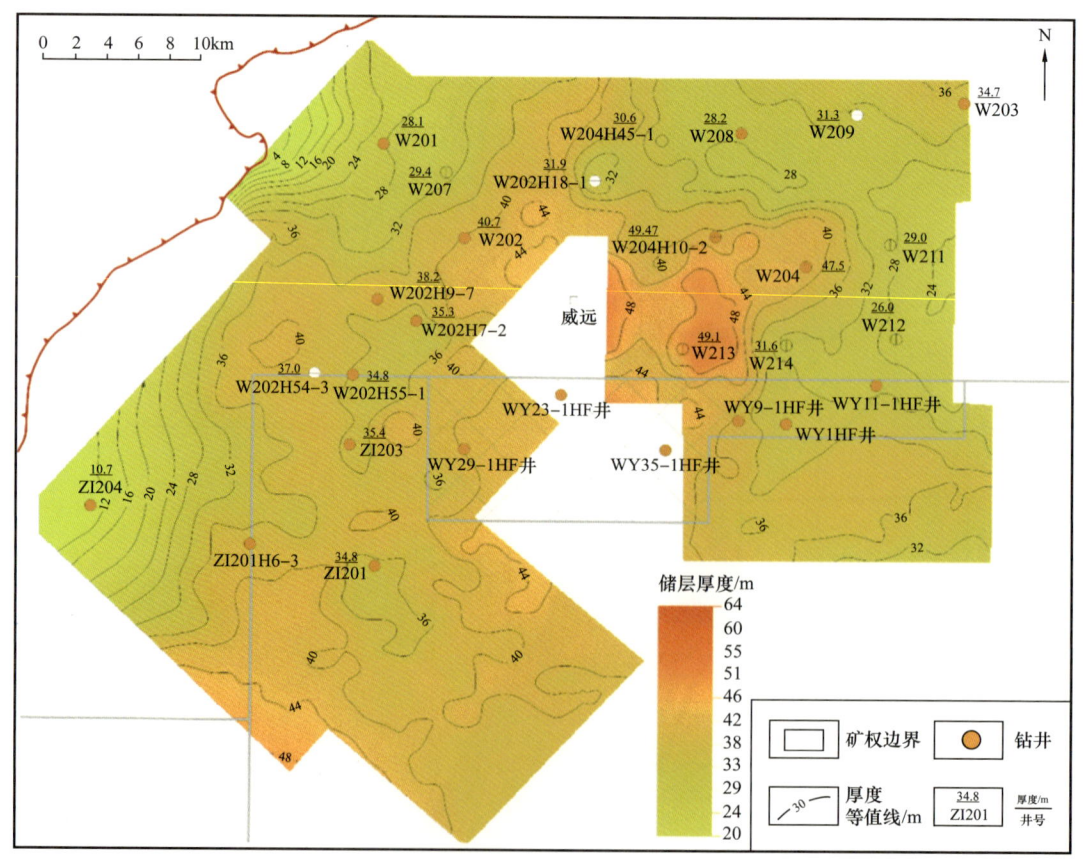

图2-4-21　奥陶系五峰组—志留系龙马溪组一段优质页岩（Ⅰ类+Ⅱ类储层）厚度平面分布图

表 2-4-1　优质页岩地震预测厚度与测井解释厚度对比表

井号	厚度 /m		误差分析	
	测井解释	地震预测	绝对误差 /m	相对误差 /%
W202H18-1	31.9	32.56	0.66	2.07
ZI204	10.7	11.77	1.07	10
W202H7-2	35.3	34.97	0.33	0.93
W202H9-7	38.2	38.87	0.67	1.75
W204H10-2	41.1	41.36	0.26	0.63
W204	42.3	42.24	0.06	0.14
W203	34.7	34.63	0.07	0.2
W201	28.1	27.8	0.3	1.07
W202	40.7	39.64	1.06	2.6
ZI201	34.8	34.66	0.14	0.4
ZI203	35.4	35.3	0.1	0.28
W209	31.3	31.8	0.5	1.6
W208	28.2	29.4	1.2	4.26
W202H54-3	37	37.48	0.48	1.3
W202H55-1	34.8	35.55	0.75	2.16
W204H45-1	30.6	30.48	0.12	0.39
W202H70-1	40.5	41.64	1.14	2.81
W211[①]	29	29.18	0.18	0.62
W213[①]	49.1	48.4	0.7	1.43
W212[①]	26	27.35	1.35	5.19
W214[①]	31.6	31.76	0.16	0.51
W207[①]	29.4	29.91	0.51	1.73

① 验证井。

第五节　页岩气高产富集理论

研究表明，富有机质页岩的发育，页岩气层压力系数高、先进的压裂工艺及合理的开采工艺共同控制了五峰组—龙马溪组页岩气藏的高产、稳产，因此地质条件、开发方式和开采工艺的耦合对于页岩气高产至关重要。

一、页岩气富集机理

1. 沉积成岩控储

川南地区位于中国南方上扬子地台西南缘,主要指大凉山以东、乐山—龙女寺古隆起龙马溪组剥蚀线以南、华蓥山以西、黔北凹陷以北的区域,面积约为 $4 \times 10^4 \text{km}^2$,地处川南低陡构造带,断裂规模相对小,构造抬升时间较晚,后期抬升改造幅度相对小,有大面积的构造稳定区,现今埋深适中,主要为2000~4500m,埋深3500~4500m的区域主要在威远—内江—(乐山—龙女寺)剥蚀线一线以南、纳溪—泸州—合江—江津以北、自贡—富顺—南溪一线以东和铜梁—璧山—江津一线以西(图2-5-1)。

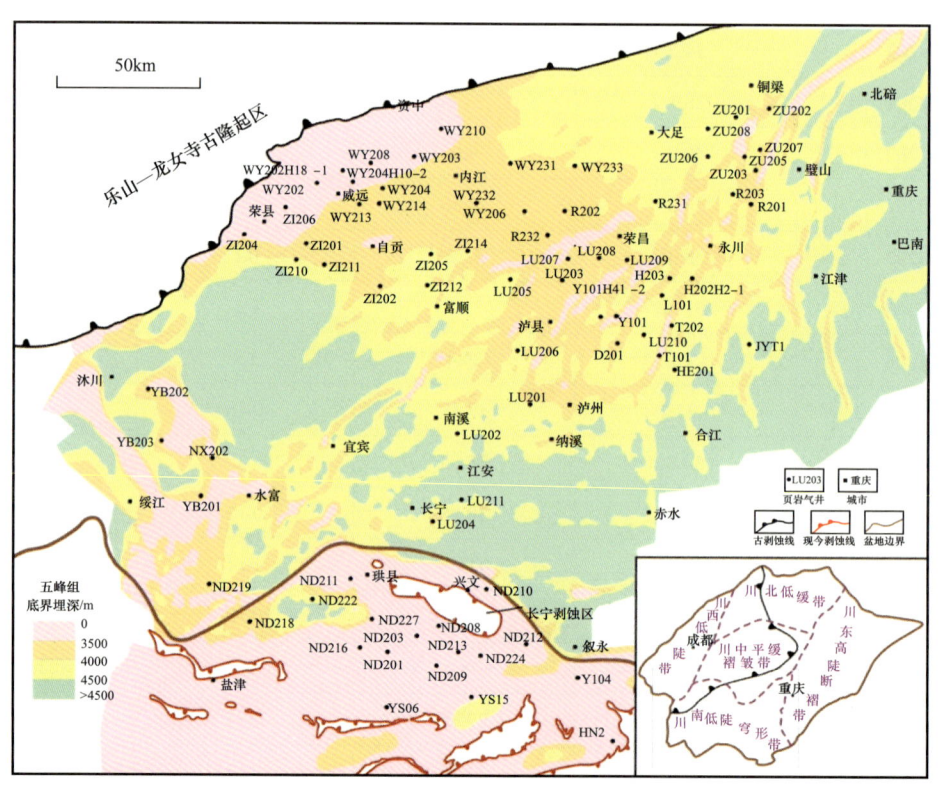

图 2-5-1 川南地区五峰组底界埋深图

川南地区五峰组—龙马溪组沉积于奥陶纪冰期结束后的早志留世鲁丹期—埃隆期(距今444~439Ma),主要为陆棚相、台地相和潮坪相3种沉积相。陆棚环境包括靠近滨岸的浅水陆棚和远离滨岸的深水陆棚组成,其上限位于正常浪基面附近,下限水深一般在200m左右,平面上向陆方向紧靠滨岸相带,沉积物多以暗色的泥级碎屑物质为特征。

整体来说,川南地区五峰组—龙马溪组整体处于川中隆起、黔中隆起、华南雪峰隆起以及局部水下高点所包夹的深水陆棚环境,向古隆起和古陆方向依次演化为浅水陆棚和潮坪—滨岸环境,观音桥段处于开阔台地。川南地区五峰组—龙马溪组广泛发育处于深水陆棚的富有机质黑色页岩,深水陆棚相带内的水体深浅相对控制了页岩储层的品质和厚度。

1)沉积成岩控制储层品质

沉积岩中的无机地球化学示踪是反映沉积环境及其演化的有效手段之一。近洋区初级生物量5%～50%达到水—沉积物界面,而在远洋区则只有0.8%～9%(谢树成等,2007),但氧化还原环境对有机质的保存影响甚大,一般来讲缺氧环境有利于有机质保存。通过长期的研究建立了一系列的判识标准,包括钒铬比(w_V/w_{Cr})、钒钪比(w_V/w_{Sc})、镍钴比(w_{Ni}/w_{Co})、钒镍比(w_V/w_{V+Ni})、铀钍比(w_U/w_{Th})、自生铀δU [$\delta U=6U/(3U+Th)$]、铈(Ce)异常和铕(Eu)异常等作为判识标志(Tribovillard et al.,2006;German et al.,1990;吴朝东等,1999)。氧化还原环境的研究已经很成熟,在海相页岩的沉积环境研究中应用广泛(Jones B,Maning D A C,1994)。通过对长宁地区(ND203井32个)和威远地区(W201井26个)五峰组—龙马溪组样品进行微量元素测试分析,并得出特征微量元素质量分数比值和图解(表2-5-1和表2-5-2,图2-5-2和图2-5-3)。

表2-5-1 ND203井五峰组—龙马溪组特征微量元素质量分数之比

样品编号	深度/m	层位	笔石带	特征微量元素质量分数之比				
				w_V/w_{Cr}	w_V/w_{Sc}	$w_V/w_{(V+Ni)}$	w_{Ni}/w_{Co}	w_U/w_{Th}
BS3-44B	2395.04	五峰组	WF2—WF4	3.35	27.46	0.81	8.74	1.13
BS3-294-1	2394.11	1小层	LM1—LM3	7.60	63.11	0.72	15.49	3.24
BS3-43B	2390.53	2小层	LM1—LM3	4.49	27.24	0.64	10.36	1.80
BS3-42B	2384.99	2小层	LM1—LM3	4.29	22.78	0.71	7.00	1.25
BS3-41B	2378.1	3小层	LM4—LM5	2.16	11.88	0.62	6.23	1.18
BS3-40B	2372.31	4小层	LM4—LM5	1.95	10.29	0.71	3.38	0.44
BS3-39B	2366.68	4小层	LM4—LM5	1.57	8.74	0.68	3.26	0.37
BS3-38B	2359.93	龙一$_2$亚段	LM6	1.26	7.88	0.68	3.01	0.30
BS3-37B	2354.18	龙一$_2$亚段	LM6	1.11	6.81	0.70	2.38	0.23
BS3-35B	2340.59	龙一$_2$亚段	LM6	1.19	6.83	0.72	2.13	0.26
BS3-34B	2335.32	龙一$_2$亚段	LM6	1.58	8.89	0.73	2.41	0.24
BS3-33B	2330.29	龙一$_2$亚段	LM6	1.17	6.43	0.75	2.21	0.20
BS3-32B	2324.58	龙一$_2$亚段	LM6	1.50	8.91	0.74	2.44	0.27
BS3-31B	2317.35	龙一$_2$亚段	LM6	1.64	8.82	0.76	2.71	0.29

续表

样品编号	深度/m	层位	笔石带	特征微量元素质量分数之比				
				w_V/w_{Cr}	w_V/w_{Sc}	$w_V/w_{(V+Ni)}$	w_{Ni}/w_{Co}	w_U/w_{Th}
BS3-30B	2311.67	龙一$_2$亚段	LM6	1.28	7.05	0.71	2.62	0.23
BS3-28B	2299.3	龙一$_2$亚段	LM6	0.83	4.69	0.63	2.76	0.25
BS3-27B	2290.1	龙一$_2$亚段	LM6	1.11	6.23	0.70	2.33	0.20
BS3-25B	2279.65	龙一$_2$亚段	LM6	1.68	9.20	0.76	3.08	0.29
BS3-24B	2273.2	龙一$_2$亚段	LM6	1.87	10.37	0.77	2.93	0.23
BS3-22B	2261.1	龙一$_2$亚段	LM6	1.61	8.47	0.73	2.54	0.28
BS3-21B	2254.84	龙一$_2$亚段	LM7—LM8	1.91	10.79	0.77	2.35	0.27
BS3-20B-1	2248.92	龙一$_2$亚段	LM7—LM8	1.37	7.72	0.73	1.60	0.17
BS3-19B	2242.92	龙一$_2$亚段	LM7—LM8	2.16	11.26	0.77	2.37	0.26
BS3-18B-2	2235.4	龙一$_2$亚段	LM7—LM8	0.75	4.00	0.53	3.05	0.22
BS3-17B	2230.53	龙一$_2$亚段	LM7—LM8	1.15	6.69	0.69	3.06	0.28
BS3-15B	2212.1	龙二段	LM7—LM8	1.18	6.11	0.71	2.77	0.17
BS3-14B	2206.47	龙二段	LM7—LM8	1.34	7.10	0.73	2.44	0.18
BS3-13B	2199.88	龙二段	LM8	1.25	6.81	0.73	2.61	0.15
BS3-11B-2	2188.93	龙二段	LM8	1.22	6.59	0.72	2.43	0.15
BS3-9B-1	2175.61	龙二段	LM8	1.45	7.81	0.75	2.53	0.18
BS3-7B-1	2157.51	龙二段	LM8	1.00	5.35	0.70	2.19	0.14
BS3-5B	2143.74	龙二段	LM8	0.82	4.64	0.60	1.70	0.14

表 2-5-2　W201 井五峰组—龙马溪组特征微量元素质量分数之比

样品编号	深度/m	层位	笔石带	特征微量元素质量分数之比				
				w_V/w_{Cr}	w_V/w_{Sc}	$w_V/w_{(V+Ni)}$	w_{Ni}/w_{Co}	w_U/w_{Th}
AS1-1D	1555.32	五峰组	WF2—WF4	0.69	4.81	0.50	1.90	0.13
AS1-2D	1548.22	五峰组	WF2—WF4	2.76	9.46	0.57	3.90	0.21
AS1-4D	1542.57	1 小层	LM1—LM5	21.25	151.52	0.85	14.25	4.19
AS1-5D	1541.98	2 小层	LM1—LM5	4.57	21.22	0.68	3.84	0.79

续表

样品编号	深度/m	层位	笔石带	特征微量元素质量分数之比				
				w_V/w_{Cr}	w_V/w_{Sc}	$w_V/w_{(V+Ni)}$	w_{Ni}/w_{Co}	w_U/w_{Th}
AS1-21B	1541.37	2小层	LM1—LM5	3.26	17.40	0.67	2.93	1.29
AS1-6D	1540.07	2小层	LM1—LM5	3.58	21.15	0.76	4.07	0.63
AS1-20B	1539.12	2小层	LM1—LM5	2.25	13.50	0.70	3.68	0.64
AS1-19B	1533.66	3小层	LM6—LM8	4.05	22.89	0.76	4.89	0.82
AS1-18B	1530.65	4小层	LM6—LM8	5.08	25.88	0.80	3.78	0.72
AS1-17B	1527.83	4小层	LM6—LM8	3.75	23.91	0.74	4.49	0.97
AS1-16B	1524.87	4小层	LM6—LM8	4.04	21.24	0.78	4.49	0.87
AS1-15B	1521.91	4小层	LM6—LM8	2.70	21.03	0.75	5.63	1.14
AS1-14B	1518.95	4小层	LM6—LM8	1.89	12.67	0.71	4.47	0.43
AS1-13B	1515.92	4小层	LM9	1.49	8.11	0.67	3.58	0.44
AS1-12B	1511.88	4小层	LM9	2.10	10.00	0.76	3.25	0.42
AS1-11B	1508.92	4小层	LM9	1.70	9.00	0.73	2.97	0.73
AS1-10B	1505.92	龙一$_2$亚段	LM9	1.39	8.00	0.69	2.92	0.29
AS1-9B	1502.13	龙一$_2$亚段	LM9	1.34	7.51	0.70	2.70	0.22
AS1-8B	1496.91	龙一$_2$亚段	LM9	1.20	6.88	0.72	2.15	0.21
AS1-7B	1492.3	龙一$_2$亚段	LM9	1.14	6.53	0.72	2.38	0.18
AS1-6B	1458.35	龙一$_2$亚段	LM9	1.24	6.34	0.74	2.08	0.14
AS1-5B	1454.08	龙一$_2$亚段	LM9	1.14	6.58	0.73	2.38	0.13
AS1-4B	1426.81	龙一$_2$亚段	LM9	1.06	6.22	0.72	2.16	0.17
AS1-3B	1422.78	龙一$_2$亚段	LM9	1.09	6.37	0.72	1.71	0.19
AS1-2B	1385.31	龙一$_2$亚段	LM9	1.15	6.24	0.74	1.90	0.15
判识标准			氧化环境	<2	<9.1	<0.46	<5	<0.75
			厌氧环境	2~4.25	—	0.46~0.6	5~7	0.75~1.25
			缺氧环境	>4.25	—	0.6~0.84	>7	>1.25
			闭塞环境	—	—	>0.84	—	—

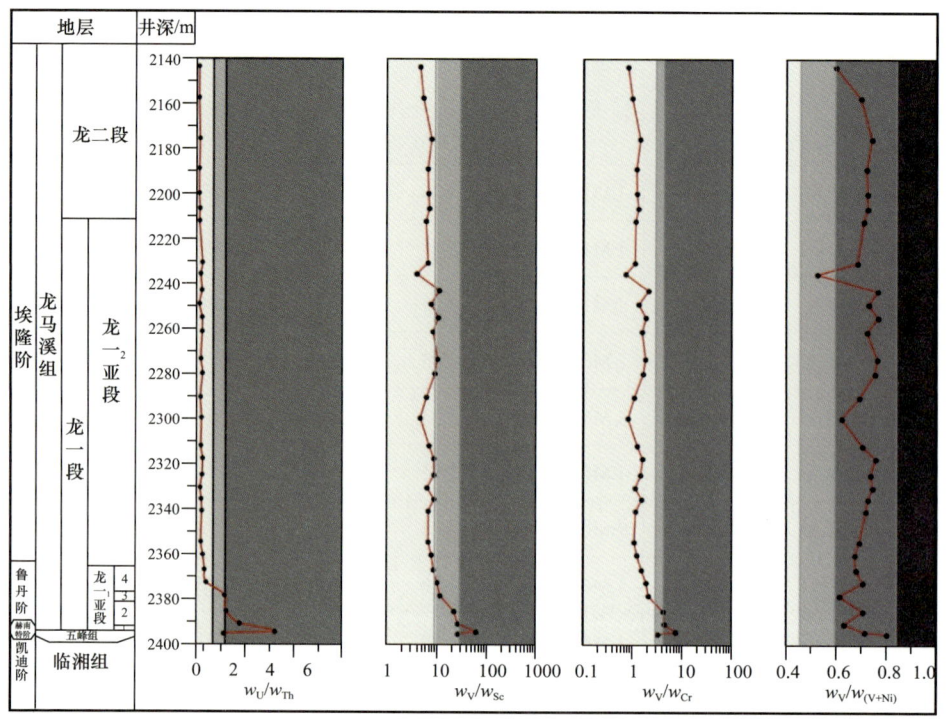

图 2-5-2　ND203 井五峰组—龙马溪组微量元素质量分数之比纵向变化特征图

ND203 井仅最底部的 ND203-44B 为五峰组页岩，$w_U/w_{Th}=1.13$，$w_V/w_{Sc}=27.46$，$w_V/w_{Cr}=3.35$，$w_V/w_{(V+Ni)}=0.81$，均指示贫氧环境。龙一$_1^1$ 小层的 N203-294-1 样品 $w_U/w_{Th}=3.24$，$w_V/w_{Sc}=63.11$，$w_V/w_{Cr}=7.6$，均指示极强的缺氧还原环境，$w_V/w_{(V+Ni)}=0.72$，可能是在硫化环境中易富集 V 元素有关，导致比值略有所降低。2 小层与 1 小层相似，w_U/w_{Th}、w_V/w_{Sc}、w_V/w_{Cr} 和 $w_V/w_{(V+Ni)}$ 平均分别为 1.53、25.01、4.39 和 0.67，同样指示较强的缺氧沉积环境。3 小层 w_U/w_{Th}、w_V/w_{Sc}、w_V/w_{Cr} 和 $w_V/w_{(V+Ni)}$ 分别为 1.18、11.88、2.16 和 0.62，指示贫氧环境—缺氧环境。4 小层两个样品 w_U/w_{Th}、w_V/w_{Sc}、w_V/w_{Cr} 和 $w_V/w_{(V+Ni)}$ 平均分别为 0.41、9.52、1.76 和 0.70，为典型的氧化环境。通过对龙一$_2$ 亚段和龙二段样品统计，特征微量元素质量分数之比指示均为氧化沉积环境。

W201 井最底部的 AS1-1D 和 AS1-2D 两个样品为五峰组页岩，w_U/w_{Th} 为 0.13~0.21，w_V/w_{Sc} 在 4.81~9.46 之间，w_V/w_{Cr} 为 0.69~2.76，$w_V/w_{(V+Ni)}$ 在 0.5~0.57 之间变化，除 $w_V/w_{(V+Ni)}$ 外均指示氧化环境。龙一$_1$ 亚段 1 小层的 AS1-4D 样品 $w_U/w_{Th}=4.19$，$w_V/w_{Sc}=151.52$，$w_V/w_{Cr}=21.25$，$w_V/w_{(V+Ni)}=0.85$，均指示极强的缺氧还原环境。2 小层与 1 小层存在明显差异，4 个样品 w_U/w_{Th} 为 0.63~1.29，平均值为 0.84；w_V/w_{Sc} 为 13.5~21.22，平均值为 18.32；w_V/w_{Cr} 为 2.25~4.57，平均值为 3.41；$w_V/w_{(V+Ni)}$ 为 0.67~0.76，平均值为 0.70，4 个比值总体指示贫氧沉积环境。3 小层 w_U/w_{Th}、w_V/w_{Sc}、w_V/w_{Cr} 和 $w_V/w_{(V+Ni)}$ 分别为 0.82、22.89、4.05 和 0.76，综合指示贫氧环境。4 小层和龙一$_2$ 亚段样品统计表明，特征微量元素质量分数之比指示均为氧化沉积环境。

通过特征微量元素比值综合柱状图研究，表明 ND203 井从五峰组由老到新至龙二段地层，五峰组表现为贫氧—缺氧沉积环境，间冰期之后海平面迅速上升，1 小层和 2 小层表现为极强的还原环境，且向上还原性减弱，3 小层指示贫氧环境—缺氧环境，4 小层及以上地层均指示氧化沉积环境（图 2-5-3）。W201 井从五峰组由老到新至龙一$_2$亚段，五峰组表现为氧化沉积环境，间冰期之后海平面迅速上升，1 小层表现为极强的还原环境，向上至 2 小层则由缺氧环境过渡为贫氧环境，甚至到 2 小层顶部已完全为氧化沉积环境，3 小层还原环境略有增强，但至 4 小层则迅速过渡为氧化沉积环境龙一$_2$亚段和龙二段均指示氧化沉积环境，且向上氧化性增强。

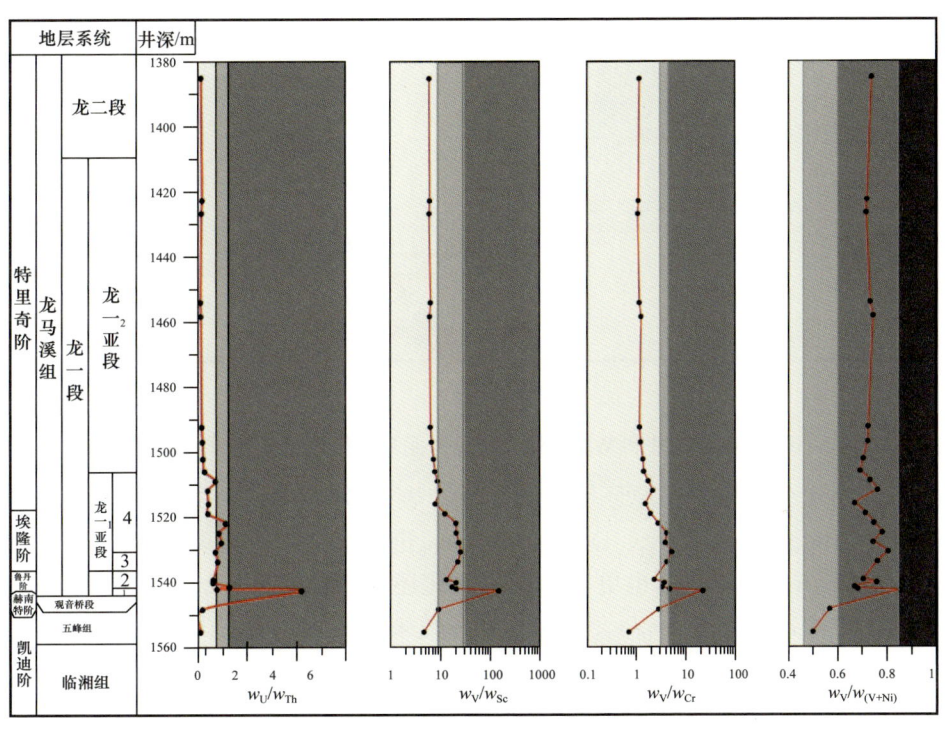

图 2-5-3　W201 井五峰组—龙马溪组微量元素质量分数之比纵向变化特征图

从氧化还原判识图对比分析 ND203 井和 W201 井的氧化还原条件可知（图 2-5-4），ND203 井五峰组为贫氧—缺氧沉积环境，但 W201 井的则为氧化沉积环境；ND203 井和 W201 井的 1 小层均为还原环境，沉积氧化还原条件具有可对比性，但 2 小层沉积环境存在明显变化，ND203 井的 2 小层依然处于还原环境，但 W201 井的 2 小层已经是氧化环境了，虽然 3 小层还原性都有所增强，但明显 ND203 井 3 小层的还原性要强于 W201 井。4 小层及其以上地层均指示极强的氧化环境，不利于有机质的转化和保存。

总体而言，氧化还原条件与岩相和沉积相具有极强的耦合关系，五峰组总体表现还原性不太强，只是长宁地区强于威远地区，五峰组钙质含量较高，指示上部深水陆棚的沉积环境。而龙一$_1$亚段总体为深水陆棚沉积相，尤其是底部还原环境极强，硅质含量极高。龙一$_2$亚段和龙二段为氧化沉积环境，是典型的浅水陆棚相沉积。

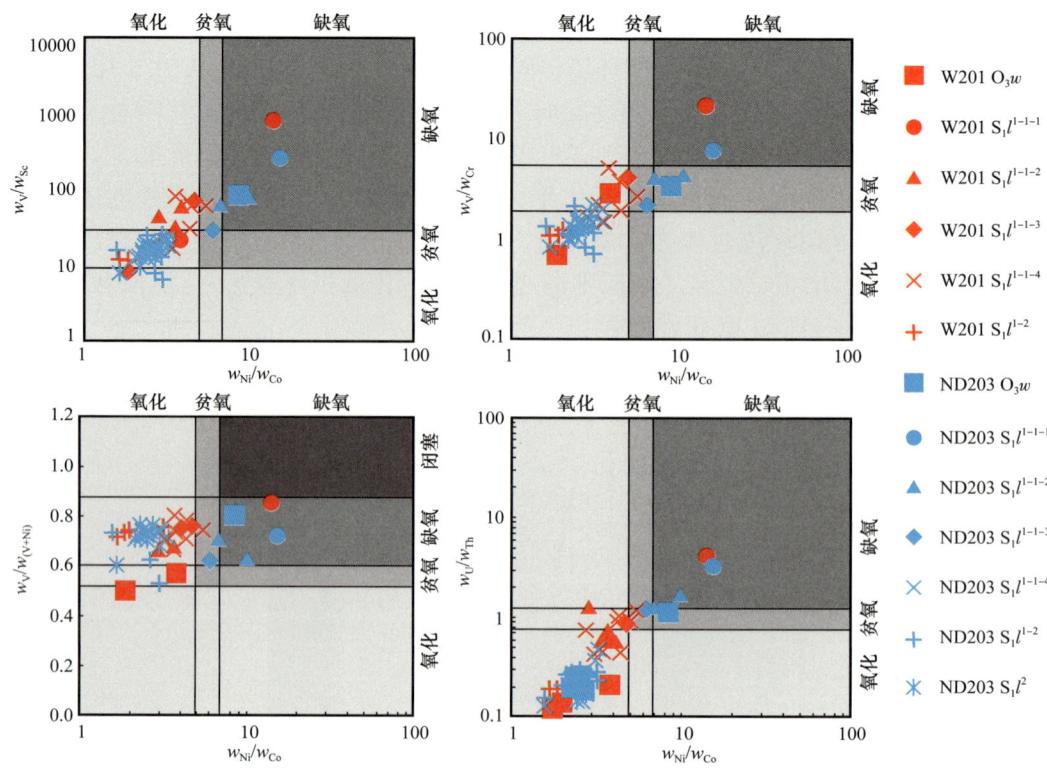

图 2-5-4　ND203 井和 W201 井五峰组—龙马溪组古氧化还原环境判别图

此外，运用 4 个古氧化还原环境判别指标（表 2-5-3）对 N6 井龙马溪组的总有机碳含量（TOC）与 w_{Ni}/w_{Co}、w_V/w_{Cr}、DOP_T 和 w_U/w_{Th} 进行交会分析发现，TOC 与 w_U/w_{Th} 的相关性极强，由 w_U/w_{Th} 值域范围也更容易区分氧化还原环境，且 w_U 和 w_{Th} 容易在测井数据中获取（图 2-5-5），因此将 w_U/w_{Th} 作为主要参数来探究其与储层的关系。

表 2-5-3　海相页岩氧化还原环境判别指标表

氧化还原环境	氧化还原指标			
	w_U/w_{Th}	w_{Ni}/w_{Co}	w_V/w_{Cr}	DOP_T
强还原环境	>1.25	>7.00	>4.25	>0.75 含 H_2S，0.42～0.75 不含 H_2S
弱还原弱氧化环境	0.75～1.25	5.00～7.00	2.00～4.25	
强氧化环境	<0.75	<5.00	<2.00	<0.42

通过长宁、威远和泸州地区 6 口井伽马能谱测井获得的 w_U/w_{Th} 值与 TOC 值进行交会发现[图 2-5-6（a）]，两者呈正相关，TOC>3% 的页岩 w_U/w_{Th}>0.5，无论页岩是沉积于相对浅水的强氧化、半深水的弱氧化弱还原或是相对深水的强还原条件下，作为影响储集能力的储层评价指标 TOC 值都可以较高，说明 TOC 的富集主控因素除了受氧化还原条件控制外，还受古生物生产力、成岩—埋藏演化—生排烃的控制，但可以明确的是，

在 $w_U/w_{Th}>1.25$ 的相对深水强还原条件下时，无论其他控制因素条件如何，TOC 值均可大于 3%。此外，通过对上述 6 口井的测井获得的 w_U/w_{Th} 与影响压裂条件的脆性矿物含量进行相关分析发现 [图 2-5-6（b）]，在 $w_U/w_{Th}>1.25$ 的相对深水强还原条件下，脆性矿物含量主要为 55%～80%，最利于压裂，在 w_U/w_{Th} 为 0.75～1.25 的半深水弱氧化弱还原条件下时，脆性矿物含量主要为 40%～75%，在 $w_U/w_{Th}<0.75$ 的相对浅水强氧化条件下时，脆性矿物含量主要为 40%～70%。

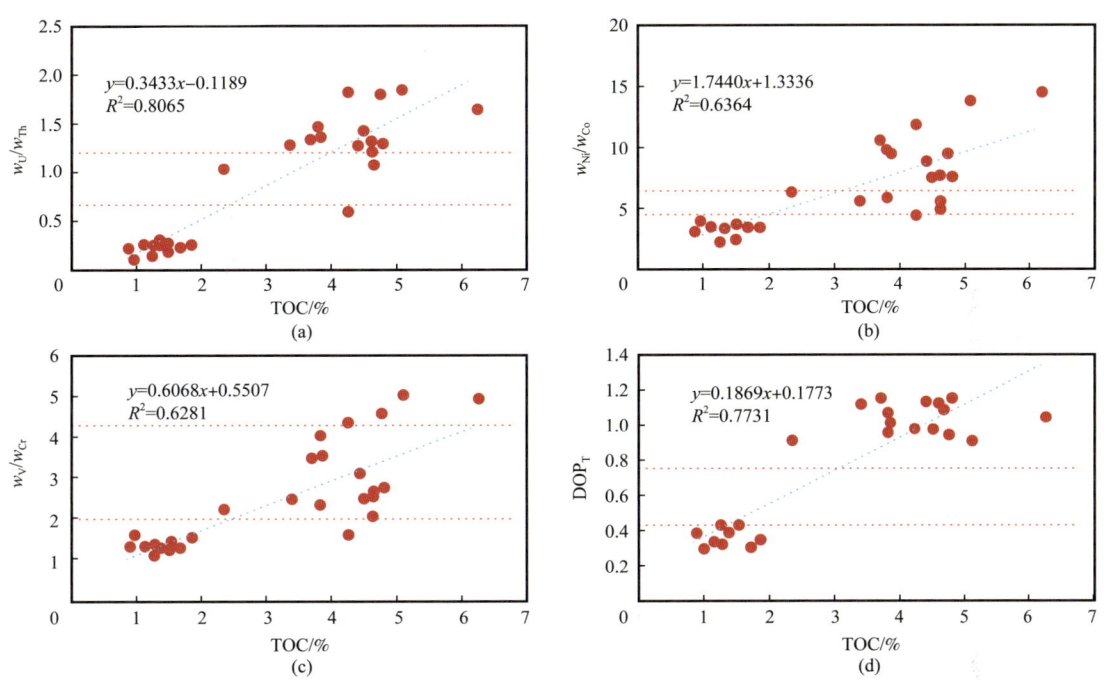

图 2-5-5　N6 井 TOC 值与 w_U/w_{Th}、w_U/w_{Th}、w_U/w_{Th} 和 DOP_T 交会图

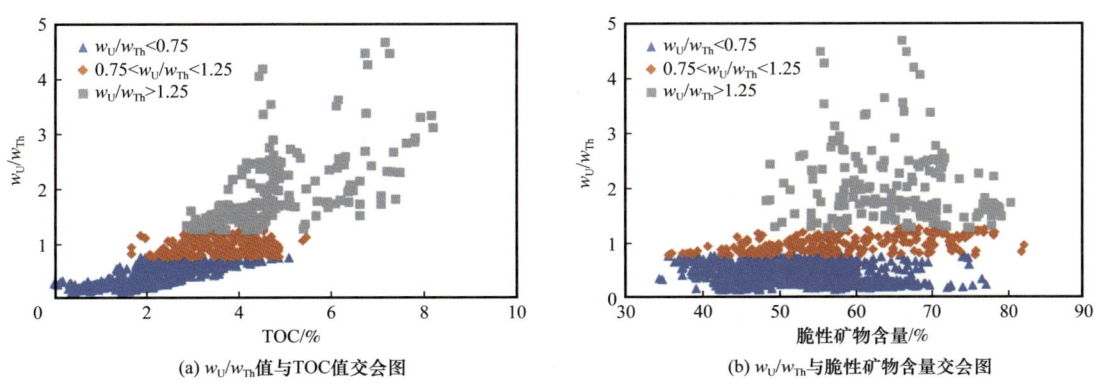

(a) w_U/w_{Th} 值与 TOC 值交会图　　　(b) w_U/w_{Th} 与脆性矿物含量交会图

图 2-5-6　w_U/w_{Th} 与 TOC 关系图 2-33b w_U/w_{Th} 与脆性矿物含量关系图

运用 w_U/w_{Th} 值定量与储层品质"TOC 值、脆性矿物含量"的分析结果可以揭示川南页岩气"沉积环境控储"机理。在不考虑含气量和孔隙度参数时，$w_U/w_{Th}>1.25$ 的相对深水强还原环境页岩层段为 Ⅰ 类储层；w_U/w_{Th} 为 0.75～1.25 的半深水弱还原弱氧化环境页岩

层段为Ⅰ—Ⅱ类储层，Ⅰ类储层和Ⅱ类储层各占一半；w_U/w_{Th}＜0.75 的相对浅水强氧化环境页岩层段为Ⅱ—Ⅲ类储层，且多为Ⅲ类储层。

2）沉积成岩控制储层厚度

龙马溪组页岩沉积于海平面快速上升至海平面缓慢下降的旋回过程中，古微地貌的高低差异或沉积水体的相对深浅控制着龙马溪组的沉积厚度。综合古生物地层和沉积相划分方法，将威远、华蓥山、巫溪、自贡、泸州、长宁、丁山和焦石坝等地区的代表井进行时代划分和沉积相划分，准确建立各单井的地层生物等时格架，结合岩相和沉积相的研究，对各地区代表井进行连井对比，形成南西—北东向 2 条和南北向 1 条沉积相连井对比剖面（图 2-5-7 至图 2-5-9）表明，四川盆地沉积呈现南西—北东向一致的沉积背景，长宁—涪陵的 YJ1—ND211—ND203—QQ1—DY1—JY1 井一线五峰组—龙马溪组可识别 4 阶 12 个笔石带和一个赫南特动物群。

五峰组和观音桥段对应 WF1—WF4 笔石带和赫南特动物群，长宁背斜厚于川东南的厚度。而龙一$_1$亚段基本对应 LM1—LM5 笔石带，且厚度相差不大，介于 30.2~43.47m，涪陵地区略厚，主要是 LM5 笔石带较厚，总体而言可以很好地对比（表 2-5-4）。威远—巫溪的 W201—W202—W204—W205—HQ2—WX2 井一线五峰组—龙马溪组也具有相类似的沉积背景，具有相类似的沉积格架，但与长宁—涪陵一线略有差异，主要表现在两个方面：其一，通过南北向 W203—W204—W205—WY1—LU202—ND211—YS108 沉积相和生物地层连井对比发现，威远—巫溪可识别出 5 阶 13 个笔石带，比长宁—涪陵多一个阶和一个笔石带，即威远—巫溪一线特里奇阶接受龙马溪组碎屑岩沉积时，长宁—涪

表 2-5-4 四川盆地凯迪晚期—特里奇期笔石带沉积厚度表

井号		W201	W202	W203	W204	W205	WY1	HQ2	WX2	ZI201
厚度／m	LM9	136.5	240.61	268.49	417.17	439.04	不详	71.62	514.2	410.18
	LM6—LM8	18.89	24.6	18.2	26.03	17.96	不详	38.7	49.66	15.7
	LM1—LM5	7.26	10.4	7.29	6.9	3.1	1.00	7.9	14.94	9.47
	观音桥段	3.68	1.31	0.32	0.57[①]	缺失	缺失	缺失	0.25	0.77
	WF1—WF4	13.412	6.69	0.44	0.93[①]	0.46	1.00	1.7	6.75	6.17
井号		ZI202	LU202	YJ1	ND211	ND203	YS108	LQ1	DY1	JY1
厚度／m	LM9	未取心	无	无	无	无	无	无	无	无
	LM6—LM8		558.56	329.8	113.31	289	396	228.13	119.95	203.03
	LM1—LM5	2.98	34.54	33.36	35.06	30.2	14.99	57.91	38.81	43.57
	观音桥段	0.19	0.59	0.35	0.54	0.34	4.06	0.51	0.29	0.10
	WF1—WF4	8.39	10.41	8.19	8.59	1.96		2.53	1.42	4.26

① 测井数据。

页岩气地质综合评价 第二章

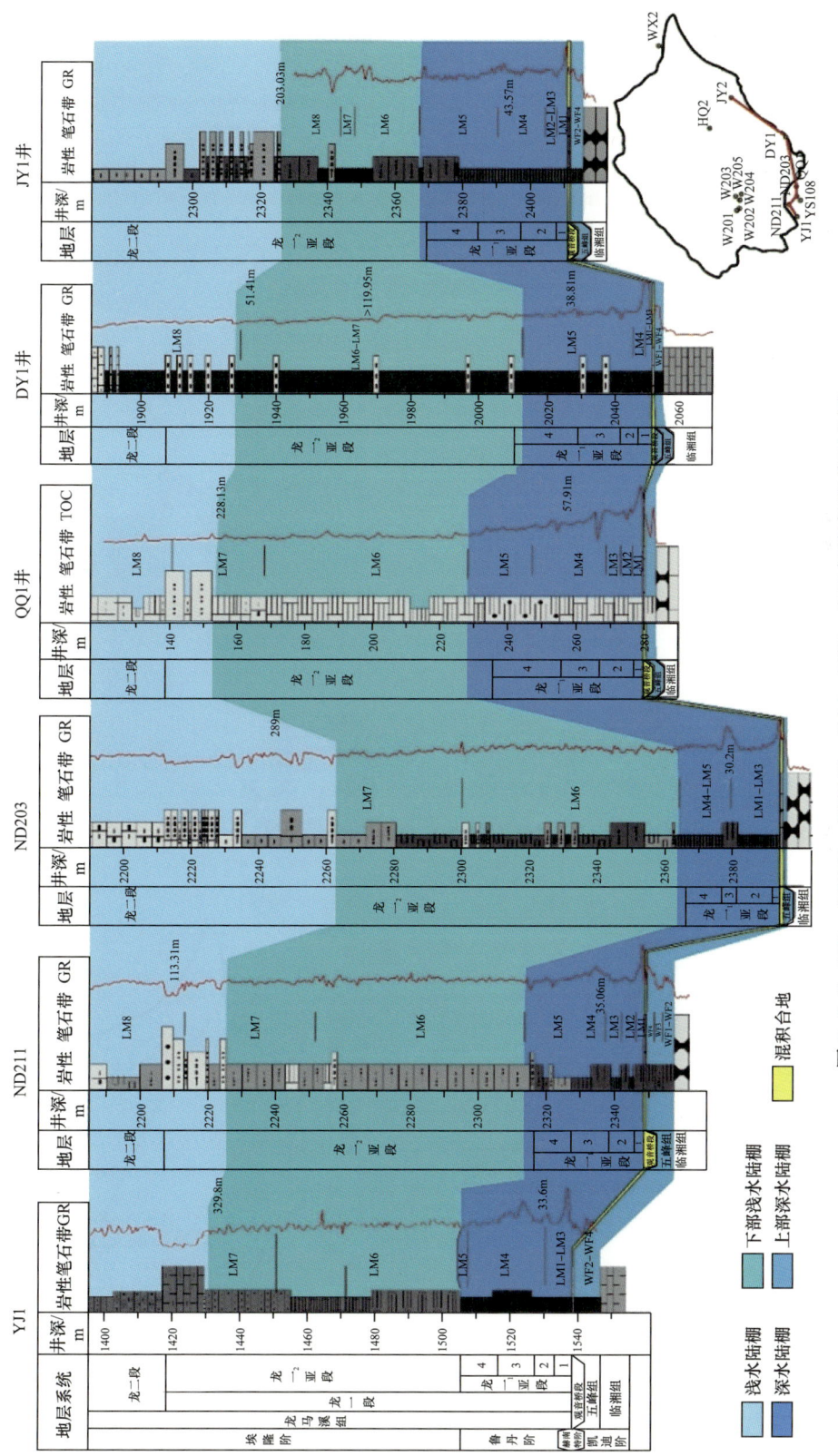

图 2-5-7 YJ1—ND211—ND203—QQ1—DY1—JY1 沉积相连井对比图

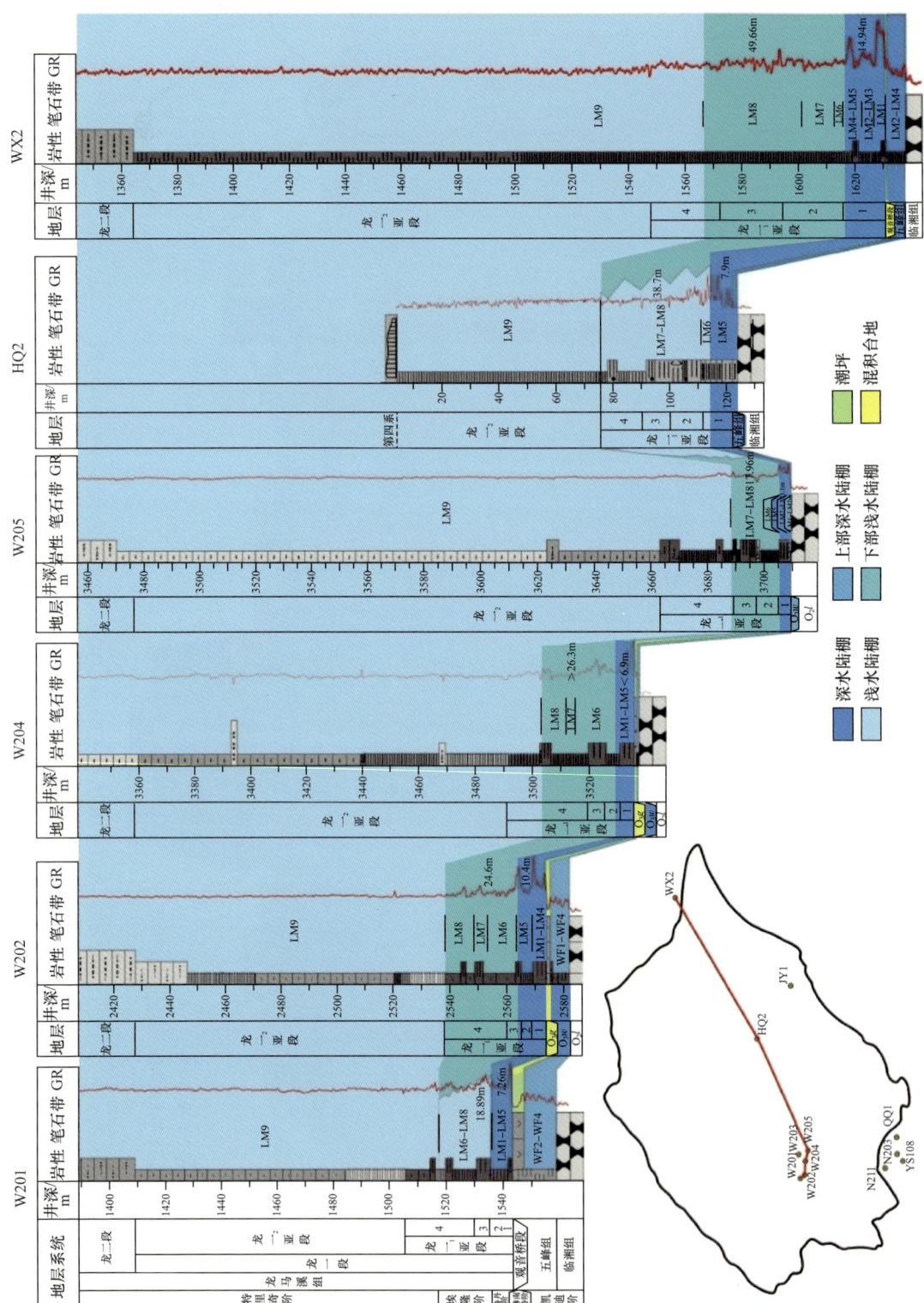

图 2-5-8 W201—W202—W204—W205—HQ2—WX2 沉积相连井对比图

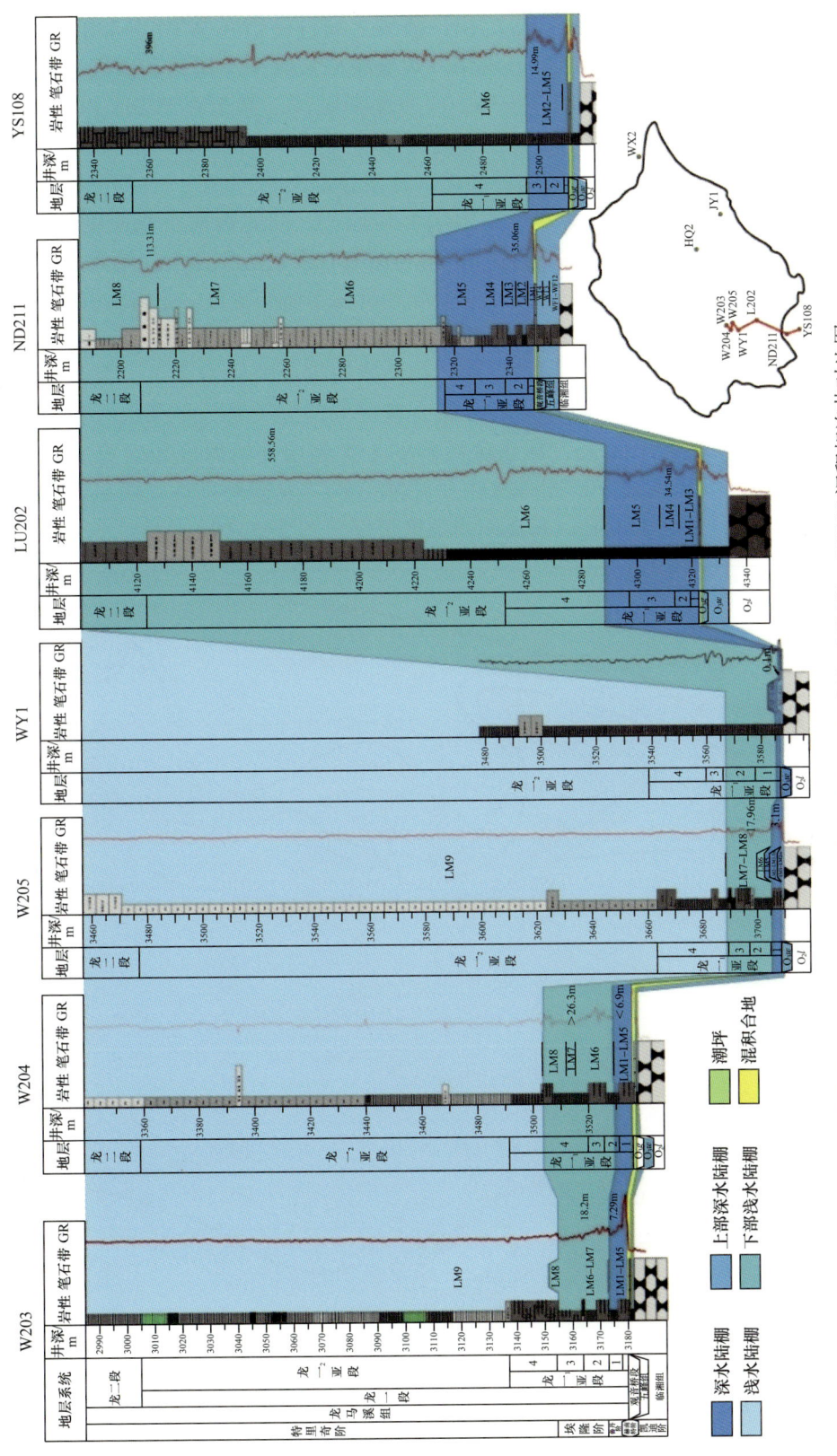

图 2-5-9 W203—W204—W205—WY1—LU202—ND211—YS108 沉积相连井对比图

陵一线已经相变为石牛栏组碳酸盐岩沉积，两线之间过渡带在 WY1 井和 LU202 井之间部位，并南西—北东向延展；其二，五峰组—观音桥段威远—巫溪并非铁板一块，而是呈现差异沉积，由 W201 井—W202 井—W204 井逐渐减薄，甚至在 W205 井和 WY1 井五峰组和龙马溪组出现沉积间断，缺失五峰组上部笔石带、赫南特动物群和龙马溪组底部笔石带，推测内江—自贡地区存在水下高地，这里暂命名为"内江—自贡水下高地"。华蓥山也存在类似情况（暂命名为"华蓥山水下高地"），向北西向沉积厚度又有所增加，但由于其处于构造低部位，水体更深且沉积物源供给有限，沉积厚度并不大。

w_U/w_{Th} 同样也可以较好地指示古微地貌差异和沉积水体的变化，龙马溪组底部 $w_U/w_{Th}>1.25$ 且连续厚度大于 4m 指示着深水陆棚内沉积水体相对更深的区域，若 $w_U/w_{Th}>1.25$ 的地层连续厚度更小，沉积水体则相对更浅。相同的海平面升降背景下，古微地貌差异和沉积水体的变化与Ⅰ类储层连续厚度的分布有较好的匹配关系，半深水区和相对浅水区的Ⅰ类储层连续厚度多小于 5m，深水区沉积的Ⅰ类储层连续厚度相对更大，盐津—筠连—珙县—长宁一线、南溪—泸州—永川—江津一线、威远—自贡一线最厚，Ⅰ类储层连续厚度大于 5m 且多大于 10m，并在泸州地区最厚（图 2-5-10）。

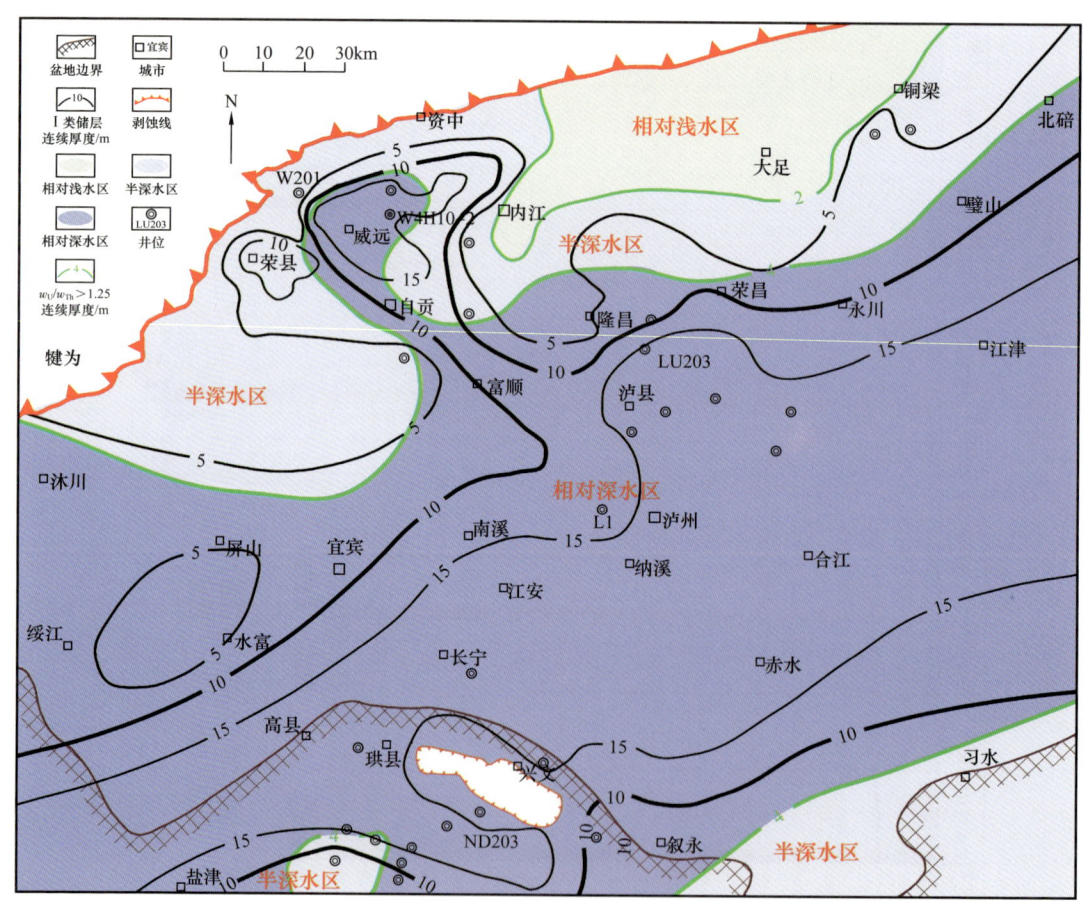

图 2-5-10　深水陆棚水体相对深浅与Ⅰ类储层连续厚度叠合图

2. 保存条件控藏

川南地区龙马溪组盖层条件和顶板与底板条件均很好，因此表征保存条件好坏的最重要的条件为断层发育程度和距剥蚀线距离。

顶板与底板条件是页岩气与常规天然气在保存条件上最大的差异，良好的顶底板条件是页岩气保存的重要因素（刘树根等，2014）。顶底板为直接与含气页岩层段接触的上覆及下伏地层，其与页岩气层间的接触关系和其性质的好坏对含气页岩的保存条件非常关键。一方面对页岩气的封存起重要作用，另一方面也影响着页岩压裂改造的效果。顶底板可以是泥岩、页岩、致密砂岩、碳酸盐岩等任何岩性，其性质的好坏决定于岩石物性、封闭性的好坏。顶底板性质对含气页岩的保存条件非常重要，好的顶板和底板与含气页岩层段组成流体封存箱，可以有效减缓页岩气向外运移，从而使页岩气得到有效保存；差的顶板和底板对流体的封闭性差，油气易于向外散失，导致页岩气藏遭到破坏（胡东风等，2014）。中国南方下古生界五峰组—龙马溪组和筇竹寺组分布范围广、含量高，但到目前为止，只有五峰组—龙马溪组取得了页岩气规模性、商业性开发，顶底板对页岩气的封堵作用是造成这2套页岩层系勘探效果差异巨大的原因之一（魏祥峰等，2017）。五峰组—龙马溪组页岩气层为典型的"上盖下堵"型，有利于页岩气保存，其底板为临湘组和宝塔组含泥瘤状灰岩、石灰岩，岩性致密，基质孔隙度、渗透率一般小于2%和0.1mD，裂缝不发育，且与页岩气层无沉积间断，因此封堵性好；顶板在川南地区和川东地区岩性有所不同，但都显示出非常致密、封堵性较好的特点。川东涪陵页岩气田JY1井、JY2井、JY3井和JY4井作为顶板的龙马溪组二段粉砂岩孔隙度平均为2.4%，渗透率平均小于0.01mD，在80℃条件下，地层突破压力约为72.1MPa（李昂等，2016）（图2-5-11）；

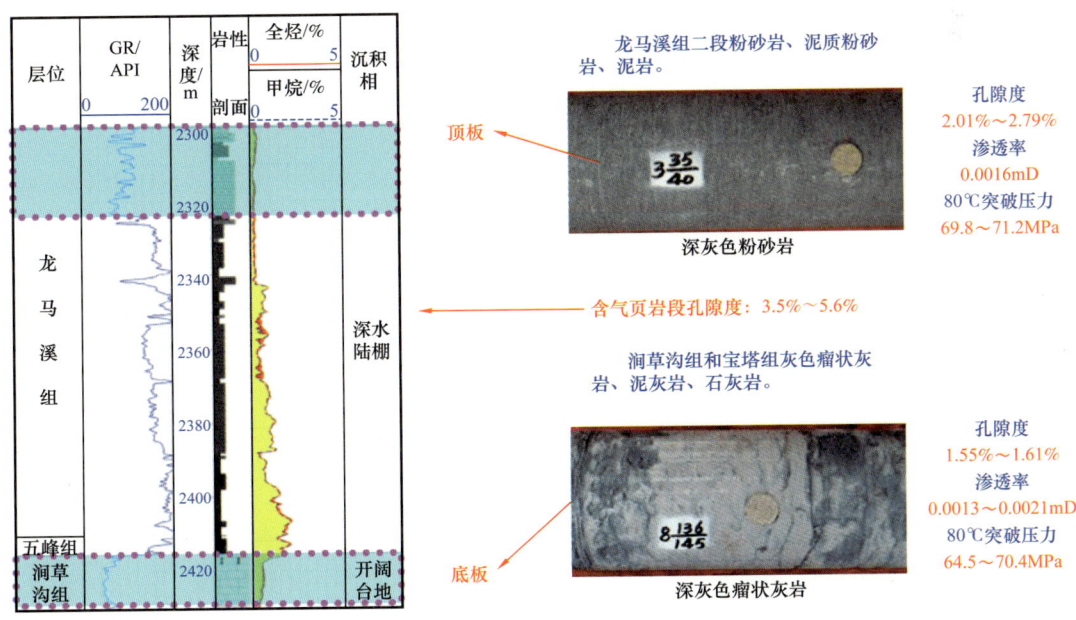

图2-5-11　JY1井顶底板条件示意图

川南长宁地区、丁山和林滩场地区为石牛栏组的泥灰岩，其中林滩场孔隙度、渗透率平均值分别为1.44%和0.0017mD，地层突破压力达到61.0MPa，而JY2井页岩气层中6个泥页岩样品的突破压力一般介于9.7~32.7MPa，平均为24.7MPa，相比上述的顶底板的突破压力明显偏小，因此顶底板能够有效地封堵页岩气。作为底板的涧草沟组和宝塔组连续沉积的灰色瘤状石灰岩等岩性的孔隙度平均为1.2%，渗透率平均小于0.1mD，在80℃条件下，地层突破压力约为70.4MPa。反映了五峰组底板涧草沟组对页岩气层具有较好的封隔效果，有利于页岩气的富集。

断层对页岩气藏的影响具有双面性。断层是构造运动积累的应力释放而破裂的结果，常常与裂缝相伴而生，如果断层规模较小，有利于页岩气的增产。但是如果断层开启，特别是"通天"断层，则可断穿上覆岩层，成为页岩气散失的通道，从而破坏页岩气藏。川南地区位于上扬子板块西部，刚性基底稳定性强，沉积盖层变形总体较弱整体构造稳定，大断裂不发育（图2-5-12），根据断裂的特征以及落差，川南地区断裂共分为3级（表2-5-5）。Ⅰ级断裂通常向上断开至地面，对构造有控制作用，通常落差大于300m。Ⅱ级断裂对构造起控制作用，向上断开二叠系或三叠系，通常落差100~300m。Ⅲ级断裂向上消失于志留系内部，通常落差40~100m。川南地区断裂的分布情况如图2-5-13所示。根据已有的页岩气开发实践，一级断层（断距大于300m）对龙马溪组页岩气产量有较大影响，距离Ⅰ级断层1.5km以内，测试产量较低，如N7井，距一级断层800m，压力系数为1.25，测试产量为$11\times10^4m^3/d$；Ⅱ级和Ⅲ级断层对测试产量影响较小，其附近的水平井测试产量均可以很高，平均大于$20\times10^4m^3/d$（图2-5-14）。

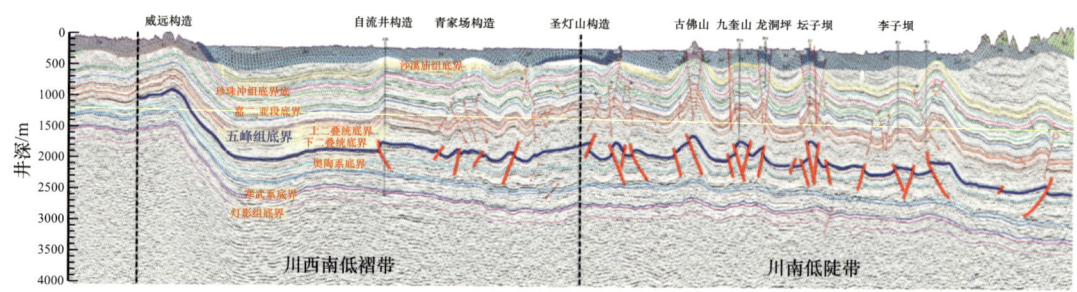

图2-5-12 川南地区构造位置剖面图

表2-5-5 川南地区断裂分级表

断裂级别	特征	落差/m
Ⅰ级断裂	向上断开至地面，对构造有控制作用	>300
Ⅱ级断裂	对构造起控制作用，向上断开二叠系或三叠系	100~300
Ⅲ级断裂	向上消失于志留系内部	40~100

距剥蚀线较近的井，页岩气保存同样受到了破坏。以长宁区块为例，长宁区块主要位于长宁背斜，长宁背斜核部五峰组—龙马溪组遭受剥蚀，剥蚀区地层暴露地表遭受风

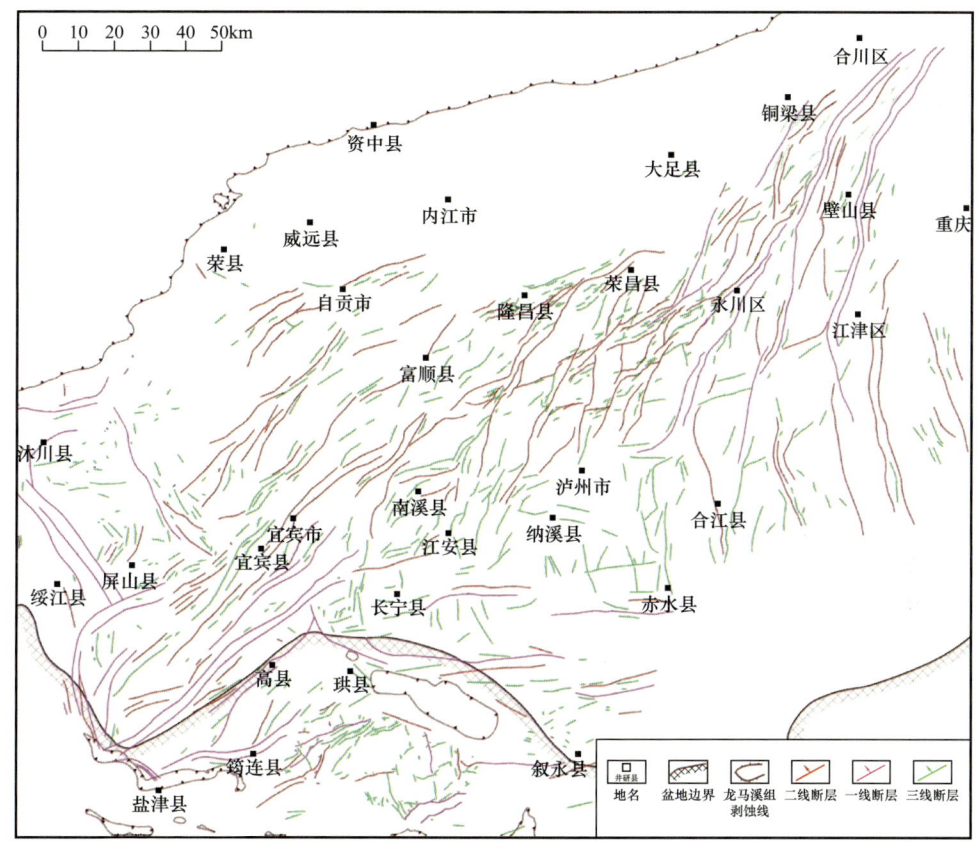

图 2-5-13　川南断裂发育分布图

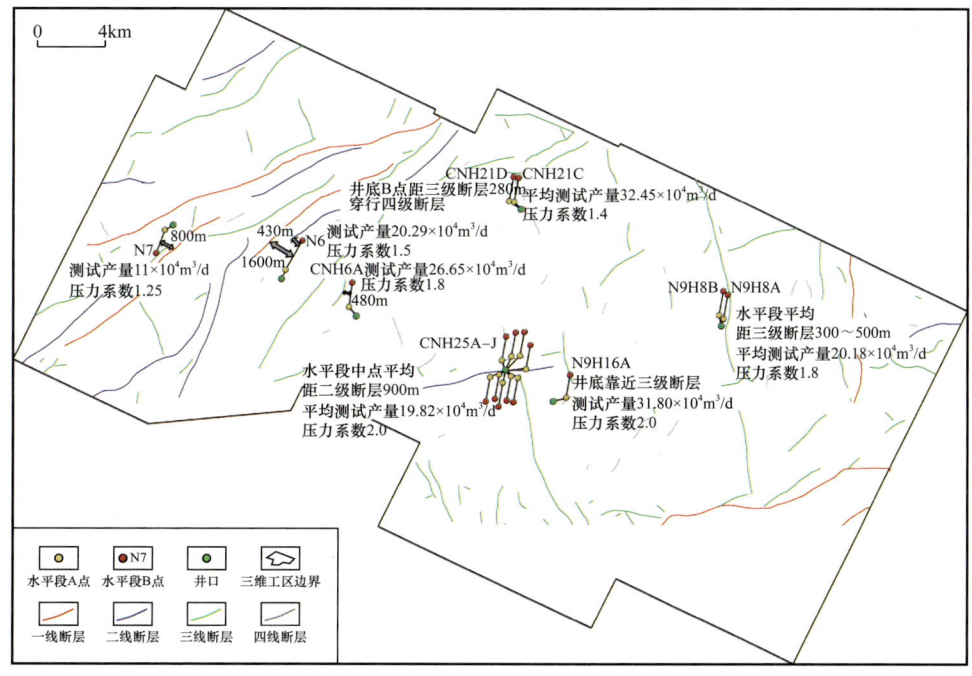

图 2-5-14　长宁地区断层级次与测试产量关系图

化，使得剥蚀区附近地层中的页岩气容易散失，不利于页岩气的保存。威远地区位于威远构造上，五峰组—龙马溪组在沉积后遭受风化剥蚀，而后又有新的地层在古剥蚀区沉积，五峰组—龙马溪组顶部的古风化面成为油气易运移的通道。对长宁地区 7 口页岩气评价井距剥蚀线距离、五峰组—龙马溪组地层压力及压力系数进行了统计（表 2-5-6），7 口页岩气评价井距剥蚀线距离为 3~20.3km，ND208 井距龙马溪组地层剥蚀线距离最近，为 3km；ND201 井距离最远，为 20.3km。长宁地区五峰组—龙马溪组地层压力为 6.71~61.02MPa，ND208 井地层压力最低，为 6.71MPa；ND201 井地层压力最高，为 61.02MPa。相关性分析表明，长宁页岩气评价井距剥蚀线距离与五峰组—龙马溪组地层压力有一定的线性相关性，相关系数为 0.6763，说明靠近剥蚀区不利于页岩气的保存（图 2-5-15）。

表 2-5-6　长宁地区页岩气评价井龙马溪组地层压力相关数据统计

井号	储层中深 / m	距剥蚀线距离 / km	地层压力 / MPa	压力系数
ND208	1294.67	3	6.71	0.52
ND212	2091	10.6	18.41	0.90
ND210	2166.89	4.8	21.80	1.00
ND211	2327	14.6	29.56	1.30
ND203	2504.88	9.7	49.89	2.02
ND209	2385	15.6	31.57	1.35
ND201	3092.76	20.3	61.02	2.00

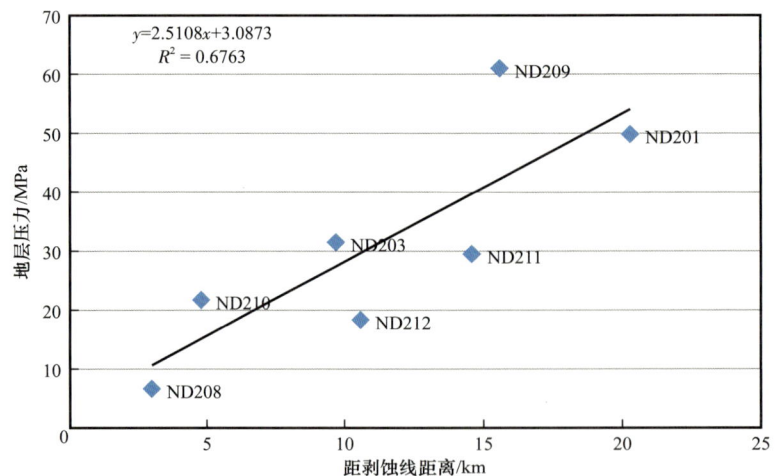

图 2-5-15　长宁地区页岩气评价井距剥蚀线距离与地层压力相关性分析

距一级断层和长宁剥蚀区与乐山—龙女寺古隆起剥蚀区越近的地区，有压力系数低的特征。鉴于此，表征地下流体能量和流体的封闭程度的压力系数指标则可以作为指示川南地区龙马溪组的保存条件的一个综合参数。此外，从长宁剥蚀线和乐山—龙女寺古隆起剥蚀线向泸州地区，龙马溪组压力系数随埋深增加而增大，压力系数与埋深表现出明显正相关（图 2-5-16）。

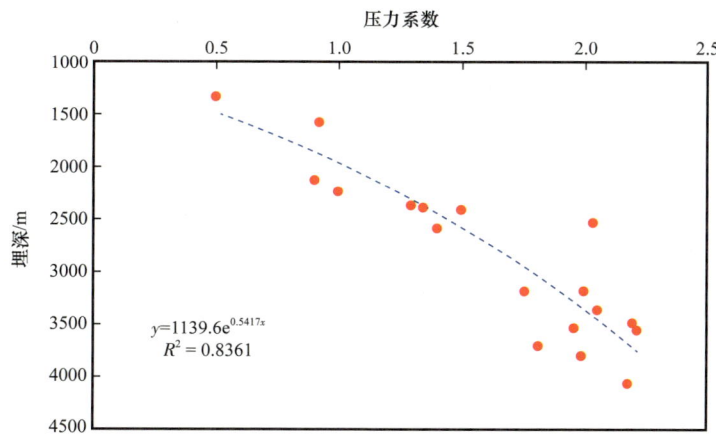

图 2-5-16　川南地区实测压力系数与现今埋深关系图

气体能量更大、封闭程度更强的高压力系数区，具有孔隙度更大、孔隙结构更优且含气性更好的特征。通过川南地区 27 口井的埋深与储层孔隙度相关性分析，埋深 2000~4500m 范围内，随埋深逐渐增大，Ⅰ类储层有效孔隙度存在先减小再增大的趋势（图 2-5-17），高孔隙度区间位于 2200~3000m 和 3500~4500m 范围内。此外，川南地区龙马溪组Ⅰ类储层孔隙以有机质孔、黏土矿物无机孔等塑性孔为主，缺少刚性矿物颗粒支撑，易被上覆地层有效应力压实，超压的存在对于孔隙具有保护作用，超压流体可以抵抗压实作用对孔隙的破坏，从而使成岩作用过程中形成的圆形或椭圆形页岩孔隙得以保存，储集空间得以保留。通过氩离子抛光扫描电镜分析，高压力系数的井龙马溪组Ⅰ类储层的有机质孔径更大（图 2-5-18）。

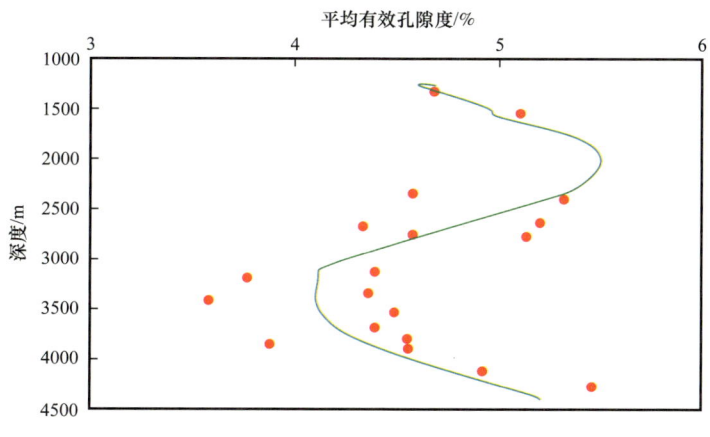

图 2-5-17　Ⅰ类储层平均有效孔隙度与深度关系图

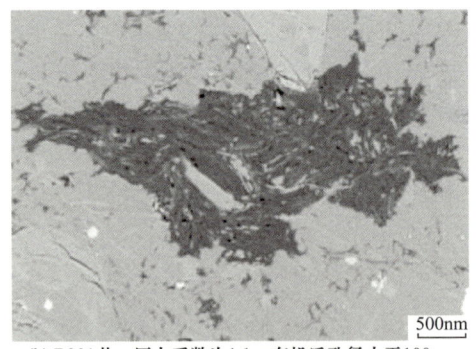

(a) X202井，压力系数为0.6，有机质孔隙孔径为63nm　　(b) B201井，压力系数为1.1，有机质孔径小于100nm

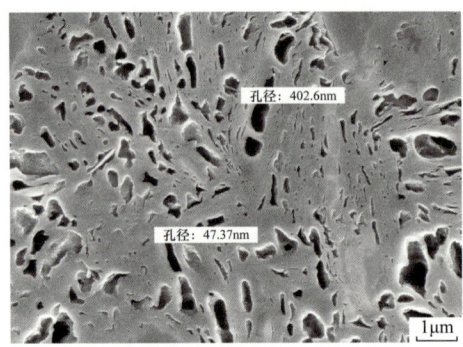
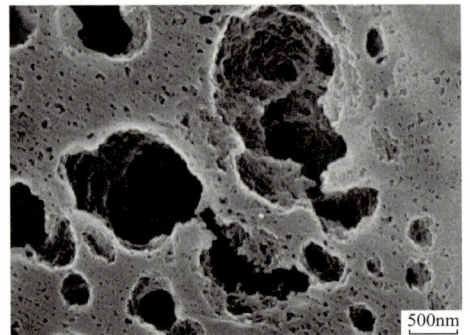

(c) N6井，压力系数为1.8，有机质孔径大于400nm　　(d) WD204井，压力系数为2.0，有机质孔径大于500nm

图 2-5-18　龙马溪组底部低压区与高压区有机质孔隙差异

根据不同深度、不同压力系数情况下的吸附气、游离气理论模拟计算结果以及川南地区不同埋深页岩气井含气性分析表明（图 2-5-19），随着地层温度和压力不断增加，页岩的吸附气含量增大，在一特定温度下（埋深为 1500m）开始降低，游离气比例不断增大，由 30% 增加到 65% 以上，更有利于高效开发。

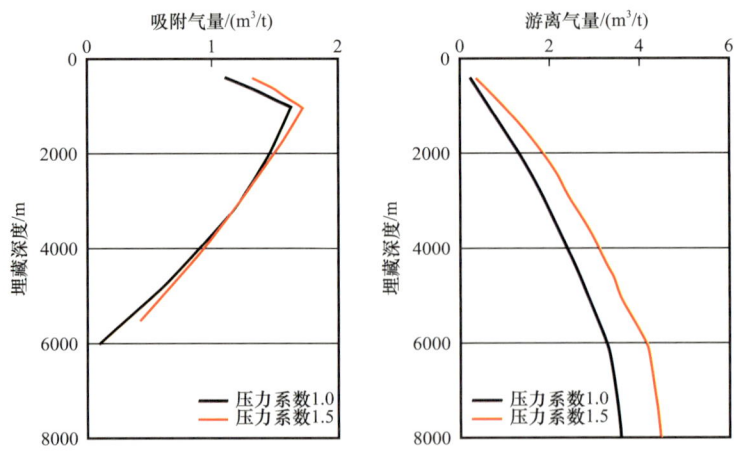

图 2-5-19　龙马溪组埋深与含气性关系图

川南地区已有的页岩气生产实践表明，高压力系数是页岩气井高产的必要条件之一，已发现工业页岩气井均位于压力系数大于 1.2 的超压区，压力系数未达到 1.2 的页岩气井很难获得高产。

3. Ⅰ类储层连续厚度控产

相较于常规气，页岩气储集层需要进行人工水力压裂，基质渗透率对储层的判别指导意义不强，储层最核心的3个评价参数为TOC值、脆性矿物含量和孔隙度。其中脆性矿物含量与工程压裂效果密切相关，该参数至少需要大于35%后压裂施工才较为稳妥，同时在储层内，脆性矿物含量与TOC也具备一定的正相关性。而TOC则与页岩储层品质密切相关，相同的压力系数条件下，TOC值越大，储层总面孔率越大，吸附气含量越高；有效孔隙度越大，游离气含量越高。因此，总含气量大小受控于储层参数中的TOC值和孔隙度（图2-5-20）。

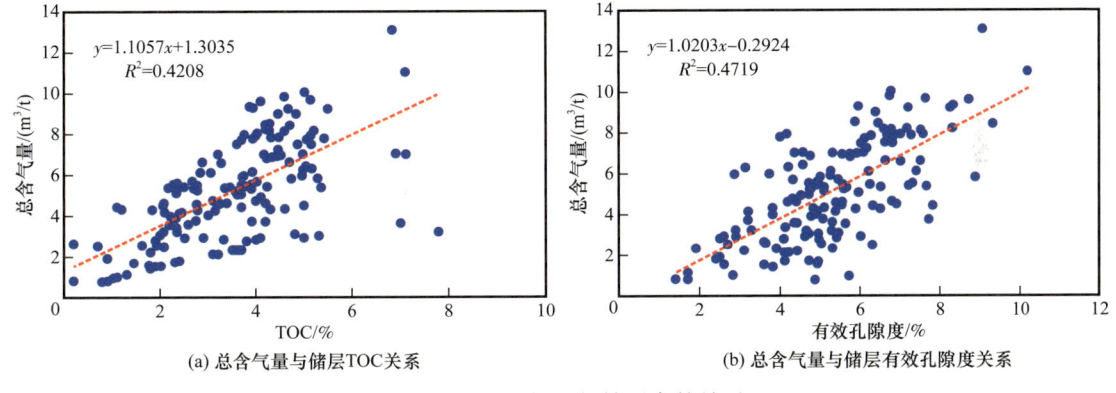

图2-5-20 含气量与储层参数关系

结合川南页岩气勘探开发多年经验，建立了Ⅰ类储层评价标准：TOC大于3.0%，孔隙度大于5%，脆性矿物含量大于55%，含气量大于3m³/t。而"Ⅰ类储层连续厚度"和"储层压裂改造后的支撑缝高"为控制页岩气优质储量的核心地质因素和工程因素。非放射性示踪陶粒测井表明，压裂支撑缝高一般为10～12m。若Ⅰ类储层连续厚度大于10m，则支撑段均为优质储量，且Ⅰ类储层连续厚度越大，越容易获得高产（图2-5-21）。生产实践表明，在工艺条件相同的情况下，Ⅰ类储层连续厚度叠合Ⅰ类储层钻遇长度与单井测试产量具有明显的正相关性（图2-5-22）。有鉴于此，本文建立了Ⅰ类储层连续厚度与其钻遇长度之积（动用优质储量体积）跟测试产量关系预测图版，可半定量预测在不同储层连续厚度下达到高产所需的钻遇长度，并在川南地区得到了较好的应用，长宁—威远建产区若龙马溪组Ⅰ类储层厚10m，钻遇优质储层水平段长为1500m，则能实现20×10⁴m³/d的测试产量（图2-5-23）。因此，借助川南地区单井产能定量预测图版（图2-5-23）以及川南地区五峰组—龙一₁亚段Ⅰ类储层连续厚度等值线图（图2-5-24），能够有助于有利区优选以及产量预测。

二、"4种"页岩气富集模式

川南海相页岩气田主要包括长宁页岩气田、威远页岩气田、昭通页岩气田和涪陵页岩气田为代表的4种富集模式。

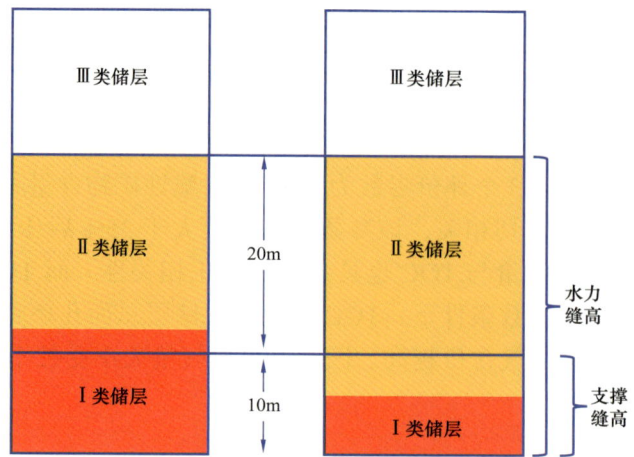

图 2-5-21　支撑缝高与Ⅰ类储层厚度关系示意图

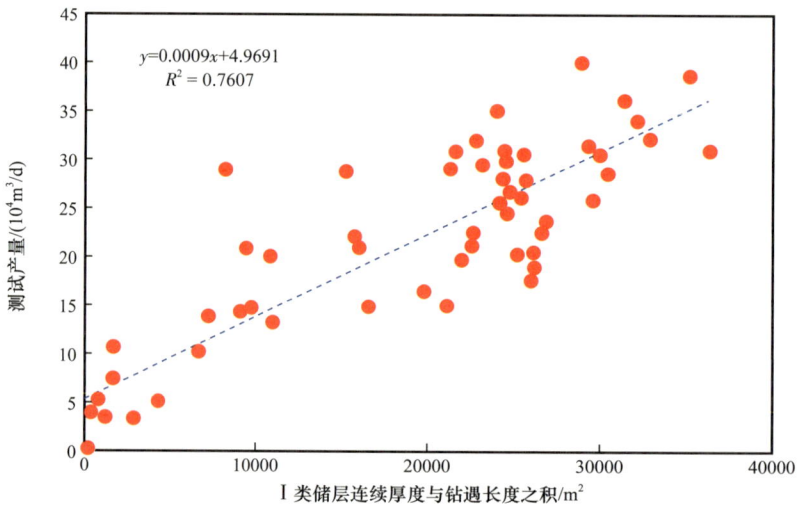

图 2-5-22　长宁和威远地区测试产量与储层动用率相关图

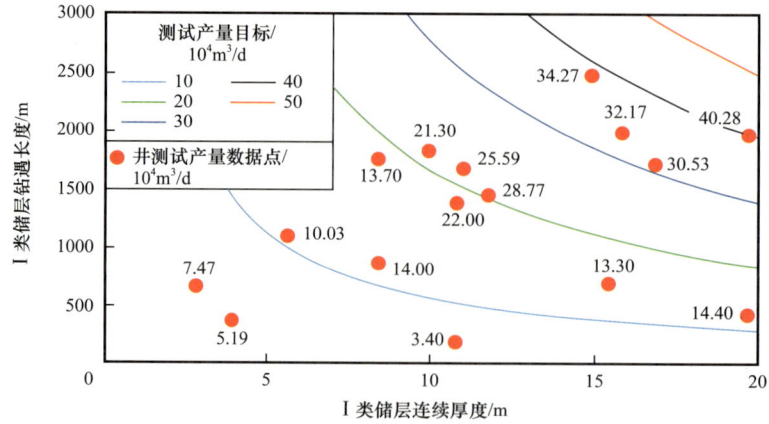

图 2-5-23　川南地区单井产能定量预测图版

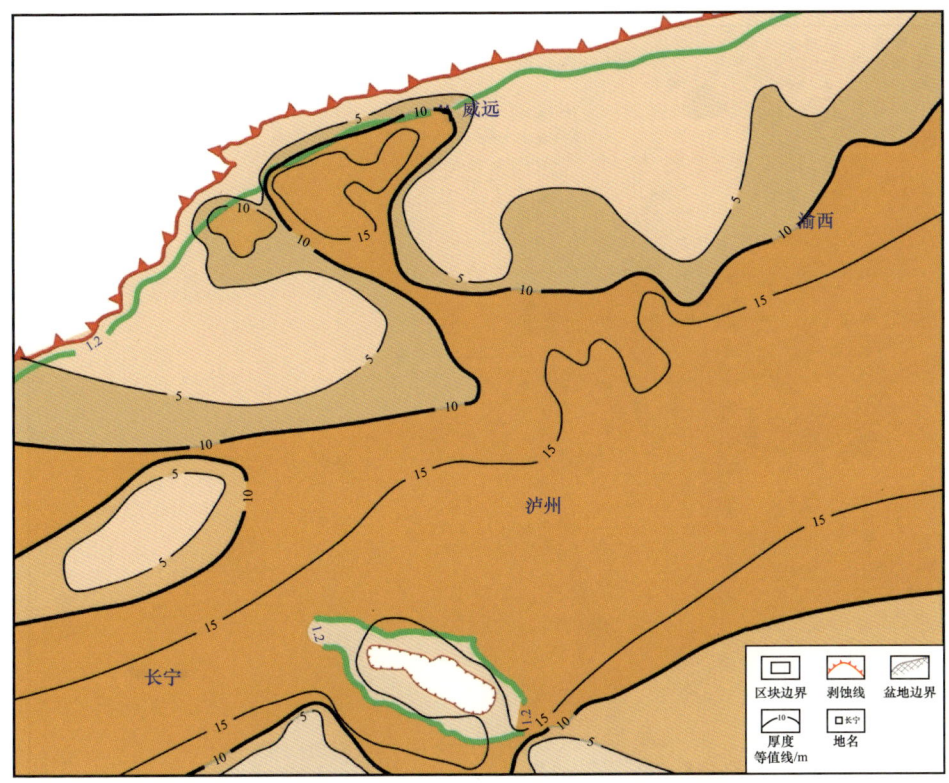

图 2-5-24　川南地区五峰组—龙一₁亚段Ⅰ类储层连续厚度等值线图

1. 向斜构造型

长宁页岩气田区域构造上处于川南古坳中隆低陡变形带、娄山褶皱带。区内主要发育有长宁背斜构造，构造较为简单，整体呈北西西—南东东向，南西翼较平缓，北东翼较陡，断层总体不发育（图 2-5-25 和图 2-5-26）。建产区位于向斜构造。

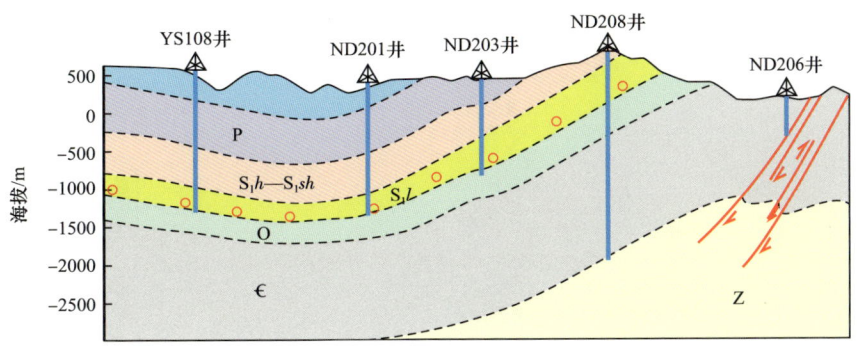

图 2-5-25　长宁页岩田成藏模式示意图

2. 斜坡构造型

威远页岩气田构造上隶属于川西南古中斜坡低褶带，以古隆起为背景，发育威

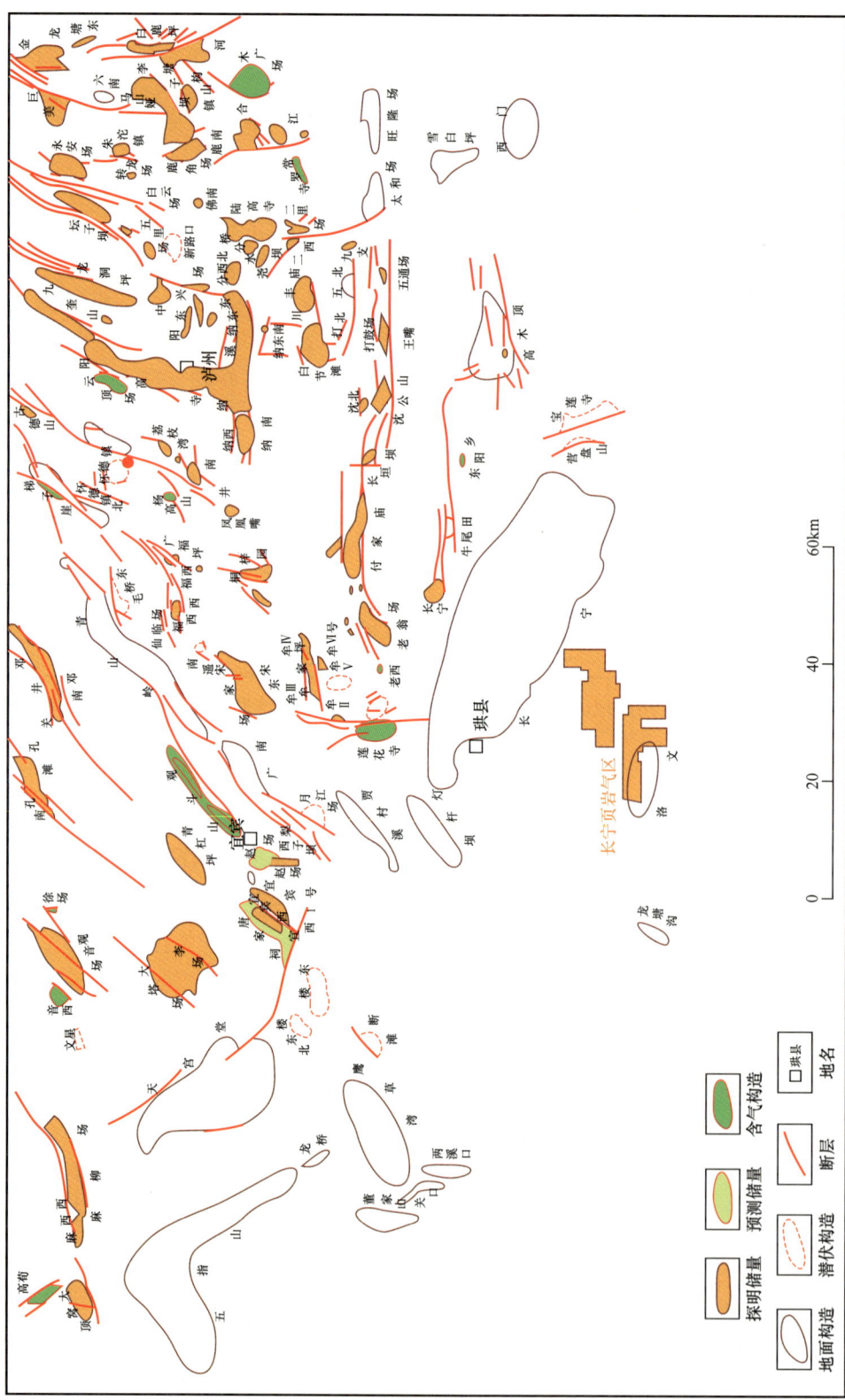

图 2-5-26 长宁页岩气田奥陶系五峰组底界构造图

远背斜构造。五峰组底界地震反射构造图显示，区域整体表现为由北西向南、东方向倾斜的大型宽缓单斜构造。地层整体较为平缓，倾角小，断裂不发育（图 2-5-27 和图 2-5-28）。

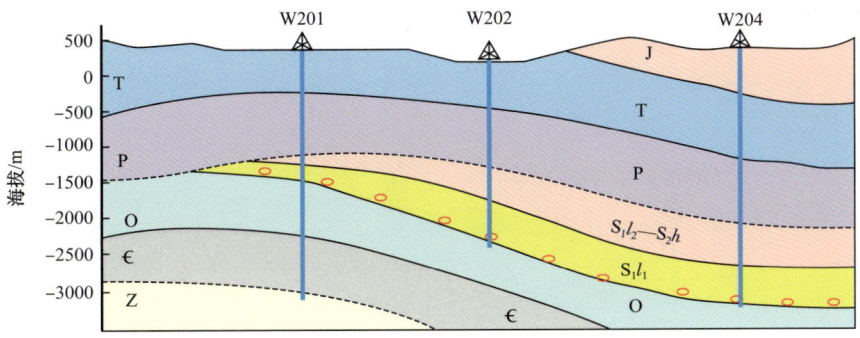

图 2-5-27　长宁页岩气田成藏模式示意图

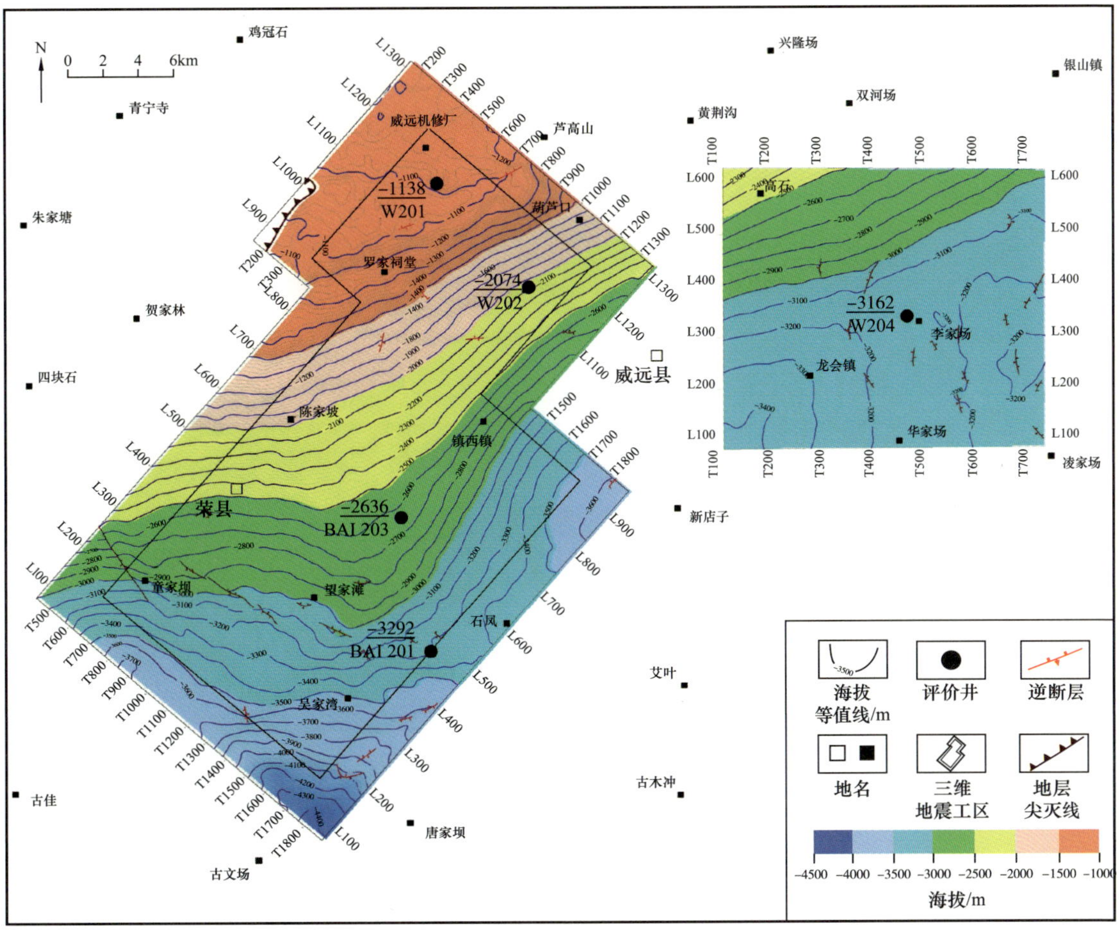

图 2-5-28　威远页岩气田奥陶系五峰组底界地震反射构造图

3. 盆缘复杂构造型

昭通页岩气田与长宁页岩气田相邻，区域构造位于四川盆地与云贵高原结合部，川南古坳中隆低陡构造区与娄山褶皱带之间，北受川东褶皱冲断带西延影响，南受娄山褶皱带演化控制，其构造特征集二者于一体的构造复合体。昭通页岩气田建产区位于盆缘复杂构造区（图2-5-29）。

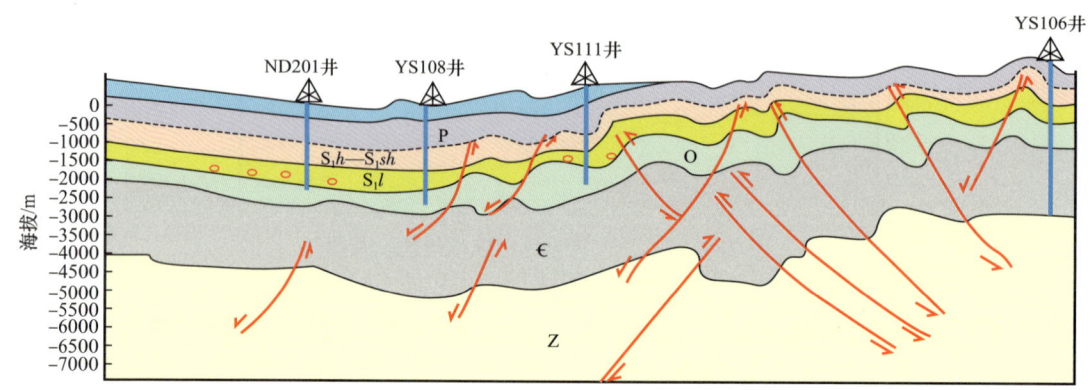

图2-5-29　昭通页岩气田成藏模式示意图

4. 箱状背斜构造型

涪陵页岩气田构造位置位于四川盆地川东隔档式褶皱带南段石柱复向斜、方斗山复背斜和万县复向斜等多个构造单元的结合部，盆地边界处于齐岳山断裂以西（图2-5-30）。

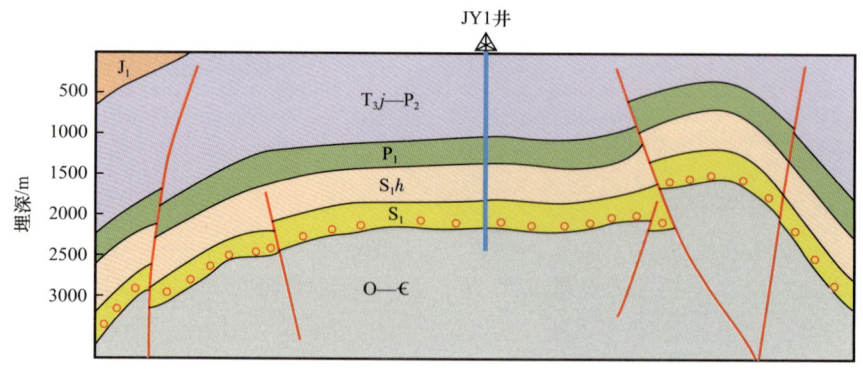

图2-5-30　涪陵页岩气田成藏模式示意图

第六节　页岩气有利区优选及资源量计算方法

尽管页岩气的开采效果最终取决于水平井钻完井及增产改造等工程技术，但是最重要的是首先要优选出适合页岩气勘探开发的有利区或核心区。也就是说，必须选择出页岩气资源品质较好的优质页岩作为页岩气勘探开发的目的层段，再圈定出这些优质页岩层发育分布的有利区域。在优选出的有利区进行页岩气勘探开发，最有可能成功地进行页岩气的商业开采。

一、川南页岩气评层选区指标体系

虽然四川盆地龙马溪组页岩储层和北美的参数基本相当，但通过研究发现，四川盆地与北美相比至少存在4个不利因素：（1）四川盆地所处扬子地台经历的构造运动次数多而且剧烈，所以页岩气藏经历的改造历史和保存条件显然不同于北美地台。（2）四川盆地页岩气有利区有机质演化程度处于高—过成熟阶段，而美国页岩气主要处于高成熟阶段。随着成熟度增加，页岩气藏的成藏条件变得复杂化。（3）四川盆地页岩气藏埋深小于3000m的范围相对较少，部分页岩储层埋深可超过5000m，而美国泥盆系、密西西比系页岩埋深范围介于1000～3500m。（4）中国南方页岩气有利区多处于丘陵—低山地区，地表条件比美国复杂得多。

借鉴斯伦贝谢公司、Newfield公司、BP公司和Shell公司等一些油公司的页岩气区块筛选参数与标准，并结合近几年来在四川盆地及其周边地区开展的海相页岩气开采试验工作，提出了页岩气有利区选区评价的4大类16项参数指标与阈值（表2-6-1）。在影响页岩气藏的规模与产能大小的因素中，除地质因素外，还主要受工程因素（如压裂增产方式、规模与效果）的直接影响。但是从页岩气选区评价的角度，储层条件、经济技术条件和保存条件等3个方面所决定的页岩气资源禀赋高低将直接影响到页岩气藏的规模与产能大小，而这些参数和阈值还在进一步优化。

表2-6-1 四川盆地海相页岩有利区优选参数及阈值

评价内容		有利区标准
类别	参数	
矿物组成	石英等脆性矿物含量/%	>55
	黏土矿物含量/%	<30
地球化学特征	有机质含量（TOC）/%	>3.0
	热成熟度 R_o/%	>1.5
储层特征	充气孔隙度 ϕ_g/%	>5.0
	基质渗透率 K/mD	>0.00001
	天然裂缝发育情况	存在
保存条件	顶底压裂隔挡层	存在
	埋藏深度/m	1000～4500
	距离大断层/km	>7～8
	压力系数	>1.2

续表

评价内容		有利区标准
类别	参数	
岩石力学性质	泊松比 ν	<0.25
	杨氏模量 $E/10^4$MPa	>2
资源条件	有效厚度 /m	>25
	资源丰度 /(10^8m^3/km^2)	>2
含气性	吸附气量 /(m^3/t)	>1
	总含气量 /(m^3/t)	>3

二、页岩气资源量与储量计算方法和参数

由于我国页岩气藏勘探开发程度较低，目前主要采用容积法和类比法来评价页岩气资源。以下介绍国内外主要的页岩气资源评价方法。

1. 容积法

容积法是目前最常用的一种页岩气地质资源量估算方法，其评价基础考虑了页岩气的赋存方式，即页岩气主要以游离气和吸附气的形式蕴藏在页岩的基质孔隙和裂缝空间内以及吸附在有机质和黏土矿物颗粒表面。因此，用该方法估算的是页岩孔隙和裂缝空间内的游离气体积与有机质和黏土矿物颗粒表面的吸附气体积之和。

其计算公式为：

$$Q_t = 0.01 A h \rho q \quad (2\text{-}6\text{-}1)$$

式中　Q_t——页岩气资源量，10^8m^3；
　　　A——含气泥页岩面积，km^2；
　　　h——有效页岩厚度，m；
　　　ρ——泥页岩密度，t/m^3；
　　　q——含气量，m^3/t。

2. 小面元容积法

将评价区划分为若干网格单元（或称面元），考虑每个网格单元页岩储层有效厚度、有效孔隙度等参数的变化，然后逐一计算出每个网格单元资源量。技术流程如下：

（1）划分评价区网格、确定小面元面积。

一般采用矩形网划分评价区网格，也可根据评价区页岩储层物性参数的数据来确定网格类型：

① 来源于地震资料解释成果，可采用矩形网；

② 来源于录井或测井结果，可采用 PEBI 网；

③ 来源于综合解释成果，如等值线数据，则采用三角网或其他变面积网格。

（2）小面元有效孔隙度、有效厚点、含油饱和度等参数的求取。

根据以下两种情况采用不同的求取方法：

① 小面元中有数据点时，取数据点的各项参数的平均值；

② 小面元中没有数据点的，使用网格插值工具软件，求取关键参数。

（3）计算地质资源量。

小面元页岩气地质资源量的计算公式：

$$Q_c = 100 A_o H_o \phi (1-S_w) \rho_o / B_o \quad (2\text{-}6\text{-}2)$$

式中　Q_c——小面元页岩气地质资源量，10^4t；

　　　A_o——小面元含气面积，km^2；

　　　H_o——小面元有效储层厚度，m；

　　　ϕ——小面元有效孔隙度；

　　　S_w——小面元含水饱和度；

　　　ρ_o——页岩密度，t/m^3；

　　　B_o——原始页岩气体积系数。

3. 资源丰度类比法

资源丰度类比法是一种由已知区域资源丰度推测未知区域资源量的方法，即由已知页岩气区（往往以高勘探成熟区作为刻度区）单位面积页岩气可采资源量，类比确定评价区（往往是低勘探区或未勘探区）单位面积的页岩气可采资源量，然后计算得到评价区页岩气资源总量的方法。因此，通过对已知勘探成熟区页岩气藏的解剖分析，建立页岩气藏类比刻度区，在与刻度区成藏地质条件类比的基础上，可以对评价区的页岩气资源量进行估算。资源丰度类比法的计算公式为：

$$Q = \sum_{i=1}^{n} (A_i f_i a_i) / n \quad (2\text{-}6\text{-}3)$$

式中　Q——评价区页岩气可采资源量，10^8m^3；

　　　A_i——第 i 评价单元面积，km^2；

　　　f_i——第 i 个评价单元所对应的刻度区页岩气可采资源丰度，10^8m^3/km^2；

　　　a_i——第 i 评价单元与其所对应的刻度区的相似系数，$0 < a_i \leq 1$；

　　　n——评价单元数，个。

4. EUR 类比法

由刻度区单井估算的最终采收率（Estimated Ultimate Recovery，EUR）推测评价单元的单井 EUR 值，再根据预测的钻井数，计算评价区页岩气资源量的一种方法，其计算公式为：

$$Q = \sum_{i=1}^{n} A_i N_i \text{EUR}_i a_i \qquad (2\text{-}6\text{-}4)$$

式中　Q——评价区页岩气可采资源量，10^8m^3；
　　　A_i——第 i 个评价单元面积，km^2；
　　　N_i——第 i 个评价单元单位面积钻井密度，口 /km^2；
　　　EUR_i——第 i 个评价单元对应的刻度区 EUR 平均值，10^8m^3；
　　　a_i——第 i 评价单元与其所对应的刻度区的相似系数，$0 < a_i \leqslant 1$；
　　　n——评价单元数，个。

1）单位面积井数

根据评价区的类型，类比确定单位面积钻井数量。

2）EUR 值确定

选择相似的刻度区，采用统计法和类比法，确定 EUR 值分布曲线或 EUR 平均值、最小值和最大值。

5. 国内外页岩气资源评价方法对比

通过对比各种页岩气资源评价方法的特点以及影响因素，总结出各方法的适用阶段见表 2–6–2。

表 2–6–2　国内外主要页岩气资源评价方法对比表

方法类别	方法名称	特点	影响因素	适用阶段
容积法	含气量法	计算过程简单；未考虑储层平面上的非均质性；评价结果不直观	页岩储层参数及含气量	低勘探程度
	小面元容积法	充分利用地质资料；尽量减少非均质性的影响；评价结果可视化	各个地质参数及原始体积系数	低—中勘探程度
类比法	资源丰度类比法	计算过程简单；对地质条件的认识程度要求较高	评价区的地质条件；刻度区的地质条件；评价区与刻度区的相似系数	低—中勘探程度
	EUR 类比法（FORSPAN 法）（美国）	需要在大量生产井数据；计算结果更精确	评价单元的选取；最终潜在储量（EUR）的估算；变量之间的独立性假设	高勘探程度
	ACCESS 法（美国）	需要在大量生产井数据；计算结果更精确；考虑了资源估算的不确定性	评价单元的选取；最终潜在储量（EUR 值）的估算；变量之间的独立性假设	高勘探程度
统计法	递减曲线法（美国、加拿大）	未考虑地质因素，无法预测结果的空间分布特征	递减曲线函数模型选取	中—高勘探程度
	油气资源空间分布预测法（加拿大）	地质因素和统计方法的综合	各个地质参数的空间分布特征	高勘探程度

6. 长宁—威远页岩气资源量、储量计算方法及参数

页岩气以吸附气、游离气和溶解气 3 种状态储藏在页岩层段中，页岩气总地质储量为游离气、吸附气和溶解气的地质储量之和；当页岩层段中不含原油时则无溶解气地质储量。

根据 DZ/T 0254—2020《页岩气资源量和储量估算规范》要求：根据含气页岩层段情况确定页岩气地质储量计算方法，主要采用静态法；根据气藏情况或资料情况也可采用动态法。长宁和威远页岩气田储量计算方法均以静态法为主，采用体积法计算吸附气地质储量，容积法计算游离气地质储量，二者之和为总地质储量。

体积法计算页岩储层中的吸附气地质储量：

$$G_x = 0.01 A_g h \rho_y C_x / Z_i \tag{2-6-5}$$

容积法计算页岩储层中的游离气地质储量：

$$G_y = 0.01 A_g h \phi S_{gi} / B_{gi} \tag{2-6-6}$$

页岩气藏的总地质储量 G_z：

$$G_z = G_x + G_y \tag{2-6-7}$$

式中 G_z——页岩气总地质储量，$10^8 m^3$；

G_x——吸附气地质储量，$10^8 m^3$；

G_y——游离气地质储量，$10^8 m^3$；

A_g——含气面积，km^2；

h——有效厚度，m；

ρ_y——页岩密度，t/m^3；

C_x——页岩吸附气含量，m^3/t；

Z_i——原始气体偏差因子；

ϕ——有效孔隙度，%；

S_{gi}——原始含气饱和度，%；

B_{gi}——原始页岩气体积系数。

页岩气主要包括游离气和吸附气，总有机碳含量、孔隙度及地层压力系数控制总含气量的大小。同时，由于页岩储层低孔隙度和特低渗透率，大型水力压裂成为页岩气增加产量的关键技术，因此岩石脆性和可压裂性评价也是页岩气储层评价的重要内容。总的来说，除了常规气藏常用的孔隙度、渗透率、含气（水）饱和度和储层厚度 4 个参数外，页岩气储层还增加了总有机碳含量、吸附气及游离气含量、岩石脆性指数等关键参数，需要通过测井技术提供包含上述指标的页岩气开发重要参数。页岩气储层处理流程比常规储层要复杂得多，在根据计算区域地质参数，确定纵向计算单元和平面计算单元后，需要根据区域地质特征和实钻井的岩心分析资料，建立合理的岩石物理模型，这是测井计算岩石矿物成分含量和孔隙度的基础。相比常规的砂岩和碳酸盐岩储层，页岩气地层的测井储层评价增加了几个关键参数，包括总有机碳含量、吸附气含量、游离气含

量、总含气量和脆性指数等；此外，还可以根据需要计算出地质储量等参数，同时在页岩气储层测井参数处理时还要应用到井下储层的温度和压力等，这些关键参数也是研究的难点和重点，本次研究建立的页岩气处理流程如图 2-6-1 所示。

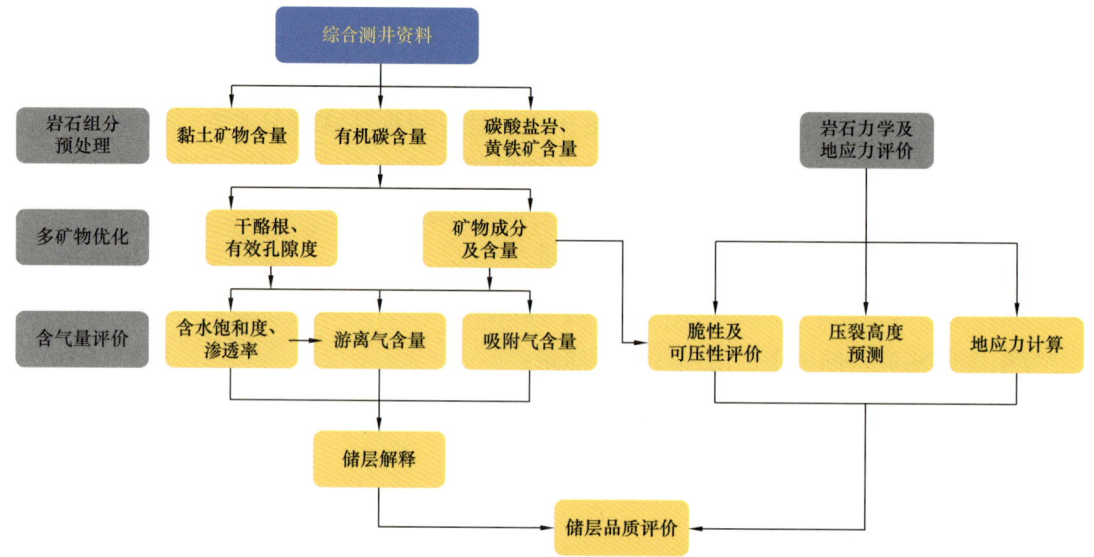

图 2-6-1　页岩气储层参数评价流程

该流程与国外公司页岩气专用处理模块相似，不同之处在于研究的应用程序为先计算总有机碳含量及黏土含量，然后计算出干酪根和黄铁矿体积含量，然后把 ECS❶ 及三孔隙度曲线、能谱测井曲线及计算好的黏土和干酪根体积引入多矿物最优化程序进行最优化计算，得到其他矿物组分和孔隙度，最后进行孔隙度、渗透率、含水饱和度、含气量及脆性指数等参数的计算。

---

❶　ECS——斯伦贝谢公司"元素浮获测井"仪器英文缩写字母。主要用于测量地层的主要矿物的元素质量百分比，通过氧闭合模型转换得到精确的地层矿物组分含量。

第三章　页岩气开发优化技术

"水平井 + 体积压裂"是页岩气开发的重要技术手段，已成为北美地区增加单井产量、改善开发效果、提高经济效益的技术核心。我国页岩气地质、工程条件与北美地区存在较大差异，无法完全照搬国外经验。为实现川南地区页岩气的高效开发，通过近 10 年的探索实践，采用多学科方法，以页岩气多尺度非线性流动规律、开发特征研究为基础，以地质工程一体化数值模拟技术为手段对页岩气水平井井位部署、靶体、井轨迹方位、井距、水平段长、生产制度等进行论证和优化，逐渐积累形成了一套适应于川南地区的开发经验和模式。

第一节　页岩气流动规律实验分析技术

页岩基质以纳微米孔为主，表现为超低孔隙度、超低渗透率的物性特征，页岩储层中气体的流动不同于常规气藏，具有解吸、扩散、滑脱等微尺度特征。另外，页岩储层天然裂缝发育，而体积压裂是页岩气藏开发的主体技术，改造后的页岩储层天然裂缝和人工压裂裂缝成为流体主要的流动通道。因此，页岩储层是由基质、天然裂缝和人工裂缝组成的多重孔隙介质，气体在其中的运移规律表现出多尺度非线性流动特征，经典的线性渗流理论已不再适用于页岩气。本节通过页岩岩心实验，研究页岩气的开发动态特征，评价裂缝性页岩的应力敏感性，揭示页岩气的扩散流动机理，进一步认识页岩气的非线性流动规律。

一、页岩气全生命周期开发物理模拟实验

目前页岩气井产能计算与生产动态预测的方法有多种，但是绝大部分都是纯理论研究结果，缺乏实践基础，而且存在明显的缺陷：首先，所有模型都建立在很多假设条件成立的基础上，而实际上大多情况并非如此；其次，计算过程中用到的一些关键参数大多数都无法准确获取；再次，生产过程中的游离气与吸附气量难以准确界定，根据 Langmuir 模型确定的解析气量存在很大的误差。鉴于上述原因，目前的产能计算与生产动态预测方法很难合理解释页岩气井生产曲线的特殊性，当然难以用于指导页岩气井的有效开发。本实验将以页岩气井全生命周期的生产动态为研究对象，运用水平段全直径页岩岩心模拟气井的整个生产过程，生产条件与气井保持一致，实验结果能够准确模拟页岩气井的生产动态特征，可以有效预测气井的生产动态。室内开展的全直径岩心页岩气全生命周期物理模拟实验可以获取完整的生产数据及计算过程中需要的一些关键参数，这就解决了当前页岩气井产能计算与生产动态预测方法难以解决的难题。因此，通过全直径页岩岩心模拟页岩气井全生命周期的衰竭开发动态实验，可以合理有效地解释页岩

气井的生产曲线特征，对于页岩气井的生产预测和开发认识有更好的指导作用。

1. 全直径岩心制备

页岩岩心获取困难、代价昂贵且取心过程极易损坏岩样，发明了一种物性特征与水平段页岩岩样非常接近的特制材料，将破损的水平段天然页岩岩样以黏结的方式复原制备成全直径岩心，制备得到的全直径岩心保持了真实页岩储层的物性特征，保证了实验结果的代表性，可更好地为现场勘探开发应用提供可靠的实验数据。

（1）将现场取回的破损水平段全直径岩心（岩心编号：W204H10-5 井 1-17/28，层位：龙马溪组，井深：3597.47～3599.93m）关键破裂部位进行刻度标记并拍照留存（图 3-1-1）。

图 3-1-1　取心岩样实物照片

（2）全直径破损岩样整体大约尺寸为长度 205mm、直径 97mm，通过测量可以获得的全直径岩心长度为 130mm。一端最长处约有 40mm，该层块最厚处约 35mm，钻取直径 2.5mm 小岩心及部分碎样用于岩样的矿物分析、物性（孔隙特征、渗透率、湿润性、敏感性、吸附特征）等综合特性测试。

（3）根据孔隙特征测试结果，分选天然岩样粉末粒径范围为 320～150 目，根据矿物含量测试结果选择比例范围直接采用 320 目和 150 目两种天然岩样粉末与有机胶黏剂（呈白色，主要成分为干酪根、沥青质）进行不同质量分数混合配制，共计 6 种配制比例，分别为：有机胶黏剂、320 目天然岩样粉末配制比例 2∶1、1∶1、3∶4 和 1∶2，有机胶黏剂、150 目天然岩样粉末、320 目天然岩样粉末配制比例 3∶2∶4 和 3∶3∶3。然后利用光滑玻璃对其进行黏性测试（图 3-1-2）。

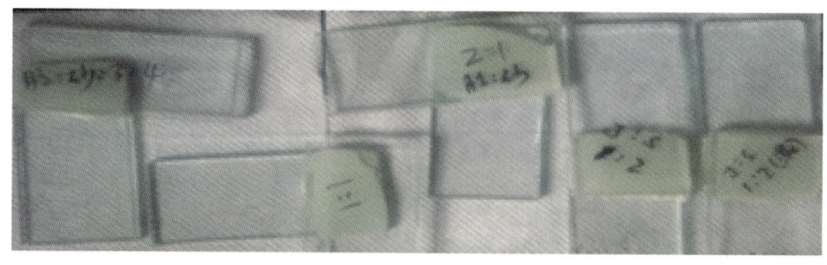

图 3-1-2　黏性测试

（4）通过测试证实上述各配制比例配制的黏性混合物均具有较强的黏结能力，将不同配制比例的黏性混合物制备成相应的直径 2.5cm 的人工小岩心（图 3-1-3）。待固结后进行制备小岩心与钻取小岩心对比性质测试。最终选择有机胶黏剂、150目天然岩样粉末和320目天然岩样粉末以配制比例3∶2∶4进行黏性混合物配制，其渗透率测试结果为2.9×10^{-7}D，并且孔隙特征、润湿性和应力敏感等测试结果与原始岩样特性相近。

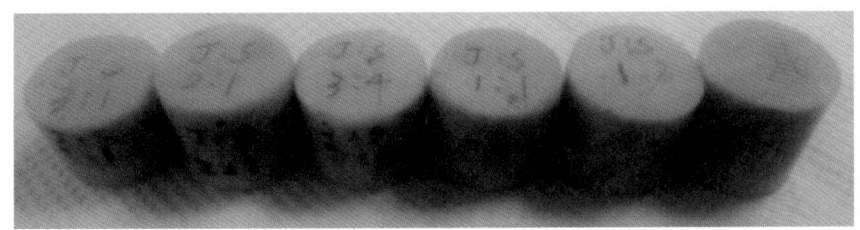

图3-1-3　不同配制比例获得的黏性混合物测试样品

（5）根据预估黏结破损岩心所需黏性混合物用量进行有机胶黏剂、150目天然岩样粉末和320目天然岩样粉末以3∶2∶4的比例定量配制，总共配制270g。

（6）将步骤（5）中配制的黏性混合物涂抹在图3-1-2中取心岩样沿层理贯穿破裂成3层的两两对接面上，黏结3个层块并且充填岩心柱侧面凹陷和其他裂开部位，填充过程中层理破损部位顺着层理方向布置高分子薄片还原页岩薄层理构造，填充后进行压实黏结，然后抹平层间黏结挤出到柱侧面的黏性混合物、刮平填充部位以保证岩样周向圆度及平整性。为防止岩样凝结变形，岩样外围选用凝胶涂层固定，并将岩样套装在壁面附有塑料薄膜的全直径橡胶皮套里，待24h固结后从橡胶皮套中取出，脱去塑料薄膜（图3-1-4）。

图3-1-4　黏合固结后的全直径岩心

（7）将黏合固结后的全直径岩样根据实验需求以及结合岩样可切割长度利用线切割技术进行端面平整，切割后岩心长度为125.35mm。对于全直径岩心柱侧面仍然存在的不光滑及圆度不够等问题，考虑到页岩岩心的脆性强易碎等特点，在制作过程中尽量保证岩样的周向圆度的基础上，进行精细的人工打磨，打磨后直径为101mm，最终获得具有代表性的完备全直径水平段页岩岩心（图3-1-5）。

2. 物性测试

制备好的上述全直径岩心CT扫描整体结果如图3-1-6所示。

上述全直径岩心碎样全岩矿物分析结果见表3-1-1。

图 3-1-5　制备获得的完整岩样

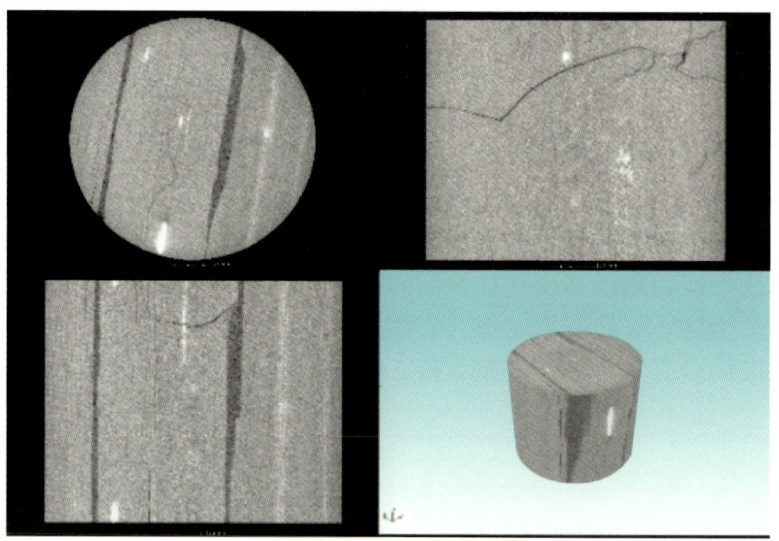

图 3-1-6　全直径岩心 CT 扫描结果

表 3-1-1　全岩矿物分析

矿物名称	石英	斜长石	方解石	白云石	黄铁矿	TCCM
含量 /%	16.0	3.0	4.2	13.9	8.4	54.5

该岩样的黏土矿物总量最多，达 54.5%；其次为脆性矿物，其中石英含量为 16.0%，白云岩含量为 13.9%，斜长石和方解石的含量占比相近（表 3-1-1）。上述全直径岩心碎样低温氮吸附结果见表 3-1-2。

表 3-1-2　低温氮吸附结果

比表面 /（m²/g）	孔容 /（mm³/g）	平均孔隙半径 /nm
22.96	22.01	7.54

表 3-1-2 为通过实验获取的 W204H10-5 岩样的比表面数据，通过比表面统计和分析比表面对微孔、介孔及宏孔的贡献获得以下认识：宏孔比例对页岩的比表面积影响最小，

其样品比表面积与页岩微纳米孔隙数量呈良好的正相关关系。

从获得的液氮吸附解吸曲线（图3-1-7）可以明显看出，吸附曲线和脱附曲线在相对压力0.4~1.0间有明显的迟滞环，而且迟滞环基本上是由介孔引起，因此说明各岩样均含有大量介孔。当相对压力小于0.4时，脱附曲线几乎与吸附曲线重合，而当相对压力在0.4~0.5之间时脱附曲线出现明显的拐点，可知此类曲线对应的孔隙类型以两端开放平行壁的狭缝状孔和墨水瓶形状孔为主。该岩样的孔隙半径主要分布在1.69~2.16nm，其含量多达50%（图3-1-8至图3-1-10）。

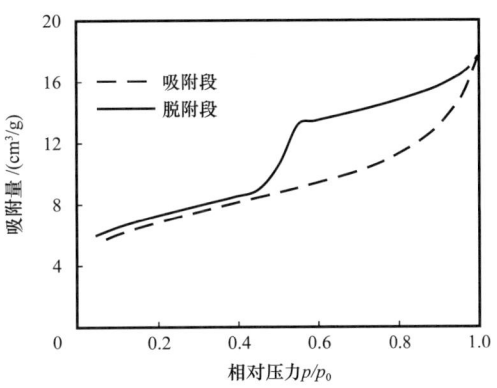

图3-1-7 吸附量与相对压力关系曲线

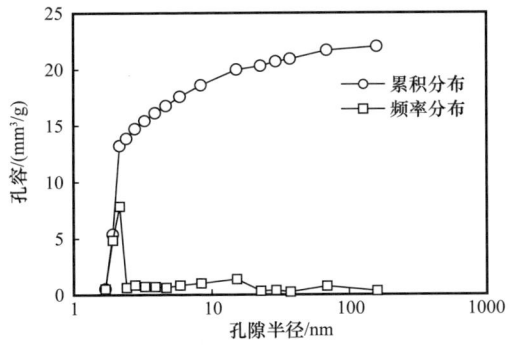

图3-1-8 孔容频率分布及累积分布（一）

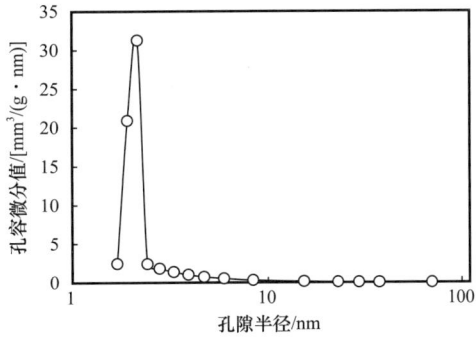

图3-1-9 孔容微分分布

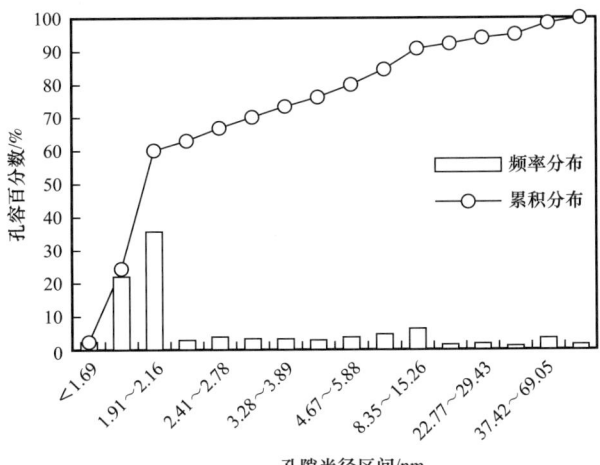

图3-1-10 孔容频率分布及累积柱状分布（二）

上述全直径岩心碎样低温二氧化碳吸附结果见表 3-1-3。

表 3-1-3　低温二氧化碳吸附结果

比表面/（m²/g）	BET	11.53
	NLDFT	20.51

注：BET 指基于 BET 理论（多分子层吸附理论）的比表面测试方法；NLDFT 指基于非定域密度泛函理论的比表面测试方法。

可以看出微观孔隙在相对压力极低的情况下（低于 0.03）对二氧化碳的吸附解吸作用影响显著，其中吸附速度和解吸速度随着相对压力的增加逐渐降低，在相对压力达到 0.03 时，两条曲线上的吸附量值相等，且吸附曲线与解吸曲线存在明显的不重合现象（图 3-1-11）。

实验测试得到 W204H10-5 井岩样的二氧化碳孔容分布特征曲线（图 3-1-12 和图 3-1-13），通过实验数据图表分析直观地得到该岩心的微孔孔径出现最大的峰值主要分布在 0.45nm 和 0.60nm 左右，说明该微孔孔径分布均呈双峰形态，微孔孔隙大小主要集中在 0.45~0.5nm 和 0.55~0.65nm 两个区间。

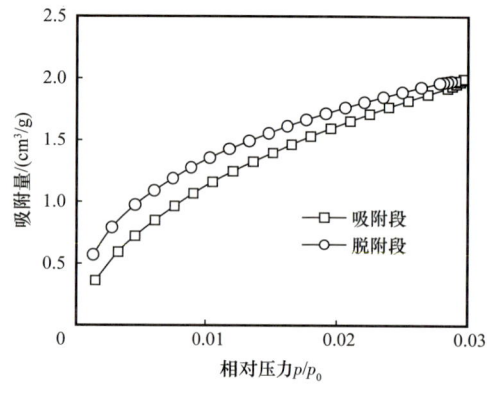

图 3-1-11　低温二氧化碳吸附曲线

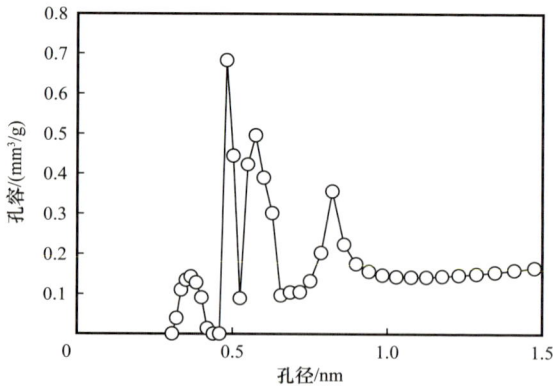

图 3-1-12　低温二氧化碳孔容频率分布曲线

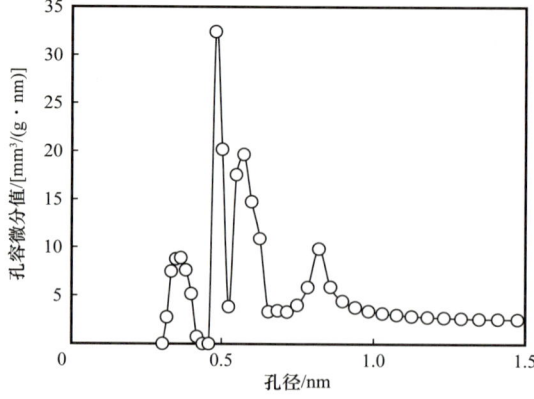

图 3-1-13　低温二氧化碳孔容微分分布曲线

3. 衰竭开发实验

1）实验目的

通过物理模拟实验模拟页岩气井水平段全直径岩心衰竭开采过程系统变化情况。开展全直径岩心衰竭开发实验，模拟页岩气基质衰竭开采过程，可获取原始含气量、产量、递减率、EUR 以及采出程度等数据。实验系统主要包括 6 部分：岩心夹持系统、加压系统、压力监测系统、压力控制系统、气体采集系统和温湿度测量系统。

2）实验设计及流程

（1）将制备好的水平段全直径页岩岩心置于 105℃烘箱中烘 48h 以上，后取出用保鲜膜包裹冷却，保证岩心含水饱和度基本为 0，称取干重为 2640.36g，量取直径为 104.26mm，长度为 125.50mm，实验前拍照记录。

（2）连接实验系统（图 3-1-14），并对相应的实验测量软件进行调试。检验系统气密性，测量外接管线及各接口处死体积。

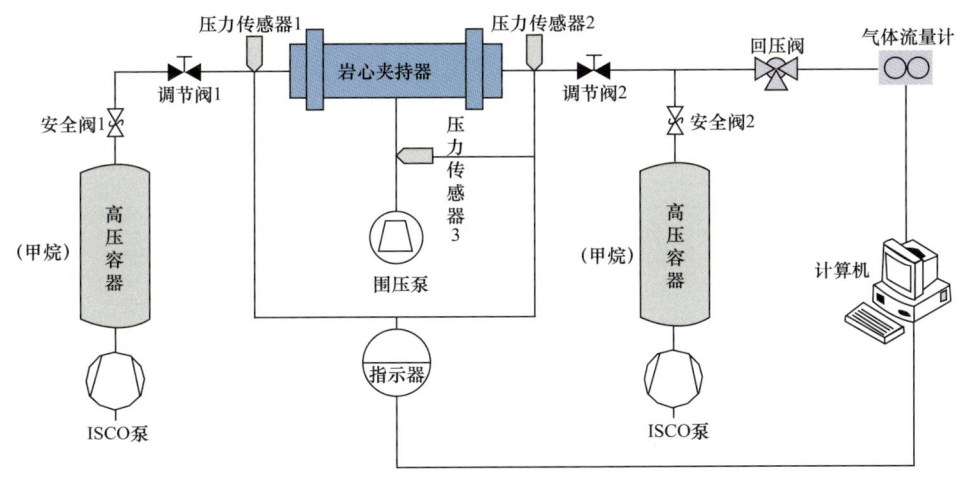

图 3-1-14　衰竭式开发模拟实验系统

（3）将岩心装入全直径岩心夹持器，加载围压及入口压力，调试数据监测软件进行该水平段渗透率测量。加压系统设定增加围压至 40MPa，设定持续饱和甲烷气至轴压 30MPa，压力监测系统实时记录。待压力平衡稳定，保证压力无改变，再开展衰竭开发实验模拟真实储层横向开发特性及评价。

（4）饱和完成后，关闭入口，打开出口端调节阀，开始实验，模拟页岩气衰竭开发，软件实时监测实验数据（各个测压点压力、开采时间、气流量、累计气流量，温度，湿度等参数）动态，用排水集气法计量出口流量。

3）实验结果

根据全岩心 CT 扫描结果，该全直径岩心内部系有较大贯穿裂缝，渗透率相对较好，甲烷测渗透率为 0.0419mD，渗透率相对垂直段基质岩心高出两三个数量级，充分体现了页岩渗透率的各向异性，同时也说明了水平段微裂缝岩心用于页岩水平井压裂衰竭开发物理模拟的适用性和必要性。

实验饱和历时 4 个月，压力受温度变化影响较为显著。从饱和压力曲线和相应温度变化曲线（图 3-1-15）可以看出，在 100～120 天之间压力稳定基本无变化，可以认为饱和完成。

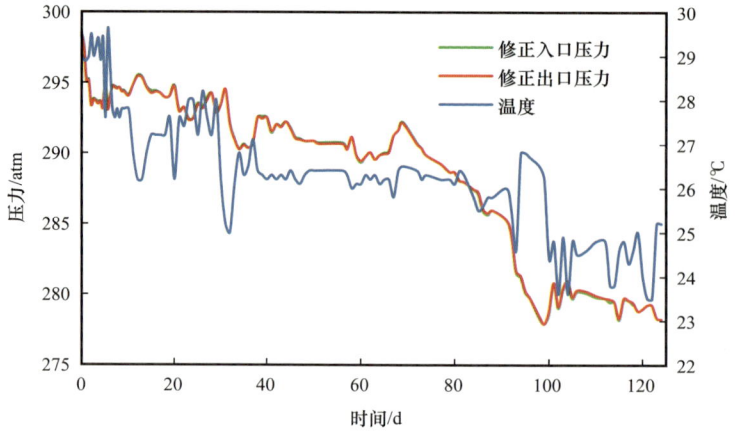

图 3-1-15　饱和压力曲线

实验历时 6 个月，进入低产波动稳产阶段，产气量和压力与时间关系如图 3-1-16 所示。

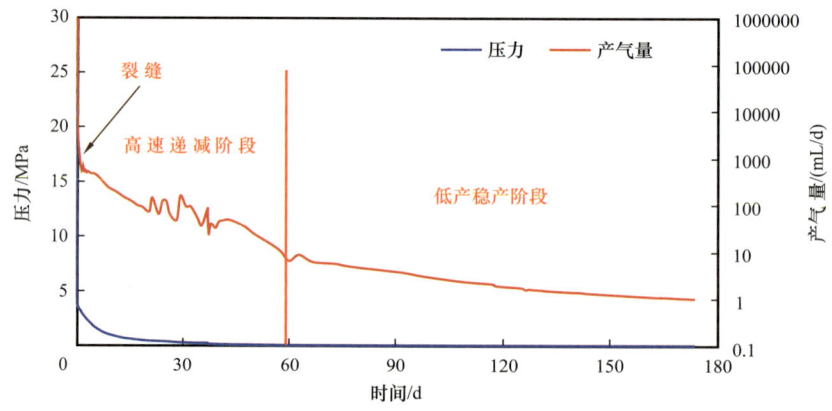

图 3-1-16　产气量和压力与时间关系曲线

通过游离气、吸附气和累计产气量动态曲线（图 3-1-17）可知，吸附气占总含气量的 35% 左右，说明裂缝中存在大量的游离气，利用模型计算得到吸附气量采出 80%，游离气产气量采出 98.6%，当压力下降到 12MPa 时，明显可以看出吸附气供给占比增加，说明生产后期主要是吸附气动态解吸。

二、页岩储层应力敏感性评价实验

页岩储层的微裂缝和压裂裂缝是流体流动的主要通道。美国页岩气藏成功开发的实践表明，压裂改造是实现页岩储层有效开发的主体技术。目前，美国约有 85% 的页岩气井采用的是水平井与分段压裂技术相结合的方式，可以最大限度地增大复杂裂缝网络与基质的接触面积,增产效果显著。常规储层压裂多形成单一裂缝,页岩储层的复杂层理、天然裂缝发育等特征有助于压裂形成更为复杂的裂缝网络,在人工裂缝中存在大量的没有支撑剂支撑的微裂缝,这些微裂缝对于页岩气产能具有较大贡献。诸多研究表明,储层受力情况会直接影响储层的孔隙度和渗透率特性,储层受到的有效应力越大,其孔隙空间就越小,渗透性也随之变差,天然裂缝及人工裂缝的导流能力也变差。特别是对于裂缝性储层、低渗透或特低渗透储层,有效应力的影响更不可忽略(张睿等,2015a,2015b)。因此,研究页岩储层微裂缝介质流动规律及应力敏感特征具有重要作用。

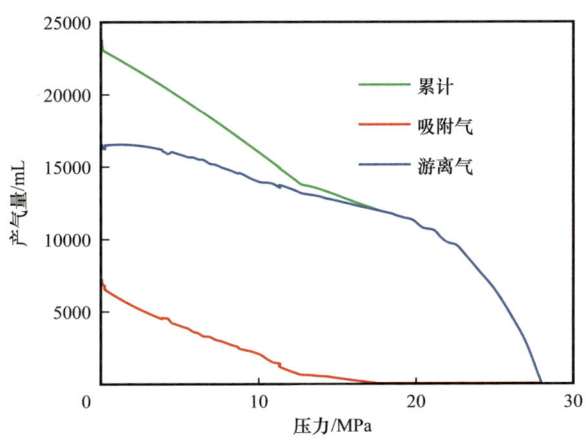

图 3-1-17　游离气、吸附气和累计产气量动态曲线

1. 自支撑裂缝应力敏感实验

1)实验样品及装置

依据 SY/T 5358—2010《储层敏感性流动实验评价方法》,通过对页岩岩心人工造缝,研究裂缝型应力敏感。根据页岩特征及矿场实际情况,将最大有效应力设计为 30MPa。主要的设备包括:ISCO 100DM 计量泵、Trafag 压力变送器、气体质量流量计、气体流量计量装置、高温高压夹持器、数据采集系统等。

2)实验步骤

(1)连接好实验流程(图 3-1-18),将人工造完缝的岩心装入高温高压夹持器中。

(2)首先将岩心围压稳定在 5MPa,测试岩心的气测(N_2)渗透率,然后依次增加围压到 10MPa、15MPa、20MPa、25MPa 和 30MPa,分别测试岩心的气测渗透率。其中,每个压力点均保持在 30min 以上,以达到稳定。

(3)进行降低围压渗透率测试实验,依次将围压降到 25MPa、20MPa、15MPa、10MPa 和 5MPa,测试岩心的气体渗透率。其中,每个压力点均保持在 1h 以上。待所有压力测试后结束实验。

3)实验数据分析

不同条件下裂缝岩心的初始渗透率、应力下渗透率以及渗透率损失率等数据如图 3-1-19 和图 3-1-20 所示。

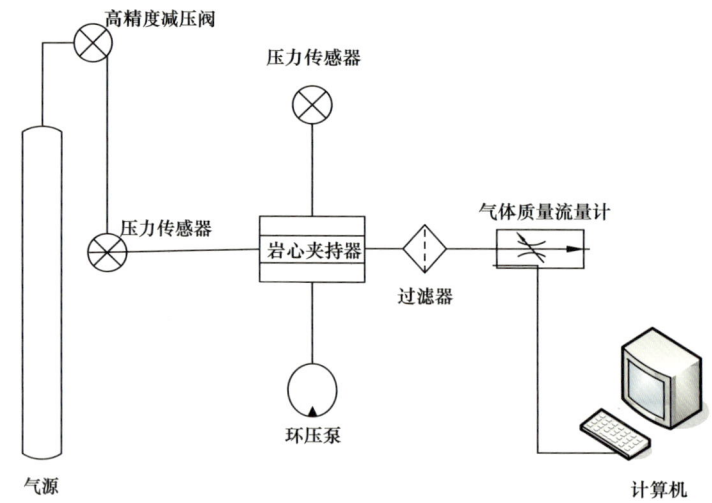

图 3-1-18　自支撑裂缝应力敏感实验流程

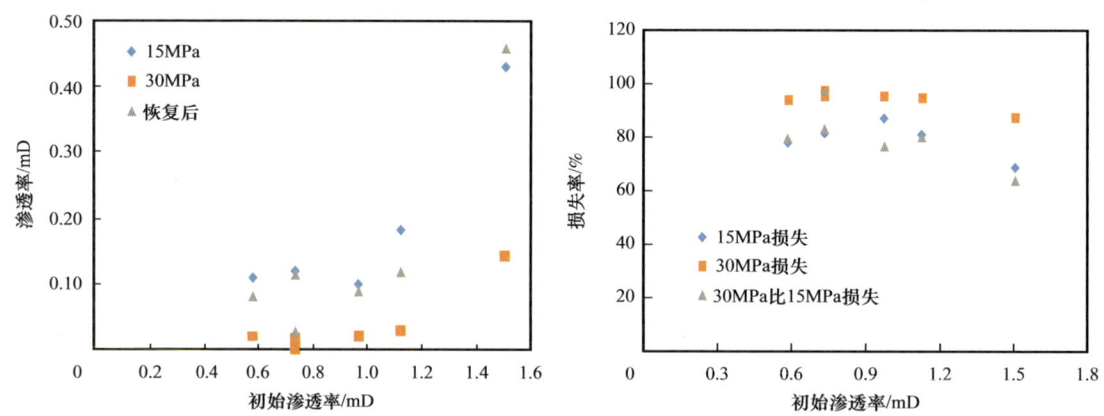

图 3-1-19　不同条件下裂缝岩心渗透率与初始渗透率间的关系

图 3-1-20　不同条件下裂缝岩心渗透率损失率

造缝后渗透率提高较明显,不同应力条件下,岩心渗透率与造缝规模存在一定相关性。在自支撑条件下,岩心渗透率提高幅度随应力的增加迅速下降,无剪切滑移时在 30MPa 有效应力下,渗透率甚至低于岩心压裂前,页岩造缝岩心应力敏感性极强,30MPa 有效应力下渗透率损失率平均达 96.5%。

岩心渗透率随着有效应力的增大裂缝逐渐闭合,导致渗透率逐渐降低,而当有效应力逐渐恢复时岩心的渗透率逐渐恢复,但最终渗透率远小于初始渗透率。有效应力从 5MPa 增加到 10MPa 时,损失率可达到 78%,当有效应力增加到 30MPa 时损失率最高可达 98%。当有效应力从 30MPa 恢复到 10MPa 时,渗透率最高仅恢复为初始值的 20%。有效应力从 10MPa 恢复到 5MPa 时,渗透率最高可恢复到初始值的 30%(图 3-1-21)。因此,岩心在造人工裂缝后其应力敏感性十分显著,且是不可逆的。

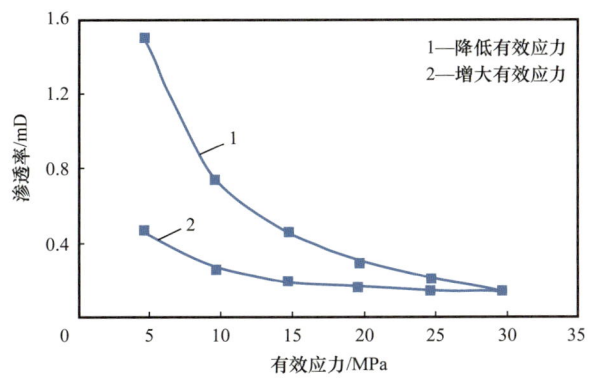

图 3-1-21　页岩岩心自支撑裂缝应力敏感性

2. 填砂裂缝应力敏感实验

1）实验样品及装置

页岩气井在压裂改造后存在支撑剂充填的张开裂缝，这些裂缝是页岩储层中气体的重要流动通道，其导流能力的大小对页岩气井的产能有重要影响。因此，需要研究充填支撑剂后人工裂缝的应力敏感特征，实验中支撑剂选用相同目数的石英砂和陶粒进行了对比，为了研究较为贴近现场的支撑剂填充情况，选择了沿层理或基本沿层理造缝，及未沿层理方向进行造缝，进行支撑剂填充实验。

相关标准参考 SY/T 5358—2010《储层敏感性流动实验评价方法》，根据页岩特征及矿场实际情况，选用 20～40 目石英砂及陶粒，对裂缝进行单层局部铺砂（$0.1kg/m^2$），最大有效应力设计为 30MPa，研究裂缝加入支撑剂后的应力敏感情况，并且在岩心的准备过程中设计成裂缝面有滑移和无滑移两种情况。

2）实验步骤

（1）将岩心造好缝，并按照 $0.1kg/m^2$ 的单层局部铺砂密度把 20～40 目的石英砂均匀地填入人工裂缝内，然后将岩心固定好，岩心铺砂情况见表 3-1-4。

表 3-1-4　岩心铺砂情况

岩心号	岩心准备情况	支撑剂种类	裂缝方向
255	裂缝面无滑移	石英砂	沿层理
206	裂缝面有滑移	石英砂	沿层理
237	裂缝面无滑移	陶粒	未沿层理
222	裂缝面有滑移	陶粒	未沿层理

（2）连接好实验流程（图 3-1-22），将岩心装入夹持器中。

（3）首先给岩心加 5MPa 的围压，测试岩心的气测（N_2）渗透率，然后依次增加围压到 10MPa、15MPa、20MPa、25MPa 和 30MPa 测试岩心的气测渗透率。

（4）进行降压渗透率测试实验，依次将围压降到 25MPa、20MPa、15MPa、10MPa

和 5MPa 测试岩心的气体渗透率。其中，每个压力点均保持在 1h 以上。待所有压力测试后结束实验。

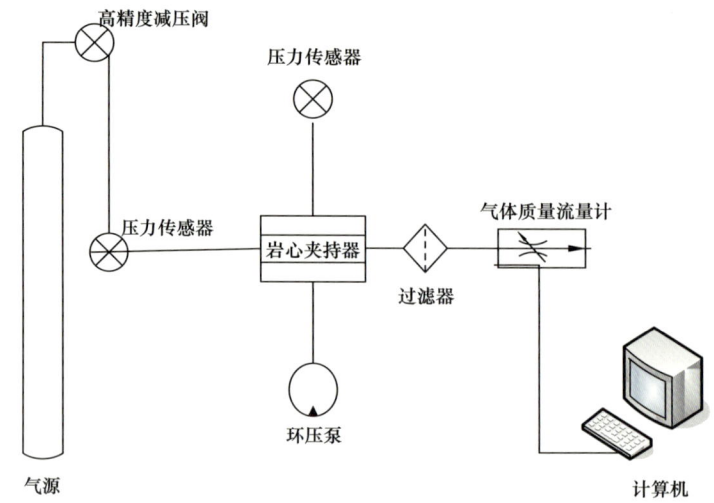

图 3-1-22　填砂裂缝应力敏感实验流程

3）实验数据分析

针对是否存在裂缝面滑移，选取不同的支撑剂类型以及不同的裂缝方向开展了 4 组实验以研究填砂裂缝的应力敏感特征。

当裂缝沿层理面展开，裂缝面无滑移，使用石英砂支撑时，应力敏感特征如图 3-1-23 所示。当有效应力从 5MPa 增加到 10MPa 时，渗透率损失最为严重。有效应力从 10MPa 增加到 30MPa 时，渗透率变化程度较小，说明随着有效应力的增加，支撑剂逐渐破碎，支撑作用减弱，裂缝发生闭合，造成渗透率下降。当有效应力大于 10MPa 后，支撑剂基本不再破碎，裂缝闭合程度减弱，因此渗透率损失非常小，可推断 10MPa 是石英砂的破裂压力。当有效应力逐渐从 30MPa 恢复至 10MPa 时，渗透率基本能恢复到加压至 10MPa 时的渗透率，而有效应力继续恢复到 5MPa 时，渗透率不能恢复到初始值。说明当有效应力恢复时部分支撑剂仍然起到了支撑作用，使渗透率具有一定的可恢复性。

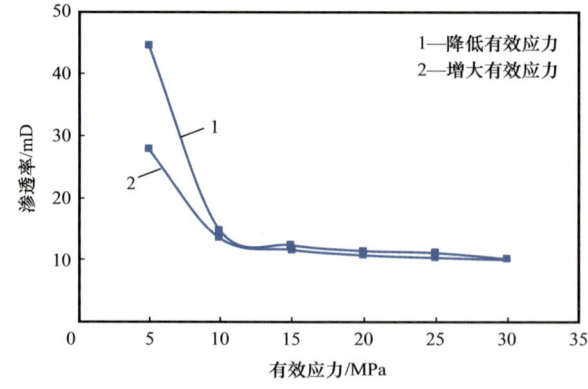

图 3-1-23　255 号岩心支撑裂缝渗透率随有效应力的变化

岩心裂缝有支撑无滑移时，石英砂破碎比例比较高，部分镶嵌到岩心当中（图3-1-24）。但当有效应力大于10MPa，加入支撑剂的人工裂缝基本无应力敏感，即有效应力大于10MPa时，支撑剂破碎已完全嵌入裂缝表面，缝面闭合程度较大，但渗透率仍为无支撑同等条件的10倍以上。在有效应力30MPa时，渗透率为无支撑同等条件的50倍以上。有效应力减小后，渗透率能恢复原渗透率的83%左右，表明支撑剂破碎后有部分发生了弹性变形，对裂缝表面起到了较好的支撑作用。

图3-1-24　255号岩心人工裂缝加入支撑剂应力敏感实验前后

为研究裂缝面在滑移情况下有效应力对支撑剂的影响，对于206号岩心增加了2.5MPa、4MPa、7MPa和9MPa等压力点。实验结果如图3-1-25和图3-1-26所示。有效应力在2.5～10MPa之间时，渗透率基本没有发生变化。当有效应力大于10MPa时，支撑剂开始破碎裂缝逐渐开始闭合，渗透率逐渐降低，但渗透率变化基本无明显的拐点。推测主要原因是岩心裂缝面滑移后没有完全按照裂缝开启的方式闭合，这样一部分支撑剂实际受到的有效应力小于实验有效应力，因此这部分支撑剂并没有破裂，依然起到了非常好的支撑作用，出现比较高的渗透率值。当有效应力逐渐恢复时，渗透率仍然不能恢复到初始值，其恢复过程跟N203井255号岩心基质情况下并无本质区别，部分支撑剂仍然起到了支撑作用。使渗透率具有一定的可恢复性，增大了岩心的导流能力。

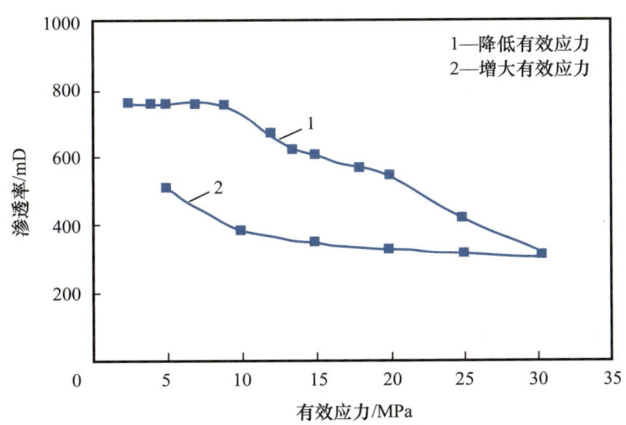

图3-1-25　ND203井206号岩心支撑裂缝渗透率随有效应力的变化曲线

岩心裂缝有支撑并有0.4mm滑移时，石英砂破碎比例比较低，嵌入量也少。在裂缝面有滑移的情况下，支撑剂受到的实际应力变小，缝面闭合程度较低，渗透率较高，

10MPa 时渗透率仍为无支撑的 1000 倍以上。在有效应力 30MPa 时，渗透率为无支撑同等条件的 10000 倍以上，且应力敏感性相对较弱。

图 3-1-26　N203 井 206 号岩心人工裂缝加入支撑剂应力敏感实验前后照片

当裂缝未沿层理面展开，裂缝面无滑移，使用陶粒支撑时，应力敏感特征如图 3-1-27 和图 3-1-28 所示。因陶粒硬度较高，基本无破碎，由于岩心硬度等各方面原因，当压力升高后，陶粒逐渐镶嵌在岩心断面，岩心最终渗透率损失较为严重，渗透率损失了 84.7%。应力敏感性较强，但仍是原始渗透率的 1.6×10^6 多倍。

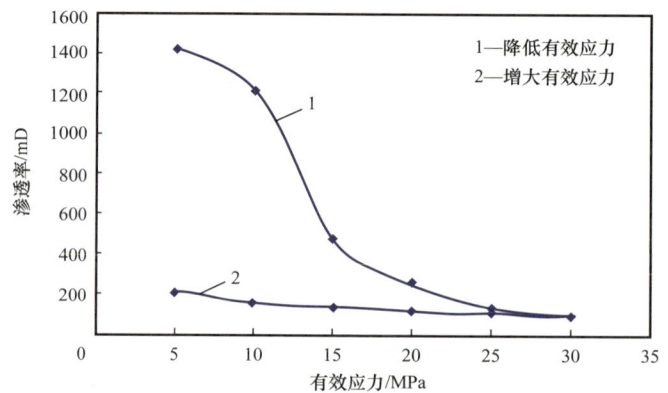

图 3-1-27　ND203 井 237 号岩心支撑裂缝渗透率随有效应力的变化

图 3-1-28　ND203 井 237 号岩心人工裂缝加入支撑剂应力敏感实验前后照片

当裂缝未沿层理面展开，裂缝面有滑移，使用陶粒支撑时，应力敏感特征如图 3-1-29 和图 3-1-30 所示。裂缝面滑移对裂缝渗透率应力敏感性有较好的改善效果。因陶粒硬度较高，基本无破碎，但当压力较高后，会出现陶粒镶嵌在岩心壁面，导致渗透率增大范围较低，但仍是原始渗透率的 5000 多倍，虽然渗透率具有一定的损失，但渗透率整体损失率较低，仅为 23.97%，应力敏感性较弱。

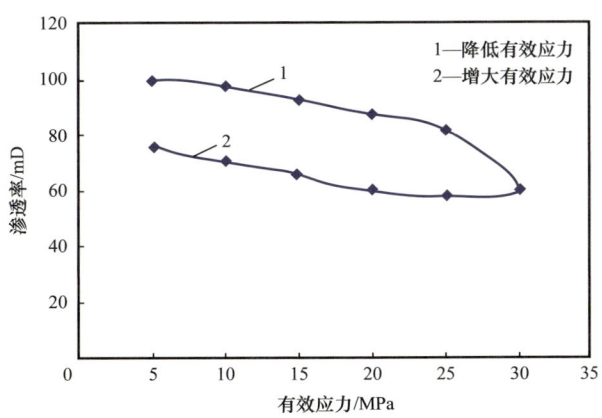

图 3-1-29　ND203 井 222 号岩心支撑裂缝渗透率随有效应力的变化

图 3-1-30　N203 井 222 号岩心人工裂缝加入支撑剂应力敏感实验前后

对比自支撑裂缝和填砂裂缝的应力敏感实验结果不难发现，自支撑裂缝的应力敏感性相比填砂裂缝的应力敏感性更强，渗透率损失更为严重，渗透率可恢复性更差。分析其原因：首先，造缝岩心有无滑移及裂缝类型的影响较为重要。有滑移的岩心渗透率损失较小，整体应力敏感性相对较弱，可恢复性较强，无滑移性岩心，渗透率损失较为严重，主要是因为支撑剂镶嵌进入裂缝断面所引起的，可恢复性较差。其次，对于填砂裂缝而言，支撑剂材质和物性也存在影响。石英砂强度较低，易破碎，甚至出现堵塞流通通道，造成渗透率提高较小。陶粒强度较高，耐压性好，不易破碎，陶粒作为支撑剂更加适合页岩储层要求，渗透率恢复较好，有利于提升导流能力，对储层开发有利。最后，岩石断面情况也是重要的影响因素，沿层理方向扩展，注入支撑剂后，支撑剂出现镶嵌更加明显，相对而言渗透率提高较小，反之，导流能力提高明显。

三、页岩气扩散能力评价实验

页岩储层发育大量孔径小于 50nm 的孔隙，占总孔隙数量的 90% 以上，孔隙连通性和流动能力差，页岩气体以解吸—扩散方式为主进行广义扩散流动（图 3-1-31）。在页岩气井生产过程中，气体的解吸—扩散作用是页岩气产出的根本机理，在生产过程中，随着页岩中的游离气产出，地层原始压力降低，促使气体解吸过程发生。解吸的气体通过扩散作用进入裂缝系统，然后在地层压差的驱动下，经裂缝网络流向井筒。页岩基质中气体扩散作用是非常重要的流动机理，因而气体扩散能力评价是页岩气井产能预测、递减规律分析以及开发方案制订必不可少的重要环节。

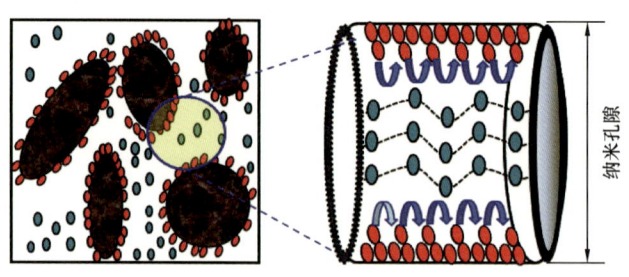

图 3-1-31　页岩气扩散示意图

1. 扩散实验方法

1）实验样品及装置

实验样品采用的页岩岩心均取川南地区志留系龙马溪组页岩，其孔隙度和渗透率均小，样品物性参数数据见表 3-1-5。

表 3-1-5　页岩岩心基本物性参数

样品编号	深度/m	长度/cm	直径/cm	密度/(g/cm³)	孔隙度/%	脉冲渗透率/mD	克氏渗透率/mD	平均渗透率/mD
231	2329.01	3.812	2.541	2.61	2.01	0.0035	0.0003	0.0004
219	2317.69	3.727	2.542	2.67	2.30	0.0040	0.0011	0.0014
242	2341.30	3.815	2.544	2.64	1.85	0.0409	0.0162	0.0236

由于页岩具有很强的吸附特性，在实验过程中为了减小吸附作用对气体流动的影响，选择吸附性非常小的惰性气体氦气（纯度为 99.99%）进行相似物理模拟扩散能力评价实验。为了进行对比分析，同时开展了纯度为 99.99% 的甲烷气体扩散能力评价实验。

扩散能力评价实验装置采用自主研发的扩散能力自动测定仪器（图 3-1-32）。仪器中包括恒温箱（最高温度可达 150℃）、高压岩心夹持器（最高压力可达 120MPa）、六通阀、直通阀、液压泵、压力传感器（精度为 0.0001MPa）、气体中间容器（最高压力 60MPa）、流量计、管线、时间和压力显示器及微型电脑等。

实验采用先饱和氦气或甲烷后自由扩散，测定气体扩散量随时间变化关系曲线，实验在温度为 50℃情况下进行，模拟原始地层条件下上覆岩石压力 50MPa，饱和气体压力 30MPa。

2）实验步骤

页岩气体扩散能力评价实验主要分为以下 6 个步骤（李武广等，2016）：

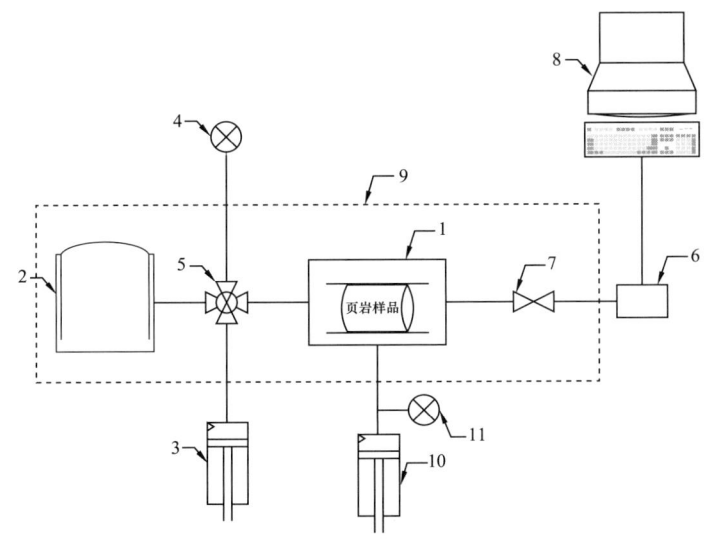

图 3-1-32 扩散能力评价实验装置
1—高压岩心夹持器；2—气体中间容器；3、10—液压泵；4、11—压力表；5—六通阀；
6—流量计；7—直通阀；8—微型电脑；9—恒温箱

（1）120℃温度下烘干 48h，测定页岩样品直径、长度、干重；
（2）测定页岩样品孔隙度和渗透率；
（3）测量岩心夹持器及管线体积，记为整个实验系统死体积；
（4）按照实验流程图连接仪器，并将岩心放入岩心夹持器中，给一定的围压和轴向压力，并校正仪器，包括校正压力表和检查仪器是否漏气，关闭所有阀门；
（5）打开阀门利用液压泵给岩心饱和气体，待液压泵压力不变后继续饱和 1~2 天；
（6）打开出口端进行实验，记录时间和扩散量。

实验过程中有以下 4 个关键点及难点：
（1）做实验前一定要放空，确保仪器内没有空气的混入以减小实验误差，同时一定要保证整个实验系统不漏气；
（2）饱和甲烷气体的时间要足够充分，让其两端的压力达到平衡，并准确地记录实验数据；
（3）在给样品加围压时，一定要确保足够大的压力，以使岩样中由于压力释放产生的微裂缝闭合，让气体能在扩散系统中自由扩散；
（4）尽可能减小实验系统中的死体积，处理实验数据时死体积的标定及死体积的处理要准确合理。

3）实验数据处理

页岩样品作为页岩储层相似物理模型，其中无数多个纳微米孔隙构成了页岩多孔介质储集体，是气体的主要存储空间，气体主要以扩散的方式流动，根据流动特点建立相应的扩散模型评价页岩气体扩散能力。

（1）控制模型。

在初始条件中给定页岩样品足够大的围压，即页岩样品的侧面不产生气体扩散，仅沿着浓度差方向扩散，即浓度在同一截面是相同的，浓度仅与位置 x 和时间 t 有关，则气体在岩样中流动可用下列一维扩散模型表征：

$$\frac{\partial N}{\partial t} = D\frac{\partial^2 N}{\partial x^2} \quad (t>0,\ 0<x<L) \tag{3-1-1}$$

$$N(x,0)\big|_{0<x<L} = N_0 \tag{3-1-2}$$

$$-D\frac{\partial N}{\partial x}\bigg|_{x=0} = 0 \tag{3-1-3}$$

$$-D\frac{\partial N}{\partial x}\bigg|_{x=L} = \sigma N \tag{3-1-4}$$

式中　N——单位体积中所扩散气体的质量，kg/m^3；

　　　D——气体在点 $(x,\ y,\ z)$ 处的扩散系数，表示单位时间内通过单位面积的气体质量，其应取正值，m^2/s；

　　　σ——流动系数；

　　　N_0——页岩在初始吸附平衡下的页岩气浓度；

　　　L——岩样长度。

综合式（3-1-1）至式（3-1-4）共同构成了页岩气一维扩散数学模型的综合本构方程组。

（2）模型求解。

用分离变量法求解方程组可得到页岩气浓度分布表达式为（李武广等，2016）：

$$N(x,t) = \sum_{k=1}^{\infty} \frac{N_0 \sin(\lambda_k L)}{M_k \lambda_k} e^{-D\lambda_k^2 t} \cos(\lambda_k x) \tag{3-1-5}$$

式中　λ_k——无穷多个固有值。

根据式（3-1-5）可得任意时刻累计扩散气体质量 Q：

$$\begin{aligned} Q &= \int_0^L \oiiint \left[N_0 + N(x,t) \right] \mathrm{d}x = \frac{\pi d^2}{4}\left[N_0 L - \int_0^L \sum_{k=1}^{\infty} \frac{N_0 \sin(\lambda_k L)}{M_k \lambda_k} e^{-D\lambda_k^2 t} \cos(\lambda_k x)\mathrm{d}x \right] \\ &= \frac{\pi d^2 N_0 L}{4} - \frac{\pi d^2}{4} \sum_{k=1}^{\infty} \frac{N_0 \sin^2(\lambda_k L)}{M_k \lambda_k^2} e^{-D\lambda_k^2 t} \end{aligned} \tag{3-1-6}$$

式中　M_k——关于 λ_k 的函数；

　　　d——岩样直径，m。

由于式中存在因子 $e^{-D\lambda_k^2 t}$，对于任意的 $t \geq 0$ 时，级数收敛，因此，取第一项可满足要求，则得到：

$$Q - \frac{\pi d^2 N_0 L}{4} = -\frac{\pi d^2 N_0 \sin^2(\lambda_1 L)}{4 M_1 \lambda_k^2} e^{-D\lambda_k^2 t} \qquad (3\text{-}1\text{-}7)$$

式中 λ_1——关于 λ_k 的某一固定值；

M_1——关于 M_k 的某一固定值。

对式（3-1-7）两边求对数并化解可得线性关系式：

$$y = a + bt \qquad (3\text{-}1\text{-}8)$$

其中

$$\ln\left(\frac{\pi d^2 N_0 L}{4} - Q\right) = y$$

$$\ln\left(\frac{\pi d^2 N_0 \sin^2(\lambda_1 L)}{4 M_1 \lambda_1^2}\right) = a$$

$$-D\lambda_1^2 = b$$

利用 y 和 t 通过最小二乘法拟合可得到式（3-1-8）中系数 a 和 b 的值，再联立上述方程即可解得扩散系数 D。

2. 实验数据分析

1）气体扩散规律分析

通过页岩气体扩散物理模拟实验获得了页岩气体扩散能力评价实验数据，分别绘制了累计产气量、压力和时间的关系曲线（图 3-1-33 和图 3-1-34）。

由图 3-1-33 可知，甲烷扩散的最终累计气量大于氦气扩散的最终累计气量。同一时刻，除 231 号样品外，甲烷气体的扩散气量均大于氦气扩散气量。分析认为，甲烷与页岩相互作用时具有强吸附特性，大量的甲烷气体以吸附的方式存在于页岩样品中；相反，氦气吸附性不强（<5%），几乎所有的氦气都是以游离的方式存在于页岩中，在浓度差的作用下，游离气先从样品中扩散出来，氦气不断地扩散直到有非常少量的气体产出，甲烷在游离气扩散出之后，压力降低导致吸附气开始解吸成游离气，游离气再不断地产出，是一个边解吸边扩散，同时进行的过程，231 号样品的曲线是比较合理的一个产出过程，甲烷和氦气的曲线会相交于某一时间点，在这个等量时间点以前由于有大量的游离氦气，游离气的不断扩散就形成氦气的累计扩散气量大于甲烷的累计扩散气量的局面，在这个等量时间点以后由于有大量的甲烷吸附气，吸附气不断解吸扩散，甲烷累计产出气会大于氦气累计产出气。而对于 219 号和 242 号两个样品，从渗透率数据可以知道，这两个样品的渗透率比较大，可能存在一些比较微小的裂缝，裂缝中的气体不断地产出，就出现了甲烷扩散累计气量始终大于氦气扩散累计气量的情况，对于这种情况，需要提高样品的选取质量，由于测定渗透率的围压仅有 9MPa，实际地层上覆压力为 50MPa，导致一些微小裂缝没有闭合，主要以裂缝中的达西流动为主，扩散现象不明显。从图 3-1-34 中也可以得出相同结

论，3块样品的饱和气体压力随时间的关系曲线可以看出，渗透率越大的样品，气体孔隙压力下降得越快，氦气实验过程中孔隙压力比甲烷实验过程孔隙压力下降更快。

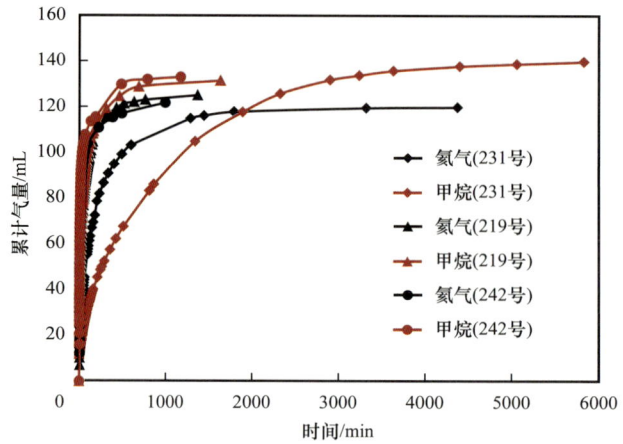

图 3-1-33　页岩气体扩散时间与累计产气量关系曲线

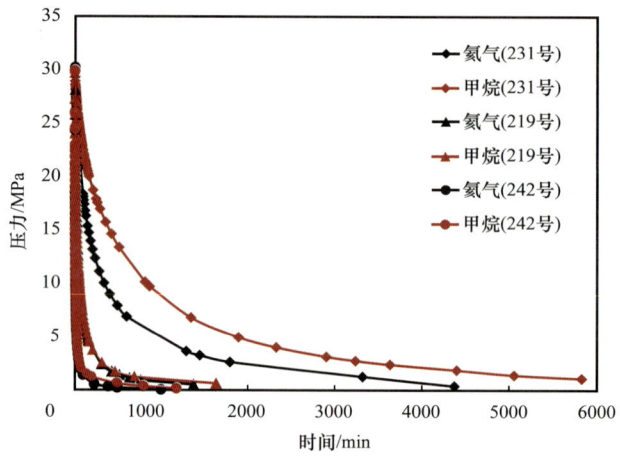

图 3-1-34　压力与页岩气体扩散时间关系曲线

2）气体扩散能力影响因素分析

页岩扩散能力的影响因素有很多，包括孔隙度、渗透率、有机质成熟度、有机碳含量、脆性矿物含量及黏土含量等。已有发表的文献表明，页岩有机质成熟度、有机碳含量、脆性矿物含量与渗透率成正相关，而黏土含量与渗透率呈负相关。根据孔隙度和渗透率与扩散系数相关关系绘制对比曲线如图 3-1-35 和图 3-1-36 所示。

从图 3-1-35 和图 3-1-36 中可以看出，页岩气体扩散能力与渗透率相关性好，渗透率越大扩散能力越强，与孔隙度关系不明确。因此，利用渗透率与其他因素相关性，从而可以对页岩气体扩散能力的影响因素进行分析。此外研究认为，温度越高解吸气量越大，游离气量增加导致扩散能力增强。因此，温度也是页岩气体解吸的主要影响因素，同时也是页岩扩散能力的主要影响因素。

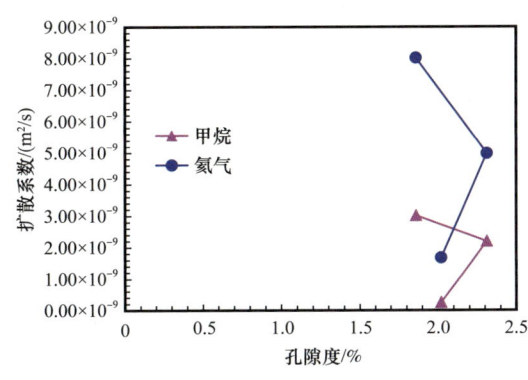
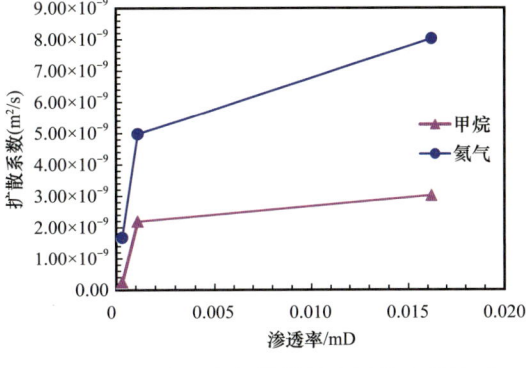

图 3-1-35　孔隙度与扩散能力评价参数关系　　　图 3-1-36　渗透率与扩散能力评价参数关系

第二节　地质工程一体化数值模拟技术

页岩气作为特殊的"人造气藏",其开发特征认识和开发技术政策优化与地质和工程两方面因素关系密切,地质工程一体化综合研究是解决页岩气开发技术瓶颈,提高单井生产效果的核心技术手段。页岩气地质工程一体化数值模拟主要包括:三维地质建模、天然裂缝建模、地质力学建模、水平井组数值模拟。

一、三维地质建模

与常规储层不同,页岩在储层物性、岩石力学特征和地应力等方面非均质性显著,且广泛发育不同尺度和产状的天然裂缝,这些都是影响页岩缝网形态和压后气井产能的关键因素。因此,必须采用地质工程一体化三维精细建模技术(图 3-2-1),准确建立地质、天然裂缝以及地应力模型,最终形成涵盖"地质+工程"全要素的三维静态模型,从而为人工压裂缝网模拟及气井产能动态预测奠定基础。

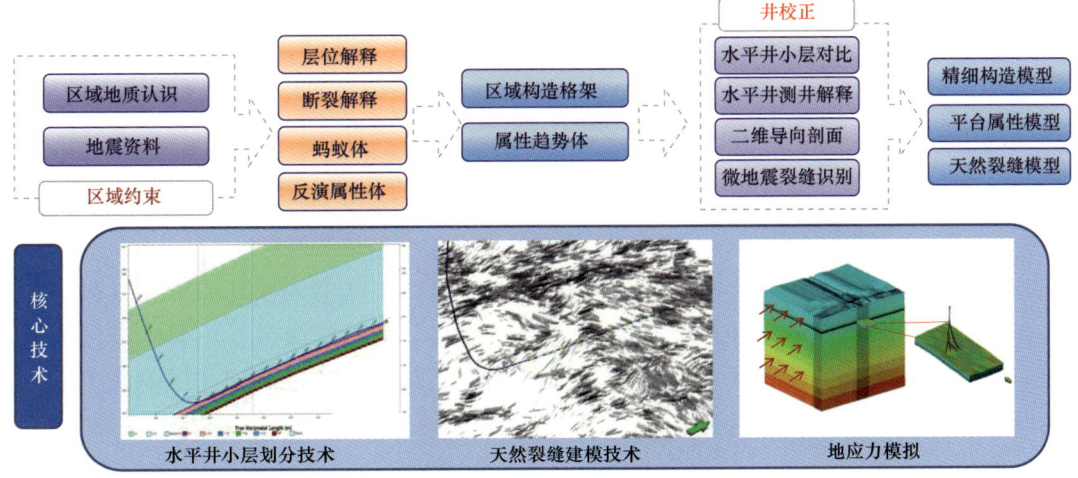

图 3-2-1　三维地质建模流程图

三维地质模型的建立主要包括三维构造建模和三维属性建模。

1. 三维构造建模

构造模型可以表征地层的空间结构以及构造层面与断层体系配置关系，控制着储层的构造形态，是页岩气藏三维地质建模的基础，其准确与否对属性模型精度有较大影响。

三维构造建模的目标就是建立能够描述圈闭类型、几何形态、封盖层及断层与储层的空间配置关系、储层层面变化的三维模型。其主要目的包括：刻画不同层位的空间关系，为属性模型提供构造格架约束；揭示断层与断层之间、断层与层面之间的空间接触关系。三维构造建模的方法是以三维地震解释的层面数据、断层数据为基础，以单井地质分层数据为约束，采用一定的地质曲面重建算法，建立三维构造模型，从而为三维属性模型和压裂工程服务。其中最核心的两个技术为 TST 域旋回对比小层划分技术和虚拟井层面控制技术。

TST 域旋回对比小层划分技术主要是根据测井伽马曲线上的沉积旋回变化（图 3-2-2），将水平段钻遇的各小层进行等时归位，确定水平段钻遇储层的真实垂直厚度。与常规气藏相比，川南页岩气优质储层厚度薄、地层倾角变化较大，在 90% 以上都是水平井的情况下，必须要采用该项技术才能准确刻画地层的真实垂直厚度，可以说该项技术是页岩气构造建模的特有技术。

受到地震资料采集影响，地震剖面无法表征断距 30m 以下的断层或微幅构造，虚拟井层面控制技术（图 3-2-3），是通过设置虚拟直井，校正单井实钻和三维地震预测的构造海拔误差，准确刻画井旁小断层或微幅构造变化。

2. 三维属性建模

与常规气相比，页岩气属性建模不仅涉及孔隙度、渗透率和含气饱和度等属性参数，还包括脆性矿物含量、杨氏模量和泊松比等地质力学属性参数以及有机碳含量、含气量等页岩气特有的属性参数（图 3-2-4）。

在岩心试验分析和测井解释的基础上，采用包括高斯（高斯随机方程模拟和序贯高斯模拟）模拟算法进行属性建模。其原理是以已知信息为基础，如测井解释的孔隙度、渗透率等，以高斯随机函数为依据，采用随机算法产生可选的、等可能性的离散属性。建模过程中承认井点以外的储层属性参数具有一定的随机性，但受控于地震属性体总体趋势，以满足气藏开发决策在一定风险范围的需要。

二、天然裂缝建模

页岩气天然裂缝建模是在地震、测井和岩心观察等天然裂缝描述研究的基础上，采用具有地质统计学意义的随机模拟函数，建立微断层、天然裂缝带、小尺度离散天然裂缝的三维分布模型，为研究天然裂缝与人工裂缝的相互作用奠定基础。目前最主流的技术是离散裂缝随机生成技术（DFN），该技术直接用随机产生的裂缝片来组成裂缝网络，依此来描述裂缝系统。DFN 技术表征天然裂缝的关键是如何确定天然裂缝的发育程度、方位、倾角、延伸长度及高度等。

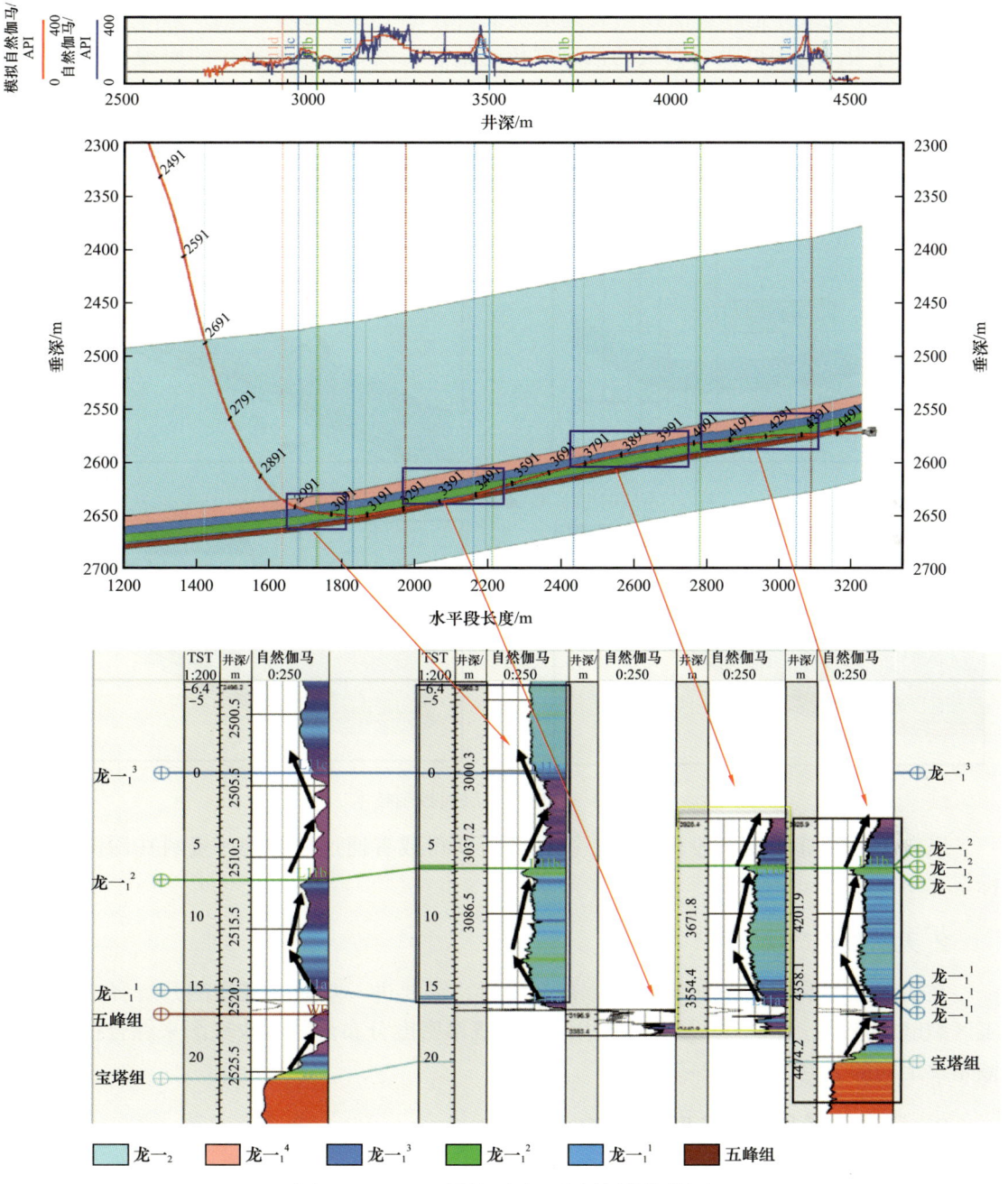

图 3-2-2 TST 域旋回对比小层划分柱状图

1. 天然裂缝发育密度

裂缝建模首先需要对裂缝在三维空间中发育程度（即发育密度）进行刻画，这也是裂缝建模最为重要的参数。

平面上裂缝密度的表征主要依靠从地震属性中提取出的方差体、蚂蚁体、曲率体等不连续信号进行约束，大量实践证实蚂蚁体追踪能够较好地识别不同尺度的天然裂缝，因此通常采用蚂蚁体追踪算法预测裂缝系统或裂缝带（图 3-2-5）。蚂蚁追踪算法模仿类蚂蚁觅食行为，利用可吸引蚂蚁的信息素传达信息，以寻找最短路径的原理，在地震体中设定大量电子蚂蚁，让每个蚂蚁沿着可能的断层面向前移动，同时发出"信息素"，对明显的断裂面进行标定。通过设定适当的蚂蚁追踪参数，对裂缝信号直接进行提取和捕捉，可以精细地描述从米级到百米级不同尺度的天然裂缝。

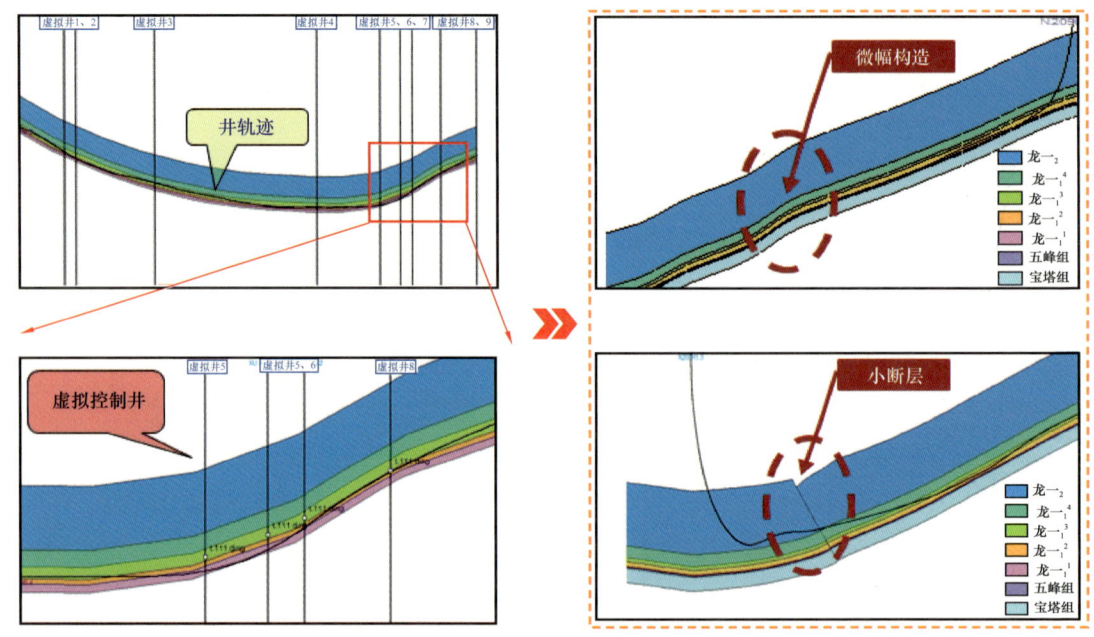

图 3-2-3 虚拟井层面控制技术

纵向上的裂缝密度一般采用岩心统计分析获得或者通过成像测井资料在深度上进行标定（图 3-2-6）。

2. 天然裂缝产状

在明确天然裂缝的纵向和平面分布密度后，需要进一步通过成像测井解释成果获得工区裂缝的产状，在 Petrel 软件中采用 fisher 概率密度分布函数和玫瑰图来综合描述不同倾角及走向的裂缝（图 3-2-7）。

3. 天然裂缝长度、高度和宽度

不同于裂缝强度和产状，即使采用先进的裂缝识别技术，工区裂缝的长度、高度和开度的表征依然存在很强的不确定性，因此在模拟裂缝几何形状时，主要采用一些参数设置和后验质控的手段减少其不确定性，从对露头区裂缝延伸长度的测量表明多数裂缝延伸长度小于 100m（穆龙新，2009），推荐将裂缝片长度设置为 0~150m，平均约 50m，裂缝片长高比为 2∶1。

在确定上述裂缝特征参数后，采用 DFN 随机生成技术在三维空间中建立包含天然裂缝带、小尺度离散天然裂缝的裂缝网络三维模型（图 3-2-8）。

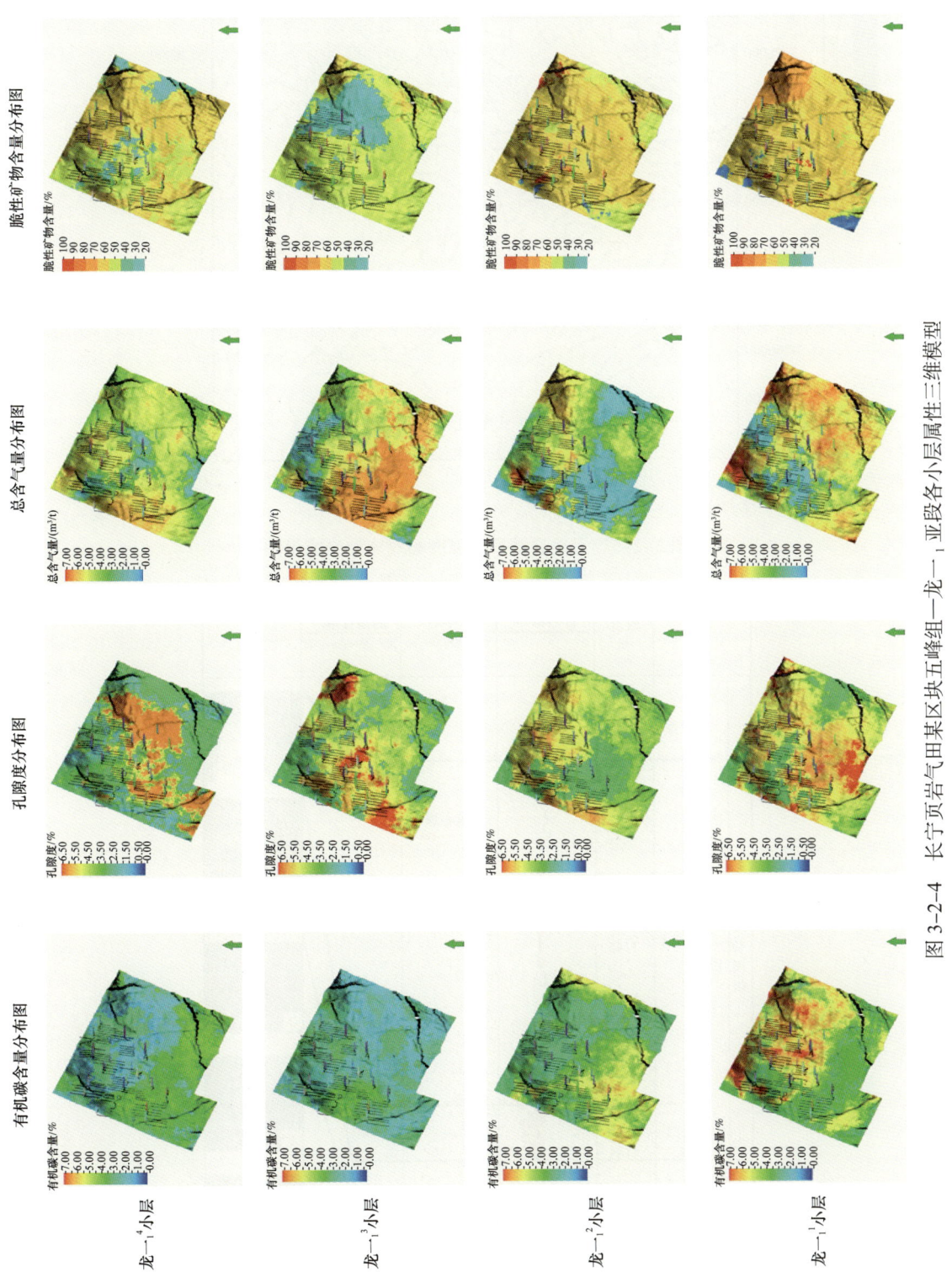

图 3-2-4 长宁页岩气田某区块五峰组—龙一₁亚段各小层属性三维模型

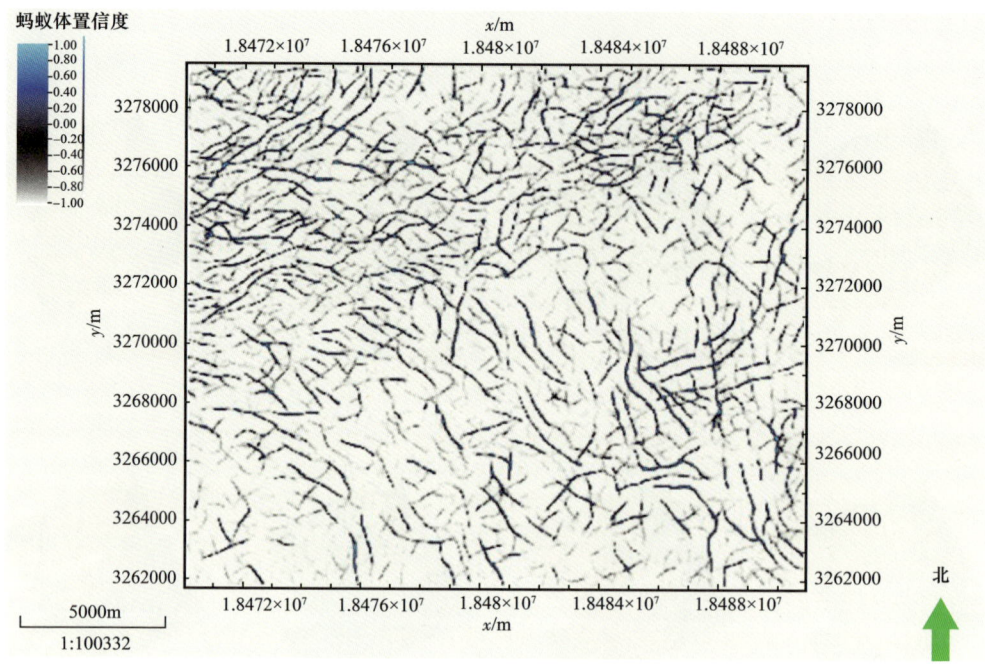

图 3-2-5 天然裂缝平面强度蚂蚁体预测成果图

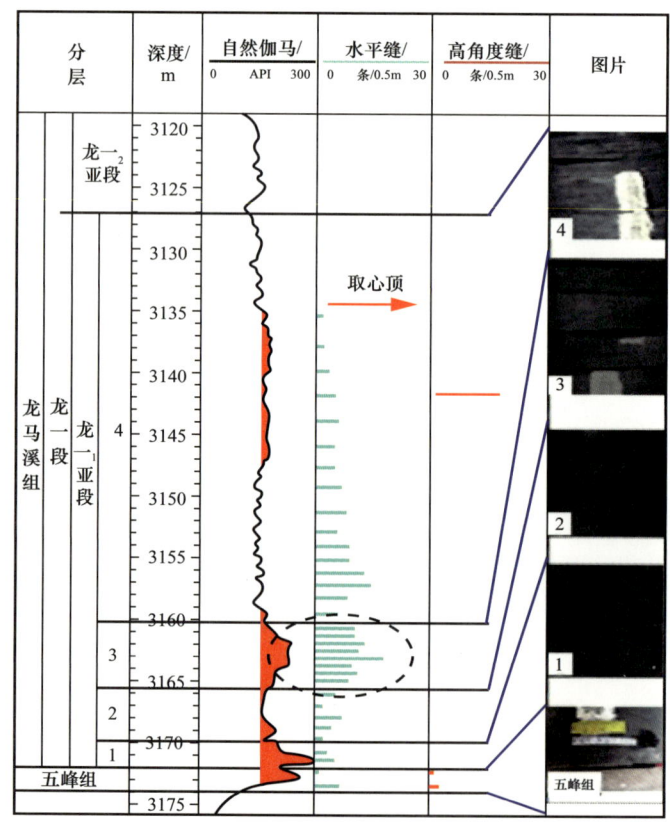

图 3-2-6 纵向上岩心统计分析裂缝密度分布

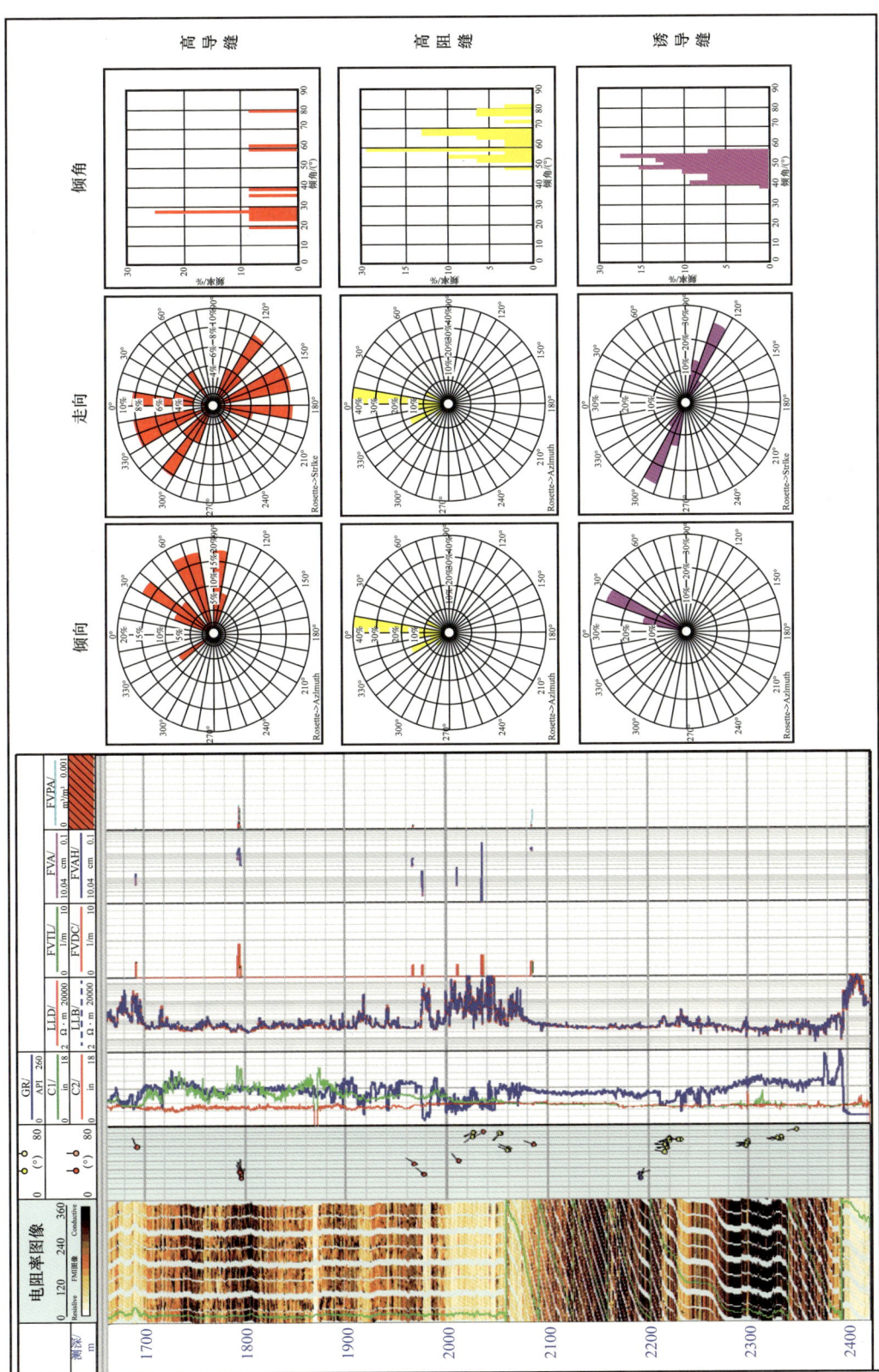

图 3-2-7 成像测井解释天然裂缝产状特征

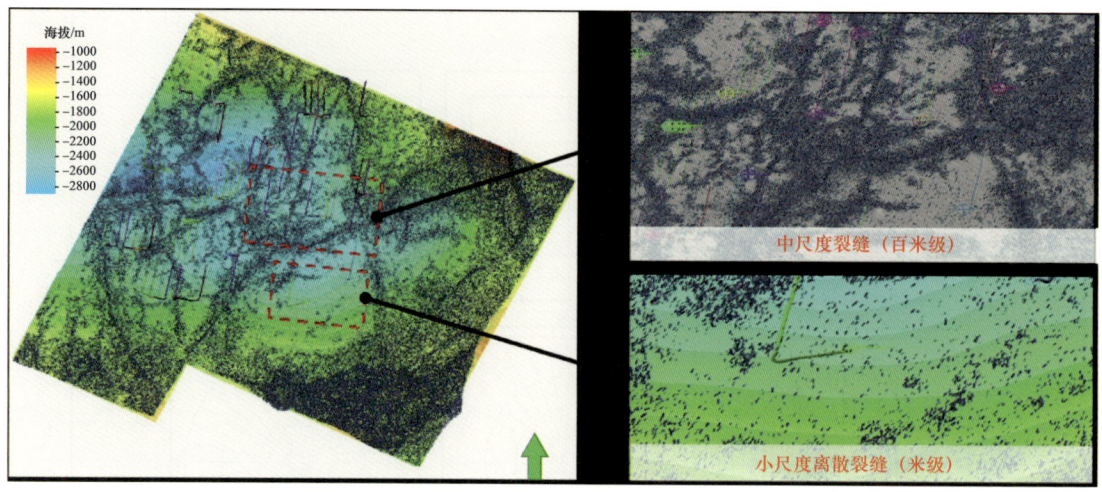

图 3-2-8 天然裂缝网络三维模型

三、地质力学建模

高精度三维地质力学模型是影响压裂模拟效果的关键参数，目前常规的方法是利用测井数据建立沿井身分布的单井地应力剖面；由于页岩地层非均质性强，井周地应力分布复杂，地应力的平面非均质性强，需要建立三维地质力学模型支撑压裂模拟和分析，建立的基本流程为（图 3-2-9）：

（1）通过单井岩石力学预测软件，利用室内实验数据和现场测井数据，建立单井地质力学模型和岩石力学参数模型；

（2）利用 Petrel 软件，结合单井岩石力学参数模型和三维地质模型，建立三维岩石力学参数模型；

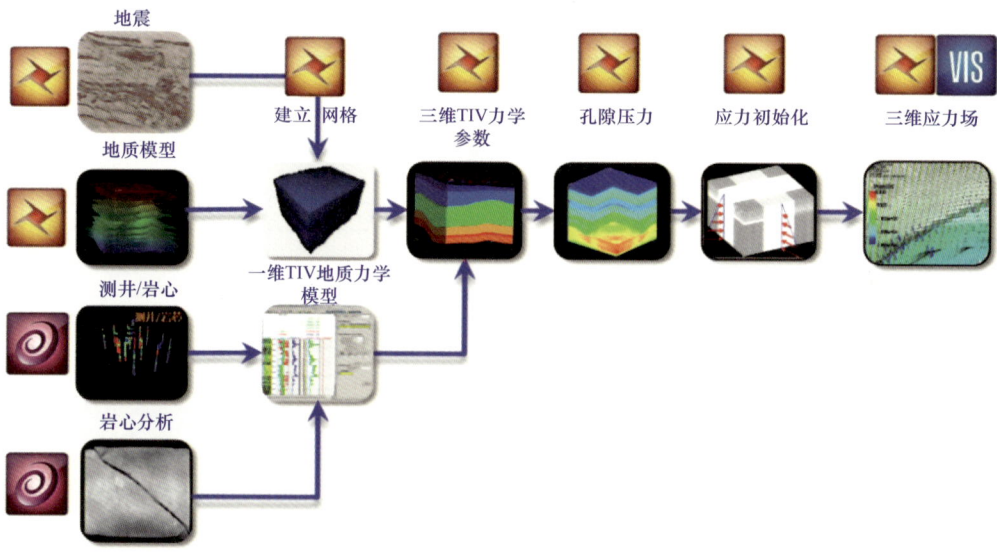

图 3-2-9 三维地质力学建模技术研究思路

（3）在地质模型和岩石力学参数模型基础上，利用 Petrel 地质力学模块和 VISAGE 模拟器开展平台和全区的三维地应力建模。

1. 一维地质力学精细建模

可靠的一维地质力学模型是三维地质力学建模的基础，在一维地质力学建模中，采用声波（Sonic Scanner/ThruBit）等测井数据，建立地层的各向异性（TIV）模型，并以岩心实验数据对地质力学参数进行校正；应用页岩超压理论，确定各井孔隙压力曲线；以测试压裂资料和井眼稳定性模型对地应力进行刻度。其中单井岩石力学建模的关键是有效预测孔隙压力和岩石力学参数及计算地应力。

1）孔隙压力预测

孔隙压力预测是为确定不同深度地层孔隙中的流体所承受的压力。对于已钻过的井，可用重复地层测试仪（RFT）或模块式地层动态测试仪（MDT）等测得孔隙流体压力，也可由试井得到孔隙流体压力。用这种方法得到的数据直接、可靠，但通常数据点很少，不能得到连续的剖面。基于龙马溪组的孔隙压力成因，主要采用 Bowers 理论进行压力预测：

$$p_\text{p} = \sigma_\text{V} - 5470 \left(\frac{v_\text{p} - 5000}{12770} \right)^{1.3} \quad (3\text{-}2\text{-}1)$$

式中　p_p——孔隙压力，MPa；
　　　σ_V——上覆岩层压力，MPa；
　　　v_p——纵波速度，m/s。

2）岩石力学参数预测

地质力学性质参数包括岩石的弹性参数和岩石强度参数，是地应力计算、井壁稳定性分析和压裂模拟的基础。

（1）岩石弹性参数计算。

根据纵波时差、横波时差和密度测井数据得到岩石力学动态参数[式（3-2-2）]；考虑页岩具有横观各向同性，利用 Sonic Scanner 测井的斯通利波、快速和慢速横波计算得到各向异性地层的刚度矩阵，分别计算岩石纵横向的动态弹性模量和泊松比：

$$\left. \begin{array}{l} G_\text{dyn} = \dfrac{\rho_\text{b}}{\left(\Delta t_\text{s} \right)^2} \\[2mm] K_\text{dyn} = \rho_\text{b} \left[\dfrac{1}{\left(\Delta t_\text{c} \right)^2} \right] - \dfrac{4}{3} G_\text{dyn} \\[2mm] E_\text{dyn} = \dfrac{9 G_\text{dyn} K_\text{dyn}}{G_\text{dyn} + 3 K_\text{dyn}} \\[2mm] v_\text{dyn} = \dfrac{3 K_\text{dyn} - 2 G_\text{dyn}}{6 K_\text{dyn} + 2 G_\text{dyn}} \end{array} \right\} \quad (3\text{-}2\text{-}2)$$

式中　G_{dyn}——动态剪切模量，MPa；
　　　K_{dyn}——动态体积模量，MPa；
　　　E_{dyn}——动态杨氏模量，MPa；
　　　v_{dyn}——动态泊松比；
　　　ρ_b——体积密度，g/cm³；
　　　Δt_s，Δt_c——横波时差和纵波时差，s/m。

对于页岩等 TIV 各向异性地层，利用 Sonic Scanner 或者 ThruBit 测井资料，采用 MANNIE 假设可以得到各向异性地层的刚度矩阵，分别计算岩石纵横向的弹性模量和泊松比。

$$C = \begin{bmatrix} C_{11} & C_{12} & C_{13} & 0 & 0 & 0 \\ C_{12} & C_{11} & C_{13} & 0 & 0 & 0 \\ C_{13} & C_{13} & C_{33} & 0 & 0 & 0 \\ 0 & 0 & 0 & C_{55} & 0 & 0 \\ 0 & 0 & 0 & 0 & C_{55} & 0 \\ 0 & 0 & 0 & 0 & 0 & C_{66} \end{bmatrix} \quad (3\text{-}2\text{-}3)$$

$$\left.\begin{aligned} C_{11} &= C_{22} \neq C_{33} \\ C_{44} &= C_{55} \neq C_{66} \\ C_{12} &\neq C_{13} = C_{23} \\ C_{12} &= \xi C_{13} \\ C_{13} &= \zeta C_{33} - 2C_{55} \end{aligned}\right\} \quad (3\text{-}2\text{-}4)$$

式中　ξ，ζ——拟合系数。

$$\left.\begin{aligned} E_v &= C_{33} - 2\frac{C_{13}^2}{C_{11} + C_{12}} \\ E_h &= \frac{(C_{11} - C_{12})(C_{11}C_{33} - 2C_{13}^2 + C_{12}C_{33})}{C_{11}C_{33} - C_{13}^2} \\ v_v &= \frac{C_{13}}{C_{11} + C_{12}} \\ v_h &= \frac{C_{33}C_{12} - C_{13}^2}{C_{33}C_{11} - C_{13}^2} \end{aligned}\right\} \quad (3\text{-}2\text{-}5)$$

式中　E_v——动态垂向杨氏模量，MPa；
　　　E_h——动态横向杨氏模量，MPa；
　　　v_v——动态垂向泊松比；
　　　v_h——动态横向泊松比。

岩石动态力学参数是指岩石在各种动载荷或周期变化载荷（如声波、冲击、振动等）

作用下所表现出的力学性质参数。而在静载荷作用下岩石表现出的力学参数称为静态参数。井眼的变形和破坏是相对较慢的静态过程。实验研究表明，对于一块完整致密的岩石来说，其动态与静态力学参数比较接近。对于疏松或欠固结的地层，动态与静态力学参数可能有显著的差异。一般情况下，动态参数要大于静态参数。

用上述声波资料计算的弹性模量是动态的，与岩石的静态力学性质之间有一定的差距，需要用实验室数据将动态弹性模量和强度转换成静态参数。

（2）岩石强度参数计算。

岩石的单轴抗压强度（UCS）通常根据测井曲线计算得到，利用岩石杨氏模量来确定岩石抗压强度和内摩擦角。而岩石抗拉强度为抗压强度的函数，一般取抗压强度的10%。

3）地应力计算

原地应力主要由上覆岩层压力、最大水平地应力和最小水平地应力组成，其中上覆岩层压力通常根据密度测井数据计算上覆岩层压力；最大、最小水平地应力根据不同地应力模型计算获得。

（1）上覆岩层压力。上覆岩层压力通过对地层密度进行积分计算得到。典型的地层密度通过电缆测井得到，也可以利用岩心的密度。

$$\sigma_z = \int_0^z \rho_z g \mathrm{d}z \qquad (3-2-6)$$

式中 σ_z——上覆应力，MPa；

ρ_z——密度测井值，g/cm³；

g——重力加速度，m/s²。

（2）水平地应力。一定深度处的最小水平地应力 σ_h 可以通过漏失试验、微压裂或利用地应力测试工具直接测量得到，或通过室内实验间接测量得到。计算出最小水平地应力后，可以利用井眼图像和岩石破坏模型来大致标定最大水平地应力 σ_H 的大小。

采用多孔弹性模型，利用各向异性方法计算得到了本井地应力。

$$\sigma_h - \alpha p_p = \frac{E_{\mathrm{horz}}}{E_{\mathrm{vert}}} \frac{v_{\mathrm{vert}}}{1-v_{\mathrm{horz}}}(\sigma_v - \alpha p_p) + \frac{E_{\mathrm{horz}}}{1-v_{\mathrm{horz}}^2}\varepsilon_h + \frac{E_{\mathrm{horz}}v_{\mathrm{horz}}}{1-v_{\mathrm{horz}}^2}\varepsilon_H \qquad (3-2-7)$$

式中 σ_h——最小水平地应力，MPa；

σ_v——垂向地应力，MPa；

p_p——孔隙压力，MPa；

α——Biot 系数；

ε_h，ε_H——构造应力系数；

v_{horz}，v_{vert}——各向异性水平方向和垂直方向静态泊松比；

E_{horz}，E_{vert}——各向异性水平方向和垂直方向静态杨氏模量，MPa。

2. 三维地质力学建模

在一维地质力学精细建模的基础上,通过三维有限元地质力学模拟,详细描述地质力学参数及原地应力在空间上的非均质性,进一步刻画地质力学参数及原地应力在横向及垂向上的变化规律,从而为钻井优化、压裂设计以及压后评估提供可靠的力学模型。

1) 三维有限元网格

为了在初始地质模型中建立杨氏模量和泊松比等岩石力学参数,需要在三维地质模型的基础上首先构建三维有限元网格。一般采用 Petrel 软件开展这项工作,需要关注的问题是:

(1) 输入数据的分辨率。有限元计算的结果受到输入数据分辨率的制约,如果有限元网格分辨率大于输入数据分辨率,并不能真正提高结果的精度,而是造成时间和资源的浪费。

(2) 输出数据的分辨率。三维地质力学的结果要用在钻井优化、储层评价及压裂设计等过程中,必须要采用满足使用需求的分辨率,否则结果没有指导意义。

(3) 网格规模的大小。目前商用服务器能够求解的有限元方程自由度约在千万级别,过大的网格规模将使得计算无法进行。

(4) 网格的质量。有限元网格应当充分反映变形特征,在重点关注区域,如储层范围内,应当适当进行加密;非储层区网格应当尽量规则,扭曲、拉长的网格不利于反映储层变形特征和求解精度的提高。

此外,为了正确模拟储层所在的边界条件,需要在储层部位之外添加上覆岩层、下伏岩层及侧面岩层。图 3-2-10 给出了某一研究区域的三维有限元网格。右边为研究范围内储层的模型,左边为增加了上覆岩层、下伏岩层及侧面岩层的整体模型。

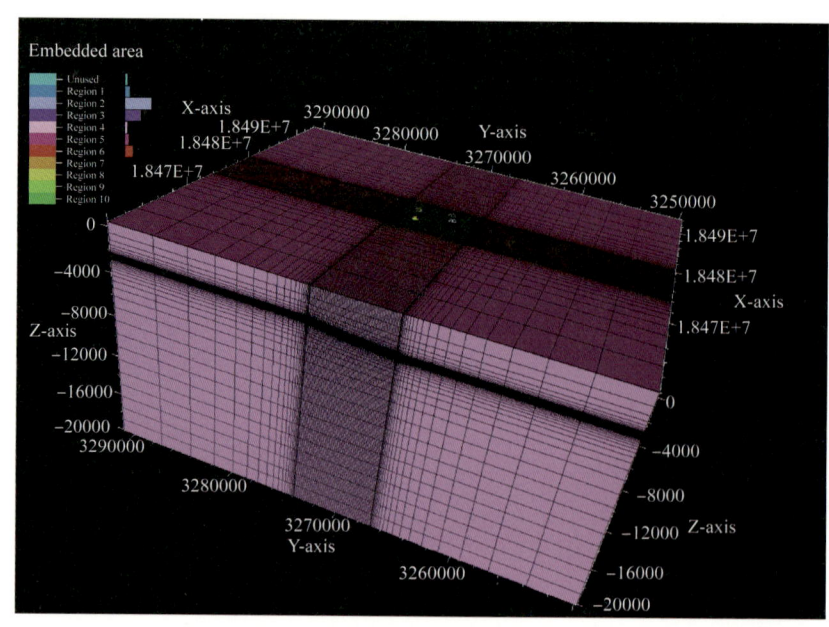

图 3-2-10　川南地区某一页岩气平台的地质力学拓展三维有限元网格

2)三维地质力学模型建模

在三维有限元网格建立完成后,采用序贯高斯模拟算法构建岩石力学模型。根据测井解释成果进行属性建模,储层上覆、下伏地层赋予属性常数,侧边地层采用外插法进行赋值。上覆区域、下伏区域、侧边区域和刚性板与储层模型相对位置如图3-2-11所示。

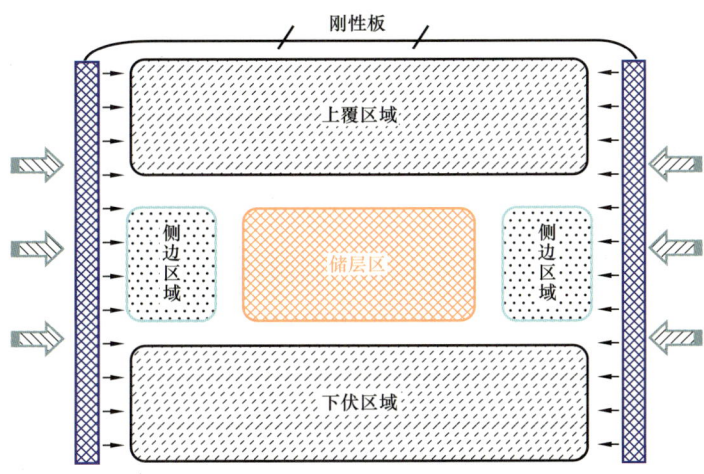

图3-2-11　上覆区域、下伏区域、侧边区域和刚性板与储层模型相对位置示意图

各区域采用的密度、硬度力学常量选择标准为：上覆地层小于储层与下伏地层,下伏地层大于储层平均值,侧边地层与储层接近,刚性板硬度选择较大值。

得到三维地质力学参数后,与单井的一维地质力学参数进行对比(图3-2-12),如果大体匹配则认为建立的三维地质力学参数较为可靠。

3)地应力模拟

确定三维地质力学参数后,结合一维地质力学模型研究的成果(如水平地应力梯度,水平地应力方向等)运用VISAGE软件进行地应力模拟,模拟结果包括最大水平地应力、最小水平地应力及上覆岩层压力(图3-2-13和图3-2-14)。类似于地质力学参数,需要用一维地应力剖面进行单井标定和校核。

四、水平井组数值模拟

页岩气数值模拟就是在对页岩储层进行精细建模表征的基础上,通过数值方法对页岩气流体传质特征数学模型进行求解并研究储层流体流动规律和开发动态特征的过程。目前,数值模拟技术在非常规油气藏得到了广泛应用和快速发展,随着新一代高性能数值模拟器的出现,结构化网格等效数值模拟技术转向了非结构化网格高分辨率数值模拟技术(图3-2-15)。

在建立的压裂裂缝模型基础上,建立数值模型。运用高精度非结构数值模拟网格对压裂裂缝网络进行剖分,用细小网格精细表征高度非均质的裂缝体系,用较粗的网格表征基质,并保持原始基质网格结构不变,精确描述复杂缝网的几何形态,细致描述裂缝特征的同时,大大降低总网格数,提高数值模拟运算效率,并根据压裂裂缝的导流能力、

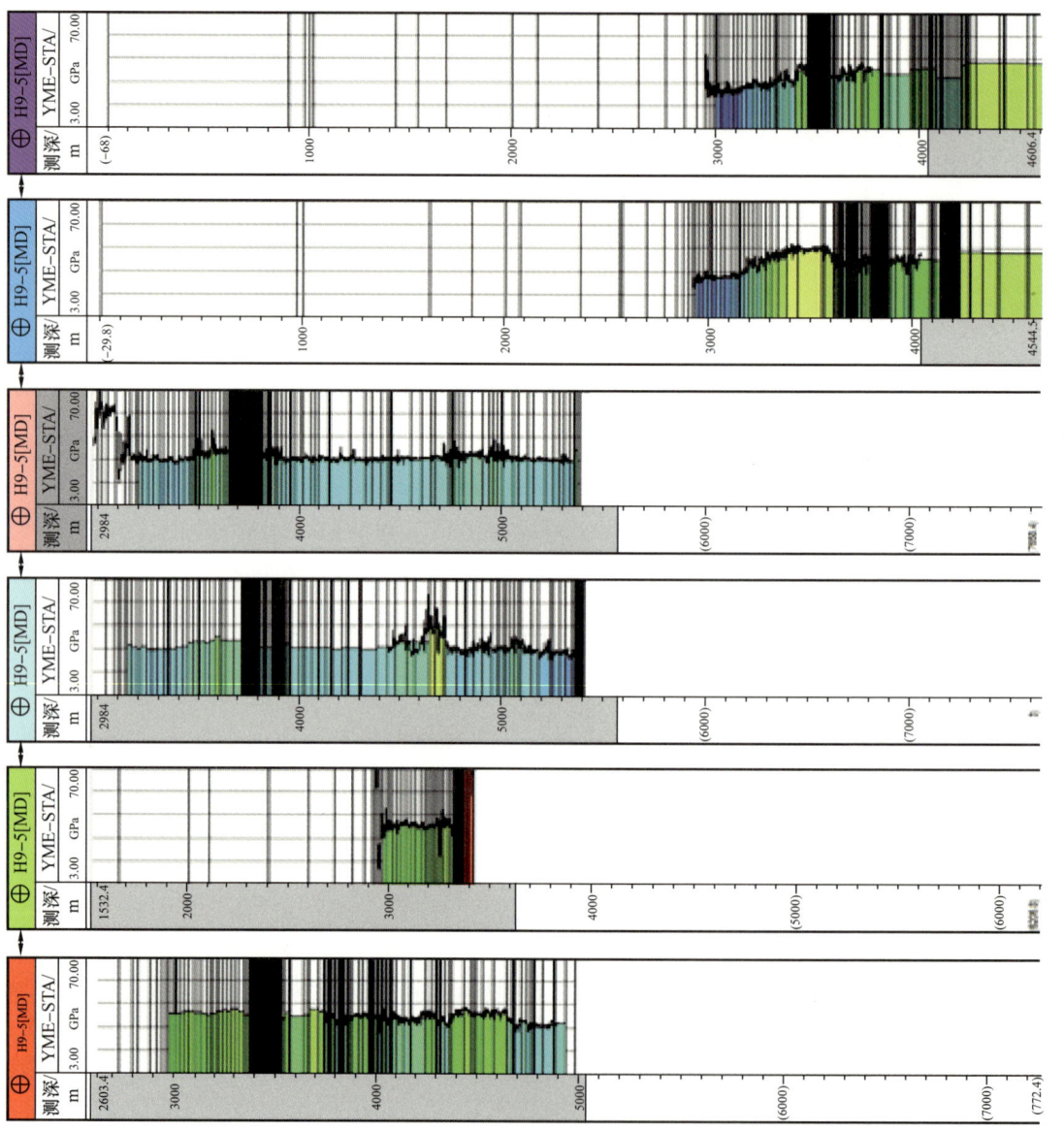

图 3-2-12 一维和三维杨氏模量参数对比

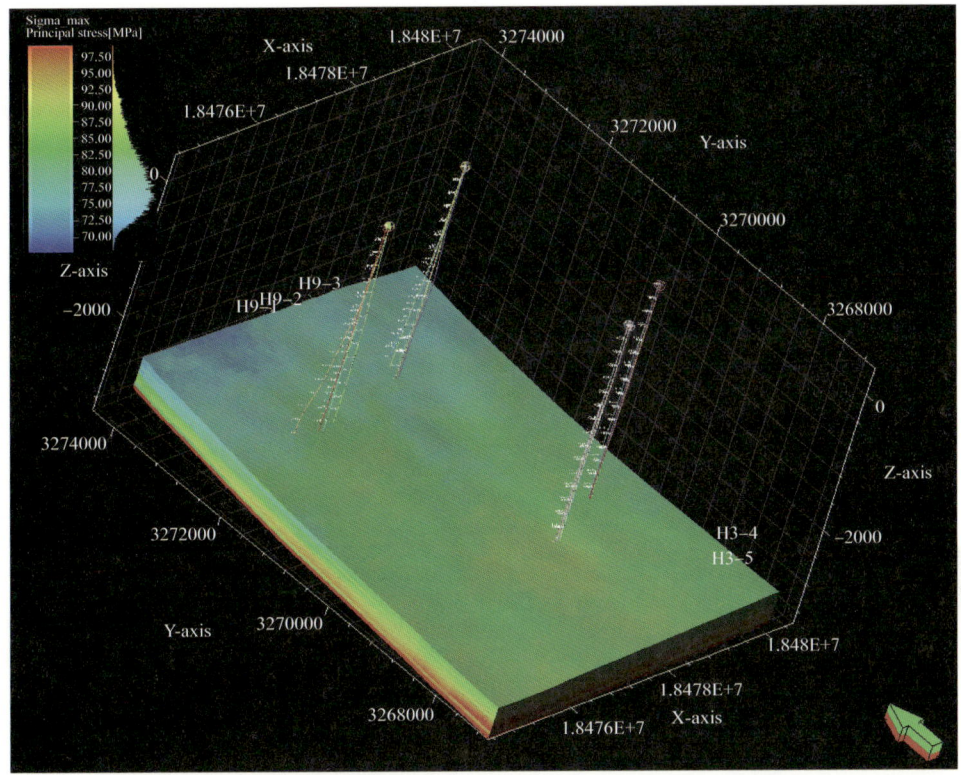

图 3-2-13　最大水平主应力模型

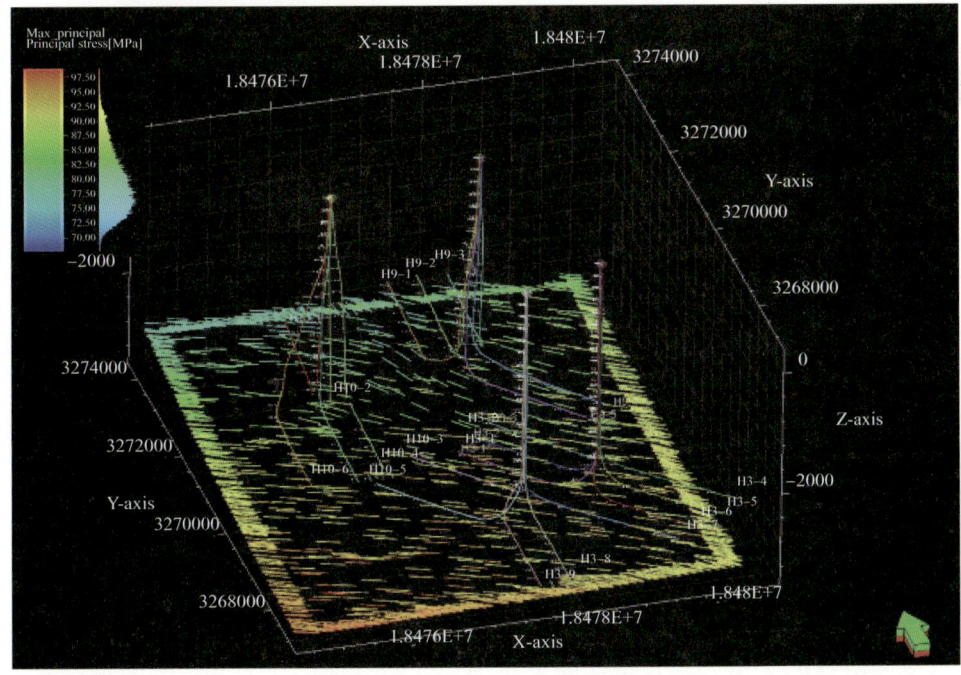

图 3-2-14　最大水平主应力方向

有效支撑以及无支撑区域计算压裂裂缝渗透率分布。建立的非结构数值模拟网格，可以直接采用INTERSECT新一代数值模拟器计算压后产能，通过单孔隙度、单渗透率模型直观地模拟裂缝渗流特征，实现压裂复杂缝网多相流动模拟，形成从压裂到生产的数据无缝对接，建立从完井压裂设计到生产模拟的一体化工作流程（图3-2-16）。

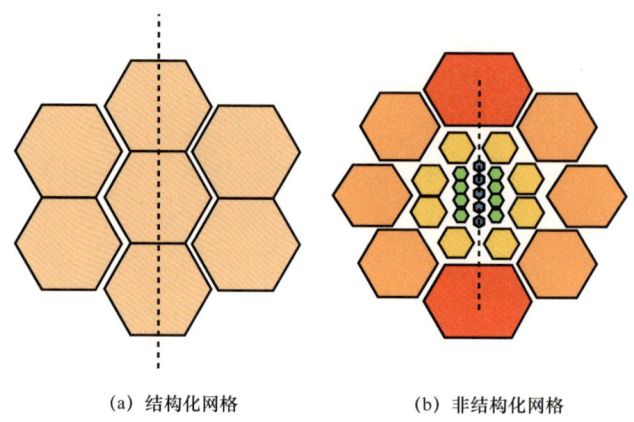

(a) 结构化网格　　　　　(b) 非结构化网格

图 3-2-15　结构化网格和非结构化网格对比示意图

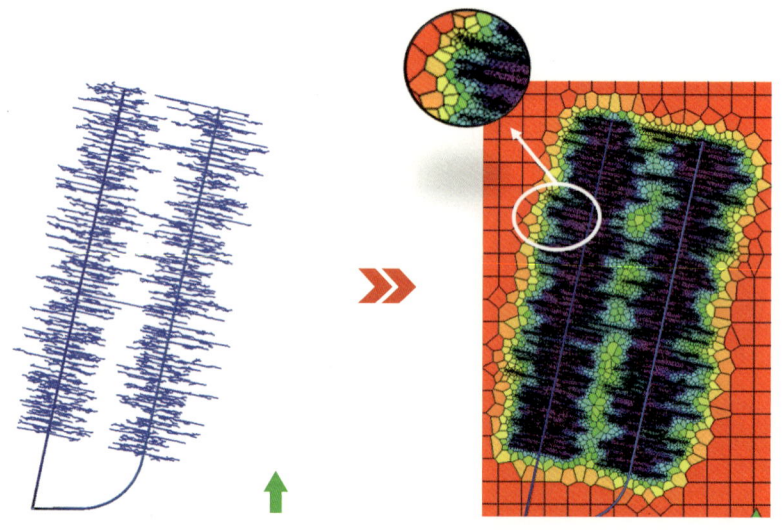

图 3-2-16　水力裂缝的非结构数值网格剖分

1. 考虑的流动机理因素（页岩气特殊流动机理的考虑）

1）等温吸附曲线

页岩气与常规天然气最主要的区别是页岩气主要以吸附状态储存于页岩基质中，开采过程中地层压力下降，打破原来的吸附平衡，原先吸附在页岩基质表面的气体将发生解吸，形成游离态气体，重新达到平衡。Langmuir等温吸附曲线一般用来描述恒温条件下页岩气吸附解吸的平衡关系，不仅能定量描述吸附气体的压力和被吸附量之间的关系，也可以表征页岩气的解吸特征，因此在数值模型中采用Langmuir状态方程表示页岩气体的吸附与解吸计算。

$$V = \frac{V_{\mathrm{L}} b p}{1 + b p} \qquad (3-2-8)$$

式中　V——气体的吸附量，m^3/t；

　　　V_{L}——Langmuir 体积，表示最大吸附量，m^3/t；

　　　b——Langmuir 结合常数，反映吸附速率与脱附速率的比值，$b = 1/p_{\mathrm{L}}$；

　　　p_{L}——Langmuir 压力，表示吸附量为最大吸附量一半时的压力，MPa；

　　　p——气体压力，MPa。

2）扩散系数

众多学者研究认为，由于页岩基质块的孔径很小，渗透率极低，页岩气在其中的达西渗流非常微弱，几乎可以忽略不计，页岩气在页岩储层基质孔隙中的流动方式主要是扩散作用，即流体分子在浓度梯度驱动下由高浓度区向低浓度区随机流动。数值模型中主要采用 Fick 第一定律中的扩散系数 D 表征页岩气的扩散能力大小。

3）裂缝应力敏感性

大量学者都指出，页岩气生产过程中地层压力变化对气井产能会造成非常巨大的影响，北美地区 Haynesville 页岩气存在非常强的应力敏感特征，页岩气藏在经过大规模水力压裂所形成的复杂裂缝网络是强应力敏感的渗流通道，不同支撑剂类型、粒径有效支撑的裂缝区域，以及无支撑裂缝区域的应力敏感强弱各有差异，无支撑裂缝区域应力敏感最强，100 目小粒径支撑剂有效支撑区域应力敏感程度次之，40/70 目支撑剂有效支撑区域应力敏感程度相对较弱，数值模型中需对不同裂缝区域的应力敏感程度分别赋值（图 3-2-17）。

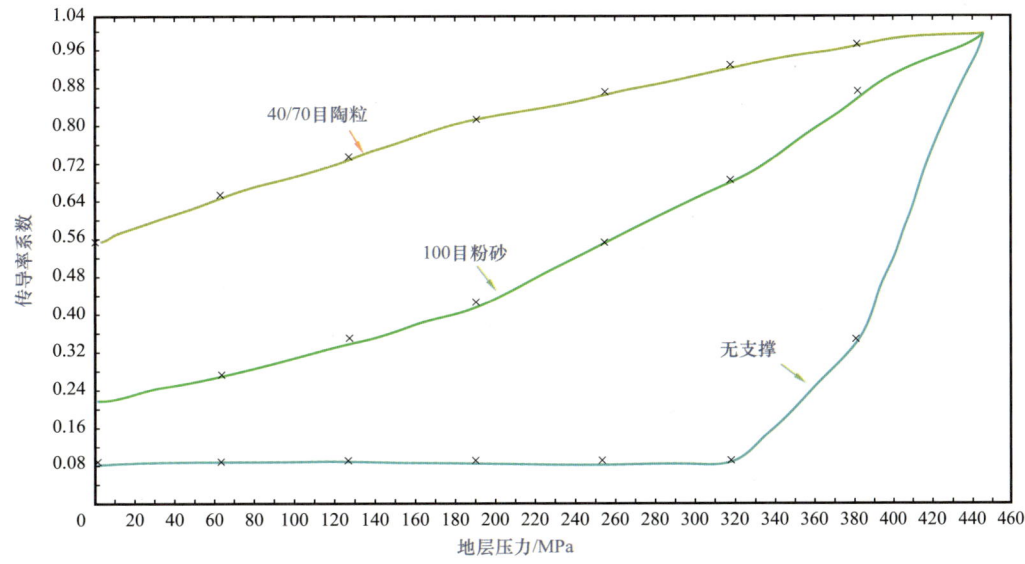

图 3-2-17　裂缝应力敏感曲线

2. 压裂缝网模型网格化

在三维地质模型和复杂缝网模型基础上，采用平衡法对裂缝与基质的地层压力和流体饱和度参数场进行初始化。在数值网格剖分时，基质使用交点网格表征，平面网格尺寸一般为 30m×30m 或 50m×50m，裂缝部分为实现压后复杂缝网几何形态的精细表征，必须使用非结构化网格，缝网格尺寸控制在 1～3m（图 3-2-18 和图 3-2-19）。

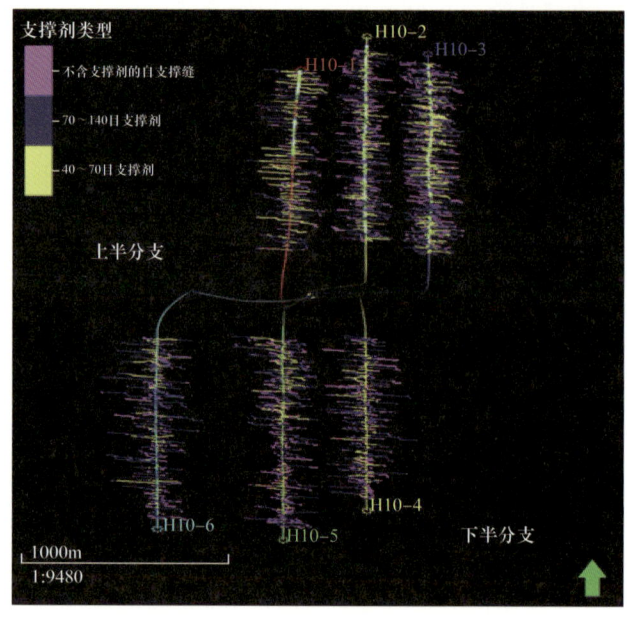

图 3-2-18　页岩气平台压后缝网形态

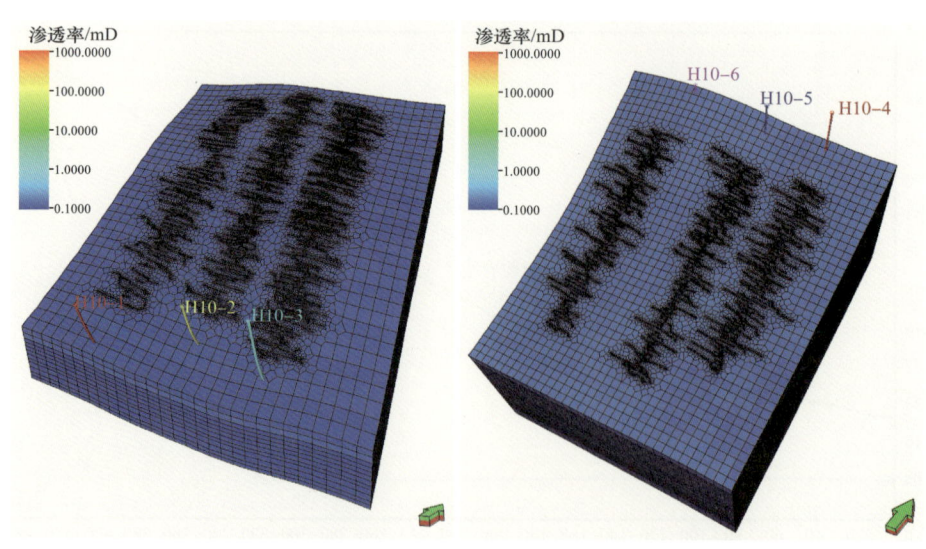

(a) 上半分支　　　　　　　　　　(b) 下半分支

图 3-2-19　平台数值模拟模型

大多数气井现场采用井口压力计,根据典型页岩气井的井眼轨迹(图3-2-20),利用井筒多相流计算公式可以将井口压力折算为井底流压(图3-2-21),便于生产历史拟合直接使用。

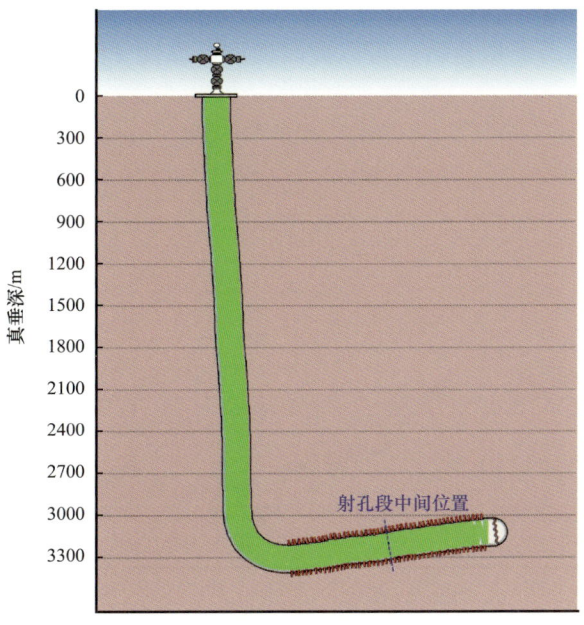

图3-2-20 典型井井眼轨迹图

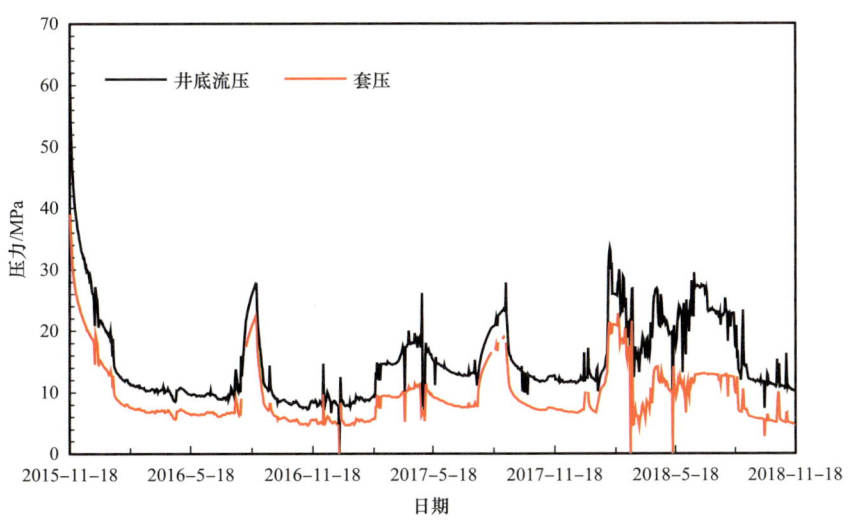

图3-2-21 典型井转换前后的压力曲线

3. 生产历史拟合

生产历史拟合从可靠性最低的参数入手调整,其中基质区域的属性源于三维地质模型,可靠性较高;水力裂缝有效支撑区域的渗透率源于裂缝拟合得到的导流能力,也有较高的可靠性；水力裂缝无支撑区域的导流能力由裂缝壁面的粗糙程度和裂缝剪切错位导致不能完全闭合决定，相对而言在模型中的渗透率赋值的可靠性最低，因此生产历史拟合以调整无支撑区域的渗透率为主。

通过对裂缝导流系数、非支撑裂缝导流能力、基质渗透率和垂向动用范围等不确定参数进行调整标定，在历史拟合后，可以提高模型可靠性（图3-2-22至图3-2-25）。

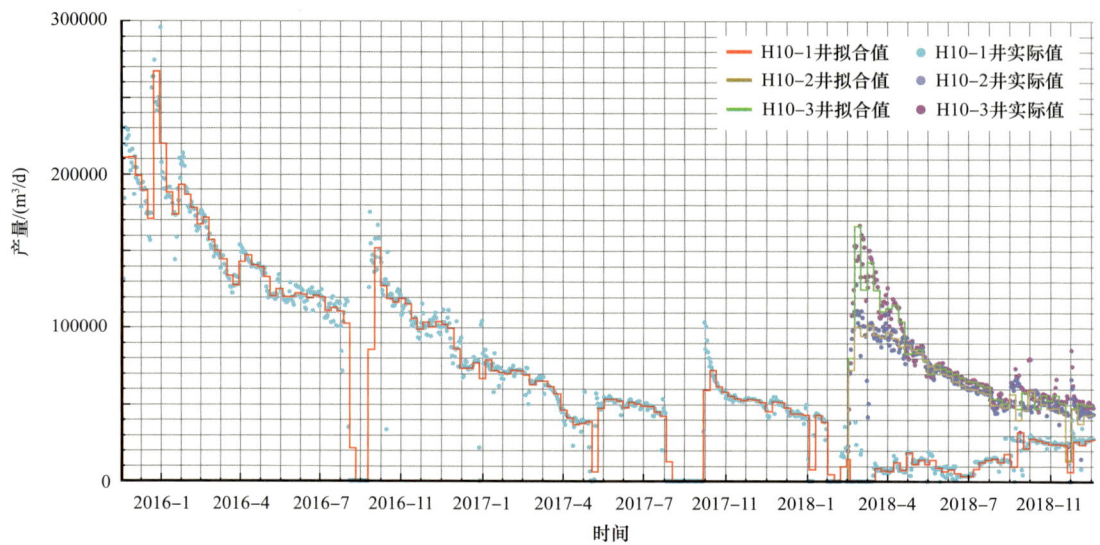

图3-2-22 平台上半分支日产气量历史拟合图

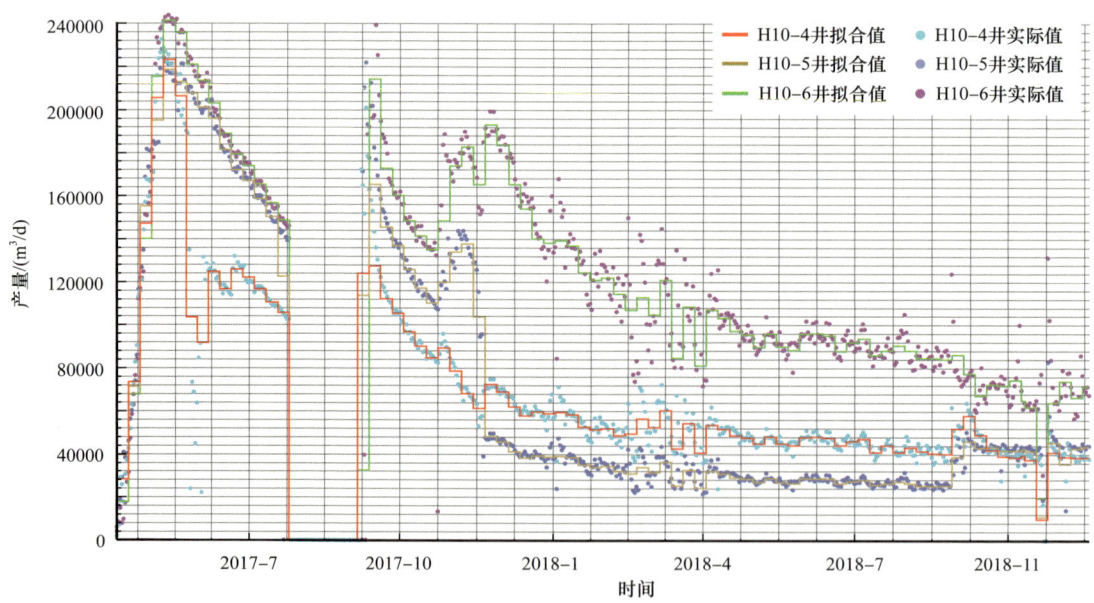

图3-2-23 平台下半分支日产气量历史拟合图

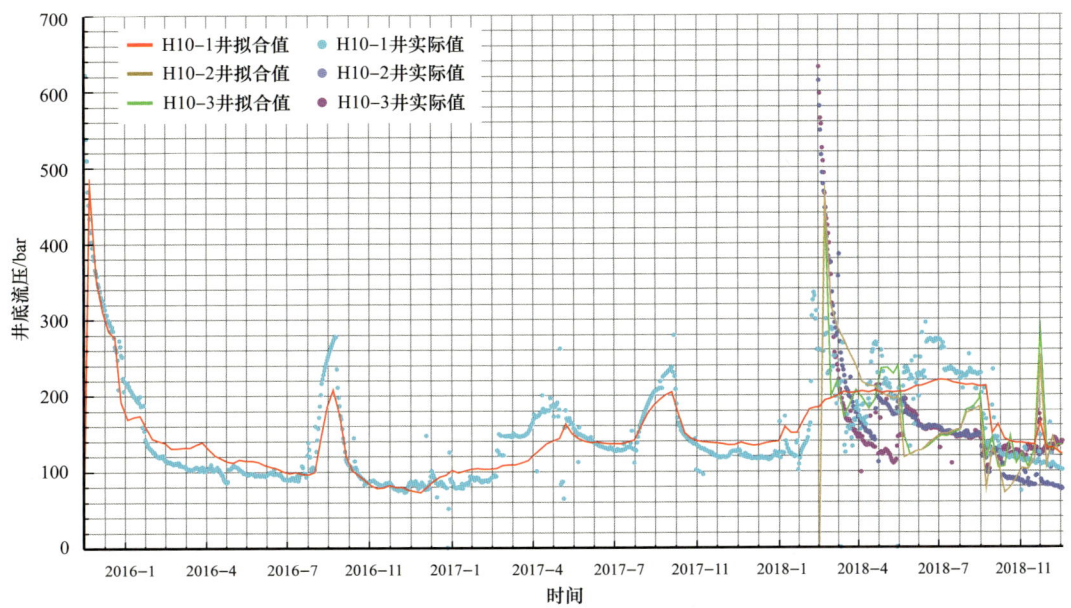

图 3-2-24　平台三口气井井底流压拟合图

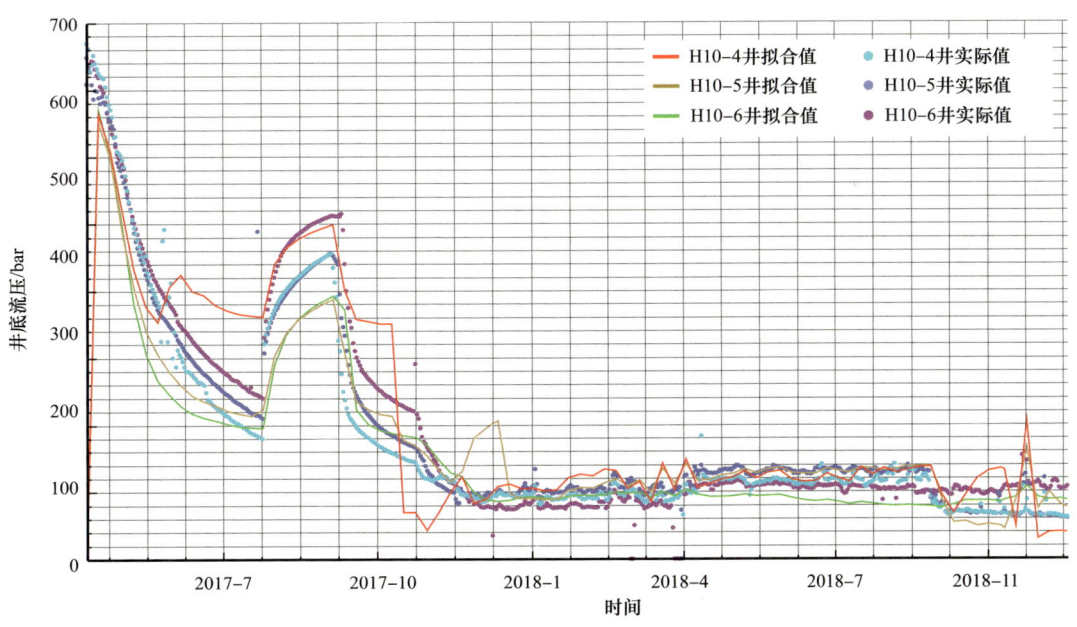

图 3-2-25　平台三口气井井底流压拟合图

4. 产量预测

在历史拟合基础上，开展生产动态模拟预测，得到单井中长期累计产气量，可用于预测最终可采储量（EUR），支撑开发技术政策及开采方式优化（图 3-2-26 和图 3-2-27）。

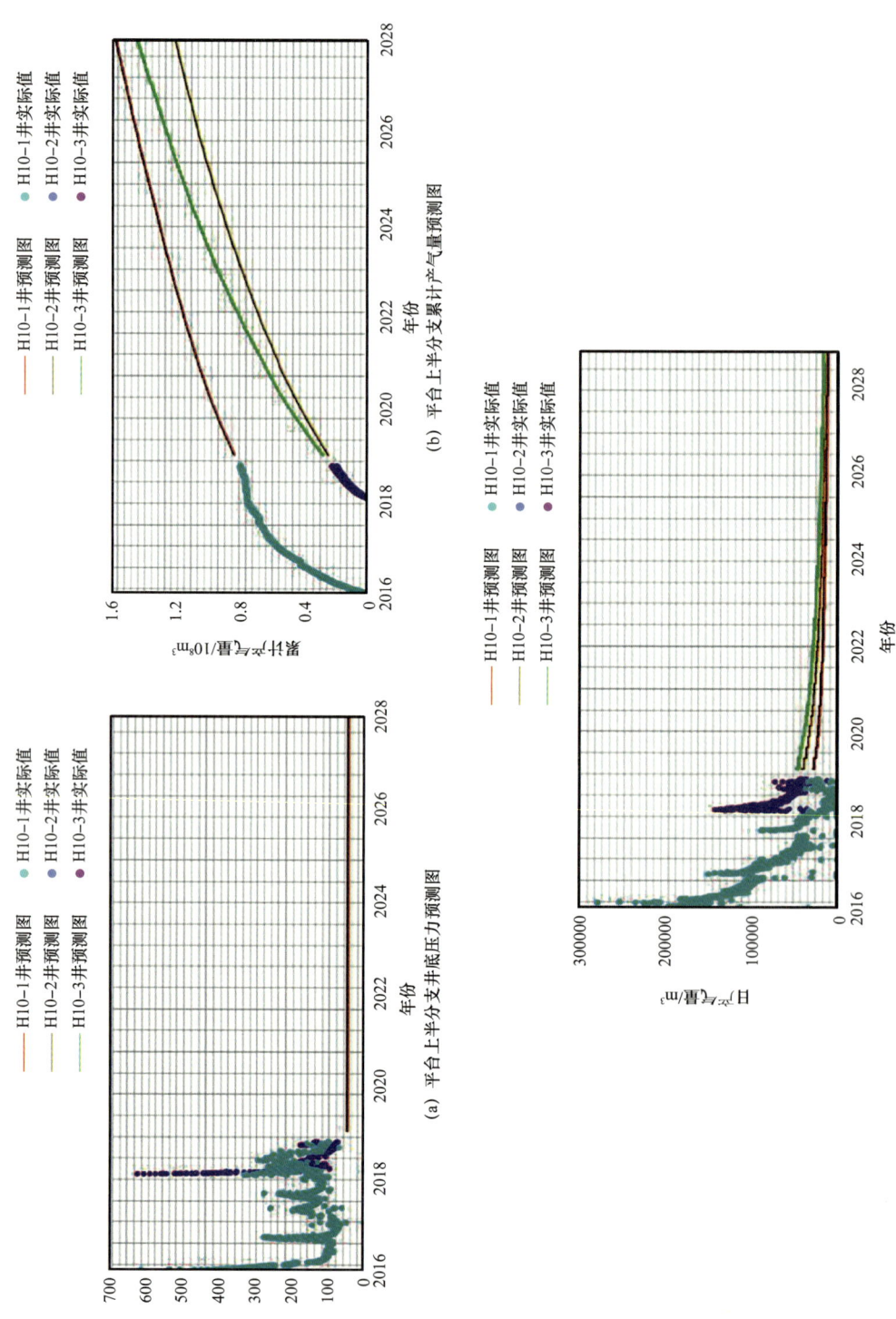

图3-2-26 平台上半分支EUR预测曲线

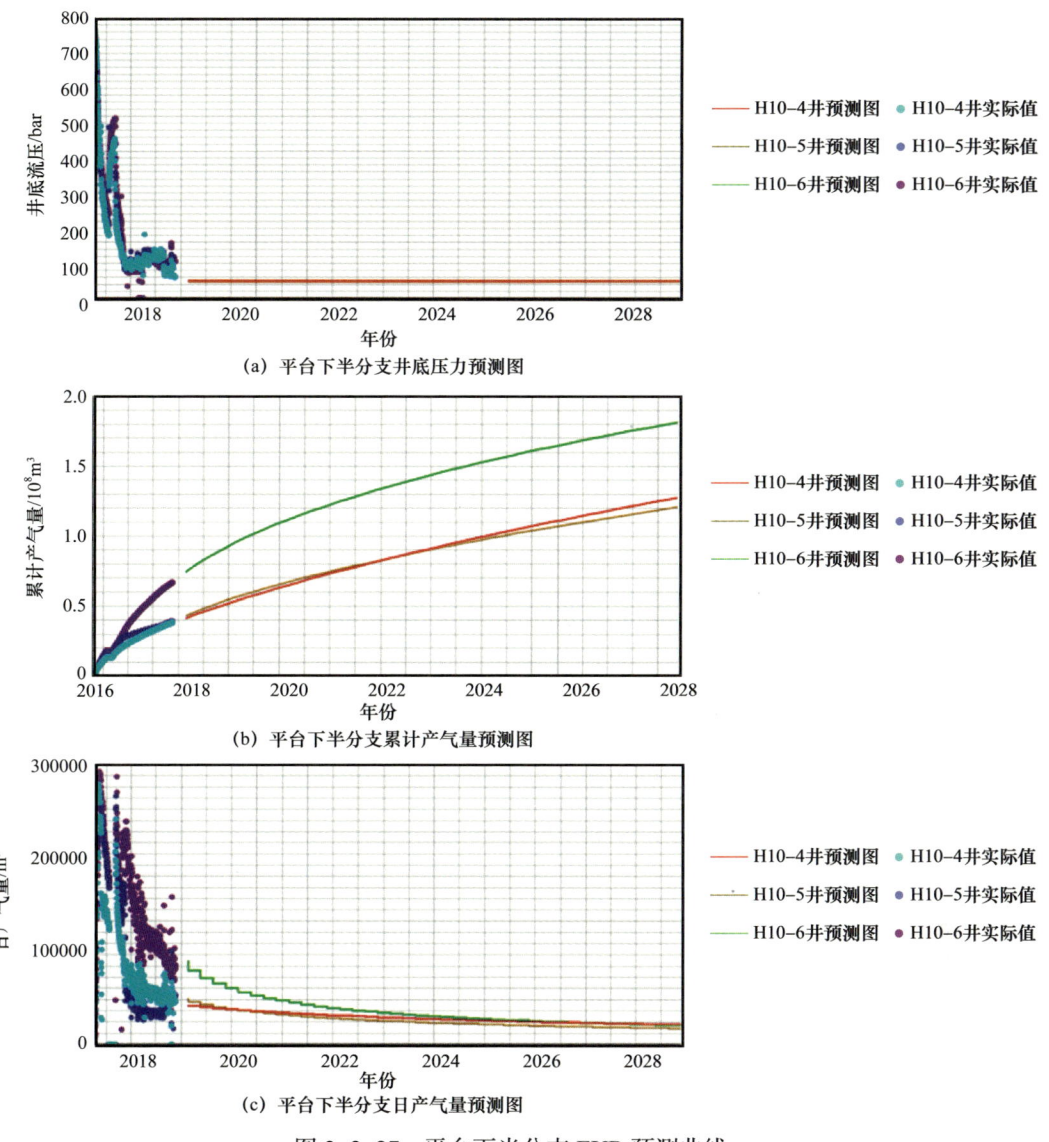

图 3-2-27 平台下半分支 EUR 预测曲线

第三节　水平井开发优化设计技术

页岩气水平井的开发优化设计主要包括布井模式优选、水平井关键参数优化及水平井生产制度优化。

一、布井模式优选

目前，常用的布井模式包括常规双排形布井、单排形布井、勺形布井和交叉形布井（图 3-3-1）。

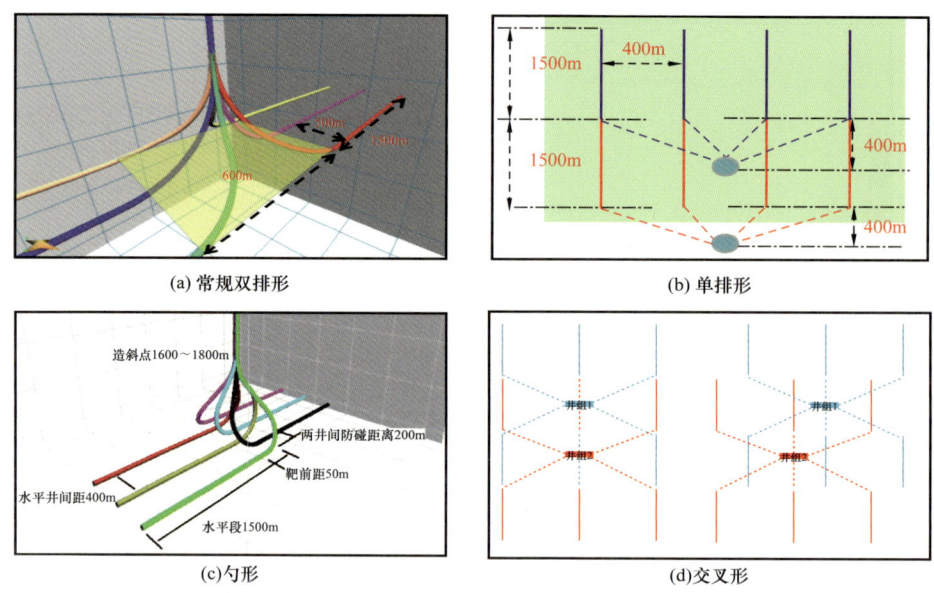

图 3-3-1 页岩气水平井 4 种布井模式

常规双排形布井较为成熟，工程实施难度适中，单井占用井场面积小，平台利用率高，但平台正下方存在较大的开发盲区，资源动用程度低。

单排形布井工程难度适中，井场面积小，资源动用程度高，但地面平台利用率低，单平台布井数量有限，要求平台数量多。

勺形布井既能够充分动用地下资源，又能适用崎岖地表条件，但工程难度较大。

交叉形布井资源动用程度高，但工程难度较大，对地面条件要求高，在地层倾角较小、地表平整和平台位置较为规则的区域可广泛部署（王红岩等，2013；马永生等，2018）。

川南地区页岩气较之北美地区，在地质和地表条件上都相差较大，不能照搬其经验和模式，需要综合考虑不同布井模式的资源动用程度、工程难度及施工成本，选择适合的井型，达到最优开发效果。

二、井距优化

水平井井巷道间距的确定是页岩气的关键开发技术政策之一，既要保证单井改造效果，又要考虑单井 EUR，并能实现资源的有效动用。井间距太大会造成资源动用率低；井间距太小会造成井间压力干扰，不利于提高单井 EUR。合理的水平井距，应该是保证尽可能高的单井 EUR，允许适度的井间干扰，实现平台经济效益和资源动用的兼顾。

以川南地区典型页岩气平台为例，在地质模型及地质力学模型的基础上，运用地质工程一体化模拟的手段，开展合理井距论证（图 3-3-2）。在 2.38km²（1700m×1400m）、储量丰度 $6.06×10^8 m^3/km^2$ 的固定范围内，部署 2~6 口气井，定量分析 200~600m 井距条件下井间干扰特征（图 3-3-3）。经济评价结果显示，平台内部收益率随井距增加而增大，井距240m时，平台内部收益率达到基准下限8%，井距大于375m后，平台内部收益率基本保持在16.9%左右。

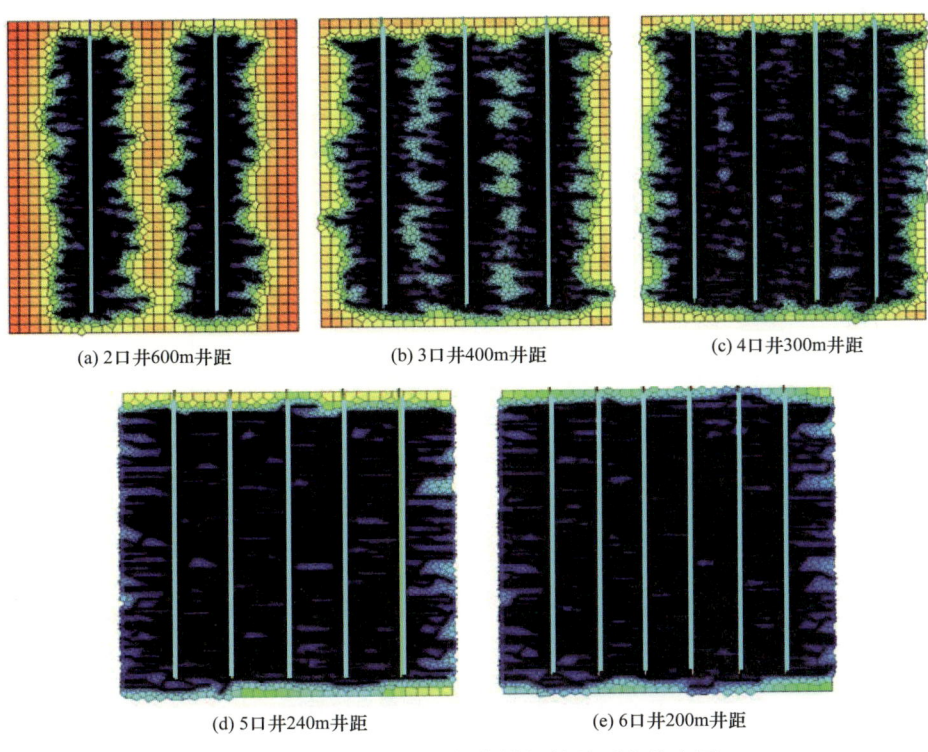

图 3-3-2　不同井距数值模拟结果压力分布图

注：图中颜色从红色到黄色再到蓝色代表压力越来越小

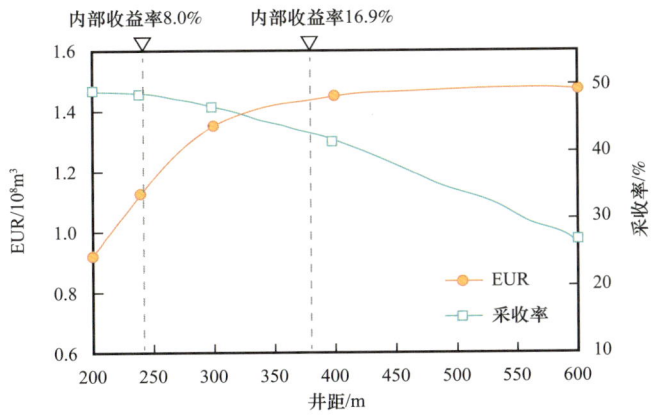

图 3-3-3　单井 EUR、采收率随井距变化关系曲线

三、水平段长优化

水平段长优化一方面取决于不同水平段长气井的生产效果，另一方面也受到工程技术水平的制约。早期通过对北美地区相关情况的调研，在川南地区普遍采用1500m水平

段长。近年来，随着钻完井工艺技术的不断进步，并借鉴北美地区"超长水平段"的实施经验，川南地区开展了长水平段模拟论证和现场试验。

通过一体化模拟论证：单井 EUR 与水平段长总体呈线性变化趋势，水平段越长，单井 EUR 越高（图 3-3-4）。

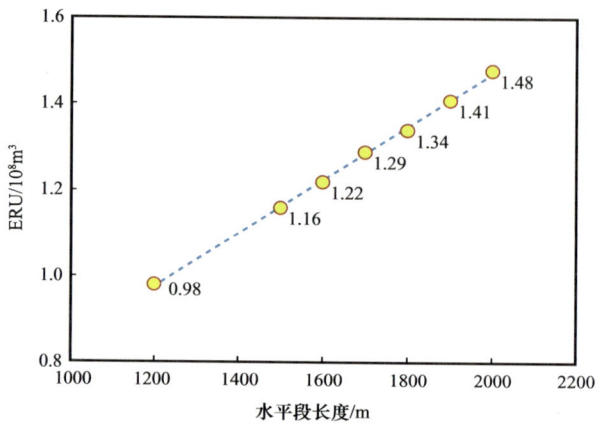

图 3-3-4　不同水平段长单井 EUR 变化趋势图

但通过 8 口超长水平井现场实施效果（水平段长大于 2000m）表明，受复杂地质条件和工程技术限制的影响，长水平段水平井在实施中存在一定的困难（表 3-3-1）。

表 3-3-1　长水平段工程难点统计表

项目	难点	情况描述
钻井工程	优快钻进困难	随着水平段长度不断增长，钻进过程中滑动摩阻和下套管阻力不断增大，钻柱屈曲及下套管阻卡风险增大
	钻遇率保证困难	川南地区经历多期地质运动，断裂及微幅构造发育，长水平段多次入靶调整情况下，优质储层钻遇率难以保证
压裂工程	连续油管的作业能力有限	随着井深、水平段长的增加，自锁的风险也随之增大
	加砂难度增加	井深越大压裂液摩阻越高，同等排量下的施工压力越高，加砂难度越大，影响压裂效果

综合国内外调研、数值模拟和现场试验的相关结果，并考虑工程技术水平，川南地区中深层页岩气水平井的长度控制在 1500～1800m 较为合适。

四、水平井靶体优选

最优靶体的确定必须兼顾地质与工程两个条件，既要位于优质储层发育层段，又要利于形成复杂裂缝网络。根据实施井效果大数据统计分析，绘制了靶体位置与测试产量图版（图 3-3-5），确定距离五峰组底界 5～8m 为"黄金靶体"。为进一步提高压裂改造效果和单井产量，采用测井"铀钍比"和录井"硅铝比"分别表征"黄金靶体"中的甜点段和高脆性段,进一步明确了"黄金靶体"内部的龙一$_1^1$小层上部至龙一$_1^2$小层下部3~5m 为"铂金靶体"(王红岩等,2013;马永生等,2018;龙胜祥等,2019),实现了"甜中选脆"。

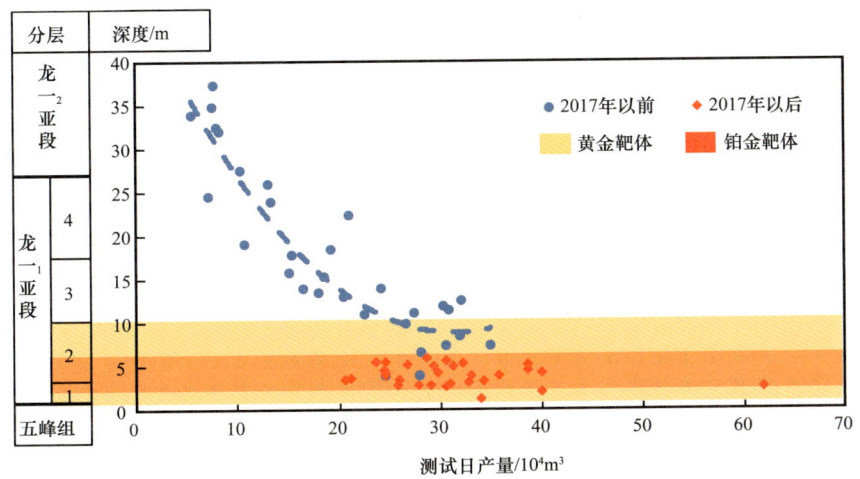

图 3-3-5　长宁地区水平井测试产量与靶体距离优质页岩底界距离关系图

五、生产制度优化

在北美地区,早期开发的页岩气田为了快速收回投资,一般多采用大油嘴放大压差的方式进行生产(蒋裕强等,2010;陈桂华等,2012),这种生产方式虽然初期产量高,但递减过快。后来逐步认识到控制油嘴生产有利于减缓支撑剂的嵌入与破损,减少砂堵出现,能够有效保持裂缝的导流能力,维护气井产能,提高单井 EUR。目前,通过优化生产制度、保持合理生产压差提高页岩气井生产效果的开发理念在国内外页岩气田开发中得到普遍关注(贾受林等,2016;龙胜祥等,2019;位云生等,2018;雍锐等,2020)。

川南地区页岩气在近 10 年的探索实践中,逐渐摸索出一条生产制度的优化方式,必须同时考虑人工裂缝的应力敏感伤害、缝内支撑剂回流过快导致压裂缝加快闭合和井筒砂堵、井筒临界携液能力等因素。

1. 生产制度优化考虑的不同因素

1)裂缝渗透率应力敏感性

相关实验研究表明,当气井生产压差较大时,一方面作用在裂缝面和支撑剂上的有效作用力增大,支撑剂极易发生变形、破碎、嵌入等现象;另一方面,支撑剂在高速流体的作用下发生运移,二者共同作用造成页岩人工裂缝渗透率表现出较强应力敏感性和不可逆的伤害。

裂缝中填充支撑剂能够明显增加人工裂缝导流能力,同时显著降低裂缝渗透率的应力敏感性。对于被压裂液压开而支撑剂没有运移到的人工裂缝,渗透率应力敏感性往往更强,在相同有效作用力条件下,裂缝更易闭合,渗透率下降更明显(图 3-3-6)。

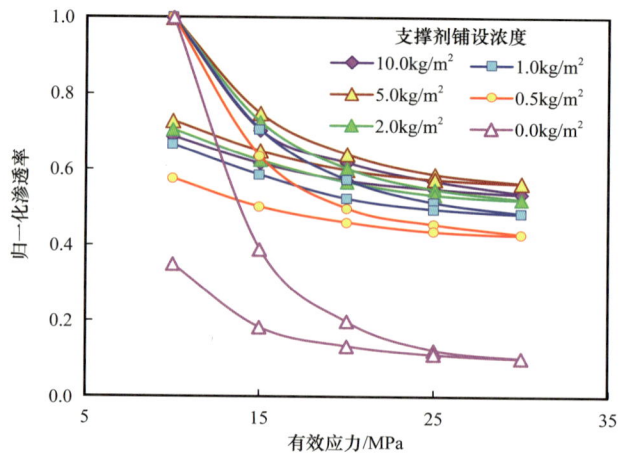

图 3-3-6　不同支撑剂条件下应力敏感测试曲线

实验前，支撑剂在裂缝中分布较为均匀；实验后，裂缝中的支撑剂分布出现变化，发生了运移（图 3-3-7）。说明在气井生产过程中，压裂缝网内的支撑剂在压力差的作用下会明显地运移。

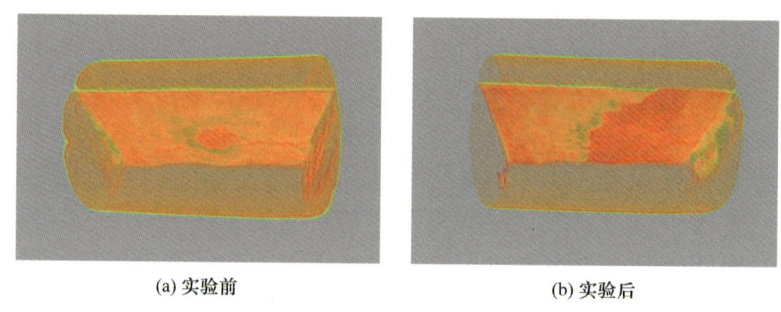

(a) 实验前　　　　　　　　　　　(b) 实验后

图 3-3-7　实验前后岩样 CT 扫描图

2）不同生产方式生产效果差异性

在放压生产与控压生产条件下，裂缝的有效应力变化存在显著的差别。数值模拟计算的放压生产及控压生产的有效应力曲线如图 3-3-8 所示。模拟结果表明，初期配产高放压生产时，地层孔隙压力快速衰减，衰减幅度大于压后原地应力幅度，导致两者间的差值，即有效应力不断增加。在较大应力作用下，孔隙结构发生的多为塑性形变，裂缝应力敏感不可逆，渗透率难以随着有效应力的降低而重新恢复至较高水平，地层的传导能力处于较低水平，因而气井产量将明显降低。

在控压生产条件下，能抑制有效应力的上升速度和增加幅度，地层孔隙结构发生形变的波动范围一直处于相对稳定的状态，有效渗透率及导流能力可以维持在较高水平，因此，虽然控压生产裂缝的导流能力也会随着有效应力增加而降低，但由于其有效应力峰值较低，最终仍然能够保持相对较高的裂缝导流能力（图 3-3-9）。

3）气井井筒携液能力

页岩气井生产一直伴随着注入液体的返排，为保证气井能够连续稳定正常携液生产，单井配产需保证在临界携液流量以上。为了准确掌握气井携液能力，根据井筒半径计算不同气水产量时气井的流型（图 3-3-10），绘制气水两相流流型图版（图 3-3-11），根据图版可以判定气井不同气水产量条件下井筒内流型及流型之间的转变界限，从而判定气井携液能力及水淹停产的风险。

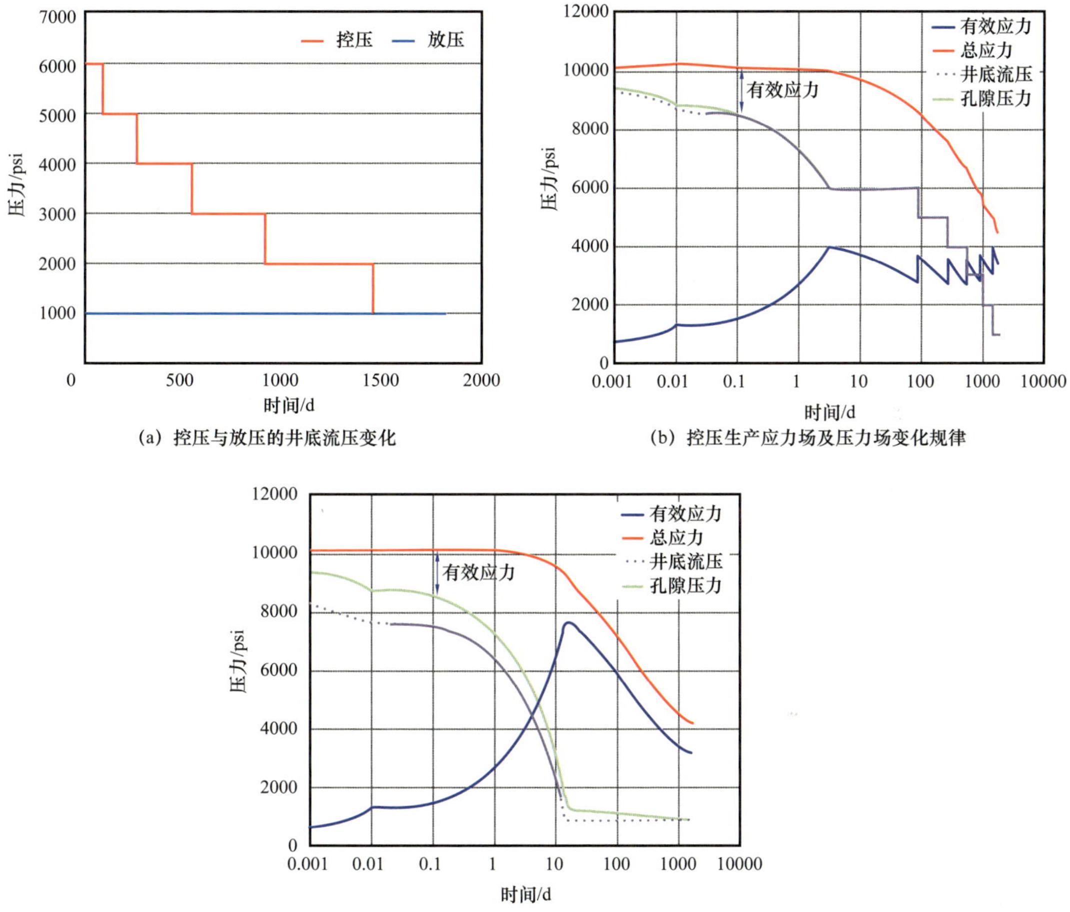

(a) 控压与放压的井底流压变化

(b) 控压生产应力场及压力场变化规律

(c) 放压生产应力场及压力场变化规律

图 3-3-8　不同生产制度下的应力场及压力场变化规律

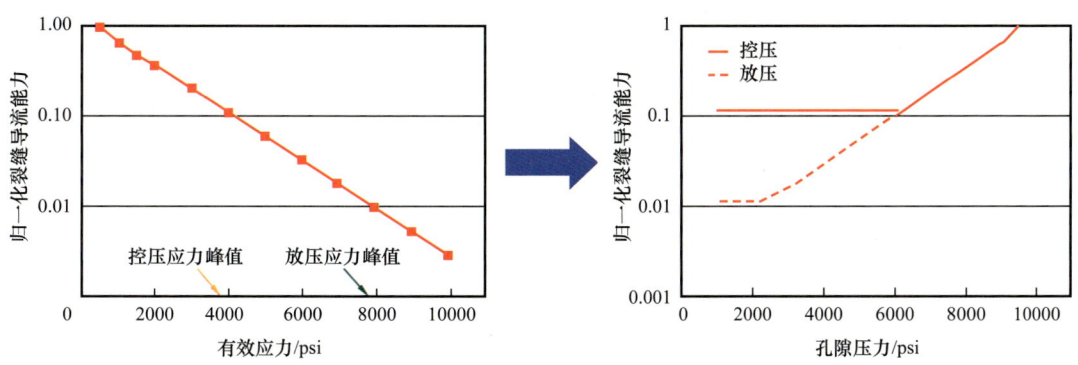

图 3-3-9　裂缝导流能力变化曲线

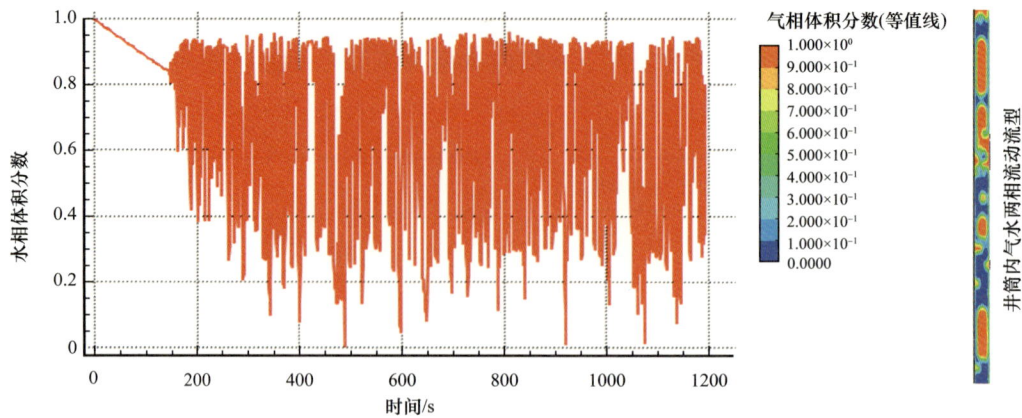

图 3-3-10　井筒气水两相流动流型（段塞流，水气比 30m³/10⁴m³）

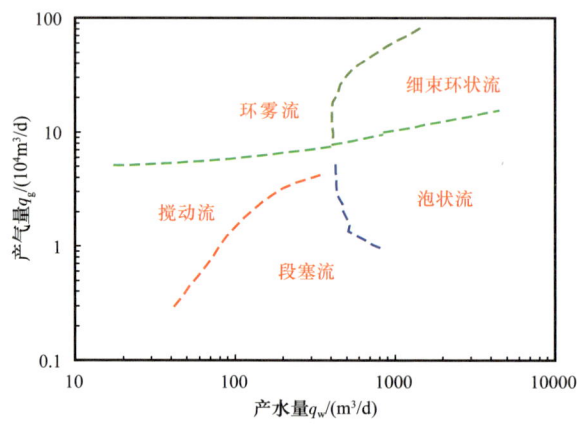

图 3-3-11　直井段井筒气水两相流流型图版

2. 页岩气井合理配产

1）控压生产效果分析

N213 井开展了控压生产试验，其测试产量及初期压力与 CNH5-3 井、CNH7-1 井、CNH7-4 井和 CNH7-5 井等放压生产井相近，CNH5-3 井、CNH7-1 井/CNH7-4 井和 CNH7-5 井采用大压差自然递减生产，N213 井初期采用小压差控制产量生产。预测 CNH5-3 井、CNH7-1 井、CNH7-4 井和 CNH7-5 井 EUR 为 $0.93 \times 10^8 \sim 1.1 \times 10^8 \text{m}^3$，井均 $1.0 \times 10^8 \text{m}^3$，N213 井 EUR 为 $1.23 \times 10^8 \text{m}^3$，与相同测试产量气井相比，N213 井通过优化配产将 EUR 提高了 23%（图 3-3-12）。

2）不同控压生产制度效果分析

以地质和工程参数为基础，参考室内实验获得的储层渗透率应力敏感特征，建立水平井数值模型，研究对比不同生产制度下气井的稳产时间和 EUR。

利用气井两相流仿真模拟表明，气井要保持气井产出液体能够持续被携带出，井筒内气水两相流流型需要为环雾流和细束环状流，确定其临界携液流量为日产气量 $5.2 \times 10^4 \text{m}^3$，气井产气量低于该技术界限时，井筒内气水两相流的流型依次向搅动流、段塞流和泡状流转变，气井携液困难，甚至出现水淹停产风险。

数值模拟结果表明（表3-3-2，图3-3-13至图3-3-15），初期配产$11\times10^4m^3/d$时第2年生产压差超过支撑剂回流临界压差，初期配产$7\times10^4m^3/d$时前3年生产压差均能控制在支撑剂回流临界压差以内。初期配产越高，有效应力上升越快，考虑应力敏感效应，初期配产由$11\times10^4m^3/d$降至$7\times10^4m^3/d$，单井稳产时间由1年提高到3年，单井EUR增幅最大（增加13%）。

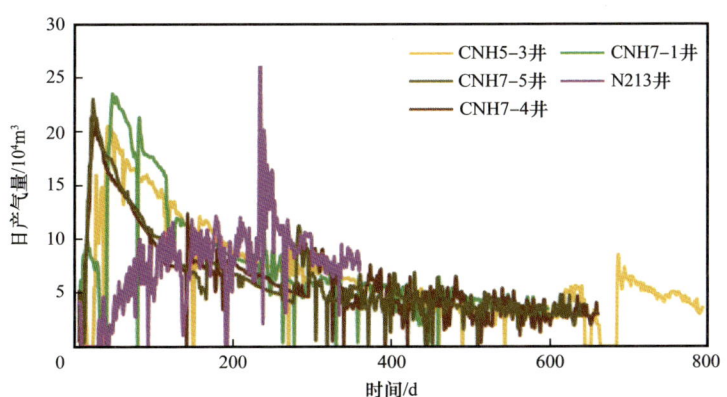

图 3-3-12　N213 井与相近测试产量井日产气量曲线

表 3-3-2　长宁区块典型井不同生产制度下指标对比表

生产制度	配产方案	平均生产压差 /MPa			EUR/ 10^8m^3	前3年累计产量 / 10^4m^3	前3年累计产量占 EUR 比例 /%
		第1年	第2年	第3年			
单井稳产1年	配产$11\times10^4m^3/d$	18.39	31.13	29.30	1.18	7280	62
单井稳产2年	配产$9\times10^4m^3/d$	14.11	25.17	30.15	1.27	7620	60
单井稳产3年	配产$7\times10^4m^3/d$	11.14	20.20	26.05	1.33	6930	52
单井稳产4年	配产$6\times10^4m^3/d$	9.63	17.72	22.69	1.37	5940	43

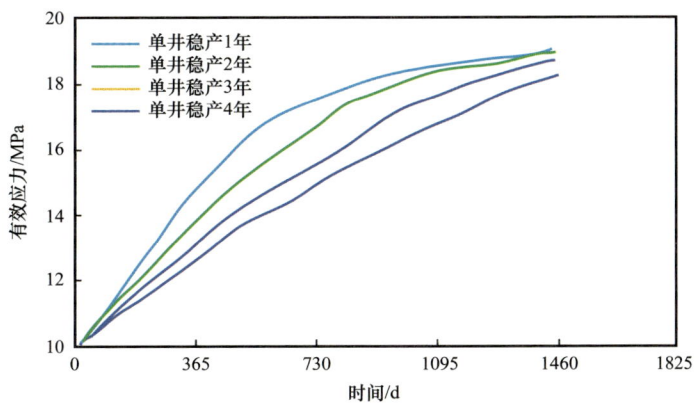

图 3-3-13　不同配产方案有效应力变化曲线

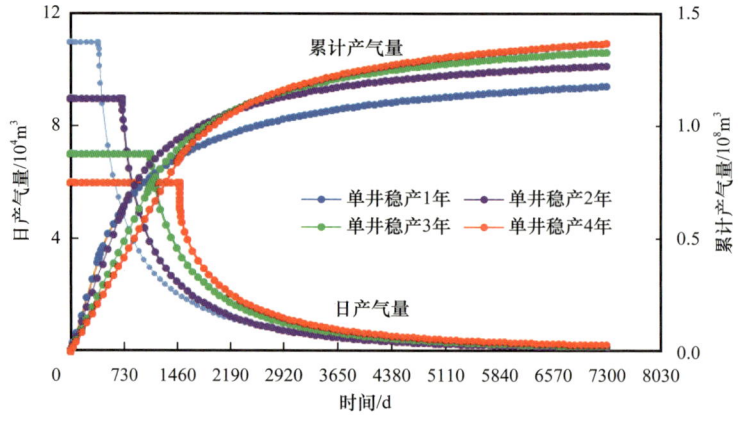

图 3-3-14　不同配产条件下气井产量数值模拟曲线

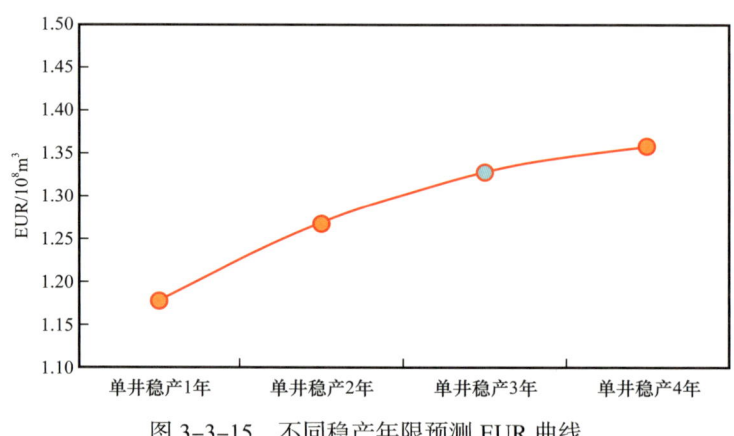

图 3-3-15　不同稳产年限预测 EUR 曲线

第四节　全生命周期产能评价技术

页岩气井从钻完井到废弃被称为其全生命周期,共可分为 4 个阶段:钻井阶段、压裂阶段、排采测试阶段、生产阶段。由于页岩气井产能需要不断验证和修正,因此需要在各个阶段充分开展产能评价工作,通常采用 EUR 来评价气井产能(姚猛等,2014;张荻萩,2015)。

一、钻井阶段产能评价

页岩气井在钻井阶段能够获取的参数较少,主要包括储层孔隙度、含气量、温度、TOC 含量、靶体位置、1+2 小层钻遇长度、优质储层钻遇率等一系列储层物性、钻井工程参数和压裂设计参数。经过近些年来的认识深化和技术进步,逐步发现靶体位置、1+2小层钻遇长度、储层孔隙度、水平段长度、压裂段数与页岩气井生产效果具有明显的相关关系。由于页岩气井的生产效果是一个多因素影响的结果,只考虑单因素的影响难以获得有效的动态分析结果,目前通过神经网络算法、多元回归法等方法可以弥补单因素分析的缺陷，进一步明确各个因素对气井生产效果的影响程度（Viannet et al., 2011；何俊等，2009）。

钻井阶段主要通过"层次分析—神经网络算法"的大数据分析方法对气井进行多因素分析，（图3-4-1）。从超过30种地质和钻井参数中找出与气井生产效果最相关的影响因素（图3-4-2），是该阶段的主要动态分析手段。

$$\Delta w_{ij} = \eta \sum_{p=1}^{P} \sum_{k=1}^{L} \left(T_k^p - o_k^p \right) \cdot \psi'(net_k) \cdot W_{ki} \cdot \phi'(net_i) \cdot x_j$$

$$\Delta \theta_i = \eta \sum_{p=1}^{P} \sum_{k=1}^{L} \left(T_k^p - o_k^p \right) \cdot \psi'(net_k) \cdot W_{ki} \cdot \phi'(net_i)$$

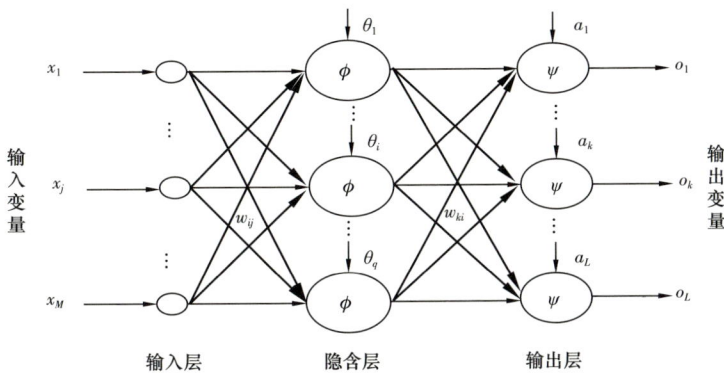

图3-4-1 GA-BP神经网络计算公式及示意图

Δw_{ij}—根据梯度误差下降法修正隐含层权值的修正量；$\Delta \theta_i$—根据梯度误差下降法修正隐含层阈值的修正量；η—学习速率参数；P—样本数；w_{ij}—隐含层第i个节点到输入层第j个节点之间的权值；w_{ki}—输出层第k个节点到隐含层第i个节点之间的权值；x_j—输入层第j个节点的输入；θ_i—隐含层第i个节点的阈值；ϕ—隐含层的激励函数；net_k—输出层第k个节点的输入，$k=1, 2, \cdots, L$，L为正整数；Ψ—输出层的激励函数；o_k—输出层第k个节点的输出；T_k—第k个节点对应样本数据标签值

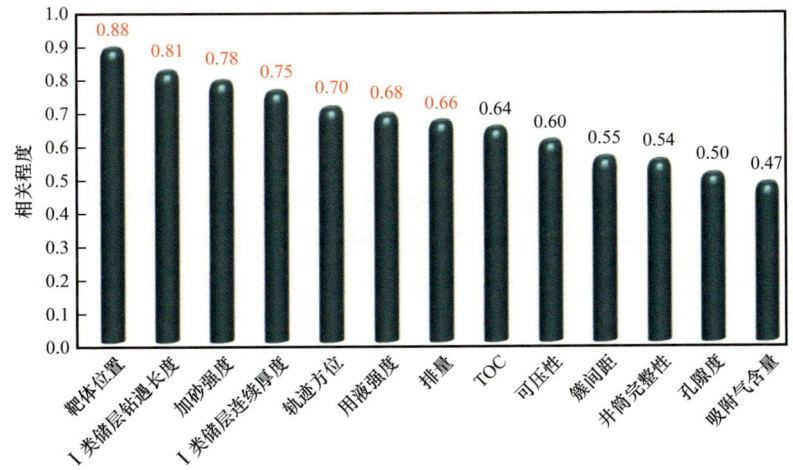

图3-4-2 川南某页岩气区块影响气井产量参数（钻井及压裂设计阶段）无量纲排序

通过多元回归法建立页岩气井生产效果与钻井阶段主要参数的相关关系式，计算气井测试产量，并通过井区典型气井测试产量与 EUR 的相关关系图版进一步确定气井 EUR，从而获得钻井压裂阶段的气井 EUR 预测结果。

川南某井区多因素产能预测公式：

$$Q = -33.35 \times \ln T + 5.343L + 0.0156H^3 - 1.58H^2 + 0.93H + 6.424A + 2.687W + 3.121S + 35.63$$

式中　Q——测试产量，$10^4 \text{m}^3/\text{d}$；

　　　T——靶体；

　　　L——Ⅰ类储层钻遇率，%；

　　　H——Ⅰ类储层连续厚度，m；

　　　A——井轨迹方位，（°）；

　　　W——用液强度，m^3/m；

　　　S——加砂强度，t/m。

二、压裂阶段产能评价

页岩气井在压裂阶段能够获取的参数包括气井实际水平井长度、压裂段数/簇数、加砂量、加液量、排量等一系列地质工程参数。综合对比发现单段加砂量、井筒完整性和排量对气井生产效果有明显的相关关系。

通过多元回归法可以进一步将钻井阶段和压裂阶段各项关键参数联系起来，确定各项参数与气井生产效果的相关性，优选出主控因素，建立相关关系式，预测气井测试产量，并通过井区典型气井测试产量与 EUR 的相关关系图进一步确定气井 EUR，获得压裂阶段的气井 EUR 预测结果，但受多因素影响缘故，多元回归法预测结果存在差异性（Wang et al.，2013；Xie et al.，2012）。

目前在压裂阶段进行页岩气井动态分析的主流方法是地质工程一体化数值模拟法，该方法建立在已有精细地质模型基础上，通过复杂裂缝网络建模和定量表征，模拟出近似于实际体积压裂缝网形态，实现了裂缝几何形态的精细刻画，而后运用非结构化网络剖分技术表征任意几何形态的复杂缝网（图3-4-3），基于生产数据、动态监测成果开展水平井历史拟合，实现页岩气井生产效果的高精度动态预测（图3-4-4）。

三、排采测试阶段产能评价

页岩气井排采测试阶段主要通过油嘴制度控制实现气井初期排液及产能测试，获得测试产量。测试产量是通过严格的测试规范获得的（详见本章第一节），具有统一性和普适性。测试产量代表了页岩气井在井筒通畅的情况下能够达到的最大产气量，与预测 EUR 有良好的相关关系（图3-4-5），是排采测试阶段进行动态分析的主要参数和技术手段（李建秋等，2011）。

四、生产阶段产能评价

页岩气井完成排采测试后将正式进入生产阶段。按照目前川南页岩气广泛采用的放压生产制度，生产阶段呈现较为明显的阶段特征：（1）快速递减阶段，呈现产量和压力快速递减的特征，普遍在持续生产1年后产量和压力递减逐渐趋于稳定；（2）低压小产阶段，呈现产量和压力保持低值稳定生产，持续时间长（李建秋等，2011；Guo et al.，2012；Medeiros et al.，2012）。

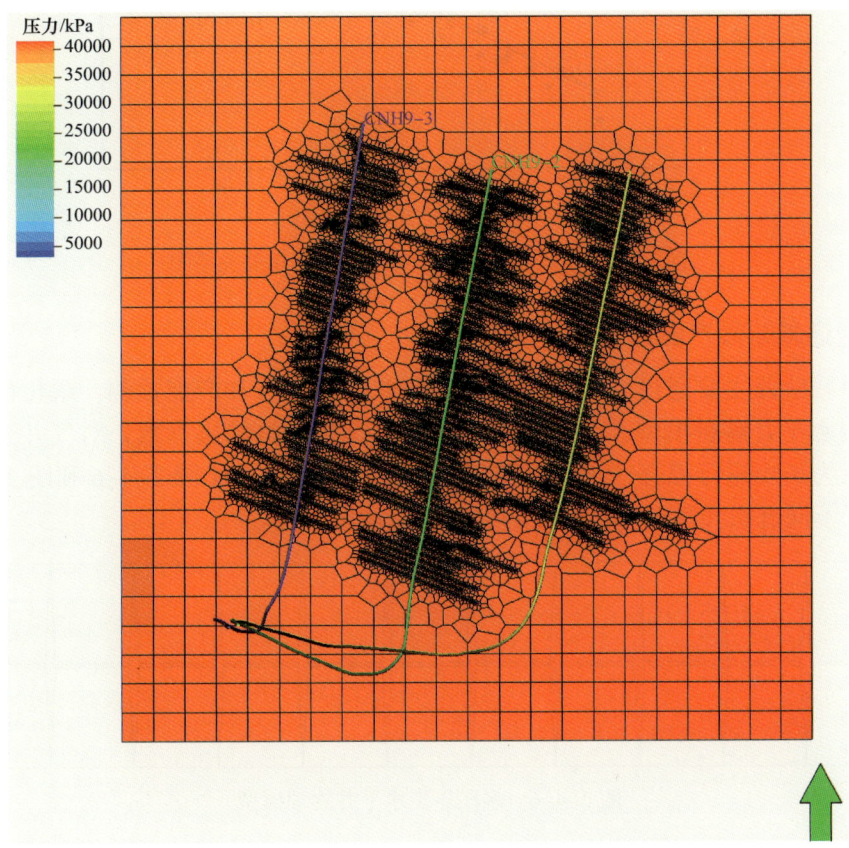

图 3-4-3　地质工程一体化复杂裂缝网络模拟

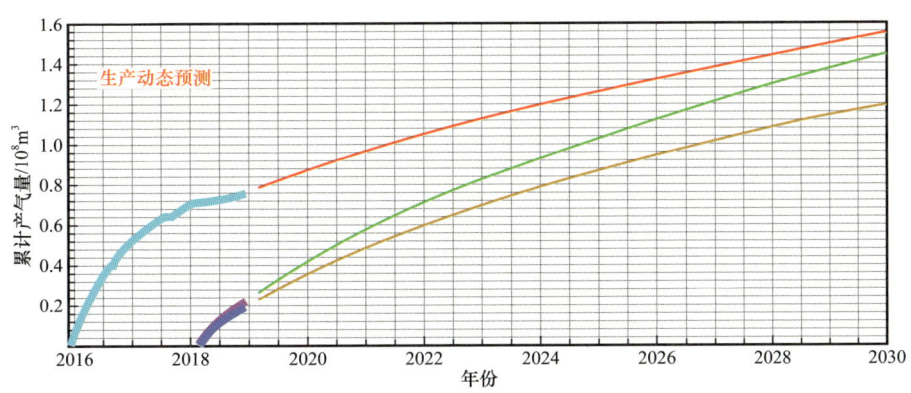

图 3-4-4　页岩气投产平台生产历史拟合

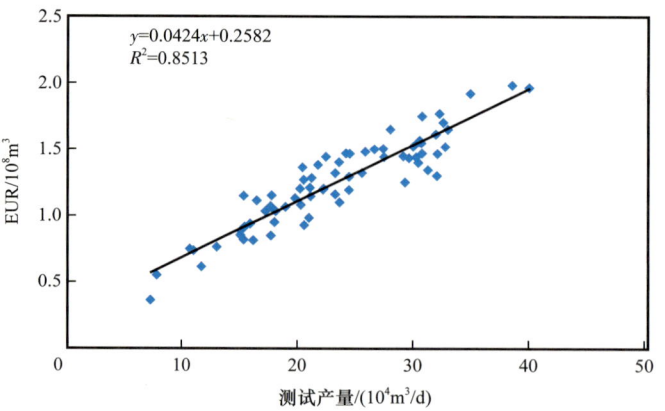

图 3-4-5　页岩气井测试产量与 EUR 相关关系图

1. 快速递减阶段产能评价

快速递减阶段主要通过解析模型法进行气井动态分析和产能预测。解析模型法需建立分段压裂水平井解析模型，并考虑气体吸附机理，调整储层参数，对气井全生命周期的产量和压力历史进行拟合，进而预测气井未来产量和压力（图 3-4-6 和图 3-4-7）。该方法适用于不同流态和各种生产制度的气井，适用范围广。

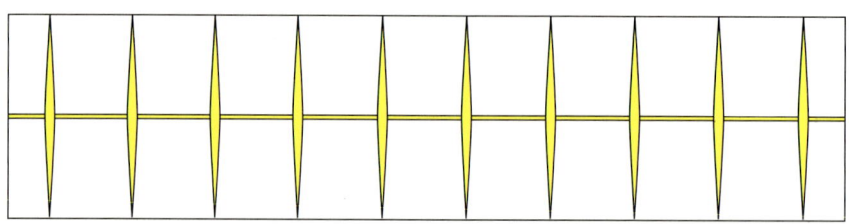

图 3-4-6　多段压裂水平井物理模型

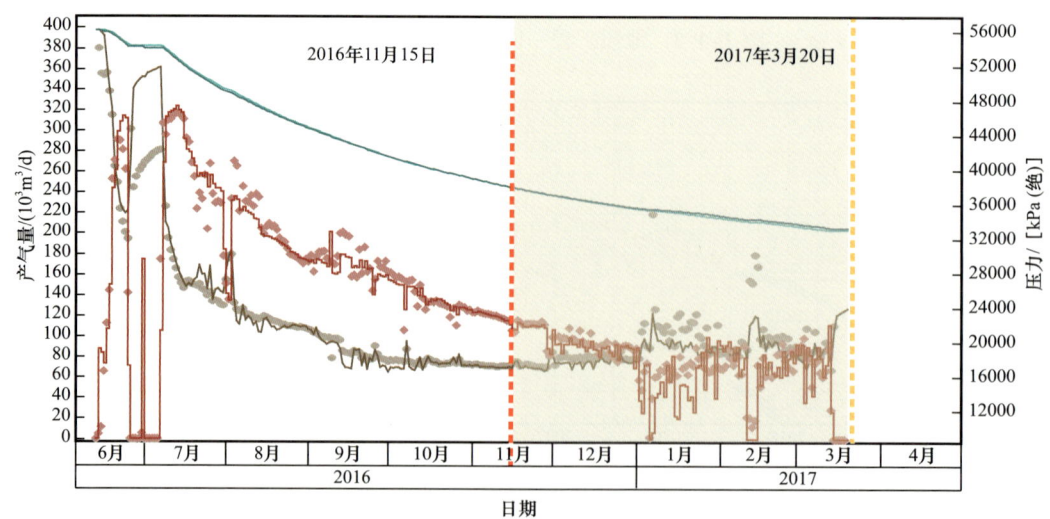

图 3-4-7　川南某井通过解析模型法拟合生产数据

2.低压小产阶段产能评价

低压小产阶段的主要特征是井口压力、产气量和产液量均处于相对稳定、低值、长期的过程,在此阶段进行动态分析和 EUR 计算主要通过现代产量递减分析法实现。

通过现代产量递减分析法分析低压小产阶段气井的最大优势就是快速、准确及批量化。

各方法有其各自的适用条件,但对于在低压小产阶段生产较为稳定的气井均可以达到较好的预测效果。根据现代产量递减法编制的软件程序能够批量化、快速而准确地模拟预测大量页岩气井生产效果,预测结果与气井实际生产效果符合率可达到95%以上(图3-4-8)。

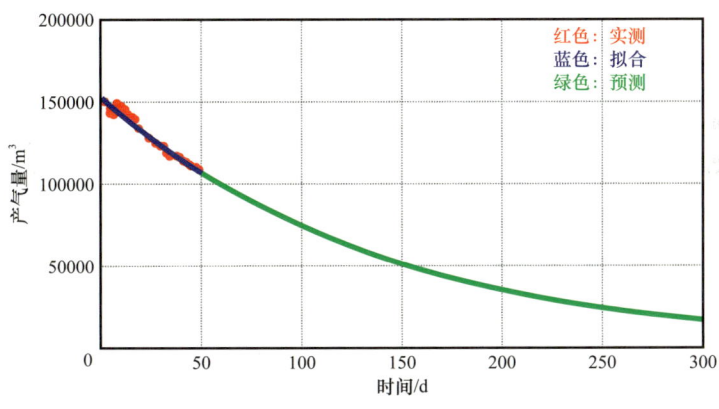

图 3-4-8　气井产量递减曲线拟合

第五节　页岩气排水采气技术

页岩气井相比常规天然气存在长期带水生产特点,阶段产水特征差异大。空套管生产的井水淹停产,下完油管即水淹停产等状况均有出现。针对页岩气井丛式井组、水平井、低压、小产等特点,通过大量的理论研究,结合现场工艺试验,目前已形成适合页岩气水平井的优选生产管柱技术,明确油管下入时机、尺寸、管柱结构与下入深度等,以及下入油管后,经济有效的后续排水采气工艺措施。主要的工艺包括优选管柱、柱塞举升、泡排、气举以及自动化开关井工艺技术。柱塞举升工艺相对于其他的排水采气工艺,最明显的优势是使用寿命更长,后期维护成本低,持续运行费用也相对较低,是页岩气井人工举升首选的工艺措施。

一、优选管柱技术

页岩气井投产初期采用套管自喷生产,但产量快速递减,很快井口压力接近输压,生产出现大幅波动,需要及时下入油管生产维持气井稳定携液自喷生产。针对页岩气井井身结构特点以及地层产气特征,在实施优选管柱工艺过程中,管柱尺寸、管柱下入深度、管柱下入时机、管柱配套结构等是重点关注参数。

1. 油管尺寸

页岩气井常用生产管柱有 $\phi 88.9mm$、$\phi 73mm$ 和 $\phi 60.3mm$，综合分析不同尺寸生产管柱理论最大产气量、井筒压力损失、抗气体冲蚀能力和携液能力，并从辅助带水、稳定生产、经济效益考虑，川南区块中浅层页岩气井主要选用 $\phi 60.3mm$ 的油管作为生产管柱。

1）理论最大产气量分析

采用节点分析法，模拟计算在井口 7MPa 条件下，采用不同管径油管可达到的最大理论产气量，计算结果见表 3-5-1，结果表明，3 种不同管径油管的最大理论产气量均能满足生产需求。

表 3-5-1　长宁页岩气田理论最大产气量预测结果

地层压力 /MPa	不同内径对应的理论最大产气量 / ($10^4 m^3/d$)		
	内径 50.67mm	内径 62.00mm	内径 76.00mm
49.9	33.73	36.51	37.71
40	22.23	23.52	24.14
30	12.64	13.08	13.24
20	5.32	5.4	5.43
10	0.69	0.7	0.7

2）抗气体冲蚀能力分析

随井口压力降低，临界冲蚀流量降低，当井口压力为 5MPa 时，计算 3 种油管的最低临界冲蚀流量为 $12.97 \times 10^4 m^3/d$，因此，长宁页岩气田目前采用的套管或下入油管进行生产，配产 $10.5 \times 10^4 m^3/d$ 均不会产生冲蚀（表 3-5-2）。

表 3-5-2　长宁页岩气田油管冲蚀临界流量计算结果

井口流压 / MPa	冲蚀临界流量 / ($10^4 m^3/d$)		
	内径 50.67mm	内径 62.00mm	内径 76.00mm
3	13.97	20.63	30.65
6	20.6	30.31	45.42
10	26.15	38.82	58.08
20	36.14	54.20	81.79
30	42.31	63.74	96.44
40	47.68	71.66	108.02

3）携液能力分析

井口流压越高，内径越大，则临界携液流量越大。经过计算可知（表3-5-3），长宁页岩气田产气量为 $2 \times 10^4 m^3/d$ 以上时，内径 $2\frac{3}{8}$ in 油管能满足携液要求。

表3-5-3　不同尺寸生产管柱在不同井口压力下的临界携液流量

井口压力/MPa	临界携液流量/（$10^4 m^3/d$）					
	连续油管尺寸		常规油管尺寸		空套管	油套环空
	$1\frac{1}{2}$in	2in	$2\frac{3}{8}$in	$2\frac{7}{8}$in	$5\frac{1}{2}$in	$2\frac{3}{8} \sim 5\frac{1}{2}$in
2	0.71	1.33	1.86	2.79	7.31	5.26
4	1.02	1.91	2.67	4.01	10.49	7.56
6	1.27	2.38	3.32	4.99	13.03	9.39
8	1.49	2.78	3.88	5.83	15.24	10.98
10	1.68	3.14	4.39	6.58	17.21	12.40

4）压力损失分析

在井口压力 2.0MPa、日产气量 $2.0 \times 10^4 m^3$ 和日产水量 $2.5 m^3$ 条件下，内径 50.6mm 和内径 62.0mm 的油管井筒压力损失仅 0.1MPa，而内径 42.0mm 的油管与内径 50.6mm 的油管相比，井筒压力损失超过 0.6MPa。图 3-5-1 所示为不同管柱压力损失预测。

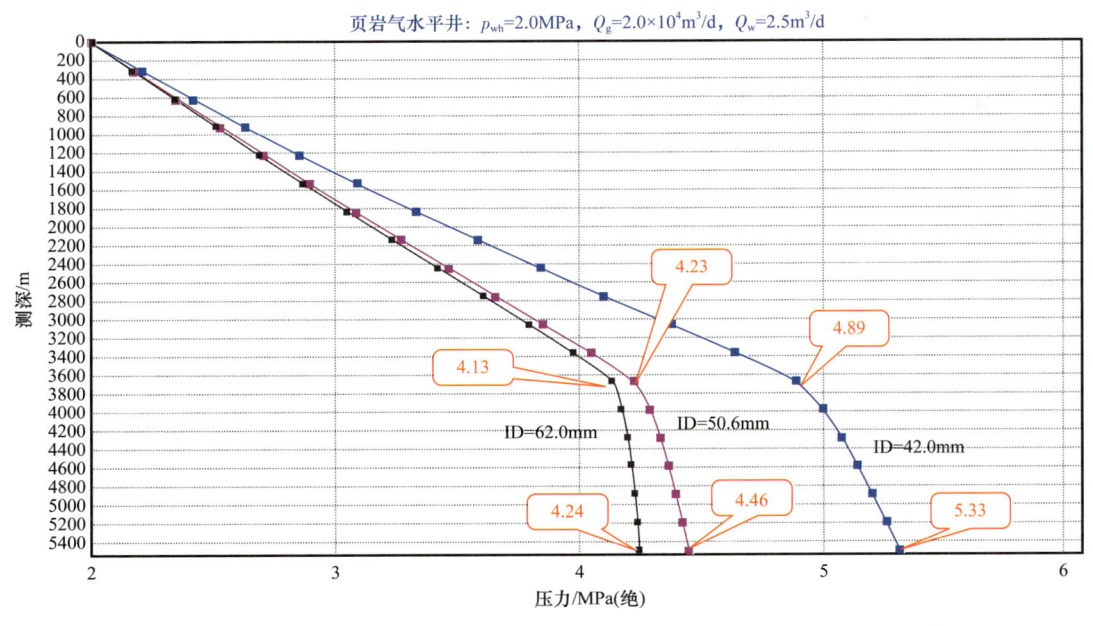

图 3-5-1　不同管柱压力损失预测

5）经济成本分析

$2\frac{3}{8}$in 和 $2\frac{7}{8}$in 油管的单位长度质量比为 6.99∶9.67＝1∶1.383，选用：$2\frac{3}{8}$in 油管可多

节约 40% 的油管材料成本。

2. 生产管柱下入深度

页岩气井为了保证尽可能钻遇地层，在井身结构上，全部采用长水平井的井身结构设计，根据地层的倾向，页岩气水平井可以分为上倾井和下倾井。现阶段研究成果认为，上倾井油管下至 A 点以上，且管鞋垂深应高于射孔最大垂深 10~20m，井斜宜不超过 80°，下倾井油管下至射孔段顶部以上 10m 左右，井斜宜不超过 80°，并结合油管的钢级和抗压强度确定下入深度（表 3-5-4，图 3-5-2 和图 3-5-3）。

表 3-5-4 单级管柱可下入深度

钢级	公称直径/mm	壁厚/mm	公称质量/kg/m	抗压强度			不同选用安全系数的可下深度/m		
				抗内压/MPa	抗外挤/MPa	抗拉/kN	1.6	1.7	1.8
80	60.32	4.83	6.99	77.2	81.2	645	4840	4230	3970
90				86.9	91.4	726	4750	4450	4200
95				91.7	96.4	766	5050	4740	4470

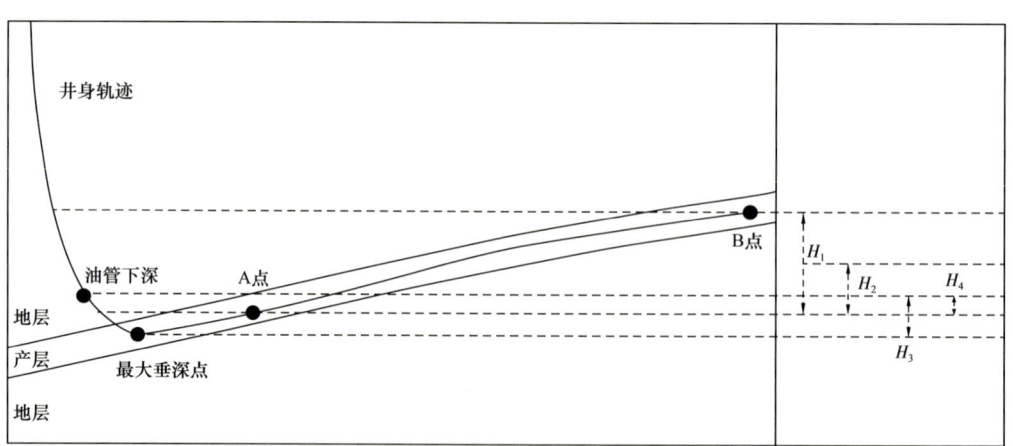

图 3-5-2 上倾井油管下深示意图

H_1—A 点到 B 点垂深的距离，m；H_2—A 点到 B 点垂深的一半的距离，m；H_3—油管下深距离最大垂深点的距离，m；H_4—油管下深距离 A 点垂深的距离，m

3. 生产管柱下入时机的确定

页岩气井生产初期采用油层套管进行排采生产，当井底压力大于静液柱压力时，气井能够自喷带液生产。当井底压力小于静液柱压力，计算套管临界携液流量，并结合气井产量预测气井可能出现井筒积液的时间，在气井开始出现积液之前尽早下入油管以提高携液能力稳定生产。为了避免压井对地层造成伤害，采用不压井带压作业下入生产管柱，下油管时要确保带压作业的安全。目前也正开展高压下油管对气井 EUR 的影响分析。

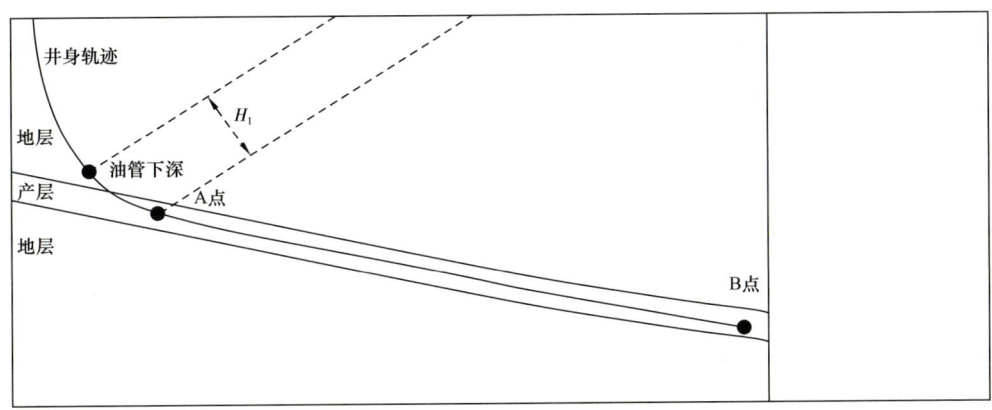

图 3-5-3　下倾井油管下深示意图
H_1—油管下深距离 A 靶点斜深距离，m

4. 管柱配套结构

为确保后期工艺实施，采气树与油管挂、油管、双公短节内通径一致，采气树生产侧翼预置三通，便于后期柱塞工艺流程的快速安装。

推荐油管柱上带回音标（图 3-5-4），下深为油管下入深度的 2/3 位置附近；可解决回声仪测试液面解释精度难题，通过建立数据库，指导环空及油管内测试解释，辅助试井测试解释。

图 3-5-4　回音标

油管柱上宜预置柱塞工作筒（图 3-5-5），柱塞工作筒下深尽可能接近管鞋，井斜角 75°左右；可降低在大斜度段钢丝作业坐放卡定器缓冲弹簧的风险，保障柱塞有效沉没度。

图 3-5-5　预置柱塞工作筒

二、柱塞举升工艺

柱塞举升是间歇气举的一种特殊方式，柱塞类似于井下活塞，在井下和井口之间周期运动。柱塞提供的是一种水和气之间的机械界面，能确保油气井生产过程中具有更好的排液效率。开井时柱塞将其上端的液柱带到地面，减少井筒积液对气井生产的影响，当油气井重新开始积聚液体时，开关井控制阀则关闭，柱塞落入井底缓冲弹簧上，待开关井控制阀开启后又开始新的一个举升循环。

1. 柱塞类型的选择

作为柱塞工艺井的运动部件，在生产过程中，柱塞有以下作用：在井下天然气压力恢复的作用下以段塞方式将液体举出井口（具有极小液体回流特点）；作为液柱和举升天然气之间的隔离面；防止在油管内壁形成盐结晶、结蜡或结垢等。在页岩气气井中需要考虑柱塞偏磨、大斜度井段的漏失等问题。通过调研、室内实验和现场试验验证，目前适合于页岩气井主要有以下几种柱塞。

1）弹块柱塞

弹块柱塞是将若干弹簧加载的金属弹块固定在一个心轴上，因为弹簧力向外延伸与油管壁紧密贴合，可增加柱塞的耐用性和密封性，图 3-5-6 展示了不同公司的弹块柱塞系列。各公司弹块柱塞虽然外形有所不同，但是总体应用效果相当，同时弹块柱塞最新产品在柱塞本体上增加了螺旋槽，降低了柱塞出现阻卡的风险。针对页岩气井柱塞都设计有水力喷射口，上下运行时可高速旋转减少衬垫下的流体漏失，并提供额外机械密封，可通过大斜度井及狗腿度较大的井。应用在气井产量较低、出砂较少或不出砂气井中。

2）柱状柱塞

柱状柱塞是一种实心或空心金属体，在柱塞表面有凹槽、螺旋或其他形状（图 3-5-7）。这些形状嵌入柱塞内部，使柱塞内部形成湍流，这些湍流的形成是保证柱塞和油管壁之

图 3-5-6　不同公司的弹块柱塞

图 3-5-7　常规柱状柱塞与旋转柱塞对照

间密封的重要因素。该型柱塞可清除油管内壁毛刺，清洁油管，确保后期其他类型柱塞的稳定运行。针对页岩气水平井的特点，柱塞在大斜度井段运行时因重力原因偏向一边，造成液体滑脱严重，且柱塞容易加速磨损。因此在普通棒状柱塞的基础上，研发了喷射旋转型棒状柱塞（图3-5-8），可以更好地解决柱塞居中，在大斜度井中易于启动，减少滑脱和磨损的发生，同时上升阶段可提高柱塞携液效率。可应用在产量相对较高的气井中，气井出砂对柱塞运行影响可忽略。

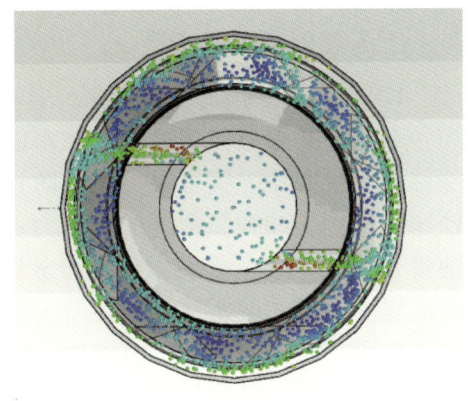

图 3-5-8　柱塞喷射旋转原理图

3）刷式柱塞

主要应用在柱塞投运初期，清洁油管内壁，或者后期产量较低的情况下。该型柱塞由毛刷和柱塞本体组合而成，主要应用于出砂、结蜡及杂质多无法使用弹块式柱塞的井中，该型柱塞对井筒清洁效果较好（图3-5-9），该类型柱塞结构设计上大致相同，没有太大的差别，功能作用也基本相同。

4）文丘里柱塞

文丘里柱塞（图3-5-10）适合于产量相对较高的气井，该型柱塞在气体通过柱塞内部喷射孔时可加速达到临界流速，有效增强密封性，同时高速气体降低了携载液体密度，增强载液能力；旋转除垢凹槽可在下降过程中切削碎屑并引导气体流向油管壁，缓解对油管壁磨损并减少流体回落。

5）快降柱塞

快降柱塞针对高气液比气井，目的是尽量缩短关井时间，甚至不关井，通过旁通减小下降阻力，加快下降速度，减少气井关井时间（图3-5-11）。

图 3-5-9　刷式柱塞

图 3-5-10　文丘里柱塞

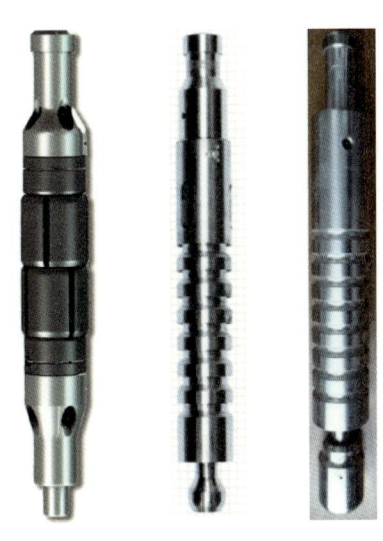

图 3-5-11　快降柱塞

2. 卡定器类型的选择

1) 卡定油管接箍或油管壁式卡定器缓冲弹簧

卡定器起限位作用，确定柱塞能下落的最大深度，一般安装在油气井生产油管的底部位置。缓冲器弹簧主要作用是防止柱塞下落硬性冲击油管内坐落的卡定器，同时吸收柱塞下落到缓冲弹簧顶部的冲击力。常规卡定器缓冲弹簧主要依靠绳索作业投放至井下油管合适的位置，受绳索作业投放能力限制，目前坐放井斜65°左右。这种情况下井下限位缓冲装置一般距离产层还有一定垂向高差，关井过程中，油管内液体可能会全部退回水平段，使柱塞上端没有液体，同时由于页岩气井后期产水较低造成柱塞举升效率很低，需要一种实现液体接力的井下工具。现阶段研究成果认为，一方面带单流阀缓冲弹簧卡定器（图3-5-12）能够避免井筒液体回落；另一方面，该井下限位缓冲装置可以根据现场内置弹簧承压值来设置打开压力，确保油管液柱达到一定高度时自动回落，防止出现油管内液柱压力高于地层压力，导致水淹。目前广泛应用在产水量小于$1m^3/d$的气井中。

图3-5-12 带单流阀缓冲弹簧卡定器结构图

2) 工作筒式限位工具

工作筒式限位工具主要应用于需要开展修井作业的产水气井，修井作业将带弹簧的工作筒下至设计深度，投运柱塞工艺前仅需要通过绳索作业通井至工作筒位置，解决了绳索作业在斜井和深井中施工难度大、风险高、投捞成功率低等问题，工艺实施井斜已近70°，钢丝通井能力已超72°。

三、自动化开关井控制技术

从技术角度来看，气井间歇生产的管理属于按照一定生产制度实施机械重复动作的工作。而自动化开关井控制技术本身具有准确度高、快速、操作频率低、需要信息量小等方面的优势，通过采用该技术，能够实现按照既定的程序或者计划自动运行，显著改善劳动条件，提高劳动效率、生产运行的经济性以及工作的可靠性，将人从页岩气井上产阶段繁重、危险的工作环境中解放出来。

1. 电动阀型自动化开关井技术

电动阀型自动化开关井系统由智能控制器、电动机、节流调节阀门等组成（图3-5-13），依靠控制器控制电动机运行，带动节流调节阀的阀杆上下运行，从而达到控制阀开关和开度的作用。整套系统安装在油管生产流程上，可以直接替换现有井口针阀。可采集阀门上游气井油压、阀门下游管道压力，按油田的要求设定参数，开井时控制管道的设定压力，按照预置的开井控制程序，完成开井。适用各种井况（高压井、低压井），尤其适用于间歇井和开关频繁的井，替代频繁的人工开关井，减轻人工劳动强度，优化采气管理，提高运行效率。

2. 电磁阀型自动化开关井技术

电磁阀型自动化开关井技术主体设备由高压防爆电磁阀和控制系统组成（图 3-5-14）。该技术在现场进行应用时，可按照气井生产规律制订适应的智能控制条件，对气井实施控制。当气井生产状态满足设定条件时，控制系统发送控制指令，驱动井口电磁阀执行开关井操作，实现气井生产控制。

3. 电液阀型自动化开关井技术

电液阀型自动化开关井设备由复合截止阀、电液控制器和安全压力传感器组成（图 3-5-15），其中复合截止阀为调节式薄膜阀，利用 EHA 液动执行技术，接受自动控制电气信号，依靠电动机驱动液压马达，输出液压动力信号至薄膜腔，开启、关闭或保持阀口位置，可控制开度。

图 3-5-13　电动阀型设备

图 3-5-14　电磁阀型设备

图 3-5-15　电液阀型设备图

第四章　页岩气三维丛式水平井优快钻井技术

四川盆地页岩气资源丰富，开采价值大，但页岩气工区地质条件复杂，在页岩气储层水平井钻井过程中存在钻井托压，机械钻速慢，水平段长度受限，压差黏附卡钻、垮塌卡钻事故频发，套管下入摩阻大，套管难下至预定井深等问题，严重影响四川盆地页岩气的勘探开发。针对这些问题，从该工区储层特征和岩石力学特性入手，分析了页岩气水平井钻井技术难点，研究形成了以三维丛式水平井井眼轨迹控制、提速配套、钻井液和固井关键工艺为主的页岩气三维丛式水平井优快钻井技术，实现了长宁—威远页岩气井的安全快速钻井。三维丛式水平井优快钻井技术的形成确保了地质气藏工程目标的实现，为后续储层改造单井产量的提高奠定了坚实基础。

第一节　三维井眼轨道优化及控制技术

一、页岩气水平井井身结构设计技术

井身结构是油气井在设计时或钻井完成后的基本空间形态，包括套管层次和每层套管的下入深度、水泥返高以及套管井眼尺寸的配合等。基于准确三压力剖面的井身结构设计方法，主要参考SY/T 5431《井身结构设计方法》，以三压力剖面为基础，结合地质复杂情况，并考虑完井要求等其他因素，确定套管必封点、套管尺寸等，最终设计形成合理的井身结构（图4-1-1）（唐嘉贵等，2014）。

1. 长宁区块井身结构设计

根据长宁区块页岩气已钻井实钻资料分析，并结合测井资料处理，建立了ND201-H1井地层三压力剖面曲线；该区块上部地层为正常压力系统，目的层为超高异常高压系统。以三压力剖面为基础，结合长宁区块基本地质特征，确定两个必封点。

必封点一：嘉二$_3$亚段以上地层存在易漏层，飞一段—长兴组钻井过程中出现过气侵、气测异常情况，表层套管必须下至嘉二$_3$亚段顶部，封固上部嘉陵江组易漏层，为下部钻井可能钻遇浅层气做好井控准备。

必封点二：栖霞组及以上地层易井漏，龙潭组易垮塌，韩家店组—石牛栏组可钻性差，下部龙马溪组页岩储层段需用超高密度钻井液来平衡页岩垮塌应力，技术套管需下至韩家店组顶部，封隔上部复杂地层，为韩家店组及以下地层安全钻进创造井筒条件。

2. 威远区块井身结构设计

威远区块页岩气田，自西向东地势变缓，出露地层变新，浅层气显示层位逐渐由老

地层向新地层过渡，龙马溪组埋深增加，地层孔隙压力系数增大。W201井至W204井，龙马溪组地层孔隙压力系数从0.92增至1.96，龙马溪组以上地层的地层孔隙压力系数随埋深增加逐渐增大；W202井出露自流井组地层，须家河组埋深浅，雷口坡组及以下层位气显示频繁；W204井出露沙溪庙组，须家河组埋藏深，须家河及以下层位气显示频繁。

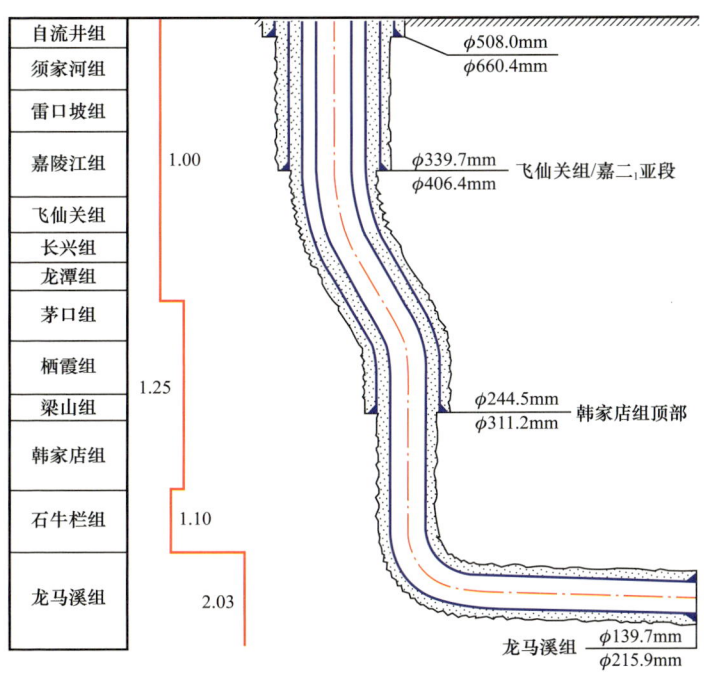

图 4-1-1　长宁区块井身结构示意图

该区块由于地表出露地层不同，其套管必封点存在一定的差异。

1）出露地层为沙溪庙组

必封点一：自流井组地层易漏失和垮塌，须家河组及以下地层油气显示频繁，表层套管必须下入须家河顶稳定地层，为下部地层钻井做好井控准备。

必封点二：本区龙马溪组地层孔隙压力系数较高，且在页岩层定向造斜、长水平段水平钻进易垮塌，需要高密度钻进，而以上地层相对龙马溪组地层孔隙压力系数低，特别是茅口组承压能力低，易漏失。技术套管须下至龙马溪组顶部，封隔上部复杂地层，为下部龙马溪组长水平段钻进创造条件（图 4-1-2）。

2）出露地层自流井组—须家河组

必封点一：对于出露自流井组—须家河组地层，自流井组—须家河组易漏失和垮塌，雷口坡组及以下地层油气显示频繁，表层套管须下入雷口坡组顶部稳定地层，为下部地层钻井做好井控准备。

必封点二：本区龙马溪组为页岩层定向造斜、长水平段水平钻进，易垮塌，需要高密度钻进，而以上地层相对龙马溪组地层孔隙压力系数低，特别是茅口组承压能力低，易漏失，栖霞组也存在漏失现象，技术套管须下至龙马溪组顶部（图 4-1-3）。

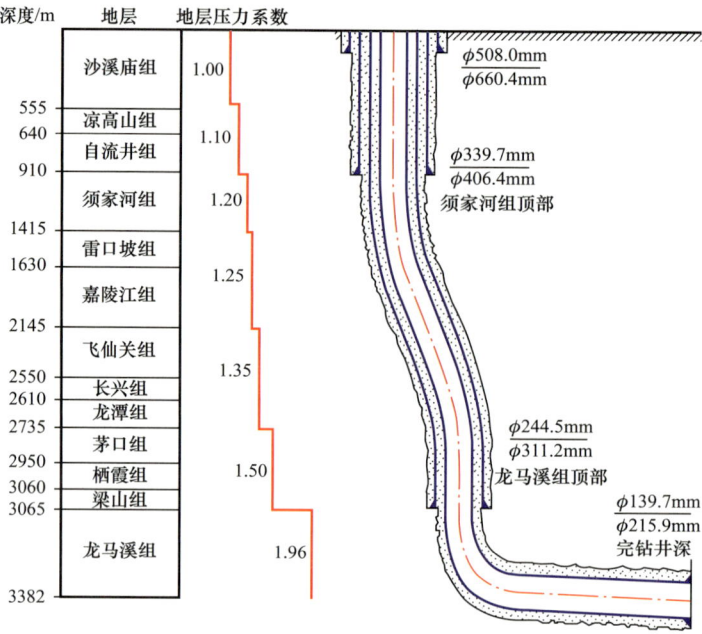

图 4-1-2　出露沙溪庙组井身结构

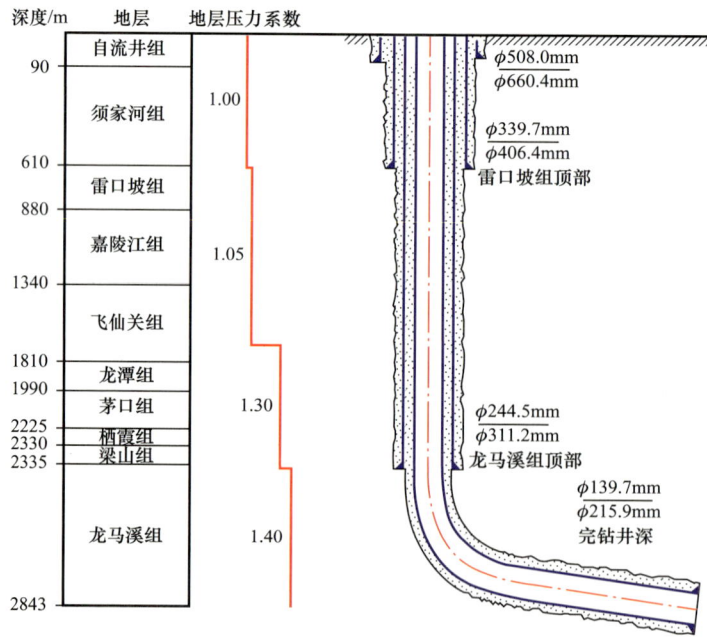

图 4-1-3　出露自流井组—须家河组区块井身结构

二、三维丛式水平井井眼轨道设计

长宁—威远区块页岩气水平井过去设计轨道均在龙马溪井段一次造斜、扭方位完成三维长水平段，导致在大井斜段扭方位狗腿度大，同时由于现场地层变化，人为轨道控制因素等造成狗腿度在以上基础上继续加大，随着水平井段的延伸，管柱下入过程中摩阻和扭矩增大，造成频繁遇阻、卡钻现象。通过对页岩气三维水平井井眼轨道设计方案进行了持续优化，最终形成了"三维轨道二维化设计"方案，大幅降低了三维水平井井眼轨道控制难度和井下事故复杂率，为页岩气水平井提高机械钻速、降低钻井周期起到了显著的作用。

1. 大偏移距三维水平井井眼轨道设计难点

常规二维水平井，井口与水平段投影在同一条直线上，钻井过程中只增井斜，方位保持不变，摩阻和扭矩影响因素较少，而大偏移距三维水平井井口与水平段投影存在一定的垂直偏移距，钻井过程中既要增井斜、又要调整方位，同时还要考虑钻具组合在三维井段的造斜能力以及摩阻和扭矩变化等因素影响，井身剖面属三维空间设计，剖面优化设计难度大（图4-1-4）。

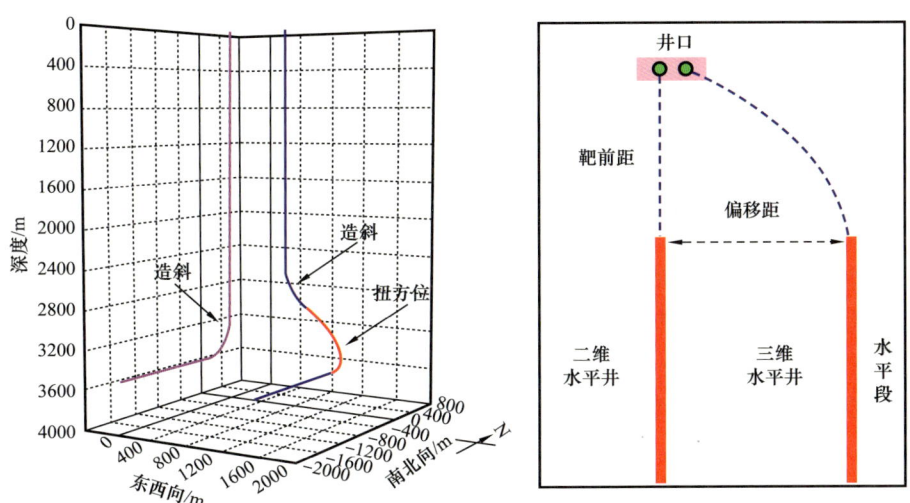

图4-1-4　三维水平井井身剖面优化设计示意图

鉴于页岩气丛式水平井开发要求，井眼轨道将由二维变成三维，同时要求缩短靶前距、提高造斜率，页岩气丛式水平井轨道设计面临如下难点（陈海力等，2014）：

（1）井间距小，井间关系复杂，防碰要求高；

（2）偏移距大、轨道方位调整难度大；

（3）水平段长，水平段钻井摩阻和扭矩大。

2. 大偏移距三维水平井井眼轨道优化设计技术

针对大偏移距三维水平井井眼轨道设计难点，提出剖面设计的总体思路（图4-1-5）。首先根据工具造斜能力、靶前距、偏移距和水平段长度等优选剖面类型，分别对不同的造斜点、扭方位点、增斜点以及增斜率等剖面设计的关键参数进行优选，再对钻井及套管下入过程中的摩阻和扭矩进行计算分析，优选出结构设计科学、井眼轨道光滑、摩阻和扭矩低、有利于实钻轨道控制的三维水平井井眼轨道。

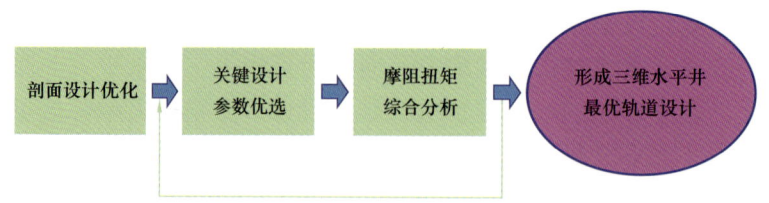

图 4-1-5 三维水平井剖面优化设计思路

综合考虑钻井、改造及采气等后期作业要求，剖面设计方法应满足以下要点：

（1）要满足当前国内常规螺杆钻具的造斜能力，提高剖面设计与钻井工具的匹配性，以便后期低成本推广应用。

（2）所钻三维井段应尽量短，有利于降低摩阻和扭矩。同时，井眼轨迹的全角变化率应满足后期压裂管柱、测试工具下入以及增产改造等作业要求。

（3）结合页岩气井坍塌和漏失等复杂地层特点，剖面设计应平滑顺畅，有利于降低实钻过程中的摩阻和扭矩与实钻轨迹控制。

结合长宁区块丛式三维水平井实际地质工程情况外，井眼轨道优化参数确定如下：

（1）长宁区块的地层造斜率偏低，从 ND201-H1 井来看，1.5° 弯螺杆造斜率也仅 5°/30m 左右，因此采用弯螺杆钻具控制井眼轨迹的丛式井设计最大造斜率应该控制在 5°/30m 左右；

（2）丛式井组防碰绕障是重点，应在上部地层预造斜，拉开与邻井间距，实现安全、快速钻进，丛式井组防碰绕障，相邻井造斜点错开 50m 以上；

（3）采用弯螺杆钻具控制井眼轨迹的丛式井，定向井扭方位作业一般在井斜角 50° 之前完成，从而减小工程难度；

（4）下技术套管前，调整方位姿态至靶区要求，以降低下部钻井摩阻和扭矩，降低施工风险；

（5）井眼轨道优化设计综合考虑工程技术能力和需求，针对大范围应用的旋转导向工具，井眼轨道设计时造斜点选择在龙马溪组，利于韩家店组—石牛栏组采用气体钻井提速，设计造斜率（8°～10°）/30m。

长宁—威远区块部分井偏移距最大达到 1100m，是剖面设计中难度最大的一类井，3 种不同类型的剖面设计如图 4-1-6 所示。

（1）Ⅰ类剖面：选取较高造斜点，先采用较小井斜调整方位，摆正方位后再增井斜入窗。该剖面的优点是大幅降低造斜率，适用于偏移距适中的井（图 4-1-6，Ⅰ类）。

（2）Ⅱ类剖面：选择适中的造斜点，先采用较大井斜稳斜，在增斜同时扭方位摆正方位后入窗，即在扭方位之前加上一段稳斜井段。该剖面造斜率要求高，适用于偏移距较大的井（图 4-1-6，Ⅱ类）。

（3）Ⅲ类剖面：选取较低的造斜点，采用增斜同时扭方位的钻进方式完成从直井段至入窗的钻井。该剖面针对偏移距小的水平井，优点是三维井段短，有利于降低钻井进尺成本，但该剖面造斜率高，仅适用于偏移距较小的井（图 4-1-6，Ⅲ类）。

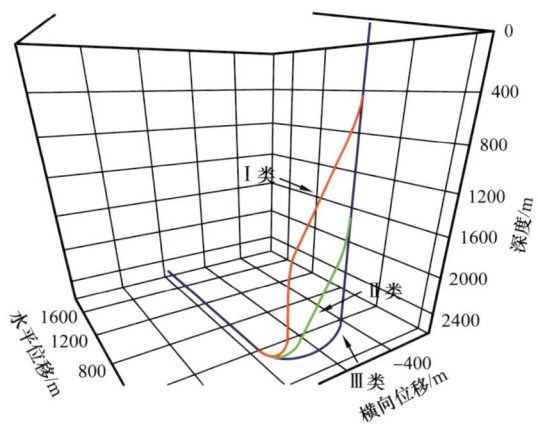

图 4-1-6 三维水平井井眼剖面设计方法

针对长宁—威远区块的三维水平井的水平井实际情况，以偏移距适中（300~700m）的情况较为常见，因此在Ⅱ类剖面基础上，形成了适中的井斜走偏移距—稳斜扭方位—增斜入窗井眼轨道设计方法。该方案特点如下：

（1）30°~50°井斜走偏移距；
（2）50°井斜前稳斜扭方位作业；
（3）螺杆造斜扭方位；
（4）造斜率 5°/30m。

现场试验表明，采用双二维轨道的设计思路，形成了较小的井斜走偏移距—降斜吊直—增井斜入窗井眼轨道设计方法，不需要进行扭方位作业，造斜率低于5°/30m，适合旋转导向进行定向造斜，井眼轨迹平滑，井下摩阻扭矩大幅降低，保证了页岩气三维水平井的安全快速钻进（表 4-1-1）。

表 4-1-1 W204H4-1 井"双二维轨道"优化设计的井眼轨道数据表

井段描述	测深/m	井斜/(°)	网格方位/(°)	垂深/m	北坐标/m	东坐标/m	狗腿度/(°)/30m	闭合距/m	闭合方位/(°)
直井段	940	0		940	0	0	0	0	
增斜段	1120	18.00	232.00	1117	−17.26	−22.10	3.00	28.04	232.00
稳斜段	2051	18.00	232.00	2002	−194.39	−248.80	0	315.74	232.00
降斜段	2591	0	232.00	2534	−246.18	−315.10	1.00	399.87	232.00
直井段	3127	0	315.09	3070	−246.18	−315.10	0	399.87	232.00
增斜段	3548	75.78	315.09	3379	−76.11	−484.62	5.40	490.56	261.07
稳斜段	3975	75.78	315.09	3483	217.02	−776.79	0	806.54	285.61
增斜段（A点）	4074	94.19	315.09	3492	286.31	−845.86	5.60	893.00	288.70
水平段（B点）	5578	94.19	315.09	3382	1348.74	−1904.84	0	2333.99	305.30

3. 勺形井眼轨道设计

勺形井能有效动用井场正下方资源，但由于井眼轨道及钻具受力复杂，钻井摩阻和扭矩较大，对钻完井集成工艺要求高，一直是目前的技术难题。

根据三维水平井和欠位移水平井相关设计理论，借鉴北美页岩气勺形水平井的成功经验，进行三维勺形井眼轨道设计（表4-1-2）。为降低钻井过程中的摩阻和扭矩，将三维勺形水平井设计为43°和270°两个方位的双二维水平井。在ϕ311.2mm井眼中，钻至飞仙关组第1造斜点位置处开始造斜产生反向位移，以25°左右的井斜稳斜钻至栖一段底后降斜至10°左右，为接下来的小井斜扭方位和迅速向下穿过韩家店组和石牛栏组等难钻地层提供条件，进入龙马溪组顶部在第2造斜点处反向增斜至入靶点A（孟鑾桥等，2017）。

表4-1-2 勺形水平井井眼轨道设计数据

测深/m	井斜/(°)	方位/(°)	垂深/m	北坐标/m	东坐标/m	狗腿度/(°)/m	闭合距/m	闭合方位/(°)
0.00	0.00	43.86	0.00	0.00	0.00	0.00	0.00	0.00
750.00	0.00	43.86	750.0	0.00	0.00	0.00	0.00	0.00
985.44	23.54	43.86	978.9	34.39	33.05	0.10	47.69	43.86
2012.78	23.54	43.86	1920.7	330.30	317.37	0.00	458.06	43.86
2200.93	11.00	43.85	2100.0	370.50	356.00	0.07	513.82	43.86
2537.08	48.02	270.26	2401.9	396.29	244.23	0.17	465.50	31.65
2654.817	48.02	270.26	2480.0	396.69	156.72	0.00	426.53	21.56
2829.73	83.00	270.00	2552.0	397.00	0.00	0.20	397.00	0.00
4329.73	83.00	270.00	2734.8	397.00	-1488	0.00	1540.84	284.93

2017年4月，顺利完钻四川盆地第一口勺形页岩气试验井CNH24-8井。勺形井技术可有效提高页岩气资源开发利用率，是中国石油页岩气钻井技术的一项重大突破。CNH24-8井钻进至井深3890m顺利完钻，水平段长1100m，钻井周期69天，最大反向位移362m（图4-1-7和图4-1-8）。

三、大偏移距三维水平井井眼轨道控制技术

1. 上部"预放大"防碰绕障设计与控制技术

丛式井防碰设计关键在于平台丛式井钻井整体设计，页岩气丛式水平井组主要在造斜点的选择、槽口的分配、钻井顺序、造斜率、预造斜方面进行优化，CNH2和CNH3平台采用ISCWSA误差计算模型，应用3D最近距离法扫描最近空间距离，进行了井眼防碰扫描分析。结果表明，按设计井眼轨道进行绕障后分离系数均大于2，能满足安全作业要求（图4-1-9）。

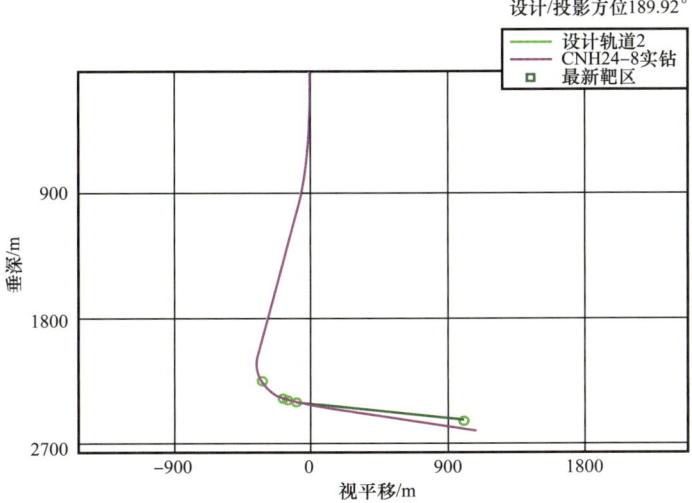

图 4-1-7　CNH24-8 井垂直投影图

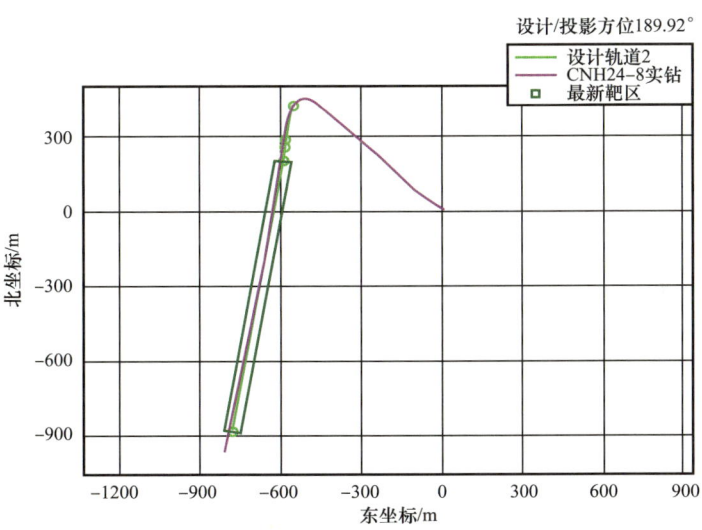

图 4-1-8　CNH24-8 井水平投影图

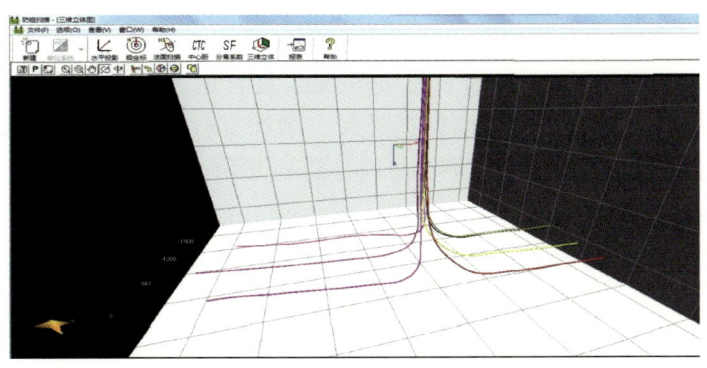

图 4-1-9　CNH6 平台井组防碰扫描三维立体图

通过现场试验，浅层设计"预斜"井眼轨道，预造斜3°~6°防碰绕障，拉开与邻井距离，直井段PDC+螺杆和气体钻井为防漏打快创造条件，直井段机械钻速提高30%；优化狗腿度[(2°~4°)/30m]，减少上部套管磨损和摩阻扭矩；页岩气丛式水平井作业10余个平台，未出现井眼相碰事故（表4-1-3）。

表4-1-3　CNH3和CNH6平台"预斜"设计优化参数

井号	预造斜点井深/m	预造斜方位/(°)	造斜率/(°)/30m	预造斜终点井深/m
CNH3-4	30	110	2.2	120
CNH3-5	40	130	2.6	170
CNH3-6	30	347	2.7	100
CNH6-1	30	25	3.0	70
CNH6-2	30	79	3.0	70
CNH6-3	400	62	3.4	540

2. 定向段井眼轨道控制技术

长水平段水平井钻进时的关键问题是降低摩阻和扭矩。实钻过程中应尽量控制好造斜率，避免因造斜率过大使摩阻和扭矩增大，使后期钻井难度增大。

造斜段根据直井段轨迹，修订轨道设计，定向钻进初期精确控制工具面，确保实钻方位与修订后的设计吻合。钻完一个单根后，划眼修整井壁。定向增斜钻进期间采用随钻测斜仪器监测井眼轨迹，测量间距不超过10m；根据造斜情况及时调整定向参数，确保井眼轨迹平滑。

水平段以复合钻进方式为主，采用定向滑动钻进方式或者旋转导向工具对井眼轨迹进行微调。加强待钻井眼轨道预测计算，利用趋势规律勤调，避免过度调整井眼轨迹，严格控制狗腿严重度，以降低摩阻。同时灵活测量，及时跟踪、调整井眼轨迹。

1) 钻具组合优化

经过前期钻井实践经验的总结，逐渐简化了钻具组合，减少了加重钻杆的使用，减小了钻井时的摩阻和循环压耗。长宁—威远页岩气丛式水平井入靶以后的水平段钻进多以稳斜为主，不带扶正器的1.25°螺杆在龙马溪组复合钻进时，能较好地保持稳斜姿态，因此该钻具组合能有效减少滑动定向钻进进尺，增加复合钻进进尺，确保井眼轨迹光滑，延伸水平段长，同时也能应对地质需要及时地进行增降斜作业，满足水平段钻进的需求（图4-1-10，表4-1-4）。

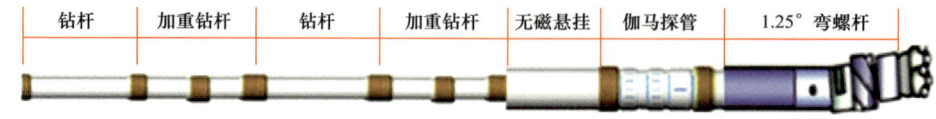

图4-1-10　造斜段优化钻具组合示意图

表 4-1-4 水平段单弯螺杆钻具组合优化设计及效能分析

序号	名称	井段 /m	钻具组合	层位岩性	效能分析
1	稳斜	3142～3303.42	ϕ215.9mm 钻头 +ϕ172mm 螺杆 DW1.25°+ 回压阀 + 定向接头 +ϕ165mm 无磁钻铤 + ϕ127mm 无磁钻杆 1 根 + 旁通阀 +ϕ127mm 钻杆 8 柱 + 随钻震击器 +ϕ127mm 钻杆	龙马溪组，灰黑色、黑色页岩	井斜：81.26°↑82.06° 方位：197.36°↑197.77°
2	稳斜	3303.42～4600	ϕ215.9mm 钻头 +ϕ172mm 螺杆 DW1.25°+ 回压阀 + 定向接头 +ϕ165mm 无磁钻铤 + ϕ127mm 无磁钻杆 1 根 + 旁通阀 +ϕ127mm 钻杆 8 柱 + 震击器 +ϕ127mm 钻杆	龙马溪组，灰黑色、黑色页岩	井斜：82.06°↑86.18° 方位：197.77°↓184.87°

2）旋转导向钻具组合优化及试验

长宁—威远页岩气丛式水平井施工面临两大难题：一是横向偏移距大，最大达1100m，势必造成穿越偏移距的大斜度井段长和需要调整的方位角大，这将增大三维井段的轨迹控制难度；二是钻井液密度高，达到 2.1g/cm^3，常规螺杆钻具定向增斜在大井斜情况下钻压不易传至钻头，严重影响定向效率，经过井身结构优化后，长宁地区页岩气丛式水平井的造斜段采用 215.9mm 井眼的旋转导向工具进行导向钻进，取得了造斜段周期从 28.86 天降至 9.96 天的现场应用效果。

3）页岩气丛式水平井全角变化率控制方案

页岩气丛式水平井现场施工过程中，常常会遇见因为地质预测不准确或者其他工程原因导致实钻最大全角变化率过大，钻完井后期作业难度增大。如 W204H4-6 井因为直井段位移超设计、储层提前和油基钻井液堵塞定向工具，致使实钻最大全角变化率达到 12°/30m，导致套管下入困难。

综合前期经验，长宁—威远页岩气丛式水平井设计全角变化率（5°～8°）/30m，满足进入龙马溪组造斜，靶前距 400m 和安全下套管以及完井施工要求，提高地质工程复杂应对能力。

3. 大偏移距三维水平井井眼轨道控制技术现场试验

针对三维水平井起下管柱摩阻大、套管下入困难的问题，通过采用"三维轨道二维化设计"方案，即在上部井段提前造斜，以小井斜段轨道消耗完横向偏移距（两维）后吊直，然后在近似直井眼条件下完成扭方位、增斜入靶作业（两维），并严格控制设计狗腿度在 8°/30m 以内。

轨道优化前后设计轨道三维图如图 4-1-11 所示。

经软件计算，水平段钻柱摩阻同比最大降幅达 20%。统计数据表明，采用未优化轨道的 W204H4-3 井和 W204H4-6 井下 ϕ139.7mm 油层套管耗费周期平均为 9.2 天，2016年采用优化设计轨道的 W204H10 平台 4 口井下 ϕ139.7mm 油层套管耗费周期平均为 3.59 天，降幅达 61%。

4. 地质工程一体化导向技术

通过长宁—威远的大量实践，最终形成了采用精细化地质建模、预设标志点、"走产层中线"控制的水平段地质工程一体化地质导向设计思路，基于随钻伽马与元素录井结合的定位方法，使用旋转导向工具进行长水平段钻井，Ⅰ类储层钻遇率达到了96%。

1）精细化地质模型

页岩气水平井钻井主要采用随钻伽马测井（LWD）进行水平段地质导向钻进，利用自然伽马数据进行目的层标定。但伽马测井数据不能进行储层精细描述，更不能实现射孔和压裂的优化设计。通过研究，优化了过钻具存储式测井技术，采用无电缆测井方式，测井时将仪器安装在钻具内，整套仪器通过释放销钉悬挂在上悬挂器和仪器保护套内，钻具将仪器下至井底后，通过钻井液脉冲信号

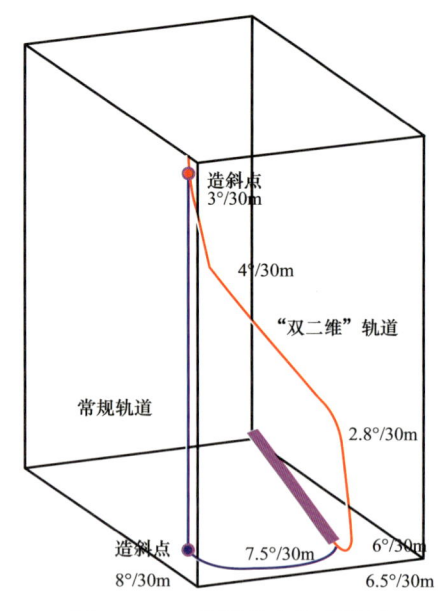

图4-1-11 轨道优化前后设计轨道三维示意图

或投球使测井仪器从上悬挂器释放，进入测量井段。同时利用仪器自带电池短节进行供电，采用自带的存储芯片进行数据采集和存储，采用时间—深度测量方式对测量数据按深度进行校正。该技术解决了复杂井况条件下测井资料采集的难题，满足了页岩地层评价需求，达到测井提速、提效、降低成本和风险的目的。

2）优化施工方案

储层预测技术是页岩气地质导向钻井实施的前提，主要内容包括微构造预测研究和水平井井眼轨道地质剖面预测技术。页岩气水平井储层预测基本流程如图4-1-12所示。微构造预测研究在水平井地质目标跟踪过程中起到至关重要的作用，其研究的基础是水平井邻井测井、录井资料以及地震勘探资料，通过详细对比并全面分析储层变化规律，从而获得储层顶底界微构造，再对目的层微构造变化进行精细描述，以直观反映目的层在水平方向上的起伏变化规律，进而为水平段井眼轨迹预测提供可靠的地质依据。井身剖面地质预测是基于地质工程提供的不同深度岩性、厚度和储层展布等参数及微构造研究结果，落实目的层产状、厚度变化、岩性、含气性，再根据轨道设计参数，建立二维轨道方位上的预测地质剖面，从而计算出造斜点至靶点不同岩性段轨道深度、目的层顶底界面埋深、油气水界面垂深等地质参数。钻井工程人员将根据这些参数进行科学的井眼轨道和钻具组合设计。

3）基于地质目标跟踪的轨迹调整技术

井底钻头位置预测主要通过地层岩性、含气性及测井响应特征等进行识别预测，从而正确判断钻头在目的层中的位置，这是水平井井眼轨迹控制和纵向调整的关键。对优质页岩储层而言，其具有自然伽马和电阻率高的测井响应特征，且储层内钻时、含气性

相对稳定。因此，可将自然伽马、电阻率、钻时及含气性等测井响应特征作为储层预测剖面可靠性评价的判别标准。当目的层实际构造产状与钻前预测结果一致时，储层测井响应特征趋于稳定，可根据实钻轨迹参数和储层特征参数预估当前钻头所处储层位置及纵向变化；当目的层实际构造产状与钻前预测结果不一致时，可以根据 LWD 测井响应特征和井眼轨迹进行分析判断。随钻电阻率受测量条件和范围的限制，当测量半径范围内无泥岩和夹层影响时，自然伽马和电阻率变化相对稳定，钻时和岩屑含气性变化不大，此时可根据钻前预测剖面，结合当前钻井参数，对待钻井眼轨迹进行初步预测；当测量范围内受到围岩影响时，电阻率下降，自然伽马值增大，此时需要对井眼轨迹位置进行判定，即通过分析井眼轨迹的变化趋势，结合井斜角、岩屑和钻时等变化规律，对钻头位置作出正确判断。此外，利用随钻测井数据电阻率与储层纵向沉积变化的对应关系也可以判断钻头在储层中的位置。

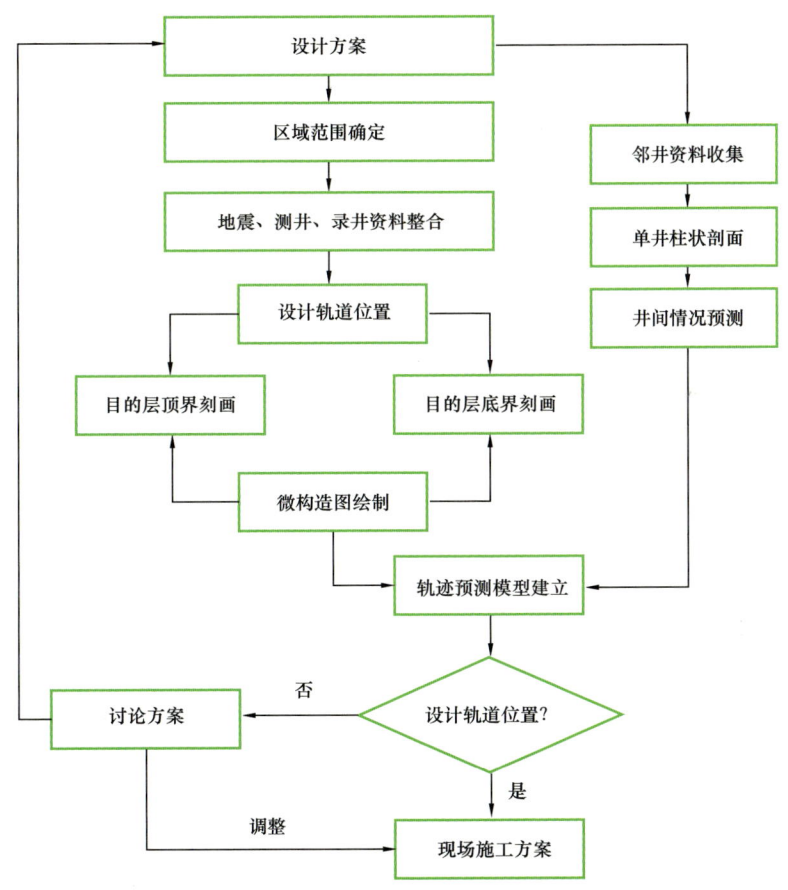

图 4-1-12 页岩气水平井储层预测基本流程

页岩地层储层段均存在一定程度的非均质性和各向异性，且储层段通常有一定的倾角（4°~7°）或起伏不平的情况，一旦地震资料分辨率不能有效识别储层，就必须在导向钻井过程中及时预测钻头出储层的可能性。为此，基于储层倾斜方向和钻头出储层的方式，即储层下倾且钻头沿储层底界穿出［图 4-1-13（a）］、储层上倾且钻头沿储层底界穿出［图4-1-13（b）］、储层下倾且钻头沿储层顶界穿出［图4-1-13（c）］和储层上倾且钻头沿储层顶界穿出［图4-1-13（d）］，提出了4种估算地层倾角的计算方法。

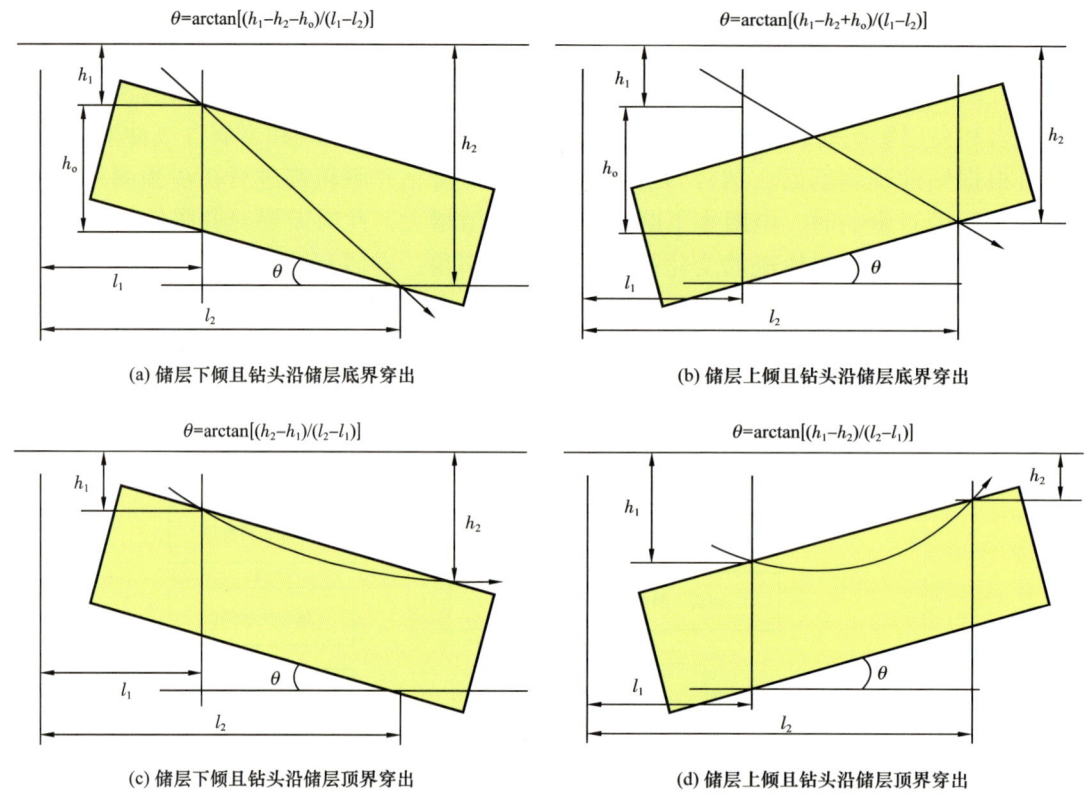

图4-1-13　钻头钻出储层后的实际地层倾角估算方法示意图

图4-1-14所示各计算公式中，θ为地层倾角，h_1为着陆点海拔，h_2为钻出储层位置处海拔，h_o为储层视厚度，l_1为着陆点水平位移，l_2为钻出储层位置处的水平位移。该地层倾角估算值并不能完全代表储层实际情况，但可为导向钻井提供参考。

4）精细导向技术

水平段井眼轨迹纵向调整技术是导向钻井过程中地质目标跟踪的核心内容，是确保井眼轨迹在储层中合理位置延伸的关键。钻井过程中，将随钻测井结果和地质分析结果实时标注在已经形成的预测剖面和平面图上，通过对比实测信息和预测信息，预测待钻地层与当前钻井参数的配伍性，从而及时调整轨道参数和钻井参数，最大限度地保障井眼轨迹在储层内的最佳位置。

对于厚度大、横向分布范围广且各向异性明显的页岩储层，运用导向钻井技术进行储层追踪，引导水平井优快安全钻井，已成为目前页岩气水平井优快钻井配套的关键技术之一。前期采用螺杆钻具+MWD+LWD（伽马测井）导向钻井技术，力求页岩地层水平段井眼轨迹沿理想设计轨道钻进，但有限的伽马测井资料无法保证储层精细描述的准确性。因此，加强储层测井评价，进而辅助实施地质工程一体化导向钻井技术，是实现经济高效地质导向的关键。地质导向与控制技术应用效果如图4-1-14所示。

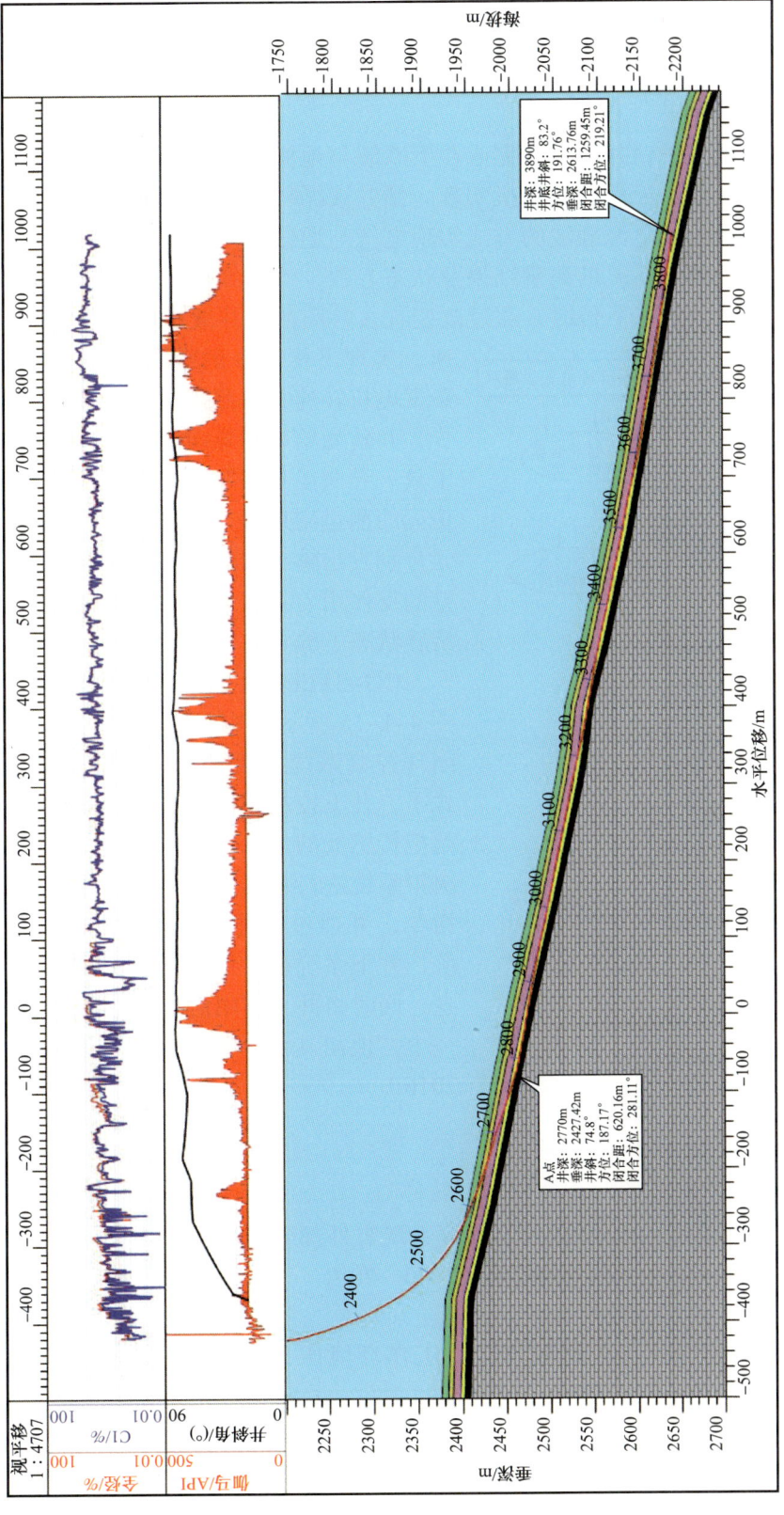

图 4-1-14 NDH24-8 井地质导向图

四、旋转导向工具的完善及应用

1. 旋转导向系统工作原理

旋转导向系统基于钻井液通道完成井下系统与地面系统之间的双向通信。井下仪器的供电通过大功率钻井液涡轮发电机实现。钻井液循环后，井下仪器开始工作，井下各分系统之间通过单总线电源载波的方式实现电气与通信连接。中控分系统是井下仪器的大脑，其采集井下各分系统的测量结果及状态参数，汇总编码后，控制脉冲器动作，实现井下信息的上传。信息下传时，通过改变进入井筒的钻井液排量，进而改变发电机转速，实现下传指令的编码发送。中控分系统采集发电机转速并按照协议进行解码后得到下传指令，并转发给旋转导向系统的执行机构——导向工具。导向工具按照接收到的命令，结合近钻头单元的测量结果进行导向力分解，向3个液压单元分别发出输出力的大小。液压单元动作后，井壁的反作用力将钻头推向需要钻进的方向，实现旋转状态下的导向钻进。

CG-STEER旋转导向系统信息闭环流程如图4-1-15所示，构成在回路的"地面+井下"闭环控制系统（刘振武等，2011）。这种工作模式下，井下控制器不对工具面进行主动调整，而是把传感器的信息传输到地面，由地面综合信息决策系统进行数据处理，由定向工程师给出操作指令，并通过钻井液负脉冲形式下传到井下系统，井下系统接收到地面指令后，要上传确认信息，同时将井下有用信息上传到地面，这样构成一个"地面+井下"大闭环控制系统（白璟等，2016）。

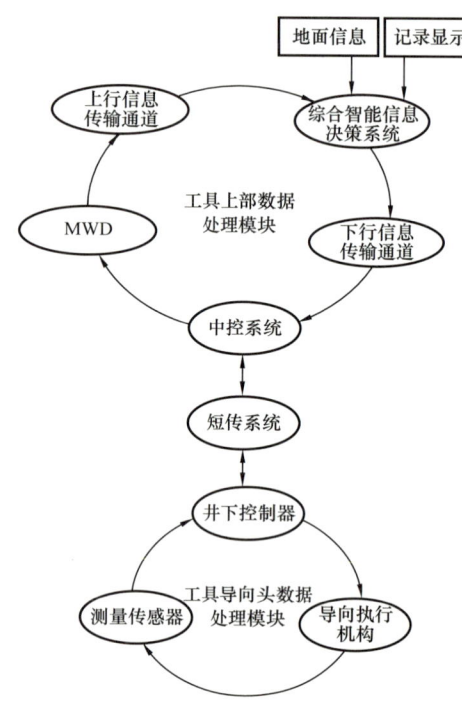

图4-1-15　CG-STEER旋转导向系统信息闭环流程图

2. 旋转导向系统设计技术指标

1）工作温度

井下系统工作温度 −20～125℃；地面系统野外部分工作温度 −40～70℃；地面系统室内部分工作温度 −10～50℃；储存温度 −40～70℃。

2）工作压力

系统抗压目标140MPa，最低可接受工作环境压力80MPa；地面系统承受当地大气压。

3）振动

CG-STEER-01井下系统须满足以下振动条件：频率10Hz→500Hz→10Hz，加速度 25g，每分钟倍频程 1oct/min，振动方向：三方向（径向、正交双向、轴向）。

4）冲击

要求 CG-STEER-01 井下系统满足的冲击试验条件见表 4-1-5。

表 4-1-5 CG-STEER-01 井下系统冲击试验条件

试验方向	波形	峰值加速度 /g	持续时间 /ms	冲击次数 / 次
钻柱轴向	半正弦波	1000	0	3
		100	11	

5）适应钻井液

钻井液类型为水基或油基均可；含砂量不大于 2%。

6）适应井况及工况

最大钻压：300kN；适用转速：20~80r/min；适用井眼尺寸：215.9mm。

7）信息更新时间

钻进中连续传输条件下数据更新时间不大于 30s；CG-STEER-01 系统下传时间不大于 15min。

3. 现场应用情况

国产旋转导向系统 CG-STEER 在长宁—威远页岩气区块 N216H6-1 井和 W204H35-5 井等 5 口井开展规模化应用，累计钻井进尺 5807m，纯钻时间 1135h，现场应用效果良好。其中，N216H6-1 井旋导钻井进尺 2101m，纯钻时间 344h，最大稳定造斜能力 10.5°/30m。

第二节 长宁—威远区块页岩气钻井提速技术

一、表层防漏治漏技术

长宁页岩气区块地表地形复杂，属于典型的喀斯特地貌，表层钻井常遇到井位临近水源区、地表易漏、表层裂缝和岩溶发育、钻遇地下暗河等问题，表层钻井作业井漏复杂普遍发生，一定程度上影响了页岩气钻井成本，且易污染周边环境。例如 N201 井用密度 1.06g/cm^3 钻至井深 21.5m 处井漏失返，漏失钻井液 8.5m^3，之后改为清水强钻至 272.12m 处，累计漏失膨润土浆 495.4m^3，清水 4172m^3；N208 井堵漏、储水时间达到 8 天，进尺仅 10.42m；NH2-3 井漏失膨润土浆 132m^3，漏失清水 2100m^3；NH2-4 井漏失膨润土浆 98.5m^3，漏失清水 2153m^3。

1. 岩溶勘察技术

电法勘探是根据地壳中岩石的电磁学性质（如导电性、导磁性、介电性）和电化学特性的差异，通过对人工或天然电场、电磁场或电化学场的空间分布规律和时间特性的观测和研究，查明地质构造及解决地质问题的地球物理勘探方法。使用高密度电法、可控源音频大地电磁法两种勘察方法探明获取1000m以浅的地层视电阻率剖面图，并以此来预测断层破碎带、岩溶及暗河发育情况，为表层钻井提供地质依据。

2017年以来，长宁区块为预防和治理地表井漏问题，在多个平台开展了岩溶地质勘查工作，通过地质勘查预测出地表1000m内潜在的地下岩溶发育情况，为优化井身结构、优选钻井施工工艺提供依据，指导了钻井防漏工作。图4-2-1为某平台的高密度电法视电阻率反演剖面，部署多个勘探线，综合多个视电阻率反演剖面，可完整显示平台四周地层情况。

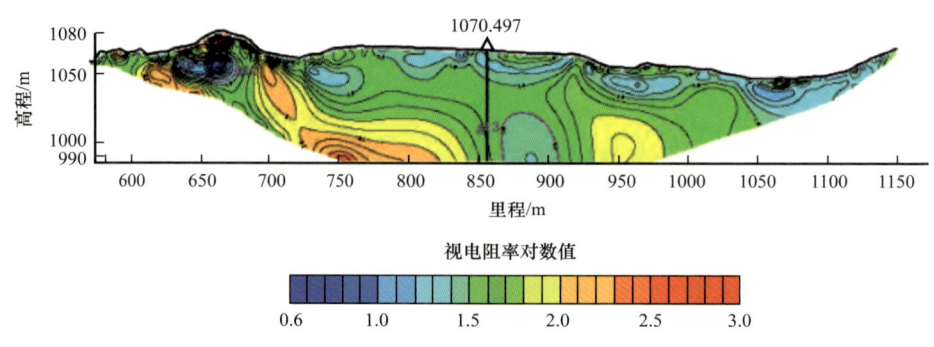

图4-2-1 某平台高密度电法视电阻率反演剖面

2. 空气/雾化钻井技术

针对长宁喀斯特地貌表层裂缝溶洞发育，井漏问题突出，常规钻井存在堵漏难、生产用水补充难、环保压力大等难题，形成了以空气/雾化钻井为主的表层钻井技术，解决了井漏治理难题，避免了地下水污染，建立了页岩气表层钻井治漏作业流程（图4-2-2）。

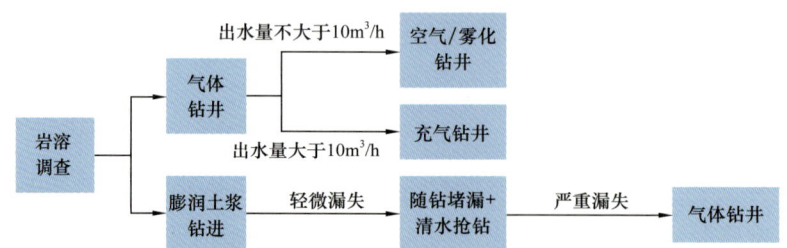

图4-2-2 页岩气表层钻井治漏作业流程图

表层空气/雾化钻井技术现场累计应用20余口井，表层节约钻井周期5～15天，单井节约用水4000m³以上。

二、高效破岩钻头优选技术

1. 区域地层岩石可钻性

以长宁区块页岩气为例，利用测井资料处理结果，结合部分岩石可钻性实验数据，得到页岩气地层岩石可钻性变化情况（图4-2-3）。上部地层岩石可钻性变化较大，其中茅口组—栖霞组含黄铁矿、燧石结核；韩家店组为页岩夹粉砂岩，石牛栏组为页岩、粉砂岩夹石灰岩，地层非均质性强，岩性强度硬、可钻性差。龙马溪组页岩层段强度相对较硬，但可钻性较好，有利于PDC钻头应用。

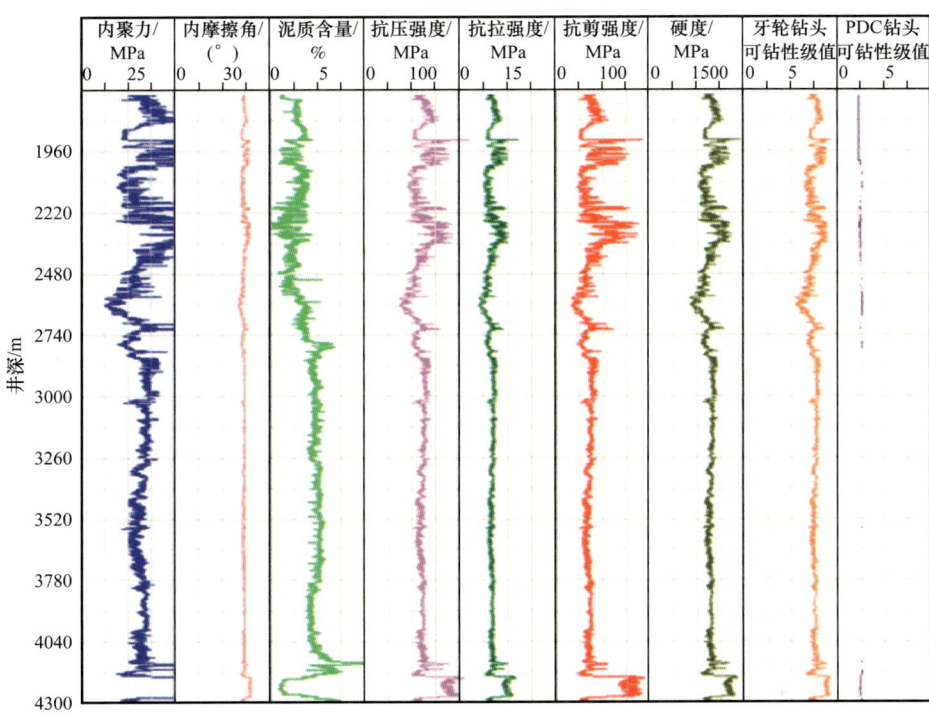

图4-2-3 页岩气地层岩石可钻性剖面

2. 黄金分割钻头优选方法

黄金分割钻头优选方法是以大量钻头使用样本数据为基础，按照井眼尺寸、地层岩性和可钻性进行合理分段，以各类型号钻头的平均单只钻头进尺和平均机械钻速为参数计算黄金分割点，将同一分段条件下各类型号钻头与黄金分割曲线绘制在同一图版中进行优选的方法。

结合地层岩石可钻性分析，根据已实施井钻头使用情况，利用黄金分割曲线对页岩气钻头序列进行优选。

1）φ444.5mm井眼

通过对表层自流井组—嘉陵江组88只钻头使用效果的分析、优化筛选，推荐在该层段使用六刀翼、16mm复合片的刚体PDC钻头（图4-2-4）。

2）φ311.2mm井眼

对飞仙关组—茅口组144只钻头使用效果的分析、优化筛选（图4-2-5），推荐在该层段使用五刀翼、16mm复合片的PDC钻头，在部分区域茅口组含燧石结核，推荐使用五刀翼、13mm复合片的PDC钻头。

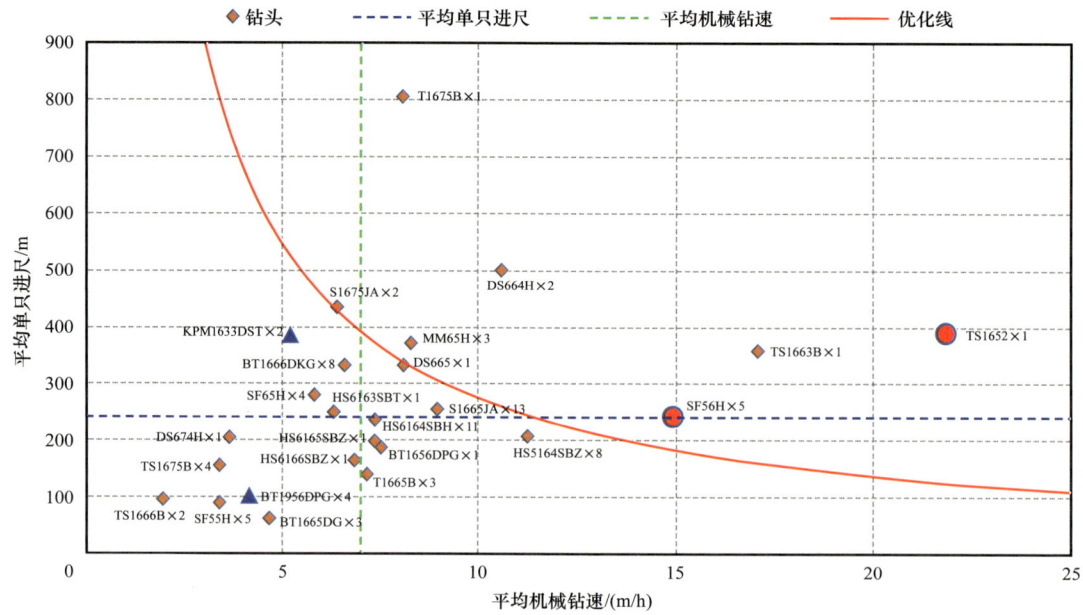

图 4-2-4　φ444.5mm 井眼段嘉陵江组—飞仙关组钻头优选分析示意图

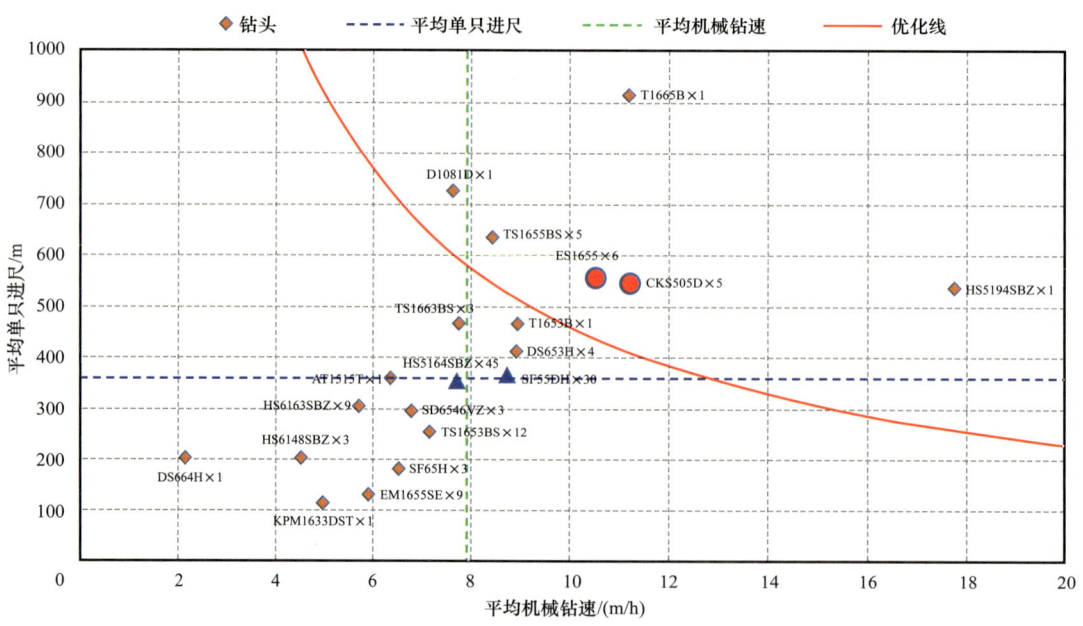

图 4-2-5　φ311.2mm 井眼段飞仙关组—栖霞组钻头优选分析示意图

3）φ215.9mm 井眼

对韩家店组—石牛栏组 113 只钻头使用效果的分析、优化筛选（图 4-2-6），在该层段采用常规液相钻井方式，推荐使用五刀翼、13mm 复合片的 PDC 钻头。

对龙马溪组 122 只钻头使用效果的分析、优化筛选（图 4-2-7），推荐在该层段使用五刀翼、16mm 复合片与旋导适配的 PDC 钻头。

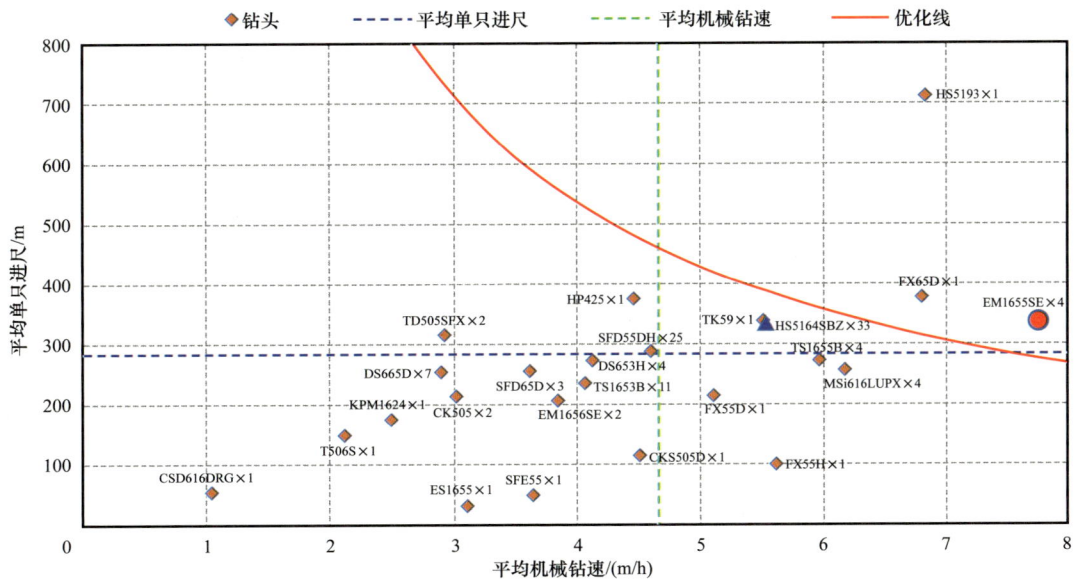

图 4-2-6　ϕ215.9mm 井眼段韩家店组—石牛栏组钻头优选分析示意图

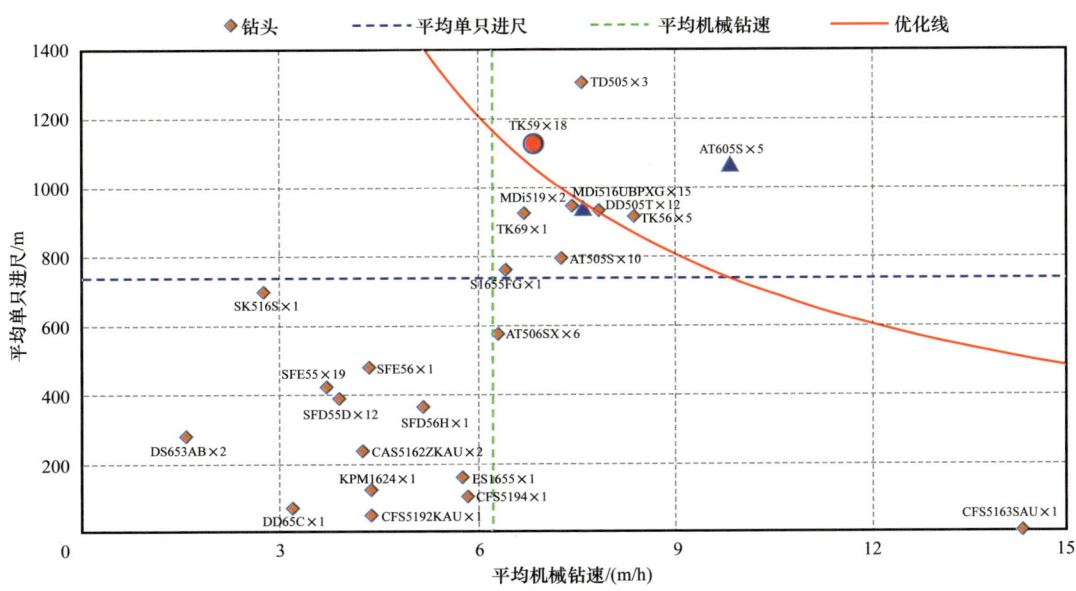

图 4-2-7　ϕ215.9mm 井眼段龙马溪组钻头优选分析示意图

三、钻井参数强化技术

根据北美地区页岩气钻井提速经验，使用激进的钻井参数有利于提高钻井机械钻速，采用"高钻压、高转速、大排量"的激进钻井方式，提速效果较好。以美国 Delaware 地区页岩层段钻井为例，其平均水平段长 1300～2300m、完钻井深 4700～5754m，ϕ215.9mm 井眼在使用 PDC 钻头、油基钻井液（密度 1.55g/cm³）条件下，通过参数强化，即钻压 120～200kN、顶驱转速最高 200r/min、排量 33L/s、泵压超过 35MPa，机械钻速达到30~80m/h。

根据国外的提速经验，采用软件科学论证、优化，提出了不同井眼尺寸的优化钻井参数，见表4-2-1。

表4-2-1 适合不同井眼尺寸的优化钻井参数

井眼尺寸/ mm	钻压/ kN	顶驱转速/ r/min	排量/ L/s	泵压/ MPa	钻井方式
444.5/406.4	>150	>80	>55	>5	PDC钻头+螺杆复合钻进
311.2	>150	>80	>55	>20	PDC钻头+螺杆复合钻进
215.9	>150	>80	>35	>30	直井段：PDC钻头+螺杆复合钻进
215.9	>150	>80	>35	>30	造斜段以下：PDC钻头+旋转导向+螺杆复合钻进

要实施上述钻井参数，对钻井设备循环系统、钻具水眼等要求较高，因此在长宁和威远等区块，钻井泵、循环管线、配套顶驱等地面循环系统应为52MPa压力级别，优选缸套等配件，满足ϕ215.9mm井眼长时间、高泵压（30MPa以上）、大排量（30L/s）钻进；相关区块最大工作扭矩在29kN·m左右，如发生阻卡，顶驱扭矩可能大幅增加，因此要求采用DQ70型顶驱；ϕ311.2mm井眼全部采用ϕ139.7mm钻杆，ϕ215.9mm井眼采用ϕ139.7mm钻杆+ϕ127mm大水眼钻具。

实钻表明：长宁区块H9平台采用$5\frac{1}{2}$in+5in复合钻具，强化钻井参数实现较高机械钻速，同比H4平台水平段提升300%以上，见表4-2-2。

表4-2-2 长宁区块页岩层段强化钻井参数效果对比表

井号	井段/ m	钻井液密度/ g/cm^3	钻井参数			泵压/ MPa	机械钻速/ m/h
			钻压/kN	转速/(r/min)	排量/(L/s)		
NH4-6	2880~4880	2.15~2.19	110~120	35+螺杆	24~28	23~25	2.2
NH4-2	2860~4360	2.12~2.15	100~120	35+螺杆	26~29	24~25	3.1
NH9-6	2880~4380	1.96~2.00	110~130	64+螺杆	30~32	21~24	8.1

四、页岩气水平井降摩减阻技术

在开展技术研究前，长水平段水平井定向作业过程中，主流井眼轨迹控制方式还是"弯螺杆钻具+随钻测量仪"滑动钻井模式，普遍存在由于滑动摩阻大导致的"托压"现象，滑动钻井速度往往不及旋转钻井速度的50%。滑动钻进的局限性在于摩阻较大，钻压不能有效地传递到钻头上，造成准确导向困难的问题。

1. 钻柱扭摆滑动钻井技术

PIPE ROCK钻柱扭摆滑动钻井系统专门用于定向井和水平井滑动钻井过程中降低井

下摩阻扭矩和滑动钻井"托压"现象、提高钻井效率和机械钻速的成套系统，通过一个与顶驱司钻箱相连的控制系统，控制顶驱带动钻具顺时针、逆时针按设计参数反复连续摆动，以保持上部钻柱一直处于旋转运动状态，从而克服滑动钻井过程中，因为钻柱不旋转导致的摩阻大、"托压"钻速慢、岩屑床等多种问题。

结合川渝地区勘探开发情况，先后在 CNH24-8 井等 32 口井进行了钻柱扭摆快速滑动钻井系统的现场试验，现场试验结果表明该系统能使钻压平稳地传递给钻头，具有提高钻井速度、增加工具面稳定性、缩短工具面调整时间、提高定向效率和造斜效果、延长井下设备（马达、钻头）的使用寿命等优势。部分井次突破了大偏移距、长水平段条件下无法实现"PDC 钻头 + 螺杆钻具"低成本模式钻进的技术瓶颈，成为旋转导向工具的有效补充，保证安全快速钻进，减少起下钻的次数，缩短施工周期。

2. 水平井井眼清洁技术

三维丛式水平井、大斜度井和大位移井等复杂结构井，当井斜角超过 40° 时，容易出现井眼清洁困难的问题，导致后续作业过程中出现附加拉力异常增大、定向托压及环空压耗升高等难题，增加了地面设备的负载和井下风险。通过数值模拟计算和室内实验得出了水平井岩屑床在井筒内的分布规律：水平井井筒截面上，流体域存在液相区、悬浮岩屑层和岩屑床层 3 层流动，受钻杆自转影响，高浓度岩屑床分布于截面右下侧（图 4-2-8）。

在泵压 1.5MPa、岩屑注入速度 1.5L/s、岩屑直径 2mm、转速 180r/min 的条件下，进行井斜角对岩屑床分布规律研究实验。综合分析得出结论：井斜角为 60°~80° 时，井筒中最容易形成岩屑床，井眼清洁工具作用效果随井斜角增加而整体呈上升趋势，在 60° 时有回落，特别是对于井斜角超过 70° 时井段具有良好的效果（图 4-2-9）。

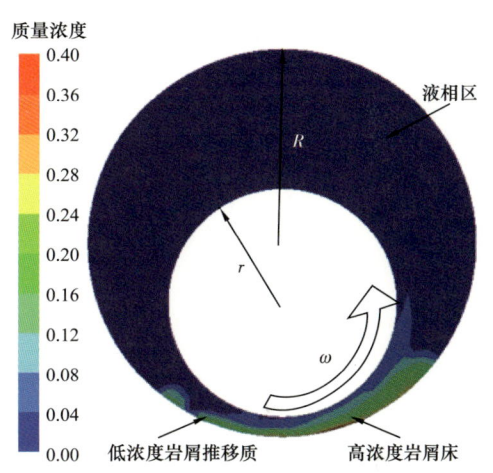

图 4-2-8　水平井井筒截面岩屑分布图
R—井眼半径；r—钻具半径；ω—角速度

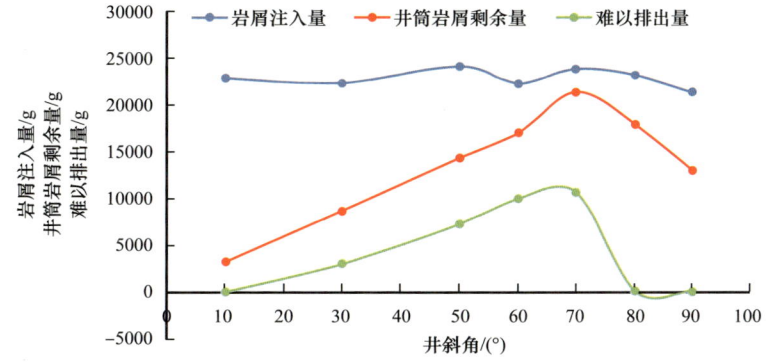

图 4-2-9　岩屑计量统计参数随井斜角变化规律图（清洁工具无叶片组）

设计了螺旋形、V形和直棱形3种水平井井眼清洁工具叶片结构，通过流场数值模拟进行了效果评价，并通过3D打印技术制作了叶片结构模型，利用水平井携岩试验架开展了不同叶片携岩效果的室内对比实验。通过模拟计算及室内试验结果表明，3种叶片均具有良好的携岩效果，但V形叶片清洁井眼效果最好。

通过打印V形叶片又进行井眼清洁工具转速与岩屑排出量间关系试验，结果如图4-2-10所示，随着转速的逐渐增加，岩屑排出量（体积分数）也增大。转速与岩屑的排出量呈正相关趋势，因此旋转速度对岩屑运移有较大影响，转速越大，岩屑运移量也越大。这意味着转速增加导致叶片诱导螺旋流的旋流强度更大，作用距离更远。在这种具有高切向动能的流动流体带动下，岩屑颗粒沉积形成岩屑床的趋势得到极大的缓解，岩屑颗粒悬浮分散在环空流域内，在钻井液的流动作用下向下游流动发展。

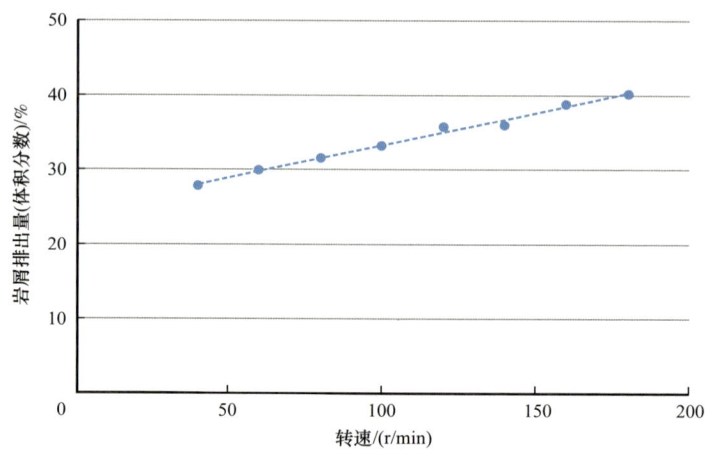

图4-2-10　转速与岩屑排出量间关系曲线

水平井井眼清洁工具于CNH25-7井和N209H12-1井进行了2口井3井次现场试验，工具入井前均在造斜段和水平段钻进，由于钻进过程中形成岩屑床，造成托压严重，摩阻和扭矩大。工具入井后在钻进和划眼等工况下进行工作，平均入井时间超过200h，应用后钻柱摩阻平均降低30%，起下钻通畅、无阻卡，工具应用过程中未发生井下复杂事故，发挥了良好的井眼清洁作用，保证了后期测井和下套管安全顺利。工具起出后显示工具表面无明显损伤，V形螺旋叶片完好，硬质合金片基本完好，外径磨损仅0.8mm，未发生崩齿、掉齿现象（图4-2-11）。

通过两口井水平井井眼清洁工具现场试验总结得出，该工具可以有效清除岩屑床，应用过程中岩屑返出明显，与同条件的上趟钻相比，井底钻柱摩阻降低29%以上，保障后期电测、下套管等作业安全顺利。

3. 大功率水力振荡减阻技术

在页岩气三维丛式水平井水平段或大井斜角井段的钻进过程中，由于重力作用钻柱会紧贴在下井壁，导致钻柱与井壁之间产生较大的摩擦阻力。钻柱与井壁之间的摩阻会使地面的钻压无法有效施加到钻头上，导致钻进工艺参数与地层不匹配，从而影响钻进速度。当钻柱与井壁摩擦力大到一定程度时，还容易引起钻柱扭曲变形，并诱发井内事故。因此，降低钻柱与井壁间摩擦阻力不但能提高钻进参数的控制灵敏度，使钻进参数能与钻进的地层相匹配从而提高钻进速度，还能减小黏吸卡钻和钻杆屈曲等孔内事故发生的概率。

图 4-2-11　水平井井眼清洁工具出井情况

大功率水力振荡减阻工具原理是给钻柱提供一定频率和幅度的振动，将钻柱与井壁之间的静摩擦转变为动摩擦，使摩擦力减小。在相同的接触条件下，静摩擦因数要远大于动摩擦因数，通常动摩擦因数只有静摩擦因数的75%。在钻进水平井和大斜度井时，如果将钻具受到的静摩擦力转换为动摩擦力将大大减小摩阻。大功率水力振动器在工作时会激励钻柱振动，使其产生小幅度的往复运动，从而将钻柱与井壁之间的摩擦力从静摩擦力状态转变为动摩擦力状态。

大功率水力振荡减阻工具主要由压力脉冲部分和振动执行部分组成（图 4-2-12）。振动执行部分由活塞轴与弹簧组成，当压力脉冲振动执行短节产生脉冲高压时推动活塞向上运动压缩弹簧，当压力减小时弹簧推动活塞向下运动，从而带动钻柱发生周期性运动。

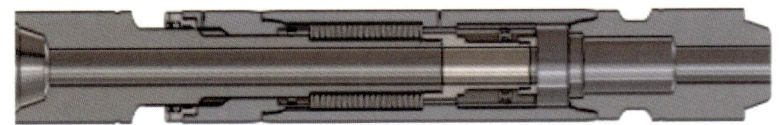

图 4-2-12　振荡执行短节设计示意图

压力脉冲部分包含动力部分与阀轴部分（图 4-2-13）。钻井液通过动力部分时驱动转子旋转，从而带动阀旋转使阀轴部分的截流面积产生周期性的变化，产生周期性的脉冲；周期性的压力变化作用于活塞轴使弹簧被周期性压缩和舒张，从而带动钻柱往复运动。

图 4-2-13 压力脉冲短节设计示意图

大功率水力振荡减阻工具于 W202H34-4 和 N209H15-6 进行了 2 口井现场试验，工具参数见表 4-2-3，入井前由于拖压等问题造成机械钻速慢，起钻后加入大功率水力振荡减阻工具，入井后均正常工作，较同井段上趟钻提速 20% 以上，有效减少了水平段托压问题，取得了良好应用效果。

表 4-2-3 大功率水力振荡减阻工具参数表

名称	参数
工具总长度 /mm	7150
工具外径 /mm	172
工作流量 /（L/s）	推荐排量：25～32
钻压 /kN	≤160
工具压降 /MPa	2.5～4.5
工具抗温 /℃	150
工具寿命 /h	>200
钻井液体系	水基 / 油基钻井液
螺纹类型	NC50（411×410）
工具抗拉强度 /kN	5629
工作扭矩 /（kN·m）	134.2
钻井液固相含量 /%	≤0.5

4. 智能钻井提速导航装置研制与应用

智能钻井提速导航装置通过内置控制流程及优化算法，在直井段和水平段通过顶驱钻井提速导航控制系统对现场作业实时优化、井下复杂预判，提高钻井时效。

（1）建立智能钻井提速导航装置工作流程，如图 4-2-14 所示。

矢量 r 代表着司钻设定的钻井工程参数，包括地表设定的转速 Ω 及钻压 W_{ref}。地表的实时工程参数用矢量 u 表示，作为钻井过程的输入量。输入量通过钻机控制系统设定目标值，而钻头处转速 ω、钻压 W 及扭矩则被定义为钻井过程的输出量，定义为输出矢量 y。输入矢量 u 实时传递给井下黏滑振动监测与控制模型，将模型计算输出矢量 y_m 与测量输出量 y 对比，模型的计算精度与井下测量基本相符。模型中优化算法，最终产生消除黏滑振动的优化参数 r。

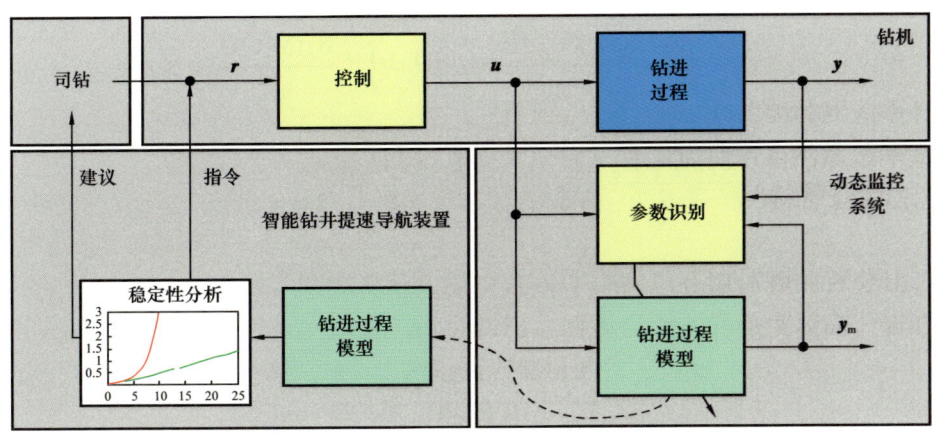

图 4-2-14　智能钻井提速导航装置工作流程

（2）建立全局、本地地层—钻头最优参数检索模型。

钻压与切削深度关系的实时建立，在现场钻井过程中，地面录井仪能够实时显示和记录当前钻井情况下钻压、扭矩、转速和机械钻速的数据。

通过现场记录的钻压、扭矩和转速等钻井参数可以建立并跟踪钻头输出能量与机械钻速之间的能效关系即破岩比能关系，即可判断钻头所处的工作状态和工作区间（图 4-2-15）。

机械比能（Mechanical Specific Energy，MSE）代表破碎单位体积岩石所需能量，近年来在评价钻头输出能量和破岩效率等方面得到广泛应用。机械比能用于描述钻井效率，不仅能有助于优选钻头和优化钻井参数，而且有助于设计与地层适应性更强的钻头。

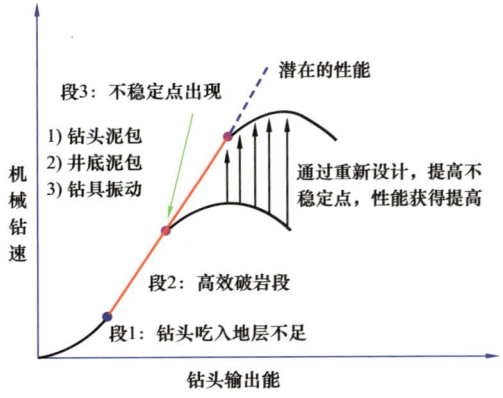

图 4-2-15　钻头高效破岩工作区和破岩效能提升区示意图

现有机械比能指数只考虑钻头对地层岩石施加钻压、扭矩，其表达式为：

$$\mathrm{MSE} = \frac{4 \cdot \mathrm{WOB}}{\pi d_B^2} + \frac{480 \cdot \mathrm{RPM} \cdot T}{d_B^2 \cdot \mathrm{ROP}} \quad (4\text{-}2\text{-}1)$$

式中　MSE——机械比能；
　　　WOB——钻压，kN；
　　　d_B——钻头直径，m；
　　　ROP——机械钻速，m/h；
　　　RPM——钻具转速，r/min；
　　　T——扭矩，kN·m。

依据二重积分相关定理，钻井过程中扭矩 T 可以表示为：

$$T = \int_0^{\frac{d_B}{2}} \int_0^{2\pi} \rho^2 \frac{4\mu \text{WOB}_e}{\pi d_B^2} d\rho d\theta = \int_0^{\frac{d_B}{2}} \frac{8\mu \text{WOB}_e}{d_B^2} \rho^2 d\rho$$

$$= \frac{8\mu \text{WOB}_e}{d_B^2} \left(\frac{\rho^3}{3}\right)_0^{\frac{d_B}{2}} = \frac{\mu \text{WOB}_e d_B}{3} \quad (4\text{-}2\text{-}2)$$

因此，机械比能修正模型可表示为：

$$\text{MSE}_{\text{mod}} = \frac{13.33\mu \cdot \text{RPM}}{d_B \left(\frac{\text{CCS}}{10^6 \cdot \text{EFF}_M \cdot \text{WOB}} - \frac{4}{\pi d_B^2}\right)} \quad (4\text{-}2\text{-}3)$$

式中　μ——钻头摩擦系数；

　　　CCS——地层岩石侧限抗压强度，MPa；

　　　EFF——钻头破岩效率；

　　　ρ——钻头切削齿距离井壁长度，m。

在实际钻进过程中，钻头在井下动力装置作用下输出水力能量，钻头输出高速水射流不仅能清洁井底岩屑，避免岩屑重复破碎，同时能够直接冲击破碎岩石强度较低的地层，起到辅助破岩作用。

为此，项目在研究过程中将钻头机械能量（钻压、扭矩）与水力能量两者有机结合，形成常规钻井过程中井底真实条件下钻头破岩比能模型—水力—机械比能（Hydro-Mechanical Specific Energy，HMSE）：

$$\text{HMSE} = \frac{4\text{WOB}}{\pi d_B^2} + \frac{480\Delta p_{\text{PDM}}(\text{RPM}_S + K_N Q_{\text{PDM}})\left(\frac{T_{\max}}{\Delta p_{\max}}\Delta p_{\text{PDM}}\right)}{d_B^2 \text{ROP}} \quad (4\text{-}2\text{-}4)$$

$$\text{HMSE} = \frac{4\text{WOB}_e}{\pi d_B^2} + \frac{480\text{RPM} \cdot T}{d_B^2 \text{ROP}} + \frac{4\eta \Delta p_b Q}{\pi d_B^2 \text{ROP}} \quad (4\text{-}2\text{-}5)$$

式中　Δp_{PDM}——动力钻具实钻压降，MPa；

　　　$\Delta p_{\max}$——动力钻具最大压降，MPa；

　　　$T_{\max}$——动力钻具最大输出扭矩，kN·m

　　　K_N——动力钻具转速排量比，r/L；

　　　Q_{PDM}——流经动力钻具排量，L/s；

　　　η——钻头破岩效率。

建立本地地层—钻头最优参数检索，确定特定地层岩性中钻头破岩能效、机械钻速、吃入深度随钻井参数（钻压、转速）分布规律，确定高效破岩最优工作参数组合区域。通过参数寻优技术，建立了钻头破岩能效、钻头吃入深度和钻头工作参数之间的关系，指导钻头工作参数向高效破岩方向优化（图4-2-16）。

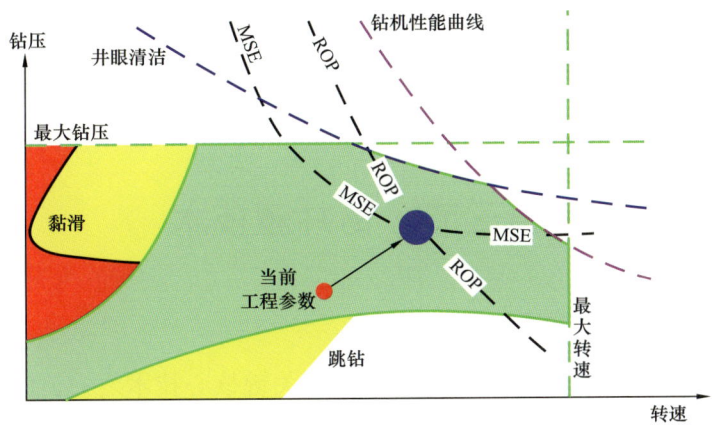

图 4-2-16　最优参数组合优化指向

该新方法规避了传统钻速优化方程中,待定系数多求解耗时,难以实际应用的难题。还建立了井底清洁程度和钻头工作参数(钻压、转速、排量)之间的对应关系。形成了钻头能效跟踪评价与工作参数优化流程如图 4-2-17 所示。

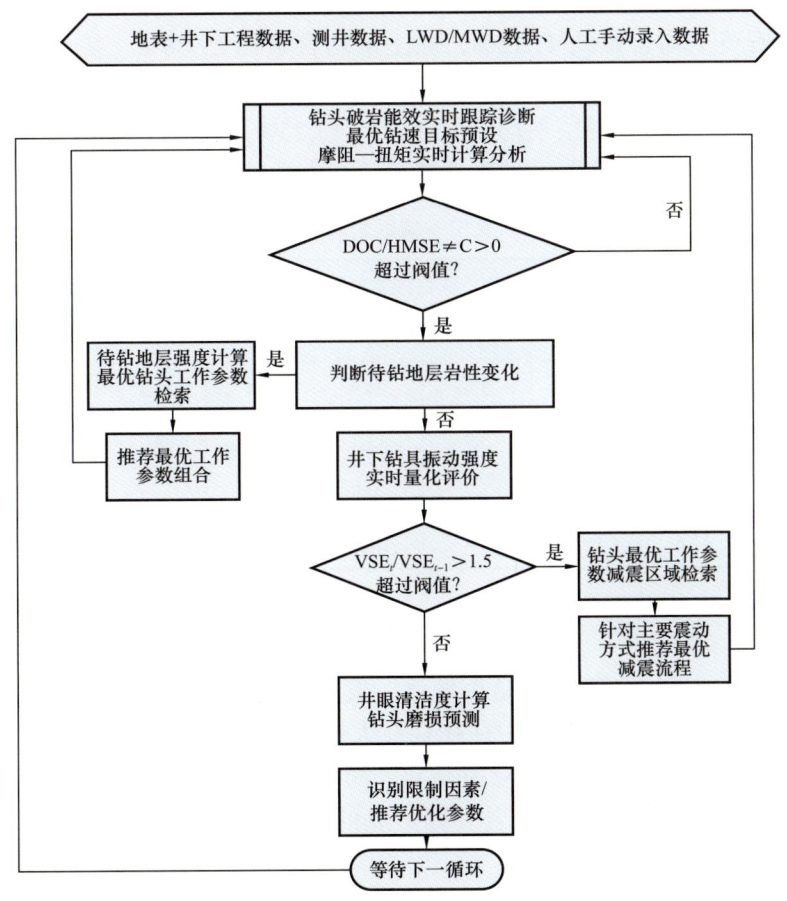

图 4-2-17　钻头能效跟踪评价与工作参数优化流程图

DOC—钻头切削深度;HMSE—水力机械比能;C—判定准则;VSE—黏滑振动强度;下角 t 和 $t-1$—t 时刻和 $t-1$ 时刻

智能钻井提速导航装置,以人工优化为主、自动优化为辅的方式(图 4-2-17),在长宁区块 ND209H19-1 井和 ND209H19-5 井现场试验 2 口井 6 井次,机械钻速同比提高 21%~32.3%。

第三节 钻井液技术

一、页岩井壁稳定性研究

页岩气水平井钻井液技术作为水平井钻井的关键核心技术之一,面临着处理井壁失稳、井漏、易卡钻等诸多技术难题(王波等,2020)。针对长宁—威远区块龙马溪组页岩组构、理化性能开展相关研究,分析岩石破坏的影响因素及井壁失稳机理,为钻井液技术对策制订提供理论支撑。

1. 矿物组成

长宁—威远龙马溪组页岩主要以石英和黏土矿物为主,含有少量的长石、方解石和菱铁矿,其中石英平均含量约 41.15%,黏土平均含量约 29.88%。黏土矿物主要以伊利石、绿泥石和伊/蒙混层为主,含有少量高岭石,混层比较低,不含蒙皂石。伊利石平均相对含量约 68%,伊/蒙混层平均相对含量约 13.75%,绿泥石平均相对含量约 13.5%。龙马溪组页岩整体表现出弱膨胀、硬脆性特征(林永学等,2019),见表 4-3-1。

表 4-3-1 长宁—威远岩屑全岩矿物分析

样品序号	层位	矿物种类和含量 /%							黏土矿物总量 /%
		石英	钾长石	斜长石	方解石	白云石	黄铁矿	重晶石	
1	龙马溪组	47.0	—	3.4	24.9	5.4	2.3	—	17.0
2	龙马溪组	45.0	3.9	13.1	12.4	3.7			21.9
3	龙马溪组	31.0		3.2	1.5	—			64.3
4	龙马溪组	41.6	—	3.4	21.5	13.9	3.3		16.3

2. 微观形貌

除组分含量外,页岩中微裂缝是否发育、发育的程度及微裂缝开度的大小是钻井液性能优化的另一重要因素。泥页岩中往往存在大量微裂缝,裂缝的形成主要与岩石脆性、有机质生烃、地层孔隙压力、水平应力差异、断裂和褶皱等因素相关。石英、长石和碳酸盐岩等脆性矿物含量和脆度是页岩裂缝形成的内因,脆性矿物含量越高,脆度越高,则天然裂缝越发育。

长宁—威远工区内龙马溪组页岩裂缝较发育,延伸长度大,宽度一般为 50~100nm。根据岩心天然裂缝统计,五峰组—龙一段中下部裂缝相对发育,缝宽小于 1mm 的微裂缝居多。石英颗粒呈岛状散布，与黏土矿物胶结处发育有微裂缝。有方解石充填裂缝，方解石自身胶结致密，但与黏土矿物交界面仍有微孔隙。一方面，微裂缝的存在本身就降低了岩石力学强度，使泥页岩在外力的作用下极易沿微裂缝或层理面破坏，造成井壁失稳，如页岩微裂隙发育或构造应力集中的话，也易发生硬脆性页岩的破裂和剥落导致井壁失稳；另一方面，在钻井过程中也为钻井液滤液侵入提供了天然通道，在应力差和自吸作用下，钻井液（包括油基钻井液）极易沿微裂缝或节理面侵入页岩内部，虽然不会迅速发生膨胀和变软，但是对于水基钻井液而言往往会加剧泥页岩的水化和分散，扩大泥页岩水化面积；对于油基钻井液而言，则会增加孔隙压力并降低泥页岩的结合强度和层理面之间的结合力。另外，黏土矿物在页岩中分散，钻井液进入页岩后可能造成应力集中和化学势增大，使得裂缝扩张或者沿着矿物间接触面形成新裂缝，甚至进一步降低岩石的力学强度，造成井壁失稳。

浸泡后页岩表面孔洞明显增多，孔洞直径为 1~3μm，原本有裂缝的地方，裂缝明显变宽变深，并且开始出现新裂缝（图 4-3-1）。页岩经水浸泡后，随着新微孔和微裂缝的出现，容易造成页岩应力的变化，破坏页岩原始的稳定状态，进而造成井壁失稳。

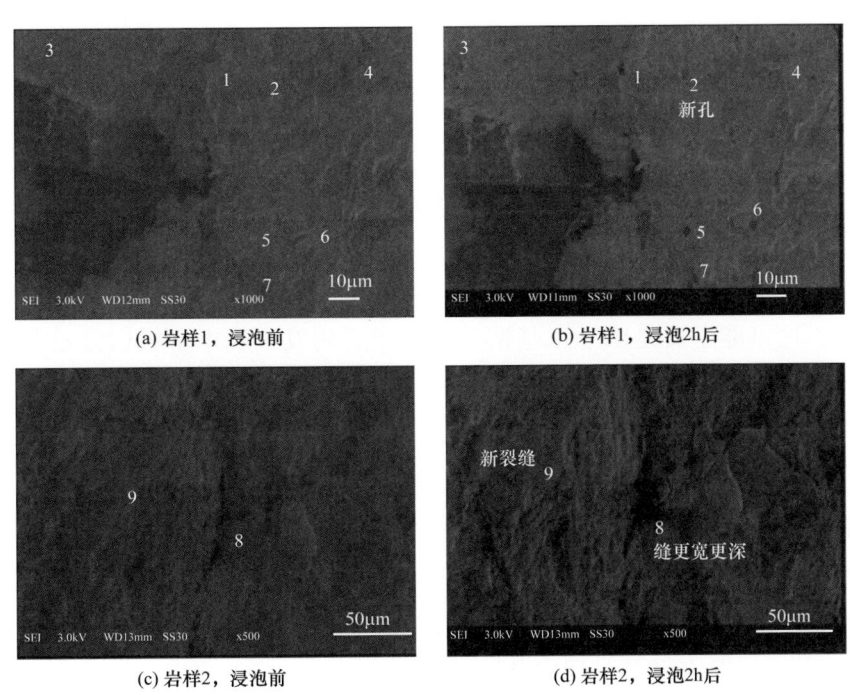

图 4-3-1　龙马溪组页岩去离子水浸泡前后 SEM 对比图

3. 润湿状态

页岩中发育着大量的节理或裂缝等不连续面，尺寸不一、分布各异的不连续面是影响页岩井壁稳定的主要因素。当钻井液沿着微裂缝进入地层，会产生两个方面的作用：（1）增加裂缝面的孔隙压力；（2）润滑壁面，导致压力传至缝尖。这两个方面的作用促使页岩中原生裂缝发生扩展，围岩破坏深度增加，当破坏深度达到一定程度时，导致井壁垮塌。而裂缝的扩展是地应力、缝间流体压力、钻井液润湿特性、断裂韧性和裂缝几何特征等因素综合影响的结果。

通过对长宁—威远龙马溪组页岩进行润湿性实验发现，清水与页岩的润湿角约为30°，煤油和柴油在页岩表面铺展，润湿角约为13°（图4-3-2）。岩样呈现出水润湿、油润湿的两润性状态。在地层多场耦合条件下，钻井液会沿着裂缝进入地层。油和水都具有进入岩样表面裂缝，并沿着裂缝扩展的表面润湿性基础。

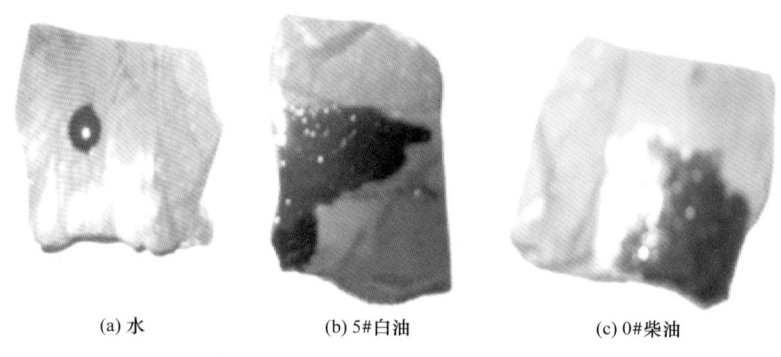

(a) 水　　　　　　　(b) 5#白油　　　　　　(c) 0#柴油

图4-3-2　龙马溪组页岩润湿性实验

4. 力学性能影响

通过在不同液体中浸泡后的抗压强度测试可以看出，龙马溪组页岩在不同流体中浸泡后，抗压强度都随时间的延长呈现出降低的趋势，其中油基钻井液浸泡后抗压强度下降程度最小，为15%～20%，而蒸馏水浸泡后强度下降可达70%。

油基钻井液浸泡后龙马溪组页岩内聚力未发现明显变化，而水基钻井液浸泡后则可达60%以上。这可能主要是由于水基钻井液浸泡后诱发页岩中水敏组分松散化导致的内聚力下降。

油基钻井液浸泡后龙马溪组页岩岩样的内摩擦角降低约20%，而水基钻井液浸泡后内摩擦角下降约9%。说明油基钻井液浸泡对页岩岩样内摩擦角的影响较大。

5. 井壁稳定性分析

页岩气井井壁失稳是制约页岩气安全高效开发的关键技术难题，通过研究分析认为，井壁失稳是在多场耦合条件下，受岩石结构、黏土矿物、钻井液类型等多种因素综合影响的力学失稳行为，是在钻井过程中井壁围岩裂缝扩展并最终贯穿的结果。

在水基钻井液条件下，井壁失稳主要与矿物组成的水敏特性有关：（1）页岩中活性黏土矿物水化膨胀与分散，特别是像蒙皂石之类的活性黏土水化膨胀与分散；（2）钻井液压力在地层中传递，导致井壁附近的孔隙压力增加，降低钻井液支撑井壁的有效性，进而导致一种不稳定的井眼环境；（3）页岩孔隙流体总势能增加，水将吸附在黏土矿物晶层中，导致晶片分离；（4）钻井液活度不适当，在活度差和钻井液压力的共同作用下，水从井眼渗入地层，将导致孔隙压力持续升高和地层吸水，钻井液支撑井壁的有效性和地层强度的降低，导致井壁失稳。

使用油基钻井液在很大程度上避免了水基钻井液所面临的泥页岩水化诱发的井壁失稳问题，但是由于油相的界面张力更低，其在岩石表面的润湿性更强，导致岩石的内摩擦角降低。因此在使用油基钻井液条件下，更容易诱发页岩裂缝的扩展。使用油基钻井液，尤其是在天然裂缝比较发育或破碎性的地层，要进一步强化封堵性能，减少裂缝性地层的扩展型失稳。

二、油基钻井液技术

长宁—威远地区页岩储层页岩强度有显著的各向异性，地层裂缝发育，且开发主要以浅层大位移井为主，极易在定向段和水平段造成剥落掉块和垮塌等复杂情况。油基钻井液具有抑制性强、润滑防卡、井壁稳定、抗污染能力强以及保护储层等诸多优点，已成为钻探高难度井和非常规油气资源的重要手段。

1. 关键处理剂的研发

从油基钻井液处理剂的作用机理入手，不断优化、完善油基钻井液处理剂的分子结构设计和生产工艺，研发出 6 种油基钻井液关键处理剂。

1）乳化剂（CQ-ETS）

乳化剂 CQ-ETS 是一种以多种脂肪酸混合而成的油基钻井液乳化剂，具有加量少、乳化效果好和长效抗温稳定性能优良等特点。

2）纳米材料（CQ-NZC）

纳米材料 CQ-NZC 的研发是基于纳米材料 Pickering 乳状液的协同作用。纳米材料可以充当表面活性剂在油水界面上形成保护层，使乳状液不易受体系 pH 值、盐浓度、温度及油相组成等因素的影响，从而达到提高乳状液稳定性的目的。通过实验表明，纳米材料 CQ-NZC 在油基钻井液中分散后，不仅能有效提高油基钻井液的乳化稳定性，还能利用其较大的比表面积，适当提高钻井液的塑性黏度与静切力。同时，纳米材料的纳米级粒子还可成为填充颗粒，增强油基钻井液的封堵性能，优化滤失造壁性。

3）润湿剂（CQ-WBP）

润湿剂 CQ-WBP 是一种季铵盐类表面活性剂。CQ-WBP 润湿效果好，配伍性好，且可以提高油基钻井液体系的乳化稳定性。

4）流型调节剂（CQ-RZL）

流型调节剂 CQ-RZL 是多种聚酰胺的混合物，具有提切效果好、长效抗温性强的特点。

5）封堵剂（CQ-BFX）

封堵剂 CQ-BFX 是一种可以在油相中分散的非沥青类刚性封堵材料。CQ-BFX 加入油基钻井液体系内，可以通过改善油基钻井液体系的粒度级配，以实现良好的封堵性能。优化滤饼质量，有效地封堵微孔隙与裂缝。此外，由于 CQ-BFX 属于非沥青类封堵剂，配伍性能更好，不会影响油基钻井液体系的流变性能。

6）降滤失剂（CQ-FBY）

降滤失剂 CQ-FBY 是一种黏弹性的油溶性聚合物。CQ-FBY 加入油基钻井液体系后，弹性聚合物可以形成软封堵，不仅能有效降低油基钻井液的滤失量，同时弹性聚合物在滤饼断裂面上形成拉筋作用，能够增大岩石的内聚力，从而提高井壁稳定性。

2. 油基钻井液性能评价

在研发了6种油基钻井液处理剂的基础上，形成了适用于长宁—威远页岩气的无土相强封堵油基钻井液体系CQ-WOM。CQ-WOM体系的主要配方：白油+3.0%CQ-ETS+1.0%CQ-NZC+2.0%CaO+3.0%CQ-WBP+0.8%CQ-FBY+1.0%CQ-BFX+0.7%CQ-RZL+$CaCl_2$（25%浓度）+加重至密度2.20g/cm³（油水比为85：15）。

油基钻井液室内配方性能见表4-3-2。

表4-3-2 油基钻井液室内配方性能表

状态	AV/mPa·s	PV/mPa·s	YP/Pa	Φ_6/Φ_3	Gel/Pa	ES/V	FL_{HTHP}/mL
热滚前	61	53	8	8/7	3/7.5	582	—
120℃热滚16h	60	52	8	7/6	3/7	617	3.6

表4-3-2数据表明，油基钻井液具有良好的乳化稳定性，较低的塑性黏度，合适的动塑比和静切力以及较低的高温高压滤失量。热滚后，无土相油基钻井液的流变性能基本没有变化，表明该油基钻井液的抗温性能优良。破乳电压在热滚以后有所上升，进一步表明了该油基钻井液具有良好的乳化稳定性。同时，还对该体系的封堵性、抗污染性以及长效抗温稳定性做出了评价。

1）封堵性评价

采用FANN渗透堵漏仪器（PPA）进行封堵性测试（测试用岩心板的渗透率为10mD和100mD），在120℃、25MPa条件下，经过实验，滤失量为0，说明该钻井液具有良好的封堵性能。

2）抗污染能力评价

在实际钻井过程中，油基钻井液不可避免地会受到地层劣质固相以及地层水的污染，因此，油基钻井液的抗污染能力是安全顺利钻井的保障。通过实验测试了油基钻井液体系的抗污染能力，实验结果见表4-3-3。

表4-3-3 油基钻井液抗污染评价实验

状态	Φ_6/Φ_3	AV/mPa·s	PV/mPa·s	YP/Pa	Gel/Pa	ES/V	FL_{API}/mL	FL_{HTHP}（120℃）/mL
滚前	10/8	56.5	46.0	10.5	5.5/7.5	651~693	0.6	—
滚后	8/6	61.5	51.0	10.5	3.5/9.0	697~787	0.4	3.4
加入10%水污染	11/8	82.5	69.0	13.5	7.0/11.0	483~508	0.4	2.0
加入10%页岩粉污染	6/4	69.0	58.0	11.5	2.0/8.0	607~688	0.7	3.6

表4-3-3数据表明，油基钻井液体系具有良好的抗污染能力，无论是水污染还是页岩粉的污染，该体系仍然保持了比较理想的综合性能，仅流变参数有所上升，破乳电压有所下降。实验结果表明，该油基钻井液具有优异的抗污染能力。

3）长效抗温稳定性评价

在实际钻井过程中，油基钻井液常常需要在井下长时间静置。因此，油基钻井液的长效抗温性能需要非常稳定，才能保证井下作业的安全。室内实验表明，油基钻井液体系在120℃下静置72h以后，流变性能基本稳定，破乳电压有所上升，高温高压滤失量稍微上升，表明了该油基钻井液体系具有良好的长效抗温稳定性能。

3. 应用情况

油基钻井液先后在长宁—威远区块成功试验51口井，完成进尺$11.58×10^4$m，目前油基钻井液已在页岩气区块推广应用。在现场应用中，油基钻井液具有优良的流变性能和携砂性能，保证了井眼清洁，能很好地满足页岩气水平井安全钻进的需要。油基钻井液的成功研究，使得钻井液现场性能得到大幅提高，确保了页岩气安全快速钻井。油基钻井液在现场应用中性能稳定，黏度和切力适中，携砂效果好，高温高压滤失量低，起下钻摩阻小，机械钻速快，井下未发生复杂，现场应用效果好。

三、高性能水基钻井液技术

1. 关键处理剂优选

1）封堵剂的优选

选取的封堵剂有Soltex、YH150、石蜡乳液、DFD-1、TFT、超细碳酸钙（1200目，12μm），按实验配方配制的钻井液在130℃下滚动16h后，测定钻井液在50℃下的性能。实验结果表明，几种封堵剂中，TFT的封堵效果最好，130℃的高温高压滤失量为4.2mL；TFT是一种磺化沥青类封堵剂，易分散在水基钻井液中，软化点低，为90～100℃；TFT的分子中含有磺酸基，水化作用强，当吸附在页岩表面时，可阻止页岩的水化分散，不溶于水的部分，可以起到填充裂缝的封堵作用；同时，封堵剂TFT对钻井液的流变性能影响不大，因此选用TFT作为CQH-M2高性能水基钻井液体系的封堵剂。

2）降滤失剂优选

选用聚合物类降滤失剂PAC-LV、REDUL200、TFJ、TFB，磺化树脂类降滤失剂SMP-2，褐煤类降滤失剂RSTF，按实验配方配制的钻井液在130℃下高温滚动16h后，测试130℃高温高压滤失量。实验结果表明，在复合电解质溶液B中，常用的降滤失剂基本失效，10%TFB的降滤失剂效果最好，130℃高温高压滤失量为4.8mL；TFB是长江大学合成的新型抗高浓度高价金属离子聚合物降滤失剂，主聚合物是丙胺酮，分子量较小，一般为5000～10000，分子结构中主链全是以苯环和C—C单键的形式存在，支链上的亲水基团有羧基、腈基、羟基等，在高浓度金属离子和高温条件下，TFB不断链，稳定性好，因此选用TFB作为CQH-M2高性能水基钻井液体系的降滤失剂。

3)抑制剂优选

选用 PEG、KCl 和 Na_2SiO_3 三种抑制剂，采用浸泡实验、抑制膨润土造浆率实验和滚动回收率实验来评价和优选。由浸泡实验可知，PEG 的抑制作用最强，Na_2SiO_3 次之，KCl 对黏土水化分散的抑制作用最弱。由膨润土造浆实验结果可知，PEG 抑制黏土水化膨胀的能力强于 KCl 和 Na_2SiO_3。综合浸泡和抑制膨润土造浆率两个实验，选择 PEG 作为 CQH-MZ 高性能水基钻井液体系的抑制剂。

4)润滑剂优选

选取 HB-1、DFR-3、TFE 和聚合醇等润滑剂，进行润滑剂优选实验，按实验配方配制的钻井液在 130℃下高温滚动 16h 后，测定钻井液在 50℃下的性能。实验结果表明，润滑剂 TFE 的极压润滑系数最低为 0.084，其润滑性能好，并且其流变性能和高温高压滤失量都较好；TFE 属于碳醇类润滑剂，支链含有亲水基团羟基，在水基钻井液中溶解性好，主链是亲油基团，吸附在页岩表面，形成一层油膜，从而起到润滑作用；TFE 中不含油，是一种环保型润滑剂，因此选用 TFE 作为 CQH-M2 高性能水基钻井液体系的润滑剂（杨建民等，2020）。

2. 钻井液配方及其性能评价

经过主要处理剂优选，确定了 CQH-M2 高性能水基钻井液体系的配方为：复合电解质溶液 B+0.5% 主聚合物 +10%TFB+2%TFE+3%TFT+2% 白油 + 重晶石。密度为 2.20g/cm³ 的 CQH-M2 高性能水基钻井液在 130℃下老化不同时间后，在 50℃时测其性能，结果见表 4-3-4。由表 4-3-4 可知，随着老化时间的增长，塑性黏度和静切力略有减小，钻井液整体流变性能稳定，具有较高的塑性黏度和低的静切力；130℃高温高压滤失量都在 5.0mL 以内，高温流变性和降滤失稳定性良好。

表 4-3-4 CQH-M2 高性能水基钻井液 130℃老化后的性能

时间/h	FV/s	PV/mPa·s	YP/Pa	Gel/Pa/Pa	Φ_6/Φ_3	FL_{HTHP}/mL	滤饼厚度/mm
0	76	122	16.0	4.0/6.5	11/9	4.0	1
24	68	121	15.5	3.0/5.5	9/7	5.0	1
48	62	109	14.0	2.0/4.5	8/6	4.0	1
72	66	113	15.0	1.5/4.0	7/6	4.8	1

注：钻井液密度为 2.20g/cm³；FL_{HTHP} 在 130℃测定。

1)抑制性

选用 W204H10-3 井的页岩岩屑，采用线性膨胀实验对 CQH-M2 高性能水基钻井液的抑制性进行评价。页岩岩屑过筛孔为 0.15mm 分样筛，在压样机模具中以 4.0MPa 压力压制 5min 制成柱状试样。在 OFIT 页岩膨胀仪上，测定在清水、油基钻井液、CQH-M2 高性能水基钻井液和 CQH-M1 高性能水基钻井液中浸泡 16h 后的膨胀率分别为 9.8%、

0.6%、1.2%和1.6%，膨胀率都较低。说明油基钻井液对页岩岩屑的抑制性能最好，CQH-M2高性能水基钻井液对页岩岩屑的抑制性优于CQH-M1高性能水基钻井液、接近油基钻井液，可以抑制页岩水化分散和膨胀。

2）封堵性

配制密度为2.20g/cm³的CQH-M2高性能水基钻井液，测定130℃高温高压滤失量，每5min记录一次滤失量，共计测定1h，结果如图4-3-3和图4-3-4所示。

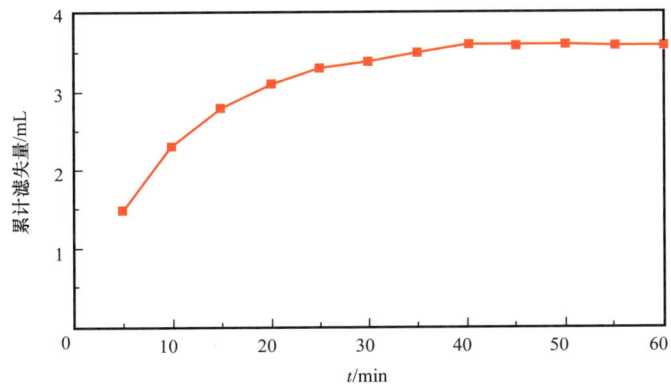

图4-3-3 CQH-M2高性能水基钻井液滤失量随时间变化图

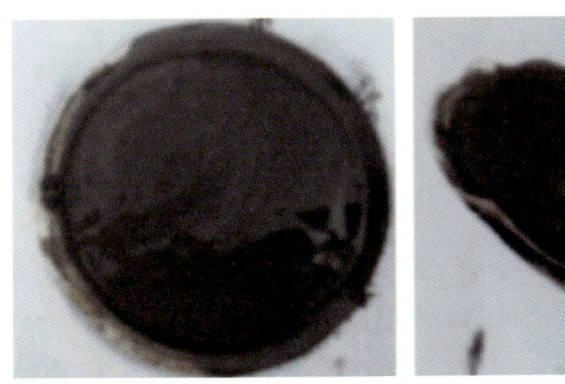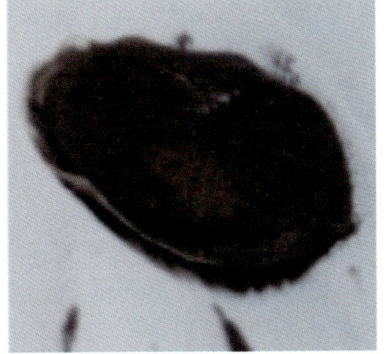

图4-3-4 CQH-M2高性能水基钻井液的高温高压滤饼图

由图4-3-3和图4-3-4可知，钻井液130℃高温高压初始5min滤失量为1.5mL，30min和60min累计滤失量为3.4mL和3.6mL，30min后滤失量趋于零，有很好的即时和长效封堵效果；滤饼质量薄而有韧性，封堵效果好。

3）抗污染性能

川渝地区龙马溪组页岩层含水量和含盐量都较低，岩屑污染是CQH-M2高性能水基钻井液的主要污染源，因此室内只评价岩屑污染情况。在CQH-M2高性能水基钻井液中加入一定量的岩屑后，130℃老化24h，筛除剩余岩屑后测定钻井液性能，结果见表4-3-5。从表4-3-5可知，岩屑加量为12%时，钻井液的流变性明显变差；岩屑加量不大于9%时，钻井液的流变性稳定，因此CQH-M2高性能水基钻井液具有好的抗岩屑污染能力。

表 4–3–5　CQH–M2 高性能水基钻井液的岩屑污染实验结果

岩屑含量/%	AV/mPa·s	PV/mPa·s	YP/Pa	Gel/Pa/Pa	FL_{HTHP}/mL	滤饼厚度（高温高压）/mm
0	96	86	10	3.0/5.0	3.6	1.0
1	96	86	10	2.5/5.0	4.2	1.0
3	98	86	12	2.0/4.0	4.2	1.0
5	100	88	12	3.0/5.0	4.4	1.0
7	102.5	92	10.5	3.0/5.0	4.2	1.0
9	100.5	91	9.5	3.0/5.5	3.8	1.0
12	132	112	20	6.5/11.0	4.4	1.5

3. 页岩水基钻井液应用与效果

高性能水基钻井液在长宁—威远区块现场试验 27 口井，共完成进尺 5.7×10^4 m，页岩滚动回收率平均 97.9%、井眼扩大率平均 6.02%，在地应力各向异性小、裂缝不发育、岩石脆性指数相对较低井区基本实现了在水基钻井液条件下通井、电测、下套管一体化完井作业。

四、生物合成基钻井液技术

1. 处理剂筛选

以生物合成基础液为钻井液体系的连续相，需要通过相关评价实验，确定出与其最佳配伍，并且满足环保要求的乳化剂、降滤失剂等助剂。

1）乳化剂的优选

根据基础液的成分和性能原理，选择了数个厂家的乳化剂，将其进行性能对比评价，优选出性能最佳的乳化剂。实验结果表明，ATMUL-HT 和 ATCOAT-HT 组合后的破乳电压明显高于其他产品，流变性良好。因此，优选出的乳化剂为 ATMUL-HT 和 ATCOAT-HT。

2）有机土的优选

为了使生物合成基钻井液的性能可以像水基钻井液方便地随时进行必要的调整，常常使用有机土、氧化沥青以及亲油的褐煤粉、二氧化锰等固体处理剂分散在油包水乳化钻井液的油相中，统称这些固体处理剂为亲油胶体。其中使用最普遍的是有机土，它的作用主要是提高钻井液的黏度和切力，降低钻井液的滤失量。有机土是由亲水的膨润土与季铵盐类阳离子表面活性剂发生相互作用后制成的亲油黏土，由于表面活性剂吸附在黏土表面，黏土由亲水变成亲油，这样便能在油基钻井液中很好地分散。实验分析表明，加入 ATGEL 有机土后，流变性能明显高于其他厂家的有机土；同时，破乳电压还能保持在较高的数值，没有破坏体系的电稳定性，因此优选 ATGEL 作为体系的有机土。

3）降滤失剂的优选

对于生物合成基钻井液，必须严格控制其滤失量。这是因为该钻井液的滤液是生物合成基油而不是水，大量油的滤失无疑会造成很大的浪费，同时也会影响生物合成基钻井液的性能。同时随着钻井井深的增加，对生物合成基钻井液降滤失剂性能提出了更高的要求。室内分析实验表明，加入 ATROL-HT 老化 16h 后，滤失量明显低于其他降滤失剂，对黏度和破乳电压没有什么影响，配伍性良好。因此，优选 ATROL-HT 作为钻井液体系的降滤失剂。

2. 生物合成基钻井液体系的性能评价

针对国内外各大油田对钻井液的需求，通过大量实验确定了几个不同温度和密度的基础体系配方，在此基础上形成一套完整的生物合成基钻井液体系 Ant-Druid，以适应不同的市场需求，并进行了一系列的评价实验。

1）基础配方性能

通过上述乳化剂、有机土和降滤失剂最佳加量的优选，最终确定了 3 个温度和密度的基础配方，具体性能见表 4-3-6。

表 4-3-6 生物合成基钻井液基础配方性能表

性能	2.10g/cm^3/120℃		2.50g/cm^3/160℃		1.85g/cm^3/180℃	
	热滚前	热滚后	热滚前	热滚后	热滚前	热滚后
PV/（mPa·s）	35	32	83	74	37	33
YP/Pa	7	6	11	8	12	9
初切/Pa	5	4	6	4.5	5.5	4
终切/Pa	6.5	4.5	7	5.5	6	5
FL$_{API}$/mL	—	0	—	0	—	0
FL$_{HTHP}$/mL	—	3.2	—	2	—	5
ES/V	865	840	1349	1075	1205	925

从表 4-3-6 可知，该体系抗温能力可达 180℃，密度最高可达 2.50g/cm^3，性能良好，可适用于不同区块的钻井要求。

2）抗污染实验评价

生物合成基钻井液在现场应用时，很可能会受到地层水的侵入和岩屑污染，为模拟上述污染，对上述 120℃基本配方分别进行盐水和膨润土污染，实验结果见表 4-3-7。

从表 4-3-7 中可知，该体系被不同的污染物污染后，各项性能仍良好，表现出较好的抗污染能力，能满足井下复杂的处理。

表 4-3-7　污染实验评价（120℃×16h，ρ=2.1g/cm³）

配方	Gel$_{10s}$/Gel$_{10min}$/Pa/Pa	AV/mPa·s	PV/mPa·s	YP/Pa	ES/V	高温高压滤失量及滤饼厚度/mL/mm	油相体积V_o/水相体积V_w/mL/mL	固相含量V_s/%
基础配方	4/4.5	38	32	6	617	3.6/3	80∶20	37
重复配方	4/4.5	40	35	4.5	625	3.2/3	80∶20	37
重复配方+15%饱和盐水污染	4/4.5	61	52	9	213	4.2/3	—	—
重复配方+2%石膏污染	4/4.5	41	34	7	576	3.6/3	80∶20	37
重复配方+5%土粉污染	3.5/4	47	39	7.5	609	3.6/3	—	—

3) 抑制性评价

在钻遇水敏地层时，对钻井液体系的抑制性要求较高，因此需对抑制性进行评价。通过采用线性膨胀方法，将泥页岩粉碎过100目筛，把过筛后的样品放在100℃±3℃的恒温干燥4h，冷却至室温。称取10~15g岩粉装入与测试筒直径大小一样的圆筒内，将岩粉铺平；装上活塞，然后放在压力机上逐渐均匀加压直到压力表上指示4MPa，稳压5min，取下圆筒，将活塞缓慢从圆筒中取出，用游标卡尺测量样心的厚度（即原始厚度）；将该样心分别浸泡在不同的钻井液体系中，分别监测其膨胀高度。实验结果表明，生物合成基钻井液的抑制性和矿物油基钻井液体系相当，但明显优于高性能水基钻井液和KCl聚合物钻井液体系，具有较强的抑制性，能满足水敏地层区块的钻井。

4) 渗透率恢复值实验

钻遇目的层时，需考虑油气层保护，因此将几种钻井液体系进行渗透率恢复值评价。评价结果表明，生物合成基钻井液的渗透率恢复值和矿物油基钻井液体系相当，但明显优于高性能水基钻井液和KCl聚合物钻井液体系，能最大限度地保护油气层。

5) 高温稳定性实验

为了评价生物合成基钻井液体系是否满足后期试油阶段的需求，开展了高温稳定性评价，实验结果见表 4-3-8。

表 4-3-8　生物合成基钻井液体系的高温稳定性对比

150℃静止恒温时间下性能	24h	48h	72h	120h
PV/(mPa·s)	48	46	43	38
YP/Pa	8	7	6	5
Gel	5/7	5/7	4.5/6	4/5
ES/V	725	707	665	631
现象	玻璃棒可自由到底，无明显稠化现象，底部约2cm软沉淀，轻搅后迅速恢复均匀	自由到玻璃棒可自由到底，无明显稠化现象，底部约3cm软沉淀，轻搅后迅速恢复均匀	玻璃棒可自由到底，无明显稠化现象，底部约4cm软沉淀，轻搅后迅速恢复均匀	玻璃棒可自由到底，无明显稠化现象，底部约5cm软沉淀，轻搅后迅速恢复均匀

从表 4-3-8 可知，生物合成基钻井液体系经过长时间高温静置后，底部没有硬沉淀，可以满足试油钻井液的要求。

3. 应用效果

在长宁区块开展生物合成基钻井现场试验 5 井次，平均井径扩大率为 0.5%～4.98%，与油基钻井液相当，钻进期间地层稳定，井眼通畅，未出现垮塌掉块现象，在 CNH19 平台创造 ϕ215.9mm 井眼 2366m 进尺一趟完钻的纪录（李茜等，2018）。

第四节　页岩气固井工艺关键技术

一、安全下套管工艺技术

针对长水平段水平井下套管摩阻大的问题，建立多因素耦合条件下的摩阻计算模型，并结合现场 3 口井的实钻数据对摩阻系数进行反演校正及摩阻分析预测，预测结果与现场符合程度较高。

1. 管柱摩阻扭矩计算模型

1）管柱摩阻扭矩模型公式

$$\tau = \frac{\sin\alpha\left(\dfrac{d\alpha d^2\varphi}{dsds^2} - \dfrac{d\varphi d^2\alpha}{dsds^2}\right) + \dfrac{d\varphi}{ds}\left[\left(\dfrac{d\alpha}{ds}\right)^2 + k^2\right]\cos\alpha}{k^2} \qquad (4\text{-}4\text{-}1)$$

式中　τ——井眼挠率，m^{-1}；

α——井斜角，（°）；

φ——井斜方位角，（°）；

k——井眼曲率，m^{-1}；

s——计算单元长度，m。

2）钻井液浮力公式

$$G_B = \frac{\pi}{4}\left(d_o^2 - d_i^2\right)\rho_s g + \frac{\pi d_i^2}{4}\rho_i g - \frac{\pi d_o^2}{4}\rho_m g \qquad (4\text{-}4\text{-}2)$$

式中　G_B——浮力系数，N/m；

d_o——套管外径，m；

d_i——套管内径，m；

g——重力加速度，N/kg；

ρ_s——套管钢材密度，kg/m^3；

ρ_i——管内液体密度，kg/m^3；

ρ_m——钻井液密度，kg/m^3。

3）机械阻力的影响

摩阻计算中的摩阻系数是一个复杂的参数，它不仅包含了摩擦力，还包含了岩屑床、稳定器、扶正器和井眼局部弯曲等产生的机械阻力。当机械阻力的变化趋势与摩擦力相同时，使用一个较大的摩阻系数就可以较为准确地计算出大钩载荷，但是当它们的变化趋势不同时，摩阻计算就会产生较大误差。

4）现场数据反演

选取 3 口井下套管作业时的数据，主要为井斜数据、井身结构、钻井液参数、下入套管（或筛管）的规格，以及下套管时的大钩载荷与引鞋位置数据，并根据这些现场数据进行了摩阻计算和摩阻系数反演的工作，取得了良好的结果，如图 4-4-1 所示。

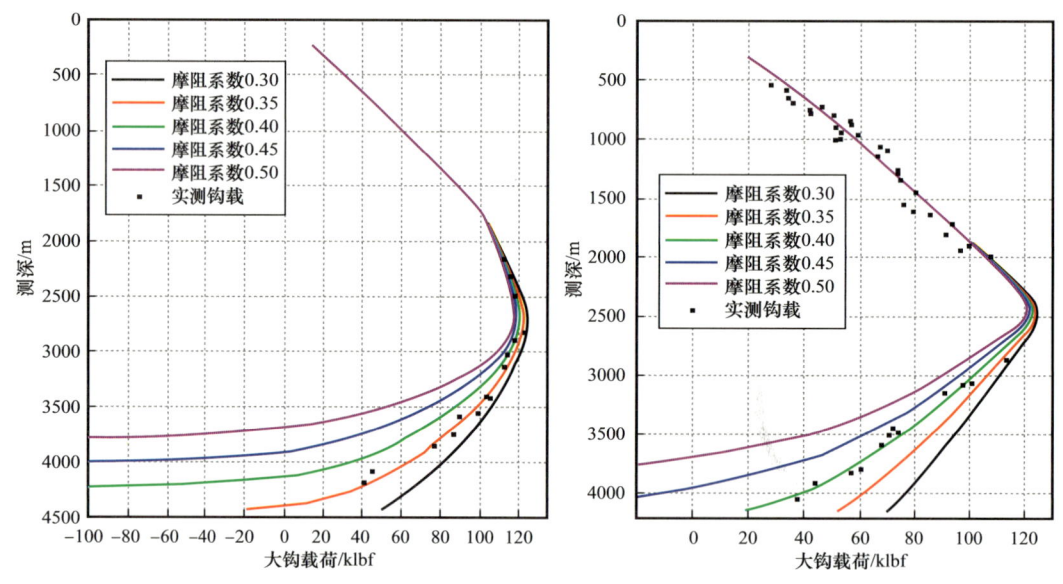

图 4-4-1 现场大钩载荷摩阻系数反演

2. ND209H20-4 井实例计算

套管下入模拟结果如图 4-4-2 所示。

从理论上计算，在不安放漂浮接箍的情况下，重合段摩擦系数 0.2，裸眼段摩擦系数大于 0.35 时，套管下入较为困难。采用漂浮下套管工艺，套管下放不会发生屈曲，套管下入风险低。

二、韧性水泥浆体系

1. 大型压裂条件下水泥环完整性理论模型

在页岩气压裂施工作业中，随着套管内压力加载和卸载过程，水泥环与套管一同产生径向位移（图 4-4-3）。根据加载阶段组合体各点的应力状态与位移大小计算卸载后水泥环界面接触力的大小，判断是否发生界面脱离，最后建立计算变内压作业下微环隙的理论模型，该模型可为韧性水泥浆的设计提供依据。

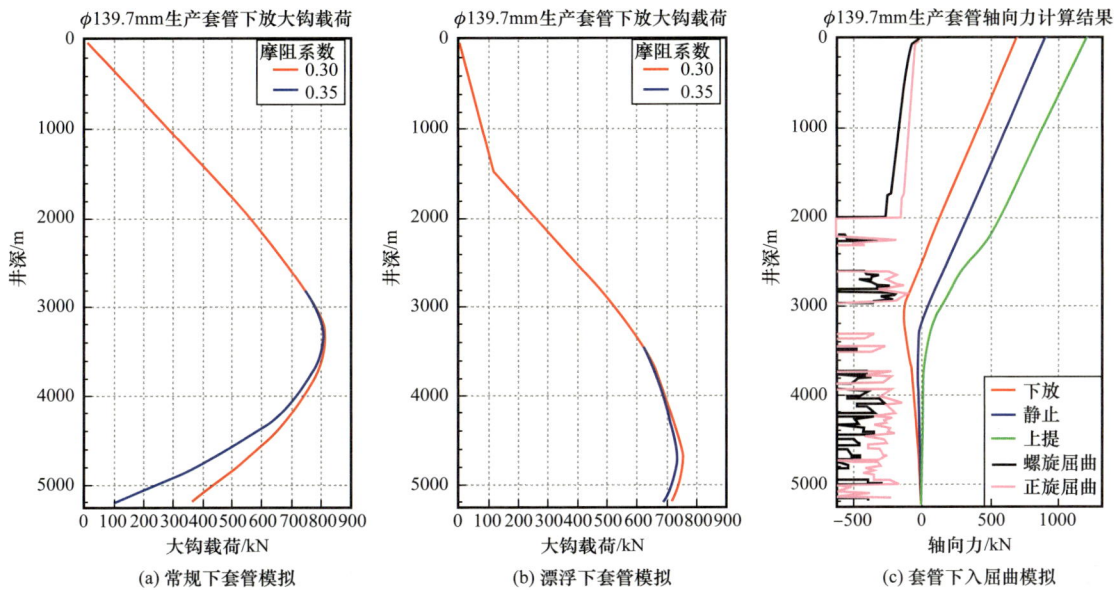

图 4-4-2　ND209H20-4 井套管下入模拟

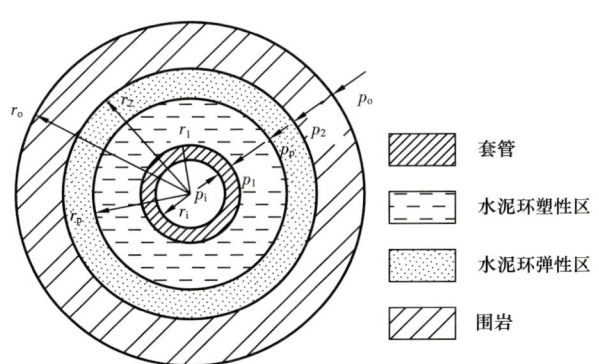

图 4-4-3　水泥环完整性组合体力学模型

r_i—套管内半径；r_1—套管外半径；r_p—水泥环塑性区外半径；r_2—水泥环弹性区外半径；r_o—井壁围岩外半径；
p_i——套管内压力；p_1—套管和水泥环界面处的压力；p_p—水泥环塑性区和弹性区界面处的压力；
p_2—水泥环和围岩界面处的压力；p_o—围岩近井地带外边界受到的压力

2. 密封安全系数法

通过对套管—水泥环—地层组合体进行力学分析，总结其中的规律，提出了一套评价水泥环性能优劣的方法，称为密封安全系数法。密封安全系数反映了系统保障密封的能力。在实际应用中，考虑到居中度、水泥环填充均匀性和井径均匀性等因素，建议安全系数在 1.2 以上（图 4-4-4）。

3. 高强度韧性水泥浆体系

为提高水泥浆体系综合性能，以增韧机理和紧密堆积理论为指导，配合固井外加剂和外掺料等，将不同粒径、不同功能的材料进行混配，小颗粒的材料可以充填到大颗粒的孔隙中间，实现紧密堆积，从而达到提高水泥浆体系的稳定性和水泥石抗压强度的目的。且在水泥浆中掺入微硅，可利用其比表面相对较小、本身化学活性高的矿物活性，部分能够与水泥水化产物中的碱性物质发生胶凝反应，有利于保持浆体的稳定性及提高水泥浆体系的整体性能。同时，在水泥浆中掺入增韧材料，并均匀分散在浆体中，随着水泥石强度增加，韧性材料在水泥石内部形成桥接并抑制了缝隙的发展从而达到增强水泥石的弹性、提高抗冲击韧性、降低水泥石渗透率的目的（表4-4-1）。

安全系数 弹性模量/GPa\强度/MPa	15	17.5	20	22.5	25	27.5	30
5	1.00	1.15	1.28	1.39	1.49	1.57	1.65
6	0.86	1.01	1.15	1.26	1.36	1.45	1.53
7	0.75	0.90	1.03	1.15	1.25	1.34	1.42
8	0.65	0.80	0.93	1.05	1.15	1.25	1.33
9	0.57	0.72	0.85	0.96	1.07	1.16	1.25
10	0.51	0.65	0.77	0.89	0.99	1.09	1.18

图 4-4-4　3000m 处水泥环密封安全系数计算
（推荐安全系数取 1.2 以上）

表 4-4-1　不同密度高强度韧性水泥石力学性能对比

水泥浆体系配方号	密度/（g/cm³）	120℃抗压强度（72h）/MPa	弹性模量/GPa	备注
1	1.90	40.5	8.8	未韧性改造
2	1.90	33.2	6.0	韧性改造
3	2.20	25.6	8.2	未韧性改造
4	2.20	22.6	5.5	韧性改造
5	2.30	22.3	5.8	韧性改造
6	2.40	23.0	5.8	韧性改造

4. 现场应用

针对页岩气水平井大型体积压裂对水泥环密封完整性要求高的难题，优化完善了韧性水泥浆体系，水泥石实现低弹性模量，同时具有满足水泥环密封完整性的抗压强度。研究成果在长宁—威远地区页岩气示范区成功应用 7 井次，水平段固井质量合格率 94.7%，优质率 81.5% 以上（表 4-4-2）。

表 4-4-2 长宁—威远区块现场试验固井质量

序号	井号	套管	全井固井质量		水平段固井质量	
			合格率/%	优质率/%	合格率/%	优质率/%
1	N209H20-4	φ139.7mm 套管	92.0	81.0	95.9	91.2
2	N209H4-4	φ139.7mm 套管	73.6	53.6	94.5	88.1
3	N227 直改平	φ139.7mm 套管	96.3	90.6	100.0	97.3
4	CNH25-6	φ139.7mm 套管	79.9	65.9	99.2	95.8
5	CNH49-2	φ139.7mm 套管	83.4	78.7	100	100
6	CNH25-7	φ139.7mm 套管	41.9	20.4	81.4	47.7
7	CNH35-5	φ139.7mm 套管	90	42.7	91.7	50.7

三、顶替工艺技术

影响页岩气水平井水泥环封固质量的首要因素是提高顶替效率，没有良好的顶替效率，其他任何措施都不会对固井质量起到很好的作用，但顶替效率是固井施工过程中最难控制的因素，受到井眼条件、钻井液性能、水泥浆性能、浆体结构设计、施工参数、前置液接触时间等的影响。同时，固井顶替过程是一个复杂的多相流过程，实际井下顶替过程中包含了复杂的流体置换机理，也存在一定的化学接触污染，影响了混浆段流变性。注水泥顶替过程中伴随着流体流动时间的增加，井内温度场不断变化，浆体的流动性也随之而变。复杂多变的温度场、流场、压力场和两相界面对顶替过程数学建模提出了巨大挑战。

1. 考虑流体扩散和井壁冲刷的固井顶替效率评价数学模型

在参考国内外顶替模型研究基础上（方春飞等，2016；杨谋等，2019），考虑到工程计算精度要求（允许5%以内的工程误差），对实际顶替过程做出以下合理假设，以便于建模及数值计算。

1）模型基本假设

井眼条件假设：（1）井眼包括了同心环空井眼和偏心环空井眼；（2）当环空间隙小于11.2mm时采用小间隙计算模型。

物理场假设：（1）固井顶替过程为多相流物理过程，忽略流体间化学干涉现象，即认为顶替过程中，接触界面及混浆段流体流变特性不发生变化，混浆段流体物理量按照混浆比例计算；（2）顶替过程中研究段长度较短，温度场恒定；（3）偏心环空顶替过程处理为二维稳态顶替过程。

流体物理量假设：（1）井内工作液物理量恒定不变，不受温度和压力影响；（2）钻井液流变模式采用宾汉本构方程描述，而水泥浆或前置液流变模式则采用幂律本构方程描述;(3)忽略流场的不均匀性造成的二次流。

2)偏心环空顶替物理模型

选取如图 4—4—5 所示角度为 θ 的扇形环空区域进行分析,水泥浆或前置液在顶替钻井液过程中,由于流速剖面的非平稳性,环空间隙中部流速较大,钻井液首先被置换,然后随着顶替时间延长,顶替界面逐步扩向井壁与套管壁。

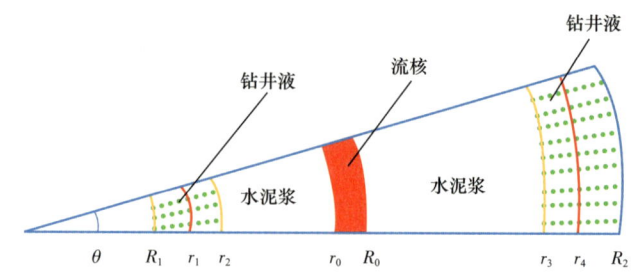

图 4—4—5　环空顶替剖面示意图

R_1—套管壁处径向距离;R_2—井壁处径向距离;r_1,r_2,r_3,r_4—选取的 2 个单元体径向距离;r_0,R_0—流核边界处径向距离

$$\frac{\Delta p}{\Delta L}|R_0 - r_0| = 2\tau_0 \qquad (4-4-3)$$

式中　Δp——单元体上下截面的压差,Pa;

$\dfrac{\Delta p}{\Delta L}$——单元体压降梯度,Pa/m;

ΔL——单元体长度,m;

R_0——流核边界外侧处径向距离,m;

r_0——流核边界内侧处径向距离,m;

τ_0——流体屈服应力,Pa。

由流体平衡微分方程可得环空流动时的宾汉模型的剪应力分布为:

$$\tau = \left| \frac{\Delta p}{2\Delta L} r_0 + \tau_0 \right| \frac{r_0}{r} - \frac{\Delta p}{2\Delta L} r_r \leqslant r_0 \qquad (4-4-4)$$

$$\tau = \left| -\frac{\Delta p}{2\Delta L} R_0 + \tau_0 \right| \frac{r_0}{r} + \frac{\Delta p}{2\Delta L} r_r \geqslant R_0 \qquad (4-4-5)$$

式中　τ——偏心环空流体的剪应力,Pa;

τ_0——屈服应力,Pa;

$\dfrac{\Delta p}{\Delta L}$——上下表面压差,Pa/m;

R_0——流核边界外侧处径向距离,m;

r_0——流核边界内侧处径向距离,m;

r_r——单元体流体任意点 r 径向距离,m。

3）层流边界层滞留层边界位置计算模型

固井顶替过程是水泥浆置换钻井液逐渐充满环空的物理过程，在剪切应力作用下，顶替首先从最大流速位置开始，随着顶替时间延长，顶替界面逐步向两边扩展，直到某一时刻，形成稳定的顶替边界，环空最大限度地充满水泥浆，顶替效率达到了极值。取靠近套管一侧顶替界面未达到稳定时的钻井液层作为分析对象，此时虽然在钻井液未被水泥浆顶替，但其受到顶替压力、界面剪切应力和流体密度差产生的浮力共同作用。对 r_1 到 r_2 之间高度为 ΔL 的钻井液层单元体进行受力分析，其力学模型如图 4-4-6 所示。

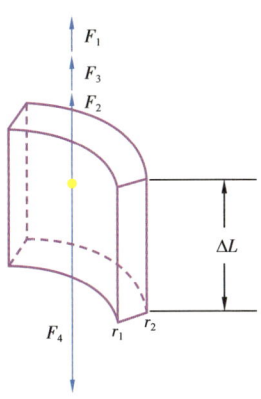

图 4-4-6 钻井液层单元体受力分析示意图

设 r_1 处钻井液受到的剪切应力为 τ_1，单元体横截面积为 S，单元体内壁表面积为 S_1；外壁表面积为 S_2，井斜角为 α，上下截面的压差为 Δp，水泥浆密度为 ρ_c，钻井液密度为 ρ_m，单元体受到的驱替压差为 F_1，密度差引起的浮力为 F_2，水泥浆流动对钻井液产生的剪切应力为 F_3，钻井液内部流动产生的阻力为 F_4，计算表达式为：

$$F_1 = \Delta p \cdot S = \Delta p (r_2^2 - r_1^2) \frac{\mathrm{d}\theta}{2} \quad (4\text{-}4\text{-}6)$$

$$F_2 = (r_2^2 - r_1^2)(\rho_c - \rho_m) g \Delta L \frac{\mathrm{d}\theta}{2} \quad (4\text{-}4\text{-}7)$$

$$F_3 = \left| \left(\frac{\Delta p}{2\Delta L} r_0 + \tau_0 \right) r_0 - \frac{\Delta p}{2\Delta L} r_2^2 \right| \Delta L \mathrm{d}\theta \quad (4\text{-}4\text{-}8)$$

$$F_4 = \tau_1 r_1 \Delta L \mathrm{d}\theta \quad (4\text{-}4\text{-}9)$$

根据单元体受力平衡关系，有：

$$F_1 + F_2 + F_3 = F_4 \quad (4\text{-}4\text{-}10)$$

整理可得：

$$\tau_1 = \frac{(r_2^2 - r_1^2)\left|\frac{\Delta p}{\Delta L} + (\rho_c - \rho_m)g \cdot \sin\alpha\right| + \frac{\Delta p}{\Delta L}(R_0 r_0 - r_2^2)}{2r_1} \quad (4\text{-}4\text{-}11)$$

式中　F_1——单元体受到的驱替压差，Pa；

　　　F_2——密度差引起的浮力为，Pa；

　　　F_3——水泥浆流动对钻井液产生的剪切应力，Pa；

　　　F_4——钻井液内部流动产生的阻力，Pa；

　　　Δp——单元体上下截面的压差，Pa；

　　　S——单元体横截面积，m²；

g——重力加速度，N/kg；
ΔL——单元体长度，m；
$\dfrac{\Delta p}{\Delta L}$——单元体压降梯度，Pa/m；
τ_1——r_1处钻井液受到的剪切应力，Pa；
τ_0——屈服应力，Pa；
r_0——流核边界内侧处径向距离，m；
r_1——钻井液层单元体内侧径向距离，m；
r_2——钻井液层单元体外侧径向距离，m；
ρ_c——水泥浆密度，kg/m³；
ρ_m——钻井液密度，kg/m³；
α——井斜角，(°)；
θ——扇形环空区域角度，(°)。

可以看出，径向距离 r_1 越小，τ_1 越大，表明套管壁处受到的剪切应力最大，因此钻井液应首先从套管壁处流动。但固井顶替过程中，由于顶替液总是优先从阻力最小的位置开始流动，不会出现套管壁处钻井液先流动情况。在力传到套管处之前，顶替界面 r_2 处的钻井液层所受到的剪切应力已经大于其动切力，就先流动起来，这样就要重新界定 r_2，进行新的受力分析。因此，随着顶替接触时间的增大，顶替边界从环空最大流速位置处逐渐向两边扩展，水泥浆与钻井液交界面逐渐扩大，环空边界处钻井液层所受的剪切应力逐渐减小，直到等于钻井液的动切力 τ_m，即：

$$\tau_1 = \tau_m \tag{4-4-12}$$

式中　τ_1——r_1处钻井液受到的剪切应力，Pa；

此时，顶替界面达到拟稳定，由于钻井液克服不了自身的切力，顶替界面不再扩展，形成稳定的顶替边界，从顶替边界到套管处的钻井液就真正滞留下来。

根据水泥浆顶替过程界面达到稳定时的平衡条件即可得到套管处钻井液滞留层边界为：

$$r_2 \sqrt{\dfrac{2R_1\tau_m - \dfrac{\Delta p}{\Delta L}\left(R_0 r_0 - R_1^2\right)}{(\rho_c g - \rho_m g)} + R_1^2} \tag{4-4-13}$$

式中　r_2——套管处钻井液滞留层径向距离，m；
R_1——套管壁处径向距离，m；
τ_m——钻井液动切力，Pa；
Δp——单元体上下截面的压差，Pa；
ΔL——单元体长度，m；
$\dfrac{\Delta p}{\Delta L}$——单元体压降梯度，Pa/m；

R_0——流核边界外侧处径向距离，m；
r_0——流核边界内侧处径向距离，m；
ρ_c——水泥浆密度，kg/m³；
ρ_m——钻井液密度，kg/m³；
g——重力加速度，N/kg。

4）偏心环空钻井液滞留层厚度及顶替效率计算模型（李娟，2009）

（1）不同偏心度条件下滞留层厚度。

环空内径 R_1 在偏心环空中是井眼周向角度的函数。取井眼中心为坐标原点，宽间隙处为起始位置。偏心环空中任一角度下环空内半径由式（4-4-14）计算：

$$R_1 = \sqrt{r_c^2 - \varepsilon^2 (r_w - r_c)^2 \sin^2 \varphi} - R_1 (r_w - r_c) \cos \varphi \quad (4\text{-}4\text{-}14)$$

式中 R_1——环空内半径，m；
r_c——套管外半径，m；
ε——偏心度，（°）；
r_w——井眼半径，m；
φ——偏心环空角度，（°）。

不同周向角下套管处钻井液滞留层厚度（h_1）为：

$$h_1 = r_2 - R_1 = \sqrt{\frac{2R_1 \tau_m - \frac{\Delta p}{\Delta L}(R_0 r_0 - R_1^2)}{(\rho_c g - \rho_m g)} + R_1^2} - R_1 \quad (4\text{-}4\text{-}15)$$

不同周向角下井壁处钻井液滞留层厚度为：

$$h_2 = r_w - r_3 = r_w - \sqrt{\frac{-2r_w \tau_m + \frac{\Delta p}{\Delta L}(r_w^2 - R_0 r_0)}{(\rho_c g - \rho_m g)} + R_1^2} \quad (4\text{-}4\text{-}16)$$

式中 h_1——套管处钻井液滞留层厚度，m；
h_2——井壁处钻井液滞留层厚度，m；
r_2——套管处钻井液滞留层径向距离，m；
R_1——套管壁处径向距离，m；
τ_m——钻井液动切力，Pa；
Δp——单元体上下截面的压差，Pa；
ΔL——单元体长度，m；
$\dfrac{\Delta p}{\Delta L}$——单元体压降梯度，Pa/m；
R_0——流核边界外侧处径向距离，m；
r_0——流核边界内侧处径向距离，m；

r_w——井眼半径，m；
r_3——井壁处钻井液滞留层径向距离，m；
ρ_c——水泥浆密度，kg/m^3；
ρ_m——钻井液密度，kg/m^3；
g——重力加速度，N/kg。

（2）偏心环空顶替效率计算。

给出了任意角度下的钻井液滞留层位置，可根据井眼几何关系推导出不同周向角下的剖面顶替效率和环空界面整体顶替效率。

任一周向角下的剖面顶替效率为：

$$e_{ff} = \frac{\pi\left(r_3^2 - r_2^2\right)}{\pi\left(r_w^2 - r_c^2\right)}$$ （4-4-17）

环空截面整体顶替效率为：

$$e_{ff} = \frac{\int_0^{2\pi} \pi\left(r_3^2 - r_2^2\right) d\phi}{\int_0^{2\pi} \pi\left(r_w^2 - r_c^2\right) d\phi}$$ （4-4-18）

式中 e_{ff}——顶替效率，%；
r_2——套管处钻井液滞留层径向距离，m；
r_3——井壁处钻井液滞留层径向距离，m；
r_w——井眼半径，m；
r_c——套管半径，m；
ϕ——环空周向角，rad。

5）顶替剖面数学模型

借鉴 Hele–Shaw 物理模型，以环空中长度为 $2L$ 的流体单元作为研究对象，建立在环空轴向和周向方向的无量纲坐标系 (ξ, φ)。其中 $\xi \in [-L, L]$，初始顶替界面位置为 $\xi=0$ 处，$\xi \in [-L, 0]$ 单元体内充满水泥浆，$\xi \in [0, L]$ 单元体内充满钻井液，如图 4-4-7 所示。

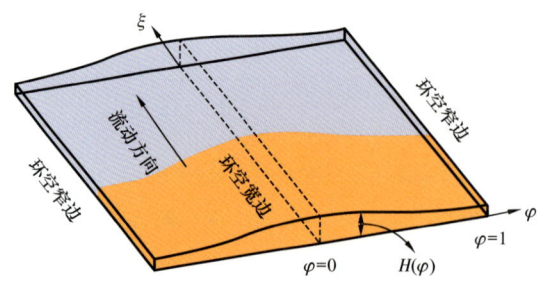

图 4-4-7　斜井偏心环空流体二维顶替物理模型

取斜井段初始顶替界面，以上井壁为基准点。由几何关系可以得到 A 点钻井液微元体所受的高度差引起的周向驱动力为：

$$M_\varphi = (\rho_1-\rho_2)(r_0-r\cos\pi\varphi)g\sin\alpha \quad (4\text{-}4\text{-}19)$$

高度差引起的轴向驱动力为:

$$M_e = (\rho_1-\rho_2)(r_0-r\cos\pi\varphi)g\cos\alpha \quad (4\text{-}4\text{-}20)$$

高度差引起周向驱动力的变化率可以表示为:

$$\frac{\partial M_\varphi}{\partial \varphi} = \frac{\partial\{(\rho_1-\rho_2)[(r_0-r\cos\pi\varphi)g\sin\alpha]\}}{\partial \varphi} = \pi(\rho_1-\rho_2)\sin\pi\varphi\sin\alpha \quad (4\text{-}4\text{-}21)$$

高度差引起轴向驱动力的变化率可以表示为:

$$\frac{\partial M_\varepsilon}{\partial \varepsilon} = \frac{\partial\{(\rho_1-\rho_2)[(r_0-r\cos\pi\varphi)g\cos\alpha]\}}{\partial \varepsilon} = \frac{(\rho_1-\rho_2)(r_0-r\cos\pi\varphi)g\cos\alpha}{2r_0} \quad (4\text{-}4\text{-}22)$$

斜井偏心环空顶替流体二维流动的运动方程变为:

$$-\frac{1}{r}\frac{\partial p}{\partial \varphi} + \frac{\partial \tau}{\partial y} + (\rho_1-\rho_2)g\sin\alpha\sin\theta + \frac{\partial\{(\rho_1-\rho_2)[(r_0-r\cos\pi\varphi)g\sin\alpha]\}}{\partial \varphi} = 0 \quad (4\text{-}4\text{-}23)$$

$$\frac{\partial p}{\partial \varepsilon} + \frac{\partial \tau}{\partial y} + (\rho_1-\rho_2)g\cos\alpha + \frac{\partial\{(\rho_1-\rho_2)[(r_0-r\cos\pi\varphi)g\cos\alpha]\}}{\partial \varepsilon} = 0 \quad (4\text{-}4\text{-}24)$$

将流体运动方程无量纲化:

$$\frac{1}{r_a^*}\frac{\partial p^*}{\partial \varphi} - \frac{\Delta\rho^*(\pi r^*+1)\sin\pi\varphi\sin\alpha}{St^*} = \frac{\partial}{\partial y^*}\left(\eta^*\frac{\partial v_s^*}{\partial y^*}\right) \quad (4\text{-}4\text{-}25)$$

$$\frac{\partial p^*}{\partial \varepsilon^*} + \frac{\Delta\rho^*(3r_0^*-r^*\cos\pi\varphi)\cos\alpha}{2r_0^*St^*} = \frac{\partial}{\partial y^*}\left(\eta^*\frac{\partial w_s^*}{\partial y^*}\right) \quad (4\text{-}4\text{-}26)$$

式（4-4-25）和式（4-4-26）对 y 进行积分可以得到偏心环空顶替流体二维流速分布模型为:

$$v_s^* = -\left[\frac{1}{r_a^*}\frac{\partial p^*}{\partial \varphi} - \frac{\Delta\rho^*(\pi r^*+1)\sin\pi\varphi\sin\alpha}{St^*}\right]\frac{1}{H^*}\int_0^{H^*}\int_{y^*}^{H^*}\frac{y^*}{\eta^*}dy^*dy^* \quad (4\text{-}4\text{-}27a)$$

$$w_s^* = -\left[\frac{\partial p^*}{\partial \varepsilon^*} + \frac{\Delta\rho^*(3r_0^*-r^*\cos\pi\varphi)\cos\alpha}{2r_0^*St^*}\right]\frac{1}{H^*}\int_0^{H^*}\int_{y^*}^{H^*}\frac{y^*}{\eta^*}dy^*dy^* \quad (4\text{-}4\text{-}27b)$$

其中

$$H^*(\varphi,\xi^*) = \frac{\delta^*(\xi^*)r_a^*(\xi^*)[1+e^*(\xi^*)\cos\pi\varphi]}{\overline{\delta}^*}$$

式中　M_φ——高度差引起的周向驱动力，Pa；

　　　M_ε——高度差引起的轴向驱动力，Pa；

　　　ρ_1——顶替液密度，kg/m³；

　　　ρ_2——被顶替液密度，kg/m³；

　　　r_0——流核边界内侧处径向距离，m；

　　　r——流核中任意点处径向距离，m；

　　　φ——偏心环空角度，(°)；

　　　ε——偏心度；

　　　g——重力加速度，N/kg；

　　　α——井斜角，(°)；

　　　τ——剪应力，Pa；

　　　p——单元体截面的压力，Pa；

　　　v_s——偏心环空流速，m/s；

　　　r_a^*——任意井深 ξ 处的环空半径的无量纲形式；

　　　$\Delta\rho^*$——顶替液和被顶替液密度差；

　　　y^*——顶替界面宽度；

　　　St^*——斯托克斯数，$St^* = \dfrac{\bar{\mu}\bar{w}}{\bar{\rho}\bar{g}\left[\bar{r}_a\bar{\delta}\right]^2} = \dfrac{\bar{\tau}}{\bar{\rho}\bar{g}\bar{r}_a\bar{\delta}}$；

　　　H^*——井深 ξ 处不同周向角下的环空间隙的一半；

　　　w_s^*——柱坐标系下流体轴向流速；

　　　η^*——流体的无量纲有效黏度。

6）顶替混浆数学模型

紊动扩散用紊动扩散微分方程来描述：

$$\frac{\partial \theta}{\partial t} + v_m \frac{\partial \theta}{\partial X_m} = C \frac{\partial^2 \theta}{\partial X_m^2} + \frac{\partial \left(\varepsilon_0 \dfrac{\partial \theta}{\partial X_m} \right)}{\partial X_m} \qquad （4-4-28）$$

式中　θ——瞬时浓度；

　　　t——顶替时间，s；

　　　v_m——钻井液环空返回速，m/s；

　　　X_m——钻井液径向上位置，m；

　　　C——紊动扩散无量纲系数；

　　　ε_0——扩散系数。

水泥浆和隔离液直接接触，建立它们两相的界面顶替模型。不考虑分子扩散并取，扩散模型可化简为：

$$\frac{\partial \theta}{\partial t} = \frac{\partial \left(\varepsilon_0 \frac{\partial \theta}{\partial X_m}\right)}{\partial X_m} \quad (4\text{-}4\text{-}29)$$

忽略径向和周向扩散，只考虑轴向扩散，扩散模型可以写成：

$$\frac{\partial \theta}{\partial t} = \varepsilon_0 \frac{\partial \left(\frac{\partial \theta}{\partial Z_m}\right)}{\partial Z_m} \quad (4\text{-}4\text{-}30)$$

初始边界条件为：

$$\begin{cases} \theta = 0 & (t=0, z>0) \\ \theta = 1 & (t=0, z<0) \end{cases} \quad (4\text{-}4\text{-}31)$$

得到紊动微分方程的解：

$$\theta = \frac{1}{2} - \frac{1}{\pi} \int_0^{\frac{z}{2\sqrt{\varepsilon_0 t}}} e^{-u^2} du \quad (4\text{-}4\text{-}32)$$

式中　Z_m——钻井液轴向上位置，m；
　　　z——钻井液轴向位置，m；
　　　u——积分变量，无物理意义。

根据相关文献，$\theta = 0.01$，可以求得管内混浆段体积：

$$V = 18.48 r_i^2 \sqrt{\sqrt{f} r_i v t} \quad (4\text{-}4\text{-}33)$$

同样原理可以得到环空混浆体积：

$$V = 18.48 \left(r_w^2 - r_e^2\right) \sqrt{\sqrt{f \frac{r_\varphi - r_e}{r_w - r_e}} \left(r_\varphi - r_e\right) v t} \quad (4\text{-}4\text{-}34)$$

式中　V——混浆段体积，m³；
　　　r_w——井眼半径，m；
　　　r_e——环空当量半径，m；
　　　r_φ——任一角度处井壁半径，m；
　　　r_i——管内任一点半径，m；
　　　v——环空返速，m/s；
　　　t——顶替时间，s；
　　　f——范宁摩阻系数。

2. 固井顶替效率评价软件开发及工艺参数模拟分析

根据前面建立的固井顶替效率模型，基于数值模拟平台，开发了顶替效率计算模块，并对模型进行计算验证和顶替效率模拟分析（图4-4-8）。

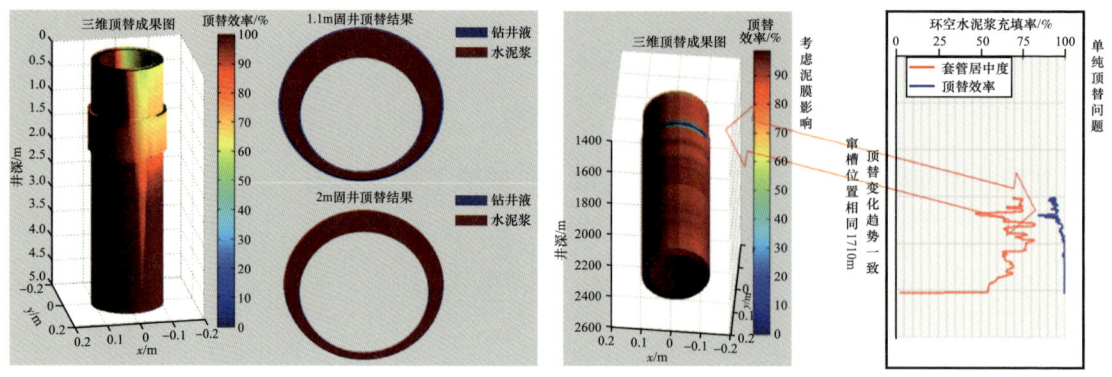

图 4-4-8 三维顶替效率计算结果

通过对不同工艺因素对顶替效率的影响分析，指导了后续工艺参数优化，模拟分析主要结论：

（1）顶替效率随密度差增加而提高，由于密度差带来的浮力效应，顶替效率随密度差增加而提高，因此为保证 90% 以上顶替效率，建议顶替液与被顶替液密度差大于 $0.1g/cm^3$，最小不低于 $0.05g/cm^3$（顶替效率 89% 以上）。

（2）居中度低于 60% 时，顶替过程出现明显的扰流现象，即窄间隙处水泥浆流动极其缓慢，造成宽窄间隙顶替高度差，建议水平井套管居中度至少不低于 60%，以保证获得较好的顶替效率。

（3）钻井液切力越高，对顶替效率越不利，这主要是源于高切力的钻井液流动性较差，对井壁的拖曳力较大，顶替过程中难以驱替。切力低于 8Pa 时顶替效率高于 89%，因此为获得良好的顶替效率，页岩气用高密度钻井液切力应在满足井筒安全条件下尽可能低。

（4）隔离液流性指数越高，则顶替效率越高，源于较高的流动性能实现紊流或有效层流流动，对井壁具有更好的冲刷作用，因此建议隔离液流性指数不低于 0.7。稠度系数则正好相反，数值大小也反映了隔离液流动性能，流动性越好，稠度越小，流动性越差，稠度越大。同理，为满足良好的顶替效率，稠度应尽可能小

（5）泵注排量低于 1200L/min，顶替效率低于 90%，源于低返速产生的壁面剪切应力较低，难以清除井壁和套管壁残留的钻井液或泥膜与滤饼。泵注排量超过 1200L/min 后，随着排量提高，顶替效率上升幅度变缓，因此要获得较好的顶替效率，施工排量须不低于 1200L/min。

进而在模型验证基础上，开发了顶替效率通用计算模块，实现了顶替结果可视化，并集成到固井工程设计软件，指导现场固井施工作业（图 4-4-9）。

3. 提高顶替效率配套工艺技术

（1）扶正器安放数量及位置优化，提高套管居中度。

结合理论研究成果，针对前期套管居中度，通过模拟软件不断优化和大量实践探索，确定了目前页岩气水平井扶正器安放模式。造斜点以下井段每 1 根加 1 只滚珠（柱）扶

正器，裸眼井段每3根加1只旋流扶正器，重合井段每5根加1只普通刚性扶正器，保证套管平均居中度不低于60%，如图4-4-10所示。

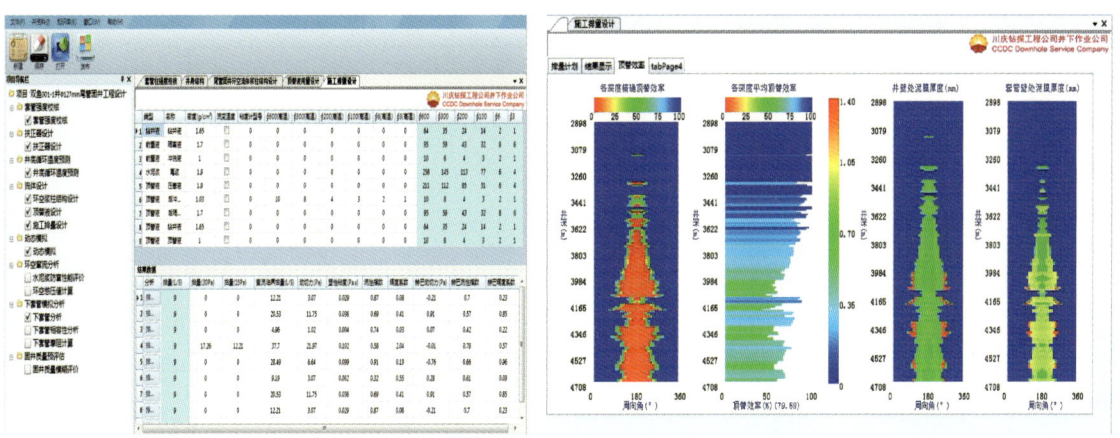

图4-4-9　顶替效率计算软件计算结果示例

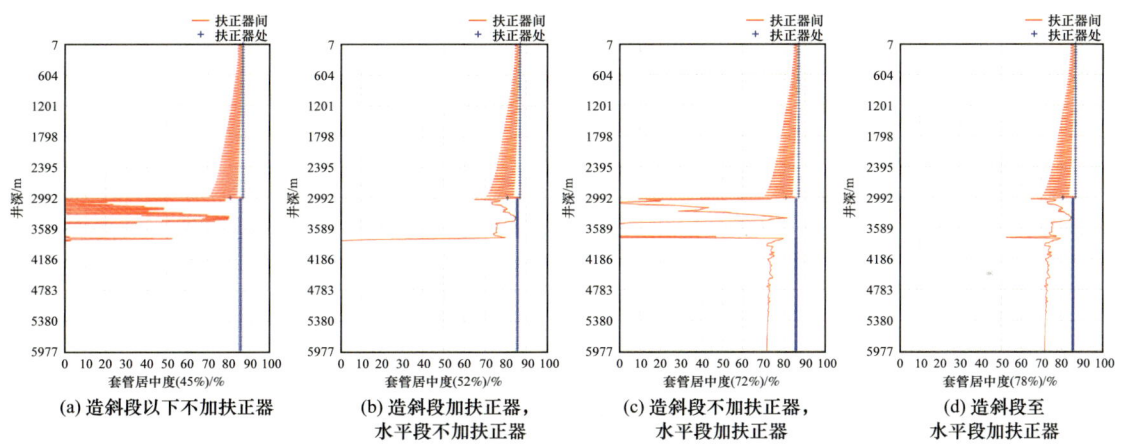

图4-4-10　W204H39-8井 ϕ139.7mm 套管不同扶正器安放方法下的居中度

（2）泵注排量优化，提高顶替效率。

当顶替速度由0.5m/s逐步上升到2m/s后，壁面剪切应力增加，有助于清除壁面虚滤饼，顶替效率有了较明显提高。特别是当流速超过1~1.25m/s后，顶替液进入高速层流阶段，接近紊流状态，顶替效率骤然大幅度提高。同时，结合前面软件模拟推荐方案，页岩气水平井都是在地层承压能力允许条件下，合理配置现场作业机泵参数，采用大排量施工，保证环空返速1~1.25m/s以上，在 ϕ215.9mm 井眼 ϕ139.7mm 钻杆的环空条件下折算成施工排量为1.2~1.5m³/min（图4-4-11）。

（3）调整钻井液性能，低钻井液滞留风险。

随着钻井液动切力增加，顶替效率下降。为了获得较好的顶替效率（超过90%），建议高密度钻井液动切力小于11Pa，尽量控制在9Pa左右。长宁区块油基钻井液动切力高，一般在15Pa左右。施工前，在保证井壁稳定的前提下，可适当降低钻井液密度

0.05～0.1g/cm³，并改善钻井液流变性，提高油水比，及时补充乳化剂，保证体系稳定，流动性能良好，利于固井水泥浆高效顶替。

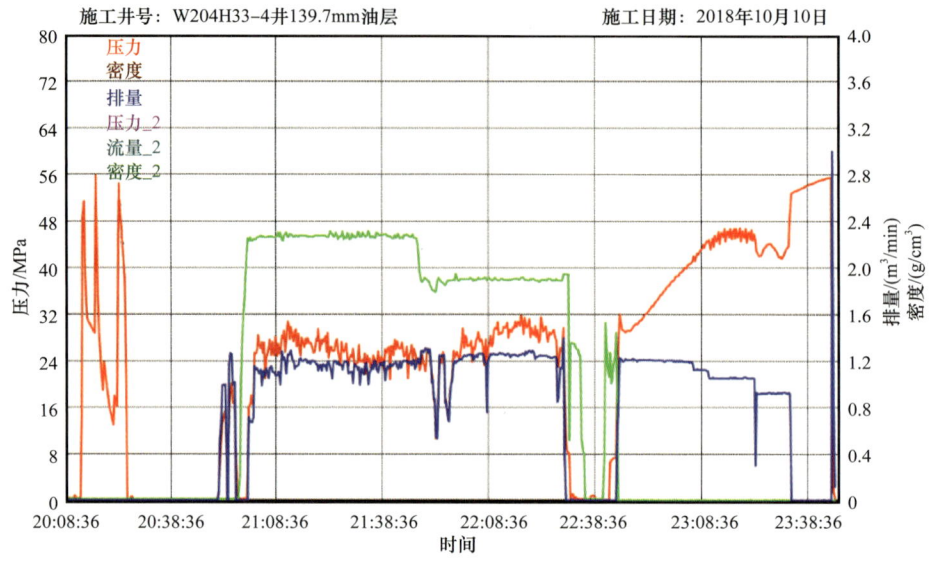

图 4-4-11　W204H33-4 井泵注实时参数监测曲线

（4）优化前置液设计，提高界面冲刷效率。

针对长宁—威远区块页岩气水平井固井，考虑到泵注排量和隔离液配方设计，对高密度隔离液而言，推荐用量设计时考虑 10min 以上接触时间，施工排量 1.2～1.5m³/min，折算成体积为 12～15m³，若考虑混浆附加 50%，则需要隔离液体积 20～25m³ 用量（表 4-4-3）。

表 4-4-3　威远—长宁页岩气水平井固井前置液用量设计

序号	井号	隔离液密度/ g/cm³	隔离液用量/ m³	冲洗液密度/ g/cm³	冲洗液用量/ m³	备注
1	CNH7-3	2.05	25	1.03	6	油基钻井液
2	W202H10-3	2.0	20	1.03	4	油基钻井液
3	W204H33-3	2.17	20	1.03	4	油基钻井液
4	CNH20-7	2.00	25	1.03	6	水基钻井液
5	N209H25-1	2.02	20	1.03	6	油基钻井液
6	W204H39-7	2.17	20	1.03	4	油基钻井液

室内考察了冲洗时间对界面油基钻井液的清洗（图 4-4-12），试验表明接触 5min 就能获得较好的冲洗效果。考虑水平段运移、混浆流变性变差等因素影响，推荐冲洗隔离液量按照接触 10min 以上为宜，冲洗隔离液用量调整到 15～20m³，隔离液平均用量降低了 23% 左右。

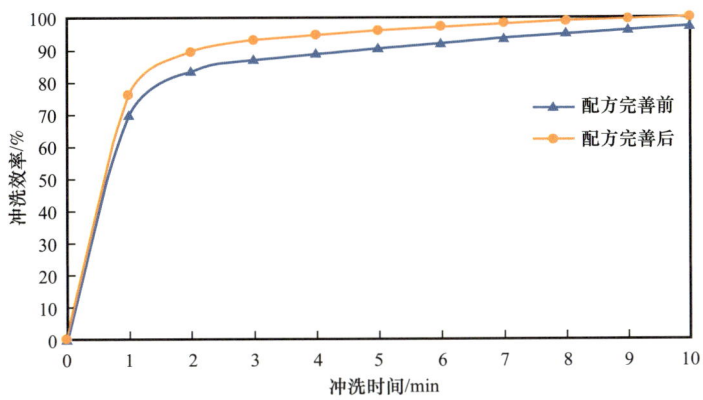

图 4-4-12　配方调整前后冲洗时间与冲洗效率关系曲线

（5）定型提高顶替效率工艺模板，加大推广应用。

针对页岩气水平井长水平段、油基钻井液等条件下套管难以居中，提高顶替效率难度大等问题，通过增加套管扶正器提高套管居中度，使用高效冲洗隔离液改善井壁润湿特性，施工前顶替效率量化评估优化完善顶替参数等技术，在长宁—威远区块形成了提高页岩气水平井长水平段固井顶替效率综合配套技术，现场试验34井次水平段固井质量优质率超过90%（图4-4-13）。同时，形成的长水平段固井顶替工艺技术模板在川南页岩气推广应用上百余井次，固井质量良好，为后续体积压裂奠定了良好的井筒条件。

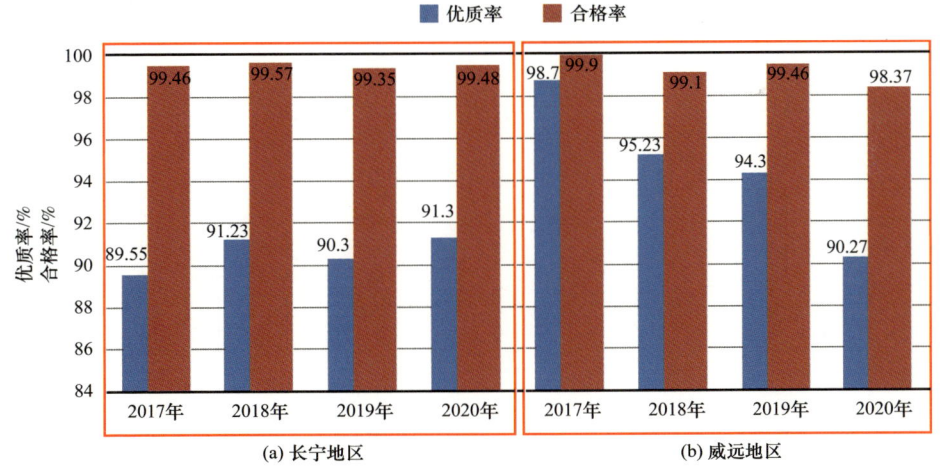

图 4-4-13　长宁—威远地区油层水平井固井胶结质量直方图

第五章　页岩气水平井体积压裂技术

示范区建设初期，页岩气井采用相同的压裂工艺参数，受非均质性、地应力、天然裂缝和岩石力学参数等因素影响单井产量差异较大（蒋裕强等，2010），常规的压裂设计方法不适用。同时，分簇射孔、分段工具和压裂液体等配套技术及产品尚不成熟，压裂成本高、效率低。通过探索与实践，建立了适用于页岩储层的一体化压裂设计方法，形成了密切割分段、高强度加砂、段内多簇等压裂主体工艺及配套技术，关键工具、液体实现国产化，形成了压后评估技术系列，大幅降低了作业成本，实现了示范区复杂地质及地应力条件下页岩储层的缝网压裂。

第一节　压裂机理实验模拟技术

一、页岩压裂裂缝延伸物理模拟实验

采用大尺寸真三轴模拟实验系统开展了页岩压裂裂缝延伸物理模拟实验。该实验系统由大尺寸真三轴模拟压裂试验架、MTS伺服增压器、数据采集系统，稳压源、油水隔离器及其他辅助装置组成。整体结构如图 5-1-1 所示。

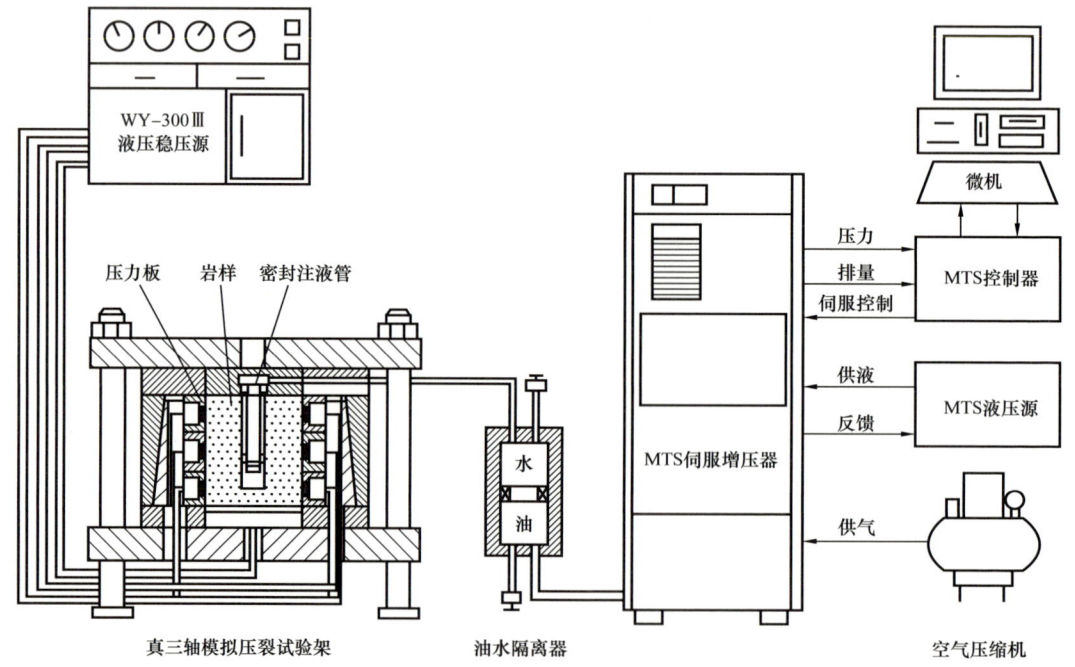

图 5-1-1　大尺寸真三轴模拟实验系统整体结构图

试验架采用扁平千斤顶向试样的侧面施加刚性载荷，根据水力压裂特点，在其中的一个水平方向上采用三对扁平千斤顶分别模拟产层和上、下隔层的地应力，在其他两个方向各放置一对扁平千斤顶以模拟垂向地应力和最大水平地应力。由多通道稳压源向扁平千斤顶提供液压，各通道的压力大小可分别控制。每个通道的最大供液压力可达60MPa。

采用MTS伺服增压器和油水分隔器向模拟井眼泵注高压液体。MTS伺服增压器具有程序控制器，既可以恒定的排量泵注液体，也可按预先设定的泵注程序进行。试验过程中利用MTS数据采集系统记录压裂液压力和排量等参数。MTS伺服增压器的工作介质是液压油，因此当使用水或其他介质作为压裂液时，在管路上设置一个油水隔离器，将MTS的工作介质与压裂液分隔开。在厚壁圆柱形高压釜中，设置一隔离滑套，将其两侧的油、水分隔开。隔离器容积为700mL，承压能力为60MPa。

实验采用瓜尔胶溶液和滑溜水作为压裂液。为了更清晰地展示裂缝的最终形态，在压裂液中混入了染料。压裂完毕后取下试件，用铁锤沿压裂裂缝将水泥块敲开观察。

实验前对现场页岩露头岩样进行制备，先将岩样加工成300mm×300mm正方体岩块，再用金刚石取心钻头在岩块上套取一个ϕ18mm，深度17cm的圆孔用于模拟井眼，然后在井眼中填入填充物，注入AB胶，最后将井筒放入井眼内以模拟水平井的裸眼完井。实验时对岩块施加三向围压，根据选定的泵排量向模拟井筒泵注压裂液，直到试样破裂。试样破裂后观察形成的裂缝形态（图5-1-2）。实验参数设置及结果见表5-1-1。

(a) 压前，层理及天然裂缝发育

(b) 压后，穿透层理面

图5-1-2 页岩压裂裂缝延伸物模实验示例（试样1）

实验得到认识如下：

（1）在高应力差异条件下，应力差是控制水力裂缝缝高延伸的最关键因素，应力差对裂缝延伸方向的控制力强，压后裂缝形态以单一主缝为主，一般不易沟通层理及天然裂缝，调节施工参数对裂缝的扩展形态影响不大。

（2）地应力和天然裂缝发育程度及胶结性质是决定能否形成复杂裂缝网络的最关键因素。当天然裂缝充分发育时，形成复杂缝网的施工参数取值窗口大；当层理及天然裂缝不发育或者胶结强度很高时，一般难以形成复杂裂缝。

（3）压裂液黏度（μ）与排量（Q）的乘积μQ值过高或者过低都不利于复杂缝网的形成；当μQ值相近时，采用低黏高排的组合方式裂缝形态更为复杂。

表 5-1-1　页岩压裂裂缝延伸物模实验参数设置及结果

试样编号	应力差 ($\sigma_H - \sigma_h$)/MPa	三向应力 ($\sigma_v/\sigma_H/\sigma_h$)/MPa	排量/mL/min	黏度/mPa·s	暂堵剂	压后裂缝形态
1	12	25/18/6	60	3	无	单一主裂缝，穿透层理面
2		25/18/6	10	3		T字形缝，远处遇层理面停止
3		25/18/6	60	120		单一主裂缝，穿透层理面
4		25/18/6	10	120		单一主裂缝，穿透层理面
5	3	25/18/15	60	3		十字形缝，沟通层理缝
6		25/18/15	10	3		工字形缝，近井筒裂缝复杂
7		25/18/15	60	120		干字形缝，一边穿透，一边停止
8		25/18/15	10	120		非平面缝，沟通天然裂缝
9	1~2	25/21/20	10	3		沿井筒溢出
10		12/10/9	60	3		沿井筒溢出并沟通天然裂缝
11		6/5/4	10	3		沿天然裂缝起裂
12	3	25/18/15	60	3	70/140目	单条缝，暂堵剂分布于近井筒
13		25/18/15	10	3	70目	未压开，沿井筒溢出
14	12	25/18/6	60	3	70目	主裂缝伴随天然裂缝张开的次级缝
15		25/18/6	10	3	70/140目石英砂	单条主裂缝，周围伴随次级裂缝
16	3	25/18/15	60	120	无	单一主裂缝穿透天然裂缝
17		25/18/15	10	120	无	单一裂缝
18	2	25/20/18	10	3	无	沿井筒溢出

（4）大开度或者弱胶结的天然裂缝及层理缝容易导致水力裂缝转向扩展，难以形成新的主水力裂缝面；微裂缝只能在局部范围对水力裂缝扩展造成影响，很难改变水力裂缝的整体扩展方向。

（5）水力裂缝在沟通层理或者天然裂缝过程中会引起压裂曲线的波动，波动越明显，表示沟通越充分。

（6）高应力条件下暂堵剂能否实现封堵初始裂缝并引起裂缝转向分叉或二次起裂，与岩石本身的裂缝发育程度以及脆性有关。当天然裂缝不发育时，在高应力差条件下很难实现转向分叉；在近井筒存在天然裂缝时，沿天然裂缝张开的初始裂缝可首先被封堵，二次压裂时可引起试样本体二次破裂并扩展。

二、复杂裂缝支撑剂运移模拟实验

采用复杂裂缝中支撑剂铺置特征实验研究装置开展了支撑剂运移模拟实验。该实验装置主要由储液罐、螺杆泵、储砂罐、加砂装置、复杂裂缝部分、液体循环泵、图像及数据采集部分组成（图5-1-3）。

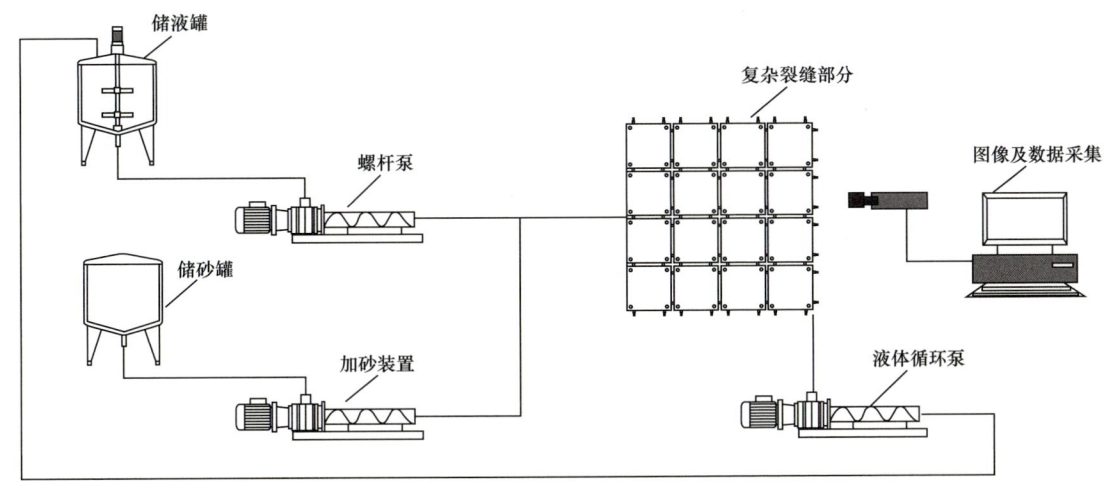

图 5-1-3 支撑剂缝内流动可视化装置流程图

根据页岩储层体积压裂形成的裂缝特征及离散化的裂缝网络模型，复杂裂缝中的裂缝类型主要包括一条或者几条主裂缝，与主裂缝成一定角度的二级裂缝以及与二级裂缝又成一定角度的三级裂缝，另外还包括若干垂直于主裂缝的水平裂缝。复杂裂缝网络中裂缝与裂缝之间的交点称之为"裂缝节点"或者"节点"。而支撑剂在裂缝中运移的过程中，由主裂缝进入二级裂缝的过程称之为支撑剂的"转向"。主裂缝称为一级裂缝，主裂缝上的分支裂缝称为次生裂缝或者二级裂缝，而在二级裂缝上形成的分支裂缝称之为三级裂缝，其他的分支裂缝依次命名。

实验装置的复杂裂缝结构包括一条贯穿装置入口和出口的主裂缝；间距相等，两两对称分布于主裂缝两侧并垂直于主裂缝的6条垂直二级裂缝；平行分布于主裂缝两侧的2条三级裂缝。装置所有的裂缝整体呈3×3×3的结构，共有27个节点，可以研究支撑剂在复杂裂缝中的铺置特征，裂缝结构原理如图5-1-4所示。实验装置主裂缝长600mm，二级裂缝长300mm，三级裂缝长600mm，缝高为600mm。由于实验过程中需要观察支撑剂在复杂裂缝中的铺置特征，避免支撑剂沿贯穿式裂缝流动，而直接离开复杂裂缝装置，因此需要对复杂裂缝支撑剂铺置实验装置裂缝底部和裂缝上部进行填充，故实验过程中的裂缝有效高度为150mm和300mm，同时根据页岩储层裂缝宽度大小，设定装置中主裂缝的宽度为10mm，二级裂缝则根据实际情况调节，一般为2~10mm。

复杂裂缝类型可根据实验具体要求进行组合，如一字形裂缝、十字形裂缝、T字形裂缝、F字形裂缝、E字形裂缝、TF字形裂缝等，还可以模拟不同宽度和角度的裂缝进行实验。通过在模拟井筒中注入或射入不同比例的滑溜水与支撑剂混合液，可以模拟距离井筒不同距离的次生裂缝中,砂堤形成过程、砂堤堆积情况以及支撑剂在自身重力作用下的沉降情况。在实验过程中,通过高清摄像机记录支撑剂在装置中的沉降运移及砂堤形成过程和几何形态,从而判断裂缝的导流能力、支撑剂的运移沉降规律,为现场施工提供数据参考。

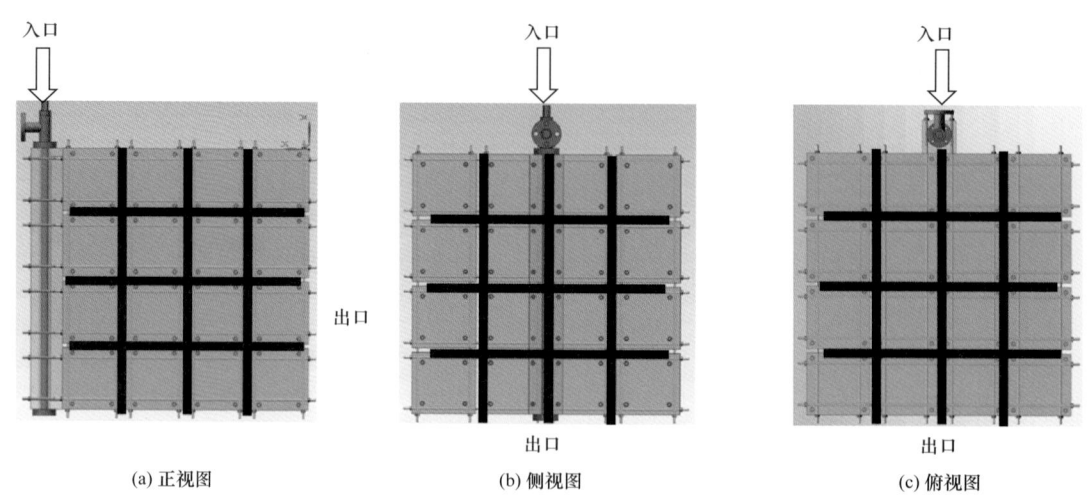

图 5-1-4 复杂裂缝支撑剂铺置实验装置裂缝结构原理

采用的支撑剂包括 40/70 目、70/140 目石英砂、陶粒等。为研究施工排量、砂浓度、压裂液黏度及不同裂缝形态对铺置特征的影响,实验模拟了 $10m^3/min$、$12m^3/min$ 和 $14m^3/min$ 三种排量,采用了 $150kg/m^3$、$200kg/m^3$ 和 $250kg/m^3$ 三种支撑剂浓度,选择了滑溜水(黏度 2mPa·s)及线性胶(黏度 34mPa·s)两种压裂液。裂缝形态则采用了 1+E 字形(图 5-1-5)、T 字形、双 T 字形及 TF 字形 4 种类型设计。为保证其余实验参数的统一,孔眼数量均为 6 个直径为 15mm,实验全程均匀加砂,裂缝宽度均为 10mm。实验方案设计见表 5-1-2。

图 5-1-5 实验装置模拟 1+E 字形裂缝的示意图

表 5-1-2　页岩储层复杂裂缝中支撑剂铺置特征实验方案设计表

序号	孔眼大小、数量	模拟排量 / m³/min	液体	支撑剂粒径	类型	支撑剂浓度 / kg/m³	裂缝类型	裂缝宽度 / mm
1	孔径 15mm、6 个	12	滑溜水	40/70 目	超低密	200	1+E	10
2		12	滑溜水	40/70 目	陶粒	200	1+E	
3		12	滑溜水	70/140 目	石英砂	200	1+E	
4		12	滑溜水	70/140 目	陶粒	200	1+E	
5		12	滑溜水	50/70/140 目	陶粒	200	1+E	
6		10	滑溜水	40/70 目	陶粒	200	1+E	
7		14	滑溜水	40/70 目	陶粒	200	1+E	
8		12	滑溜水	40/70 目	陶粒	150	1+E	
9		12	滑溜水	40/70 目	陶粒	250	1+E	
10		12	线性胶	40/70 目	陶粒	200	1+E	
11		12	滑溜水	40/70 目	陶粒	200	T	
12		12	滑溜水	40/70 目	陶粒	200	双T	
13		12	滑溜水	40/70 目	陶粒	200	TF	

实验得到认识如下：

（1）在总支撑剂量、支撑剂浓度和排量相同的情况下，主缝缝口处的支撑剂浓度均较低，随着水平方向距离的增加，陶粒支撑剂呈现的铺置高度为"前高后低"，且陶粒支撑剂粒径越大铺置高度越大，砂堤越接近缝口。70/140 目石英砂的铺置高度相对较为一致，形成的砂堤更为平缓。分支缝中，陶粒支撑剂随着粒径的减小，砂堤高度逐渐降低，砂堤前沿逐渐增加。70/140 目石英砂砂堤平衡高度最小，砂堤前沿也最大。因此在相同施工条件下，石英砂的运移距离更远。

（2）在总支撑剂量和支撑剂浓度相同的情况下，随着排量的增加，液体对支撑剂砂堤的冲刷作用增强，缝口处支撑剂堆积量逐渐降低。主缝中支撑裂缝尾部的支撑剂铺置浓度增加，支撑剂的平衡高度逐渐降低。分支缝中砂堤高度逐渐降低，砂堤前沿逐渐增大。因此大排量可以使支撑剂向复杂裂缝深处运移，有利于提高复杂支撑裂缝的长度，但会降低缝口处的支撑剂铺置浓度。

（3）在总支撑剂量和排量相同的情况下，随着砂浓度的增加，在主缝中缝口处的堆积作用明显，相同时间内沉降堆积的支撑剂量越大，砂堤平衡高度越高。在分支缝中砂堤高度逐渐增加，砂堤前沿逐渐减小。主缝中砂堤平衡阶段比在分支缝中更长，砂堤形态相对更为平缓，这也是由于在主缝中液体对支撑剂砂堤的冲刷作用更强而导致的。

（4）在总支撑剂量及排量相同的情况下，压裂液黏度增大，对于主缝，其缝口处支撑剂的堆积作用减弱，相同时间内沉降堆积的支撑剂量减小，砂堤平衡高度降低。对于分支缝，其砂堤高度降低，砂堤前沿增大。因此，与提高排量类似，线性胶可以适当增加携砂能力，但会降低缝口处的支撑剂铺置浓度。

（5）在相同排量条件下，主裂缝入口处支撑剂铺置特征较为一致。但裂缝形态的不同使主缝中液体的分流过程存在差异，导致不同位置出现了不同的平衡高度。总体上分流节点越靠后，流体流量越小，缝内流速越低，对支撑剂的携带和冲刷作用就越弱。裂缝越复杂，越不利于支撑剂的运移。

（6）通过复杂裂缝中支撑剂铺置特征对5个因素的敏感性分析将影响大小依次排序：裂缝形态＞支撑剂性能＞液体黏度＞排量＞支撑剂浓度。

第二节　压裂设计优化及示范区主体工艺

一、分段与射孔设计

1. 分段设计的原则

页岩裂缝形态复杂，与常规井相比，其水平井优化设计更复杂、更困难，设计的首要任务即水平井分段。常规井分段设计通常是利用油藏数值模拟来确定实现经济产量的分段数，进而根据分段数与水平段的长度进行分割，但是此类方法并不适应于页岩气储层。因为这种分段方法并没有考虑页岩储层在压裂过程是否满足其工程条件的可压性，或者说是否通过压裂改造形成所期望的具有一定复杂程度的网络裂缝。因此，对于页岩储层的改造而言，合理的分段设计是水力压裂成功的重要保证。在北美 Eagle Ford 盆地的页岩气开发者，早已通过多口井的压后评价，证明了根据水平段长度进行简单的几何均匀分段设计，其压裂改造后井均产能贡献率仅有63%，而采用储层物性相似性的分段设计压后井均达到82%。

示范区水平井基本按照60～80m进行分段。分段设计不仅需要参考测井解释资料，同时也需利用三维地震预测结果进行综合分析。设计中，除了主要考虑页岩气水平井轨迹穿行的地层岩性特征、岩石矿物组成、全烃显示、自然伽马、电阻率和孔隙度、天然裂缝发育等地质参数，还需考虑工程条件，如固井质量和狗腿度等。总体遵循将穿行地质属性相近的小层分为1段（尽可能不跨2个及以上的小层），天然裂缝发育处单独一段的原则。

2. 射孔位置优化

结合国外和四川盆地的施工经验，主要从以下3个方面来优化射孔位置。

1）储层物性

国外开发经验表明，页岩气藏储层的裂缝发育程度和含气饱和度等物性参数直接影响页岩气井的产量。因此，通过水力压裂充分改造高含气饱和度区域，充分沟通地层的天然裂缝并形成高导流能力的缝网是获得高产气井的关键。

因此，需要根据储层物性差异调整射孔段：第一，物性好的区域应尽量与差的区域分开，在一个改造段中同时射开物性相差很大的区域，会造成物性较好的区域无法获得充分的改造；第二，在段内合理的布置射孔簇在天然裂缝发育区域、高含气量区域，确保水力压裂裂缝在这些区域形成和延伸，有利于沟通储层并激活储层天然裂缝，并提高该段产气量。

2）岩石脆性

岩石脆性对于页岩气压裂能否形成复杂的裂缝至关重要。脆性的大小与岩石的弹性模量和泊松比有直接的关系。弹性模量越高、泊松比越小、岩石脆性越大。其中泊松比对岩石脆性的影响更大。可将岩石分为塑性岩石和脆性岩石，塑性岩石不利于压裂，因为塑性岩石有愈合天然的裂缝或水力压裂裂缝的趋势，不利于裂缝的张开扩展。反之，脆性岩石一般存在较发育的天然裂缝，容易被压裂并形成较为复杂的网状裂缝。岩石的脆性直接影响压裂裂缝的形态，也决定了压裂工艺和材料的选择。高脆性岩石易于形成网状的复杂裂缝，所以要选择高脆性的层段布置射孔簇。

3）应力差异

原地应力条件是优化完井射孔设计的重要参数。原地应力主要包含地层孔隙压力、上覆岩层压力、最大水平主应力和最小水平主应力。对于水力压裂造缝，最小水平主应力直接影响着压裂施工压力。同时，由于页岩的非均质性，沿水平段井筒的页岩层也存在着明显的应力差异。图 5-2-1 是 W201-H1 井最小水平主应力沿水平段井筒大小变化情况。在井筒不同的部位，近井地带存在不同的裂缝闭合压力，导致地层中产生应力屏障效应：如果选择在高应力区域射孔，会大幅提高压裂施工压力，也可能出现造缝失败。同时，由于缺乏足够的流体注入速率，导致没有能力泵送设计浓度的压裂支撑剂，会产生无效裂缝网；如果射开段同时存在高应力区和低应力区，将可能造成无法改造高应力区，而低应力区被过度改造。因此，针对页岩气藏水平井的射孔，必须结合应力差异进行合理分段，尽量避免高应力区域与低应力区域在一个压裂改造段。每个改造段射孔位置应尽量分布在低应力区域。

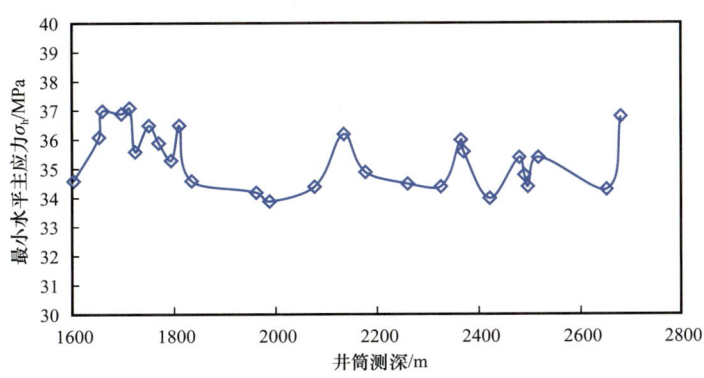

图 5-2-1 W201-H1 井水平井段最小水平主应力分布曲线

在对平台页岩气水平井组进行射孔优化设计时，除了考虑每口井本身的物性特征外，还需考虑相邻水平井之间在压裂过程中水力裂缝之间的影响，即同平台水平井之间水力裂缝应力阴影问题。针对这一情况，川南地区页岩气平台井在射孔优化设计时，充分考虑相邻井应力阴影作用，通过优化设计射孔工艺及其参数，将应力阴影的负面影响变为正面作用，采用了相邻井之间的错位射孔方式（图 5-2-2），获得更加复杂的裂缝网络。

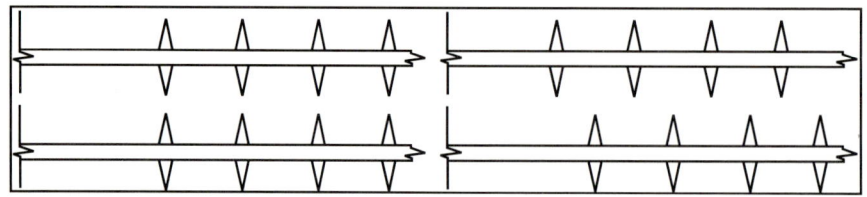

图 5-2-2　平台邻井正对射孔和错位射孔示意图

3. 射孔相位优化

裂缝起裂受到井筒附近地应力场的强烈影响。按照主应力的大小，地应力场可以分为 3 类：σ_1——垂向应力为最大主应力（$\sigma_v > \sigma_H > \sigma_h$）；$\sigma_2$——垂向应力为中间主应力（$\sigma_H > \sigma_v > \sigma_h$）；$\sigma_3$——垂向应力为最小主应力（$\sigma_H > \sigma_h > \sigma_v$）。图 5-2-3 展示了 3 种不同地应力场下，水平井筒分别指向最大和最小水平主应力方向时，沿井筒周向上的破裂压力分布。其中横轴角度以井筒横截面正北方向为起点，可知：

（1）井筒指向 σ_H 的时候，垂向主应力为最大或中间主应力（σ_1 或 σ_2）的时候，水平井筒顶部和底部（$\theta = 0°$ 或 180°）有最小破裂压力，两侧有最大的破裂压力（$\theta = 90°$ 或 270°）；垂向主应力为最小主应力（σ_3）的时候，水平井井筒两侧有最小破裂压力（$\theta = 90°$ 或 270°），顶部和底部有最大破裂压力（$\theta = 0°$ 或 180°）。

（2）井筒指向最小水平主应力 σ_h，垂向主应力为最小或中间主应力（σ_3 或 σ_2）的时候，水平井筒顶部和底部有最大破裂压力，两侧有最小的破裂压力；垂向主应力为最大主应力（σ_1）时，水平井井筒两侧有最大破裂压力，顶部和底部有最小破裂压力。

（3）以上两点结论实际上可以解释为，在井筒横截面上，最小破裂压力所在位置其实指向横截面上最大主应力方向，即在该方向上最先破裂。

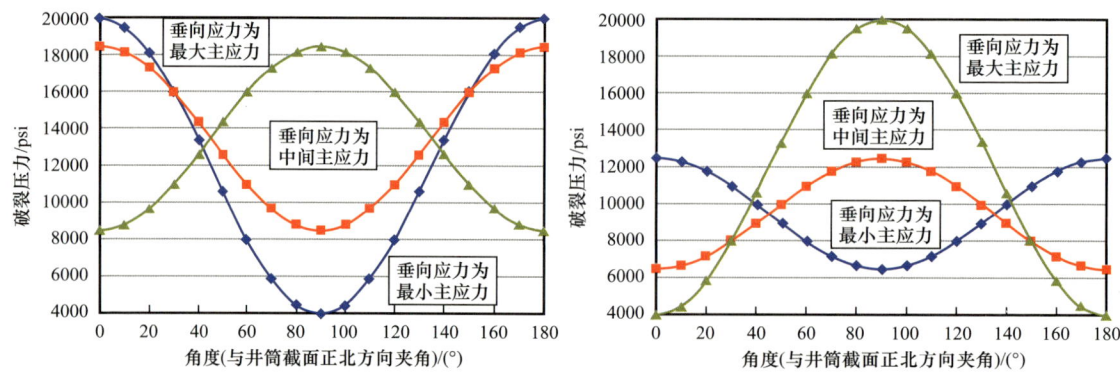

图 5-2-3　破裂压力与方位、地应力的关系（左：井筒指向 σ_H，右：井筒指向 σ_h）

基于上述理论，分析射孔孔眼与最大主应力方向的夹角与破裂压力存在关系，计算结果如图 5-2-4 至图 5-2-7 所示。可以看出，随着夹角增大，最大拉应力在孔眼位置发生偏移，主要指向最大主应力方向。当夹角超过到 47° 时候，最大拉应力已经不在孔眼上，说明已经不在孔眼处起裂。

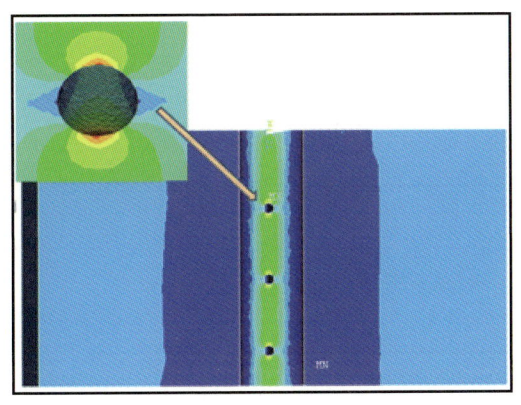

图 5-2-4　应力云图（孔眼与最大主应力方向夹角为 0°）

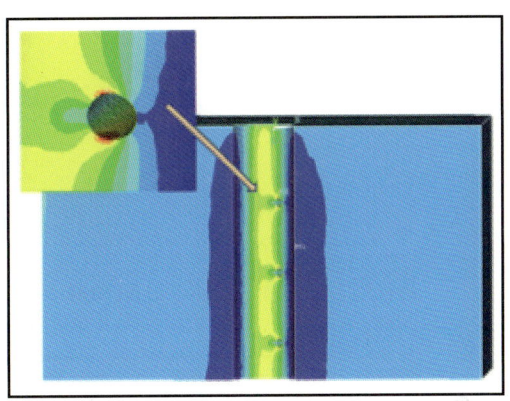

图 5-2-5　应力云图（孔眼与最小破裂压力方向夹角为 30°）

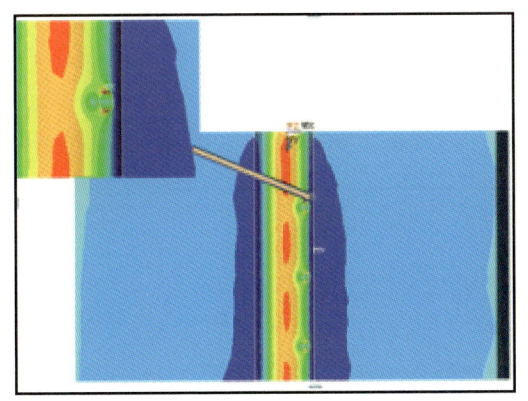

图 5-2-6　应力云图（孔眼与最小破裂压力方向夹角为 47°）

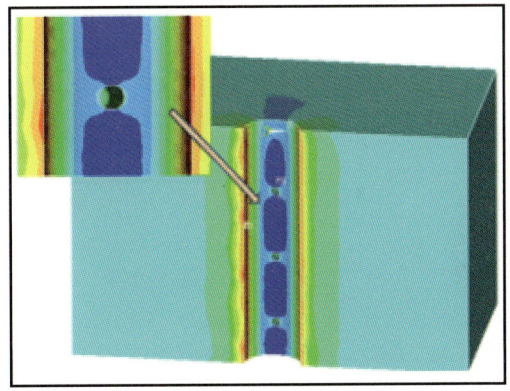

图 5-2-7　应力云图（孔眼与最小破裂压力方向夹角为 90°）

计算表明（图 5-2-8），在 30° 以前破裂压力随夹角增大而增大，但相对平缓；30° 至 47° 破裂压力急剧增大；47° 以后，破裂压力变化很小，这时裂缝已经不在孔眼处起裂。理论上最佳的射孔应设计指向最低破裂压力的位置，即采用定向射孔可以大大提高压裂施工处理效率。当不采用定向射孔时，应尽量让较多的孔眼与井筒截面最大主应力方向夹角小于 30°。

由图 5-2-9 可知，60° 和 120° 相位平均破裂压力最低。从几何上分析，在一个螺旋内，60° 相位角一般至少两孔处于与井筒截面最大主应力夹角 30° 以内，而 120° 最多只有一孔，故 60° 相位角有更多有效的孔。因此 60° 相位角是最有利于水力压裂的相位角，示范区压裂井均采用了 60° 相位角。

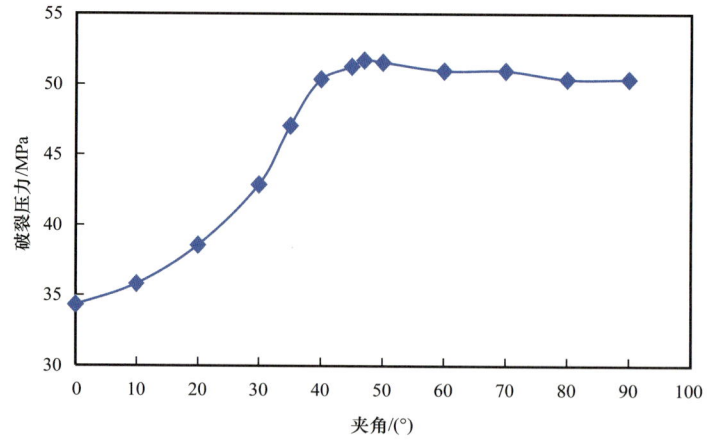

图 5-2-8　孔眼和最小破裂压力方向夹角与破裂压力关系

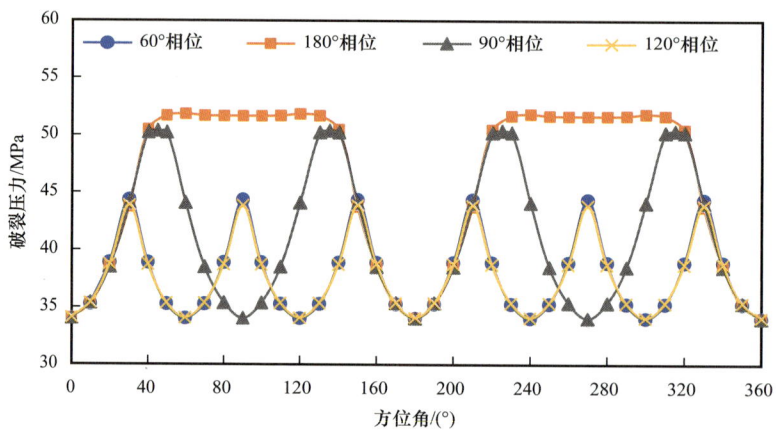

图 5-2-9　各个相位下破裂压力变化趋势

二、施工参数优化

1. 优化设计原则

水平井多段改造单井优化设计的总体思路首先是，确定"提高产量、控制储量、采出程度（净现值）"设计目标，根据设计目标明确"提高改造的储层体积（SRV）、形成与储层匹配的人工裂缝（复杂程度和导流能力），低伤害、低成本"为设计原则，进一步确定设计方法。在设计方法中重点开展压前地质评估，评估内容包括两项：一个是可压性评估，另一个是可产性评估。基于两类关键参数的评估，确定改造的技术模式，然后利用气藏数值模拟、水力裂缝模拟，结合施工材料优选，确定实施方案（图 5-2-10）。

整个体积改造的设计是以甜点分析为基础、压裂裂缝与气藏匹配为关键、综合多方面因素优化为主线，强调地质、气藏、工程的一体化，贯穿了储层评估、气藏模拟、裂缝扩展研究、施工参数模拟、工艺优化、经济优化等多个环节（图 5-2-11）。

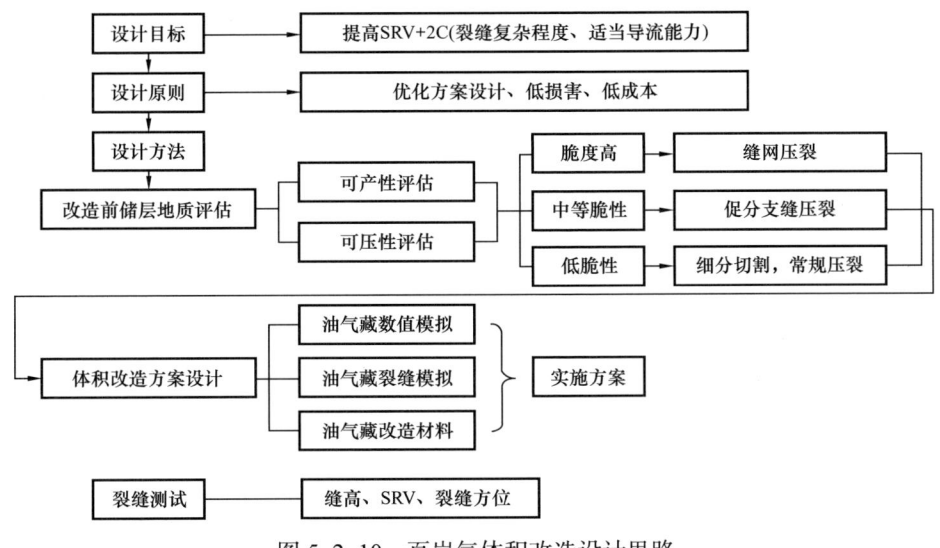

图 5-2-10 页岩气体积改造设计思路

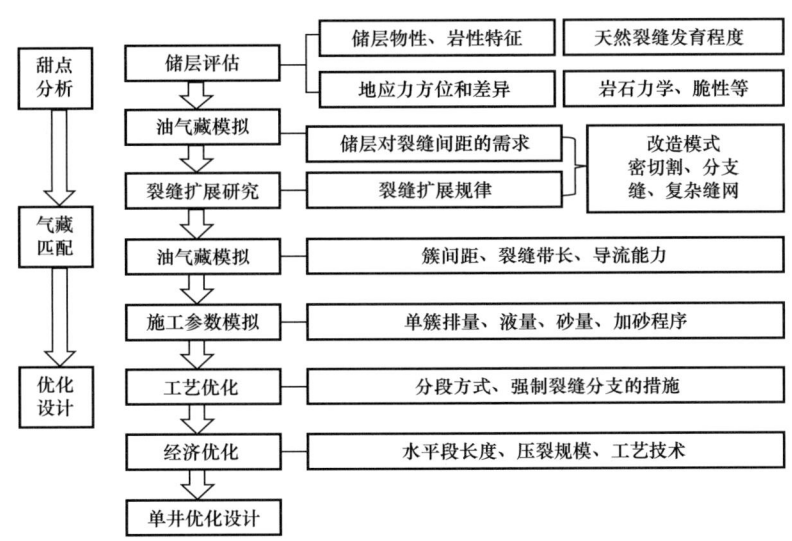

图 5-2-11 一体化制订压裂设计流程

页岩气体积改造的目标是构建具有适合导流和体积的人工裂缝网络。因此在设计之初须对储层裂缝需求进行分析和优化。在裂缝需求分析和优化中，一般存在两种优化目标：一个是经济目标，另一个是产出量目标。此处主要介绍以产量为目标的压裂规模优化方法。

2. 压裂规模优化设计方法

采用等效导流能力和局部网格加密方法，构建包含主缝和分支缝的裂缝网络系统，建立符合实际储层特点的地质模型，通过气藏数值模拟方法，开展裂缝间距、裂缝长度、主裂缝和分支裂缝导流能力等裂缝参数优化，基于优化结果，通过水力裂缝扩展模拟，进一步优化和明确压裂施工中的排量、液量和支撑剂量等参数（图 5-2-12）。

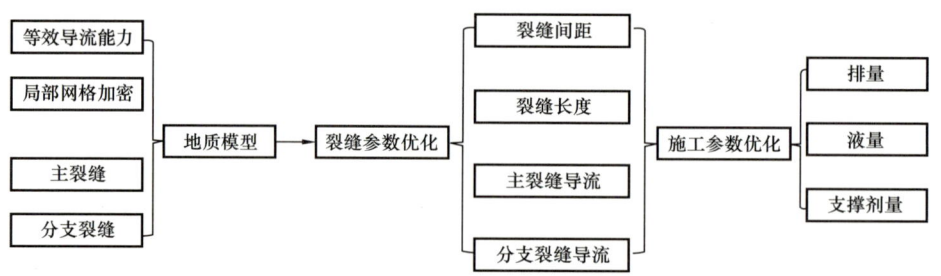

图 5-2-12　优化设计目标

3. 压裂液类型及用量设计

基于大规模压裂低成本需求，结合储层敏感性、储层弱面发育情况、储层脆性特征、施工工艺需求（即工艺上需要形成的裂缝形态）、施工排量、配置方式等因素，并根据水源情况综合确定液体体系以及添加剂成分。液体类型要保证低摩阻、低伤害、可在线连续混配、可重复再利用、成本低且安全环保，水源可以采用河水，或者是周围就近压裂井的返排液重复利用。液体使用量的优化须结合井网的特性以及地层的需求，井间距越大，则需求裂缝半长越大、液体用量越大；储层天然裂缝越发育，液体滤失越大，则液体用量越大。

结合现场平台井的井间距，以 350~400m 为例，对不同液量所改造的储层体积（SRV）进行裂缝模拟，结果表明如果要实现 75m（缝宽）×380m（缝长）×50m（缝高）的储层覆盖，需 1800~2000m³/段压裂液量（图 5-2-13）。而对于 300~350m 井间距，则需要控制液量在 1800m³ 以内，确保压窜和套变的风险能够降到最低。

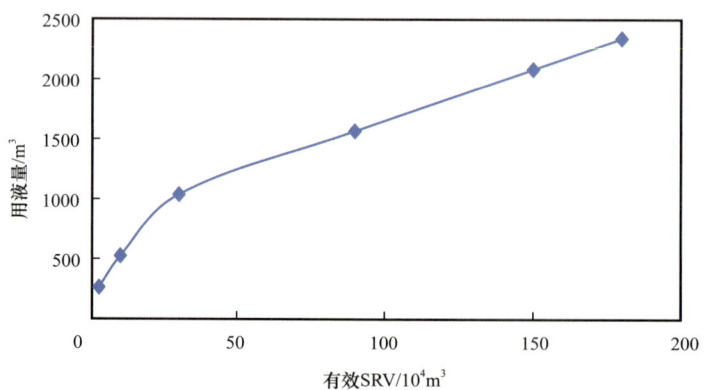

图 5-2-13　单段用液量和有效 SRV 间关系曲线

4. 支撑剂类型及用量设计

支撑剂类型和粒径的优选是压裂设计中的重要环节，也是保证压裂效果的关键。支撑剂选择时，需要结合工艺所选用的液体黏度，并结合施工排量、裂缝缝宽，地层的有效闭合压力来最终确定支撑粒径和类型，并在现有的材料库中，选择廉价合格的支撑剂（图 5-2-14 和图 5-2-15）。

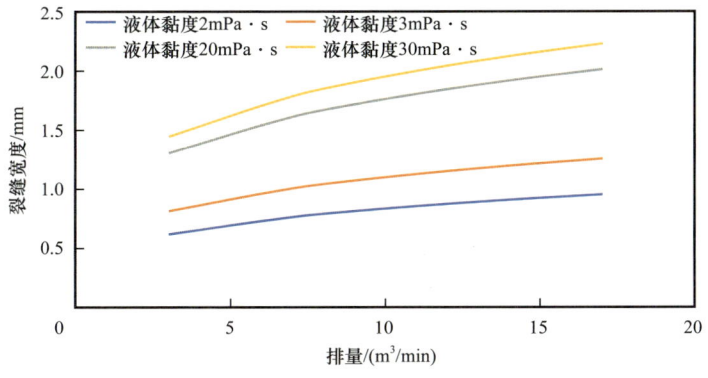

图 5-2-14　缝宽与排量的关系图

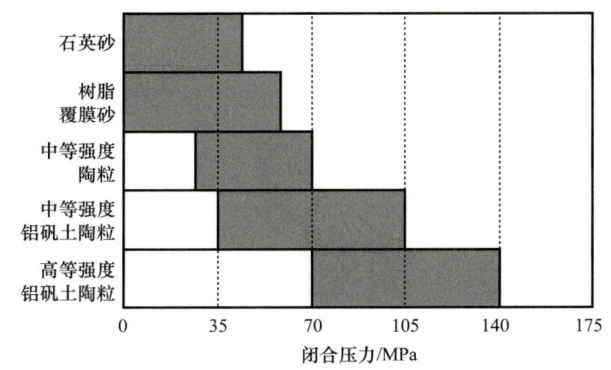

图 5-2-15　不同闭合压力下推荐的支撑剂类型

水力裂缝宽度与施工排量、地层最小水平主应力、杨氏模量和泊松比等因素有直接关系，根据目标井的储层参数及施工工艺参数，可以计算出裂缝的宽度，从而为优选支撑剂类型提供依据。

生产过程中支撑剂主要承受着地层的有效闭合应力，即地层闭合应力和流压的差值。页岩气生产是一个长期过程，由于压裂时往地层中泵入大量的液体，地层压力升高，液体滤失低，形成的复杂裂缝缓慢闭合；返排产水阶段有效闭合应力缓慢上升，产气阶段有效闭合应力趋于稳定。根据页岩储层的闭合应力以及生产时的井底流压，可针对性地优选支撑剂类型。

页岩储层一般天然裂缝较发育，经过压裂充分改造，形成了裂缝网络，为了使页岩储层达到最佳改造效果，需对整个改造缝网实现有效的饱和支撑，因此，优选 70/140 目支撑剂用于填充分支裂缝以及转角裂缝，40/70 目支撑剂用于填充近井的裂缝主通道。若以井距 400m、段长 75m、裂缝高度 50m 进行支撑剂量的设计，则支撑剂体积优化为 80m³/ 段，而 300m 井间距时可适度降低。

三、一体化设计技术

一体化设计的整体流程包括：在压裂施工之前，结合精细三维地质模型和三维地应力模型，首先考虑天然裂缝和地应力的分布特征，确定压前有利因素与不利因素，进行风险预判；结合单井地质工程特征，重点围绕解决不利因素，开展不同液体组合、不同排量、不同支撑剂等多组参数的地质工程一体化压裂模拟计算，选择最匹配单井地质特征的压裂参数，在确保施工顺利的条件下，进一步提高单井产量。

1. 不同井间距的液体规模

双井拉链式压裂模拟结果表明，高应力差（20MPa）条件下井间距越大，水力裂缝缝长越长，越容易形成简单缝；300m井间距条件下，裂缝间距过小，井间干扰过强，裂缝改造范围较小；350m井间距裂缝复杂程度最高（图5-2-16）。

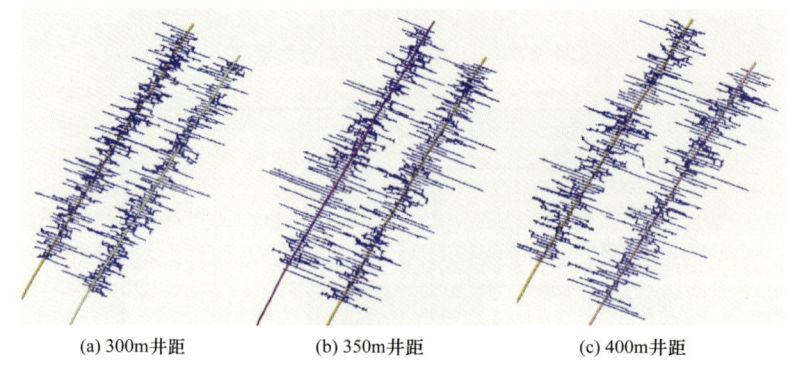

图5-2-16 不同井间距条件下的双井拉链式压裂模拟效果

建立非结构数值模拟模型，预测压后产能，井底流压限压10MPa生产，模拟不同井距条件下的生产情况，可以看出，350m井距累计产气量最高，400m井距累计产气量次之，300m井距累计产气量最低；受井间干扰影响，300m井距单井累计产气量差距较大（图5-2-17）。

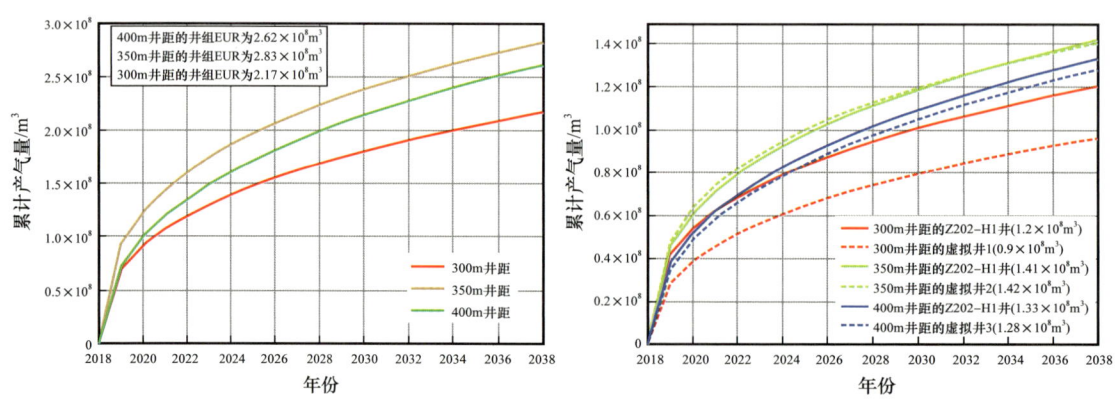

图5-2-17 不同井距条件下的两口井累计产气曲线图

模拟了不同井距、用液强度下的裂缝扩展情况（图5-2-18），用液强度由20m³/m增大至40m³/m，缝长由250m左右增大至325m左右；400m井距条件下，用液强度接近40m³/m有较为明显的井间窜通；300m井距条件下，用液强度大于30m³/m有较为明显的井间窜通，因此推荐400m井距。

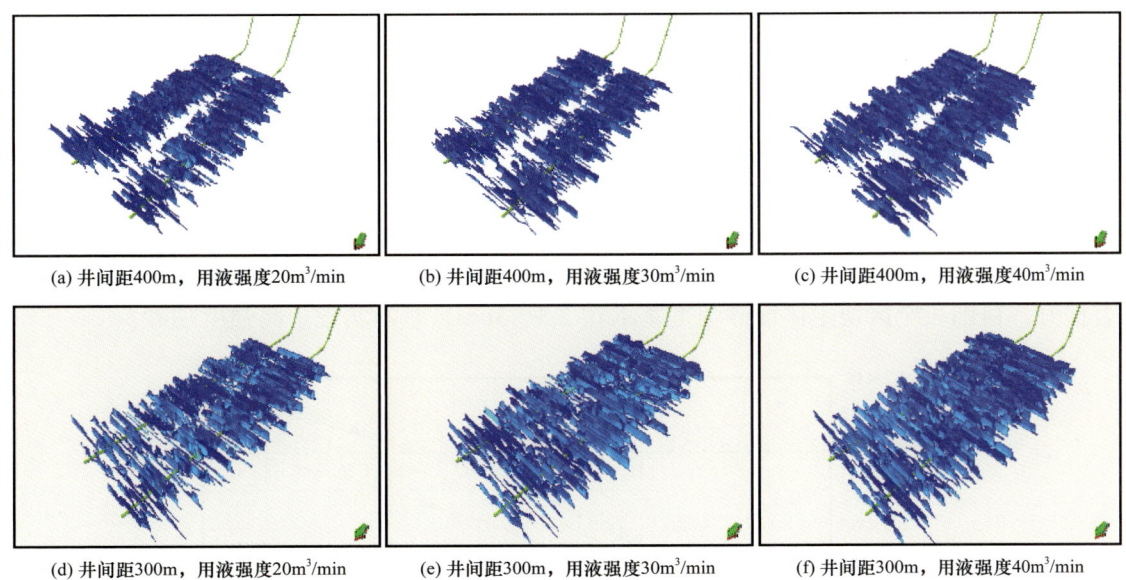

图 5-2-18 不同井间距和用液强度条件下的裂缝扩展情况

2. 排量优化

压裂模拟结果表明，在单段液量 $1800m^3$、段长 $60m$ 条件下，随着排量的增大，净压力增大，簇效率提高，储层改造体积增大（图 5-2-19）。随着排量的增长，单井累计产气量逐渐增多，并有逐渐增大的趋势：排量从 $12m^3/min$ 提高到 $16m^3/min$，EUR 提高了 $300×10^4m^3$；排量提高到 $20m^3/min$，EUR 提高了 $800×10^4m^3$。在最小水平主应力为 $54MPa$，应力差为 $12MPa$ 时，排量的增大对产量提高影响相对较小。

但随着排量增加，井筒沿程摩阻也会增大，实际施工过程也需要考虑摩阻的影响。

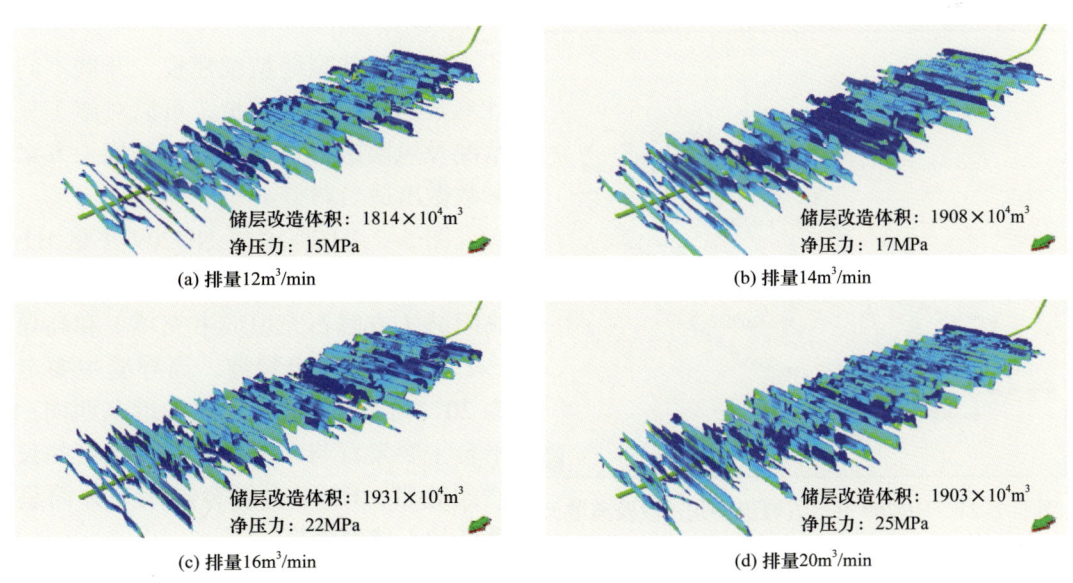

图 5-2-19 不同排量下页岩气水平井压裂模拟结果

3. 砂量优化

模拟结果表明，在单段液量 1800m³、段长 60m 条件下，随着加砂强度的增大，储层改造体积有一定增加，导流能力显著增大，单井累计产气量逐渐升高，但增长趋势逐渐减缓，加砂强度从 2.5t/m 提高到 3t/m，累计产气量变化不大。加砂强度提高到 2~2.5t/m，累计产气量提高 12.6%，能够满足高产需求（图 5-2-20）。随着研究的深入，加砂强度对产量的提升不仅仅局限在模拟的结果上，矿场实践更多表现出加砂强度对累计产量的显著提升，目前长宁区块主体加砂强度基本在 2.5~3t/m，基本实现了高强度加砂。

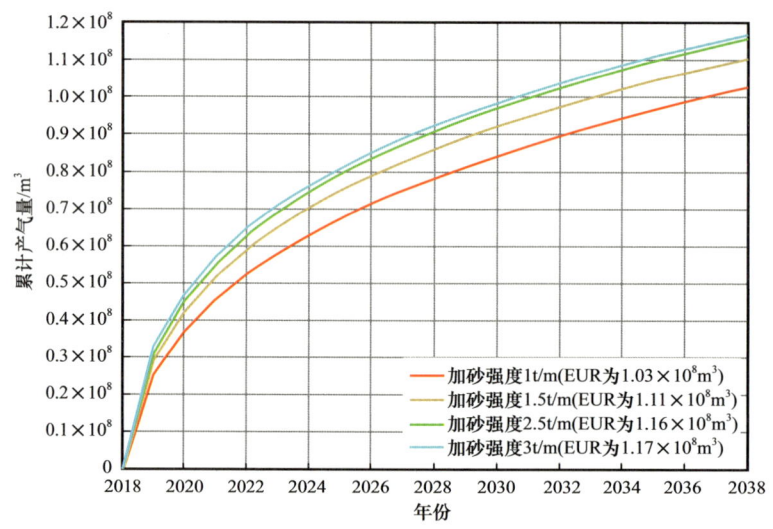

图 5-2-20 不同加砂强度下单井累计产气量曲线图

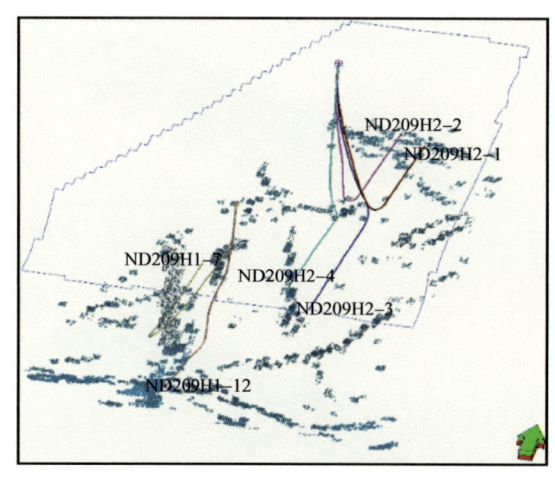

图 5-2-21 ND209 井区五峰组—龙一段及离散天然裂缝与 H1 和 H2 平台天然裂缝片分布图

4. 施工复杂与风险评估

结合天然裂缝精细建模，开展不同设计参数的压裂裂缝模拟，可以对施工复杂情况及风险进行评估，进而对施工方案和参数做出适当调整。

图 5-2-21 展示了 ND209 井区 H1 和 H2 平台的天然裂缝建模成果。区内发育高阻缝（方解石充填或半充填）和高导缝（未充填）等两组裂缝，高导缝主要走向为 20° 方向，高阻缝走向为近东西向；H1 平台主要发育与水平井筒呈低角度的长天然裂缝带，H2 平台发育与水平井筒呈高角度的天然裂缝带。

图 5-2-22 展示了 CNH23-5 井第一段

在不同液量和排量下压裂缝网的模拟成果。由于CNH23-5井第一段距邻井CNH13-6井轨迹较近，根据裂缝的模拟结果，最终选用了降低施工排量和液量规模的方案以避免发生压窜、套变等复杂情况。

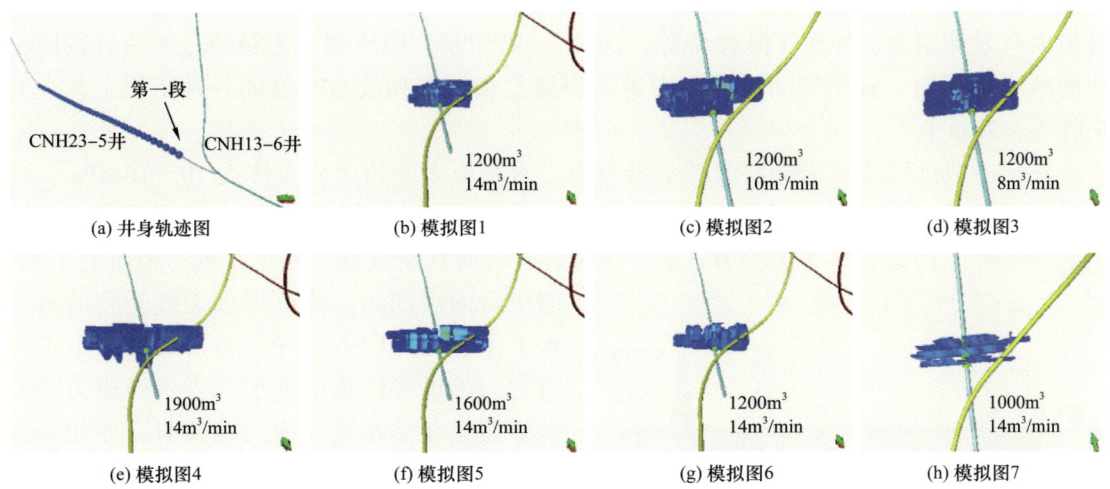

图 5-2-22　CNH23-5 井第一段不同液量和排量压裂缝网模拟图

四、体积压裂主体工艺

页岩气示范区成立之初，压裂技术主要借鉴北美地区作业经验。2013—2015年，川南地区开展了水平井体积压裂技术的自主攻关和规模试验，逐步定型了初代压裂工艺和技术参数，成功完成了由引进到自主研发的转变。2018—2020年，在一轮轮的攻关试验和优化推广中，逐渐形成了适用于不同条件的密切割分段、高强度加砂、段内多簇等主体工艺（表5-2-1）。

表 5-2-1　体积压裂主体工艺特征及主要参数对比

参数	初代压裂工艺	密切割分段	高强度加砂	段内多簇
单段长度 /m	60～80	45～55	45～65	65～85
单段簇数	3	3	3～6	6～11
簇间距 /m	20～25	15～20	10～15	7～10
主体压裂液	低黏滑溜水		低黏滑溜水 + 线性胶，或采用一体化变黏滑溜水	
支撑剂	70/140目石英砂 +40/70目陶粒。石英砂占比约30%		70/140目石英砂 +70/140目陶粒 +40/70目陶粒。石英砂占比 60%～70%	
排量 /（m³/min）	12	12～14	16	16～20
用液强度 /（m³/m）	30	35	30～35	
加砂强度 /（t/m）	1.0～1.5	1.5～2.0	2.0～3.0	>3.0

1. 密切割分段压裂工艺

1）工艺原理

页岩储层压裂改造旨在形成由多条主裂缝和转向分支裂缝相互交织的复杂裂缝，获得最大有效储层改造体积（陈桂华等，2012）。密切割分段压裂工艺是通过缩短分段段长从而减小簇间距，利用簇间诱导应力提高裂缝复杂程度和改造强度的一种压裂工艺（吴庆红等，2011）。

长宁—威远区块页岩储层天然裂缝发育、水平应力差较大，主体为 10～16MPa；高水平应力差下，裂缝扩展时转向困难，易形成单一裂缝。根据 Sneddon 模型以最大水平主应力（σ_H）和最小水平主应力（σ_h）作为裂缝转向判断依据，相比常规 3 簇压裂工艺，缩短段内簇间距，能够增加裂缝受到的最小水平主应力方向的诱导应力与最大水平主应力方向的诱导应力的差值，当诱导应力差值大于裂缝原始水平主应力差值时，促使裂缝转向（严伟等，2014；刘振武等，2011）。密切割分段即通过缩短分段段长，减小簇间距，利用诱导应力提高裂缝复杂程度。压裂裂缝分布示意图如图 5-2-23 所示。

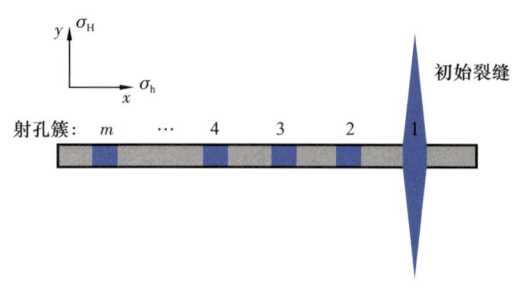

图 5-2-23 压裂裂缝分布示意图

2）应用情况

目前，该工艺技术在长宁区块已现场应用实施 70 余井次，主要在 400m 井间距下，分段段长从 70m 缩短到 45～50m，段内采用 3 簇进行射孔，簇间距主体为 15～17m，施工排量为 14～16m³/min，用液强度达到了 36m³/m，扩大了改造体积。同时，为了防止天然裂缝带发生滑移引起套管变形，在天然裂缝发育段控制了施工规模，降低了施工排量和用液强度。

3）实施效果

（1）整体实施效果。

长宁区块密切割分段压裂工艺井井均测试产量 $24.1 \times 10^4 m^3/d$，预测井均 EUR 为 $1.14 \times 10^8 m^3$。与较常规 3 簇邻井相比，井均测试产量提高了约 20%，EUR 提高了约 13%，实现了单井测试产量和 EUR 显著的提升（图 5-2-24）。

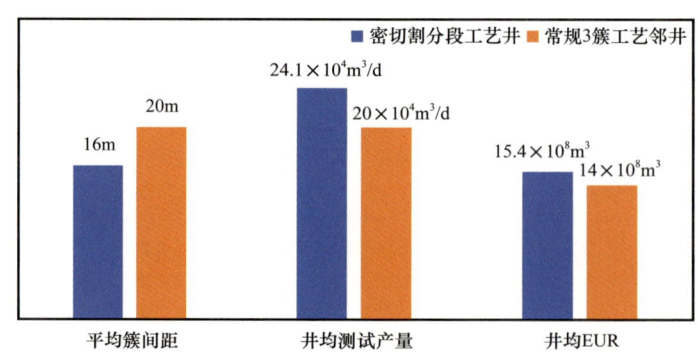

图 5-2-24 长宁区块密切割分段工艺井和常规 3 簇工艺邻井效果对比

（2）典型井效果。

N8平台和N9平台位于长宁区块201井区，2个平台水平井钻遇储层有机碳含量为4.2%～5.2%，孔隙度为5.7%～6%，含气量为5.2～6m³/t，蚂蚁体预测天然裂缝较发育，与井筒方向成高角度。N8-2井和N9-1井采用密切割分段压裂工艺技术，簇间距为15～17m，其余邻井采用常规3簇工艺，簇间距较大，压裂施工主要参数见表5-2-2。

表5-2-2　平台各井压裂主要参数

井号	分段段长/m	簇间距/m	用液强度/（m³/m）	加砂强度/（t/m）
N8-2	45	15.0	40	3.1
N8-3	64	21.3	30	3.0
N9-1	44	14.7	39	2.8
N9-2	63	21.0	30	1.5
N9-3	65	21.7	29	1.6

N8平台和N9平台压裂时采用微地震进行监测，基于微地震解释的百米压裂段长度储层改造体积（SRV_L）、百米压裂段长度微地震事件点数（D）以及裂缝复杂指数（F——微地震监测缝网延伸宽度与长度的比值，F值越大，表明裂缝越复杂），对比平台内两种压裂工艺裂缝延伸情况。由表5-2-3可知，N8-2井和N9-1井的SRV_L、D及F都大于同平台邻井，簇间距的缩短增大了裂缝复杂程度。

表5-2-3　N8和N9平台井微地震解释结果

井号	$SRV_L/10^7m^3$	D/个	F
N8-2	1.2	130	0.63
N8-3	0.8	100	0.58
N9-1	0.9	60	0.67
N9-2	0.4	26	0.55
N9-3	0.6	41	0.58

跟踪2个平台井的压后测试及生产情况。N8-2井测试产量为$38.6\times10^4m^3/d$，高于N8-3井的$21.1\times10^4m^3/d$；N9-1井测试产量为$40.1\times10^4m^3/d$，高于N9-2井的$24.7\times10^4m^3/d$和N9-3井的$24.6\times10^4m^3/d$。同平台中采用密切割分段压裂工艺的井压后测试产量提升了15×10^4～$17\times10^4m^3/d$。根据生产情况进行EUR预测，N8-1井预测EUR为$2.28\times10^8m^3$，N9-1井预测EUR为$2.02\times10^8m^3$，较同平台相邻的常规3簇工艺井提高了0.9×10^8～$1.2\times10^8m^3$（图5-2-25和图5-2-26）。

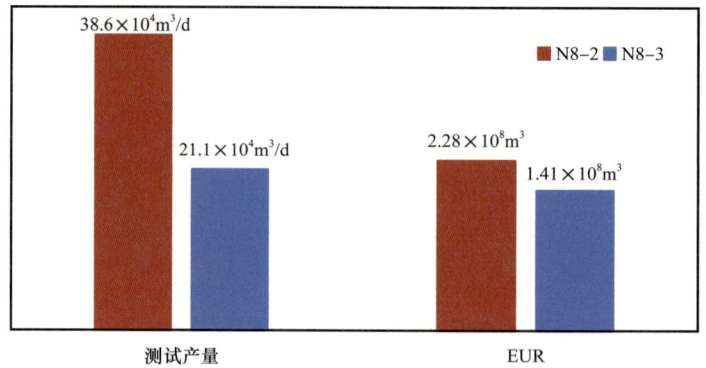

图 5-2-25 N8 平台测试产量和 EUR 对比

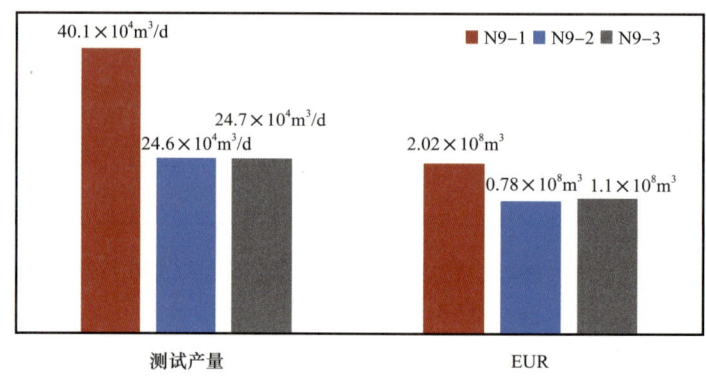

图 5-2-26 N9 平台测试产量和 EUR 对比

2. 高强度加砂压裂工艺

1）工艺原理

页岩气井产量不仅与裂缝复杂程度有关，复杂裂缝能达到足够的导流能力也至关重要。压裂改造后，压裂液通过毛细作用、黏土渗吸以及分子扩散作用等进入页岩储层，使裂缝表面强度降低，对裂缝的导流能力产生负面影响。此外，长宁—威远区块页岩气水平井埋深跨度大，地应力差异较大，对于高地应力区域储层裂缝闭合应力较大，缝内支撑剂嵌入程度增加，导致导流能力下降。

国内外学者对支撑裂缝渗流机理、不同类型支撑剂嵌入程度、铺砂浓度以及闭合应力等对裂缝导流能力的影响规律进行了大量室内实验和数值模拟分析探讨。研究表明，支撑裂缝导流能力对气井的产能起主要作用。为了满足页岩气井生产所需的长期导流能力，采用高强度加砂压裂工艺，增大裂缝中支撑剂铺置浓度降低支撑剂嵌入程度，实现对裂缝的长期有效支撑。

为了确保高强度加砂压裂工艺的实施，提高了施工排量和携砂阶段压裂液的黏度。物理模拟实验研究表明，施工排量增加，裂缝中流速增大，支撑剂不断卷起而悬浮在压裂液中，砂堤高度较小，有利于更多的支撑剂进入裂缝，并且运移的距离更远，增加支撑裂缝长度。

$$H_{\text{d}} = h_0 - \frac{Q}{w \times v_{\text{d}}} \qquad (5\text{-}2\text{-}1)$$

式中　H_{d}——砂堤平衡高度，m；

　　　h_0——裂缝高度，m；

　　　w——裂缝宽度，m；

　　　Q——排量，m³/s；

　　　v_{d}——平衡流速，m/s。

压裂液黏度对裂缝内支撑剂运移和铺置的影响也较显著。根据诺沃尼特的沉降速度公式，携砂阶段提高压裂液黏度，其稠度系数增加，支撑剂的沉降速度变小，形成的砂堤较小，有利于支撑剂向裂缝远端运移，且携砂阶段支撑剂更易悬浮，有利于提高加砂量。

$$v_{\text{p}} = \left[\frac{d_{\text{p}}(\rho_{\text{p}} - \rho_{\text{f}})g}{18K}\right]^{1/n} d_{\text{p}} \qquad (5\text{-}2\text{-}2)$$

式中　v_{p}——沉降速度，m/s；

　　　d_{p}——支撑剂粒径，m；

　　　ρ_{p}，ρ_{f}——支撑剂和压裂液密度，kg/m³；

　　　K——稠度系数；

　　　n——流变指数，反映偏离牛顿流体的程度。

2）应用情况

2020年，长宁—威远区块主体加砂强度从2019年的1.7~2.5t/m提高了2~3t/m，最高达到了4.7t/m，石英砂比例也从30%增加到了50%~60%。施工排量提高到16m³/min，有利于支撑剂向裂缝远端运移。同时，压裂时主要采用变黏滑溜水连续加砂的方式，高砂浓度携砂阶段将滑溜水黏度从1~3mPa·s增加到20~30mPa·s，砂浓度由180~200kg/m³提升到260~280kg/m³，平均加砂强度提高了约15%，有利于裂缝有效支撑。

针对天然裂缝、加砂困难段，为了提高裂缝的有效支撑，进行了"一段一策"的优化设计。主要采用多簇射孔技术增加射孔的簇数，产生更多的人工裂缝通道，有利于泵入更多的支撑剂。

3）实施效果

（1）整体实施效果。

长宁区块2019年主体加砂强度为1.5~2.5t/m，2020年加砂强度提高到2~3t/m。通过测试产量和EUR对比发现，2019年井均测试产量为22.09×10^4m³/d，井均预测EUR为1.18×10^8m³，而2020年井均测试产量为24×10^4m³/d，井均预测EUR为1.3×10^8m³。2020年井均测试产量较2019年提升8.6%，EUR提升10%（图5-2-27）。

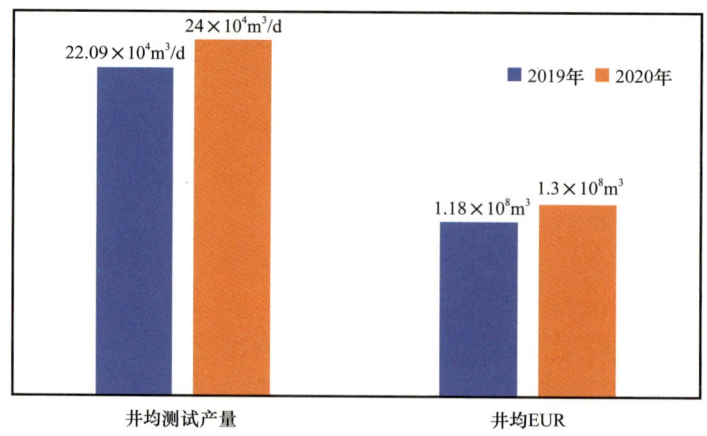

图 5-2-27　长宁区块 2019 和 2020 年测试产量和 EUR

（2）典型井效果。

N10 平台和 N11 平台位于长宁区块 209 井区，2 个平台水平井钻遇储层有机碳含量为 4.1%～5.4%，孔隙度为 5.2%～6.1%，含气量为 5.1～6m³/t，蚂蚁体预测天然裂缝较发育，不存在与井筒方向平行的天然裂缝。N10-1 井、N10-2 井以及 N11-10 井采用高强度加砂压裂工艺技术，加砂强度为 2.2～2.7t/m。其余同平台邻井未采用该工艺，加砂强度较小，为 1.6～1.9t/m。压裂施工主要参数见表 5-2-4。

表 5-2-4　N10 和 N11 平台各井压裂主要参数

井号	分段段长 /m	施工排量 /（m³/min）	用液强度 /（m³/m）	加砂强度 /（t/m）
N10-1	49	15.5～16	36	2.2
N10-2	50	15.5～16	37	2.3
N10-3	59	15～16	33	1.6
N11-9	65	15～16	29.6	1.9
N11-10	61	15～16	29.1	2.7

跟踪 2 个平台井的压后测试及生产情况（图 5-2-28 和图 5-2-29）。N10-1 井和 N10-2 井测试产量分别为 $32.6\times10^4m^3/d$ 和 $32.3\times10^4m^3/d$，高于 N10-3 井的 $19.7\times10^4m^3/d$。N11-10 井测试产量为 $35.1\times10^4m^3/d$，高于 N11-9 井的 $24\times10^4m^3/d$。同平台中采用高强度加砂工艺的井压后测试产量提升了 11×10^4～$13\times10^4m^3/d$。根据生产情况进行 EUR 预测，N10-1 井和 N10-2 井预测 EUR 分别为 $1.77\times10^8m^3$ 和 $1.7\times10^8m^3$，N11-10 井预测 EUR 为 $1.62\times10^8m^3$，较同平台邻井的常规工艺井提高了 0.8×10^8～$1\times10^8m^3$。

3. 段内多簇压裂工艺

1）工艺原理

为了进一步增加体积改造裂缝复杂程度、提高单井产量和开采效益，有学者指出通过多簇射孔分段压裂充分改造井筒附近区域的储层是压裂技术发展的重要方向之一。段内多簇压裂技术即在一定分段段长下进行多簇（大于 3 簇）射孔，缩短簇间距并设定合理的孔眼数，增加段内压裂裂缝数，最大程度改造储层，使产生的裂缝以复杂缝网形态扩展。

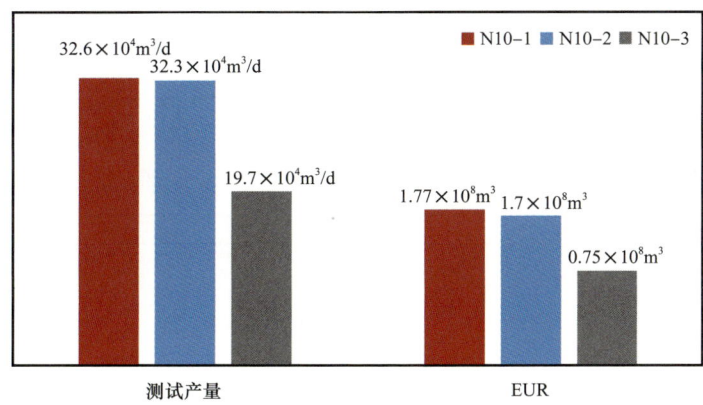

图 5-2-28　N10 平台测试产量和 EUR 对比

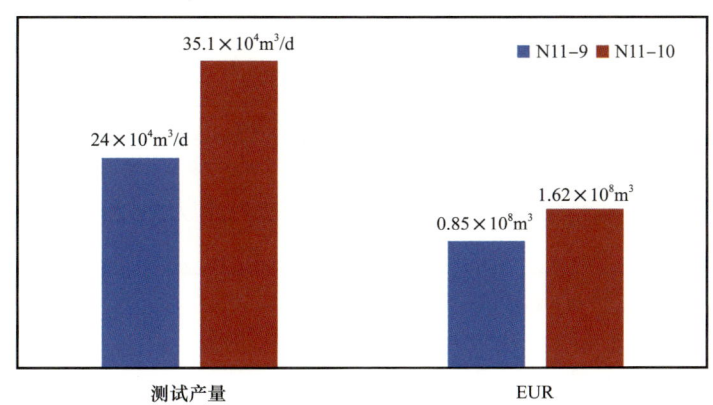

图 5-2-29　N11 平台测试产量和 EUR 对比

与常规页岩水平井分段压裂工艺技术相比，减小簇间距增大射孔簇数，压裂时能够产生更多裂缝，其累计产量呈增加的趋势。同时，簇间距的减小使裂缝间诱导应力更加显著。段内多簇压裂技术的原理之一即是缩短簇间距，利用簇间诱导应力实现裂缝转向，形成复杂缝网，使簇间的页岩储层得到充分动用。常规压裂和段内多簇压裂工艺技术效果对比如图 5-2-30 所示。

复杂缝网的形成能够增大裂缝表面与储层基质的接触面积，大幅度提高储层整体渗透率（李大军等，2017；张睿等，2015a）。根据式（5-2-3）可得到流体穿透不同距离基质所需要的渗流时间，如图 5-2-31 所示，复杂裂缝的形成可以实现"最短距离渗流"，减少渗流时间。

$$t = \frac{L^2 \phi \mu}{1.2 \times 10^{-4} K_m \Delta p} \qquad (5\text{-}2\text{-}3)$$

式中　t——流体从基质渗流到裂缝的时间，min；
　　　L——基质中流体向裂缝渗流的距离，m；
　　　ϕ——基质孔隙度，%；
　　　K_m——基质渗透率，mD；
　　　Δp——驱动压差，MPa。

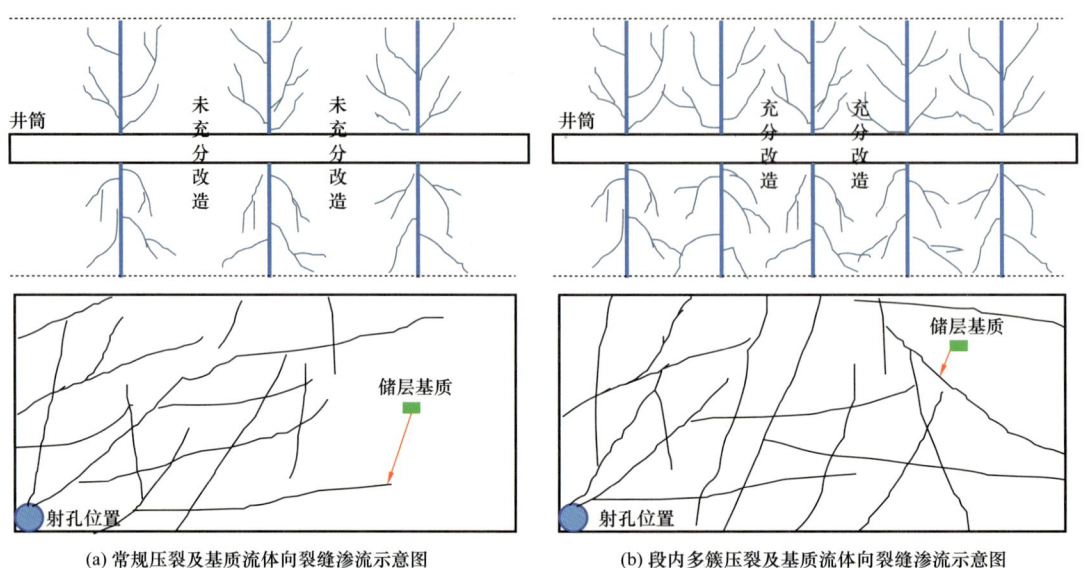

图 5-2-30　常规压裂和段内多簇压裂技术原理示意图

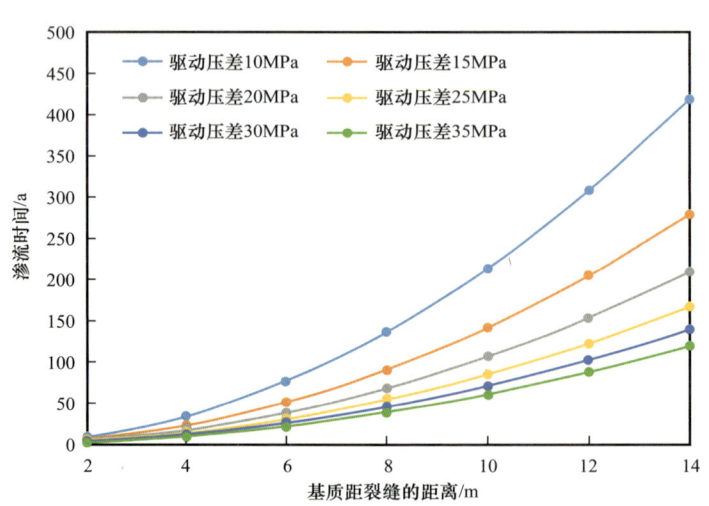

图 5-2-31　基质距裂缝距离与渗流时间关系曲线

2）应用情况

段内多簇压裂工艺在北美 Haynesville、Permian Basin、Eagle Ford 和 Bakken 等主要页岩地区广泛应用，水平井段内射孔簇数增多至 15 簇，簇间距不断缩小，最小不足 5m，有效地改造了页岩储层。在长宁—威远页岩气区块，也得到了广泛推广应用，现场已实施 200 余井次，同时压裂施工参数和配套技术也进行了优化设计。段内簇数增加到了 6~11 簇，主要采用投暂堵球进行暂堵。簇间距缩短到了 6~11m，施工排量为 16m^3/min，用液强度优化到了 30m^3/m，加砂强度提高到了 3t/m 以上。

受页岩储层岩石力学性质和地应力非均质性、簇间应力干扰等的影响，采用段内多簇工艺时射孔簇的扩展延伸存在竞争关系，部分簇无法开启或扩展不充分。压裂过程中使用了可溶暂堵球封堵射孔孔眼，暂堵流动阻力较小的通道，压开之前未开启的簇，提高射孔簇的簇效率。暂堵球粒径主要为 15~20mm，在总液量的 50%~60% 时实施投球暂堵。

3）实施效果

（1）整体实施效果。

长宁区块段内多簇压裂从 2018 年开始现场试验，2020 年得到了全面应用。2020 年段内多簇井折算 1500m 测试产量为 24.8×10^{4}m^3/d，较 2018 年和 2019 年提高了 19.5% 和 7.8%；2020 年段内多簇井折算 1500m EUR 达到了 1.34×10^{8}m^3，较前两年分别提升了 26% 和 19.6%（图 5-2-32 和图 5-2-33）。

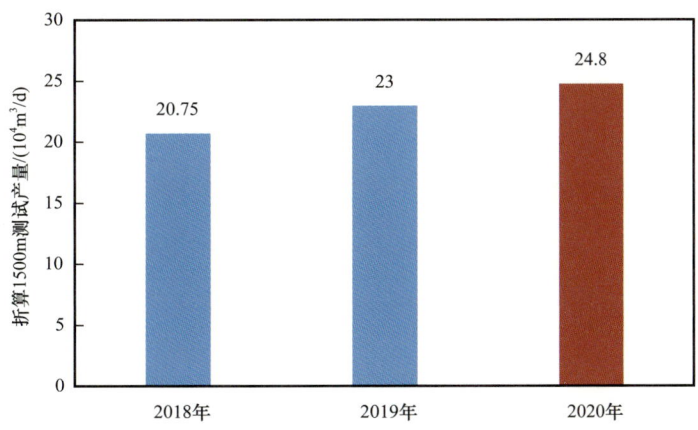

图 5-2-32 长宁区块历年段内多簇井历年测试产量

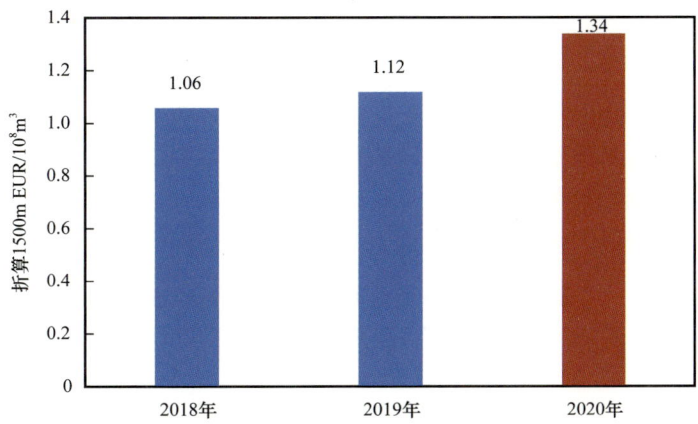

图 5-2-33 长宁区块历年段内多簇井历年 EUR

对比分析段内多簇井与常规3簇邻井的不同生产时间（30天、60天、90天、180天、270天）的生产效果。从图5-2-34可知，段内多簇实施井不同生产时间的累计产量高于常规3簇邻井。

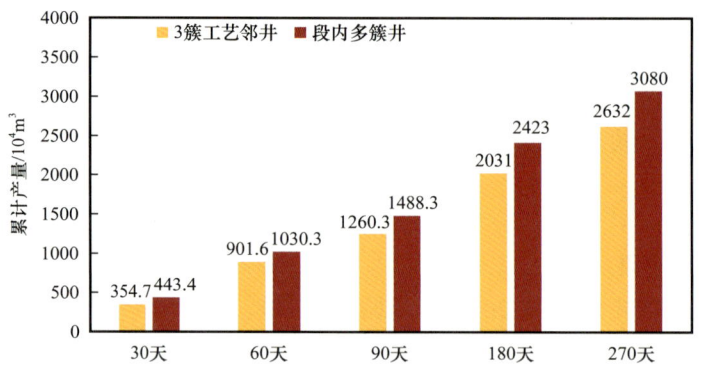

图5-2-34　长宁区块段内多簇井与3簇邻井不同生产时间累计产量

（2）典型井效果。

N1平台和N2平台位于长宁区块209井区，2个平台水平井钻遇储层有机碳含量为4.2%～5.2%，孔隙度为5.7%～6%，含气量为5.2～6m³/t，蚂蚁体预测天然裂缝较发育，与井筒方向成高角度。N1-6井、N1-7井以及N2-1井采用段内多簇工艺，簇间距为8.5～10m，并在总液量50%～60%时投注15mm暂堵球进行暂堵转向。其余邻井采用常规工艺，簇间距较大，未进行投球暂堵。压裂施工主要参数见表5-2-5。

表5-2-5　N1和N2平台各井压裂主要参数

井号	簇间距/m	施工排量/（m³/min）	用液强度/（m³/m）	加砂强度/（t/m）
N1-6	10.1	16	31.1	2.8
N1-7	8.6	16	31.8	2.9
N1-8	21.6	16	29.6	1.9
N2-1	9.2	15～16	37.2	3.1
N2-2	16.4	15～16	37.8	2.2

N2平台两口井压裂时采用微地震进行监测，基于微地震解释的百米压裂段长度储层改造体积（SRV_L）、百米压裂段长度微地震事件点数（D）以及裂缝复杂指数（F），对比平台内两种压裂工艺裂缝情况。由表5-2-6可知，N2-1井的SRV_L、D以及F都高于同平台的N2-2井，说明段内多簇工艺有利于增大裂缝复杂程度和提高储层改造体积。

表5-2-6　N8平台两口井微地震解释结果

井号	$SRV_L/10^6 m^3$	D/个	F
N2-1	9.1	190	0.53
N2-2	8.2	102	0.41

跟踪 2 个平台井的压后测试及生产情况。N1-6 井和 N1-7 井测试产量分别为 $39.3\times10^4m^3/d$ 和 $40.3\times10^4m^3/d$，高于 N1-8 井的 $24.1\times10^4m^3/d$；N2-1 井测试产量为 $28\times10^4m^3/d$，高于 N2-2 井的 $18.3\times10^4m^3/d$。同平台中采用段内多簇压裂工艺压后测试产量提升了 $10\times10^4\sim16\times10^4m^3/d$。

相同生产制度下，对比 2 个平台井的累计产量及预测 EUR。N1-6 和 N1-7 井 200 天累计产量约为 $2700\times10^4m^3$ 和 $2800\times10^4m^3$，预测 EUR 分别为 $1.38\times10^8m^3$ 和 $1.4\times10^8m^3$，高于相邻的 N1-8 井。N2-1 井 450 天累计产量约为 $4400\times10^4m^3$，预测 EUR 为 $1.48\times10^8m^3$，同样高于相邻的 N2-2 井。段内多簇工艺井相同生产天数的累计产量及预测 EUR 都高于同平台邻井，EUR 提高了 $0.2\times10^8\sim0.6\times10^8m^3$（图 5-2-35 和图 5-2-36）。

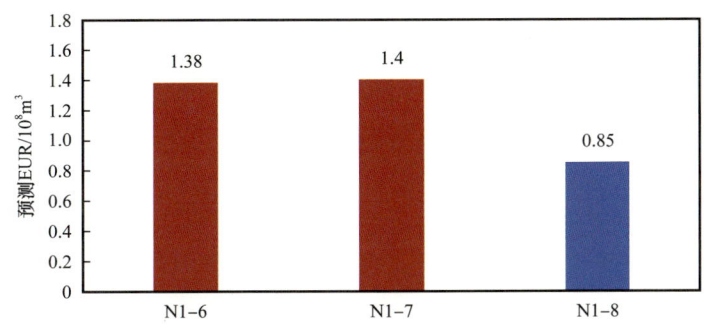

图 5-2-35　N1 平台井预测 EUR 对比

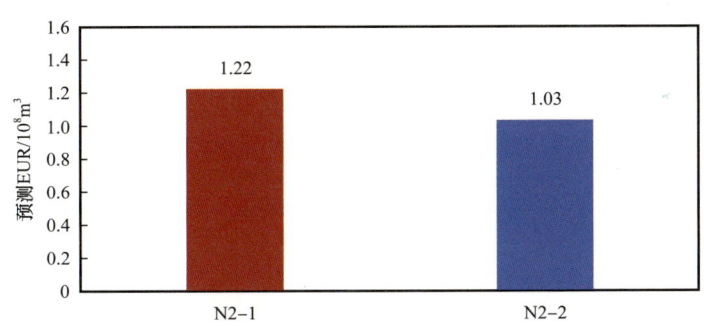

图 5-2-36　N2 平台井预测 EUR 对比

第三节　体积压裂配套技术

一、分簇射孔及高效泵送技术

1. 电缆传输与分簇定面联作工艺

1）定面射孔技术原理

定面射孔工艺技术是利用聚能射孔原理，采用特殊的布弹方式，射孔成功后，在垂直于套管轴向同一横截面的圆周上形成多个孔眼，圆周上多个孔眼排布可形成沿井筒径

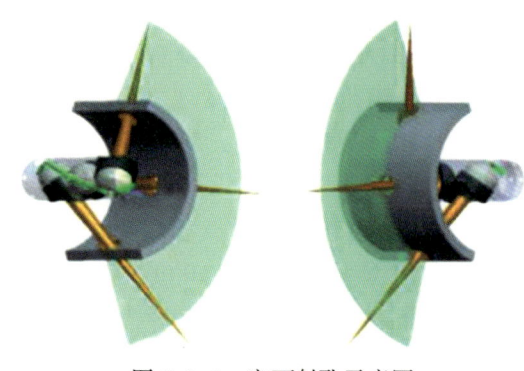

图 5-3-1 定面射孔示意图

向的应力集中,能够有效控制裂缝走向,降低地层破裂压力(张睿等,2015b)。压裂时的裂缝走向沿井筒径向扩展,避免了孔与孔之间压裂裂缝的交叉串通,从而提高了缝网系统的完善程度(图 5-3-1)。

定面射孔特点:

(1)射孔枪采用特殊的分簇布弹方式,每小簇为 3 发弹,可在垂直于井筒轴线的一个平面上形成 3 条压裂通道;

(2)采用大孔径聚能射孔弹结合深穿透射孔弹,保证尽可能大的水力压裂泄流面积和穿深;

(3)枪内分簇布弹的簇数可按照单井的水力压裂设计要求配套设计;

(4)可用于水平井全井段整体射孔后再分段压裂,也可用于电缆输送分段射孔与压裂联作工艺。

2)定面射孔结构方案

总体方案:弹托方案 + 射孔弹方案。利用弹托实现每簇上下两发射孔弹的角度调整,使它们的射流能够作用在一个轴向横截面上而形成压裂孔道。

射孔弹方案:大孔径射孔弹、深穿透射孔弹、大孔径射孔弹配合深穿透射孔弹等方式。

弹托结构(图 5-3-2):(1)不改变射孔弹尺寸,模块弹托实现固定、调角等功能;(2)改变射孔弹外形尺寸,卡片弹托配合弹架实现固定、调角等功能。

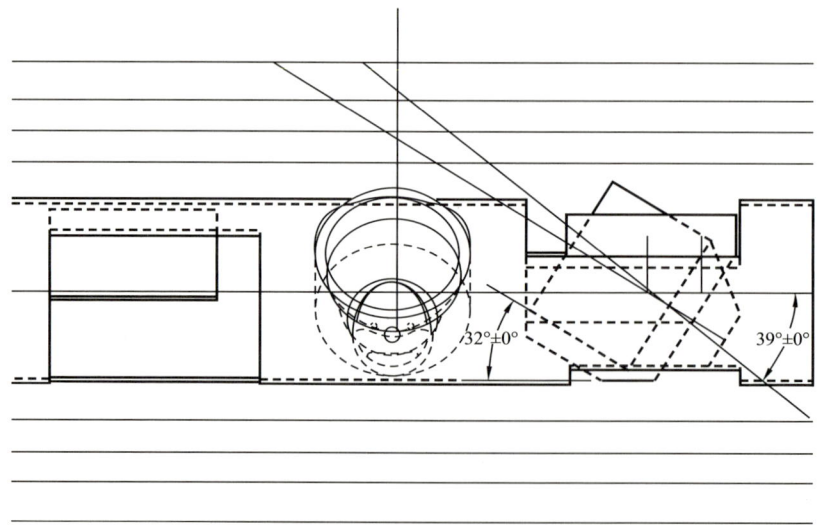

图 5-3-2 弹托结构示意图

模块式弹托方案(图 5-3-3):在不改变射孔弹的外形尺寸情况下,采用通用的模块弹托能够同时适用于大孔径射孔弹和深穿透射孔弹,配合特殊结构的弹架,通过不断调整设计倾角实现定面射孔。

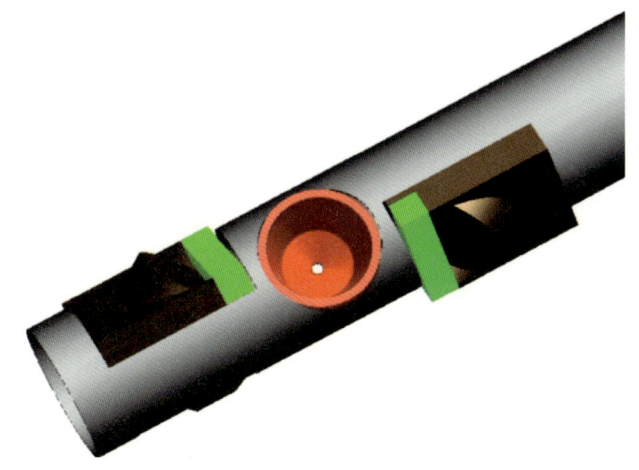

图 5-3-3　模块式弹托方案

悬臂梁式弹托方案（图 5-3-4）：改变射孔弹外形，采用卡片弹托配合特殊结构设计的弹架，通过不断调整弹架倾角实现定面射孔。

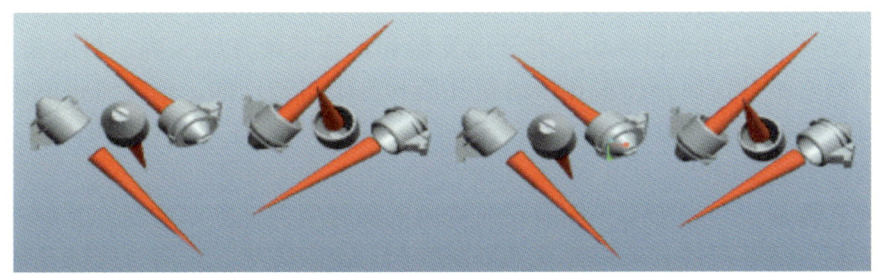

图 5-3-4　悬臂梁式弹托方案

2. 电缆传输与分簇定向联作工艺

1）定向射孔技术原理

定向射孔是一项较为成熟的技术，主要应用于直井和水平井沿最大水平主应力方向定向射孔，对直井采用主动定向，如电缆配旋转短节；对水平井则采用被动定向，如射孔器材偏心设计或配重设计。

分簇定向射孔工艺技术是在原有分簇射孔技术基础上，采用特殊的动态导电机构（图 5-3-5），重心偏移定向射孔（图 5-3-6）等技术，实现了水平井分簇射孔定向功能。

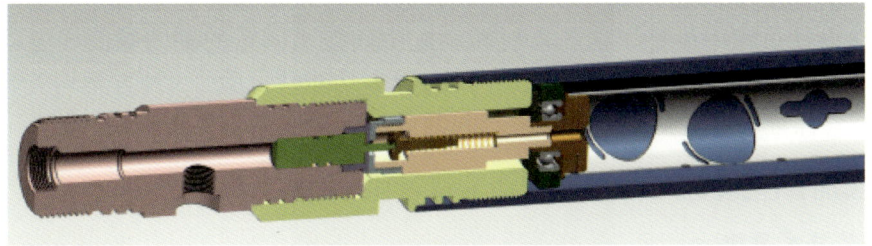

图 5-3-5　特殊动态导电机构

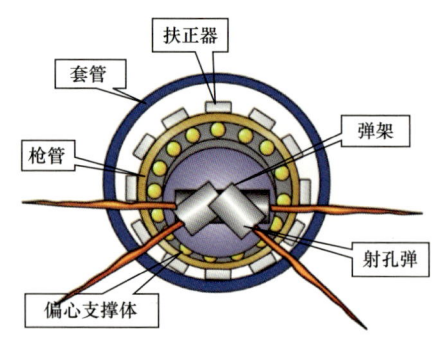

图 5-3-6 重心偏移定向射孔原理示意图

分簇定向射孔技术整合了分簇射孔与定向射孔技术优势，该技术解决了：

（1）射孔器动态定向与静态分簇选发，实现供电信号不受射孔器材转动影响，保证分簇射孔点火功能正常；

（2）某一支射孔枪射孔后，保证剩余射孔枪密封、寻址等工作正常；

（3）射孔器重心偏移定向功能始终正常。

该技术能够实现一次性下井完成多级分簇定向射孔作业，为水平井射孔完井提供一种新技术。

2）定向射孔结构方案

水平井定向分簇射孔技术方案需要结合结构设计和工艺方面内容，实现解决分簇选发、射孔任意相位定向、器材定向过程中信号传输及供电、射孔后未射孔器材的密封等难题。

（1）分簇选发设计。

由于电子式分簇射孔工艺采用电子选发器和电雷管结合的方式，在非定向射孔方式中，装配好的器材不会动态转动，电子选发器和雷管装配在接头内，目的是保证接线、接地可靠。而水平井定向分簇射孔中的射孔器材是随机转动的，则需要将电子选发器和雷管一起封装在射孔枪内随射孔器材一起转动，保证电子寻址、导电的可靠。

（2）密封与绝缘设计。

分簇射孔器材下井过程中，在射孔前枪内的器材要保证绝对密封，其中一簇射孔器材射孔工作后，还要保证其他未射孔的器材密封、绝缘可靠。定向分簇射孔从结构设计上解决了密封难题，枪管采用密封圈与接头的密封方式，簇与簇之间的接头采用绝缘引线柱与密封圈的方式，确保射孔后器材密封性能和供电绝缘性能。

（3）定向结构设计。

定向分簇射孔器材利用自重定向原理，弹架内增加偏心配重配以滚珠轴承的方式，使射孔器材的重心始终偏于一边，根据生产需要布置射孔弹射流发射方向，导爆索采用外绕弹架方式与枪管保持合理间隙，在水平井中无论射孔枪管如何转动，射孔定向始终不变（李武广等，2016）。

（4）动态导电设计。

定向分簇射孔器材下井过程中，射孔器材是随机转动的，设计的动态导电结构就很关键。在水平井段中，电子选发器在器材动态转动时接地要好，绝缘、导电、寻址均需要正常。在设计过程中设计了射孔器材转动配中间接头固定的轴向端面导电、侧向滑环导电和侧环端面导电 3 种方案，都进行了动态导电功能性试验，3 种方案均有各自的工艺优势，都能够保证射孔器材转动过程中簇间的信号正常连通与簇间密封功能。

3. 连续油管压力起爆隔板传爆延时分簇射孔与桥塞联作工艺

1）工艺技术原理

连续油管压力起爆隔板传爆延时分簇射孔技术是基于"隔板传爆延时点火技术"而

形成的一种分簇射孔技术。

采用连续油管输送多级射孔枪串至目的层位，向井口油管内或环空施加压力，压力起爆装置剪断剪切销钉后，起爆第1级射孔枪射孔。第二簇射孔枪利用第一簇射孔枪的传爆管能量爆轰隔板传爆装置输入端的火工品，输入端火工品能量以"隔山打牛"方式爆轰其内输出端的火工品并保持高压密封状态，输出能量爆轰延时管，在有效延时时间（10min）内，回起连续油管到下一个预定射孔层位，至延时时间结束，延时管起爆第二处射孔枪，此后依次反复进行簇间延时分簇射孔，该技术实现了一次下井多簇点火射孔的目的，为后续分段分簇压裂改造创造条件（图5-3-7）。

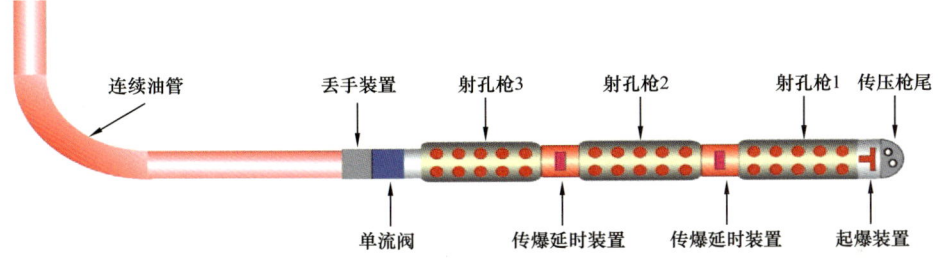

图5-3-7　连续油管压力起爆隔板传爆延时分簇射孔管串设计示意图

2）工艺技术特点

（1）可进行多簇射孔。理论上簇数无限制，但实际作业中需要根据连续油管设备和具体井况而定。

（2）可解决实际作业难题。包括泵送作业困难，井内套管变形无法正常泵送射孔作业等。

（3）适用范围广。具有多种型号的射孔器，能够满足页岩气井复杂井况下的作业要求。

（4）可靠性较高。通过目前威远地区应用来看，成功率高，应用效果良好。

（5）经济效益好，时效高。相比传统连续油管射孔工艺，该技术可完成多簇射孔，节约作业时间和成本的同时可大大减少连续油管起下次数，增加连续油管使用寿命。

3）工艺方案设计

根据桥塞和射孔枪的起爆与传爆方式，一共设计了3种连续油管压力启动隔板传爆延时分簇射孔与桥塞联作工艺技术实施方案。

方案一（图5-3-8）：通过设置压力梯度，两次环空加压分别坐封桥塞和起爆射孔枪。

（1）步骤①，环空加压，引爆桥塞压力起爆器，爆轰击发隔板点火器，然后依次引燃二级火药、主火药，桥塞坐封；

（2）步骤②，上提管柱，调整射孔位置，环空加压，引爆射孔枪压力起爆器，击发传爆管，传爆1号射孔枪；

（3）步骤③，1号射孔枪末端传爆管引爆隔板传爆装置，隔板传爆装置引燃延时火药，调整射孔位置，延时结束后引爆传爆管，传爆2号射孔枪；

（4）步骤④与步骤③原理一致。

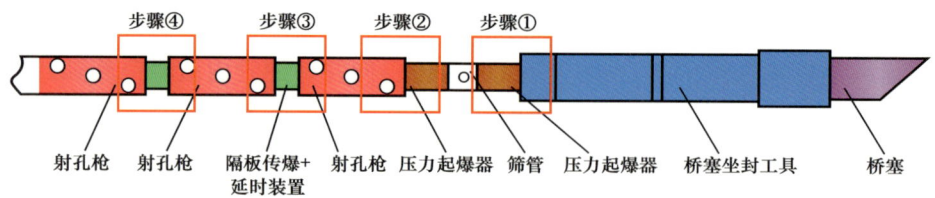

图 5-3-8　方案一桥塞坐封及射孔枪点火顺序示意图

方案二（图 5-3-9）：环空加压同时引爆 2 个起爆器，一个起爆器坐封桥塞，另一个起爆器通过延时起爆射孔枪。

（1）步骤①，环空加压，同时引爆桥塞和射孔枪压力起爆器，桥塞坐封，同时 1 号射孔枪进入延时阶段，桥塞丢手后上提管柱调整射孔位置，延时结束后，1 号射孔枪起爆；

（2）步骤②，1 号射孔枪起爆后，传爆隔板传爆装置，2 号射孔枪延时开始，调整射孔位置，延时结束后 2 号射孔枪起爆；

（3）步骤③，与步骤②原理一致。

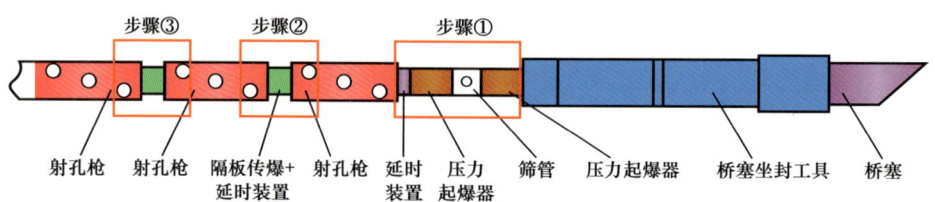

图 5-3-9　方案二桥塞坐封及射孔枪点火顺序示意图

方案三（图 5-3-10）：环空加压坐封桥塞，油管内加压起爆射孔枪。

（1）步骤①，环空加压，引爆桥塞压力起爆器，爆轰击发隔板点火器，然后依次引燃二级火药、主火药，桥塞坐封；

（2）步骤②，上提管柱，用 3 号射孔枪对准第 1 簇射孔位置，油管内加压，引爆压力开启起爆器，击发传爆管，传爆 3 号射孔枪；

（3）步骤③，3 号射孔枪下端传爆管引爆隔板传爆装置，隔板传爆装置引燃延时火药，调整射孔位置，延时结束后引爆传爆管，传爆 2 号射孔枪；

（4）步骤④，2 号射孔枪下端传爆管引爆隔板传爆装置，隔板传爆装置引燃延时火药，调整射孔位置，用 1 号射孔枪对准第 3 簇射孔位置，延时结束后引爆传爆管，传爆 1 号射孔枪。

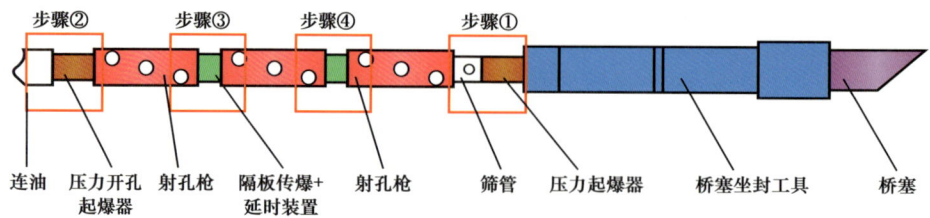

图 5-3-10　方案三桥塞坐封及射孔枪点火顺序示意图

4）方案工艺对比

方案一：适用于井筒压力较低的井况，可以进行两次加压分别坐封桥塞和射孔。
方案二：适用于井筒压力较高的井况；缺点是如果桥塞没有成功丢手，会造成误射孔。
方案三：适用于井筒压力较高的井况，相比方案二安全性更高，但是其上起爆射孔的方式对第一簇与坐封位置的最小距离有要求（最上一支射孔器与桥塞距离小于井筒内第一簇位置与坐封位置距离）。

4. 井下张力测量系统研究

1）系统结构

井下张力系统组成结构如图 5-3-11 所示，包括地面系统和下井仪器，地面系统包括显示屏和控制面板，显示屏与控制面板连接。下井仪器包括定位短节、张力短节和防爆隔离短节，防爆隔离短节连接分簇射孔管串，控制面板通过单芯电缆分别

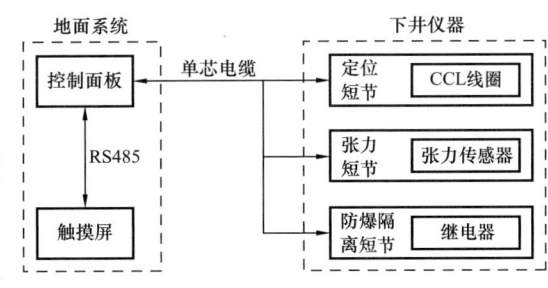

图 5-3-11 井下张力系统组成结构

与定位短节、张力短节和防爆隔离短节连接，定位短节、张力短节和防爆隔离短节的控制电路线路并联。

下井仪器（定位短节、张力短节、防爆隔离短节）设计在电缆头下部，射孔枪上部，适用于电缆泵送射孔作业。

井下张力系统能够兼容单芯电缆校深系统，在单芯电缆取得张力信号的同时，还能取得套管接箍的磁定位信号（也称 CCL 信号）；能在井下高温高压环境下使用；能够不影响油气井电子选发射孔系统的使用，既不影响其下端管柱的另一套单芯电缆通信，且不被其影响；能抗射孔冲击。

2）技术特点

使用井下张力测量系统时，可直接将井下张力仪连接在分簇射孔枪串上端，并直接利用泵送分簇射孔专用单芯电缆传输；在不影响原有射孔作业的前提下，实现张力信号、CCL 信号及电雷管选发装置检测、点火信号等几种数据的同时上传与下发。

另外，井下张力系统可实现加电（有源）与不加电（无源）双模式下 CCL 短节的单独工作；隔离短节的存在能够确保起下分簇射孔枪串时的安全；特有的抗震设计，使得井下张力仪有效抵抗射孔产生的冲击振动，能够连续、多次地可靠作业。地面操控软件工作简单，人机界面友好，可实时监测井下张力与磁定位状态。

5. 泵送可视化软件开发

1）泵送可视化软件运行环境

C# 是微软公司发布的一种面向对象的、运行于 .NET Framework 之上的高级程序设计语言，它使得程序员可以快速地编写各种基于 Microsoft .NET 平台的应用程序。Microsoft .NET 提供了一系列的工具和服务来最大限度地开发利用计算与通信领域，实现跨技术边界的无缝通信。

SQL Server 是 Microsoft 公司推出的关系型数据库管理系统，具有使用方便、可伸缩性好、与相关软件集成程度高等优点，该系统为关系型数据和结构化数据提供了更安全可靠的存储功能，可以构建和管理用于业务的高性能数据应用程序。

2）分簇射孔泵送可视化软件功能模块开发

分簇射孔泵送可视化软件（以下简称"泵送软件"）是一款基于 Microsoft .Net 框架的应用程序。.Net 框架是用于 Windows 的新托管代码编程模型，能够构建满足用户需求的应用程序，实现跨技术边界的无缝通信，并且能够支持各种业务流程。

泵送软件主要业务流程由文件流完成。在泵送施工前，原始数据即射孔层位、井斜、套管数据等，由预先编写好的按数据格式的 Excel 文件提供。由专用函数和接口实现数据获取及格式转换。在泵送过程中，实时采集井下射孔枪串的运行状态数据、绞车状态数据、井口张力感应器数据，并将之转换到大屏幕上方便人员监控。施工结束后，将所有采集到的数据，经过处理后以 Excel 格式的施工报表输出。

程序涉及 Excel 的操作方法和函数，均由引用的命名空间中的 Excel 的动态链接库文件提供，即 Microsoft.Office.Interop.Excel.dll。

泵送软件的数据采集功能由一个独立的程序提供。而数据采集端与泵送软件之间的通信则由 Socket 提供支持。Socket 是网络上的两个程序通过一个双向的通信连接实现数据的交换。用于描述 IP 地址和端口，可以实现不同计算机之间的通信。数据采集程序通过 Windows API 的消息和协作函数采集 SK2004 射孔软件中的当前深度、张力、绞车速度和接箍深度等数据，并通过 Socket 传递给泵送软件。泵送软件同时也通过 Socket 传递操作指令给数据采集程序来实现"开始测量""划停车线""断图"等操作。

通过伪代码完成软件基础功能模块架构（图 5-3-12）。

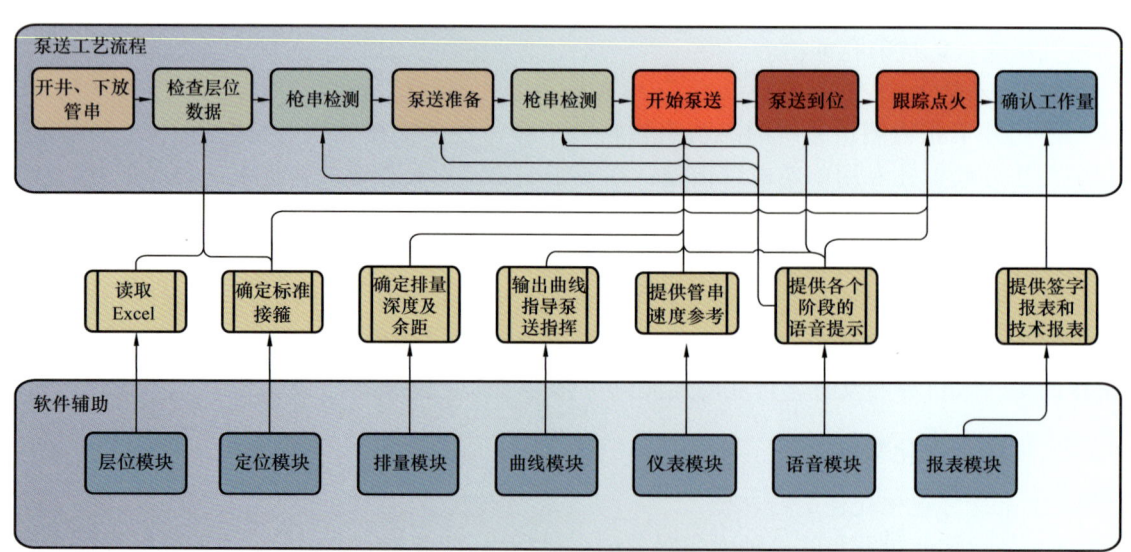

图 5-3-12 泵送可视化软件基础功能模块架构

通过 UML 进行软件功能模块建模，并得到功能模块图（图 5-3-13），整个泵送可视化软件的模块结构如图 5-3-14 所示。

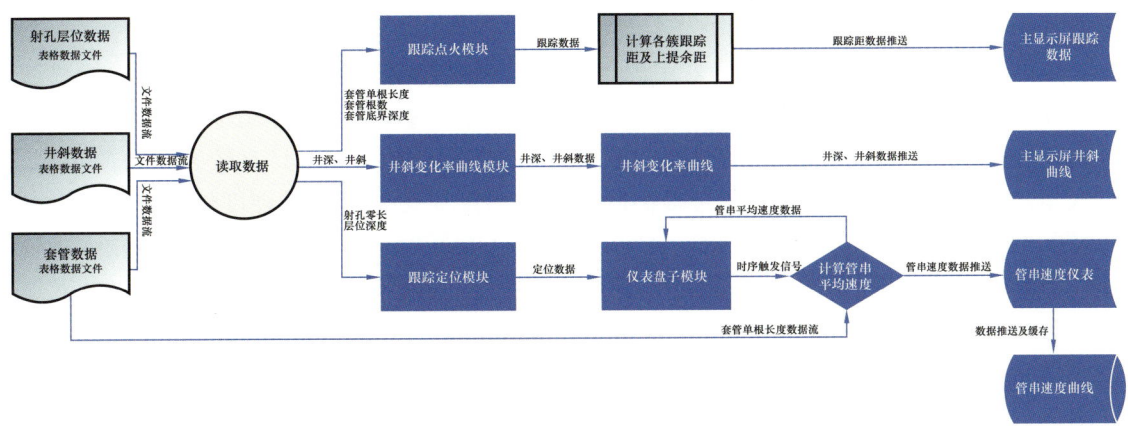

图 5-3-13 功能模块建模

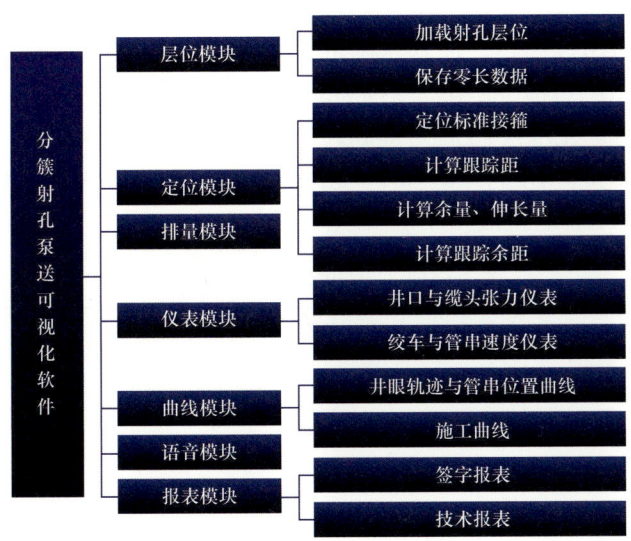

图 5-3-14 泵送可视化软件功能模块结构图

二、滑溜水压裂液技术

1. 可回收滑溜水压裂液

长宁—威远页岩气开发示范区压裂液主要为滑溜水。压裂液历经了低伤害、连续混配、可回收、低成本、一体化 5 个发展阶段，耐盐性能由 $1×10^4$mg/L 矿化度水质提升至 $10×10^4$mg/L 矿化度水质，成本由 140 元 /m³ 降至 35 元 /m³。

页岩气体积压裂用降阻剂主要为阴离子聚丙烯酰胺及其衍生物，是一种水溶性聚合物。这类降阻剂易发生水解，且其分子上的—COO⁻对盐极其敏感，在高矿化度下，会导致分子链卷曲，难以适应高矿化度的要求。

通过现有降阻剂分子结构分析，分子量、分子结构形态、分子结构中功能单体空间位阻对阴离子聚丙烯酰胺降阻剂降阻性能的影响规律，明确耐高矿化度降阻剂分子应从下述方面进行分子设计。

根据降阻剂分子结构分析，采用丙烯酰胺（AM）、丙烯酸（AA）作为聚丙烯酰胺的主要结构单元，因其相似的双键结构和极短的侧链，共聚时保证了分子链的线性结构，有利于提高降阻剂的耐高矿化度能力；此外，带苯环的侧链单体具有较大的空间位阻，引入聚丙烯酰胺分子结构中有利于提高降阻剂的耐高矿化度、耐高硬度性能，但由于带苯环类的单体不环保，因此选用C═C—CO—X这类不含苯环，但空间位阻仍较大的物质作为功能单体。C═C—CO—X不仅空间位阻大，而且仍有与AM和AA相似的双键结构，与AM和AA进行三元共聚时，除有一定量较大空间位阻的侧链外，主链仍能保持线性结构，大空间位阻侧链将进一步提高降阻剂的耐高矿化度能力。根据耐高矿化度降阻剂分子结构，采用AM、AA、功能单体（C═C—CO—X）进行三元共聚。以AM、AA、C═C—CO—X为单体，氧化还原体系为引发剂，采用氩气保护进行水溶液共聚。

滑溜水体系除了降阻剂外，通常还需加入助排剂以提高压裂液的返排率，降低因压裂液滞留地层带来的伤害问题；加入杀菌剂杀灭细菌，防止因细菌大量滋生而产生硫化氢气体腐蚀管柱或细菌代谢产物堵塞微细裂缝等。

以开发出的耐高矿化度降阻剂为基础，添加助排剂和杀菌剂等，形成了可回收滑溜水配方：0.02%～0.05%降阻剂+0～0.2%助排剂CT5-12B+0.005%杀菌剂CT10-4，性能满足现场高矿化度压裂返排液回用的要求（表5-3-1）。

表5-3-1　可回收滑溜水基本性能

项目	指标	实测值
pH值	6～9	7
运动黏度/（mm²/s）	≤5	1.65
CST比值	<1.5	1.06
降阻率/%	≥70	72
排出率/%	≥35	45.21

注：配液用水矿化度100000mg/L、硬度3000mg/L。

开发出的可回收滑溜水基本性能达到行业标准和考核指标要求，耐高矿化度和耐高硬度性能好。

CNH5-2井全程采用压裂返排液配制滑溜水，因此其矿化度和硬度均较高，采用常规滑溜水施工时的降阻剂用量较大（一般为0.12%）。施工过程中仍偶尔存在压力不稳，摩阻偏高等问题。从第11段压裂施工曲线（图5-3-15）可以看出，即使增大了常规降阻剂用量（本段现场降阻剂用量为0.12%），压裂施工的摩阻仍偏高。根据施工泵压、停泵压力计算施工摩阻为6.03MPa/km，计算现场降阻率只有64.5%。

为厘清CNH5-2井第11段施工摩阻较高的原因，现场对第14段的配液用水进行取样分析。分析结果表明，该配液用水的矿化度在35000mg/L左右、硬度在1000mg/L左右，矿化度和硬度均较高，配制滑溜水时使得降阻剂分子链卷曲，不能在配液用水中舒展开，从而造成了滑溜水降阻率的降低。后续施工段采用耐高矿化度可回收滑溜水，配液用水为压裂返排液，返排液的矿化度为 35800mg/L、硬度为 1040mg/L，配液水质与 CNH5-2 井第 11 段类似。

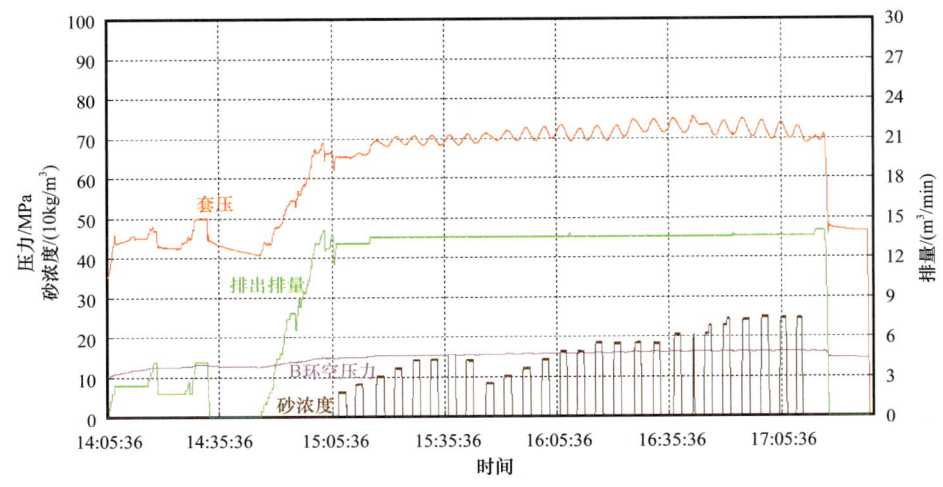

图 5-3-15　CNH5-2 井第 11 段压裂施工曲线

从第 18 段的施工曲线（图 5-3-16）来看，现场泵压较低。根据施工泵压、停泵压力计算施工摩阻为 4.38MPa/km，计算现场降阻率达 74.2%。对比表明在未增加降阻剂用量的前提下，采用耐高矿化度降阻剂后滑溜水降阻率在高矿化度、高硬度环境下有明显提高，表现出良好的耐高矿化度、耐高硬度性能。

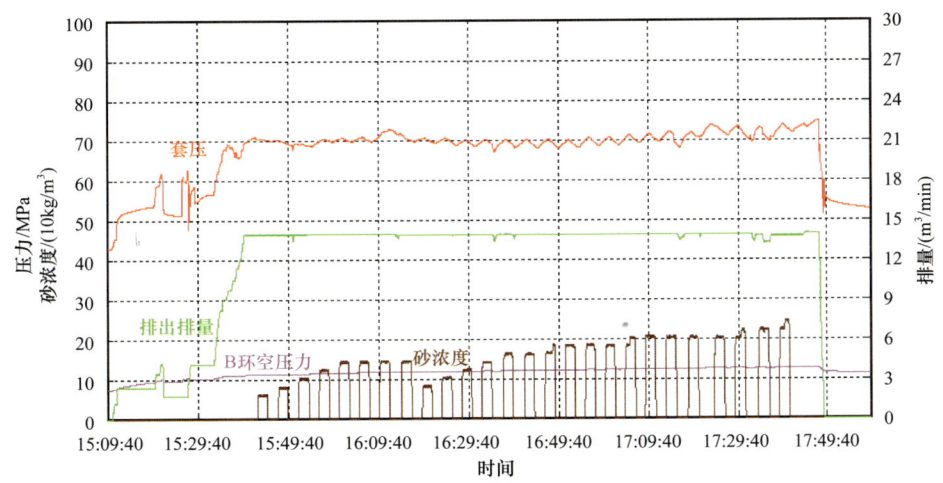

图 5-3-16　CNH5-2 井第 18 段压裂施工曲线

2. 变黏滑溜水压裂液

以 AM、AA、AMPS 和长链疏水单体 AT 进行共聚，设计合成了变黏滑溜水压裂液的降阻增黏剂（图 5-3-17）。

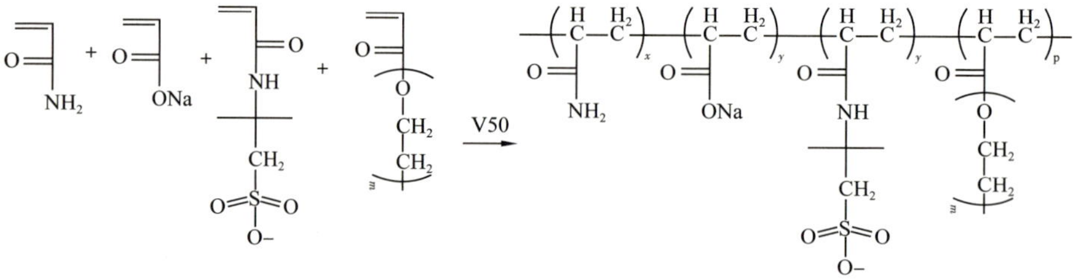

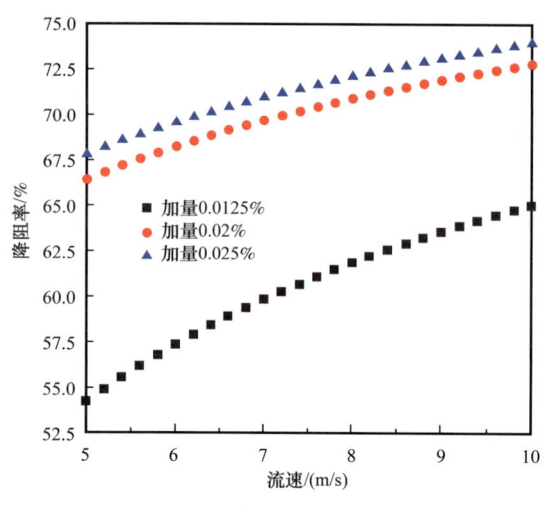

图 5-3-17 疏水缔合型降阻增黏剂分子结构

图 5-3-18 降阻增黏剂相降阻率

由于 AMPS 的引入，提升了降阻增黏剂在盐水中的降阻性能，在加量为 0.02% 时，降阻率即可达到 70% 以上，进一步提高降阻剂的加量，降阻率有所提升，但是在高流速下，降阻率值差别不大（图 5-3-18），即表明在实际应用中，不必大幅度提高聚合物加量也可达到较优的降阻性能。

参照可回收滑溜水配方的其他添加剂，引入微乳增能助排剂和杀菌剂，形成了可变黏滑溜水配方（表 5-3-2）。降阻增黏剂可根据需要制备成固体粉剂和乳液，基础配方如下：0.02%～0.25% 降阻增黏剂（固体粉剂）+0.1% 助排剂 +0.005% 杀菌剂；0.1%～0.5% 降阻增黏剂（乳液）+0.1% 助排剂 +0.005% 杀菌剂 +0.1%～0.5% 交联剂。开发出的低摩阻可变黏滑溜水基本性能达到行业标准和考核指标要求，耐高矿化度、耐高硬度性能好。

表 5-3-2 低摩阻可变黏滑溜水基本性能

项目	指标	实测值
pH 值	6～9	7
黏度 /（mPa·s）	2～50	1～100
CST 比值	<1.5	1.06
降阻率 /%	≥70	75.1
表面张力 /（mN/m）	≤28	24.59
排出率 /%	≥35	63.6

注：配液用水矿化度 50000mg/L、硬度 3000mg/L。

变黏滑溜水压裂液在 ND209H36-3 井进行了现场试验，以第 8 段为例，施工曲线如图 5-3-19 所示。在压裂前期及低砂浓度阶段，使用黏度为 1.2～2.7mm²/s 的低黏滑溜水进行加砂压裂作业，压力基本平稳保持为87MPa。在高砂浓度阶段，为了将支撑剂输送至裂缝远端，改用黏度为27～42mPa·s的中黏滑溜水，压力并无明显上升。停泵前用40mPa·s黏度的中黏滑溜水清扫井筒残留的支撑剂。

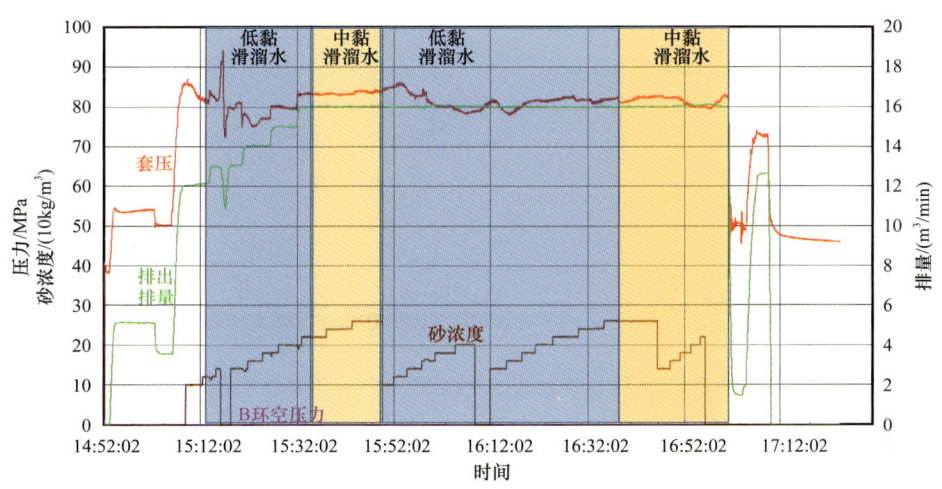

图5-3-19　ND209H36-3井第8段施工曲线

ND209H36-3井使用变黏滑溜水$5.96\times10^4m^3$，现场液体黏度为1～42mPa·s可调，施工平均降阻率为71%～75%。该井加砂强度达4.7t/m，创国内页岩气单井加砂强度新记录，测试产量为$36.65\times10^4m^3/d$。ND209H36-3井的成功试验证明，变黏滑溜水体系适用于页岩气现场高强度加砂压裂作业，为页岩气井的顺利投产提供了保障。

三、体积压裂关键工具

1. 桥塞分段压裂关键工具

开发初期，电缆分簇射孔+桥塞联作分段压裂技术（图5-3-20）作为国外页岩气藏开发的主体技术，具有不受分段级数限制、管串结构简单、可大排量施工和不易造成砂卡等技术特点，已逐渐在我国页岩气藏开发中得到广泛应用。

1）技术现状

（1）工艺介绍。

施工作业时，采用连续油管下入射孔枪或井口打压开启趾端滑套，建立第一段压裂通道，通过套管进行第一段压裂施工作业。随后，利用电缆下入桥塞和射孔枪联作工具管串，点火实现桥塞的坐封与丢手，暂堵第一段，上提射孔枪至第二施工段进行分簇射孔，起出电缆后，通过套管对第二段进行压裂施工作业。重复第二段施工步骤，直至所有层段全部压裂完成。

（2）作业工序步骤。

①井筒准备：地面设备准备，连接井口设备，连续油管钻磨桥塞管串模拟通井。

②第一段压裂施工作业：采用连续油管拖动射孔枪打压开启趾端滑套，完成第一段压裂通道的开启作业；取出射孔枪，利用光套管进行第一段压裂作业。

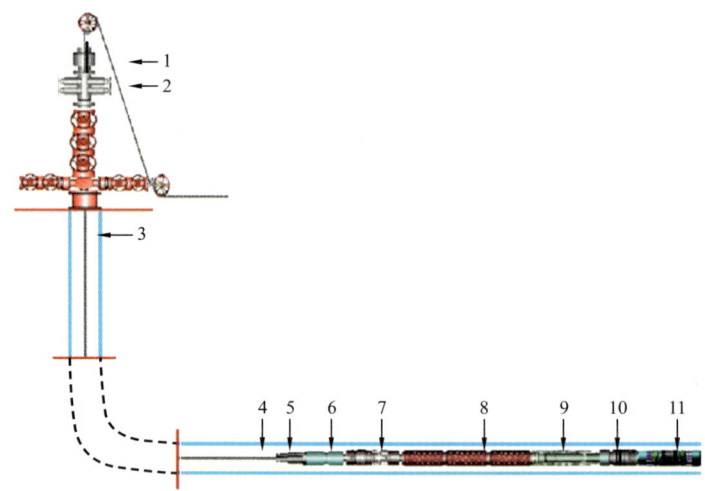

图 5-3-20 电缆分簇射孔 + 桥塞联作分段压裂技术示意图
1—防喷盒；2—防喷器；3—套管；4—电缆；5—打捞头；6—加重杆；7—节箍定位器；8—射孔枪；9—坐放工具；
10—适配器；11—桥塞

③ 坐放第一支桥塞：加砂压裂施工完成以后，利用电缆作业下入桥塞及射孔枪联作工具串，水平段开泵泵送桥塞至预定位置，点火坐封桥塞，实现桥塞丢手。

④ 分簇射孔作业：上提射孔枪至第二段预定位置，通过井口电缆车发送指令，点火完成射孔；通过井口电缆车上提射孔枪及桥塞联作工具串至井口。

⑤ 第二段压裂施工作业：投球至桥塞球座处，封隔下层，完成第二段加砂压裂作业。

⑥ 整口井的压裂施工作业：重复步骤③～⑤，直至完成所有层段的压裂施工作业。

⑦ 连续油管钻磨桥塞：分段压裂完成后，采用连续油管钻除桥塞，排液求产。

（3）技术特点。

工艺优点：

① 封隔可靠性高：通过桥塞实现下层封隔，可靠性较高。

② 压裂层位精确：通过射孔实现定点起裂，精确布置裂缝，多级射孔实现体积压裂。

③ 受井眼稳定性影响较小：采用套管固井完井，井眼失稳段对桥塞坐封可靠性无影响，优于裸眼封隔器分段压裂工艺。

④ 分层压裂段数不受限制：通过逐级泵入桥塞进行封隔，与级差式投球滑套相比，分层级数不受限制，理论上可实现无限级分层压裂。

⑤ 下钻风险小，施工砂堵容易处理：与裸眼封隔器相比，管柱下入风险相对较小；施工砂堵发生后，压裂段上部保持通径，可直接进行连续油管冲砂作业。

工艺局限性：

① 分层压裂施工周期相对较长：施工过程中，需要通过电缆作业逐级坐放桥塞和射孔作业，耗费较长时间；对于低压气井，压后需下入小直径油管投产。

② 施工动用设备多，费用高：分段压裂施工过程中，除正常压裂设备外，需动用连续油管作业设备、电缆作业设备及井口防喷设备等进行配合作业。

③连续油管作业能力受限：桥塞分段压裂施工过程中，需多次采用连续油管进行通井、射孔、钻塞作业，受连续油管自锁影响，深井长水平段连续油管作业能力受限。

2）关键工具

（1）快钻桥塞。

①工具原理。快钻桥塞主要由中心管、上接头、上下卡瓦、上下椎体、复合片、组合胶筒、下接头等关键部件组成，其整体结构如图5-3-21所示。

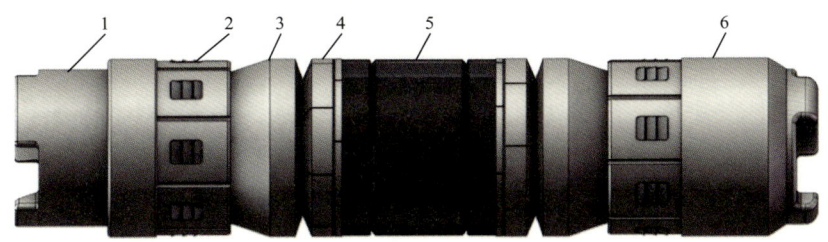

图 5-3-21　快钻桥塞结构示意图

1—上接头；2—卡瓦；3—椎体；4—复合片；5—组合胶筒；6—下接头

通过中心管与外套件的相对运动，压缩胶筒、上下卡瓦沿径向运动，当胶筒、卡瓦与套管配合达到一定值时，剪断释放销钉，坐封工具与快钻桥塞脱开，实现成功丢手、有效封隔和可靠锚定。压裂时，需投入可溶压裂球达到封隔下部已施工段的目的。

②工具特点。

主要优点：

a.主体部件采用复合材料制成，其强度、耐压和耐温与同类型金属桥塞相当（表5-3-3）；

表 5-3-3　快钻桥塞系列关键参数

工具型号	耐温等级/℃	耐压等级/MPa	工具外径/mm	工具内径/mm
QSF105×38-150/70	150	70	105	38
QSF103×54-150/70	150	70	103	54
QSF103×65-150/70	150	70	103	69

b.整体可钻性强、密度较小，且磨铣后产生的碎屑不会发生沉淀，容易循环带出地面；

c.钻除后保持了井筒全通径，便于后期生产测试。

主要缺点：

a.需要采用连续油管钻除桥塞，施工时间长，作业成本高，且存在作业风险；

b.受连续油管作业能力限制，深井长水平段桥塞钻磨比较困难。

（2）大通径桥塞。

①工具原理。大通径桥塞主要由中心管、上接头、复合片、组合胶筒、卡瓦、下接头等关键部件组成，其整体结构如图5-3-22所示。

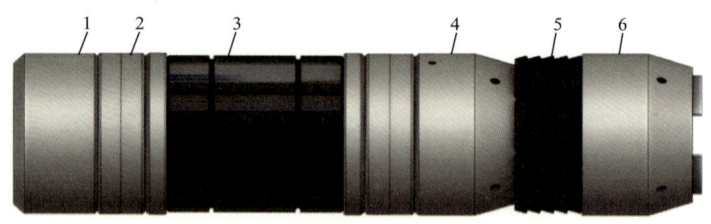

图 5-3-22 大通径桥塞结构示意图
1—上接头；2—复合片；3—组合胶筒；4—锥体；5—卡瓦；6—下接头

工作时，通过中心管与外套件的相对运动，推动坐封筒压缩胶筒和卡瓦，胶筒胀开贴紧套管壁，卡瓦在锥体推动下张开紧紧啮合套管，当胶筒、卡瓦与套管配合达到一定值时，剪断释放销钉，坐封工具与大通径桥塞脱开，完成丢手工作。大通径桥塞卡瓦始终锚定在套管内壁上，使桥塞保持坐封状态。压裂时，需投入可溶压裂球达到封隔下部已施工段的目的。

② 工具特点。

主要优点：

a. 具有大通道（表 5-3-4）、可过流的特点，无须连续油管钻磨，后期可实现快速投产；

表 5-3-4　大通径桥塞系列关键参数

工具型号	耐温等级 /℃	耐压等级 /MPa	工具外径 /mm	工具内径 /mm
QSD93×50-150/70	150	70	93	50
QSD100×68-150/70	150	70	100	68
QSD103×69-150/70	150	70	103	69
QSD103×76-150/70	150	70	103	76

b. 坐封井深可大于连续油管传统磨铣工具作业井深，有效提高了压裂段长度，增加泄流面积，满足了深井长水平段页岩气井压裂作业需求。

主要缺点：

a. 大通径桥塞主体采用金属材料，后期需要钻磨时难度较大；

b. 井筒存在多个缩径，导致生产后期井筒沉砂，桥塞打捞比较困难；

c. 桥塞留在井筒内部，影响井筒完整性，不利于后期生产测试工具的下入。

（3）可溶桥塞。

① 工具原理。可溶桥塞主要由中心管、上下卡瓦、上下锥体、组合胶筒、卡瓦牙、上接头和卡瓦箍环等等关键部件组成，其整体结构如图 5-3-23 所示。表 5-3-5 为可溶桥塞系列关键参数。

通过中心管与外套件的相对运动，压缩胶筒和上下卡瓦张开贴紧套管壁，上下卡瓦在锥体推动下张开，紧紧啮合套管，当胶筒、上下卡瓦与套管配合达到一定值时，剪断释放销钉或丢手环，坐封工具与可溶桥塞脱开，完成丢手工作。可溶桥塞上下卡瓦始终锚定在套管内壁上，使桥塞保持坐封状态。压裂时，需投入可溶压裂球达到封隔下部已施工段的目的。

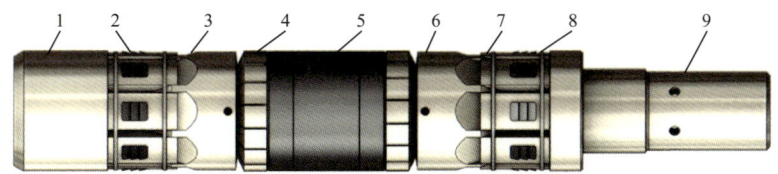

图 5-3-23 可溶桥塞结构示意图

1—下接头；2—卡瓦牙；3—下椎体；4—护环；5—组合胶筒；6—上椎体；7—上卡瓦；8—箍环；9—中心筒

表 5-3-5 可溶桥塞系列关键参数

工具型号	耐温等级 /℃	耐压等级 /MPa	工具外径 /mm	工具内径 /mm
QSGR88×22–120/50	120	50	88	22
QSGR96×25–120/50	120	50	96	25
QSR98×32–120/70	120	70	98	32
QSR103×32–120/70	120	70	103	32

② 工具特点。

主要优点：

a. 压裂完成后，可溶材料在井筒内全部溶解，随返排液一同排出井筒；

b. 无需连续油管钻磨即可保持井眼全通径，避免了作业风险；

c. 溶解时间可调，提前坐封或者下入遇卡时可快速解除。

主要缺点：

a. 受制于地层环境条件影响，桥塞实际溶解速率和时间难以准确掌握；

b. 受制于桥塞溶解程度影响，后期仍需采用连续油管进行通井和打捞。

3）现场应用

通过技术攻关与现场试验，自主研制的大通径桥塞和可溶桥塞等工具系列在长宁、威远页岩气区块成功推广应用，其中，自主研制的大通径桥塞内通道最大直径达到 69mm，可为页岩气井压后返排提供流体通道，实现气井快速投产；自主研制的可溶桥塞，最高耐温等级 120℃、最高耐压等级 70MPa，井筒内全溶解时间小于 7 天，较好地满足示范区页岩气藏压裂施工及后期快速投产需求（图 5-3-24）。

图 5-3-24 可溶桥塞现场试验

2. 套管趾端滑套分段压裂关键工具

套管趾端滑套与套管相连入井，按照预先设计下至对应的目的层，最后完成固井作业，具有无须后期井筒处理，保持井眼全通径，省去电缆作业、连续油管钻磨桥塞等工序，提高了施工效率。

1) 技术现状

(1) 工艺介绍。

作为第一级压裂滑套，套管趾端滑套与套管连接并一趟下入井内，实施常规固井作业。压裂施工时，通过井口按照预先设定程序向套管内打压，开启套管趾端滑套，建立起套管与第一段地层之间的压裂通道，随后完成第一段压裂施工作业，如图 5-3-25 所示。

图 5-3-25 套管趾端滑套管串结构示意图

(2) 作业工序。

① 完成完井管柱结构设计；
② 井眼准备，下完井管柱前通井、循环，保证套管和固井滑套顺利下入；
③ 套管趾端滑套和套管一起下入；
④ 按照常规固井方式，完成固井施工作业；
⑤ 压裂施工前，通过在井筒施加泵压，按照预先设定方式开启套管趾端滑套；
⑥ 完成第一段压裂施工作业。

(3) 工具特点。

主要优点：

① 激活压力可调，可以使用不同工况；
② 具有延时开启功能，可以提供完整的套管试压测试；
③ 配合桥塞使用，可延长水平段压裂的深度，不受连续油管作业能力限制；
④ 通过井筒绝对压力打开滑套，取消连续油管第一段射孔作业，提高了施工作业效率。

主要缺点：

① 相对常规固井滑套，工具制造成本偏高；
② 固井后，套管趾端滑套内表面可能存在水泥环，影响工具的开启。

2）关键工具

套管趾端滑套按照开启方式的不同，主要分为绝对压力开启型、降压开启型、延时开启型和脉冲开启型套管趾端滑套。

（1）绝对压力开启型套管趾端滑套。绝对压力开启型套管趾端滑套主要由上接头、内滑套、破裂盘、空气腔、销钉及压裂孔等关键部件组成，其整体结构如图 5-3-26 所示，关键参数见表 5-3-6。

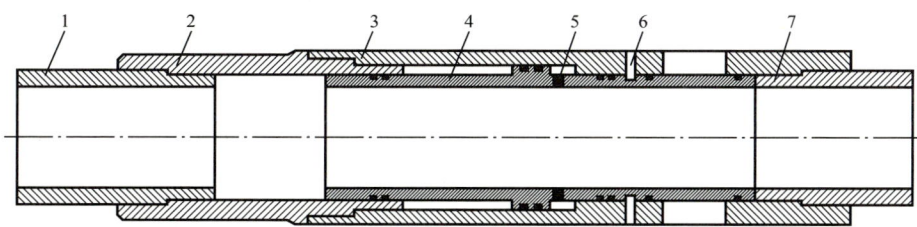

图 5-3-26 绝对压力开启型套管趾端滑套结构示意图
1—上提升短节；2—上接头；3—外阀体；4—内滑套；5—定压阀；6—剪切销钉；7—下提升短节

表 5-3-6 绝对压力开启型套管趾端滑套关键参数

工具型号	耐温等级 /℃	耐压等级 /MPa	工具外径 /mm	工具内径 /mm
HTY190×112-180/140	180	140	190	112.5

通过井口憋压方式在滑套位置形成前后压差，当压差达到一定值后击穿定压阀，打通进液通道；持续在井筒内加压，推动内滑套向上运动，开启滑套，建立井筒第一段与地层之间的流体通道。

（2）降压开启型套管趾端滑套。降压开启型套管趾端滑套主要由上接头、弹环、降压环、剪切销钉、滑套阀体、降压内筒、密封挡环、降压弹簧和下接头等关键部件组成，其整体结构如图 5-3-27 所示，关键参数见表 5-3-7。

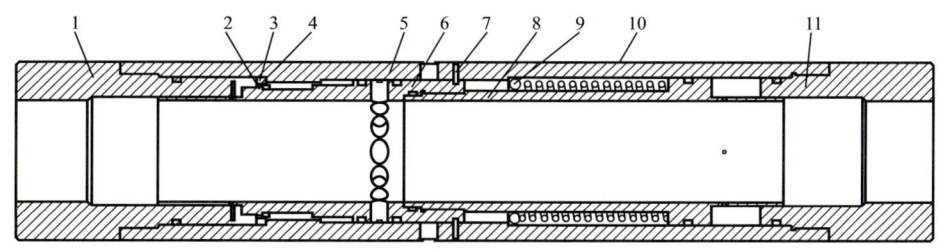

图 5-3-27 降压开启型套管趾端滑套结构示意图
1—上接头；2—弹环；3—降压环；4—二次剪切销钉；5—滑套阀体；6—压裂内筒；7—一次剪切销钉；8—降压内筒；9—密封挡环；10—降压弹簧；11—下接头

表 5-3-7 降压开启型套管趾端滑套关键参数

工具型号	耐温等级 /℃	耐压等级 /MPa	工具外径 /mm	工具内径 /mm
HTY190×110-180/140-J	180	140	190	110

第一次井筒试压时，剪断一次剪切销钉，压裂内筒、降压环和降压内筒一起向上运动，达到预定位置后，开始进行第一次井筒试压；第一次试压完成后泄压，压裂内筒与降压内筒在降压弹簧的作用下向右移动，同时剪断二次剪切销钉，此时滑套仍处于关闭状态；进行第二次井口打压，压裂内筒、降压环与降压内筒一起向左运动，达到预定位置后，开始进行第二次井筒试压，弹环与降压环分离，落入压裂内筒外壁上，降压弹簧再次处于压缩状态；第二次试压完成后泄压，压裂内筒、降压环、弹环与降压内筒在降压弹簧作用下向右移动，当移动至压裂内筒上压裂喷砂孔与滑套阀体上压裂喷砂孔重合后，滑套开启，完成压裂通道的建立，进行第一段压裂施工作业。

（3）延时开启型套管趾端滑套。

延时开启型套管趾端滑套主要由上接头、固定外筒、滑动内筒、延时机构、双公短节、剪切销钉和下接头等关键部件组成，其整体结构如图5-3-28所示，关键参数见表5-3-8。

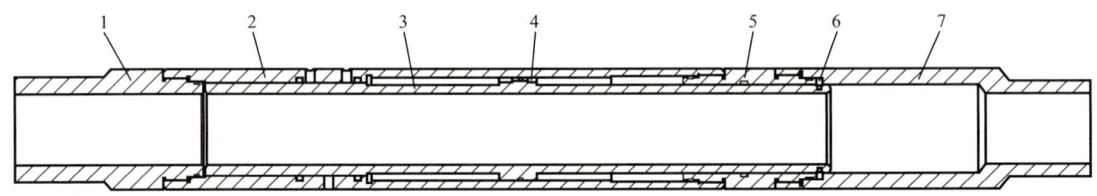

图5-3-28　延时开启型套管趾端滑套结构示意图

1—上接头；2—固定外筒；3—滑动内筒；4—延时机构；5—双公短节；6—剪切销钉；7—下接头

表5-3-8　降压开启型套管趾端滑套关键参数

工具型号	耐温等级/℃	耐压等级/MPa	工具外径/mm	工具内径/mm
HTY192×110-180/140-S	180	140	192	110

由于滑动内筒左右两端存在面积差，在井筒液压作用下，滑动内筒有向右移动趋势，当井筒压力达到一定值后，剪断预置的剪切销钉，井筒压力继续增大至井筒试压压力，此时井筒压力大于延时机构中限压阀额定压力，滑动内筒缓慢向右移动，此时延时型启动滑套始终处于关闭状态；当井筒试压完成后，滑动内筒继续向右移动，延时型启动滑套成功开启，达到建立第一段压裂流通通道的目的。

（4）脉冲开启型套管趾端滑套。

脉冲开启型套管趾端滑套主要由上接头、下接头、活塞、内筒、外筒、传动部件、控制组件等关键部件组成，其整体结构如图5-3-29所示，关键参数见表5-3-9。

图5-3-29　脉冲开启型套管趾端滑套结构示意图

1—上接头；2—内筒；3—控制组件；4—传动部件；5—外筒；6—活塞；7—下接头

表 5-3-9　脉冲开启型套管趾端滑套关键参数

工具型号	耐温等级 /℃	耐压等级 /MPa	工具外径 /mm	工具内径 /mm
HTY192×110-150/120-J	150	120	192	110

依据井下实际工况，将预先设定好程序的脉冲开启型套管趾端滑套与套管相连入井，完成固井作业。施工时，通过井口打压沿井筒内液体向下传递信号，井下滑套控制组件接收信号以后，驱动传动部件动作，打开进液通道；随后，通过井口加压，推动活塞运动打开压裂通道，完成第一段压裂施工作业。

3）现场应用

通过技术攻关与现场试验，自主研制了绝对压力开启型、延时开启型和脉冲开启型等套管趾端滑套系列，耐温等级 180℃、耐压等级 140MPa，工具内通道最大直径提高至 112.5mm，率先在长宁、威远页岩气区块成功推广应用，较好地满足了通、刮、洗一趟管柱作业需求，大幅降低了国外工具售价，较好地满足了深层长水平段页岩气井第一段射孔及压裂施工作业（图 5-3-30）。

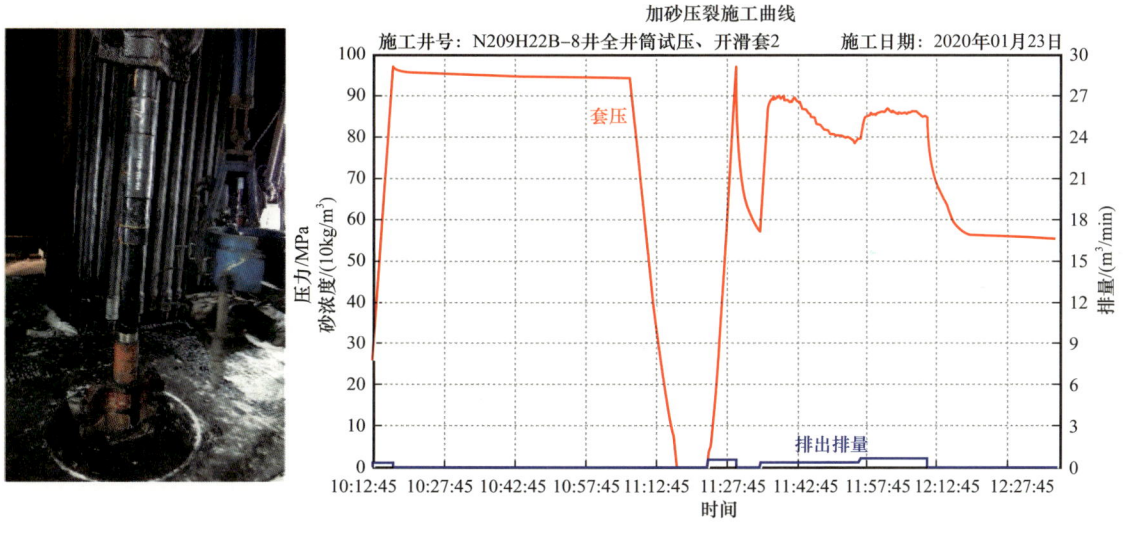

图 5-3-30　套管趾端滑套现场及试验数据

四、压裂施工复杂处理技术

示范区页岩储层天然裂缝发育，地质工程条件复杂，压裂施工面临裂缝扩展不均、加砂困难、套管变形丢段等诸多难题。针对裂缝发育储层加砂难的问题，形成了"胶液前置 + 阶梯排量"技术，确保了支撑剂加量；针对裂缝非均匀扩展资源动用不充分的问题，形成了"暂堵剂暂堵转向"压裂技术，实现了均匀改造；针对套变后无法有效压裂问题，形成了"暂堵球压裂""缝内砂塞"压裂技术，较好地解决了因套变引起的丢段问题。

1. 天然裂缝发育井段压裂技术

若近井地带天然裂缝发育，当采用滑溜水大排量注入时，天然裂缝张开的条数过多，会加大前置液的滤失，引起近井地带水力裂缝弯曲摩阻过高，同时天然裂缝发育会引起近井裂缝缝宽变窄，造成施工压力高和脱砂的风险。利用交联液易形成简单裂缝的特点，同时考虑排量对裂缝形态的影响及扩大波及距离的需要，探索形成了"胶液前置 + 阶梯排量"技术。该技术在施工前期少量使用线性胶或交联液，采用阶梯提升排量的方式在近井地带造主缝，以避免加剧近井裂缝复杂性，后续阶段采用滑溜水体系在远井地带造复杂缝网，有效避免了近井地带裂缝复杂，为支撑剂的进入提供了较好的通道。实施该技术后，天然裂缝发育井各段的平均加砂量大幅提高，同时降低了砂堵发生的概率，有效解决了天然裂缝发育井段加砂难的问题。

以 CNH6 平台为例，该平台施工时加砂非常困难，根据蚂蚁体预测（图 5-3-31）该平台天然裂缝发育，导致地层对支撑剂加入敏感。

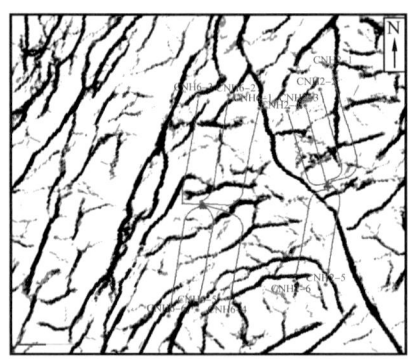

图 5-3-31　CNH6 平台五峰组底部向上 10ms 蚂蚁体预测图

CNH6 平台探索性运用"胶液前置 + 阶梯排量"压裂技术，施工时（图 5-3-32）酸液注入完毕后以 $6.0m^3/min$ 的排量注入 $40m^3$ 交联液，后期逐级将排量提高至 $14m^3/min$，利用交联液和低排量造缝有效地减小了近井地带裂缝复杂程度。实现了近井地带造简单缝，远井地带造复杂缝的目标。

CNH6 平台实施"胶液前置 + 阶梯排量"压裂后各段平均加砂量大幅提高，其中 CNH6-4 井单段平均加砂量达 100t，CNH6-5 井单段平均加砂量达 90.4t，如图 5-3-33 所示。

2. 套变影响段分段压裂技术

示范区建设前期，压裂套管变形（图 5-3-34）导致丢段的情况频繁发生，对改造效果造成了一定的影响。对套管变形井的统计分析表明，断层、天然裂缝发育区域发生套管变形概率较高。大规模压裂改变井周地应力场，破坏原地应力平衡，致使存在岩性界面、非均质地层、层理发育地层产生滑移，可能是引起套管变形的主要原因；同时，井眼轨迹、固井质量、温度效应等也可能对套管变形带来不利影响。大型水力压裂施工套管变形机理复杂，影响因素多，变形时机预测难，因此探寻该区域页岩气水平井套管变形后的有效改造工艺显得尤为重要。

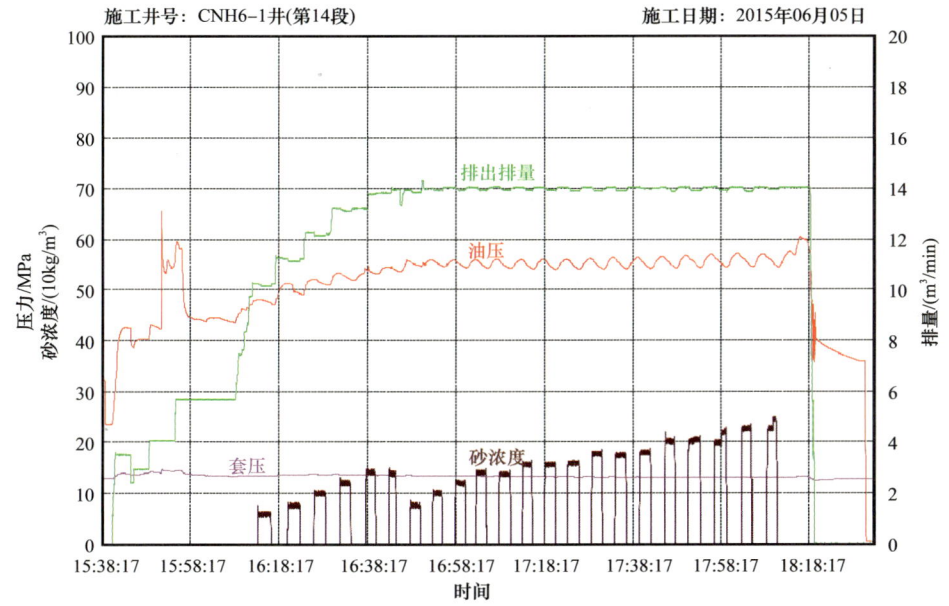

图 5-3-32 采用"胶液前置+阶梯排量"加砂压裂施工曲线

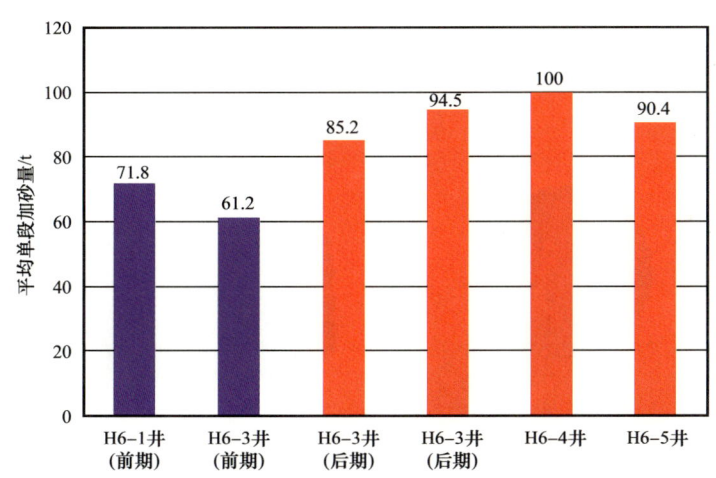

图 5-3-33 采用"高黏液体+胶液前置"压裂技术前后加砂量对比

套管变形后，原始尺寸的桥塞将难以通过变形段。如果套管变形程度较小，可以根据套管内径在桥塞坐封尺寸范围内选择外径较小的桥塞进行施工，对水平井的压裂改造影响不大。大多数情况下，套管变形后将很难找到合适的分段工具，水力喷射工具也难以满足入井要求。在前期页岩气水平井压裂实践中，逐步探索形成了缝内砂塞分段压裂、暂堵球分段压裂等工艺，根据不同的条件使用，解决了套变井丢段的问题，最长施工段达 1445m。

1）缝内砂塞分段压裂

缝内砂塞分段压裂是人为利用高浓度支撑剂在井筒形成砂塞或缝口砂堵，依靠砂塞的阻流作用，在改造段之间形成一道特低渗透或不渗透的物理"屏障"，实现井筒与射孔孔眼通道的物理隔离。由于液体进入砂塞的难度更大，只能进入新的未改造层段，从而实现不同层段的封隔及分段改造。与常规机械封隔分段压裂相比，填砂暂堵分段压裂工艺及暂堵球分段压裂工艺具有无大尺寸入井工具，可避免机械封隔工具井下作业、钻磨风险，降低作业成本，提高作业时效。

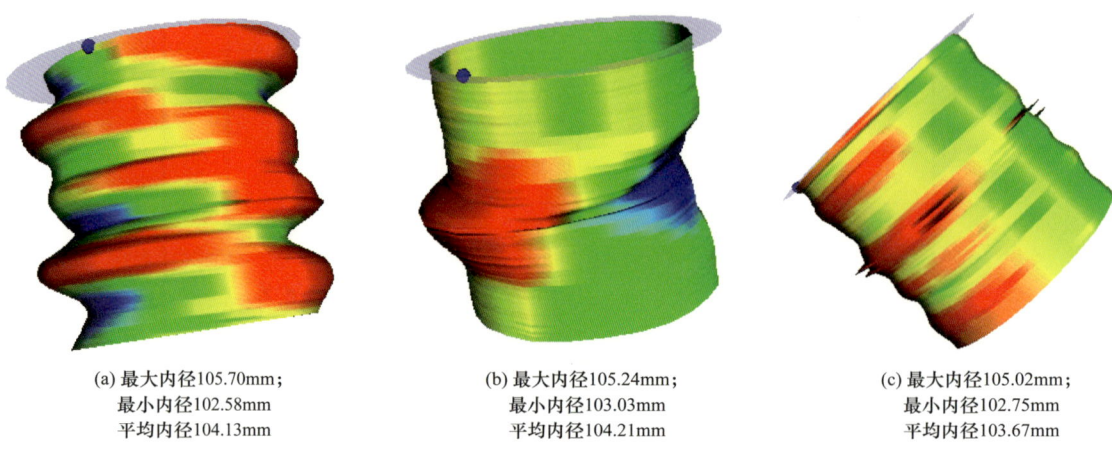

(a) 最大内径105.70mm；最小内径102.58mm 平均内径104.13mm

(b) 最大内径105.24mm；最小内径103.03mm 平均内径104.21mm

(c) 最大内径105.02mm；最小内径102.75mm 平均内径103.67mm

图 5-3-34　W202-H3 井套管变形后多臂井径仪测井成果图

利用不同粒径支撑剂组合制作的人造模拟砂塞（图 5-3-35），随着净有效压力的增加，砂塞渗透率快速降低，支撑剂粒径越大，砂塞渗透率降低越明显（图 5-3-36）。采用 70/140 目支撑剂制作的砂塞，在净有效压力为 20～30MPa 时，渗透率可接近 0，封堵效果明显。

图 5-3-35　室内模拟砂塞图

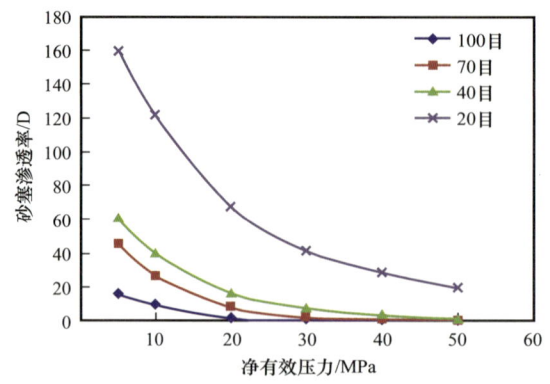

图 5-3-36　砂塞渗透率测试结果图

在压裂施工中除排量和液体性能的影响可能在裂缝或井筒中形成砂塞以外,当压裂形成的裂缝宽度与支撑剂浓度和粒径不匹配也可能在裂缝中形成砂塞。研究表明(葛家理,1982),在低支撑剂浓度的情况下,平均裂缝宽度必须稍大于平均颗粒直径;当支撑剂浓度较大时,平均裂缝宽度要达到平均支撑剂直径的3倍才能确保携砂液进入裂缝。缝内砂塞的实施主要通过加入大粒径或高砂浓度的支撑剂来实现。一般压裂施工现场准备支撑剂类型有限,通过加入高砂浓度的短段塞来实现。实施缝内砂塞时,要力求达到支撑剂全部进入地层后再形成砂塞,防止支撑剂未全部进入地层即超压停泵,导致井筒内沉砂。现场实施过程中,如一次提高砂浓度不能形成砂塞,可在前一个砂浓度基础上再提高砂浓度直至形成缝内砂塞且压力明显上涨后停止施工。

压裂填砂暂堵分段压裂工艺的成功关键在于针对不同的水平井眼轨迹,开展有针对性的填砂体积及施工排量优化,以防砂塞过少不能有效进行封堵,或砂塞过多导致井筒内砂塞填埋下一井段射孔孔眼。填砂暂堵分段压裂工艺同时又是一项施工风险高、作业难度大、作业耗时长的作业技术,压裂完成后需开展井筒冲砂作业,因此做好施工期间的套管保护及保持较好的井筒通过能力是填砂暂堵分段压裂对后期压裂井产能贡献最大的挑战。

图 5-3-37 展示了 A 井采用缝内砂塞分段压裂的施工曲线,该井施工后期达到设计液量后注入了一个 30m³ 砂浓度 160kg/m³ 的段塞,压力增加后快速降低,砂塞未形成;随后提高砂浓度注入了一个 25m³ 砂浓度为 180kg/m³ 的段塞,裂缝压力从 62MPa 迅速上涨至 79MPa 后停止泵注。为了验证砂塞的可靠性,停泵后再次起泵在 1.5m³/min 的排量下泵压从 40MPa 迅速上涨至 54.2MPa,表明成功实现砂塞封堵,施工成功。

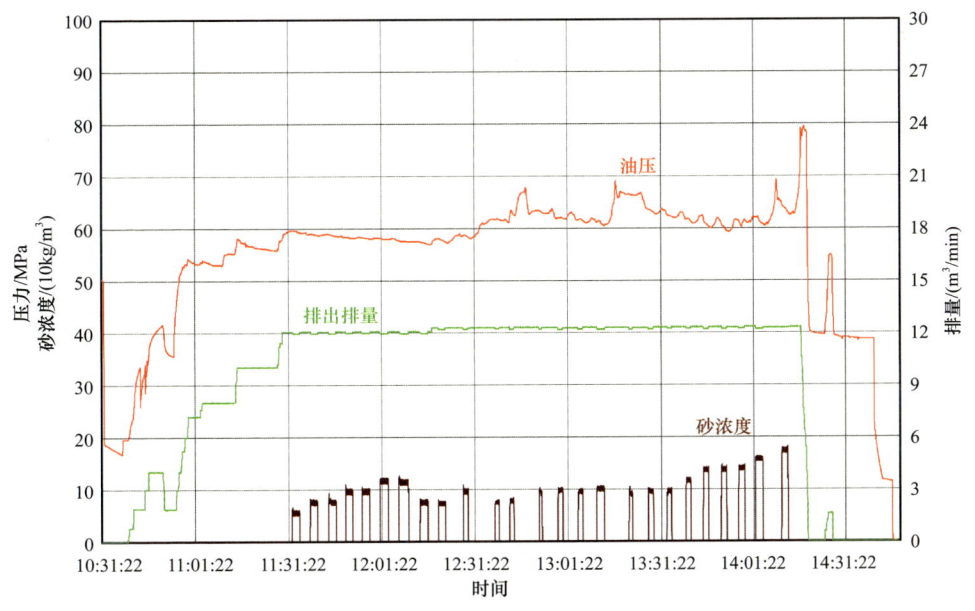

图 5-3-37　A 井套管变形影响段缝内砂塞分段压裂施工曲线图(第 10 段)

2）暂堵球多级转向压裂

图 5-3-38 可溶性暂堵球

暂堵球多级转向压裂是利用已压开井段吸液能力较大的特点，在完成一个压裂段的施工后，通过地面流程投入一定数量的暂堵球，暂堵球随压裂液一起进入已压裂段射孔孔眼处堵塞孔眼，迫使压裂液进入其他未压裂段，从而实现分簇改造。为防止投入的暂堵球对后期排液的不利影响，选择可溶性暂堵球（图 5-3-38）来封堵孔眼。暂堵球的数量主要根据需要堵塞的射孔孔眼个数确定。为了使暂堵球能够较好在孔眼处入座，暂堵球的直径根据射孔孔眼的尺寸确定，一般以略大于孔眼直径为宜。为了确保暂堵球能够入座到已改造段的射孔孔眼上，一般需要建立一定的排量后再投入暂堵球。

图 5-3-39 展示了 B-5 井套管变形影响段的施工曲线。该井发生套管变形后，对套管变形影响段一次全部射开，采用暂堵球多级转向压裂施工。该井套管变形影响段共注入液量 5600 余立方米，砂量 300 余吨。拉链式压裂作业过程中，邻井 B-4 井（井间距 500m）压力上涨 0.19MPa，邻井 B-6 井（井间距 500m）压力上涨 0.18MPa，未发生明显干扰（表 5-3-10）。井下微地震监测成果（图 5-3-40）表明，暂堵球分段压裂期间改造井段附近有新的事件点出现。综合微地震监测和邻井压力监测表明，该工艺成功实现了对套管变形影响段的分段压裂。

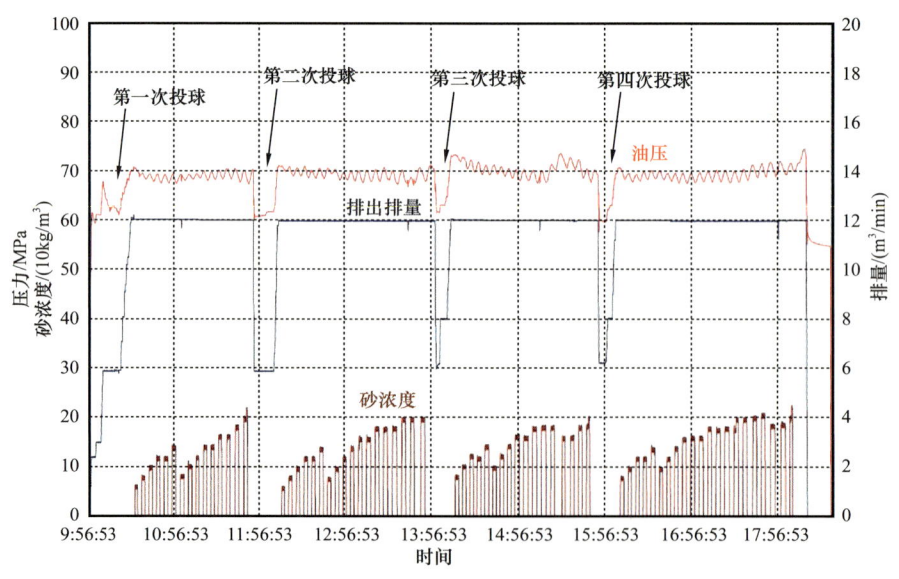

图 5-3-39　B-5 井套管变形影响段暂堵球分段压裂施工曲线图

表 5-3-10　B-5 井施工期间邻井压力监测情况　　　　　　　　　　　　　　　　　单位：MPa

井号	施工前关井压力	施工结束时关井压力	压力变化
B-4 井	40.83	41.02	+0.19
B-6 井	36.86	37.04	+0.18

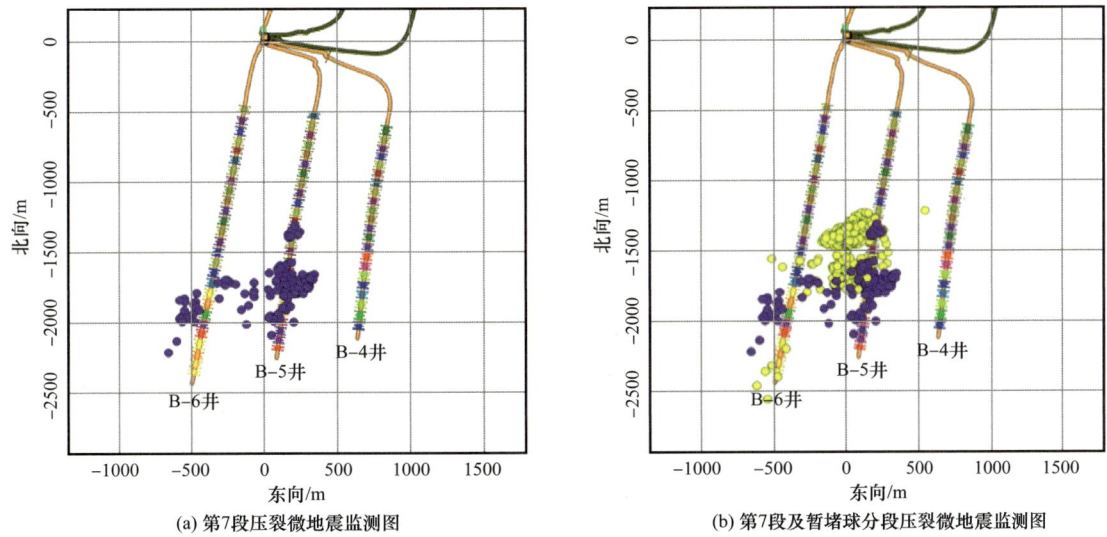

(a) 第7段压裂微地震监测图　　　　　　(b) 第7段及暂堵球分段压裂微地震监测图

图 5-3-40　B-5 井套管变形影响段暂堵球分段压裂前后微地震监测对比图

综上，采用缝内砂塞分段压裂和暂堵球多级转向压裂工艺均能够实现对套管变形影响段的有效改造。不同工艺优缺点对比见表 5-3-11，可根据套管变形情况选择相应的改造工艺。

表 5-3-11　套管变形段分段压裂工艺对比表

方案	优点	缺点
小直径桥塞	能够最大程度上对水平段进行改造	膨胀比高，封隔性能较普通桥塞弱；通径小，后期排液需要钻磨
缝内砂塞	能最大程度对水平段进行改造，有利于压后效果	可能压裂 1~2 段后进一步变形，后续段难以实施；形成缝内砂塞可导致高施工压力进一步加剧套管变形
逐级射孔+暂堵球多级转向	能最大程度对水平段进行改造，有利于压后效果	可能压裂 1~2 段后进一步变形，后期段难以实施；越往后压裂投球数量越多，不易确保对压裂段的改造
一次射孔+暂堵球多级转向	风险最小	压裂效果难以保证

3. 高应力差井段压裂技术

页岩气水平井压裂施工中，可能出现微地震事件点在井筒两翼不均衡扩展、横向过度扩展、沟通天然裂缝带、裂缝响应点集中等情况。通过短冲洗长携砂段塞，注入或投放可溶性暂堵剂的方式可以提高缝内净压力，实现造新缝或迫使现有裂缝转向，增加裂缝复杂程度。

可溶解暂堵转向剂是具有黏弹性的固体小颗粒，遇水溶胀（图 5-3-41），具有以下优点：

（1）承压能力强，封堵效果好；

（2）可溶解性好：在工作液中可以完全溶解，不带来新的伤害；
（3）现场使用简单：通过混砂车直接加入，无须其他设备；
（4）封堵时间可调：根据封堵时间及封堵压力，调节暂堵剂配方。

可溶解暂堵转向剂在施工过程中实时加入，跟随压裂液向阻力最小方向流动，最先进入高导流能力的裂缝封堵使得缝内净压力增加，从而产生新的裂缝实现缝内转向，最终形成具有高效导流能力通道的多裂缝。后续压裂液可不间断进入新的裂缝，达到造长缝或多缝目的。施工结束后，暂堵剂溶于地层水或工作液，不对地层产生伤害。

图 5-3-41　100~120 目暂堵剂实物图（a）和 10% 暂堵剂溶胀状态（b）

实验表明，在 80℃ 条件下，1cm 暂堵剂厚度，渗透率由 4.14mD 降为 0.0048mD，渗透率下降 99.88%，40MPa 压差下封堵效果好，能够达到 40MPa 的承压能力，如图 5-3-42 和图 5-3-43 所示。

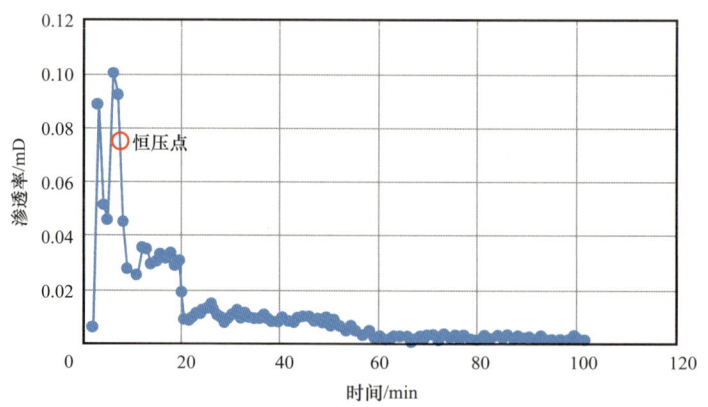

图 5-3-42　暂堵剂封堵后岩心渗透率测试

威远地区属于高应力差储层，W204 井最大水平主应力与最小水平主应力差值达到 18.7MPa，仅仅依靠低黏滑溜水难以形成复杂裂缝网络。在 WH3-1 井第 17 段使用了暂堵转向技术，该段在压裂过程中加入 600kg 暂堵剂。微地震监测显示，施工前期事件点在井筒两翼扩展不均衡。施工中期集中投送暂堵剂后，限制了裂缝在优势一侧的延伸，成功使裂缝向另一侧扩展（图 5-3-44）。

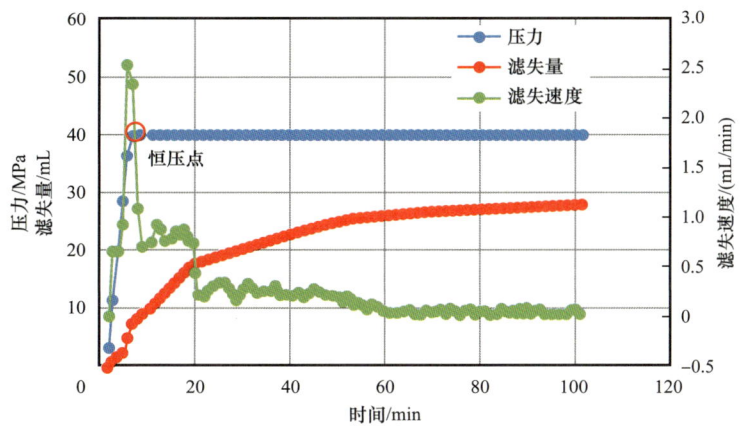

图 5-3-43　暂堵剂封堵后压力、滤失量、滤失速度随时间变化

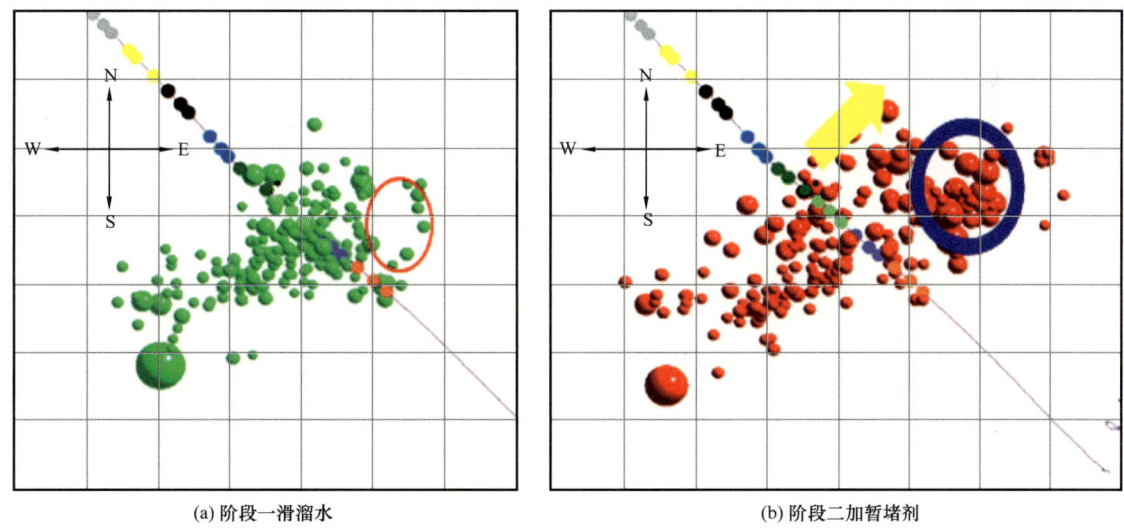

(a) 阶段一滑溜水　　　　　　　　　　　(b) 阶段二加暂堵剂

图 5-3-44　WH3-1 井第 17 段暂堵剂加入前后对比（网格：100×100）

第四节　压裂监测及后评估技术

一、微地震监测技术

微地震波是岩石破裂时伴随产生的强度较弱的地震波。微地震事件发生在裂隙之类的断面上，裂隙范围通常在 1～10m。地层内地应力呈各向异性分布，剪切应力自然聚集在断面上，通常情况下这些断裂面是稳定的（王红岩等，2013；马永生等，2018）。在水力压裂过程中，压裂液滤失导致孔隙压力增加，其大小与缝内流体压力和地层压力的差值呈正比，同时地层承受裂缝内净压力。所有这些外力都会影响水力压裂裂缝周围的地质薄弱面（层理、节理、天然裂缝、裂隙及交互层面）的稳定性，使岩石中原来存在的

或新产生的裂缝周围出现应力集中、应变能增高。当外力增加到一定程度时，原有裂缝的缺陷地区就会发生微观屈服或变形、裂缝扩展，从而使应力松弛，能量的一部分以弹性波（声波）的形式释放出来产生小的地震，即所谓微地震。和地震一样，微地震也会发射压缩波（纵波或P波）和剪切波（横波或S波），但它们以较高的频率产生。大多数微地震事件频率范围介于200～1500Hz之间，持续时间小于1s，通常能量介于里氏–3级到+1级，在地震记录上表现为清晰的脉冲，采用三分量检波器对微地震信号进行记录。在三分量检波器记录中，每个分量上P波和S波成对出现，且3个分量上的P波到达时间和S波到达时间分别相同（龙胜祥等，2019）。微地震事件越弱，其频率越高，持续时间越短，能量越小，破裂长度就越短，因此微地震信号很容易受其周围噪声的影响或遮蔽。岩石介质的吸收及不同的地质环境也会影响能量的传播。

微地震监测技术就是通过观测、分析生产活动中所产生的微小地震事件，来监测生产活动的影响、效果及地下状态的地球物理技术（图5-4-1）。其基本做法是：通过在井中或地面布置检波器排列，接收生产活动所产生或诱导的微小地震事件，并通过现场分析压裂过程中产生的微地震事件的时序、空间和震级能量等属性特征，实时解释人工裂缝的延伸方向、规模和范围，及时指导压裂施工，适时调整压裂参数，是页岩气井压裂裂缝监测的主要技术，也是判定页岩气井压裂施工是否达到理想效果的重要手段。

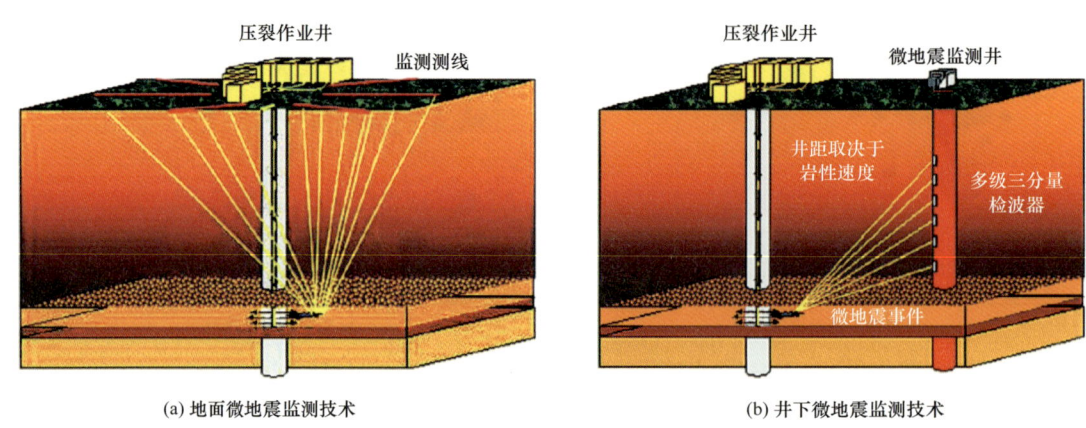

图5-4-1 微地震监测技术示意图

微地震监测方式分为两种：地面微地震监测和井下微地震监测。

1.地面微地震监测

地面微地震监测是指在监测目标区域（压裂井）周围的地面上，布置若干接收点进行微地震监测（Guo et al.，2014）。它具有易实现等优点。由于地表的各种噪声干扰非常严重，且检波器与压裂层段的距离较远，地面检波器的布置方式和范围需要优化，以增大信号信噪比，进而实现压裂裂缝的有效监测。地面检波器排列的布设方式由压裂井的类型决定。若压裂井为直井，采用等臂长的放射状排列进行监测。若压裂井为水平井，则采用非等臂长的放射状排列进行监测。根据观测方式不同，地面监测可分为放射状观测、矩形观测、散点观测、片状（Patchs）观测、多浅井观测等。由于需要数千道检波器和采集站等配套采集设备，地面监测投入的设备和人员多，采集成本较高，连续记录采集的数据量庞大，实时处理难度较大。地面监测的事件点相对较少，高度控制差，不利于精细分析。

2. 井下微地震监测

井下微地震监测是指在监测目标区域或周围临近100～800m的一口或几口井中布置接收器进行微地震监测。最大优势在于其监测波场的信噪比较高，定位结果受速度横向变化的影响较小，可以提供裂缝网络的长度、宽度、高度、走向和SRV。此外，还具有传输速率高、采样速率超低、微地震事件多、精确度高、高度控制好的特点。但由于检波器在井中呈线状分布，得到的波场是以接近水平方向传播的波场，受储层各向异性的影响较大，水平方向上的定位精度受限。尽管如此，井下微地震监测技术已经非常成熟并得到广泛应用。2012年，井下微地震监测技术在长宁—威远国家级页岩气示范区N201-H1井试验成功，如今已成为川南地区应用最为广泛的页岩气压裂裂缝监测技术（图5-4-2）。

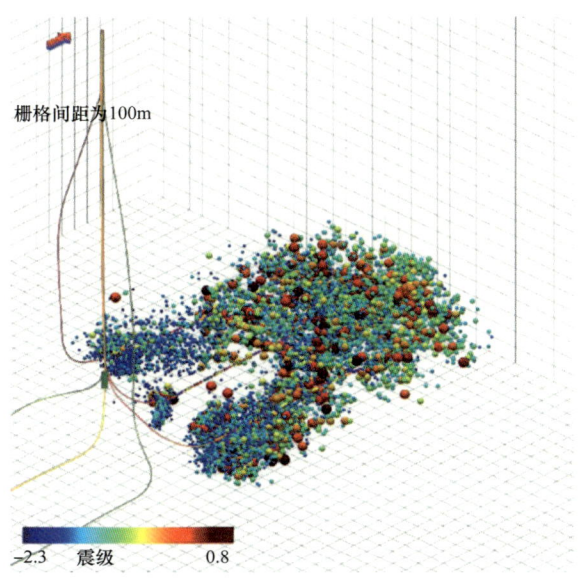

图5-4-2　川南某页岩气平台压裂井下微地震监测成果图
注：小圆球的颜色和大小代表震级

二、示踪监测技术

示踪剂是用于追踪被监测物质的标记物。油田用示踪剂应满足背景浓度低，在地层表面吸附量少，与所指示的物质配伍，具有化学、生物和热稳定性，对测井、生产和环境无影响，无毒安全等要求。示踪监测技术是一种利用特定元素或化合物，标记、追踪被监测物质的状态、分布和数量等的技术。该技术在油田最早用于了解地下流体的运动情况，研究注水开发中水的推进方向、驱替速度、波及面积、储层非均质性、剩余油饱和度分布、油水井连通情况等。随着技术的不断进步和油气田开发需求的增加，示踪技术已发展、引入页岩气压后评估中，成为动态监测技术的有力补充。

1. 裂缝示踪监测技术

裂缝高度的准确预测有助于压裂工程师优化与完善压裂设计，分析压裂效果。裂缝高度的测量方法可采用微地震方法或温度测井方法等。微地震方法监测的对象是微地震事件点，解释出的裂缝高度往往达数百米，不能代表真实的裂缝高度。温度测井方法也是间接测量裂缝高度的方法，受地层热传导能力与人为因素影响较大。使用示踪监测技术，可以直接对人工裂缝的延伸高度和支撑高度进行测量。

1）放射性同位素示踪技术

放射性同位素示踪技术是在压裂时注入被放射性同位素活化的物质，并在压裂施工前后分别进行伽马测井，从而确定岩层的特性和油气层动态的技术。检测放射性示踪剂，可以确定压裂施工期间压裂液和支撑剂进入的区域。在压裂施工中被压开的层段，压裂液和支撑剂进入更多，地层吸附更多的放射性同位素物质，其自然伽马值将升高。未被压裂的层段放射性同位素物质进入较少，自然伽马值基本保持原状。通过对比两次测量的结果，即可得到活化物质在井内的分布，进而确定裂缝的高度或产气的主要层位。该方法存在环境污染的风险，应用受限。

2）非放射性示踪陶粒技术

在放射性同位素支撑剂的基础上发展了非放射性示踪陶粒技术，通过在陶粒中加入足够数量的具有高中子俘获截面的材料，改变补偿中子（CNL）或脉冲中子（PNL）测井的响应。在压裂施工前后进行 CNL 或 PNL 测井，通过对比俘获截面曲线，确定支撑裂缝的高度、铺砂浓度、缝宽和导流能力等参数。由于示踪陶粒没有半衰期，可以在压裂施工后的任意时刻进行测试，可得到裂缝的动态变化。图 5-4-3 为川南地区某页岩气井的非放射性示踪陶粒监测结果。

2. 井下流体示踪监测技术

页岩气水平井分段压裂后，井口产液量反映了整口井的返排效果。在各段压裂液中加入不同的示踪剂，定期对返排液取样，检测样品中的示踪剂，可得到各种示踪剂浓度随时间变化的产出曲线。由于不同层段的产液量不同，示踪剂的产出浓度就不同，借此可以确定不同施工段的产出情况，定量描述各段的返排液量和返排速度，得到产液剖面的信息，实现对压后返排情况的监测。结合岩石物性、压裂施工情况及产气剖面，可对各段的裂缝状态、缝网形态和产能等进行综合评价，为油藏模型的完善、压裂方案的优化与生产拟合提供依据。为确保监测结果具有可比对性，在示踪剂注入过程中应根据压裂液的排量实时调节示踪剂的恒流泵，使每段示踪剂的注入浓度均匀。在一个页岩气平台的两口或几口井开展返排液示踪监测时，可通过各井各段选用不同的示踪剂来监测井间连通情况。

1）非放射性化学示踪剂监测技术

非放射性化学示踪剂监测技术是一种原理可靠、操作简单的录取各层段返排贡献、产油或产气贡献的井下流体示踪监测技术。化学示踪剂包括水溶性示踪剂、油溶性示踪剂和气溶性示踪剂，随各段压裂液（或酸液）注入地层，定量（或定性）评价每段的压裂液（或酸液）的返排贡献（水剂）、产油（油剂）及产气（气剂）贡献，从而获得改造后返排测试阶段、生产初期及中长期的持续产出剖面。

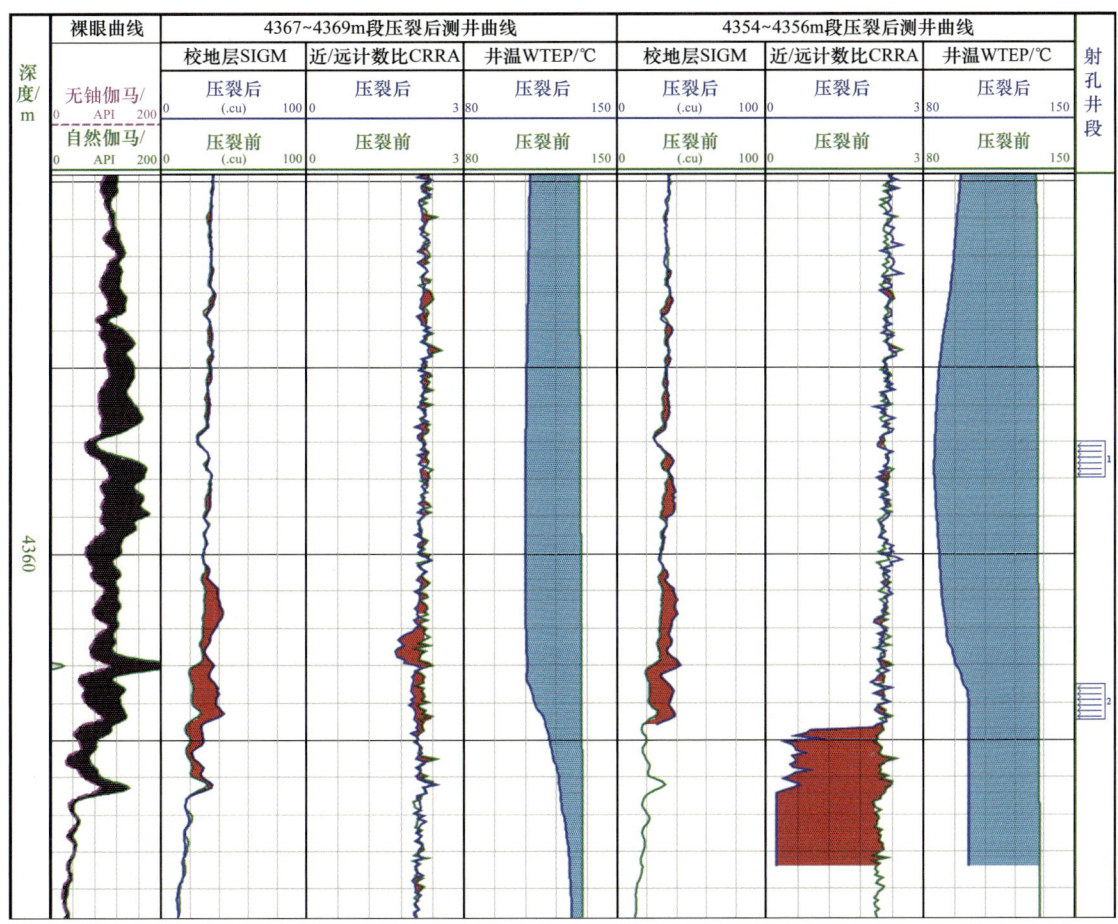

图 5-4-3　川南地区某页岩气井非放射性压裂示踪测试结果图

2）量子示踪剂监测技术

量子示踪剂监测技术是在各压裂段施工时泵入含有不同量子示踪剂材料的特殊陶粒，气井投产后量子示踪剂在地层流体的冲刷下释放，通过井口取样对各相流体携带的量子示踪剂进行定性与定量分析，得出不同层段的产气与产液贡献率。相较于常规示踪剂监测，该项技术具有可长期评价气井各段产出贡献的显著优势，常规示踪剂监测周期一般为3～6个月，量子示踪剂监测周期一般可达3～5年（图5-4-4，表5-4-1）。

三、生产测井技术

长宁—威远页岩气示范区应用生产测井技术分为流体扫描成像测井技术和分布式光纤监测技术，为小层优选、压裂方案优化提供了数据支撑。

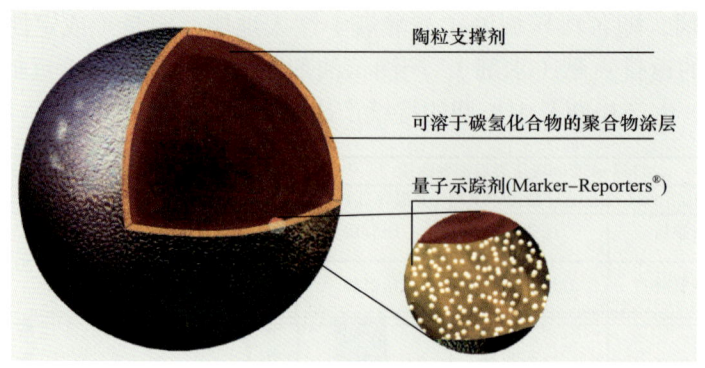

图 5-4-4　示踪剂包覆陶粒结构示意图

表 5-4-1　传统化学示踪剂与量子示踪剂的对比

序号	参数	化学示踪剂	量子示踪剂
1	状态	液体形态	固态
2	种类	一般不超过 40 种	超过 60 种
3	抗储层条件	耐温不超过 160℃，不耐酸	耐温 180℃，pH 值为 4～11，耐 H_2S
4	注入方式	由专门的注入泵加入混砂车或地面管线	与普通支撑剂一样使用
5	在地层内形态	向相应的标记相内溶解扩散	位于靠近缝口部位，充当"守门员"
6	示踪剂释放、产出	产出液将溶解分散的示踪剂带出，或冲刷出地层。初始阶段产出浓度高，之后示踪剂浓度急剧下降	仅在流体冲刷下释放，与冲刷速度成正比，无流动时不释放
7	取样方式	气体用压缩气瓶取样，液体用取样瓶取样	气体用过滤装置捕获示踪剂进行取样。液体用取样瓶取样
8	识别方式	液相色谱—质谱法	流式细胞仪
9	分析仪器	色谱—质谱仪	分析硬件和软件复合体
10	精度	10^{-9}	单个示踪剂可识别
11	监测期限	一般 1～3 个月，最长不超过半年	压裂支撑剂方式 2～3 年

1. 流体扫描成像测井技术

生产测井的主要对象是井内流体，目的在于监测和评价井内各段的产出特征，获取产出剖面，为压裂改造提供有关资料并评价其效果。

页岩气采用水平井的方式进行开发，流动截面上存在由重力分异导致的分相流、间断流和均布流三种流型。水平井井眼轨迹和井径变化的综合作用导致井筒中流体分布不对称、重质相回流，使产出水多分布于井筒低凹处或水平段下部，加剧了流型的复杂性。在生产过程中，影响流型的因素众多，机理复杂，给各种流型及其相互转化的定量描述带来很大困难，流型对各种测井仪器的响应更是难以确定。常规生产测井仪器存在性能指标下降、误差增大甚至失效的问题，需建立适应的处理解释方法对测试资料进行校正，或对仪器进行必要的改造。光子测井等非常规的测井仪器受井筒方位和井下流动状态的影响较小，可与常规仪器进行组合测井，确保重要参数的测量精度。

生产测井需要在测试过程中向井内下入测试工具，会干扰油气井正常生产，且一次只能实现某个时间点的测试。在页岩气水平井中，测井仪器不能靠重力下放，通常采用连续油管输送和井下牵引器输送两种方式，在下放和上提过程中均可以进行测井记录。连续油管输送时，测井仪直接安装在连续油管下端，油管内下入电缆并与仪器连接，通过地面的绞车设备完成测井，或采用存储式测井仪。连续油管输送工艺输送动力大、成功率高，但其速度较慢，且要求测井仪器不能太长。井下牵引器输送工艺使用井下牵引器（又称爬行器），在套管井内推动生产测井仪器通过井的水平段或大斜度段到达测量层段。该输送工艺施工简便、节省工时，但其输送动力小，施工风险大，要求套管内径规则，井筒内无杂物，若井底有沉砂，将迫使牵引器推送仪器失败，影响测井成功率。

流体扫描成像（Flow Scanner Image，FSI）测井仪针对大斜度井和水平井，可测量自然伽马、磁定位、温度、压力、流量、持水率、持气率等参数（Ding et al., 2012）。其中，自然伽马和磁定位信号资料用于确定测井深度；温度和压力资料用于定性分析产出状态；转子流量和持率资料用于确定气井总产量及小层产量；持水率和持气率资料用于分析流体性质。FSI 一个仪器臂上有 4 个微转子流量计，测量流体流动速度剖面，另一个臂上有 5 个 Flow View 电探针和 5 个 Ghost 光学探针，分别测量局部的持水率和持气率。仪器壳体上还有第 5 个转子流量计和第 6 对电探针和光学探针，由于流量转子和探针的整列分布，它可测量到单个居中转子测不出的流体速度变化，实现水平井井下流体分层流速和分层相持率的测量。

2. 分布式光纤产能剖面测试技术

与常规生产测井技术相比，连续油管分布式光纤（DTS&DAS）产剖测试技术安全可靠性更高、测试精度更好，是北美地区发展成熟的非常规油气藏水平井监测新技术，是评价和改进现有开发方案的最热门、最有效的技术之一。该技术将分布式温度感应（DTS）和分布式声波感应（DAS）相结合，通过测量背向散射光（类似于雷达回波技术），探测出井筒位置上的温度、声波和应变等数据，通过数据处理解释，能够测得生产过程中的每簇产气、产水情况和井筒动液面，对于评估钻井及压裂效果和指导排水采气具有重要意义。

DAS 作为最新发展的分布式光纤传感技术近年来已应用于美国页岩和致密砂岩储层的水力压裂监测，在井筒活动、压裂液分布剖面、裂缝起裂扩展以及应变监测等方面均获得了很好的效果，同时还用于井筒分布式检波器研究，具有监测地震波和微地震事件的功能。

光纤在井下的安装方式与完井类型和监测目的等相关，一般分为永久式安装和作业短时安装两类。作业短时安装用于水力压裂作业过程监测，或压裂结束后较短时期内的产出剖面测试。监测和测试前通过连续油管将光纤下入井中，压裂作业或产剖测试完毕后即取出。根据完井方式的不同，DAS系统的永久式安装又可以分为套管水泥固井射孔和裸眼封隔器两种。采用套管水泥固井射孔方式完井时，DAS光纤固定在生产套管外侧预制凹槽中，并在预设射孔段使用护套进行防护，随生产套管下井后固结在套管与水泥环之间。为了在射孔过程中不对光纤造成损伤，一般采用磁感探测光纤方位并在零度相位角进行射孔的光纤避射技术。当采用裸眼封隔器进行完井时，DAS光纤固定在封隔器管柱外侧，同时每隔一段用卡箍固定，压裂滑套和膨胀封隔器中均预留了光纤通过的路径，在地面进行组装固定后随裸眼封隔器一起下井。

分布式光纤监测技术以光纤本身作为传感器，避免了常规测井仪器存在的干扰。但单趟光纤测试也仅能满足较短时间内的产液剖面测试，永久式光纤测试则存在施工作业复杂，成本高，解释成本高等问题。

第六章　工厂化作业技术

页岩气水平井复杂山地工厂化作业技术涵盖工厂化钻井作业技术、工厂化压裂作业技术、工厂化试油测试作业技术等，是一种批量化、流程化、标准化和自动化的作业模式，能够达到组织结构合理优化、施工人员精简、井场占地减少、设备共享利用、工作液循环利用、建井周期缩短等目的。

四川盆地人文地理条件具有特殊性——山地丘陵地形，井场选址困难；人口稠密，人居环境复杂，不可照搬美国工厂化作业模式，适应于四川盆地的山地压裂工厂化作业技术有待形成及完善。存在的问题包括：工厂化作业配套装备不够完善；井组单井返排时间长，返排液含砂，常规流程不满足作业需求；钻井液重复利用率低；山地工厂化作业模式尚未定型；复杂山地工厂化压裂作业技术标准和规范尚未形成等。针对上述问题，逐步形成了复杂山地工厂化钻完井作业技术，钻井作业批量化，压裂作业模式多样化、规范化，测试流程模块化，设备橇装化，实现"流水线作业、资源共享、降本增效"的目标，大幅缩短投产周期，提升了页岩气示范区建产速度。

以"钻机快速平移、批量钻井与资源共享、标准化运作"为核心的工厂化钻井作业技术，钻井复工时间缩短77.6%（由168h降低至37.5h），钻井液重复利用率达到80%以上。

以"区域集中供水、集中供电、平台布局优化、拉链式作业"为核心的工厂化压裂作业技术，压裂作业效率提高80%。

以"流程模块化、设备橇装化、压裂测试一体化"为核心的山地工厂化测试模式，安装效率提高47.6%（平均安装周期由14.3天降低至7.5天），管线减少22.9%，实现零放空。

第一节　工厂化钻井作业技术

以"钻机快速平移、批量钻井、标准化运作"为核心的山地工厂化钻井作业技术已实现"脱机"作业、同步作业生产管理模式，设备利用率和作业效率大幅提升，达到了减少人员、提高资源利用率的目的。目前平台井间钻机移动时间为1.45h，平均复工时间为37.5h，油基钻井液重复利用率从70%提高至93%，水基钻井液重复利用率从60%提高至82%，长宁—威远区块页岩气钻井周期缩短40%以上，提质增效效果显著。

一、批量钻井技术特点及其关键技术

批量钻井技术是工厂化作业的典型特点之一，也是实现工厂化效益最大化的重要途径（周守为，2013）。该技术在充分考虑地理条件，成功应用关键技术的条件下，集中

在单个井场对多口水平井在空间和时间上进行优化设计和部署，实施系统化、批量化和标准化流水线钻完井作业，达到节约成本和提高效益的目的（凯特琳等，2013；刘猛，2017）（赵金洲等，2011）（杨庆理，2010）。

在钻井作业过程中批量钻井技术实现设备以及作业流程的标准化，并持续改进。对同一个平台数口井采用批量作业，从而大幅度提高钻井效率，具有批钻、整车运输、集装箱存储、批量操作、减少钻井液体系的更换等特点。

1. 批量钻井技术特点

批量钻井技术以平台为单位进行整体设计、整体施工，即分别对表层、中间井段及目的层段等施工段进行集中钻井，利用前一口井固井候凝与测井时间整拖钻机至下一口井进行作业，减少钻机等停等非生产时间，提高钻井时效。

标准的批量钻井基本原则：以水基和油基钻井液批次开钻为界面，实施批量钻井，提高作业效率。表层批量钻井后，再批量钻下部井段；水基钻井液批量钻井后再以油基钻井液批量钻井；一场双机及钻机平移。

标准的批量化钻井基本流程：一开快速钻固表层，然后移动钻井平台至第二口井继续开钻固表层，接着移动钻井平台至下口井，这样顺次一开钻固所有的井后再移动钻井平台回到第一口井开始二开的钻固工作，重复以上操作直到二开钻固完所有井，再次移动钻井平台回到第一口井开始三开，依次类推钻完所有的井。对于一口井井深不深的情况，可以先一开钻固表层后继续二开钻井及下表层套管固井后再移动钻井平台至下口井开钻（聂靖霜，2013；姜涛，2019）（乔李华等，2015）。

批量钻井技术基于井身结构设计、三维轨迹剖面、钻机承受的扭矩和附加拉力，充分考虑了地貌特征、生态环境、井场布局、水源集中供应等因素的影响，各钻机间应能实现资源共享，钻井液重复利用和交叉作业，工序紧密衔接，流水线作业，缩短井组施工周期。

2. 批量钻井关键技术

（1）钻机平移技术。钻机平移技术可大幅缩减钻机搬迁时间，同时为批量化和流程化钻井模式奠定了基础，根据移动方式分为液压滑轨式和液压步进式。

液压滑轨式满足钻机全钻具平移，钻机平移准备工作量小，可应用于纵向井位较多、钻机总质量较大、平移频繁的钻机。

液压步进式体积较小、拆安简便，钻机平移方向可纵向或横向。

（2）井口装置整体平移技术。井口装置作为钻井井控必要装备，其拆解与组装时间长、劳动强度大、吊装安全风险高，因此钻机平移作业中，在钻机底座配套井口吊装装置的基础上，采用井口装置吊装卡座，将井口装置整体吊挂于钻台底座下方（偏移出井口中心，便用钻机平移后校正井口中心），使其整体与钻机主体同时平移至下一井位。井口装置的整体平移可有效缩减平移准备及恢复时间、减轻劳动强度、减少吊装安全风险。

（3）钻井液技术。固控设备的有效使用保证了钻井液较低的固相含量，在进入油气层段后，为了有效保护油气层，使用油基钻井液体系，该体系具备维护间隔期长、回收利用率高、机械钻速快及井下安全等优点，同时批量化钻井液能够实现循环利用，可节约平台钻井液配制时间及成本（谢果等，2016）。

3. 现场应用实例分析

1）CNH7 平台页岩气批量化钻井

CNH7 平台页岩气批量化钻井，通过井身结构方案优化、钻机优选、轨道设计总体上采用"直—增—稳—降—直—增—水平"模式。通过钻机平移、清水强钻、全井段 PDC 钻头、地质导向、油基钻井液等技术集成，技术指标大幅提升、经济效益显著。CNH7 平台批量钻井作业完成井 7 口，平均完成井深 5166.7m、平均钻井周期 127.5 天，分别较以前 CNH13 平台井深增加 506.7m，平均节约钻井周期 24.5 天，周期缩短 16.1%。

2）W204H10 平台页岩气批量化钻井

本平台内部署两排共 6 口龙马溪组页岩气专层水平井，且均为三维水平井，总体上采用"直—增—稳—降—直—增—水平"井眼轨迹剖面。进入龙马溪组后，完成定向增斜和水平段作业。钻头及钻井参数设计，ϕ660.4mm 钻头采用牙轮钻头；沙溪庙组—栖霞组顶龙马溪组采用 PDC 钻头提速。

W204H10 平台批量钻井作业完成井 5 口，平均完成井深 5037.39m、平均钻井周期 94.5 天，较以前 W204H11 平台平均节约钻井周期 10.3 天，周期缩短 9.7%。

二、工厂化平台钻井作业优化

强调流程协作，立足于减少非生产时间，发挥中枢作用，提前制订沟通协调方案，定时、及时与相关方沟通，实现技术方案、工具、物资、后勤生活保障等资源共享；周密规划工艺流程，实现钻井环节的无缝衔接、钻机零停等作业无隐患。

先进的技术和科学的管理密切结合，实现流水化作业。钻井各工序需在前期配备好足够的后续所需钻完井材料，合理安排、规范运行、科学组织是流水线作业的保证。根据钻井过程中气体钻井应用、钻井液类型、轨迹控制要求以及井身结构模版，对详细作业步骤及时长进行分解，优化开钻方法，实现单井工序的无缝对接，两部钻机的移动、钻井、测井、固井、压裂等互不冲突，最大程度提高了设备利用率，节省了专业化服务费用。

（1）上部井段小钻机，下部井段大钻机。

采用车载 750 型修井机或 ZJ30 型钻机完成所用平台井上部表层施工，选用两部 ZJ50 钻机或 ZJ40D 钻机进行二开和三开作业。这种方式实现了批量化表层钻井，共用 1 个钻井液池，多口表层循环利用，为大钻机节省了一开准备时间，保护环境，降低了成本。如 9 口井平台作业，使用 1 台车载钻机进行表层批量化钻进，1 台 50D 平移钻机进行二开、三开作业。

（2）双钻机批量钻井。

双钻机批量钻井模式采用 2 台钻机完成各平台井施工。通常由于区域内没有小钻机调配或表层层段深、地层复杂等原因，单钻机作业周期长，为确保快速建产，采用双钻机联合作业。以一个平台 2 台钻机 6 口井，1 号钻机从 1 号井开始向右进行一开和二开钻固施工，依次完成1号、2号和3号井施工，此时钻机位于3号井位；2号钻机从4号井开始向左进行一开、二开钻固施工，依次完成4号、5号和6号井施工，此时钻机位于6号井位。然后1号钻机从3号井开始进行三开钻固施工作业，依次完成3号、2号和1号井施工，2号钻机从6号井开始进行三开钻固施工作业，依次完成6号、5号和4号井施工，直至完成全部井的施工。

1. 地面设备优化

为了满足复杂山地钻机在平台井作业，页岩气作业钻机通常使用ZJ70DB、ZJ50DB、ZJ70L和ZJ50L等作业能力较强的钻机，钻机配置了顶驱等先进设备。

1）升级配置52MPa钻井液系统

顶驱主要针对部分关键配件进行升级配置，主要升级有：52MPa顶驱冲管、52MPa主轴、52MPa顶驱保护接头、52MPa水龙带等与钻井液循环有关的配件。钻井泵主要对液力端进行升级改造，阀箱由35MPa的"I"阀箱升级配置52MPa的"L"阀箱。振动筛主要将现有的振动筛升级改造成圆弧型双轨迹振动筛，提高振动筛钻井液处理能力。高压管汇重新升级为52MPa高压管汇。

2）附属设备设施精简

在页岩气复杂山地作业的钻机，除了钻机主体设备以外，还有步进式或滑轨式平移装置、岩屑传输装置、电代油设备、集中供水设备等。钻机附属配套的设备设施合并成双钻机作业模式，充分实现钻机附属设备设施共享，提升页岩气钻井作业效率。

3）主要易损配件配置优化

钻井液系统运用耐油、耐高压的配件。钻井泵配件选用耐油耐高压的缸套、活塞或陶瓷缸套、长寿命活塞等；地面高压管汇选用耐油橡胶件；顶驱选用新型冲管或陶瓷密封环冲管；振动筛筛网选用高目数筛网。

4）钻井设备动力参数优化

为了提高页岩气钻井施工设备使用效率，优化设备与钻井参数合理的匹配。制订了页岩气井钻完井作业中机泵功率和设备采用的最经济优化方案。井队根据设计或技术参数确定柴油机和发电机使用数量，达到优化匹配。在设备功率处于临界状况时，钻井技术员可通过钻井技术参数调整来满足设备使用功率的要求，达到经济效益运行。

5）钻机平移设备优化

钻机平移工作优化的目的是实现24h内达到开钻条件，现场主要的优化措施如下：平行作业的工作项目较多，各项工作做好分工；现场吊车3台，至少需一台75T吊车；保障单位的准备工作，可以与井队同步进行；钻井队大班人员进行倒班作业，确保钻机拆安顺利进行。

2. 作业队伍管理优化

一场双机运行模式，探索一支队伍同时使用两台钻机，将原来两个队的人员进行优化、精简，在原来的基础上两台钻机减少用工15人以上，为一场双机的平稳运行起到了良好的作用。运行中，通过错时交接班，两台钻机生产班交接班错开1h左右，有效缓解了人员吃饭、洗澡拥挤，干部布置工作忙不过来等矛盾；员工宿舍安排方面，同一栋宿舍6个生产班每班一人，有效解决了人员的融合问题；两台钻机作业人员统筹安排，技术干部必须同时管理2口井，一边施工，一边协助，有效地提高了生产时效。

双钻机模式下，平台经理、书记、副经理、技术干部及行政管理人员由原来管理3个班增加至6个班；管理的效率大于单机管理，行政管理人员都可以实施轮休制，提高了管理效率和生产积极性。

双钻机运行模式中，通过将两队资源进行整合，部分生产与生活设施进行共享，共用一套钻机生产用房、油罐、水罐等辅助设备，可减少部分设施配套，从而降低成本。对同井场双钻机，钻井工具和附属设备统一配置、集中管理。

三、工厂化钻井装备配套

1. 液压滑轨式钻机

钻机进入井场安装之前，在钻机底座正下方铺设对应于钻机底座尺寸的移动导轨平台，钻机安装于移动导轨之上。钻机平移时，在钻机底座正前方安装液压油缸，液压油缸尾部通过棘爪装置固定于移动导轨上，通过操控箱控制液压油缸的伸缩实现钻机在移动导轨上向前或向后移动。

液压滑轨式钻机平移装置组成主要包括移动导轨、液压动力源及操控箱、液压油缸及棘爪装置。

液压动力源为系统提供液压动力，通过管路总成给操纵箱供油，操纵换向阀，使移动液压油缸动作。液压油缸一端铰接在棘爪装置上，另一端与钻机模块铰接。棘爪装置棘爪刃可插入并锁定在移动导轨孔中，随着移动液压缸活塞杆的伸出（或缩回），克服钻机模块与滑移导轨的摩擦力，实现对钻机的推（拉）移动。移动液压缸活塞杆的反向运行可使棘爪从导轨孔中自动抬起并重新落到下一个导轨孔中并再次锁定，如此反复，完成钻机的整体移动。

钻机整体平移设备主要有钻机底座、钻台及钻台设备、井架及提升设备、机房底座及机房设备（含机泵房房架）、2台钻井泵（含钻井泵万向轴）、部分钻台面钻具。液压滑轨式钻机平移示意图如图6-1-1所示。

图 6-1-1　液压滑轨式钻机平移示意图

虽然其移动导轨体积大、前期投入成本高，但该平移技术平移负荷大（满足钻机全钻具平移），钻机平移准备工作量小，平移过程平稳、安全、移位准确，可应用于纵向井位较多、钻机总质量较大、平移频繁的钻机。

液压滑轨式钻机平移技术对于电动钻机、机械钻机均可使用。

2. 液压步进式钻机

钻机液压步进式平移装置是在钻机底座前后、左右的 4 个方位安装上支承座及顶升液缸、滑车、导轨和平移液缸。平移时由 4 个顶升液缸将钻机整体抬离地面，再操作导轨上的平移液缸完成一个平移液缸行程的平移，下放钻机缩回平移液缸。如此反复顶升钻机、平移、下放，实现钻机步进式平移。

步进式钻机平移装置可实现钻机在工作状态下的整体纵向或横向平移，具有结构紧凑、安装简便、动作平稳、移位准确等特点，特别适用于工厂化模式下，在平台较小区域内多口井连续钻井施工。

液压步进式钻机平移装置主要包括 3 个部分：一是由支承座、顶升液缸及滑车总成等组成的支承移动模块；二是由导轨总成和平移液缸等组成的步进平移模块；三是由液压站、液控阀件及辅件组成的控制模块。

其体积较小、拆安简便，组织平移装置安装可在钻机运行中途介入，钻机平移方向可纵向或横向。同时在钻机平移时，钻具在钻台面上随之平移，无需甩钻具，提高了钻井工作效率；装置总体结构紧凑，安装简便，动作平稳，移位准确。液压步进式钻机平移技术目前仅对于电动钻机使用。

3. 钻机平移辅助配套

因钻机平移为钻机主体设备移动，为缩减钻机周边相关接口拆卸、安装时间，可将钻机周边辅助配套的管汇及平台形成模块化。

以丛式井 5m 间距为例，需要准备的模块如下：
（1）钻台至循环罐的通道平台（5m/ 节）；
（2）井口溢流管（5m/ 节）；
（3）循环罐钻井液过渡槽及通道平台（5m/ 节）；
（4）钻井泵上水管汇（5m/ 节）；
（5）钻井液高压管汇短节（5m/ 节）。

四、页岩气钻井液重复再利用技术

1. 钻井液回收处理站及方案

在工厂化作业过程中，必须尽可能地重复利用钻井液，但受井位布局、施工进度、富余钻井液等因素的影响，部分废弃钻井液必须进行临时储存，等待合适的生产井再重复利用。临时储存的钻井液必须保持活性，当重复再利用时机来临时，不至于出现因钻井液老化而导致的不处理、无法回用的现象。油基钻井液均储存在同井场或以转运的方式进行重复再利用，因井场场地储备条件不足，不能满足所有油基钻井液都能重复再利用；同时，待利用的油基钻井液储存在各个井场不利于统一管理维护，存在安全环保隐患。工厂化作业地区的井位相对较集中，应急抢险处置需要大量油基钻井液。若油基钻井液不能全部回收再重复利用，就无法实现清洁生产的要求。因此，建立相对集中存储的油基钻井液回收愈显重要，示范区分别在长宁和威远建立了4座钻井液存储配制或转运站（图6-1-2和图6-1-3，表6-1-1）。

图6-1-2　长宁钻井液临时转运站

图6-1-3　威远钻井液转运站

表6-1-1　长宁—威远转运站相关信息

转运站名称	地址	设计容积/m³
W204H9平台临时钻井液转运站	内江市威远县龙会镇	1200
威远钻井液储存配制站	内江市威远县黄荆沟	4080
长宁钻井液临时转运站	宜宾市珙县底洞镇盐井村	2040
威远钻井液转运站	内江市威远县黄荆沟泥河乡	780

钻井液存储站的运行可为页岩气工厂化作业的钻井液重复再利用工作提供技术保障，同时，钻井液的重复再利用也可进一步降低钻井液消耗，达到减轻环保压力等目的。

通过钻井液体系岩屑回收率的优化筛选，形成了优质钻井液直接转入新开井重复再利用技术、优质高密度钻井液用作维护处理低密度钻井液技术、优质钻井液干燥再利用技术、钻井液改造后再利用技术、钻井液钝化活性土再利用技术及油基岩屑处理技术等6套重复再利用技术。

2. 钻井液重复再利用技术及装备

1）钻井液重复再利用技术思路的建立

起初，人们尝试把一口井的钻完井液直接回用到下一口井的钻井作业中，但是很快发现重复再利用的钻井液由于在上一口井的钻进中混入了钻屑、亚微米颗粒、各种地下流体和自身处理剂的降解与交联等多种因素会导致钻井液性能下降，影响钻井工程的速度和安全，造成钻井液维护处理成本大量增加。传统的石油勘探开发施工作业，是生产队式的分散作业模式，单兵作战，效率低、不易管理，也不利于完井后剩余钻井液的重复利用。而采用工厂化钻井作业后，从分散到集中，在同一地区集中布置大批相似井，使用大量标准化的装备或服务，以生产或装配流水线作业的方式进行钻完井作业，为钻井液站点的建立创造了空间上的条件。钻井液的重复利用不再是一口井完井后才会被考虑的事，而是在钻井液设计之初，钻井液工作者们就把重复利用作为钻井液的需求功能之一，将重复利用的理念从钻井液的设计、配制、使用和维护，直至钻完井整个工程都从始至终地贯彻下去，保证了工厂化钻井作业钻井液重复利用技术的实施效果。

2）水基钻井液的重复再利用技术

要实现水基钻井液的重复利用，必须严格控制其各项性能指标，如流变性、固相含量、防腐性能及滤失量等，这就需要构建一套完整的废旧钻井液控制程序标准，来严格控制其性能能够满足下口井或下开井段的开钻要求，以保证重复利用后的钻井液性能有足够的稳定性。因此，对水基钻井液的重复利用标准的建立显得尤为重要。

经过大量实验，在废旧水基钻井液中复配抑制剂、降滤失剂、清水，调整加量比例，对其各种性能进行改进，调整前后性能对比见表 6-1-2。

表 6-1-2 废旧水基钻井液性能变化

状态	密度/g/cm³	Φ_6/Φ_3	AV/mPa·s	PV/mPa·s	YP/Pa	Gel/Pa	滤饼摩阻系数 K_f	FL_{API}/mL	滚动回收率/%
调整前	2.0	8/5	60	44	16	7/15	0.0787	6.8	74
调整后	2.0	5/3	50	38	12	3/10	0.0787	4.6	85

从表 6-1-2 可以看出，经过调整后，废旧水基钻井液流变性能、滤失量、抑制性能均明显改善，能够满足现场钻井施工要求。该技术已成熟应用于四川威远和长宁等页岩气区块，水基钻井液使用回收利用率大幅提高。

3）油基钻井液的重复再利用技术

现场对油基钻井液的重复再利用可以把用过的钻井液预处理后通过一些设备（离心机、振动筛、除砂器等）加以处理，以清除使用过的油基钻井液中的无用固相。清除的无用固相作无害化处理，对处理后的油基钻井液调整油水比、补充乳化剂、润湿剂和有机土等，使其性能参数处于合理范围内，这样就可以继续使用，达到循环再利用的目的。

油基钻井液在页岩气水平井水平段钻进中劣质固相不断侵入，在应用后期钻井液黏度和切力会出现一定程度的上升。油基钻井液随着重复再使用次数的增加，其各项性能也会降低。通过对国产化油基钻井液重复再利用技术的研究，对回收的油基钻井液可进行性能调整，使其各项性能得到提高（表 6-1-3）。

从表 6-1-3 可以看出，油基钻井液经过回收处理后，流变性能有明显下降，且破乳电压有所提高，各项性能与室内研究一致，能满足现场钻井需要。由此可大幅减少废弃油基钻井液处理量，油基钻井液回收利用率大幅提高。

表 6-1-3　油基钻井液回收处理前后性能变化表

配方	密度/g/cm³	Φ_{600}/Φ_{300}	Φ_6/Φ_3	Gel（10min/10s）/Pa	PV/mPa·s	YP/Pa	ES/V
调整前	2.2	180～200/110～125	13～17/10～14	10～14/27～35	65～75	16～24	640～860
调整后	2.2	125～135/67～75	5～8/4～6	3～6/8～12	52～58	8～12	820～1150

3. 钻井液重复再利用方案及现场应用

1）钻井液重复再利用方案

川渝地区过去对于废旧钻井液的处理，常常采用的方式是运输至某一指定地点，固化、掩埋。但随着井位区域不断扩大，这种方式不能满足大量废旧钻井液的处理。特别是"工厂化"钻井方式的推行，必须采取针对性的方式方法，实现钻井液的重复利用，提高其重复利用率。

钻井队施工区域较为集中，具备钻井液回收的基础和便利条件。施工井中深井比例大，钻井液多为钾聚磺钻井液，体系较为稳定，性能优良，钻井液成本较高，完全可以重复循环使用。按照"分级使用、资源共享、利润分成"的原则，建立了钻井液循环利用机制，实现了废弃钻井液的"变废为宝"。

（1）完善钻井液重复再利用机制。

① 健全组织机构。明确了各职能部门及钻井液作业队职责，出台了《钻井液重复再利用相关规定》等多项规章制度，对钻井液回收流程、钻井液质量标准等各个环节进行规范，确保了钻井液重复再利用制度化、程序化、规范化。

② 调整结算方式。重复再利用钻井液的收益方支付相关费用，充分调动作业队参与钻井液重复利用的积极性。

（2）搭建钻井液重复再利用平台。

① 建立钻井液转运站。钻井液技术服务公司在遂宁市、威远县和长宁县分别建立了储备能力2000m³、1000m³和2000m³的钻井液转运站，配备了一套完整的钻井液循环系统，专设了钻井液管理维护人员。转运站负责钻井液的回收、储备、性能维护及供井工作，建有钻井液性能台账、日常维护记录台账和各作业队回收供及台账。同时，转运站作为公司井控应急储备基地，随时应对钻井过程中出现的异常情况。

② 建立网络调剂平台。原来由于通信信息的不对称，道路交通的不便利，管理模式的冗长，常常迫使大量优质钻井液得不到及时调度、合理利用。得益于集约作业的交通便利和现代信息技术的发展，工厂化钻井模式可以建立高效的钻井液中转网络。

（3）钻井液回收利用方式。

① 同台井循环利用。作业队完井后将多余的钻井液进行回收、存放，在下一口井的施工中按照少量、多次的形式，逐渐将钻井液混入，在实现钻井液就地循环利用的同时，

也解决了同台井大循环池存放受限问题。

②转运站回收再供井。转运站对单井完井钻井液进行回收、储备，并加以日常维护，保证钻井液性能一直处于良好状态。井队有需求时，提前一天将回收、供井钻井液数量和性能报至调度室，调度室统一安排转运站进行配送，钻井液供井流程如图6-1-4所示，钻井液回收流程如图6-1-5所示。

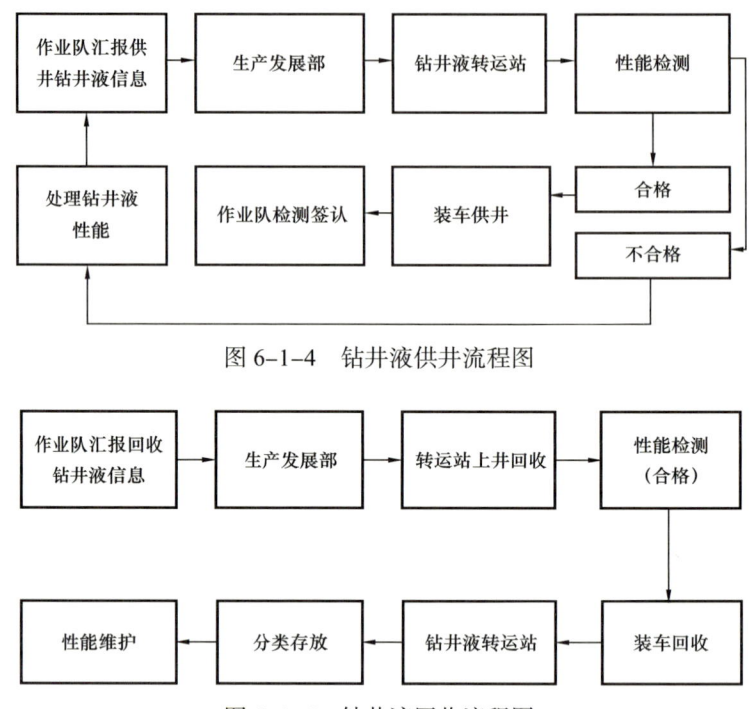

图6-1-4 钻井液供井流程图

图6-1-5 钻井液回收流程图

2）现场应用概况及效果

钻井液重复再利用技术在长宁—威远页岩气示范区现场应用80余口井，其中水基钻井液重复再利用技术现场应用20余口井，油基钻井液重复再利用技术现场应用近60口井，共计回收钻井液27268m³，大幅减少了废弃钻井液处理量，节约了钻井液配制成本，降低了环境污染的风险。钻井液重复利用率逐年提高，最终油基钻井液重复利用率为93%，水基钻井液重复利用率为82%（表6-1-4和表6-1-5，图6-1-6）。

表6-1-4 钻井液单井平均回收量和残余量　　　　　　　　　　　　　　　单位：m³

类别		2016年	2017年	2018年	2019年	2020年
水基钻井液	回收量	175	156	159	141	172
	残余量	58	44	40	33	38
油基钻井液	回收量	214	231	219	218	233
	残余量	71	65	55	51	51

表 6-1-5　钻井液回收量　　　　　　　　　　　　　　　　　　　　　　　　单位：m³

类别	2016 年	2017 年	2018 年	2019 年	2020 年	合计
水基钻井液	3856	4209	2857	706	688	12316
油基钻井液	2353	4611	4164	1959	1865	14952
合计	8225	10837	9039	4684	2553	27268

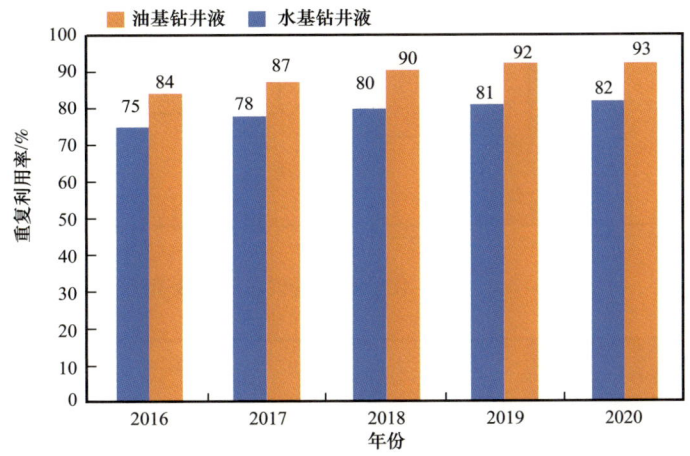

图 6-1-6　钻井液重复利用率直方图

第二节　工厂化压裂作业技术

以"区域集中供水、平台布局优化、拉链式作业"为核心的山地工厂化压裂模式已实现压裂标准化、作业流程化、拉链式作业，在威远—长宁页岩气示范区平均作业时效由 1.3 段 /12h 提升至 2.35 段 /12h，压裂整体"连续、高强度、提速"成果显著。

一、工厂化压裂作业关键技术

1. 模块化布置研究

工厂化压裂作业包括了多项作业的有机结合，通过模块化研究将不同功能区域模块化，有助于简化与细化地面设备和流程的布置：连续供液模块把合格的压裂水送至作业现场；连续供砂模块满足支撑剂供给；连续混配模块即时在线配置入井液体；连续泵注模块将改造液体和支撑剂泵入页岩储层；工具下入模块实现桥塞分层、多簇射孔；排液测试模块满足多口井同时排液、测试、生产；指挥控制模块集中收集、显示施工现场所有数据和信息，并作为现场指挥平台；后勤保障模块满足工厂化大型连续压裂所需的油料、设备维护、人员生活支撑、工业垃圾处置（图 6-2-1 和图 6-2-2）（李文阳等，2013；伍贤柱，2019）。

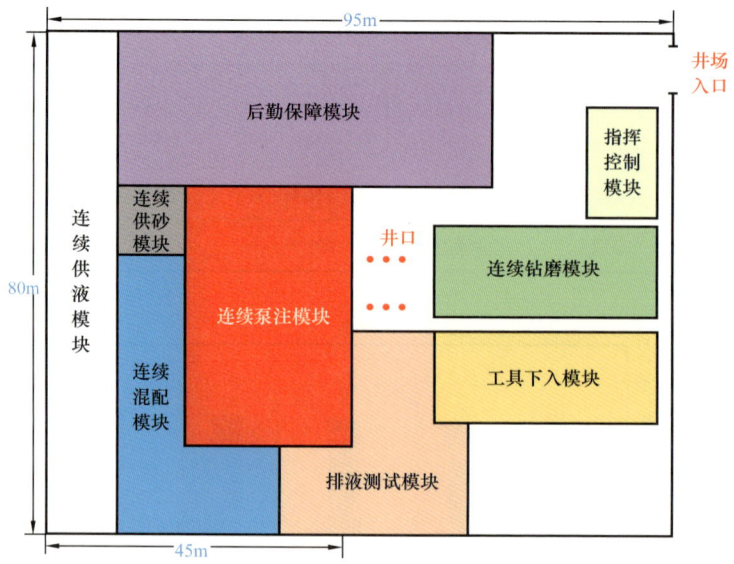

图 6-2-1　工厂化压裂井场模块化设备布置

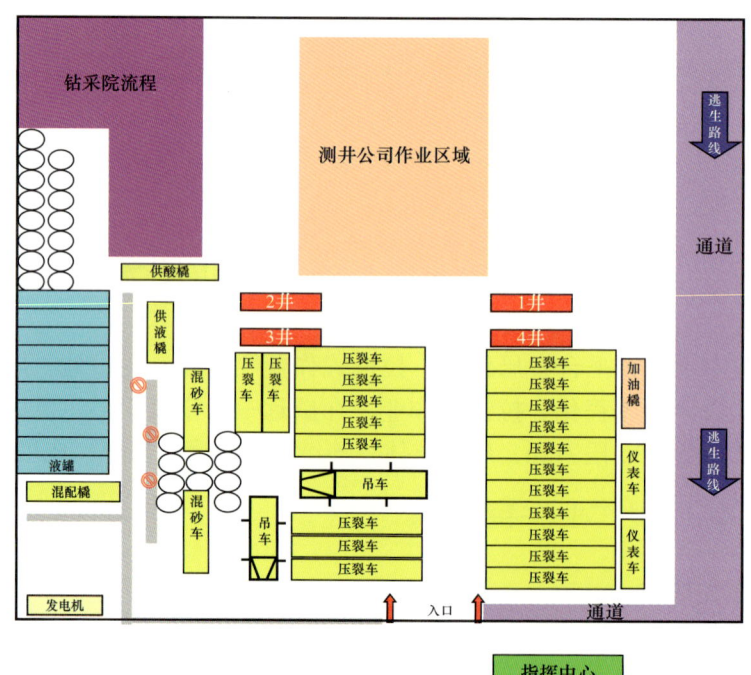

图 6-2-2　长宁 A 平台井场模块化设备布置

2. 压裂液连续混配技术

连续混配是将常规先配液、后施工的压裂工艺改为一种边配边注的连续式压裂施工工艺。所有的化学添加剂在压裂施工过程中实时加入，不但可以实现实时调整各种添加剂与液体配方，还可根据实际情况配制液体，减少添加剂浪费、环境污染等问题，并能够有效提高压裂施工效率。通过配套研究，研制出适用于速溶瓜尔胶压裂液与大排量注入的滑溜水连续混配装置与工艺，这种节约成本、清洁环保、提高效率的连续混配压裂技术使压裂施工组织发生了革命性的改变，成为非常规油气藏特别是页岩气藏增产改造施工的利器。大排量压裂液连续混配工艺具有以下技术优势：

（1）解决了井场过小的问题；
（2）压裂液性能可以根据现场施工情况及时进行调整，有利于压裂工艺的现场控制；
（3）压裂前不需要配液，减轻了劳动强度；
（4）缩短了作业周期，有利于储层保护；
（5）现场压裂液残液极少，不仅减少浪费、降低成本，更有利于环保。

连续混配流程包括连续供水系统、添加剂在线精确加入系统和工作液混合系统等3大部分。

根据四川地区非常规气藏工厂化压裂施工规模和特点，形成页岩气混合压裂液连续混配地面流程，现场使用9组重叠罐作为线性胶的过渡液罐（800m³），13座普通罐装滑溜水（670m³），2座清水罐，使用1组重叠罐和1座普通罐作为混配橇配液用添加剂罐，连续混配流程和供液流程两套流程独立运行，如图6-2-3所示。

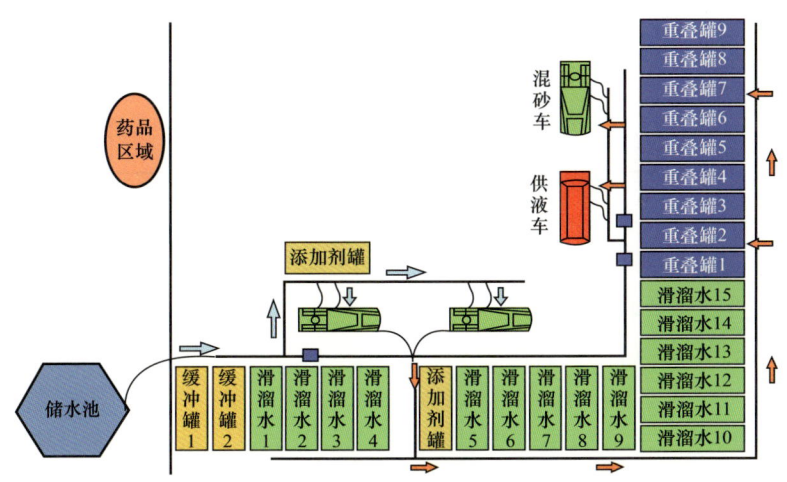

图6-2-3　页岩气混合压裂压裂液连续混配工艺现场流程

在威远—长宁页岩气示范区首次混合压裂连续混配现场试验，使用一台连续混配橇，压裂液连续混配现场施工排量达到12m³/min，如图6-2-4和图6-2-5所示。

3. 储水与供水技术

1）平台三级储水与供水模式

通过将河道水源抽到储水池储水，然后进入井场的过渡液罐，并在压裂过程中进行连续混配，能够在施工现场大大减少配置压裂液所需的大量人力、物力及现场所需的设备和罐群的数量，对川渝地区于大多数井场条件受到山地地形条件的限制，使用三级储水与供水模式具有很好的适用性（王莉等，2016）。

图 6-2-4　威远—长宁页岩气示范区压裂现场试验

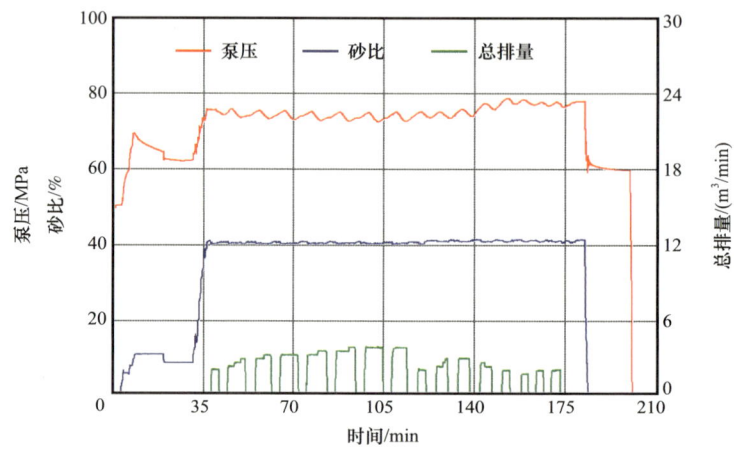

图 6-2-5　威远—长宁页岩气示范区压裂施工曲线

三级储水与供水模式特点：

（1）井场 + 近地水源有机结合。

（2）需配套大排量（7m³/min）、大扬程（20m）供水泵。

（3）近地水源丰富，可满足非常规气藏工厂化压裂大液量需求，确保多段压裂作业连续进行；适宜的水池可满足 5000~10000m³ 的液量需求，满足 2~5 段压裂。如图 6-2-6 所示。

2）W204 井区集中储水与供水

集中储供水的方式可实现节省投资、多种压裂方式、兼顾远景勘探开发部署等多个目的（何晋越等，2020），1 个平台 2 口井采用拉链式压裂，每天作业 4 段（单井作业 2 段），用水量 1800m³/（d·段），1 个平台最大用水量为 7200m³/d（1800m³/（d·段）×4 段 = 7200m³/d），考虑 2 个平台同时施工，最大用水量达到 14400m³/d；则要求主供水管线供水能力不低于 600m³/h（14400m³/d÷24h=600m³/h），分支管线供水能力不低于 300m³/h（7200m³/d÷24h=300m³/h）。1 个平台 6 口井，每口井压裂 18 段，压裂用水量累积达到 194400m³；按照压后 3 个月内返排率 30% 考虑，返排液量将达到 58320m³，则要求蓄水池总容量不能低于 60000m³。综合考虑平台井地理位置及施工进度安排，确定中心主蓄水池位置。每个平台考虑1个蓄水池，但蓄水池容积需要结合平台井数及施工进度、平台间距具体优化。根据中心主蓄水池位置确定取水点位置。供水配套工程尽量利用现有资源，尽量重复使用，同时兼顾后期试采（龙胜祥等，2016），如图6-2-7所示。

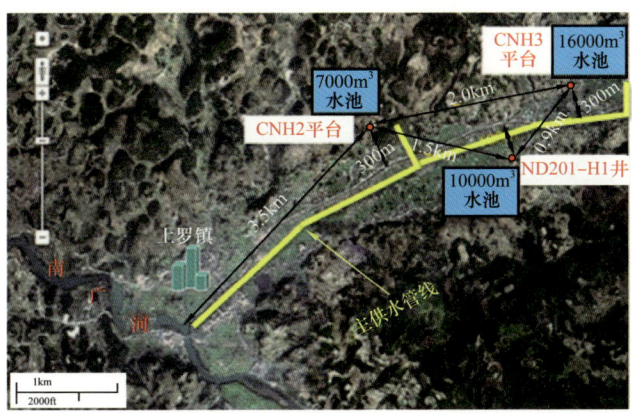

图6-2-6　CNH2平台和CNH3平台三级储供水示意图

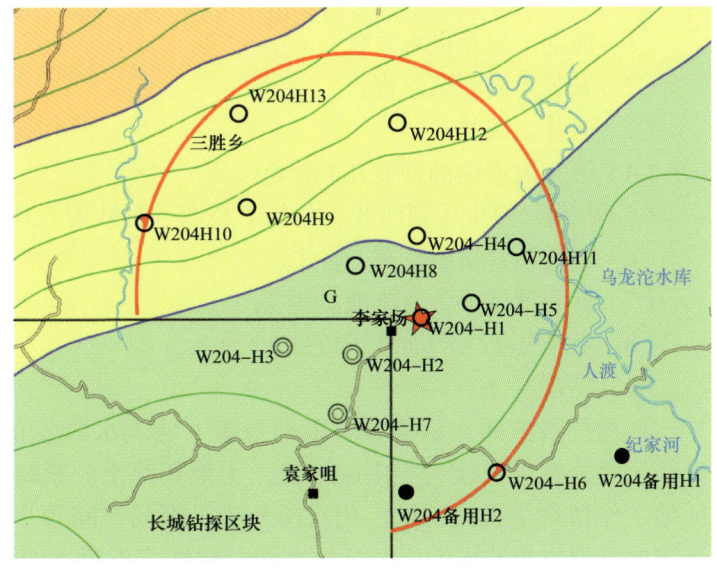

平台号	距中心水池直线距离/km	海拔/m
W204H1	0	374
W204H4	1.6	371
W204H5	1.1	357
W204H6	3.5	366
W204H8	1.7	352
W204H9	4.3	353
W204H10	6.1	382
W204H11	2.5	360
W204H12	3.9	342
W204H13	5.5	387

图6-2-7　W204井区集中供水示意图

二、工厂化压裂作业流程优化

1. 工厂化压裂标准化作业流程

针对页岩气丛式井组，工厂化压裂模式主要是拉链式压裂（或称交叉压裂）和同步式压裂两种。其机理是在两口或更多相邻井之间同时用多套车组进行分段多簇压裂，或者相邻井之间进行拉链式交替压裂，让页岩地层承受更高的压力，增强邻井间的应力干扰，从而产生更复杂的缝网，进而改变近井地带的应力场（李军龙等，2017），如图6-2-8所示。

- 287 -

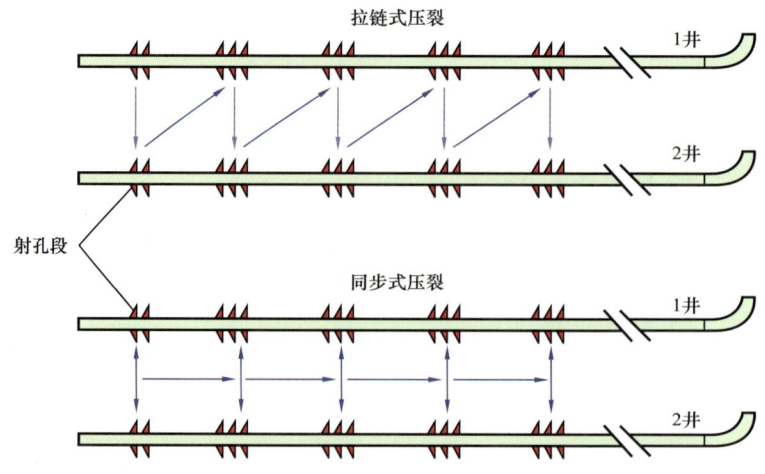

图 6-2-8　两种不同压裂模式示意图

根据目前川渝地区页岩气压裂工艺应用情况（刘乃震等，2018），结合前期现场试验经验总结，形成了一套非常规气藏工厂化压裂的标准化作业流程，如图 6-2-9 所示。主要包括以下通用步骤：

（1）前期工程及供水系统；
（2）安装地面测试流程；
（3）通井、洗井；
（4）第一段连续油管射孔/滑套；
（5）拉链/同步压裂作业（包括下桥塞、分簇射孔作业）；
（6）连续油管钻磨桥塞/通井；
（7）排液测试（含返排液处理）；
（8）不压井下生产油管（可选）；
（9）完井。

地理位置方面，示范区属山地地貌，地表水源分布不均，部分山区水资源情况差；所在区域处在人口较为集中的地段，土地资源十分紧缺，呈现出山地丘陵地域特征，给征地工作带来了很大困难，相对国外施工现场空间较小；作业时效方面，同步式压裂＞拉链式压裂＞单井压裂；经济性方面，拉链式压裂＞单井压裂＞同步式压裂。综合分析，目前拉链式压裂作业是适应于示范区工厂化压裂作业较优的模式。

根据前期工厂化压裂实践，以最大化提高设备及作业效率、压裂返排液回收利用、压裂—排采一体化及快速投产为目的，探索形成 3 套适应不同区块的工厂化压裂作业模式。

（1）"3+3" 模式：以快速建产和提高效率为首要目标，采用 "上半支 3 口井拉链式压裂＋下半支 3 口井拉链式压裂" 模式，以最大程度地加快井的投产周期，单井遇到复杂情况不会过大影响平台整体作业效率。

（2）"3+2+1" 模式：优化压裂模式，合理规划压裂进度，形成 "3 口井拉链式压裂＋2 口井拉链式压裂＋1 口井单独压裂" 等作业模式（"3+3"、"2+2+2"），以最大程度地实现返排液的重复利用。

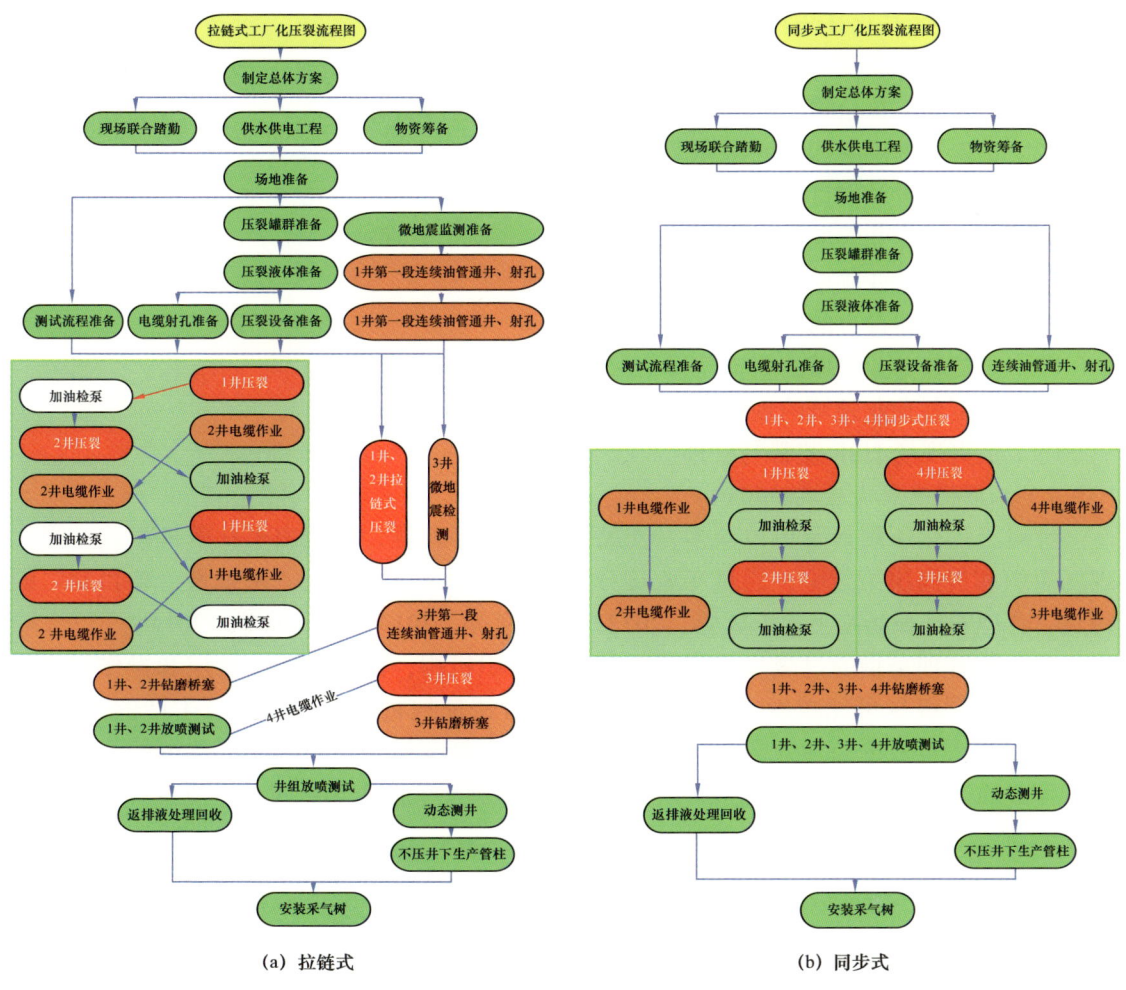

图 6-2-9 压裂作业流程图

（3）"2+1"模式：用 1 口井开展井下微地震监测，采用"2 口井拉链式压裂 +1 口井单独压裂"的模式（平台有直井做监测井则 3 口井拉链），基于微地震监测对压裂施工进行指导优化。

2. 工厂化组织管理

页岩气平台的生产组织管理是工厂化压裂实施成功与否的关键，也是工厂化压裂作业的核心（谢军，2018；曾凌翔等，2020）。工厂化作业就是利用管理学优化方法对整个压裂过程进行最优化处理的结果。

鉴于工厂化压裂过程的压裂、射孔、测试和井下微地震等作业涉及多个施工单位、多个专业，同时该项施工组织模式并无可以借鉴的经验，通过与相关单位联合成立页岩气工厂化试油压裂施工领导小组，建立合作与联动机制，共同完成组织领导、人员安排、设备调派、生产运行和现场监管等多方面工作。达到不同工序、不同岗位各司其职、分工协作，保证了页岩气工厂化压裂作业高效、有序进行。

1）页岩气工厂化试油压裂领导小组

该小组的主要职责如下：

（1）负责与钻探公司一道与油田公司签订总承包合同；

（2）负责与提供射孔、测试和微地震服务的单位之间协调工作；

（3）负责按设计制订施工方案并组织实施；

（4）负责各专业领域的生产组织、装备配套、队伍管理；

（5）负责各专业领域的作业成本与质量控制；

（6）负责与建设方的协调、沟通；

（7）负责各专业领域的物资器材的保障，设施设备维护保养；

（8）负责各专业领域的现场驻井把关；

（9）负责现场 HSE 监督与管理。

2）工厂化压裂项目实施组织

针对工厂化压裂涉及单位众多，交叉作业频繁等问题，采用扁平化管理模式，强化现场组织和提高决策效率，通过专业化分工与协作相结合，突出"系统性、项目制"的特点，合理安排现场施工（李鹮等，2013；葛洪魁等，2013；张金成等，2014）。

扁平化管理是指通过减少管理层次、压缩组织机构，使项目的决策层和操作层之间的中间管理层级尽可能减少，以便使项目管理者快速地将决策权延伸至生产的最前线，从而为提高决策效率而建立起来的富有弹性的新型管理模式。它摒弃了传统的金字塔状管理模式的诸多难以解决的问题和矛盾。工厂化压裂作业施工组织见表 6-2-1。

表 6-2-1　工厂化压裂作业施工组织表

工作内容	作业单位/专业
试前及供水系统的准备	井下作业公司、钻探公司、试油测试公司
地面流程的准备	试油测试公司
连续油管通、洗井	井下作业公司、试油测试公司
连续油管第一段（第一簇）射孔/滑套	井下作业公司、试油测试公司、测井公司
DFIT 小型压裂测试（可选）	井下作业公司、试油测试公司
第一段补孔	井下作业公司、试油测试公司、测井公司
压裂施工	井下作业公司
井下微地震	物探公司
射孔桥塞联作（电缆作业）	井下作业公司、试油测试公司、测井公司
连续油管钻磨桥塞	井下作业公司、试油测试公司
排液测试	试油测试公司
不压井下生产管柱（可选）	试油测试公司
动态测井（可选）	试油测试公司、测井公司

3. 工厂化压裂作业标准规范

1）完井前准备

（1）完井道路、场地准备。

① 井场道路应至少满足长度 13m、宽度 3m、高度 4.7m、质量 55t、转弯半径 19m 车辆通行需求。

② 井场可使用面积应满足压裂作业占地需求，拉链式压裂作业要求最小可使用尺寸为（长×宽）95m×80m，同步式压裂作业要求最小可使用尺寸为（长度×宽度）120m×80m，其中压裂设备摆放一侧长度不低于 45m。

③ 井场需填平、夯实，井场内地面应避免出现高度超过 10cm 的垂直台阶，井场地面承重要求不低于 0.2MPa。

④ 前后井场有宽度不小于 3.5m 的主安全通道，安全通道应标有逃生方向。

⑤ 主安全通道不得有影响车辆通行的管、线路，其中有一处满足 12m 长车辆掉头。

⑥ 压裂施工现场各作业区域到主安全通道应设置宽度不小于 1m 的安全通道。

⑦ 安全通道应标有方向指示。

⑧ 各作业方临时用电线路应有保护措施，电源线不得漏电，线路、控制开关标志清楚。

⑨ 井场生产用房、值班房等不能安置在易塌方区域。

（2）井口、井筒准备。

① 井筒完成洗井、通井、刮管、试压、分簇射孔及电缆下桥塞作业，并符合标准 SY/T 5587.3—2013《常规修井作业规程 第 3 部分：油气井压井、替喷、诱喷》要求；

② 井口完成油管头和总阀门的安装，井口型号满足下步作业要求。

（3）供水系统准备。

① 蓄水池及供水管网等供水系统建设应按区块钻井平台布局统筹考虑。

② 水源要求：

a. 分河流、湖泊、自来水、地下水、返排液；

b. 水质符合页岩气藏储层改造施工要求；

c. 供水能力需满足施工需要。

③ 蓄水池要求：

a. 容量至少能满足 2 段施工要求；

b. 靠转水泵一侧池底建沉水槽，沉水槽低于蓄水池底面 0.5m 以上；

c. 蓄水池经防渗漏和防垮塌处理；

d. 井场内根据施工规模、井场布局适当布置过渡罐。

④ 供水要求：

a. 水源到蓄水池供水设备能力至少按照压裂施工最大泵注排量的 100% 配备；

b. 供入井场供水设备能力至少按照压裂施工最大泵注排量的 200% 配备。

⑤ 供电应保证压裂连续施工要求。

2）压裂

（1）压裂设计。

① 压裂设计应采用体积压裂设计方法，以形成复杂缝网，获得最大压裂改造体积为原则。

② 施工工艺宜采用分簇射孔加桥塞联作分段压裂工艺。

③ 根据储层情况优化段长、簇间距，推荐段长60～100m，簇间距10～30m。射孔层段应避开造斜段，水平段最后一簇射孔顶界距离A点不应小于50m。

④ 压裂液选择应充分考虑储层岩性，可回收重复使用，采用连续混配工艺。

⑤ 支撑剂（石英砂、陶粒）粒径推荐采用40/70目和70/140目小粒径。

（2）压裂前准备。

① 压裂作业现场宜划分压裂作业、电缆作业、放喷测试、物料堆放、加油、应急处置和指挥中心等区域。

② 压裂泵注设备水马力至少按照施工要求的120%配备。

③ 支撑剂储备装置容量应至少满足2段施工使用量。

④ 压裂液连续混配设备作业能力应至少满足施工泵注排量120%。

⑤ 低压供液流程不与压裂流程交叉连接，试压不刺不漏。

⑥ 高压流程按要求试压，稳压15min。

⑦ 压裂配套设备作业能力保证24h连续作业不间断。

（3）压裂施工。

① 压裂泵注以段塞加砂为主，保证连续注入。

② 压裂过程中采用滑溜水加砂泵注排量推荐大于6m^3/min，采用胶液加砂泵注排量推荐大于4m^3/min。

③ 压裂过程中根据压力变化或微地震监测情况适时调整泵注程序。

④ 压裂过程中实时监测邻井井口压力。

⑤ 每段施工结束后，安排作业人员检查压裂设备及油料补充，确保设备完好。

⑥ 每段施工结束后，安排专业人员进行支撑剂的补充。

（4）同时作业。

① 页岩气工厂化压裂施工过程中，多井同时作业时应加强监督与管理。

② 压裂与射孔同时作业时，一口井射孔工具下入井内100m测试正常后，另一口井方可开泵压裂。泵送射孔枪过程中如发现泵注压力或电缆张力发生异常波动，需确认本井未受压裂影响后方可继续同时作业，如难以判断则应停止压裂。两作业主要区域距离大于10m。

③ 压裂与钻塞同时作业时，一口井连续油管钻磨工具下入井内正常后，另一口井方可开泵压裂。钻塞过程中如发现井口压力发生异常波动，需确认本井未受压裂影响后方可继续同时作业。

④ 压裂与放喷（生产）同时作业时，放喷口24h有人值守，如遇放喷排量大幅突增突降则需确认压裂、放喷无干扰后可继续同时作业。

⑤ 两口井同步压裂时，如一口井砂堵，另一口井应立即停止加砂转入顶替，顶替完后停泵关井，砂堵井转入处理砂堵。

3）井控要求

井口防喷器宜采用"环形防喷器＋双闸板防喷器＋钻井单四通"的组合，单四通可按上四通位置安装。

（1）井控装置的安装、试压、使用和管理要求。

① 防喷管线可采用不低于防喷器压力等级的高压耐火软管连接，软管应使用保险绳或安全链，长度超过7m时应固定。

② 节流管汇端的放喷管线按规定接好，相关的配件备用于井场。

③ 液压平板阀的控制箱应安放在距井口25m以远的合适位置。

④ 燃烧池距离井口50m以外。

⑤ 所有施工人员不得脱岗、睡岗。

（2）其他要求。

其他各工序作业执行集团公司相应井控规定。

4）安全管理

（1）同时作业主体方履行属地管理职责，其他各方与主体方签订安全协议，履行相应职责。作业主体变化时，应做相应变更。

（2）同时作业前，相关方应进行风险分析、预案制订和技术交底。

（3）同时作业时，当一方对另一方可能存在伤害作业时，应提前告知。

（4）施工现场应预留足够的安全通道以便紧急情况下撤离。

（5）施工现场各区域主要部分应警示、隔离。物料堆放区需做防渗、防潮处理。

（6）施工过程中从井内排出的液体需进罐回收或进入返排池。

（7）遇6级以上大风、能见度小于井口作业装置高度的浓雾、暴雨雷电等恶劣天气，应停止相应施工。

三、工厂化压裂配套装备及技术

1. 工厂化压裂配套装备

1）压裂施工设备配套

（1）压裂车。压裂施工的主要泵注设备是根据设计水马力来进行设备配备，而施工水马力主要取决于施工排量和泵注压力。

（2）混砂车。在使用连续混配技术的工厂化压裂施工中实时配置压裂液和加入支撑剂，并为压裂车供液。通过对工厂化压裂地面高压流程的优化，拉链式压裂施工中通常采用1~2台混砂车加上1台供液车（大排量供水泵）的模式。

（3）仪表车。仪表车用于实时监测、记录现场施工数据。在工厂化压裂施工中，为了确保实时数据记录完整和同时显示，特别开发了页岩气工厂化压裂指挥中心，该中心能够在集成多口井压裂施工数据、微地震监测数据的同时实时显示。

2）井口配套优化

为保证长时间、大排量加砂作业井控安全，满足页岩改造大排量（10.0m³/min 以上）安全施工，在井口需要有多个注入通道，为此，设计加工了尺寸 $7\frac{1}{16}$in、承压 15000psi 的压裂专用特殊六通，满足了压裂作业大排量的注入需求，有效减小了井口节流影响，实现了在作业后不换装井口条件下直接排液生产，如图 6-2-10 和图 6-2-11 所示。

图 6-2-10　工厂化压裂多井井口连接装置　　　　图 6-2-11　井口操作平台

3）连续输砂装置

将运砂车开到遮雨棚覆盖范围内；货车司机将砂袋挂到吊装置的吊钩上，顺便安装好解袋器；在遥控器上按下"一键定位"功能键；"自动吊装装置"将砂袋自动定位到皮带输砂机的喂料斗上方，然后手动下降，自动解袋，给输送带喂料；喂料结束后，操作人员手动将吊钩收回到货车车厢合适位置，继续吊装工作；砂罐内安装有高位和低位物位传感器，一旦检测到则高位传感器报警，则操作人员可以通过遥控器将皮带输砂机运行到下一个下料口位置，继续输砂。砂罐底部的下料口闸板通过电动缸实现开关，可以由操作人员站在混砂车上通过遥控器操控。自动输砂装置如图 6-2-12 所示。

图 6-2-12　自动输砂装置

在 W202H13 平台和 W202H16 平台对连续输砂装置进行现场试验。在 W202H13 平台 5 井和 6 井完成压裂 51 段，输砂 5500t，平均卸砂速度为 1t/min，较常规吊砂方式的

0.8t/min 效率提高 25%。

4）电动压裂泵

电动压裂泵组由变电站、中压变频房（含变频系统和 PLC 控制系统）和电动压裂泵组成。电动压裂泵又由动力端总成（含机架总成、曲轴总成、小齿轮及交流变频电动机和十字头总成）和液力端总成组成。电动压裂泵结构如图 6-2-13 所示。

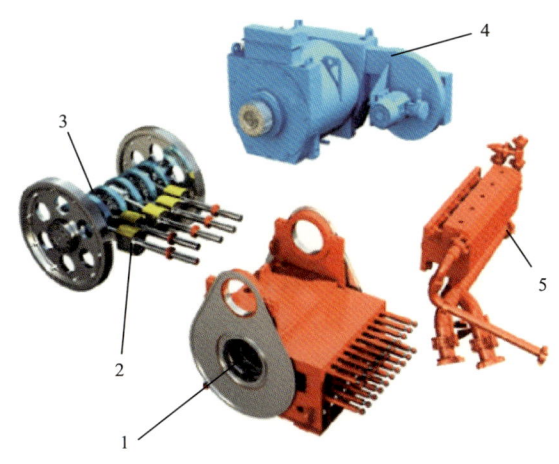

图 6-2-13　电动压裂泵结构
1—机架总成；2—十字头总成；3—曲轴总成；4—小齿轮及交流变频电动机；5—液力端总成

电动压裂泵的应用可减少设备和场地占用，提高了压裂的安全性，降低了施工能耗费用，减小了施工噪声，减少了现场尾气排放，但在山地或外围区块应用受到电网限制。

2. 工厂化压裂配套技术

连续油管钻磨、铣作业，包括复合桥塞钻磨，每钻磨 2~3 个桥塞就需要上提工具串至造斜段以上，通过高黏度瓜尔胶液循环返排钻屑，以防止卡钻事故发生。反复的上提下放工具串至造斜段以上，需要花费大量时间和液体，约占目前钻磨作业时间的 25%~30%，液体消耗量约占 30%。通过对磨铣工具、液体、工艺方面改进优化，钻磨过程中无需短程起下上提至直井段，返屑效果好，一趟钻钻完所有桥塞。

3. 现场应用

以 A 井为例，通常压裂施工主要设备有压裂车、混砂车、仪表车、管汇车、供液橇、测井电缆车、连续油管配套设备等（表 6-2-2）。

表 6-2-2　A 井压裂施工主要设备汇总表

设备	数量	设备	数量
2500 型压裂车 / 电动压裂泵	14 台	混砂车	1 台
仪表车	2 台	管汇车	2 台
700 型压裂车	1 台	供液橇	2 台

续表

设备	数量	设备	数量
连续油管主车	1台	连续油管辅车	1台
测井电缆车	1/2台	多井井口连接装置	1套
微地震监测车	1台	吊车	3台
105MPa多路进液装置	4套	连续输砂装置	1台
ϕ180mm–105MPa手动平板闸	8个	返排液罐	42具
ϕ180mm–105MPa液动平板阀	4个	液罐	10具

第三节 工厂化测试作业技术

"流程模块化、设备橇装化、压裂测试一体化"为核心的山地工厂化测试流程的平均安装周期由14.3天降低至7.5天，未发生因地面流程故障导致排液中断事件，实现页岩气勘探开发中的安全、高效、连续的排液测试，能够压裂、返排测试、试采一体化，有力支撑了川渝页岩气产能建设，为页岩气工厂化开发提供了重要技术保障。

页岩气开发中的测试作业"工厂化"概念是美国在移植大生产的理念基础上，为提高试油测试效率，降低成本而产生的一种作业模式（胡文瑞，2013；李军龙等，2017；韩烈祥等，2016）。工厂化压裂施工后的测试技术是石油勘探开发的一个重要组成部分，是认识页岩气区块，验证地震、测井和录井等资料准确性的最直接、有效的手段。通过地面测试可以得到油气层的压力和温度等动态数据。同时，可以计量出产层的气、水产量；测取流体黏度、成分等各项资料；了解油层和气层的产能及采气指数等数据；为气田开发方案设计提供可靠的依据。工厂化测试作业具有以下特点：

（1）平台井批量测试，共享机械设备和措施。

（2）各项工艺无缝连接，交叉作业，减少怠工时间，降低成本。

（3）邻井之间与压裂作业相互配合，进行同平台不同井的压裂、排液测试一体化作业。

一、页岩气压后丛式井组返排地面工艺流程设计与优化

常规地面测试作业，通常是一口井配一套地面流程设备，以完成井筒流体降压、保温、分离、清洁和计量测试等作业。但是，在进行工厂化地面测试作业时，将面临如下难题：

（1）由于非常规气藏特殊的井下作业及储层改造措施，地面流程还需要具备捕屑、除砂、连续排液等更多的功能，所需地面流程设备较常规地面流程更多（潘登等，2018）；

（2）若仍然按照一口井配一套流程作业，不仅该丛式井场没有足够的空间摆放地面

设备，同时也大大增加作业成本，降低了工厂化地面测试作业的开发效率；

（3）丛式井组的完井试油作业往往涉及多工序同时交叉作业，怎样确保地面测试作业的安全顺利进行成为难题。

因此，工厂化地面测试作业流程设计，总体原则就是以模块化地面测试技术为依据，减少地面流程的使用套数（曾凌翔等，2020；贺秋云，2017）。同时，能够满足多口井不同工况作业的同时进行。目前，大多数页岩气平台普遍为6口井，现在将工厂化地面测试流程大致划分为井口并联模块、捕屑除砂模块、降压分流模块和分离计量模块，提出了利用多流程井口并联模块化布局，以解决整个页岩气平台的地面测试需求。具体地面井口流程如图6-3-1所示，该流程可同时满足6口井分别进行加砂压裂、钻塞洗井、返排测试等不同工况的作业。

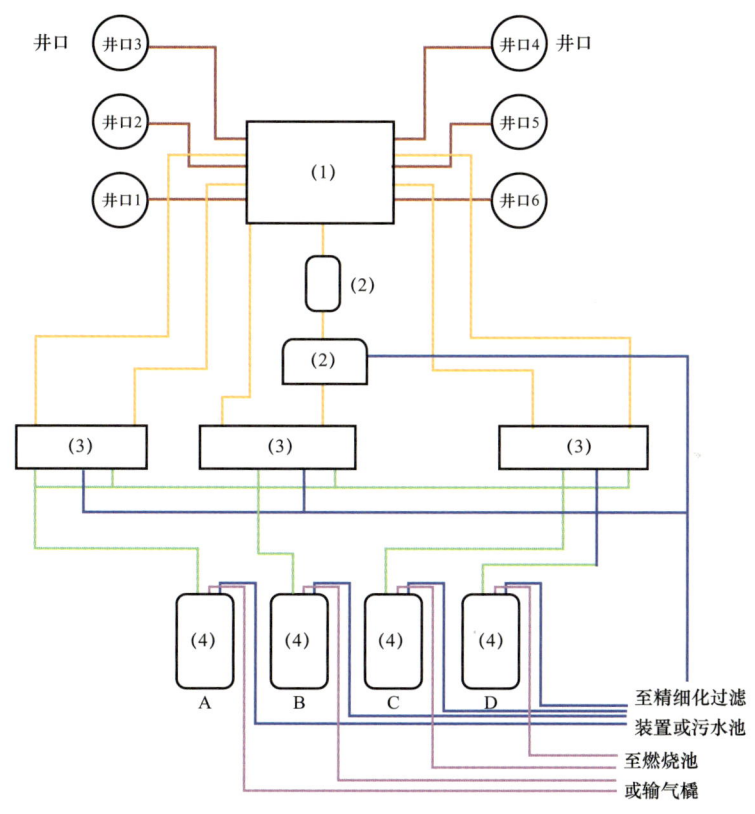

图6-3-1　工厂化地面测试流程示意图
（1）井口并联模块；（2）捕屑除砂模块；（3）降压分流模块；（4）分离计量模块

具体设计时，将原来每口井需要使用一套地面测试流程的设计，合并为6口井同时使用4套地面测试流程（图6-3-1），精简了地面测试计量流程设备。其流程设计主要特点为：

（1）井口并联模块是采用多个65-105型闸阀组成的管汇组直接与平台上各井口连接，现场能够满足平台上各井能同时开井且井间不窜压、任意井单独压裂砂堵后解堵、任意井单独钻磨捕屑、任意井单独高压除砂。

- 297 -

（2）捕屑除砂模块是采用1套捕塞器+1套除砂器串联后，直接与井口并联模块相连，由井口并联模块倒换接入需要捕屑除砂的单井。若地层出砂量大，可以考虑增加1套除砂器。

（3）降压分流模块是采用3个油嘴管汇橇并联组成，与井口并联模块之间采用65-105型法兰管线连接，以满足6口井不同工况下的作业。

从图6-3-1可知，整个流程简明清晰，一目了然，功能齐全，而且便于操作。可以实现同井组不同井的不同作业不受干扰。每口井都能实现单独的地面测试作业，若要合并作业，流程同样能够实现。应用模块化地面测试技术，通过不同功能模块的划分，实现了对整套地面流程设备的充分利用，满足了工厂化压裂改造的同时进行地面测试作业的需要，以较少的测试设备（仅4套）完成对全井组的连续作业，很好地体现了页岩气等非常规气藏工厂化、批量作业的新需求。

与此同时，利用本套设计流程作业时，流体基本走向如图6-3-2所示。当流体经过捕屑器后，捕获返出的桥塞碎屑等大颗粒固相，实现初步清洁（曾小军等，2016）；初步清洁后的流体再经过旋流除砂器离心分离清除陶粒和石英砂等主要固相；再次清洁后的流体节流降压后进入分离计量模块进行分离计量，气体直接进入输气管网，而液体则进入排液池。

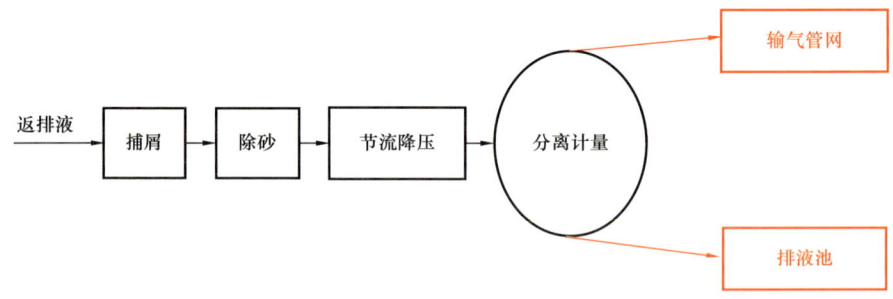

图6-3-2　井筒流体基本走向

二、工厂化压裂后测试地面配套装备

工厂化压裂后测试地面配套装备是地面工艺流程的核心，为了满足页岩气工厂化试油测试需求，经过10余年的不断探索与创新，形成了页岩气工厂化试油测试配套装备（刘飞等，2016；庞龙晓等，2019），实现了页岩气的工厂化地面测试。

1. 105MPa 捕屑器

105MPa捕屑器主要用于页岩气钻桥塞或水泥塞作业中担任捕屑角色，安装在流程最前端，从井筒返出的携砂流体，首先进入滤筒内部，通过内置滤筒拦截钻塞过程中井筒流体带出的桥塞等碎屑，经滤筒过滤后的流体再从侧面流出，碎屑被滤筒挡在其内部，从而实现碎屑和流体的分离，避免桥塞碎屑等固体颗粒大量进入下游，能有效地防止流程油嘴被堵塞或节流阀被刺坏，保障作业过程中流程设备和管线的安全，保证作业的连续性，如图6-3-3所示。

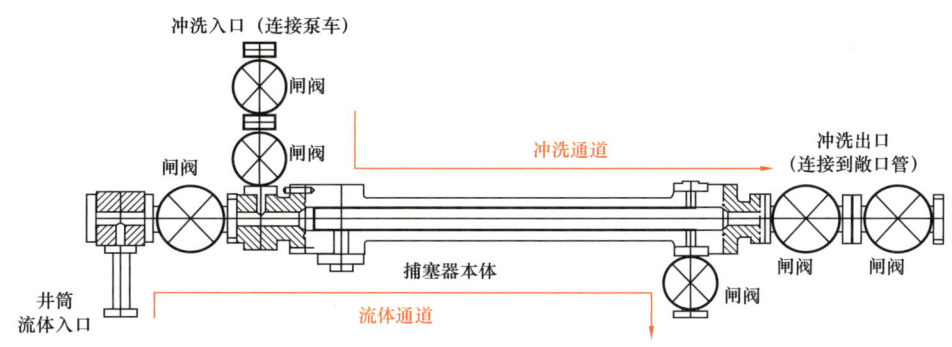

图 6-3-3 捕屑器设计图

2. 105MPa 旋流除砂器

旋流除砂器是一种配合地面测试使用的设备，适用于压裂后洗井排沙和出砂地层的测试或生产。除砂器能安全地除掉大型压裂的压裂砂，过滤并计量地层出砂量，有效地减少对下游地面设备的损坏。105MPa 旋流除砂器是通过在超高压除砂罐内设置旋流筒，将井流切向引入旋流筒内，产生组合螺线涡运动，利用井流各相介质密度差，在离心力作用下实现分离（谢奎等，2019）。旋流除砂器设有超高压集砂罐，在集砂罐上设置了自动排砂系统，利用除砂器砂筒内部压力可将罐内积砂快速排出，可实现密闭排放。如图 6-3-4 所示。

图 6-3-4 105MPa 旋流除砂器设备结构图

3. 节流—加热—分离计量一体化装置

井筒产出流体经上游管汇进入节流保温分离计量一体化装置节流控压单元，高压油气流经节流控压元件的可调节流阀或固定节流阀节流降压后，流体进入一体化装置加热保温单元，流体在该单元的盘管中绕行时，与盘管和加热保温单元外壳体之间充斥的高温水蒸气产生热量交换,从而使节流降压后的流体温度升高,加热后的流体经加热保温单元出口管路进入气液分离元件内部,采用旋流、折射与重力沉降的方式分离,固体沉降至容器底部,液体下沉至容器的下部,气体从液体中逸出并上升,夹带大量液滴的气体通过罐体内部聚结板进一步分离气液分离后,再经过消泡器和除吸雾器净化,净化后的气体从气路出口排出,经气路出口管汇上的气体流量计计量,并通过气控系统来控制气体排放量;罐体内部的分离元件聚集液体从气液分离液出口排出,经液路出口管汇上的液体流量计计量,并通过气控系统来控制液体排放量。气液分离元件底部沉降的固体颗粒在罐体内部压力的作用下同时经排砂出口管路排放,如图6-3-5所示。

图6-3-5 高压油气流节流保温分离计量一体化装备结构简图

4. 探砂仪

探砂仪设备基于"超声波智能传感器"技术。这种传感器安装在第一根弯头后面,返排流体中的固相颗粒碰击管壁的内壁,产生一种超声波脉冲信号。超声波信号通过管壁传输,并由声敏传感器接收。探头被调节或校验到在频率范围内提取声音后,将它传给计算机之前的智能部分(探砂仪主机)做电子处理。再将处理后的信号传给计算机,通过探砂仪计算软件计算出地面流程流体中固相颗粒的含量,并显示出砂曲线。探砂仪组成如图6-3-6所示。

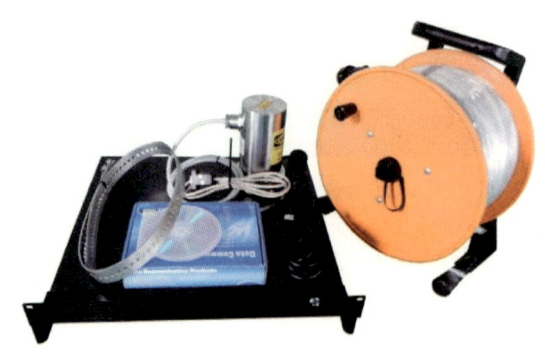

图6-3-6 探砂仪组成示意图

第七章　页岩气高效清洁开采技术

我国页岩气资源潜力巨大，要实现高效清洁开发，面临地下水及地表水环境压力、开采过程及压裂作业的废物处置、水资源消耗等多方面的环境影响和风险。通过川渝地区长宁—威远国家级页岩气产业示范区的清洁生产实践，开展页岩气勘探开发过程污染控制与地下水水质跟踪评价，经济有效地控制环境风险，研发钻井废液及固体废物处理技术、压裂返排液达标外排处理技术，对页岩气钻井、压裂和采气作业废物进行高效清洁处理处置，并通过完善的页岩气地面建设标准化设计体系与页岩气田数据应用技术及模式的建立，为页岩气安全、清洁、科学、合理、高效开采奠定基础。

第一节　废物清洁处理技术

一、水基岩屑处理技术

页岩气开发钻井会产生大量水基岩屑。水基岩屑性质除与井下地质岩石性质相关外，主要决定因素为钻井液添加剂的使用。一口井，浅井段所加钻井液添加剂种类与数量较少，产生的污染物种类较少，污染物浓度较低；随井深增加，地质构造趋于复杂，对钻井液性能要求增高，所加钻井液添加剂种类与数量增多，产生的污染物组成更复杂、污染物浓度更高。

水基岩屑处理技术针对水基岩屑固相含量高、黏附性强、色度高、组分复杂、有机物含量高、呈碱性、有害重金属含量低、油含量低等特点，通过不落地随钻收集、减量、资源化利用制免烧砖技术，使水基岩屑得到妥善处置，以降低或消除可能存在的环境污染风险。

1. 水基岩屑随钻收集处理技术

1）水基岩屑随钻收集传输技术

（1）技术背景。

① 构建一定深度和宽度，并有一定坡度的土建条石砖砌沟渠进行输送。此方式适合于固废的完井一次性处置或阶段式处置，即把固废输送到由土建条石或砖砌、水泥砂浆勾缝而成的土建固废储存池，完井或装满时进行资源化处置。此方式注意：一是沟渠输送沟坡度一定要能使固废自动流动且不易沉积在沟中；二是防止沟渠渗漏；三是沟渠边墙要高于地平面，防雨水进入沟渠。

② 通过半月钢或铁槽板输送。此方式适用于固废的完井一次性处置或阶段式处置，也适用于钻井固废的随钻处置和资源化利用。半月钢或铁槽可有电泵驱动，也可不用电泵驱动，靠进出高差直接流入固废收集斗或固废储存池中。

③螺杆输送装置进行输送。通过螺杆输送装置把固废输送至收集斗中，此方式适合于钻井固废的随钻处置和资源化利用。螺杆输送装置分为有轴和无轴两种，有轴稳定性好，但固废易累积，无轴携带能力更强，综合相对而言，无轴螺旋更优。根据现场装置摆放需求，传输装置低进高出，逐级提升，电动机置于高端，防流水对电动机造成侵蚀，以有效保证设备的良好运行。

④通过特殊泵进行转移传输。特殊泵主要有螺杆泵、渣浆泵、空压泵、活塞泵等，用这些泵直接汲排转输（陈立荣，2018）。

（2）研究进展。

通过对岩屑初始参数、稳定进料工艺、连续输送技术和安全保障措施等进行分析研究，优选采用钻井泵进行钻井水基岩屑的收集及传输，形成了水基岩屑随钻收集传输技术，并确定了装置关键工艺参数，见表7-1-1。

表7-1-1 水基岩屑收集传输装置相关参数

参数名称	数
输送量/（m³/h）	40～50
总功率/kW	50
尺寸（长度×宽度×高度）/（mm×mm×mm）	3500×1700×1500

设备总功率为50kW，其中备用功率为22kW；外形尺寸为3500mm×1700mm×1500mm；排量为40～50m³/h、管径尺寸为4in、总质量为1200kg。电器控制采用手动开关直接硬连接启动方式，所有电器元件均采用防爆设备。清管采用Φ110清管球气动清管。在管线两头设置清管工装。

水基岩屑随钻收集传输装置系统结构图如图7-1-1所示，装置实物如图7-1-2所示。

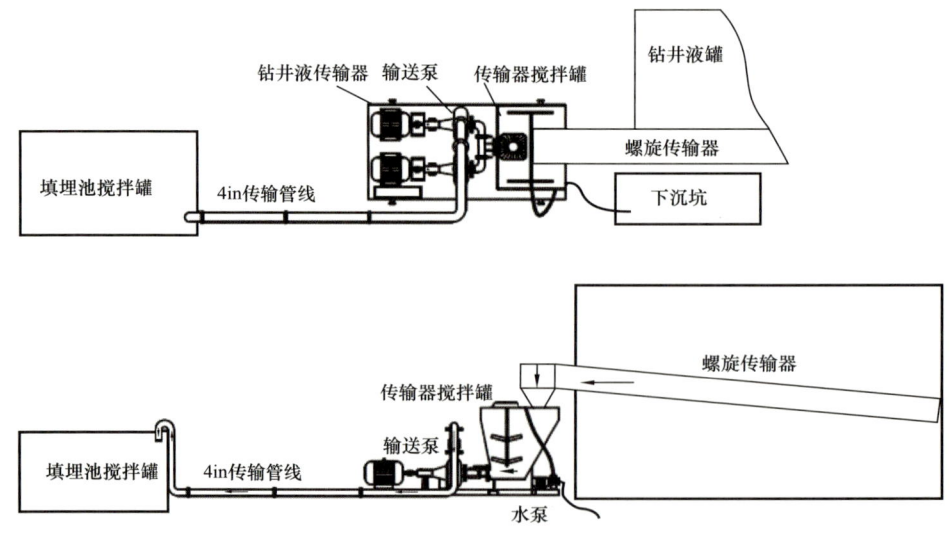

图7-1-1 水基岩屑收集传输装置系统结构图

图 7-1-2　水基岩屑随钻收集传输装置

2）水基岩屑减量化处理技术

（1）技术背景。

① 振动筛：通过高频率振动，使钻屑黏附着的水或钻井液分离，达到固液分离和固废减量的目的。此技术装备适合有一定粒径固相的固液分离，如钻屑的固液分离。

② 离心机：通过产生强大的离心力，克服水基岩屑的重力，将不同沉降系数和浮力密度的物质分离开，达到固液分离的效果。

③ 压滤机：水基岩屑通过添加絮凝药剂，经充分混合并达到破乳固液初分离的效果，再送入压滤机，经过破乳的水基岩屑随着压力的增加，被进一步挤压脱水，达到固液分离的效果。

（2）研究进展。

通过对各技术特点、水基岩屑性质进行分析研究，考虑后续的资源化利用，优选采用振动筛和离心机联合处理，形成了水基岩屑减量化处理技术，设计形成了振动筛、离心机减量处理一体化装备。

该装备分二级固相控制净化过程：第一级由 GNZS594EH–LDE 振动筛进行筛分；第二级由 GNLW363C–VFD 离心机和 2 台 GNG20A–055 螺杆泵（一备一用）组成。其主要工作原理为：钻井废弃物通过系统外部传输装置转入干燥筛，经干燥筛处理后，较大的固体颗粒直接排出系统外，剩余较小颗粒随液相进入钻井液处理罐，经螺杆泵提供动力供给 GNLW363C–VFD 离心机进一步处理，从而达到减量化的目的。同时在钻井液处理罐内安装 2 台 GNJBQ055D 搅拌器促进钻井液搅拌混合，以防泥浆固相颗粒在其罐式循环系统中沉积，保证循环钻井液混合均匀且性能稳定。

水基岩屑减量化处理装置系统结构如图 7-1-3 所示，装置实物如图 7-1-4 所示。

该装置基本性能如下：

① 本装置有两个仓，一个是沉沙仓，另一个是钻井液处理后的储存仓；

② 设计处理量 45m³/h，额定处理量 40m³/h，适应环境/湿度为 –20～+40℃/60%～97%；

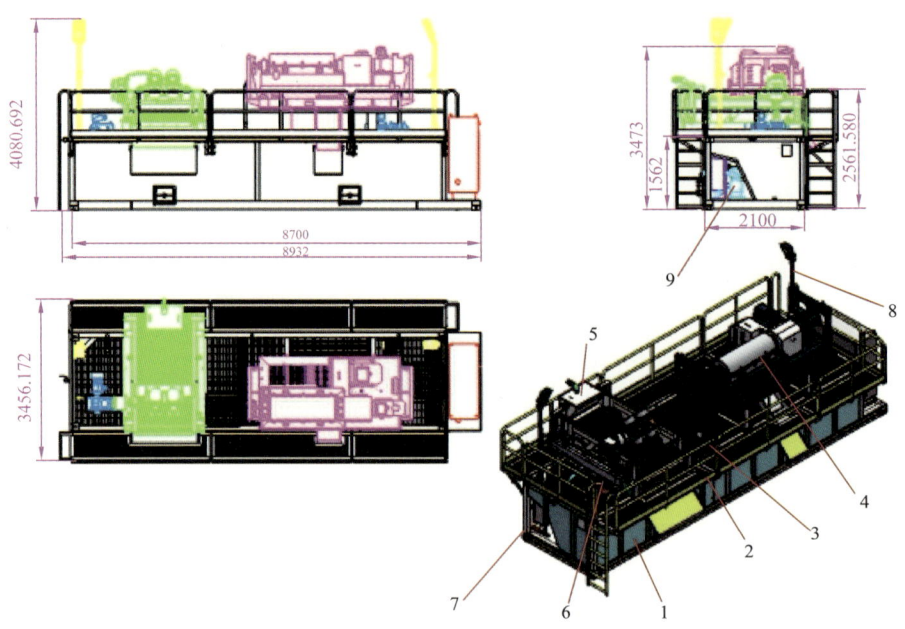

图 7-1-3 水基岩屑减量化处理装置系统结构图
1—泥浆处理罐；2—走道护栏；3—连接管汇；4—离心机；5—入料口；6—搅拌器；7—电器控制部分；
8—照明灯；9—螺杆泵

图 7-1-4 水基岩屑减量化处理装置

③ 适应钻井液漏斗黏度不大于45s；
④ 适应气候条件：雨、雪、雾天气；
⑤ 电制：380V/50Hz；
⑥ 在额定功率情况下能够连续工作；
⑦ 工作高度范围：在海拔不大于2500m处能正常工作，在海拔不小于2500m时可降

效工作。

⑧ 系统所有设备为成熟技术新产品，技术性能满足 SY/T 5612—2018《石油天然气钻采设备　钻井液固相控制设备规范》、GB 3836.1—2021《爆炸性环境　第 1 部分：设备通用要求》、GB/T 14048.1—2012《低压开关设备和控制设备　第 1 部分：总则》、GB/T 13306—2011《标牌》等相关要求；

⑨ 整机设计合理，结构紧凑，组合灵活，技术先进，操作维修方便，性能安全可靠；

⑩ 系统易于调遣、转移和运输，能满足国内公路运输规定。

2. 水基岩屑制备免烧砖（砌块）技术

1）技术背景

页岩气钻井水基岩屑具有一定粒径和硬度，因此可作为制砖原材料。方法是将钻井水基岩屑和固化剂等材料按一定的质量比混合形成固化物，然后通过制砖机制成具有一定强度的免烧砖。该项技术已在中国石化普光气田、海南油田和四川长宁页岩气区块得到应用。建筑性能达到 GB/T 8239—2014《普通混凝土小型砌块》，放射性指标符合国家建筑材料放射性限量标准。制成的免烧砖可用于新建井场的建设，具有显著的经济和环境效益。

2）研究进展

（1）无害化处理剂优选。

通过实验，优选出水基岩屑无害化处理剂，由 AHY-1 和 AHY-2 两种药剂组成，分别发挥环保和固化作用。无害化处理剂 AHY-1 主要由脱稳剂和促凝剂等药剂组成，AHY-2 由分散剂和吸附剂等药剂组成，这几种药剂在钻屑处理中分别发挥不同的作用。脱稳剂主要为高价无机电解质，其作用为破坏黏附在水基岩屑表面的废弃钻井液胶体的稳定性，通过电中和、架桥等作用实现对废弃钻井液的脱稳，为其他药剂作用的发挥创造条件。促凝剂主要为硅酸盐类物质，其作用为与废弃钻井液中的黏土和含钙钻井液添加剂等发生反应，形成硅酸钙等物质，封固水基岩屑中的石油类和有机物等污染物，并使水基岩屑无害化处理后具有一定的强度。分散剂主要为聚丙烯聚氧乙烯类表面活性剂，其作用为降低废弃钻井液中油水界面张力，破坏油水稳定层，促使脱稳剂和促凝剂等进入钻井液内部并发挥相应作用。吸水剂主要为皂角苷类改性物和粉煤灰类等多孔类物质，其作用为吸附废弃钻井液中的重金属和部分有机物。以上 4 种药剂的综合作用，实现了水基岩屑的无害化处理。

（2）水基岩屑制备免烧砖（砌块）实验。

在水基岩屑中按照一定比例加入无害化处理剂及各种辅料，在模具中成型，制备得到免烧砖（砌块）。实验结果见表 7-1-2。

由表 7-1-2 可以看出，水基岩屑在整个物料组成中的比例越低，制备的免烧砖（砌块）抗压强度越高，水基岩屑比例达到 70% 时，抗压强度也可达到 10MPa 以上。

同时，对各组免烧砖（砌块）的浸出液进行了水质检测，COD、色度和石油类等指标均满足 GB 8978—1996《污水综合排放标准》一级标准要求。

表 7-1-2 水基岩屑制备免烧砖（砌块）实验结果

编号	水泥比例/%	砂子比例/%	米石比例/%	钻屑比例/%	无害化处理剂比例/%	抗压强度（28d）/MPa
MS-1	18	9	9	55	9	21.0
MS-2	20	0	10	60	10	18.5
MS-3	20	10	0	60	10	15.9
MS-4	18	5	5	64	9	11.4
MS-5	15	0	5	70	10	12.3
MS-6	15	5	0	70	10	10.7
MS-7	18	14	14	45	9	25.6
MS-8	25	0	15	50	10	22.8
MS-9	25	15	0	50	10	18.2

3. 水基岩屑资源化处理示范应用

在长宁—威远页岩气开发示范区 N209H2 平台和 N209H26 平台开展了该技术及装置的现场示范应用，现场应用情况如图 7-1-5 和图 7-1-6 所示。

图 7-1-5 水基岩屑收集处理装置示范应用

图 7-1-6 水基岩屑制砖及资源化利用示范应用

相应技术及装置现场示范应用情况良好，累计处理水基岩屑 2800 余立方米。水基岩屑收集处理装置现场处理能力可达到 30m³/h，处理后固废含水量低于 65%，处理后液相回用于钻井，固相用于制备免烧砖（砌块），制成的免烧砖（砌块）产品质量达到 GB/T 8239—2014《普通混凝土小型砌块》要求，浸出液主要指标满足 GB 8978—1996《污水综合排放标准》一级标准要求，可回用于井场建设。

示范现场实现了水基岩屑的随产生随处理，避免了水基岩屑在钻井现场的堆放，既节省了新建储泥池的土地和费用，避免钻井废弃物堆积，同时也可以有效预防水基岩屑对厂区周围环境的污染，具有良好的环境效益和社会效益。水基岩屑制成的免烧砖（砌块）具有诸多用途，在钻前工程中可用于活动房基础、厕所、设备基础、排水沟、边坡、井场平面硬化等，在完井工程可用于井场围墙、井站值班室、储藏室、消防坑、化粪池等。从末端形成闭合回路，形成钻井绿色生产链，具有良好的经济效益。

二、油基岩屑处理技术

随着页岩气开发会产生大量油基岩屑。油基岩屑属于钻井有害固体废弃物，其污染主要体现在以下三方面：油类直接毒害生物，形成油膜污染水体；油基岩屑进入土壤，抑制植物生长，污染土壤；油基岩屑长期存放后，其添加剂会变质，散发出恶臭。

针对油基岩屑环境污染风险大，但可利用资源价值高等特点，通过对油基岩屑定量输送、高温旋转轴密封、温度精确调节、高温油气除尘、工艺过程实时监测控制等方面的技术突破，研制出油基岩屑处理装置，形成一种油基岩屑热解析处理工艺技术，使油基岩屑得到妥善处置，对保护环境、节约资源及企业的可持续发展具有重要意义。

1. 油基岩屑"研磨式"热解技术

1）技术背景

国外对油基岩屑处理技术研究较早，初期比较有代表的处理技术有固化法、填埋法、焚烧法和回注地层法等，后来又逐步发展形成脱干法 + 微生物代谢降解法、化学清洗法、热解析法等。热解析法因其高效、稳定、回收油可利用等优势逐步取代了部分传统工艺技术成为国内外油基岩屑处理的主流技术。很多著名的石油公司纷纷投产热解析工艺来处理废弃油基岩屑，如英国石油公司、英国阿莫科石油生产公司、美国哈里伯顿石油公司、康菲石油公司、法国勃兰特公司、意大利石油总公司（AGIP）等。但同时，热解析技术也表现出设备体积大、热量消耗高等缺陷。因此，对热解析技术的改进成为一个新的研究方向，最典型的研究成果为美国哈里伯顿公司研究人员提出的摩擦热解析技术。在该系统中，热量来源于激烈搅动过程中物质间的摩擦力。主系统工作流程是将废弃油基岩屑放入带有叶片的旋转装置中，转子快速转动使物质间摩擦产生热量，使液相物质挥发，同时得到干燥、清洁的固体。经检验，冷凝回收的油基本恢复了基础油的品质，可进行再利用。该技术被意大利石油总公司确定为最佳可利用技术并已应用于哈萨克斯坦黑海东岸的 Koshken 地区。相对于传统的热解析技术，该技术改变了系统产热方式，减小了设备体积，降低了能耗。

目前国际上处理油基岩屑的基本原则是：污染最小化、资源回收利用最大化。根据《中华人民共和国固体废物污染环境防治法》第四条规定：固体废物污染环境防治坚持减量化、资源化和无害化的原则。为此进行了油基岩屑"研磨式"热解技术研究，以实现油基岩屑资源化利用（冯美贵等，2019；商辉等，2018；黄志强等，2018；杨建荣等，2018；周浩等，2017；孙静文等，2017；黄维巍等，2017；孙静文等，2016；陈晓琳等，2015；Robinson et al.，2010；Ralph et al.，2004；Wait et al.，2003）。

2）技术原理与工艺流程

油基岩屑"研磨式"热解技术原理是利用岩屑颗粒与研磨叶片高速碰撞摩擦产生的热量，将温度加热至烃类的挥发温度，使油基岩屑中油水闪蒸出来，经除尘之后再通过冷凝单元将油水分别冷凝回收，分离出的油可继续配制钻井液，分离出的干岩屑含油量降到1%以内。该技术优点是可避免外部加热受热不均、热量利用效率低及局部过热造成基础油变质等问题。其工艺流程如图7-1-7所示。

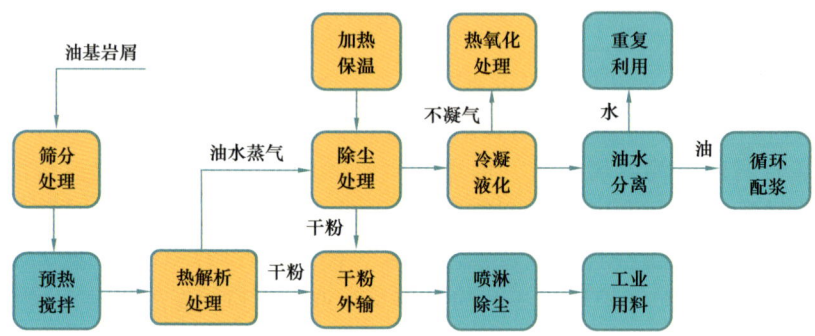

图7-1-7 "研磨式"热解析技术工艺流程图

2. 油基岩屑橇装化处理技术

通过对岩屑初始参数、稳定进料工艺、均匀加热工艺、安全保障措施等研究，确定了关键工艺参数，以及含油岩屑处理装置安全稳定生产的关键技术：含油岩屑连续定量输送、高温长轴旋转密封、温度精确控制、干粉连续密封输送、高温含粉尘气相管线防堵、出料口防尘、长时间运行可靠性。

1）关键装置组成

装置主要由上料系统、热解析系统、高温除尘及冷凝回收系统、卸料系统、动力及监测控制系统、辅助系统6大系统组成。

上料系统主要由推搅料仓、振动筛、上料泵、预混罐、进料泵、管线等组成。其功能是对钻屑进行预处理，去掉杂物，搅拌均匀，并按照要求的排量将物料送入研磨机。

热解析系统主要由研磨机、减速器、主电动机、电磁保温装置、主轴密封及冷却装置等组成。其功能是利用研磨机叶片高速旋转带动油基岩屑，使岩屑与研磨机壳体及岩屑自身相互摩擦，将油基岩屑加热至油水蒸发温度，保持温度和压力，使油水气向后进入冷凝系统。

冷凝回收系统主要由旋风除尘器、洗涤器、冷凝器、分层器和尾气净化装置等组成。

其功能是油水气经高温除尘后,冷凝回收。

卸料系统主要由星型卸料器、密封螺旋、提升螺旋、加湿冷却除尘装置等组成。其功能是将研磨机、旋风分离器产生的干粉经冷却、加湿后外输。

动力及监测控制系统主要由物位传感器、温度传感器、压力传感器、液位变送器、有毒有害气体检测仪、光电隔离器、摄像头、防爆控制与动力箱、PLC控制器、工业计算机、隔离变压器、电源柜、变频柜、控制房、连接线缆等组成。其功能是为系统提供动力,采集各测点数据,并对各设备进行远程控制。

辅助系统主要包括清水补充罐、氮气置换系统、回收油储罐、回收水储罐等。

油基岩屑热解析处理装置组成如图7-1-8所示,装置实物如图7-1-9至图7-1-11所示。

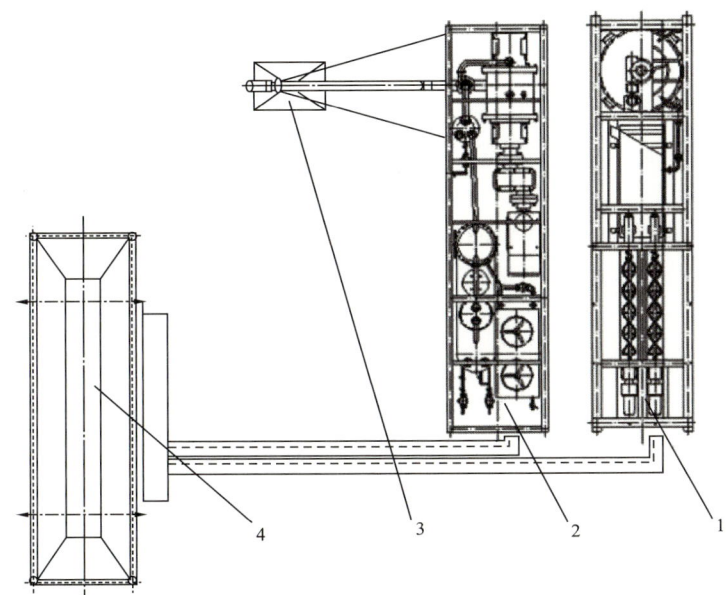

图7-1-8 油基岩屑热解析处理装置组成示意图
1—上料橇;2—分离处理橇;3—卸料装置;4—控制室

图7-1-9 上料橇

图7-1-10 分离处理橇

图 7-1-11　控制室

上料系统独立成橇，热解析系统与冷凝回收系统组合成分离处理橇，卸料系统现场安装，动力及监测控制系统的控制部分与动力接线端安装于控制室，监测部分分布于各个系统。上料橇与分离处理橇通过耐压软管连接，卸料系统与研磨机出口及旋风除尘器出口连接，控制室通过线缆与上料橇、分离处理橇端部的防爆控制与动力箱连接。

2）装置工作流程

首先将钻井现场产生的油基岩屑收集至岩屑盒内，使用叉车将岩屑倒入推搅料仓中，搅拌后经振动筛筛分，大颗粒杂质落入收集盒，分拣后无害杂质集中回收，有害杂质破碎后再次倒入岩屑盒内。筛分后的岩屑泵入预混罐中经充分搅拌后再泵送到研磨机中。在研磨机中，油基岩屑中的油水气化从岩屑中分离，气化后的油水经除尘、冷凝、分层后回收利用，干岩屑经过冷却加湿后排放。动力及监测控制系统监测进料速度及热解析系统内压力、温度、主密封运行状况等关键技术参数，通过闭环控制出料速度和主机转速等，实现热解析系统内动态平衡，保证装置连续运行。

3）关键技术

（1）油基岩屑输送技术。为保证油基岩屑热解析处理装置稳定工作，要求上料系统除了尽可能提供性能均匀的物料，还需要根据工艺参数变化及时准确调节进料量。由于物料自身特性，传统输送设备在岩屑输送过程中存在管线易堵塞、排量可调性差、使用寿命短等问题。通过研制的油基岩屑专用输送泵，该泵排量可在 $0.5\sim2.0m^3/h$ 间无级调节，泵送压力可达 4MPa，以实现油基岩屑的稳定输送。

（2）高温气体密封技术。在研磨机内部为岩屑粉尘及高温油气，最高温度可达 320℃。一旦密封失效造成油气泄漏，将会在泄漏处着火，因此要求密封必须可靠。但研磨机主轴伸缩量大、转速高，密封处径向跳动量大、温度高，常规密封均无法长时间连续工作。为此，研制的研磨机主轴密封系统具有抗径向跳动、磨损后自动补偿、密封寿命长的特点。

（3）温度精确控制技术。为保证处理后的回收油可以再次利用、干粉的含油量稳定达标、装置内管线通畅，必须对关键环节的温度进行精确控制。通过研制的温度补偿与控制系统，系统采用闭环控制，使温度始终维持设定范围之内，保证了装置稳定运行，干粉含油量稳定达标，回收油品理化性能基本不变（图 7-1-12 至图 7-1-14）。

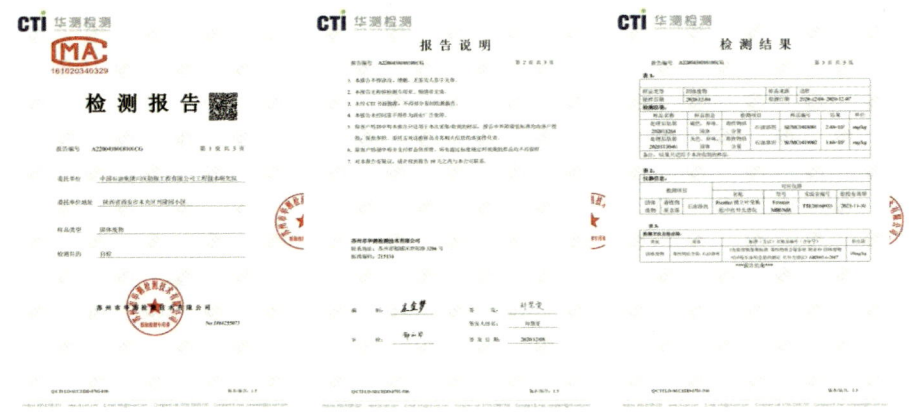

图 7-1-12　干粉含油量检测报告

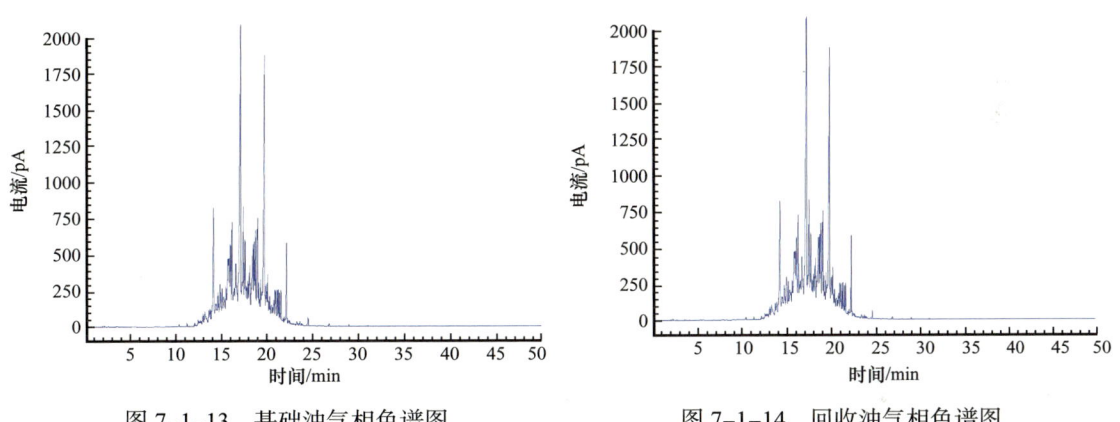

图 7-1-13　基础油气相色谱图　　　　图 7-1-14　回收油气相色谱图

4）主要技术指标

橇装化油基岩屑处理主要技术指标见表 7-1-3。

表 7-1-3　橇装化油基岩屑处理技术主要技术指标

项目	参数
装机功率 /kW	480
目前最大处理能力 /（t/h）	2.33
目前最长连续工作时间 /h	132
处理后干粉含油量 /%	<1%，（第三方实测 0.168%～0.248%）
尾气	符合 GB 31571—2015 要求
单橇最大尺寸 /m	9.3×2.4×2.7

3. 技术应用效果

应用该技术在长宁—威远页岩气开发示范区累计处理油基岩屑 5000 余吨，其中在

W202—H23平台上进行了随钻处理，累计处理该平台及周围平台油基岩屑2000余吨，处理后干粉最高含油量0.52%，最低可达0.07%，回收油全部用于再次配制油基钻井液，节约了生产成本。

现场应用证明（图7-1-15至图7-1-20），该技术主要优点在于：油基岩屑受热均匀，脱油快速彻底；设备橇装化，搬迁方便；设备可靠性高，可24h连续运转；工艺过程安全可靠。处理后的干粉可用作制砖、铺路、固井等工业原料，回收油用于再次配制钻井液，是油基岩屑处理及资源化利用的经济环保新途径。该技术减轻了企业环保压力，符合绿色发展战略，满足国家环保要求，实现了环境保护与资源再利用的有机统一，具有良好的社会效益。

图7-1-15　试验现场

图7-1-16　试验装置

图7-1-17　包装后的干粉

图7-1-18　油基岩屑

图7-1-19　干粉

图7-1-20　回收油

三、压裂返排液达标外排及回用处理技术

1. 压裂返排液的污染特征

1)页岩气压裂返排液

大体积水力压裂技术是目前页岩气开采的主要方式(陈波,2018)。即向页岩层注入含化学添加剂的压裂液,在压裂作业施工完成后有20%~70%的压裂液会以气液混合的形式被采回地面,经过气液分离后的液体称之为页岩气压裂返排液(耿翠玉等,2016)。

2)组分种类及水质特征

压裂返排液以水和砂为主,主要成分为各类化学添加剂、溶解性总固体(TDS)、烃类化合物和重金属等,具有高悬浮物、高含盐量、高有机物和处理难度大等特点。

(1)悬浮物。返排液中悬浮物包括地层物质、支撑剂、胶体物质和有机物等,受压裂地层、压裂条件和静置时间等因素影响较明显。在压裂返排液进行回用的过程中,为防止地层伤害,悬浮物指标的控制较为严格。返排液的悬浮物浓度与其中铁含量相关,铁主要来源于地层中物质的溶解。在地层还原环境中,铁主要以溶解态Fe^{2+}存在,因此井口处收集到的返排液一般较澄清并略带浅绿色,在地面与空气充分接触后,Fe^{2+}氧化成$Fe(OH)_3$胶体分散于返排液中,使返排液外观上呈现淡黄色。经过分析测定,返排液中悬浮物主要由元素铁和氧组成,其次是硅元素和钙元素,且总悬浮物(TSS)、色度和总铁含量呈现正相关关系(图7-1-21)。所以铁氧化物是返排液中悬浮固体的主要组成部分之一,而硅可能主要来自地层中引入的其他杂质(如黏土矿物)。

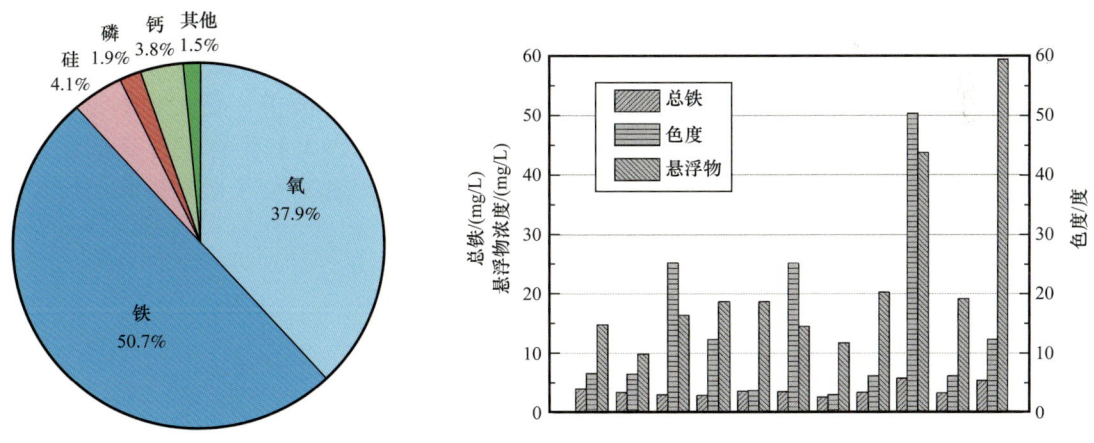

图7-1-21 悬浮物含量分布

(2)无机离子。页岩气压裂返排液中含有高浓度的溶解性总固体(TDS),以NaCl体系为主,主要包含Cl^-、Br^-、HCO_3^-、CO_3^{2-}、SO_4^{2-}、K^+、Na^+、Ca^{2+}、Mg^{2+}、Ba^{2+}和Sr^{2+}等离子(图7-1-22),氯离子是构成TDS的主要成分,其含量占TDS的60%左右,其次是钠离子,占30%左右。长宁—威远区块返排液中成垢离子(Ca^{2+}、Mg^{2+}、Ba^{2+}、Sr^{2+})后期稳定后为1%~4%,由于钡离子的存在,硫酸根离子含量很低,所以返排液中大部分二价和三价金属离子主要以氯盐的形式存在,溶解度都比较高。

返排液溶解性总固体（TDS）会随返排时间而增加，总体呈"先快后慢"的递增趋势。通过对长宁—威远区块压裂返排液水质数据分析可知，长宁区块压裂返排液溶解性总固体（TDS）质量浓度范围为18000～75000mg/L，威远区块压裂返排液溶解性总固体（TDS）质量浓度为15000～26000mg/L。

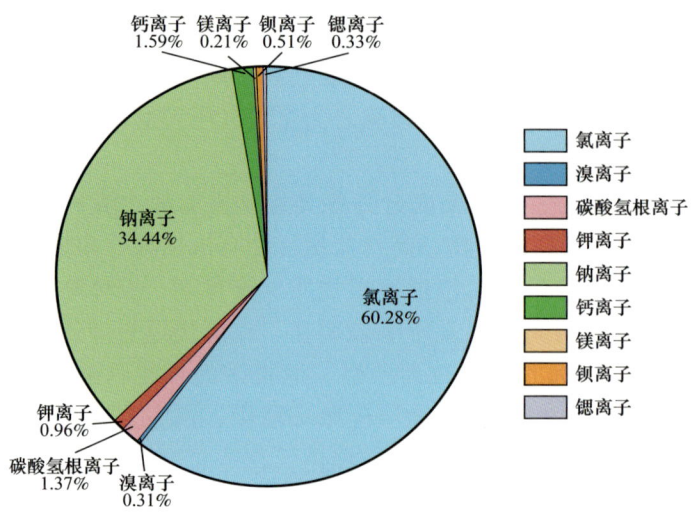

图7-1-22　长宁—威远区块返排液无机离子组成

（3）有机物。

页岩气压裂开采过程中需要注入多种化学添加剂，主要包括酸液、杀菌剂、润滑剂、稠化剂、表面活性剂和阻垢剂等（冯连勇等，2012）。多种化学添加剂的加入使压裂返排液的有机污染物质量浓度较高。对长宁区块压裂返排液有机物组成进行分析，该区块页岩气压裂返排液中有机化合物分为烷烃、芳香烃、卤代烃、醇类、酯类和酮等6大类（图7-1-23），包括表面活性剂、低质量浓度的挥发性（VOCs）和半挥发性有机化合物（SVOCs）、低质量浓度多环芳烃（PAHs）和其他芳烃，以及相对分子质量较高的烷烃和烯烃（王兵等，2020）。

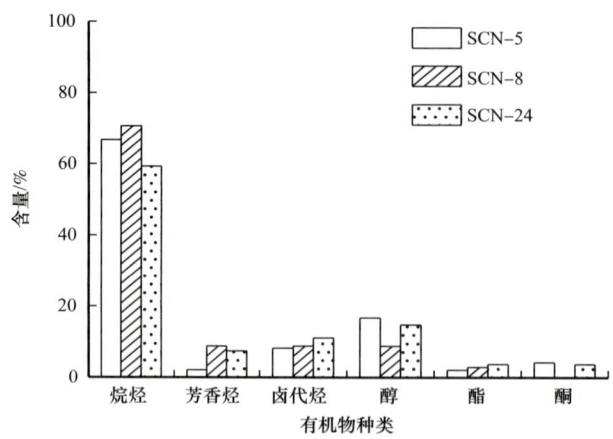

图7-1-23　压裂返排液有机物种类分布

由于不同施工过程压裂液有所差异，其在地层高温高压环境中还会发生变化。长宁—威远区块页岩气压裂返排液有机物成分差异大，含量波动大，COD 浓度在 90~3700mg/L 之间。COD 变化情况呈现前期高后期低状态，主要是由于前期返排液中有机物更多来源于压裂液中有机添加剂及降解产物，而后期返排液则主要体现为地层物质所以趋于稳定。

此外，经测定长宁—威远区块压裂返排液中氨氮质量浓度在返排中期和后期均高于 85mg/L。

总体看来，页岩气压裂返排液主要为高盐高氯的有机废水，不同时期压裂返排液有机污染物均以烷烃类为主，压裂返排液中的溶解性总固体（TDS）、成垢离子、总悬浮固体（TSS）、氨氮质量浓度随着时间推移呈现递增的规律。

2. 压裂返排液处理技术及工艺

1）预处理工艺技术

（1）高效微气泡气浮工艺技术。返排液首先进入微气泡气浮装置进行处理，主要用于去除返排液中的石油类以及部分悬浮固体和少量非溶解性有机物；另外，微气泡中氧气能够初步氧化返排液中还原性物质，对其中引起水质恶化的厌氧性细菌也有抑制作用。通过现场应用试验，气浮后石油类去除率达到 90% 以上，经过现场对比试验其可去除产出水中 86% 的悬浮物，对 COD 去除率可达 19.1%。

（2）软化工艺技术。返排液中硬度离子 Ca^{2+}、Mg^{2+}、Ba^{2+} 和 Sr^{2+} 的含量较高，且浓度波动范围较大，由于后续膜脱盐系统进水对结垢趋势一般有严格限制，所以会在预处理阶段通过软化法降低硬度离子含量。一般采用化学软化法，在碱性条件下，投加碳酸钠溶液，使返排液中 Ca^{2+}、Ba^{2+} 和 Sr^{2+} 反应生成对应的碳酸盐，由于液体中 Ba^{2+} 浓度较高，在应用中也会投加硫酸钠将 Ba^{2+} 转化为硫酸钡，之后通过后端的固液分离进行去除。从中试试验结果看，由于返排液的水质波动，仅依靠化学软化法难以稳定去除返排液中硬度离子，其残余浓度可能仍然较高，这就需要处理装置的精细化运行，不断调整运行参数达到处理要求。

为提高软化效果，可在化学软化出水端增加耐盐软化树脂，对化学软化沉淀后的产水进行进一步树脂除硬。纳滤单元也是软化系统中重要的处理单元，纳滤膜可以很好地截留二价离子，使返排液中剩余的硬度离子被去除，经过纳滤处理后返排液水质中的盐分更单一，盐分中氯化钠比例更高，也有利于返排液后续蒸发结晶盐的纯度。如图 7-1-24 是返排液软化后主要的硬度离子钙离子和钡离子的浓度变化。

（3）固液分离技术。主要的固液分离过程是在软化反应后，通过软化耦合混凝过程产生絮体，在斜管沉降中进行主体的固液分离过程，软化反应所生产的难溶性盐和返排液中原本残留的胶体、悬浮物等均通过沉降进入到压滤机中，形成干污泥。

但一般仅依靠沉降过程对微小的悬浮颗粒去除效果有限，液相中仍然会残留小粒径的悬浮微粒，需进一步采用过滤单元进行去除，工艺设计中可应用管式微滤或超滤单元等，通过 0.1μm 孔径的陶瓷膜过滤后，固液能够分离完全，中试试验斜管沉降出水残留的悬浮物经陶瓷膜过滤后，去除率可达 84.9%，污泥密度指数（SDI_{15}）可稳定低于 2。

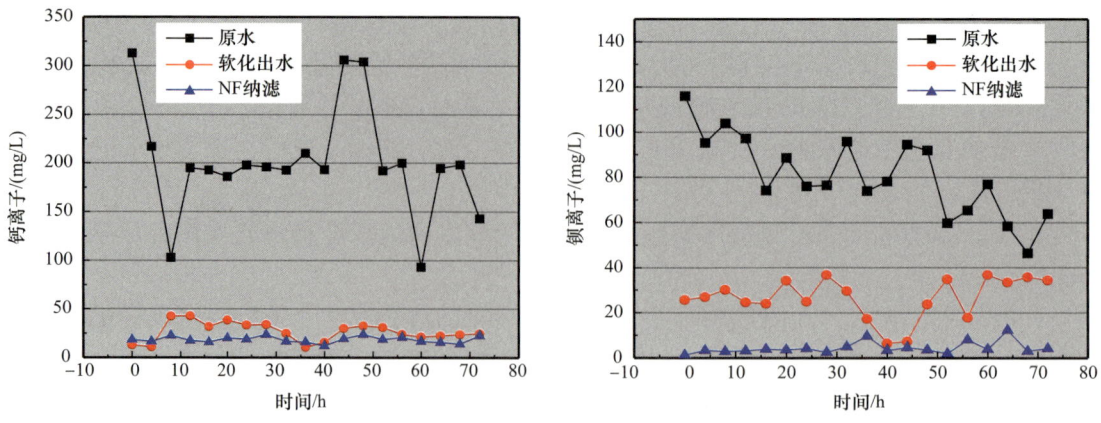

图 7-1-24 钙离子和钡离子去除情况

2）脱盐处理工艺技术

（1）反渗透脱盐工艺技术。反渗透工艺作为返排液主要的脱盐单元，采用了两段浓缩的脱盐流程，由于返排液中水质变化较大，试验期间返排液总溶解性固体含量变化范围为 10000～30000mg/L，水质波动给运行过程中的水平衡造成困难。根据设计模拟，第一段反渗透运行回收率范围为 30%～65%，脱盐率达到 98% 以上，反渗透淡水可达到排放标准要求，但反渗透浓水侧 $CaCO_3$ 和 $BaSO_4$ 存在结垢倾向。第一段反渗透浓水采用高压反渗透进行二次浓缩，二次浓缩运行压力可达 9MPa 以上，最终浓水总溶解固体含量接近 90000mg/L，可进入后续的蒸发结晶单元。

（2）电渗析脱盐工艺技术。一级反渗透浓水也可送至电渗析装置进行二次浓缩，通过离子交换膜分离出电渗析淡水（含盐量约为 1%）和电渗析浓水（含盐量约为 18%～20%）。电渗析淡水进入 MBR 耐盐菌装置，由耐盐菌去除废水中的有机残留物质和氨氮，出水则返回反渗透膜装置，混合后通过反渗透膜分离盐分。

电渗析器的主要部件为阴离子和阳离子交换膜、隔板、电极和直流电源 4 部分。隔板构成的隔室为液体经过的通道。物料经过的隔室为脱盐室，浓水经过的隔室为浓缩室。在直流电场的作用下，利用离子交换膜的选择透过性，阳离子透过阳膜，阴离子透过阴膜，脱盐室的离子向浓缩室迁移，浓缩室的离子由于膜的选择透过性而无法向脱盐室迁移。这样淡室的盐分浓度逐渐降低，相邻浓缩室的盐分浓度相应逐渐升高。由此物料中的盐分得以脱除（图 7-1-25）。

（3）MVR 蒸发结晶工艺技术。由于页岩气气田各平台井站的分散布局，蒸汽源难以保证，因此蒸发结晶采用以电力为主要能源的 MVR 蒸发结晶工艺。高盐浓水进入 MVR 系统中进行蒸发结晶，浓盐水中的水相受热成为蒸汽上升，而将盐分留在蒸发釜底部，并不断浓缩，最终通过离心的方式得到结晶盐。理论上，水和氯化钠晶体的沸点差异较大，蒸汽中几乎不含任何盐分，但在实际运行中，液相在蒸发时可能会形成雾状小液滴，随着蒸汽进入后续换热器中，致使冷凝水中仍含有一定盐分，同时，进水浓度的变化也会引起蒸发过程冷凝水流量波动，因此需要统计出水流量和电导率。

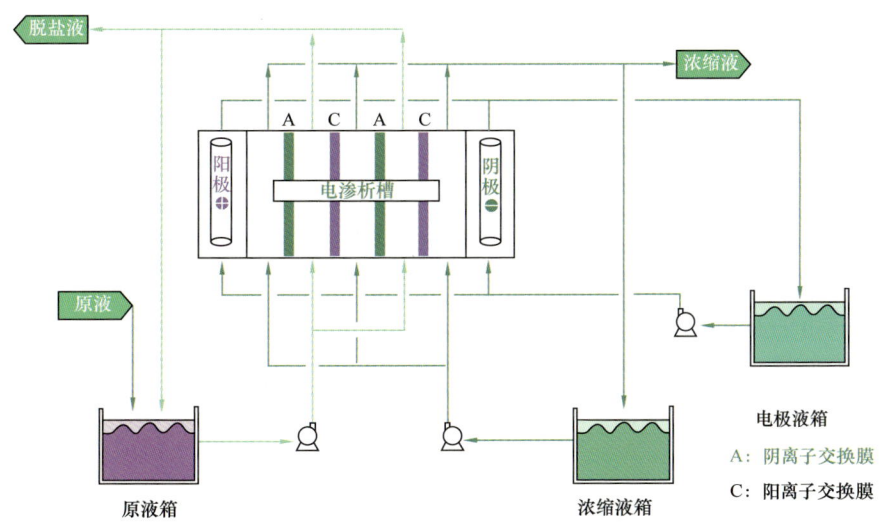

图 7-1-25　电渗析处理流程示意图

具体而言,脱盐浓水通过 MVR 蒸发结晶装置的冷凝水、二次蒸汽、电加热器三级预热,稳定升至 87℃,再进入强制循环蒸发结晶系统。蒸发后的 90℃二次蒸汽进入压缩机后温度提高 15℃,供给管式加热器使用。加热冷凝后的冷凝水为第一段预热热源,二次蒸汽供给第二段预热热源,通过第二段预热后再次进入冷凝器进行冷凝。MVR 蒸发结晶工艺流程如图 7-1-26 所示。

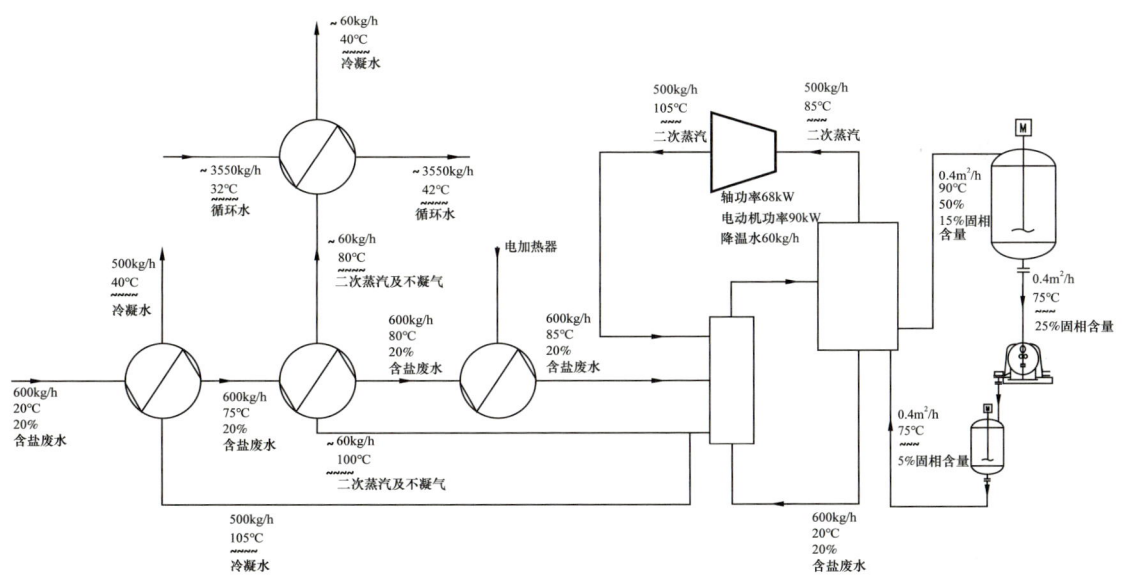

图 7-1-26　MVR 蒸发结晶装置流程框图

返排液达标外排的主要技术难点在于脱盐,通常脱盐处理的难度和成本随着溶解性总固体(TDS)含量的增加而增加。目前较成熟的脱盐工艺主要是膜脱盐工艺与蒸发结晶脱盐工艺,其中膜脱盐工艺用于蒸发结晶装置之前,可以确保蒸发结晶装置平稳运行,并通过提高浓水浓度，降低蒸发结晶装置处理规模，从而降低整个系统的处理成本。

3）深度处理工艺技术

（1）MBR 膜生物技术。经脱盐处理后的压裂返排液可能仍会有残余氨氮、COD 等，MBR 膜生物处理将不同工艺技术的脱盐出水进行深度处理，从蒸发结晶返回的冷凝水进入 ED 淡水池，同时向池内投加营养液、酸液，通过曝气管的搅拌，混合后的水在池内调节和均化后通过泵提升至缺氧池，来水经过耐盐菌对有机物的分解、转化，去除水中的大部分氨氮后进入好氧池，在好氧段去除水中的大部分 COD，处理后的水溢流至 MBR 膜池，去除残留的有机物、氨氮及悬浮物，通过 MBR 产水泵将产水输送至后续 RO 反渗透单元进一步处理。MBR 膜池内的大部分硝化液和活性污泥通过污泥回流泵输送回缺氧池，为耐盐菌提供营养物，剩余部分污泥由污泥回流泵排入污泥浓缩池（图 7-1-27）。

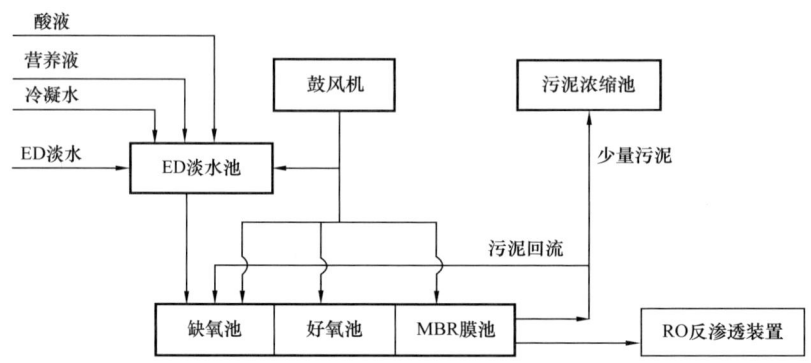

图 7-1-27 MBR 膜生物处理流程框图

膜脱盐工艺混合出水 TDS 在 1.3g/L 左右，属于高盐环境，常规 MBR 工艺的菌群难以适应，因此需要采用对有机物、氨氮处理效果较好的耐盐菌。

（2）高级氧化深度处理技术。高级氧化法的标志是通过电、声、光辐照、催化剂等作用方式，产生强氧化活性的羟基自由基（HO·），其氧化性极强，可以直接矿化水中的有机污染物，或利用 HO·自由基的强氧化作用，将大分子难降解有机物氧化分解为小分子易降解有机物，从而使污水的可生化性得到提高，有助于后续使用其他传统生物处理法对污水进行进一步的处理。对比传统的常规水处理方法来说，高级氧化法具有以下特点：

① 高级氧化法的氧化作用依赖于羟基自由基的产生。羟基自由基的氧化能力在自然界中排名第二（其氧化电位为 2.80V，仅次于氧化电位为 2.87V 的氟），而 HO·自由基相比氧化性更强的氟来说，没有二次污染的顾虑，有助于实现零环境污染、零废物排放的污水处理的目标。

② HO·自由基的氧化过程无选择性，且进攻性极强，是一种广谱氧化剂。

③ HO·属于游离基反应，因此产生 HO·自由基的速率极快，只需 10~14s。

④ 高级氧化法既可以作为独立的氧化工艺单独应用，又可与其他处理工艺联用。

臭氧高级氧化技术在水处理应用中有许多优点：氧化能力强，能氧化许多复杂的难生物降解有机污染物，可用来降低 COD；反应速率常数较大，所需反应时间短；残留 O_3

在水中能很快分解，使水中的溶解氧增加，无残余 O_3 污染；部分 O_3 氧化产物可经过生物降解继续去除；O_3 来源方便等。

臭氧氧化有机物分为直接氧化和羟基自由基氧化。羟基自由基（OH·）的氧化能力比臭氧更强，且没有选择性。然而，臭氧在水中溶解度较低，强化臭氧传质成为提高臭氧氧化效率的研究重点。

4）返排液达标外排处理工艺流程

压裂返排液达标外排处理工艺是以反渗透脱盐技术为核心，包含了卷式反渗透和高压反渗透两部分。返排液进水设计了预处理系统，包含气浮、软化沉降、微滤、树脂吸附和纳滤单元。浓水经高压反渗透进一步浓缩后，通过 MVR 蒸发结晶单元形成结晶盐（图 7-1-28）。

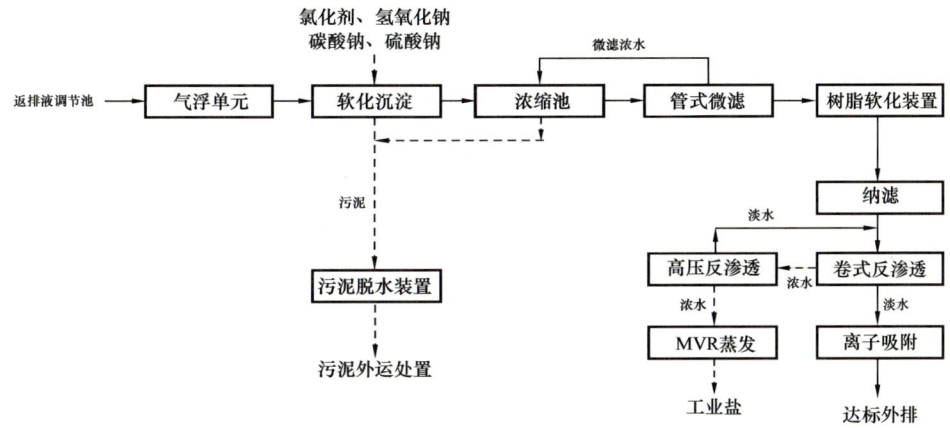

图 7-1-28　返排液达标外排处理工艺流程

5）返排液回用处理工艺流程

根据国内外压裂返排液处理技术发展现状，结合长宁—威远区块页岩气开发压裂返排液的水质特性和现有污水处理基本方法，制订了压裂返排液低成本回用处理工艺（图 7-1-29）。

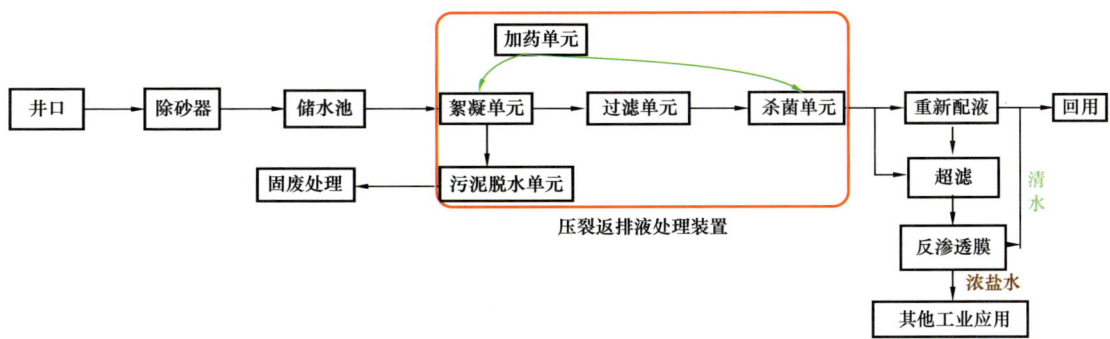

图 7-1-29　压裂返排液回用处理工艺流程

压裂返排液从井口返排出来，经除砂器除砂后进入储水池，在储水池通过自然沉降来除去大颗粒机械杂质；将压裂返排液用泵输送至处理装置，通过加药单元和絮凝沉降单元进行水质软化和絮凝沉降；絮凝沉降后的清液经过滤单元的多级过滤，进一步降低悬浮物含量；过滤后的清液利用杀菌单元进行杀菌抑菌处理，达到回用水质要求；产生的污泥经污泥脱水单元脱水后当作固废处理。

6）返排液达标外排及回用处理现场应用示范

通过上述返排液处理工艺研究，建成返排液处理装置4套，并在长宁和威远区块多个页岩气生产场站开展了压裂返排液达标外排及回用处理的中试试验。

（1）压裂返排液达标外排反渗透处理工艺中试试验。

在长宁区块某平台建成压裂返排液达标外排处理中试试验平台（图7-1-30），并开展现场处理应用。返排液达标外排处理装置在中试示范中已实现连续稳定运行，通过72h连续取样监测，出水水质达到GB 8978—1996《污水综合排放标准》一级标准和DB 51/190—1993《四川省水污染物排放标准》一级标准要求。

图7-1-30　返排液达标外排处理中试试验平台

现场中试返排液原水总溶解固体约为34000mg/L，氯离子为20100mg/L。原水首先经过微气泡气浮处理，气浮压缩空气最佳进气压力为8~12bar，气浮停留时间为0.5h，优选絮凝剂PAC的最佳加药量为20~25mg/L，混凝剂PAM加药量为0.5~2mg/L。化学软化单元碱液投加后的pH值在10以上，碳酸钠的投加浓度约为2000mg/L。经过管式微滤后返排液浊度可稳定低于2NTU，化学软化沉淀后钙离子浓度低于30mg/L，钡离子浓度低于20mg/L。经过纳滤处理后，主要硬度离子可稳定在10mg/L以下，淤泥密度指数（SDI_5）可低于2，符合了后续膜脱盐单元的进水要求。反渗透系统产水中氯离子低于100mg/L，其余指标均满足上述出水水质要求（表7-1-4）。反渗透浓水经二次浓缩后，总溶解固体可接近90000mg/L。

（2）返排液机械蒸汽再压缩（MVR）脱盐处理技术现场中试试验。

蒸发结晶阶段由电渗析装置与MVR脱盐装置组成（图7-1-31），电渗析对不同平台的返排液脱盐浓水进行深度浓缩，处理后淡水TDS约为1.8g/L，浓盐水TDS约为200g/L，脱盐和浓缩均有很好的效果。

表 7-1-4　处理装置各处理段主要水质指标统计表　　　　　单位：mg/L

指标	原水	预处理系统	反渗透系统	
			产水	浓水
pH 值	9.13	8.2	7.01	7.51
氯离子	20100	19100	93.6	73900
钙离子	124	4.86	0.45	14.3
镁离子	59.1	3.66	0.29	12.7
锶离子	63.6	6.61	0.47	18.4
钡离子	131	3.39	0.16	14.59
氨氮	57.2	46.8	0.317	60.7
COD	440	—	6	300
悬浮物	32	1	0.09	13

(a) 电渗析装置　　　　　　　　　　(b) MVR装置

图 7-1-31　脱盐处理装置图

针对长宁和威远不同区块的返排液浓水进行蒸发结晶，长宁区块返排液电渗析浓水蒸发终点的影响因素是碳酸盐，为了使最终结晶盐达到 GB/T 5462—2015《工业盐》中精制工业盐一级指标的要求，蒸发终点以脱盐浓水为起点浓缩 30 倍，此时氯化钠理论回收率为 94%，母液量为 ED 浓水的 3.3%，为返排液原水水量的 0.57%。威远区块返排液浓水的蒸发终点影响因素是 COD，为了使最终结晶盐达到 GB/T 5462—2015《工业盐》中精制工业盐一级指标要求，蒸发终点以 ED 浓水为起点浓缩 25 倍，此时氯化钠理论回收率为 93%，母液量为 ED 浓水的 4%，为返排液原水水量的 0.69%。

通过 MVR 脱盐单元对返排液蒸发结晶，结晶盐能满足 GB/T 5462—2015《工业盐》中优级指标要求，蒸发冷凝液 TDS 低于 0.1g/L，脱盐效果较好（表 7-1-5）。

表 7-1-5　MVR 示范装置威远区块压裂返排液示范运行盐产品主要指标情况　　　单位：%

样品名称	钙镁含量	SO_4^{2-}	NaCl（干基）	水分	水不溶物	K^+
威远区块 MVR 示范 1 阶段 – 结晶盐 01	未检出	未检出	99.86	2.40	未检出	0.02
威远区块 MVR 示范 1 阶段 – 结晶盐 02	未检出	未检出	99.89	1.88	未检出	0.02
长宁区块 MVR 示范 2 阶段 – 结晶盐 03	0.005	0.017	99.85	1.61	0.002	—
长宁区块 MVR 示范 2 阶段 – 结晶盐 04	0.003	0.005	99.87	1.52	0.003	—
优级精制工业湿盐标准	0.3	0.5	99.6	3	0.05	—

（3）页岩气压裂返排液低温多效蒸发产出水高级氧化深度处理现场示范。

① 高级氧化深度处理技术示范。高级氧化工艺设备单元构成包括制氧系统、臭氧发生系统、臭氧化气体扩散器、游离基催化氧化单元、尾气催化分解器、MBR 生化降解单元、过程控制系统、系统集成橇等，主要用于压裂返排液脱盐水深度净化（图 7-1-32）。

图 7-1-32　高级氧化处理装置图

对高级氧化工艺运行情况进行分析，现场中试结果中高级氧化后直接蒸发冷凝水 COD、Cl^-、pH 均达标，但氨氮不能达标。MBR 工艺后冷凝水水质，当投加营养介质时，COD、氨氮均能达标。

对长宁—威远区块页岩气压裂返排液进行中试示范处理，处理后 COD<100mg/L，色度<10，重金属指标达到污水排放标准的要求。表明高级氧化过程可以作为页岩气产出水蒸发—热活化处理单元后的水质保障单元。

② MBR 膜生物技术示范。返排液 COD 和氨氮在预处理阶段仅能部分去除，膜脱盐阶段 COD 和氨氮大部分能够被拦截，但浓水经过 MVR 蒸发后，氨氮会进入冷凝液中。深度处理阶段主要由 MBR 膜生物处理装置与反渗透装置构成，对于不同平台的产出水进行深度处理，MBR 出水 COD 均低于 100mg/L，氨氮低于 5mg/L，符合 GB 8978—1996《污水综合排放标准》一级标准和 DB 51/190—1993《四川省水污染物排放标准》一级标

准要求；同时，反渗透出水 COD 均低于 20mg/L，氨氮低于 1mg/L，满足了 GB 3838—2002《地表水环境质量标准》中三类水体要求。

（4）高矿化度压裂返排液处理技术现场应用示范。

利用高矿化度压裂返排液处理回用工艺，在 CNH5 平台对 CNH5-4、CNH5-5、CNH5-6 井的压裂返排液（CNH5 平台下半支 4 号、5 号和 6 号井先期进行了体积压裂）以及 N201 井区其他井组的压裂返排液进行处理，累计处理压裂返排液 45370m³，大幅降低了返排液硬度和悬浮物等，调节了返排液的 pH 值，成功回用于 CNH5 平台上半支的压裂作业。返排液处理除产生的少量固废（21.9t 污泥）和部分清洗水（1875m³）外，其余水量均被回用，返排液的回用率 95.8%。

从表 7-1-6 可以看出，压裂返排液经过处理后，其矿化度无明显变化（尚未进行反渗透膜脱盐处理），但硬度和悬浮物含量均大幅降低，且将 pH 值控制在 7.0～8.0，总铁测不出，有利于降低高矿化度压裂返排液回用的难度。

表 7-1-6　压裂返排液回用处理前后水质

状态	矿化度 / mg/L	硬度 / mg/L	总铁浓度 / mg/L	pH 值	悬浮物 / mg/L
处理前	34000～41000	800～1200	微量	5.5～7.5	200～1200
处理后	34000～41000	200～300	未检出	7.0～8.0	≤20

从图 7-1-33 可以看出，压裂返排液处理前呈黄色、浑浊，放置时间长会变黑发臭，处理后的返排液清澈，水质得到大幅提高，且在存放的过程中未发生变黑发臭现象。

(a) 处理前　　　　　　　　　　　　　　(b) 处理后

图 7-1-33　压裂返排液处理前后外观对比

高矿化度压裂返排液回用时对滑溜水性能影响较大的是矿化度、硬度、总铁浓度和 pH 值等。以现有的压裂返排液处理技术为基础，在自然沉降基础上，通过化学沉淀进行水质软化、反渗透膜进行脱盐处理，降低高矿化度压裂返排液的硬度、总铁浓度和矿化度，并调节 pH 值。同时，通过絮凝沉降和多级过滤降低悬浮物含量、杀菌剂灭菌抑菌等处理，进一步改善压裂返排液水质，最终可实现高矿化度压裂返排液的回用。

按照预处理 + 膜处理的方式，形成了页岩气压裂返排液外排处理工艺流程，可以实现压裂返排液部分达标外排，其工艺流程如图 7-1-34 所示。

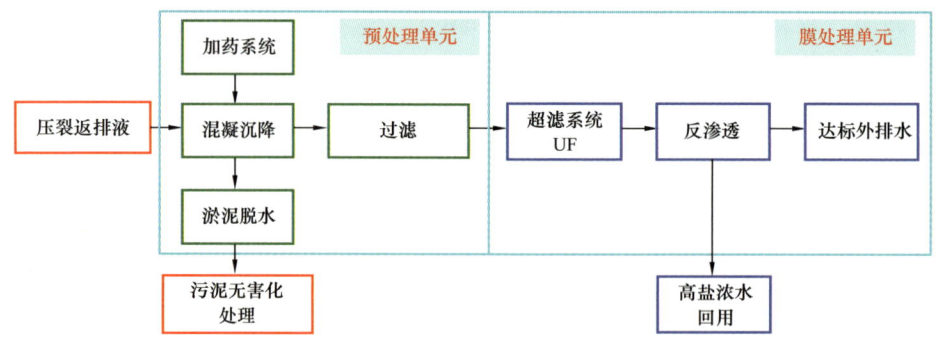

图 7-1-34　压裂返排液外排处理工艺流程

从图 7-1-34 可以看出，预处理单元的混凝沉降包括水质软化和絮凝沉降两部分；过滤包括自清洗过滤和保安过滤两级；污泥脱水采用叠螺机进行减量化处理；膜处理单元的反渗透包括 SRO 和 RO 两级反渗透处理，且可以根据返排液的 TDS 简化反渗透脱盐方式（一级脱盐或两级脱盐）。预处理单元与压裂返排液回用处理类似，但对处理后的水质要求更高，需要达到进膜要求。

优选出一种超级反渗透膜（SRO）可以对 TDS 达 60000mg/L 的盐水进行脱盐处理，满足高矿化度压裂返排液脱盐要求。但 SRO 处理高浓度盐水时，得到清水中 TDS 较普通 RO 高，因此采用 SRO 与 RO 串联的方式来处理压裂返排液，既满足高矿化度返排液脱盐要求，又能使清水 TDS 达到普通 RO 要求。压裂返排液外排处理膜处理工艺流程如图 7-1-35 所示。

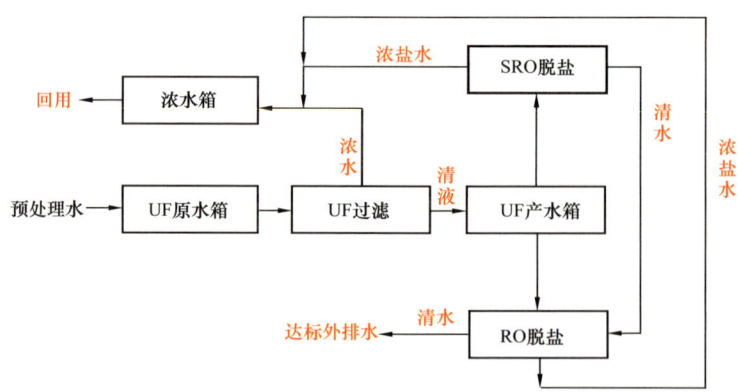

图 7-1-35　压裂返排液外排膜处理工艺流程

从图 7-1-35 可以看出，压裂返排液经预处理后首先进入 UF 原水箱，然后经 UF 进行过滤，进一步去除微细颗粒。经 UF 过滤得到的清液进入 UF 产水箱，再按其 TDS 的大小分别进入 SRO 脱盐或进入 RO 脱盐。如果 UF 产水箱中清液的 TDS＞30000mg/L，则将清液泵入 SRO 进行脱盐处理；如果 UF 产水箱中清液的 TDS≤30000mg/L，则将清液泵入 RO 进行脱盐处理。SRO 脱盐处理产生的清水再泵入 RO 进行二次脱盐，进一步降低其TDS，而 SRO 和 RO 产生的浓盐水均进入浓水箱。RO 脱盐产生的清水达到外排水质要求，而浓水箱盐水做配制压裂液回用处理。

从表 7-1-7 可以看出，与压裂返排液回用处理后的水质相比，主要是增加了氨氮含量、COD、氯离子浓度指标，且对硬度指标要求达到 250mg/L 以下。由于页岩气的氨氮含量和 COD 均不高，经絮凝沉降处理后，其氨氮含量和 COD 均能满足要求，而氯离子浓度均在 30000mg/L 以下，因此采用与压裂返排液回用处理相似的预处理工艺时，可以不考虑这些指标的影响，主要考虑如何降低硬度。

表 7-1-7 压裂返排液预处理后进膜水质要求

项目	氨氮含量/mg/L	pH 值	COD/mg/L	TDS/mg/L	Cl⁻ 浓度/mg/L	硬度（Ca^{2+} 计）/mg/L	TSS/mg/L
指标	≤150	6～10	≤1000	≤60000	≤30000	≤250	≤150

页岩气开发通常采用大规模体积压裂，压裂所需的压裂液用水量大，需要用清水或处理后的合格循环水配置。随着当前我国环境保护要求的逐渐提升，为了使水资源得到综合利用及防治环境污染，在开发页岩气的同时，需要根据实际情况针对性地选择压裂返排液的处置方式及处理工艺。研究开发低成本、高效采出液深度处理技术，能够有效降低页岩气压裂返排液对环境带来的影响，为页岩气可持续开发提供重要的技术支撑。

第二节 地下水监测

一、地下水污染源识别

1. 页岩气开发工程产排污特征

一个典型的页岩气开发工程由 5 个阶段组成：钻前工程、钻井工程、压裂工程、排液试气工程和采输工程。其中，钻井和压裂是直接接触地层的环节，钻井液和压裂液成分复杂，具有高矿化度、高悬浮物和高有机物的特征，若泄漏到含水层中会给地下水环境带来一定的污染风险（梅绪东等，2017）。因此，页岩气开发对地下水产生的风险源主要为钻井阶段的钻井液、水力压裂阶段的压裂液、排液试气阶段和采输工程阶段的返排液。

1）钻井工程产排污特征

钻井工程中对地下水环境产生风险的主要环节是钻进阶段，潜在风险源为钻井液。对地下水污染较大的主要为水基钻井液与油基钻井液，主要污染因子为石油类、氯化物和悬浮物。目前长宁地区直井段多采用水基钻井液和气体钻井液，水平井段采用油基钻井液。其主要污染方式包括两个方面：钻井液柱压力一般大于地层压力，钻进过程中钻井液与地层接触导致钻井液以泄漏方式进入地层，长宁地区碳酸盐岩类溶洞水广泛分布，钻进过程中若遇到溶洞、暗河、较大裂缝时容易发生漏失，钻井液集中灌入式进入含水层，加大了地下水污染的风险。回用于下一口钻井的废钻井液于岩屑池暂存过程中可能会因池体防渗结构失效而出现裂缝，造成废钻井液通过池体裂缝直接渗漏到浅层地下水中对地下水产生污染。

2）压裂工程产排污特征

与常规油气开发相比，页岩气开发最大的特点是采用水力压裂进行储层改造。压裂液主要由水、砂和添加剂组成，其中水和砂含量高达99%以上。根据统计，长宁地区页岩气单井压裂液用量约36000m³。由于压裂是将压裂液高压注入地层，此阶段无返排液外排。注入地层的高矿化度压裂液是否会通过压裂形成的裂隙对浅层地下水造成污染，是国内外争论的焦点。目前国内外普遍的共识是水力压裂不会产生连通地表的裂缝（杨德敏等，2019），最直接的证据是水力压裂微地震监测数据显示缝隙高度仅几十米，而长宁地区压裂作业深度多在2000m以下，浅层地下水的深度一般不超过几百米，水力压裂产生裂缝的顶端距离浅层地下水仍有上千米的隔水层阻隔，这类污染事故一般不会发生。

3）排液试气及采输工程产排污特征

水力压裂完成后一般关井3～5天再开井进入排液试气作业，试气作业结束后进入采输生产作业。根据统计，长宁地区水力压裂阶段每口井压裂液注入量约36000m³，占注入压裂液量30%～45%的返排液会返回地面。返排液经简单预处理后回用于平台气井压裂作业，暂存过程中存在因集液池防渗失效产生地下水污染的风险（饶维等，2019）。

4）返排液回注处理阶段产排污特征

回注地层是目前国内外油气田主流的压裂返排液处置手段，具有不易进入浅层地表环境、减轻返排液对地表水体的环境容量压力的优点。根据研究，有选择地对返排液进行地下回注，比其他处理方式都要高效，正常情况下，废水回注对浅层地下水影响较小。在风险分析所设想的所有情况中，深层回注的泄漏概率为$1.0 \times 10^{-6} \sim 4.0 \times 10^{-6}$，安全系数远高于其他处置技术。

2. 地下水环境影响识别

根据页岩气开发产能建设项目的工程特点，从建设期、运营期和服务期满后3个阶段识别工程建设对地下水环境的影响。各阶段主要的工程建设项目与生产工艺见表7-2-1。

表7-2-1 工程分期分类表

生产阶段	工程类别	主要的工程建设项目与生产工艺	备注
建设期	钻井工程	钻前工程（修建井场道路、场地平整、各类水池、放喷池、各类设备基础、设备安装等）；钻井（钻井、固井）、完井增产（洗井、井筒预压、压裂）作业、试气作业	所有实体工程在本阶段建设完成
	地面集输工程	集气站、脱水站、集输管线	
运营期	采气工程、脱水工程、集输工程	采气、脱水、输气	只涉及工程运行及维护
服务期满后	封井工程	封井、拆除管线等设施	

同时，对建设期、运营期和服务期满后3个阶段又分别从"正常状况"和"非正常状况"两种状态分析工程建设可能对地下水环境造成的影响。

1）建设期对地下水环境的主要影响

（1）钻前工程废水由施工作业废水和生活污水两部分组成。其中施工作业废水来自施工场地，道路施工过程遇雨产生的地表径流，径流雨水中夹带有悬浮物；井场基础建设产生的废水主要来自砂石骨料加工、混凝土搅拌及养护等过程；生活污水来自施工人员生活用水。

（2）钻井期间产生的废水主要包括钻井废水（主要包括机械污水、钻井泥浆污水，其中机械污水包括柴油机冷却水、检修排污、钻井泵拉杆冲洗水、水刹车排出水，钻井泥浆污水包括废钻井泥浆、岩屑浸出液等）、洗井废水和生活污水。

（3）完井增产过程的废水主要为压裂返排液，压裂用水量很大，可能会给当地的水资源造成一定压力。压裂返排液中COD、色度和悬浮物含量较高，除了含有有害化学添加剂成分外，还含有储集岩中的烃类化合物和矿物盐等。

（4）试气工程阶段测试放喷或事故放喷时压裂返排液可能会对井场附近的地表水和地下水环境等生态系统造成影响。

（5）地面集输管道工程如采气管道、集气干线、外输干线以及压裂供水工程管线等开挖管沟、建设施工便道活动中施工机械、车辆和人员践踏等产生的废水可能会对沿线的地表水、地下水环境产生一定的影响。集输管网在投产前，进行一次清洁水试压，为分段进行。试压废水主要污染物为铁锈、焊渣和泥沙、悬浮物。

（6）非正常状况下，井场污水池的事故性泄漏、压裂中井壁坍塌、井管破裂等压裂事故造成压裂液的事故性泄漏均可能造成浅层地下水水质污染。

施工期主要废污水产生情况见表7-2-2。

表7-2-2 施工期主要废污水产生情况

序号	废水类别	主要污染物
1	生活污水	COD、NH_3-N
2	钻井废水	石油类、COD、Cl^-
3	洗井废水	石油类、COD、SS、Cl^-
4	压裂废水	石油类、COD、SS、Cl^-
5	试压废水	SS

2）运营期对地下水环境的主要影响

（1）压裂返排液。运营期间天然气气液混输至集气站和脱水站进行分离处理，分离出的压裂返排液排入站内污水池。

（2）清管作业和分离器检修废水。站场清管作业和分离器检修会产生少量清管废水和检修废水，分离器检修废水产生量约1m³/次，每年检修2次，产生的检修废水总量约

2m³/a，检修废水暂存于站场的检修污水池内，自然蒸发减容，不外排；清管作业产生的废水极少，一般随压裂返排液一并处理。

（3）场地冲洗废水。这部分水量较小，可汇入雨水排水系统排至站外，对环境无影响。

（4）生活污水。各站场值班人员产生的生活污水。

（5）非正常状况下，运营期井场压裂返排液储存池的事故性泄漏可能造成浅层地下水水质污染。

运营期主要废水产生情况见表7-2-3。

表 7-2-3　运营期主要废水产生情况表

序号	污染源	污染因子
1	压裂返排液	石油类、COD、Cl⁻、TDS
2	检修废水和清管废水	SS
3	生活污水	COD、氨氮

3）服务期满后对地下水环境的主要影响

气井服务期满后，井场根据实际运行情况和区域需求确定停止生产并拆除各生产及辅助装置，采气井和回注井按照SY/T 6646—2017《废弃井及长停井处置指南》相关规定进行封堵。

此时主要的风险源为拆除地面设施及封井时工人少量生活废水，以及废弃的天然气管道和井场设备在不拆除情况下的锈蚀被降水淋滤后对地下水产生影响。这个时期主要是井筒、巷道内残留的压裂液及返排液可能进一步渗漏，影响深层地下水。

3. 地下水环境敏感特征判别

页岩气开发工程建设项目的地下水环境敏感程度可分为敏感、较敏感和不敏感三级，分级原则见表7-2-4。

表 7-2-4　地下水环境敏感程度分级表

敏感程度	地下水环境敏感特征
敏感	集中式饮用水水源（包括已建成的在用、备用、应急水源，在建和规划的饮用水水源）准保护区；除集中式饮用水水源以外的国家或地方政府设定的与地下水环境相关的其他保护区，如热水、矿泉水、温泉等特殊地下水资源保护区
较敏感	集中式饮用水水源（包括已建成的在用、备用、应急水源，在建和规划的饮用水水源）准保护区以外的补给径流区；未划定准保护区的集中水式饮用水水源，其保护区以外的补给径流区；分散式饮用水水源地；特殊地下水资源（如矿泉水、温泉等）保护区以外的分布区等其他未列入上述敏感分级的环境敏感区[①]
不敏感	上述地区之外的其他地区

① "环境敏感区"是指《建设项目环境影响评价分类管理名录》中所界定的涉及地下水环境敏感区。

根据页岩气开发工程所属的地下水环境影响评价项目类别，以及工程周边水文地质条件与环境敏感特征，对地下水环境的敏感特征进行判别。

二、地下水环境监测技术

地下水环境监测应贯穿页岩气开发工程全生命周期，包括工程建设前、建设期、运营期和服务期满后，确保页岩气开发对地下水环境质量的影响符合工程所在地环境功能区划分要求。

1. 地下水环境监测分级

页岩气开发建设场地的地下水环境监测依据页岩气开发工程类别和地下水环境敏感程度进行等级划分，划分为一级、二级和三级，并按各等级对应的监测要求开展工作。页岩气开发工程地下水环境监测等级划分见表 7-2-5，工程类别划分见表 7-2-6。

表 7-2-5　页岩气开发工程地下水环境监测等级划分表

敏感程度	Ⅰ类工程	Ⅱ类工程	Ⅲ类工程
敏感	一级	二级	三级
较敏感	二级	三级	三级
不敏感	三级	三级	—

注："—"表示可不进行监测。

表 7-2-6　页岩气开发工程地下水环境监测工程类别划分表

工程类别	建设内容
Ⅰ类	钻井工程，完井及改造工程，回注工程
Ⅱ类	采气工程，地面工程中气田水处理循环利用工程
Ⅲ类	地面工程中的内部集输工程、产品气外输工程

注：根据页岩气开发全生命周期中涉及的建设内容的产排污特征、可能的地下水污染途径及对地下水环境影响的程度，确定工程类别。

当同一水文地质单元内涉及两个以上工程内容时应分别判定工作等级，可作为一个整体按最高等级开展监测工作。

线性工程应根据类别及涉及的地下水环境敏感程度分段判定监测工作等级。

2. 监测点布设

页岩气开发建设场地的地下水环境监测点应以页岩气开发工程为主体，重点沿地下水主径流方向布设，兼顾污染物侧向扩散方向。布设位置应能反映地下水环境质量现状和空间变化情况。

优先选用已有地下水露头点（井、泉等），当现有监测点不能满足监测要求时，应布设新的地下水环境监测井。

背景监测点应布设于工程建设场地地下水流向上游，反映未受页岩气开发工程建设影响的地下水环境质量状况。

场地监测点宜布设于工程建设场地处，直接反映建设场地内的地下水环境质量状况。

影响区监测点应布设于工程建设场地地下水流向下游及两侧，反映受页岩气开发工程建设影响的地下水环境质量状况。

监测点布设数量应符合以下要求：

（1）一级监测点布设不少于7个，其中背景值监测点不少于1个，场地监测点不少于1个，影响区监测点不少于3个。

（2）二级监测点数量不少于5个，其中背景值监测点不少于1个，场地监测点不少于1个，影响区监测点不少于1个。

（3）三级监测点数量不少于3个，其中背景值监测点不少于1个，下游影响区监测点不少于1个。

在包气带厚度超过100m的地区或监测井较难布置的基岩山区，当监测点数无法满足要求时，可视情况下调数量，并说明调整理由。一般情况下，该类地区一级和二级监测点应至少设置3个，三级监测点可根据需要设置。

3. 监测井的建设与管理

页岩气开发建设场地的地下水环境监测建设与管理参照 HJ 164—2020《地下水环境监测技术规范》和 DZ/T 0270—2014《地下水监测井建设规范》执行，具体如下。

1）监测井的建设要求

（1）环境监测井建设应遵循一井一设计，一井一编码，所有监测井统一编码的原则。在充分搜集掌握拟建监测井地区有关资料和现场踏勘基础上，因地制宜，科学设计。

（2）监测井建设深度应满足监测目标要求。监测目标层与其他含水层之间须做好封隔，监测井滤水管不得越层，监测井不得穿透目标含水层下的隔水层的底板。

（3）监测井的结构类型包括单管单层监测井、单管多层监测井、巢式监测井、丛式监测井、连续多通道监测井。

监测井所采用的构筑材料不应改变地下水的化学成分，即不能干扰监测过程中对地下水中化合物的分析。

施工中应采取安全保障措施，做到清洁生产文明施工。避免钻井过程污染地下水。

监测井取水位置一般在目标含水层的中部，但当水中含有重质非水相液体时，取水位置应在含水层底部和不透水层的顶部；水中含有轻质非水相液体时，取水位置应在含水层的顶部。

监测井滤水管要求，丰水期间需要有1m的滤水管位于水面以上；枯水期需有1m的滤水管位于地下水面以下。

井管的内径要求不小于50mm，以能够满足洗井和取水要求的口径为准。

井管各接头连接时不能用任何黏合剂或涂料，推荐采用螺纹式连接井管。

监测井建设完成后必须进行洗井，保证监测井出水水清砂净。常见的方法包括超量抽水、反冲、汲取及气洗等。

洗井后需进行至少 1 个落程的定流量抽水试验，抽水稳定时间达到 24h 以上，待水位恢复后才能采集水样。

2）井口保护装置要求

（1）为保护监测井，应建设监测井井口保护装置，包括井口保护筒、井台或井盖等部分。监测井保护装置应坚固耐用、不易被破坏。

（2）井口保护筒宜使用不锈钢材质，井盖中心部分应采用高密度树脂材料，避免数据无线传输信号被屏蔽；井盖需加异型安全锁；依据井管直径，可采用内径为 24~30cm、高为 50cm 的保护筒，保护筒下部应埋入水泥平台中 10cm 固定；水泥平台为厚 15cm，边长 50~100cm 的正方形平台，水泥平台四角须磨圆。

（3）无条件设置水泥平台的监测井可考虑使用与地面水平的井盖式保护装置。

3）监测井标识要求

环境监测井宜设置统一标识，包括图形标、监测井铭牌、警示标和警示柱、宣传牌等部分，相关要求参见 HJ 164—2020《地下水环境监测技术规范》附录 A。

4）验收与资料归档要求

监测井竣工后，应填写环境监测井建设记录表，（参见 HJ 164—2020《地下水环境监测技术规范》附录 B 表 B.1），并按设计规范进行验收。验收时，施工方应提供环境监测井施工验收记录表和设施验收记录表（参见 HJ 164—2020《地下水环境监测技术规范》附录 B 表 B.2 和表 B.3），以及钻探班报表及物探测井、下管、填砾、止水和抽水试验等原始记录及代表性岩心。

监测井归档资料包括监测井设计、原始记录、成果资料、竣工报告、验收书的纸质和电子文档。

5）监测井管理

（1）对每个监测井建立环境监测井基本情况表，监测井的撤销、变更情况应记入原监测井的基本情况表内，新换监测井应重新建立环境监测井基本情况表。

（2）每年应对监测井的设施进行维护，设施一经损坏，必须及时修复。

（3）每年测量监测井井深一次，当监测井内淤积物淤没滤水管，应及时清淤。

（4）每两年对监测井进行一次透水灵敏度试验。当向井内注入灌水段 1m 井管容积的水量，水位复原时间超过 15min 时，应进行洗井。

（5）井口固定点标志和孔口保护帽等发生移位或损坏时，必须及时修复。

4. 监测指标的筛选

地下水环境监测主要是对地下水水位、水温和水质等开展监测。水质监测主要是对特征指标进行监测，包括色、嗅和味、pH 值、石油类、氯化物、硫化物、挥发酚、耗氧量、氨氮、总硬度、溶解性总固体等，可根据页岩气开发工程特征污染物种类适当增加或减少。

5. 监测频率

（1）一级监测应包括丰水期、平水期和枯水期，监测频率每期不少于 1 次。对于建设期较短的 I 类工程，应至少在建设期内开展 1 次监测工作。

（2）二级监测应包括丰水期和枯水期，监测频率每期不少于 1 次。

（3）三级监测应至少包括枯水期，监测频率每期不少于 1 次。

（4）在钻遇潜水含水层、压裂、返排初期等地下水环境污染风险较高的时段，发生污染事故后，应提高监测频率，且不少于 3 次，以全面反映地下水环境状况变化过程。

6. 监测方法

监测方法包括人工取样监测和自动在线监测。

1）人工取样监测

人工取样监测地下水样品采集及现场监测、样品管理、实验室分析及质量控制应符合 HJ 164—2020《地下水环境监测技术规范》相关要求。

2）自动在线监测

（1）一级监测场地及下游宜选择 1~3 个点位开展水位、水温、pH 值、氯化物、石油类等指标的自动在线监测。

（2）自动在线监测系统选用的设备应经过国家授权质检或其他机构的产品型式实验检测。

（3）地下水自动在线监测相关仪器设备在投入使用前应经过设备的检定、校准、检查工作；对在用仪器设备应进行定期维护、检定、校准，确保功能正常。

7. 监测数据的管理

1）数据存储

应结合实际管理需求建立页岩气开发工程地下水环境监测数据库或信息平台，对监测数据进行规范化管理，数据存储和归档资料应妥善保存。

2）数据分析

（1）地下水环境质量评价。地下水环境质量评价应依据相关法规、当地环保要求以及 GB/T 14848—2017《地下水质量标准》。

水质评价采用标准指数法进行评价，标准指数计算方法参照 HJ 610—2016《环境影响评价技术导则　地下水环境》执行。标准指数大于 1，表明该水质因子已超过了规定的水质标准，指数值越大，超标越严重。

对属于 GB/T 14848—2017《地下水质量标准》水质指标的数据因子，应按其规定的水质分类标准值进行评价；对不属于水质指标的数据因子，可参照 GB 5749—2006《生活饮用水卫生标准》、GB 3838—2002《地表水环境质量标准》进行评价。

（2）地下水环境质量动态变化分析。相同监测点位的数据应按水质因子分别与历史数据进行对比，分析水质随时间变化的情况；同一建设场地或水文地质单元内的监测点之间，应按水质因子分别进行对比，分析水质的空间变化情况。

三、地下水环境监测评价

1. 页岩气开发工程地下水环境敏感特征

1）水文地质条件

（1）长宁示范区水文地质条件。该示范区内地下水类型主要为碳酸盐岩裂隙溶洞水、碎屑岩类孔隙裂隙水及基岩裂隙水。① 碳酸盐岩裂隙溶洞水：该类裂隙主要由三叠系雷口坡组（T_2l）和嘉陵江组（T_1j）组成，厚度约300m，岩性以薄层至中厚层状石灰岩和白云质灰岩为主，夹岩溶角砾岩和页岩。岩溶发育—中等发育，岩溶水丰富，既有大型的管流道，也有大量沿溶隙排泄的岩溶泉。② 碎屑岩类孔隙裂隙水：该类裂隙主要由三叠系须家河组（T_3xj）组成，为一套内陆湖泊沼泽相含煤碎屑沉积，岩性主要为灰、灰白色厚层至块状细至中粒岩屑长石石英砂岩，夹深灰、灰色薄层至中厚层状粉砂岩、泥岩、少量页岩及薄煤层。该地层中，砂岩裂隙发育，其中，又以层面裂隙及因层间滑动所引起的扭裂隙最发育，这些裂隙为地下水赋存提供了储水空间。③ 基岩裂隙水：该类裂隙主要由侏罗系沙溪庙组（J_2s）、自流井组（$J_{1-2}z$）及三叠系飞仙关组（T_1f）组成。岩性主要为泥岩、砂质泥岩夹砂岩，砂岩单层厚度以1～3m居多，但在两个地层交界处，砂岩很厚，可达到几十米。含水层以泥岩和砂质泥岩为主，间夹数层中厚层砂岩和页岩。原生层面间隙和次生构造裂隙是地下水的主要储存场所，砂岩裂隙多呈纵向开启状，裂隙的空间分布呈较强的各向异性，导致地下水分布埋藏不均，含水性一般较弱，各层之间缺乏水力联系，只能组成单一含水层。由于多处在切割变化的低山和中山区，地下水交替循环强烈，井、泉出露普遍，但水量较小，流量随季节变化。尤其自流井组，泉水稀少，水量贫乏，水井多与地表水、田水补给有关，水量很小。

（2）威远示范区水文地质条件。该区域内降水较丰富，浅层地下水径流畅通。区域地下水类型主要有侏罗系红层砂泥岩（J）风化带网状裂隙水及三叠系须家河组砂页岩（T_3xj）层间裂隙水。① 红层砂泥岩风化带网状裂隙水，主要分布于威远示范区内的红层丘陵区域，含水岩层为侏罗系自流井组、下沙溪庙组、上沙溪庙组和遂宁组，岩性为一套巨厚的红色砂、泥岩。地下水埋藏于砂、泥岩风化带孔隙、裂隙中，以裂隙储集为主，孔隙储集次之。地下水以潜水为主，局部地段有承压水，自流井组（$J_{1-2}z$）承压条件较好。地下水埋深0～50m，下部往往有溶滤的或封存型的盐卤水。由于含水层本身储集和渗透性能差，加之产状平缓，地表部被分割零碎，不利于地下水汇集，且被隔水层广泛覆盖，多数不易得到补给，故富水程度一般较差，水量较小。该类地下水虽然水量较小，但在威远县丘陵区分布面积99%以上，是具有分散供水意义的地下水类型。② 须家河组砂页岩（T_3xj）层间裂隙水：分布于威远区块产能建设区西北部威远背斜南翼，厚度受古构造控制，由背斜向外围增大，厚496～636m，岩相比较稳定，按照岩性可分为6段。T_3^1xj、T_3^3xj和T_3^5xj以页岩煤系为主夹砂岩，T_3^2xj、T_3^4xj和T_3^6xj以厚层砂岩为主。地下水主要赋存于T_3^2xj、T_3^4xj和T_3^6xj厚层砂岩孔隙裂隙中，以裂隙含水为主，具有多层性。表层普遍为潜水，向下循环至一定深度即变为层间承压水。深部为具有区域性的高矿化度盐卤水。

2）敏感特征判别

从长宁—威远示范平台井站与敏感对象位置关系来看，各集中式饮用水水源保护区、准保护区范围内均未布置页岩气开发平台、集气站、脱水站和其他工程内容。根据现场调查，大部分平台井站下游分布有分散式饮用水水源地。

综上所述，长宁—威远示范区的地下水环境敏感程度确定为"较敏感"。

2. 页岩气开发工程对地下水环境的影响评价

依据四川省地质工程勘察院集团有限公司于2018—2019年对长宁—威远页岩气开发示范工程3个平台地下水进行的跟踪监测结果（选取特征污染物—氯化物），对长宁—威远页岩气开发示范工程对地下水环境的影响情况进行评价，其中W204H6平台监测情况如图7-2-1所示。

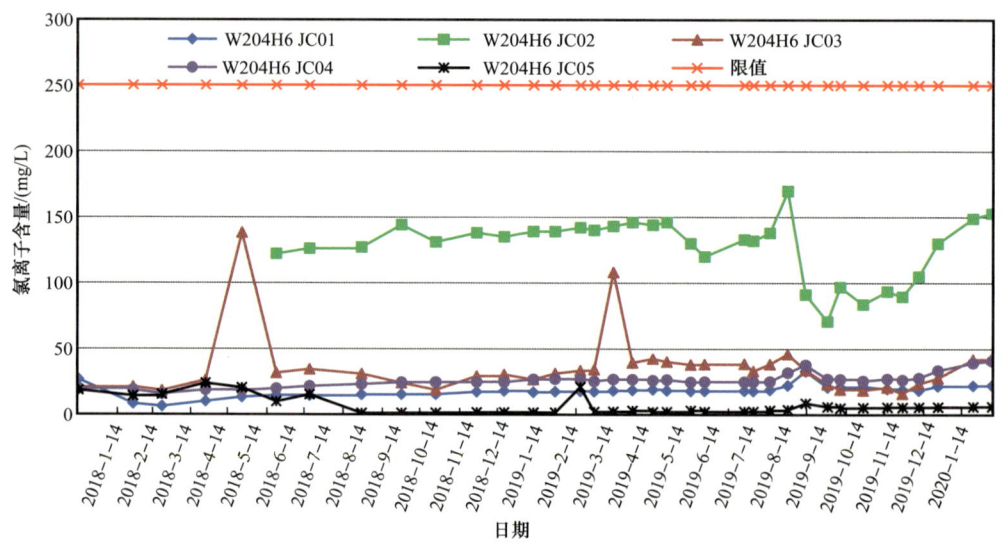

图7-2-1　W204H6平台氯化物监测成果图

W204H6平台5口监测井中，监测期内，氯化物监测结果均符合标准，场地内监测井JC02氯化物浓度最高，波动范围较大，上游监测井JC01、下游监测井JC03、侧向监测井JC04与JC05氯化物浓度在0～50mg/L范围内波动，各自变化范围较小。下游监测井JC03在2018年5月与2019年3月上旬亦出现明显峰值，与电导率具有相同表现。场地内监测井JC02与侧向监测井JC05监测井的电导率和氯化物呈显著相关，相关系数分别为0.730和0.828。平台内与平台下游的氯化物浓度较高，说明页岩气开采过程可能对地下水中氯化物含量产生一定影响，应增加监测频率，预防地下水污染事件的发生。

3. 地下水防控措施

1）钻井过程地下水污染防控

（1）井位选址调整。查明页岩气开发的"禁区"——集中式饮用水源一级和二级保护区；开展区域水文地质调查，查明页岩气有条件进入的地质敏感区——暗河、溶洞普遍分布的溶洞发育区，指导页岩气开发空间部署。

在开展页岩气钻井作业前，建议采用以探测岩石介质的导电性差异为基础的音频大地电磁法等地球物理勘探技术，探查井眼下1000m内的暗河和溶洞等地质敏感区，平台选址尽量避开溶洞暗河、规模较大的溶洞以及溶洞地下水的强径流带，有效降低钻井液漏失对地下水污染的概率。

（2）井身结构优化。结合长宁地区岩性及地下水环境保护要求，设计了"导管+三段式"井身结构。导管段封固地表漏失、垮塌严重段；一开封固嘉陵江组，封隔浅层水系，避免后续钻进过程中钻井液漏失污染地下水；二开封固韩家店组之上的易垮塌层、漏失层，确保井眼不漏失。采用高钢级套管、固井水泥返至地面等措施，确保井筒密闭性完好，彻底隔离浅层水系。

（3）环保钻井液体系。导管段和一开段采用空气钻井或采用主要成分为膨润土的清水钻井液体系，确保不污染浅层地下水；二开段采用环保型水基钻井液体系，其主要添加剂为天然矿物类和改性天然高分子等绿色药剂；三开段采用回收再利用的油基钻井液体系，主要成分为无毒或低毒材料。

2）排液试气及采输阶段地下水污染防控

为降低返排液暂存过程中地下水污染风险，工艺池体选址前应通过地球物理勘探手段规避溶洞、地下暗河等地下水强径流带，池体应参照GB/T 50934—2013《石油化工工程防渗技术规范》、HJ 610—2016《环境影响评价技术导则 地下水环境》的要求进行重点防渗。同时，加强池体泄漏的巡检，建立地下水污染影响跟踪监测制度，降低池体中污水泄漏对地下水环境的影响。

3）回注阶段地下水污染防控

（1）地质风险控制措施。针对回注水可能由于回注层封闭性差对地下水环境风险的情景，应结合SY/T 6596—2016《气田水注入技术要求》、Q/SY 01004—2016《气田水回注技术规范》等技术规范要求在回注井论证阶段优先选择气藏枯竭层或废弃层，区域上无适宜的枯竭层或废弃层时，新选回注层应满足回注影响范围内无断层、无地表露头的要求；回注层与供水含水层之间至少存在一个隔离层，保证回注水不会对具有供水意义的含水层造成影响。回注井运行过程中，建议加强微地震监测，主动掌握回注水在回注层中运移的优势方向及影响范围，判断回注层是否正常回注，为防止回注水因窜层、从露头溢出等环境污染事故提供风险预警。同时根据回注井的水文地质条件和回注水运移情况，在回注井附近饮用含水层上游与下游合理布设地下水监测井，定期监测浅层地下水中特征组分的变化，加强地下水环境敏感点环境风险预警。

（2）井筒风险控制措施。针对回注水可能由于井筒完整性不好对地下水环境风险的情景，应结合SY/T 6596—2016《气田水注入技术要求》、Q/SY 01004—2016《气田水回注技术规范》等技术规范要求在回注井设计阶段从井身结构、固井质量、完井方式等方面确保回注井的井筒完整性良好。回注井运行过程中，定期采用声波变密度测井、扇区水泥胶结测井等技术加强套管胶结程度检测；采用电化学法、井径仪测量法等技术加强回注井筒腐蚀监测。实时监测回注压力、回注量、油管压力、套管压力、环空压力等运行参数,保证返排液有监管地安全回注,降低回注井筒泄漏风险。

采取以上回注层地质和回注井井筒风险控制措施后,事故工况下,回注井对地下水环境风险可控。

第三节 标准化与模块化设计技术

页岩气地面建设标准化与模块化设计是从(涵盖)钻前工程到地面生产各阶段,从平台到脱水站等全方位、多角度、系统性和系列化为特点,采用了钻前地面一体化设计、模块化与橇装化、集成化相结合、橇装重复利用的新思路(《油气田地面建设标准化设计技术与管理》编委会,2016;王元基等,2018),是实现钻前地面一体化设计与建设的重要前提,也是实现页岩气地面建设规模化采购、工厂化预制、共享储备和重复利用的重要基础。

一、标准化设计技术背景、思路及原则

1. 设计背景

"十二五"期间,我国已在重庆焦石坝区块、四川长宁—威远区块、滇黔北昭通区块、富顺永川区块、延安陆相区块等开展页岩气开发先导试验,建成了一批配套的页岩气地面集输及处理系统。在各已建试验区,集输处理设备大都采取了模块化橇装设计,基本可满足先导性试验的试采需要。但未形成统一的标准化设计技术,且在应用过程中还存在一些问题。

1)系统适应性差

(1)页岩气井生产表现为初期产量快速递减,中后期低压小产、生产周期长的动态特征。页岩气田特有的滚动开发模式及生产参数变化较大等特点,要求地面系统具有很宽的适应范围。前期页岩气站场标准化设计主要借鉴常规气的规范设计,随着对页岩气开发的认识深入,原工艺方案不适应气田开发的实际需要。页岩气地面工程应根据页岩气井生产变化规律,在不同生产阶段采用相应的地面集输工艺,适应页岩气井不同生产阶段工况变化,满足页岩气开发生产需求。

(2)前期标准化设计局限于平台,未在集气站、脱水站等进行标准化设计。

2)建设成本高

(1)原标准化设施布置分散,部分设备、阀门不利于操作。

(2)脱水装置规模大,长期低负荷运行,造成初期投资高。

3)建设周期长

(1)地面建设仍以现场安装为主,施工工期长。

(2)地面建设速度慢,导致"井工厂"模式下地面工程与钻井、压裂、测试等交叉作业时间长,加之地下、地面未统筹协调,相互冲突,存在一定安全隐患。

2. 设计思路及原则

1）设计思路

（1）吸收常规气田标准化设计成果和成功经验，借鉴国内同行业标准化建设模式和国外页岩气开采的先进做法，在实地调研总结国内页岩气地面建设和生产的基础上，进一步开展页岩气标准化设计工作。

（2）坚持钻前与地面建设一体化设计。

（3）坚持"模块化、橇装化、规模化和重复利用"的设计思路，实现地面建设项目一体化建设、规模化采购及工厂化预制。

2）设计原则

（1）系统性原则。一是体现钻前、钻井、压裂、测井、排采、地面产能建设和生产运行全过程统筹兼顾的系统性；二是体现钻前工程与地面工程的深度结合；三是体现信息化、工业化与标准化设计的融合；四是体现主体工艺与配套辅助工程的协调性。

（2）适应性原则。根据页岩气井生产变化规律，制订出适应于页岩气的标准化设计工艺及自控方案；总图布置充分考虑后期井下及地面作业影响，尽量减少后期作业拆除和重复建设。

（3）完整性原则。建设标准应综合技术、质量与投资等主要因素，从项目全生命周期中的前期建设、后期维护及运行成本等方面综合考虑标准化设计方案，力争后续维修更换少、生产运行成本低。

（4）经济性原则。标准化设计从多方面综合考虑经济性问题，如实现规模化采购，切实降低设备采购成本，做到同种装置的一致性，确保通用性，以便提高重复利用率。

二、标准化设计技术

1. 页岩气平台标准化

页岩气平台标准化设计基于模块化、橇装化的设计思路，模块化设计以具有独立功能的模块和橇块为最小单元，通过不同功能模块组合，满足不同生产期不同井眼数平台需求（梁光川等，2016；王健等，2017）。根据页岩气井生产特点，制订全生命周期的标准化设计流程，通过对平台正常生产早期、中期及末期橇块的重复利用，提高设备重复利用率，降低平台地面工程投资。

1）正常生产早期

此阶段井口压力和流体温度降低，产液量和产气量逐渐减小，砂量逐渐减少。平台内气井来气，经除砂、分离和计量后出站。当采用"一对一"连续分离计量时，为每口井设置独立的分离计量装置；当采用轮换计量方式时，可设置一套（或多套）总分离计量装置和一套单井分离计量装置。

2）正常生产中期

此阶段气井产气量、产液量、出砂量减少，井口压力降低。对于采用"一对一"连续分离计量的平台站，可将早期的除砂橇更换为轮换阀组橇，分离计量橇装只保留两套分别作为站场的总计量与单井计量。

3）正常生产末期

正常生产末期可继续沿用中期轮换阀组橇，拆除分离计量橇，安装计量管汇橇。末期流程不是每个平台站必须采用，可在井口压力低、气量少、产水很少或不产水时选用，提高分离计量橇的重复利用率。

2. 页岩气集气站标准化

针对页岩气开发生产特点，按照"平台增压为辅，集中增压为主"的总体原则，集气站宜采用高压与低压分输流程，避免后期对工艺流程的改造，主要功能如下：

（1）接收上游集气支线来气汇集、分离、计量后外输；

（2）站内超压报警及超压安全放空；

（3）事故情况下进站、出站紧急截断及放空；

（4）站场及线路管道检修时天然气的放空；

（5）接收上游集气支线来清管收球；

（6）去下游中心站（集气站）集气干线清管发球；

（7）站内具备高低分输功能，低压气过滤、增压后与高压气汇合外输。

3. 页岩气脱水装置标准化

坚持页岩气脱水站"集输、脱水、外输"工艺及自控系统一体化的总体原则，实现脱水装置设计优化简化。坚持"模块化、橇装化、规模化和重复利用"的设计思路，实现地面建设项目一体化建设、规模化采购及工厂化预制。坚持"优化工艺参数，非全量放空"设计思路，实现脱水装置及橇装小型化、节能化、经济化。

页岩气标准化脱水装置设计规模为 $300\times10^4m^3/d$、$150\times10^4m^3/d$ 和 $40\times10^4m^3/d$，采用 TEG 脱水和火管直接加热再生工艺，具有以下特点：

（1）TEG 脱水工艺流程简单、技术成熟、易于再生、热损失小、投资和操作费用较低等优点；

（2）TEG 再生所采用天然气作燃料直接火管加热方法成熟、可靠、操作方便；

（3）脱水装置采用模块化、橇装化设计，占地少，便于工厂化制造，利于节省工程建设时间，保证工程质量。

主要流程：上游集输装置来气经原料气过滤分离器过滤分离后，自 TEG 吸收塔下部进入，与塔内自上而下的 TEG 贫液逆流接触，塔顶气经干气/贫液换热器换热后再进产品气分离器，分离后去外输装置计量外输。

三、模块化建设与一体化橇装技术

1. 模块化建设

模块化建设是在标准化设计的基础上，通过对气田站场各个工艺环节的划分，对不同的单体设备、不同规模的处理模块采用预制化、组装化和橇装化相结合的方式在工厂进行预制，在现场进行组装的施工方法，解决了现场施工条件差劳动强度大的问题，减少了现场施工周期，提高了地面建设的施工效率（马新华等，2018）。

模块化建设的主要做法包括组件工厂预制、工序流水作业、过程程序控制、模块成品出厂、现场组件安装和施工管理可控等。

（1）组件工厂预制。建立模块化预制工厂，按照标准化设计划分预制模块，改善作业条件，实现自动化和机械化工厂作业。工艺模块预制采用橇装化、预制化和组装化相结合的方式。对于小型设备，功能相对独立，遵循"功能合并、整体采购"的原则，采用橇装化设计，要求结构紧凑、功能相对完整，现场拼接；对于进站区、总机关等重量轻、焊接点多、并列重复安装的采用工厂预制；对于重量和体积较大、配管较简单的设备，遵循"提前预配，现场组装"的原则，对其设备接口、配管安装等进行全面的规范定型。

（2）工序流水作业与过程程序控制。工序流水作业是按照施工工艺，合理组配流水资源，形成工序衔接，流向顺畅、操作简捷、高效、可靠。过程程序控制是通过编制程序化过程控制文件，健全组织机构，职责明晰、流程顺畅、规范操作、统一标准、统一标识。

（3）模块成品出厂与现场组件安装。组件装配成便于运输的最大模块出厂，转运方便，产品系列化，互换性强。为了避免预制产品发生变形或损坏，研制相应的配套工具及防变形工艺。模块在现场以插件形式安装，现场作业量小，适应快速建站需要，便于维抢修。

（4）施工管理可控。施工管理可控是指统一数据模型，整合项目管理系统，满足施工过程数据的可追溯性及标准规范要求。

近年来，中国石油以"模块化建厂"为抓手，创新形成了模块化设计与三维建模技术、工厂化预制与模块化组装技术和施工全过程数字化管理技术。

2. 一体化橇装

油气田地面工程一体化橇装装置是指应用于油气田地面生产的一类设施，结合油气田地面工程的建设规模和工艺流程的优化简化，通过将机械技术、电工技术、自控技术和信息技术等有机结合、高度集成，根据功能目标对各功能单元进行合理配置与布局，在多功能、高质量、高可靠性、低能耗的基础上，自成系统，独立完成油气田地面工程中小型或大型站场多个生产环节的全部功能。一体化橇装装置基本特征：

（1）多功能。多功能主要包括机械功能、动力功能、热力功能、数据采集和测量功能、数据处理和控制功能。

（2）一体化。多个原来相互独立的功能实体通过一定方式结合成为一个单一实体，与一体化集成前对比，能够大幅度减少占地面积，并且具有结构紧凑、布置灵活、安装方便等特点。对于较大型的一体化集成装置，为便于预制和运输，可以拆分成几个单体橇装模块，现场组装。

（3）自动化。装置的正常生产运行无须人工操作，便能自动完成生产信息采集、测量、控制、保护和监测等功能，并可根据需要实现在线分析、实时自动控制、智能调节等高级功能。对于大型站场内部的一体化集成装置，可以结合整个站场的自控要求和自控系统统一设计。

一体化橇装装置加快了建设进度、节省了土地占用，实现了远程监控无人值守，是对标准化设计和模块化建设的升华，转变了地面建设与管理方式。

3. 平台井站模块化、橇装化

1）平台正常生产早期

（1）早期模块划分和橇装组合。平台内正常生产早期模块主要有井口、除砂橇、分离计量橇和出站阀组橇等模块。除砂橇采用1井式、2井式和3井式橇装进行组合，兼顾不同井眼数平台站工艺需求。

（2）早期橇装设备。平台正常生产早期的橇装主要有除砂橇、分离计量橇（"一对一"或轮换）和出站阀组橇等。

2）平台正常生产中期

（1）中期模块划分和橇装组合。当进入正常生产中期时，模块数划分相应减少，如可拆除除砂橇，增设轮换阀组橇。

轮换阀组橇采用2井式、3井式橇装组合，可兼顾不同井眼数平台站工艺需求。

（2）中期橇装设备。对于采用"一对一"连续分离计量的平台，计量方式可改为轮换分离计量，可拆除除砂橇和部分分离计量橇，增加轮换阀组橇满足轮换计量需求。拆除的橇装设备可搬迁到其他平台站重复利用。

3）平台正常生产末期

（1）末期模块划分及橇装组合。末期模块划分及组合参照中期组合方式执行。

（2）末期橇装设备。可拆除总分离计量橇和单井分离计量橇，改为计量管汇橇满足轮换计量需求。拆除的分离计量橇可搬迁到其他平台站重复利用，提高设备重复利用率。

4. 集气站模块化与橇装化

1）集气站模块化、橇装化设计特点

集气站是通过不同功能及规模的模块、橇块按工艺流向要求有序组合，可满足不同功能需求和不同集气规模的集气站标准化设计系列需求。

2）集气站模块化与橇装化

（1）集气站模块划分及组合。根据集气站标准化流程和模块的划分，集气装置可分为：清管接收模块、清管发送模块、分离计量模块和过滤分离模块。

（2）标准化橇装设备。集气站的橇装主要包括清管接收（发送）橇、分离计量橇、过滤分离橇。

5. 脱水装置模块化、橇装化

1）脱水装置模块化、橇装化设计特点

通过对 TEG 脱水装置多个过程单元进行分解，并按模块、橇块合理的运输尺寸和重量，以及现场最小拆分量进行组合和拆分，并按处理规模形成多个具有完整功能的标准化系列。

为了后续扩建和生产管理方便，模块、橇块以及站外连接管道采用地上（管架 + 管支墩）敷设为主、埋地敷设为辅的标准化设计特点。

2）脱水装置模块化与橇装化

TEG 脱水装置按 $40\times10^4m^3/d$、$150\times10^4m^3/d$ 和 $300\times10^4m^3/d$ 等多种规模进行标准化设计，并通过多套标准化装置组合形成不同规模的脱水站场。当采用多套装置构建一个脱水站场时，应优先考虑将 TEG 溶液回收及补充模块、尾气灼烧模块共用。

常规 TEG 脱水装置的橇及模块主要有过滤分离橇模块、吸收塔模块、溶液补充及回收模块、尾气灼烧模块、过滤分离及 TEG 再生模块、TEG 循环泵橇、点火器操作平台橇。

通过持续应用和不断优化，形成了高压排采橇、增压橇、集气站橇、脱水橇和注醇橇 5 大类别、20 个系列一体化集成橇装装置。全面实现"工厂化预制、模块化安装、橇装化复用"，场站主要工艺设施橇装化率达 100%。

四、标准化设计技术应用效果

通过现场调研、系统梳理、总结经验，梳理了页岩气井开发生产各阶段主要作业流程，划分了试气排采期与正常生产早期交接技术界面，以及与地面产能建设工作界面，形成较完善的页岩气地面建设标准化设计体系。于 2018 年，发布《关于印发西南油气田公司页岩气地面建设标准化设计手册（试行版）》，地面工程标准化设计覆盖率达 100%，系统性满足了页岩气开发生产需要。

《西南油气田公司页岩气地面建设标准化设计手册（试行版）》发布以来，在川渝页岩气 8 家建产单位已经全面推广应用，目前有 247 座钻前平台、178 座平台井站、46 座集气站、28 套脱水装置、26 台增压机组、8 座井区综合值班用房应用了标准化设计，应用覆盖率达 100%，累计应用各类橇装 1564 个。与标准化设计前相比，站场平均设计周期缩短 30% 左右，脱水装置平均缩短设计周期 50% 左右；平台井站现场施工平均工期缩短约 25 天。压缩机采取快装式单层降声罩方案，利于生产管理、操作维护和搬迁重复利用。

第四节　页岩气数字化气田技术

一、技术研究背景

西南地区已成为我国页岩气勘探开发的主战场，页岩气数字化气田技术研究对推动页岩气有序、快速、高效、可控发展，探索解决页岩气勘探开发过程中的关键问题，加快页岩气勘探开发进程，实现页岩气规模效益开发具有重要支撑作用。一方面，页岩气田存在单井产量低、建井周期短、数量多，稳产期可达数百口井，数量庞大、井口分散等特点，依靠人工开展生产调节和控制难以满足高效管理需求；另一方面，信息化建设已进入集成与应用阶段，需要进一步提升页岩气田在数据采集规范、传输方式、质量控制、应用模式等方面能力，才能高质量支撑页岩气田开发生产、经营管理的业务需求。

因此，利用现有信息化已建成果，以页岩气田数据采集、传输及应用为核心，研究页岩气田井场数据与生产数据采集、传输、整合及应用技术及模式，实现页岩气开发及生产的科学、合理、高效统一管控，助推数字化页岩气田规模有效、可持续发展。

二、技术研究要素

开展页岩气站场现场通信与实时数据采集系统建设研究、页岩气井场数据采集与集成技术研究工作，建立页岩气田持续的钻完井、压裂、试油、现场监控、监测、生产数据采集多业务传输通道，形成数据采集、整合、集成及应用的数字化气田技术系列，实现井场、场站建产情况全面及时上传和呈现，为后续更多业务功能实现提供数据平台和统一的现场可视化环境，支撑页岩气"勘探开发、工程技术、生产管理"数字化建设，为实现数字化页岩气田奠定基础。

三、技术总体设计

1. 页岩气数据采集与整合技术

1）页岩气井场数据采集与整合技术

（1）页岩气井场数据的采集与整合设计思路。应用 SOA、数据微服务等技术，形成 1 套页岩气井场数据标准化采集与整合技术方案，建成涵盖钻井、录井、测井、试井专业井场数据的一体化采集平台，打造"数据源头采集、集成共享、地质工程一体化应用"的数据采集新模式。

（2）页岩气井场数据采集与整合内容（陈跃国等，2004）。建立页岩气井场数据的采集与整合架构（图 7-4-1），通过该架构实现页岩气跨勘探生产与工程技术板块、跨专业、动静态一体化的数据源头采集、传输模式。成果数据部分：在数据源层，通过勘探开发成果数据采集系统对页岩气成果类数据进行采集，数据源单位应用采集客户端进行现场录入。在集成层，通过采集系统建立集成接口同步至"页岩气地质工程一体化平台"。动态数据部分：在数据源层，以"川庆一体化平台"数据库为唯一的工程技术数据源，一体化采集钻井、录井、测井、井下作业在现场的动态数据和实时数据、视频数据。在数据集成层，同构建立西南油气田工程技术数据库（殷晓岚等，2002）。

针对页岩气成果数据的应用需求，基于 EPDM 数据模型（图 7-4-2）扩展 4 张数据表 162 个数据项（孙宁，2013），形成页岩气井场数据采集标准 1 套，新增了与页岩气相关的 4 张表，分别是：页岩气压裂施工参数表（井下）、微地震监测基础数据（测井）、微地震监测成果数据内部记录（测井）、VSP 测井采集基础数据（测井）。

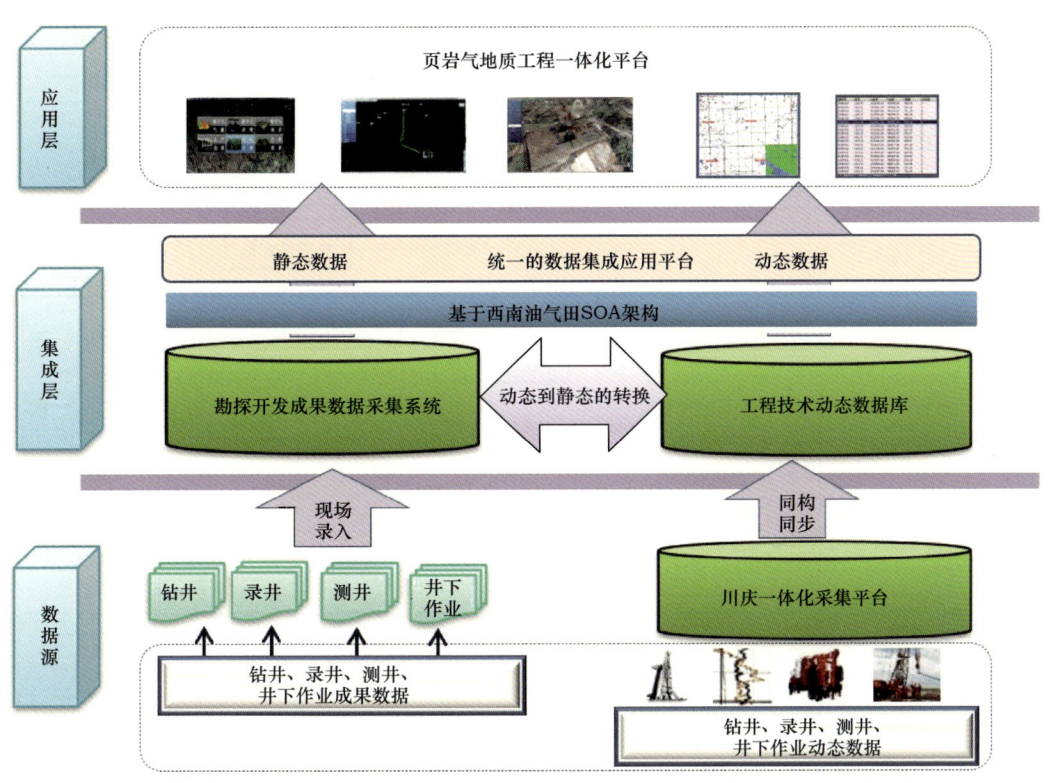

图 7-4-1　页岩气井场数据的采集与整合架构

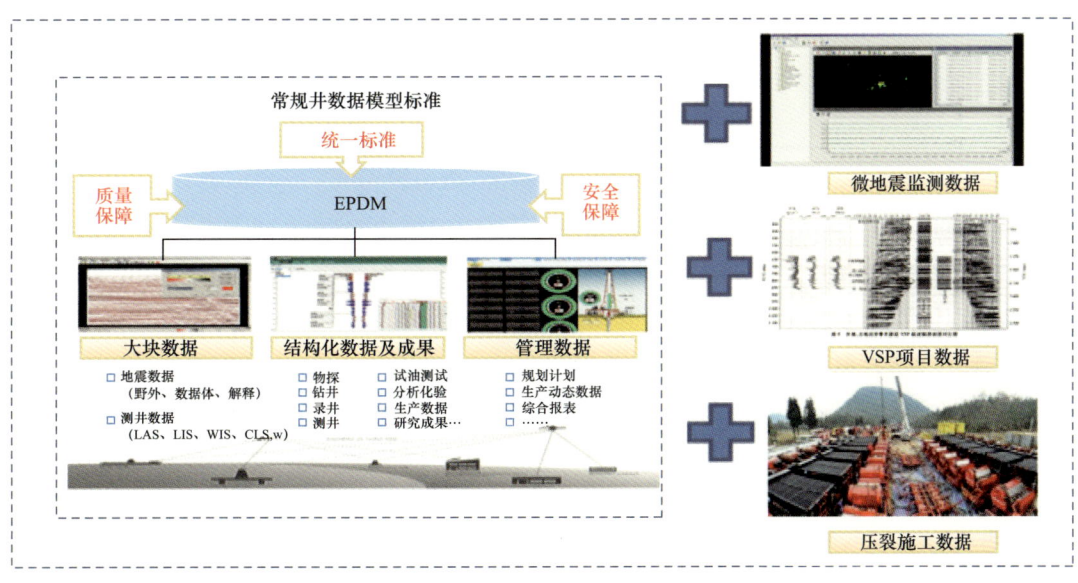

图 7-4-2　页岩气井场数据采集模型

在页岩气工程技术数据一体化集成架构下，建立一套页岩气工程技术数据一体化数据采集流程（胡道雄等，2015）（图 7-4-3），适应复杂组织机构对数据采集、审核的应用，保证数据集成后的准确性、完整性、一致性、及时性。

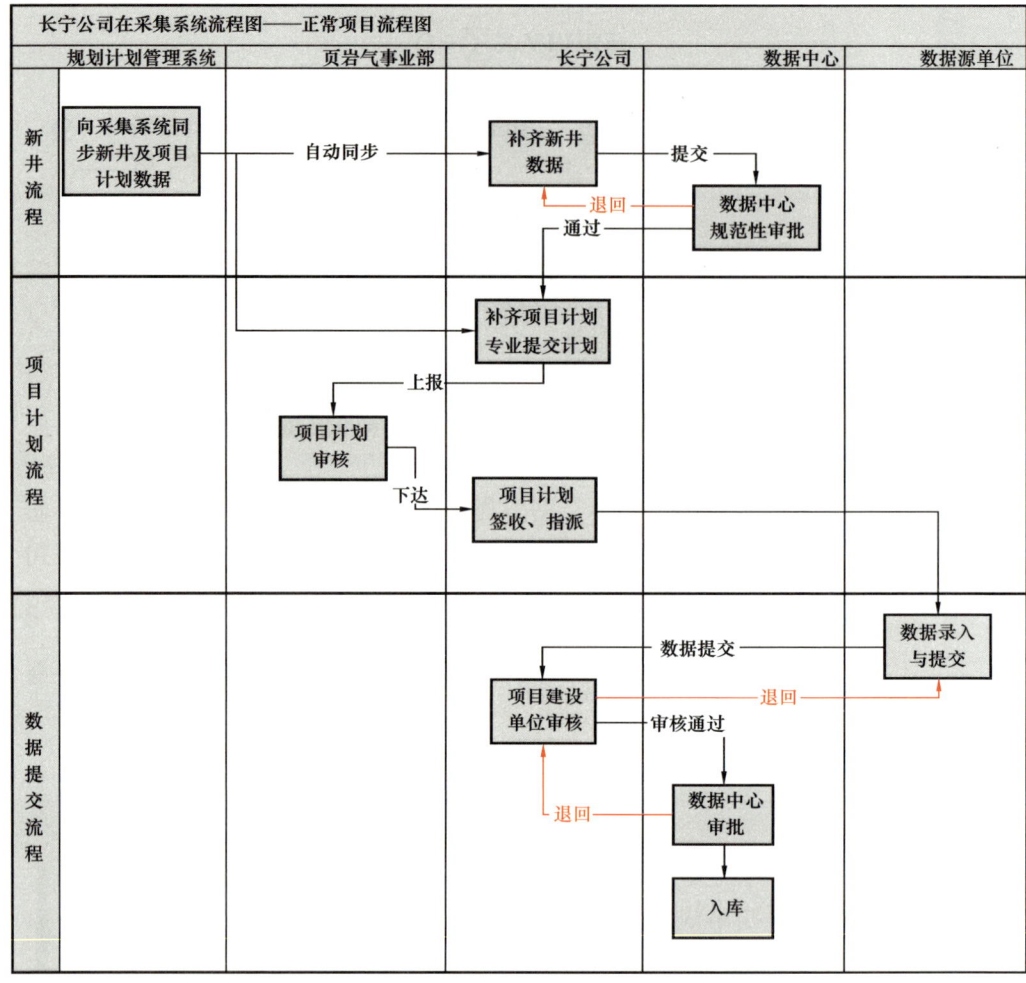

图 7-4-3 井场数据采集流程

流程说明：页岩气业务的管理部门负责数据计划的审核和下达；页岩气项目建设单位，负责新井创建、计划补全上报、数据一级审核；数据管理部门负责数据二级审核和入库；工程技术公司是项目建设的数据录入单位。

2）页岩气生产数据采集及整合技术

（1）页岩气生产数据的采集与整合思路。应用 SOA 架构的数据集成技术与数据质量控制技术，形成页岩气场站数据标准化采集、传输及应用技术规范，打通页岩气田多业务数据传输通道，完成现场生产数据接入组态、存储及综合展示，助力页岩气田数字化生产管理。

（2）页岩气生产数据采集与整合内容。应用 KU 波段高通量、可用频带宽、点波束增益高等卫星通信技术，搭建具备部署快、对星快等特性的专网卫星传输通道，实现页岩气新开钻井投产前现场数据传输（图 7-4-4 和图 7-4-5）。

研究页岩气生产数据质量控制及数据采集、传输、应用技术，覆盖 78 个平台、450 口井，形成统一数据质控规范，完成 51 类数据接口标准化封装。

图 7-4-4 页岩气数据传输技术现场应用

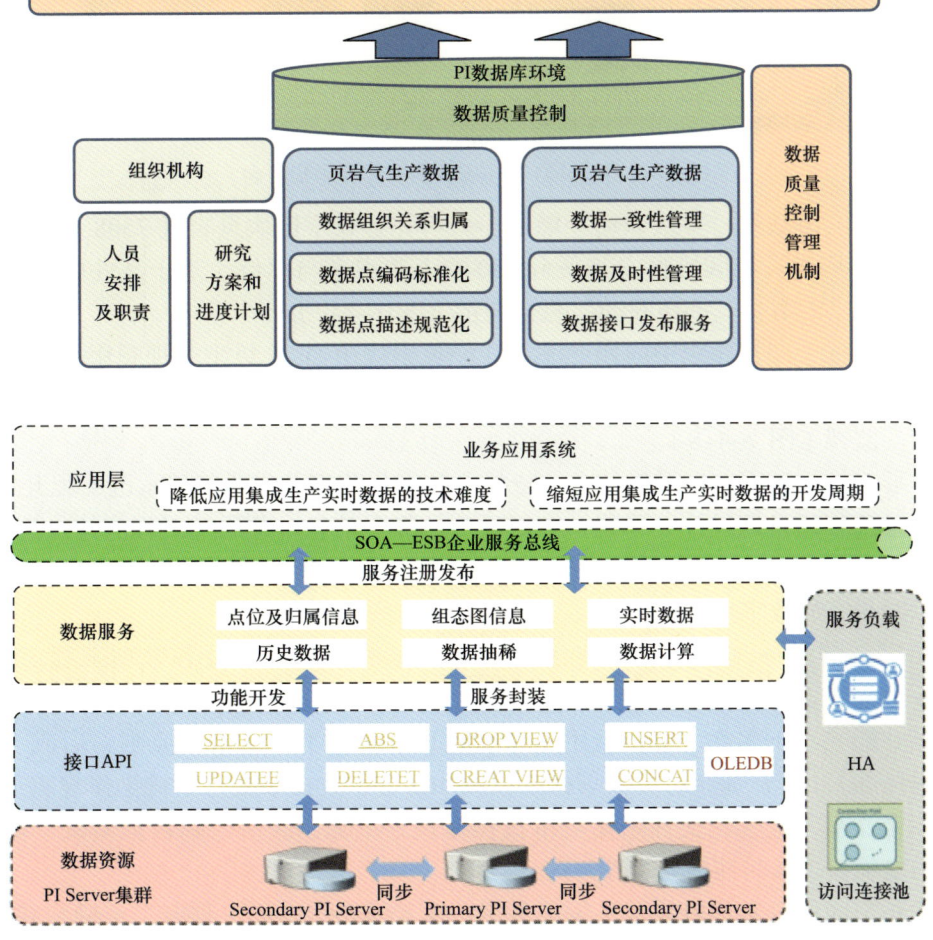

图 7-4-5 页岩气生产数据采集、传输及应用技术框架

3）系统应用情况

（1）页岩气井场数据一体化采集平台应用。平台集成现场一体化跨专业填报软件，实现井场端分专业用户填报，减少重复采集数据1187项，数据填报工作量减少70%（图7-4-6）。

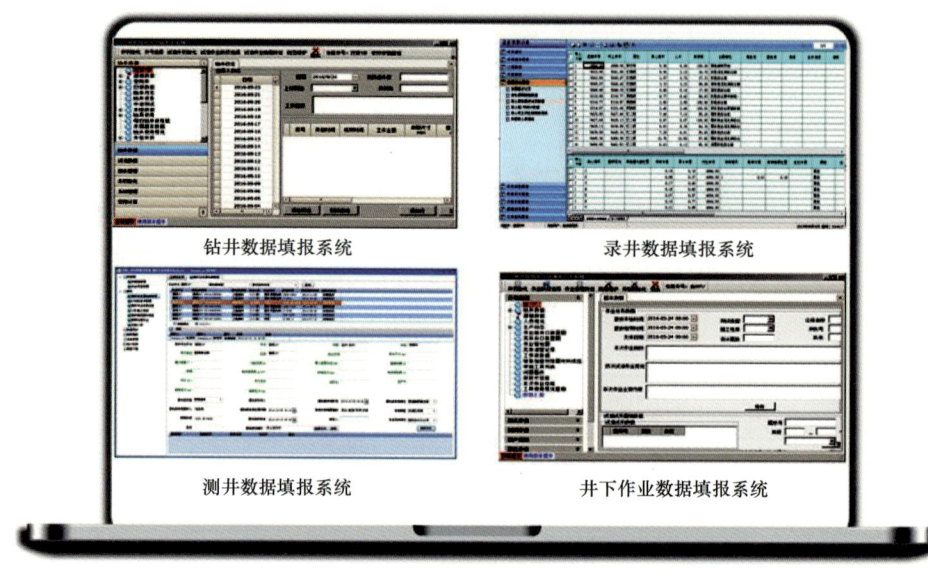

图7-4-6　页岩气井场数据一体化采集平台

（2）生产实时数据"多级联动"展示。分析完善长宁区块页岩气7508个生产数据点位映射关系，形成长宁区块页岩气平台160幅工艺组态与存储，基于高性能集群运行环境，支撑实现实时数据"多级联动"综合展示（图7-4-7）。

（3）页岩气生产视频集中应用。满足智能页岩气田DCC级生产视频服务需求，支撑生产现场视频从生产网到办公网集中应用，实现生产现场全天候、全方位、全过程可视化实时生产监视（图7-4-8）。

（4）形成地面工程数据采集技术，依托全数字化移交及在线归档示范工程开展了126个地面集输工程建设期设计、采购、施工环节的静态信息，并通过工程实体、三维模型、数据、文件的关联整合，形成工程建设过程数据资产。确保工程建设完成后，各类文档资料可以同步完成数字化移交。

按照定义的30%、65%和100%三级数字化移交分级方案及各分项工程定级原则，确定126个单项工程的移交深度。

遵循"能一次不多次、能批量不逐项、能自动不手工"的采集原则，形成《物资分类与编码标准》1套，编制各类数据标准模板462套、数据采集与审核操作规程1套、文件编码规范2套、电子化文件采集与审核操作规程1套，严格控制数据质量，规范了数据采集的准确性、及时性、完整性。

开发长宁区块页岩气田数据采集工具集，覆盖线路、站场工程施工、橇装装置安装、项目文档的4类采集工具。

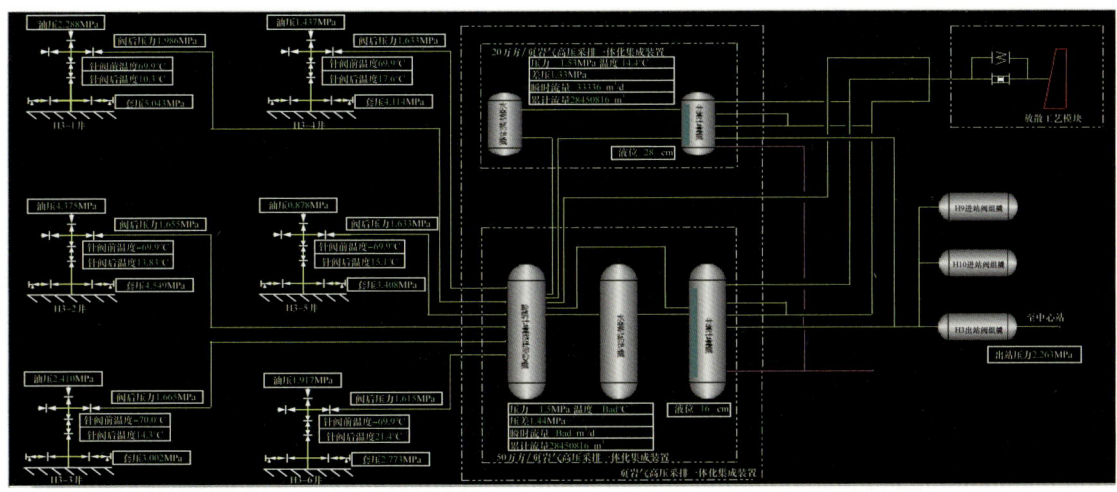

图 7-4-7　页岩气工艺流程及展示

图 7-4-8　页岩气生产视频集中应用

累计采集站场设计模型 83 个、线路 GIS 模型 325km²、设计/施工/采购数据 211950 条、照片 90413 张、电子化文件 29267 件。

2. 页岩气数字化集成与应用技术研究

1）地质工程一体化

构建"气藏—井筒—地面"成果数据的数字化展示和一体化集成应用环境，建立三维系统运用地质工程专业不同系统数据结合显示，实现地上、地下、室内、设备、管道、井筒及地质数据一体化三维展现，为实现"定好井、钻好井、压好井、管好井"的目标提供有力支撑。

2）页岩气综合调度指挥系统

页岩气综合调度指挥系统，瞄准井工程运行管理痛点，采用实时工况跟踪与工序推演联动，快速感知主业务和保障要素供需矛盾，模拟调整试算最优方案。通过在线采集气田产能建设进度数据，集中整合多业务动态数据，全面感知气田产能建设动态、井工程运行状态，快速精准筛查问题，支持在线模拟同步调整。

建设完成系统首页、井工程智能调度、土地管理、钻井试油管理、水电路管理、地面建设管理、应急管理和视频监控8个功能模块。采集钻试工程静态数据4400条、动态数据6500条，接入钻试现场视频180个、地面建设视频4个、重要路口视频2个。通过井工程智能调度模块，在线创建18版井工程年度运行计划，筛查供需矛盾126处，迭代调整60余次，组织用户培训20余次，推动了产建工程高效精细管理。

3）DOC中心

为提升川南页岩气区块地层压力剖面的精细刻画程度，通过数字化和远程监控等手段提高钻井效率、降低故障复杂率，长宁公司开展了钻井优化远程支持中心与现场优化工程师（DOC/DOE）项目建设，简称DOC中心建设。创建多个力学模型，应用多种计算引擎，24h连续跟踪，实时优化调整钻进参数，及时提供故障复杂预防及处置方案，快速建立学习曲线，全面实现工程技术甲方主导。

主导编制发布了10余项钻井技术模板、操作规程，已成为川南地区页岩气水平井钻井普遍采用的工艺指南。钻井周期大幅缩短，有效支撑了"日费制"钻井试点工作。

4）物联网组态及智能应用

油气生产物联网系统是利用物联网技术，实现油气田井区、计量间、集输站、联合站、处理厂生产数据、设备状态信息，在采油采气厂生产指挥中心及生产控制中心建立集中管理和控制的系统（图7-4-9）。通过油气田生产物联网，像有千万只可体察脉象的手，时刻感知着油气生产现场各类生产实体的温度、压力、流量和液位数据。

图7-4-9　油气生产物联网示意图

将物联网系统与SCADA系统深度融合，实现工业控制系统的全方位管理（图7-4-10）。以物联网智能网为核心，在传统工业生产数据采集的基础上，完善了现场智能设备的运行参数和状态信息采集,包括智能电表、环境监控设备、智能仪表 HART 采集器、PLC/RTU、光通信设备 SDH 和网络交换机等,将采集到的信息传输到 SCADA 系统进行扩容组态,实现了工业控制系统管理真正无死角,同时对采集到的数据和状态信息进行初步智能分析和诊断,远程判断现场智能设备的健康状态。

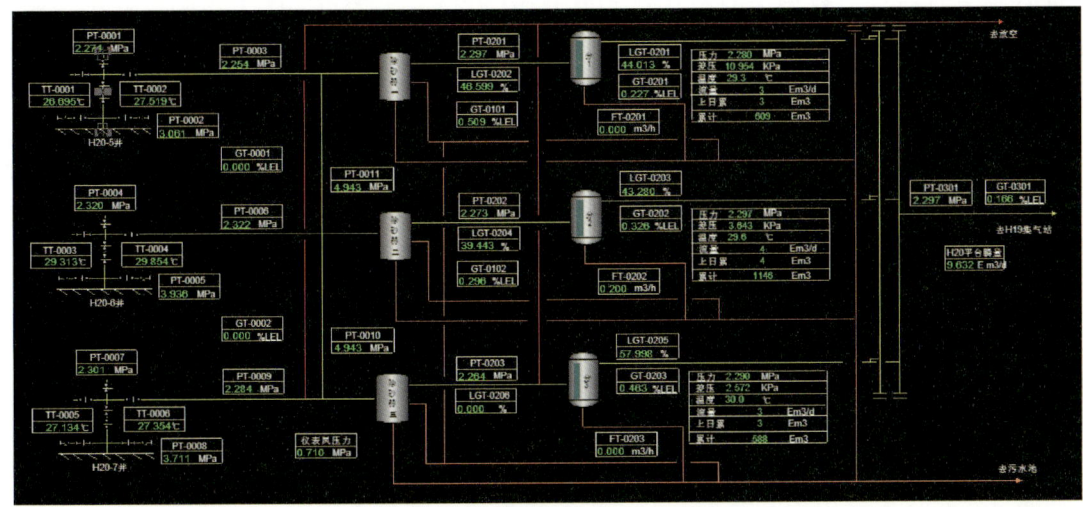

图 7-4-10 物联网组态工艺流程图

将同一仪表的 RTU 模拟主变量数据和 HART 数据数字主变量值进行实时比较,误差值超过阈值设定即产生报警,提示现场仪表设备可能出现异常,使中心站操作人员及时知晓处理(图 7-4-11)。

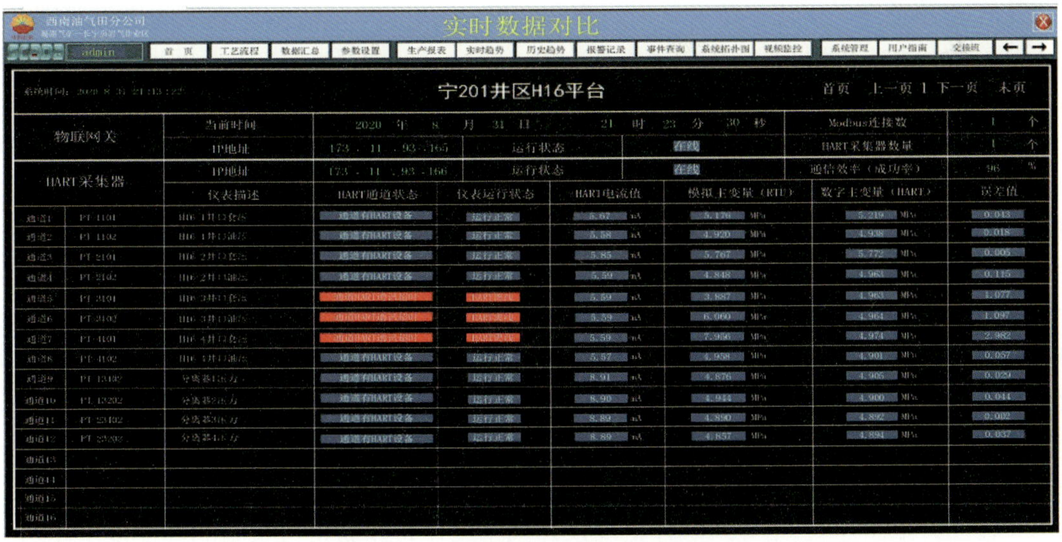

图 7-4-11 物联网实时数据对比图

物联网数据的采集与应用为气田生产运行、指挥调度提供全面的数据支撑,减轻了员工劳动强度,提高了产运销生产调度指挥的综合能力及数字化建设整体水平。

– 349 –

搭建具有自主知识产权的统一 AI 平台，通过赋能生产数据、传统视频监控设备及现场作业人员，实现日常生产的精益化管理，最大程度降低企业生产运营成本。完成开发建设双向语音交互、视频联动、电子巡检、视频智能识别、生产装置智能分析 5 个功能模块，完成 CNH16 平台物联设备动态数据 93 点数据的组态，组态画面 2 张，实现物联设备状态实时监视与数据实时对比；完成 N201 井区 2 个平台 257 个预制位设定，集成 13 个场站现场通话设备和 70 路摄像头的 IP 地址和端口，实现了分钟级数据刷新，小时级预警提示，替代员工日常巡检 80% 以上的工作量。

5）AR 巡检管理系统

以人工智能为基础结合 AR 智能眼镜，利用增强现实技术使现场作业智能化、可视化，协助现场一线生产管理和操作人员最终达到任务操作便捷、数据直观显示、员工双手正常作业、远程指导有力等目的，最大程度提升员工工作效率，保证生产设施安全运行。系统包含日常巡检、维修协作、关键操作实时质控、风险作业与动态作业监督 4 个功能模块，目前系统主体功能已开发完成，正处于上线试运阶段，试运行期间完成自动抄表 23 次，生成完整巡检记录 25 条，上报了 23 次异常问题，现场完成视频推流测试 31 次，问题发现及处置效率实现 50% 以上的提升，保证生产设施安全运行。

6）智能分析平台及基础工作流建设项目

通过在线采集气田生产数据，形成连续数据流，减少人工输入；推动业务工作流高效运转，协助业务管理人员全面感知气田生产动态、集输设施运行状态，快速精准诊断问题，支持在线模拟方案验证，辅助高效决策和精细管理。

完成了生产态势感知、管网运行优化、积液管理、清管作业监测与清管球追踪、短期排产预测 5 大工作流的开发建设与在线运行。

生产态势感知工作流：每天快速识别页岩气井/平台/区块生产表现的优劣差别，提供多套在线辅助生产报表和离线多参数分析模板，及早发现气井生产问题及诊断原因，最大程度释放气藏潜力。

管网运行优化工作流：基于管网模型及动、静态数据，支持管网运行风险实时诊断和假设工况模拟调整及模拟结果与实时参数对比分析，提高管网输配决策效率，确保集输管网安全、经济运行。

积液管理及清管作业跟踪工作流：基于管道模型、静态数据及瞬态生产数据，实时计算重点管道沿线生产运行、清管作业动态，支持管线积液、清管作业风险实时跟踪感知，同时支持假设工况消除积液、清管作业多方案模拟对比，提高重点管线运行管理质量，筛选最优作业方案。

短期排产工作流：基于管网模型和排产计划数据，快速模拟预期管网在设计配产条件下的运行状况，甄别预期排产计划中潜在的安全风险与生产瓶颈（如设备处理能力、管网集输能力限制等），指导风险评估及设计调整工作，以获得可实施的最佳排产计划。

通过 PI 系统数据集成、各类静态数据和动态数据治理，实现了多系统数据自动采集、数据处理、分析，提供 28 套在线辅助生产报表和离线多参数分析模板，及早发现气井生产问题及诊断原因，最大程度释放气藏潜力。

四、经济和社会效益

建成了中国石油首个数字化页岩气田,依托页岩气数字化气田技术,取得了"资源高效协同利用、甲方主导技术创新、多元主体共赢、生产组织精准高效"的"油公司"管理成效,不足 150 名员工具备了每年"完成 200 口井、上产 $20\times10^8m^3$ 以上"的生产组织能力,满足了规模快速上产需求;全员劳动生产率由人均 1168 万元攀升至 4727 万元,经营效益持续向好。

规模化建产方面实现数据、信息共享,多方专业团队快速磨合,要素保障能力经受住了大会战建设的考验。因生产组织因素等停时间下降 70%,且工区返排液回用率可提高到 95% 以上,每年可节约 5145 万元。

实时、远程协作,井工程关键技术、工艺、工具、环节由甲方主导,管控效果好。井均完钻周期降低 15.84%,机械钻速提高 19.0%;"零"钻具落井,ϕ215.9mm 井眼油基钻井液漏失量减少 33.5%,可节约费用 750 万元。

精益化生产方面,通过 AI 赋能生产管理,智能化巡检、巡查大幅减少生产一线用工规模,相关专业人员用工量为传统油田的 30%。

数据驱动多业务协同,精准施策单井增产,生产动态分析从每年 52 人天减到 0.2 人天,节约人工成本 1295 万元;精细调配管网生产,管网模型优化成本节约 30 万元 / 次;精选施工作业方案,模拟放空、清管作业,优化操作参数,便于提前准备及事后分析。

第八章 长宁—威远国家级页岩气示范区建设实践

2012年3月，为推动我国页岩气产业发展，国家发改委和能源局批准设立"长宁—威远国家级页岩气示范区"。中国石油积极推进示范区的建设工作，2017年完成了各项示范任务。通过示范区的建设，建成了集"技术、管理、规模、绿色"为一体的页岩气产业化示范基地，建立了本土化的页岩气勘探开发六大技术系列，关键技术指标和产量大幅提升，形成了一体化组织、一体化研发、一体化保障、一体化实施以及一体化协调的五个"一体化"的开发模式。2016—2020年底，示范区累计产气 $240 \times 10^8 m^3$，带动地区GDP增加2070亿元，经济社会效益显著。

第一节 长宁—威远国家级页岩气示范区概况

一、示范区的建立

中国自20世纪80年代便开始了页岩气的理论研究，随着研究的不断深入，认识不断地更新和升华。2004年，中国就已经开始着手跟踪国外页岩气的进展工作；2005年以后即开始进行国内页岩气前景和中—新生界盆地的调研。之后，国土资源部门联合相关高校和科研部门，做了大量前期工作，为"页岩气实现跨越式发展"奠定了基础。通过在页岩气的开发实践中不断探索，基本掌握了适应中国地质现况的页岩气水平井开发关键技术方法。2010年四川盆地蜀南地区上奥陶统五峰组—下志留统龙马溪组发现工业页岩气流，2011—2012年陆续在长宁构造的N201—H1井、阳高寺构造的Y201H2井、焦石坝构造的JY1HF井获得高产页岩气流，实钻证实了四川盆地五峰组—龙马溪组地质条件优越，资源落实程度高。

为加快页岩气勘探开发技术集成和突破，形成相应的开采工程技术系列标准和规范，探索页岩气勘探开发的经济政策和更有效的环境保护方法，实现我国页岩气规模效益开发，2012年3月，国家发展和改革委员会和国家能源局批复在川南地区设立"长宁—威远国家级页岩气示范区"（图8-1-1），面积 $6534km^2$（其中长宁区块 $4230km^2$、威远区块 $2304km^2$）。示范区建设目标为：建立海相页岩气勘探开发技术及装备体系；探索形成市场化、低成本运作的效益开发模式；研究制订页岩压裂液成分、排放标准及循环利用规范；长宁—威远示范区探明页岩气地质储量在 $3000 \times 10^8 m^3$ 以上，建成产能在 $20 \times 10^8 m^3/a$ 以上。

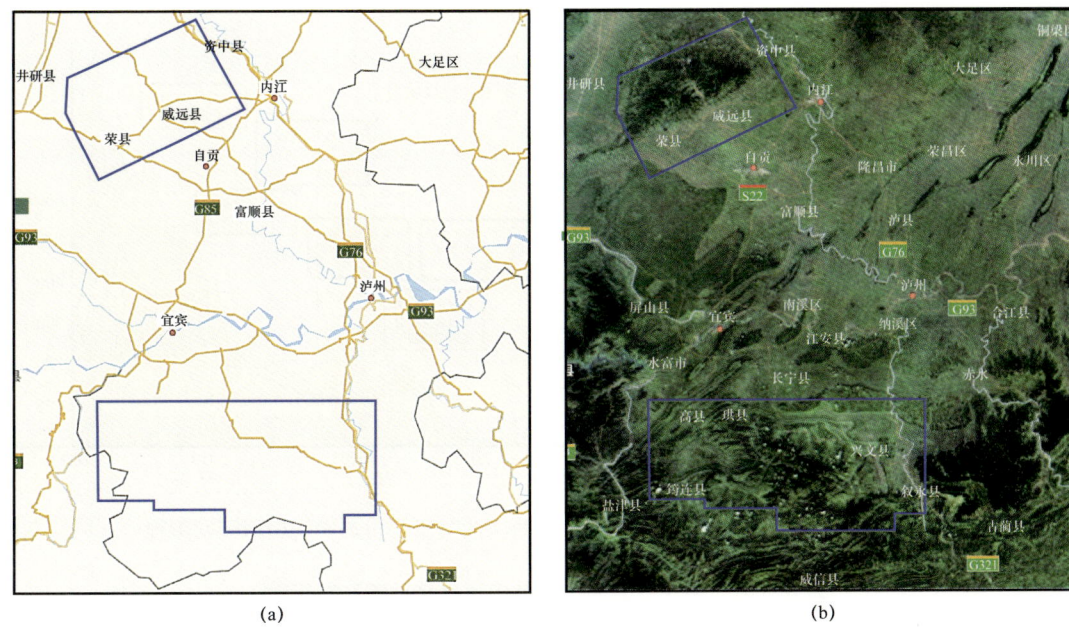

图 8-1-1　长宁—威远示范区地理位置图（a）和地形地貌图（b）

二、示范区地理位置

长宁区块位于四川省宜宾市高县、珙县、筠连县、长宁县和兴文县境内（图 8-1-1）。工区地貌以中、低山地和丘陵为主，地面海拔 400～1300m。区内年平均气温 17～18℃，年平均降水量 1050～1618mm。区内发育有长江、金沙江、南广河和洛浦河等水系；威远区块位于四川省内江市威远县、资中县和自贡市荣县境内。工区地表发育低山、丘陵两大地貌区，地面海拔 200～800m。区内年平均气温 18℃，年均降雨量在 1000mm 左右。区内水系丰富，发育有威远河、乌龙河和越溪河等河流。

三、示范区勘探开发历程

中国石油作为国内页岩气勘探开发的先行者，历经 10 余年的不懈探索，填补了国内页岩气勘探开发的空白。中国石油西南油气田公司（以下简称西南油气田公司）积极推进页岩气勘探开发，大力开展国家级页岩气示范区建设，已圆满完成了评层选区、先导试验和示范区建设，极大地促进了中国页岩气的快速发展，迈入了工业化开采新时期（图 8-1-2，表 8-1-1）。

四、示范区勘探开发情况

2015 年以来，西南油气田公司在长宁区块和威远区块累计提交探明储量 $8723.8×10^8m^3$。其中，长宁区块累计提交含气面积 $525.3km^2$，探明地质储量 $4446.84×10^8m^3$，技术可采储量 $1111.71×10^8m^3$；威远区块累计提交含气面积 $562.59km^2$，探明地质储量 $4276.96×10^8m^3$，技术可采储量 $1045.14×10^8m^3$（表 8-1-2）。

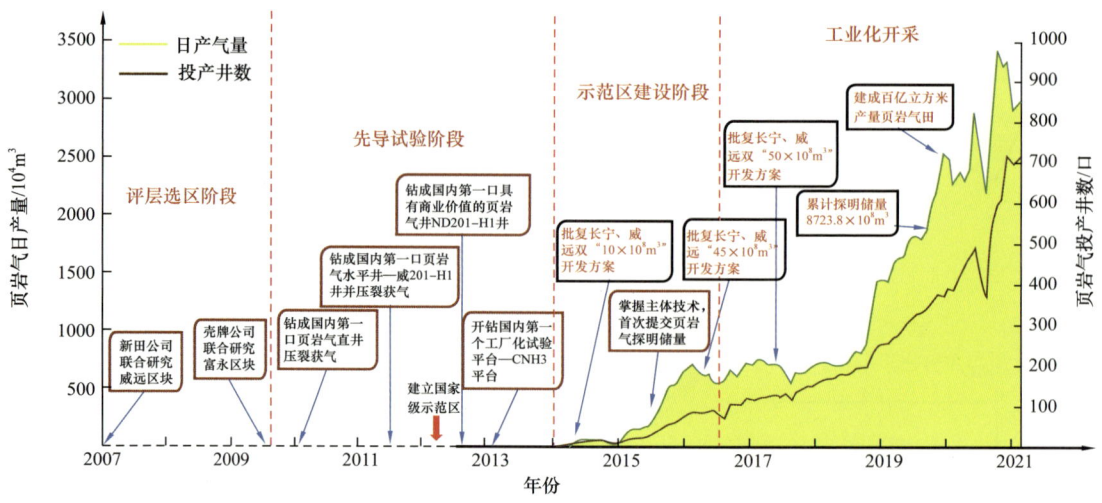

图 8-1-2 2006—2021 年 3 月中国石油西南油气田公司页岩气勘探开发历程

表 8-1-1 中国石油西南油气田页岩气勘探开发历程

阶段	时间	重点工作及标志性成果
地质评价阶段 （2006—2009 年）	2006 年	在国内率先开展页岩气地质综合评价和野外地质勘查
	2007 年	与美国新田公司在威远地区开展了页岩气联合研究
	2009 年	与壳牌公司在"富顺—永川"区块进行页岩气联合评价
先导试验阶段 （2009—2013 年）	2010 年	钻成国内第一口页岩气直井——W201 井并压裂获气
	2011 年	钻成国内第一口页岩气水平井——W201-H1 井并压裂获气
	2012 年	钻获国内第一口具有商业价值页岩气井——ND201-H1 井
	2013 年	开钻国内第一个工厂化试验平台——CNH2 平台、CNH3 平台
示范区建设阶段 （2014—2016 年）	2014 年	完成国内第一个页岩气开发方案编制
	2014 年	建成国内第一条页岩气外输管道——长宁外输管线
	2015 年	建成中国石油第一个测试日产量超 $100 \times 10^4 m^3$ 的页岩气平台——CNH6
	2016 年	建成中国石油第一个测试日产量超 $150 \times 10^4 m^3$ 的页岩气平台——CNH9
快速发展阶段 （2017 年至今）	2017 年	完成长宁、威远"双 $50 \times 10^8 m^3$"开发方案的编制
	2018 年	编制《川南地区页岩气中长期发展规划》
	2019 年	累计探明储量 $8723.8 \times 10^8 m^3$
	2020 年	建成百亿立方米产量页岩气田

表 8-1-2　长宁—威远国家级页岩气示范区探明储量统计

区块		含气面积 /km²	探明地质储量 /10⁸m³	技术可采储量 /10⁸m³
长宁	ND201 井区	91.17	834.64	208.66
	ND216—ND209 井区	434.13	3612.2	903.05
	合计	525.3	4446.84	1111.71
威远	W202 井区	48.23	273.51	68.38
	W202H9 井区	60.47	360.96	90.24
	W204 井区	117.22	1204.48	277.03
	W208 井区	336.67	2438.01	609.49
	合计	562.59	4276.96	1045.14
合计		1087.89	8723.8	2156.85

通过长宁—威远示范区建设，目前示范区页岩气地质认识清楚、资源落实、技术成熟、管理适应、体系完善、国家重视、地方支持，已步入大规模快速上产阶段。西南油气田公司正全力以赴推动技术进步、管理创新、深化评价、规模上产，2020年示范区已达产 $100\times10^8m^3$。

第二节　长宁区块开发设计与建设成效

一、开发方案设计

1. 气藏工程设计

长宁区块在 ND201 井区 2015 年已申报探明地质储量 $834.64\times10^8m^3$ 的基础上，根据示范区三轮开发井实施效果，选择 N201、N209 和 N216 三个井区作为建产区，总面积 $540km^2$，五峰组—龙一$_1$亚段地质储量 $2831.26\times10^8m^3$。为最大限度地利用地下资源，采用丛式井组部署水平井，双排和单排布井，靶体龙一 1¹—龙一 1² 小层，水平巷道间距 $300\sim400m$，水平段长度以 $1500\sim2000m$ 为主，单井首年平均产量为 $10\times10^4\sim11\times10^4m^3/d$，以平台和井区接替相结合的方式实现稳产。部署平台 123 个，水平井 770 口（含调节井 20 口），动用面积 $532km^2$，动用储量 $2758.27\times10^8m^3$；2017—2020 年为建产期，新开钻井 377 口，新投产井 277 口，2020 年达 $50\times10^8m^3/a$ 规模，期末累计产气 $141.8\times10^8m^3$；2020—2027 年为稳产期，新开钻井 319 口，新投产井 379 口，稳产 8 年，期末累计产气 $491.9\times10^8m^3$；2028—2047 年为递减期，期末累计产气 $832.2\times10^8m^3$（图 8-2-1）。

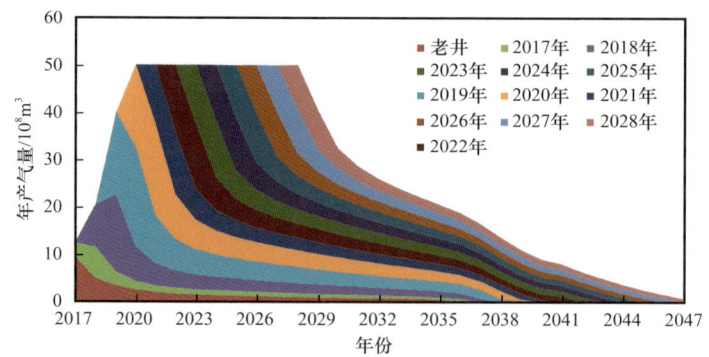

图 8-2-1　长宁页岩气田气井产量预测曲线图

2. 钻井工程设计

长宁区块页岩气井井身结构主要采用四开井身结构（钻头程序 ϕ660.4mm× ϕ406.4mm× ϕ311.2mm× ϕ215.9mm，套管程序 ϕ508mm× ϕ339.7mm× ϕ244.5mm× ϕ139.7mm）。在井眼轨迹剖面及控制方面，二维井采用"直—增—稳—增—平"五段制轨迹剖面，三维井采用"直—增—稳—降—直—增—平"七段制"双二维"轨迹剖面，造斜段及水平段采用旋转导向 +LWD，其余井段采用 MWD 监控轨迹参数。采用以"高效 PDC 钻头 + 长寿命螺杆 / 旋转导向 + 优质钻井液"为主体的钻井配套技术。在 ϕ311.2mm 及以上井眼采用聚合物、KCl—聚合物钻井液，在 ϕ215.9mm 井眼主体采用油基钻井液，条件适宜的井可采用高性能水基钻井液；表层井漏风险高的井采用气体钻井治漏提速。

在固井工艺方面， ϕ339.7mm 套管采用双胶塞固井； ϕ244.5mm 套管采用双凝双胶塞固井； ϕ139.7mm 套管采用韧性防气窜水泥浆体系、预应力固井等技术提高固井质量。根据井深合理选择钻机，井深小于 5000m 选用 ZJ50D 钻机，井深大于 5000m 选用 ZJ70D 钻机，并配备顶驱；选用 TF1$\frac{3}{8}$in×9$\frac{5}{8}$in×5$\frac{1}{2}$in–105 套管头，井口防喷器及节流、压井管汇选用 70MPa 压力级别。

长宁区块实施批量化钻井， ϕ311.2mm 及以上井眼、 ϕ215.9mm 井眼分别实施批钻专打，提高平台建井效率。水平段长 1500m 的井，N201 井区钻井周期 75 天，N209 井区、N216 井区钻井周期 90 天；水平段长大于 1500m 的井，水平段长每增加 100m，钻井周期增加 1.5 天。

3. 完井及增产改造工程设计

完井方式采用套管射孔完井，井口装置采用 KQ65–70/105 型采气井口，油层套管采用 ϕ139.7mm× ϕ125mm×12.7mm 气密封螺纹套管。压裂工艺选择电缆泵送桥塞分簇射孔分段压裂，主体采用速钻桥塞、可溶桥塞作为分段工具；液体采用低黏滑溜水，支撑剂采用 70~140 目粉砂 +40~70 目陶粒。分段及射孔工艺参数设置为段长 60~75m，每段分 3 簇，簇间距 20~25m；主体采用电缆传输射孔，孔密 16 孔 /m，相位角 60°，单段总孔数 48 孔。压裂施工参数设置为单段液量在 1800m³ 左右，单段支撑剂用量为 80~120t，施工排量为 12~14m³/min。

4. 采气工程设计

当产量高于 $15×10^4m^3/d$ 时采用 $\phi 73mm×N80×5.51mm$ 油管，当产量低于 $15×10^4m^3/d$ 时采用 $\phi 60.3mm×N80×4.83mm$ 油管；稳定生产时通过地面节流不会产生水合物；生产初期或瞬时开关井时现场配备橇装式水套炉。

5. 地面工程设计

长宁页岩气田地面建设包括N201、N209和N216三个井区，建设总规模为 $50×10^8m^3/a$。新建平台96座（616口井），集气站19座，DN300mm外输管道2.0km，DN100mm～DN200mm集气支线250.4km，DN200mm～DN300mm集气干线106.2km。新建集中增压站19座，平台增压橇15台，新建脱水站1座，扩建脱水站1座。

二、方案实施情况

自2014年以来，中国石油天然气股份有限公司先后批复了长宁页岩气示范区3轮开发方案，连续滚动实施产能建设工作。批复建产期总井数451口，其中新钻井443口，利用老井8口；新建各类站场142座，集输气管道378.82km。

1. 钻井工程实施进度

截至2020年底，长宁页岩气示范区开钻平台136个，开钻井数509口，完钻井数468口，实际完成进尺 $228.65×10^4m$（图8-2-2和图8-2-3）。

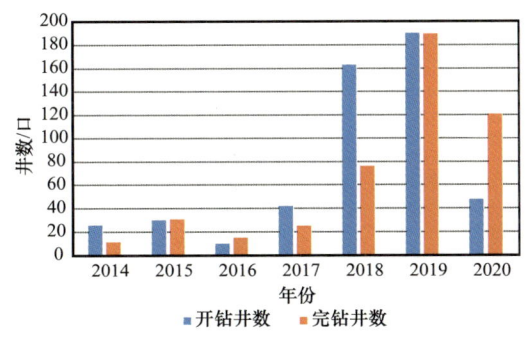

图8-2-2 长宁区块不同年度钻井数柱状图　　图8-2-3 长宁区块不同年度钻井进尺柱状图

2. 压裂工程实施进度

截至2020年底，长宁地区已完成压裂平台89个，已完成压裂井375口，压裂段数合计9171段；单井平均主压裂液量 $43367.84m^3$，单井平均加砂量3447.61t。（图8-2-4和图8-2-5）。

三、方案实施效果

长宁地区压裂规模逐年提升，水平段长度基本保持在1500m左右，簇间距逐年减小，用液强度和加砂强度逐年提高。2020年单井平均压裂段长1518.36m，平均簇间距为9.74m，平均用液强度 $27.3m^3/m$，平均加砂强度2.49t/m（图8-2-6至图8-2-9）。

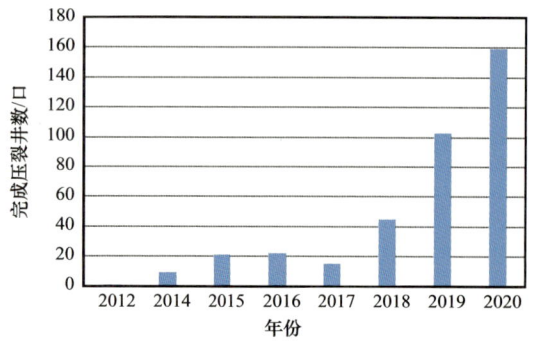

图 8-2-4　长宁区块不同年度压裂井数柱状图

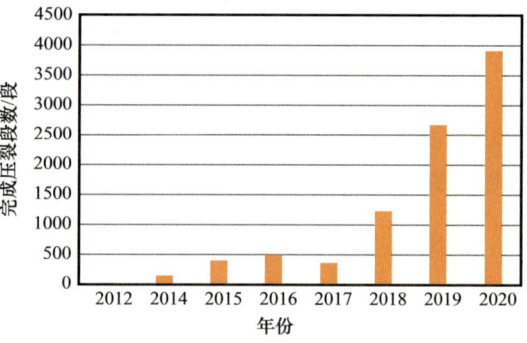

图 8-2-5　长宁区块不同年度压裂段数柱状图

图 8-2-6　长宁水平段长度逐年变化柱状图

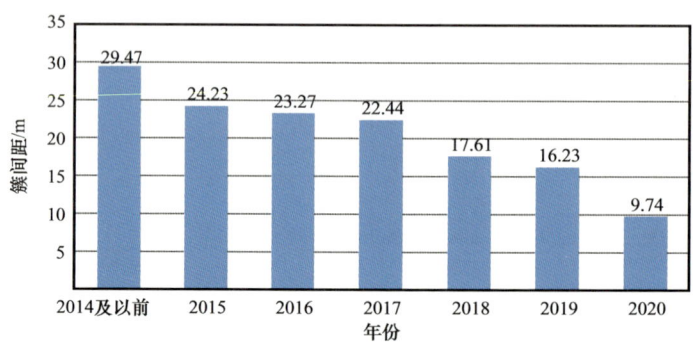

图 8-2-7　长宁压裂簇间距逐年变化柱状图

截至 2020 年底，长宁地区完成 343 口水平井产量测试，累计测试产量 $7982.48 \times 10^4 m^3/d$，井均测试产量 $23.27 \times 10^4 m^3/d$，单井最高测试产量 $73.58 \times 10^4 m^3/d$。其中测试产量大于 $20 \times 10^4 m^3/d$ 的井共计 210 口，占比 61.2%；测试产量介于 $10 \times 10^4 \sim 20 \times 10^4 m^3/d$ 的井共计 109 口，占比 31.8%；测试产量小于 $10 \times 10^4 m^3/d$ 的井共计 24 口，占比 7.0%。2020 年，完成测试水平井 139 口，井均测试产量 $23.63 \times 10^4 m^3/d$（图 8-2-10）。截至 2020 年底，长宁地区累计投产 366 口井，历年累计产气 $151.36 \times 10^8 m^3$，井均首年日产气 $10.8 \times 10^4 m^3$，单井 EUR 平均为 $1.2 \times 10^8 m^3$。按照长宁区块页岩气井划分标准（表 8-2-1），Ⅰ类 + Ⅱ类井比例大于 90%。

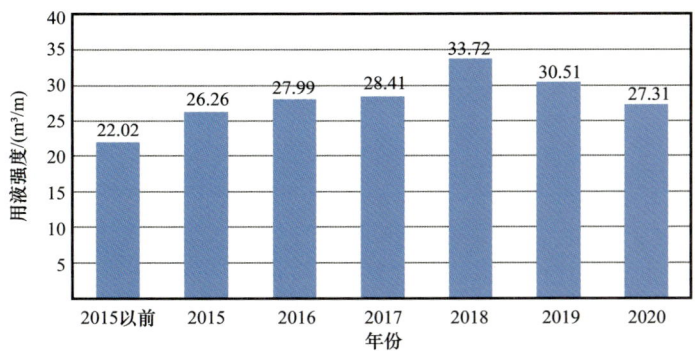

图 8-2-8 长宁压裂用液强度逐年变化柱状图

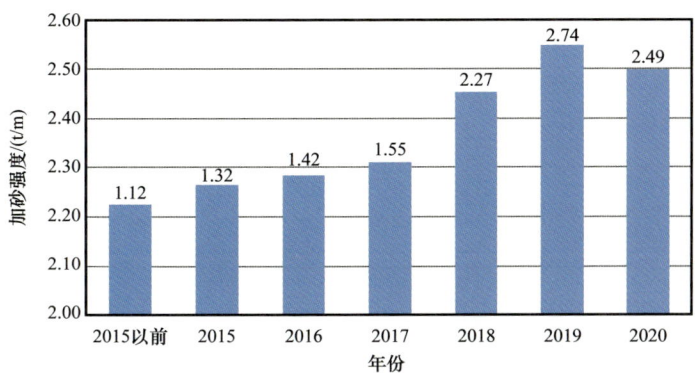

图 8-2-9 长宁压裂加砂强度逐年变化柱状图

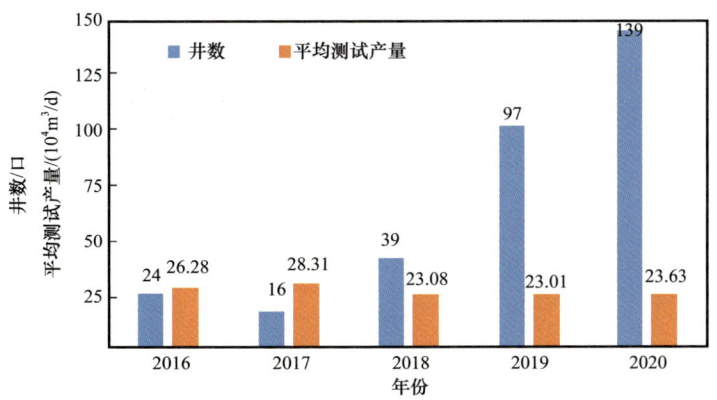

图 8-2-10 长宁区块单井测试产量逐年变化直方图

表 8-2-1 长宁区块页岩气井分类标准

分类	第一年平均日产量 /$10^4 m^3$	测试产量 /($10^4 m^3/d$)
Ⅰ类井	>10	>20
Ⅱ类井	6~10	10~20
Ⅲ类井	<6	<10

第三节 威远区块开发设计与建设成效

一、开发方案设计

1. 气藏工程设计

威远区块优选 W202、W204 和 ZI201 三个井区作为建产区，面积 595km²，地质储量 $3080.12×10^8m^3$，设计动用面积 45.1km²，动用储量 $2346.57×10^8m^3$。主体采用常规双排、单排丛式井组部署水平井，井轨迹方位垂直于最大水平主应力方向，靶体位置龙一$_1^1$小层，水平巷道间距 300m，水平段长度 1500～1800m，单井首年配产 $9.5×10^4$～$10.5×10^4m^3/d$，采用控压限产方式生产。设计总井数 828 口（调节井 22 口），投产井 806 口，2017—2020 年为建产期，投产新井 295 口，实现 $50×10^8m^3$ 年产规模；2021—2027 年共新投产井 435 口，稳产 5 年，稳产期末累计产气 $494×10^8m^3$；预测至 2047 年底累计产气 $789×10^8m^3$，采收率达 33.6%（图 8-3-1）。

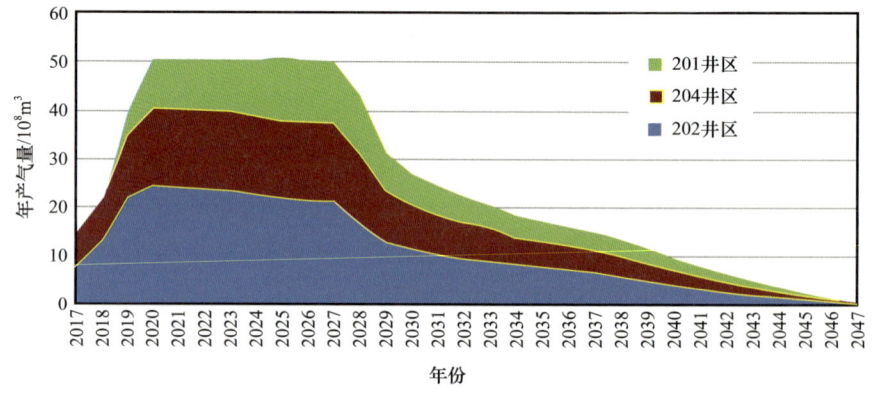

图 8-3-1　威远页岩气田产量预测曲线图

2. 钻井工程设计

威远区块页岩气井采用与长宁区块一样的井身结构，四开井身结构（钻头程序 $\phi 660.4mm×\phi 406.4mm×\phi 311.2mm×\phi 215.9mm$，套管程序 $\phi 508mm×\phi 339.7mm×\phi 244.5mm×\phi 139.7mm$）。二维井采用"直—增—稳—增—平"五段制轨迹剖面，三维井采用"直—增—稳—降—直—增—平"七段制"双二维"轨迹剖面，造斜段及水平段采用旋转导向 + LWD，其余井段采用 MWD 监控轨迹参数。采用以"高效 PDC 钻头 + 长寿命螺杆/旋转导向 + 优质钻井液"为主体的钻井配套技术。在 $\phi 311.2mm$ 及以上井眼采用聚合物、KCl—聚合物及钾聚磺钻井液，$\phi 215.9mm$ 井眼采用油基钻井液，条件适宜的井可采用高性能水基钻井液。

在固井工艺方面，$\phi 339.7mm$ 套管采用双胶塞固井；$\phi 244.5mm$ 套管采用双凝双胶塞固井；φ139.7mm 套管采用韧性防气窜水泥浆体系、预应力固井等技术提高固井质量。

钻机的选择与长宁区块类似，在威远区块，井深小于 5000m 选用 ZJ50D 钻机，井深大于 5000m 选用 ZJ70D 钻机，并配备顶驱；选用 TF1$\frac{3}{8}$in×9$\frac{5}{8}$in×5$\frac{1}{2}$in–105 套管头，最大关井压力小于 35MPa 的井，井控装置选用 35MPa 压力级别，最大关井压力大于 35MPa 的井，井控装置选用 70MPa 压力级别。

示范区实施批量化钻井，φ311.2mm 及以上井眼、φ215.9mm 井眼分别实施批钻专打，提高平台建井效率。钻井周期总体上好于长宁区块，W202 井区钻井周期为 50 天，W204 井区钻井周期 70 天；ZI201 井区埋深小于 3000m 的钻井周期为 50 天，大于 3000m 的钻井周期为 70 天；水平段长大于 1500m 的井，水平段长每增加 100m，钻井周期增加 1.5 天。

3. 完井及增产改造工程设计

完井方式采用套管射孔完井，关井压力低于 35MPa 的区域采用 KQ65–35/105 型采气井口，关井压力高于 35MPa 的区域采用 KQ65–70/105 型采气井口，井口材质 EE 级；油层套管采用 φ139.7mm×φ125mm×12.7mm 气密封螺纹套管。采用电缆泵送桥塞分簇射孔分段压裂工艺，主体采用速钻桥塞、可溶桥塞作为分段工具；液体采用低黏滑溜水，支撑剂采用 70～140 目粉砂 +40～70 目陶粒。分段及射孔工艺参数设置为段长 60～75m，每段分 3 簇，簇间距 20～25m；主体采用电缆传输射孔，孔密 16 孔 /m，相位角 60°，单段总孔数 48 孔。压裂施工参数设置为单段液量 1600～1800m³，单段支撑剂用量不低于 90t，施工排量为 12～14m³/min。

4. 采气工程设计

在威远区块，产量高于 $10×10^4m^3/d$ 的井采用 φ73mm×N80×5.51mm 油管，低于 $10×10^4m^3/d$ 的井采用 φ60.3mm×N80×4.83mm 油管或 φ50.8mm×4mm 连续油管。稳定生产时通过地面节流不会产生水合物；生产初期或瞬时，开关井时现场配备橇装式水套炉。

5. 地面工程设计

威远页岩气田地面建设包括 W202、W204 和 ZI201 三个井区，建设总规模 $50×10^8m^3/a$。新建平台 112 座（684 口井），集气站 17 座，扩建集气站 1 座，新建 DN100mm～DN25mm 集气支线 315.7km，DN200mm～DN400mm 集气干线 124km。新建集中增压站 18 座，平台增压橇 14 台，新建脱水站 2 座，扩建脱水站 1 座。

二、方案实施情况

威远页岩气示范区先后批复了 3 轮开发方案，连续滚动实施产能建设工作。批复建产期总井数 422 口，其中新钻井 420 口，利用评价井 2 口；新建各类站场 118 座，集输气管道 579.5km。

1. 钻井工程实施进度

截至 2020 年底，威远页岩气示范区开钻平台 78 个，开钻井数 448 口，完钻井数 400 口，实际完成进尺 206.89×10⁴m（图 8-3-2 和图 8-3-3）。

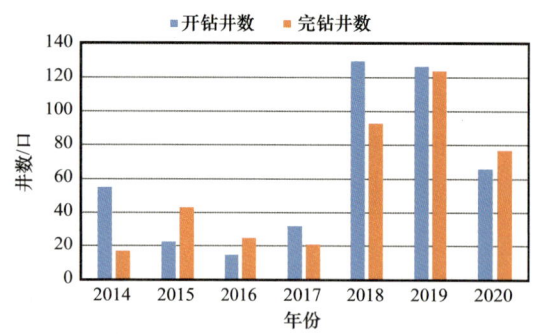
图 8-3-2 威远区块不同年度钻井数柱状图

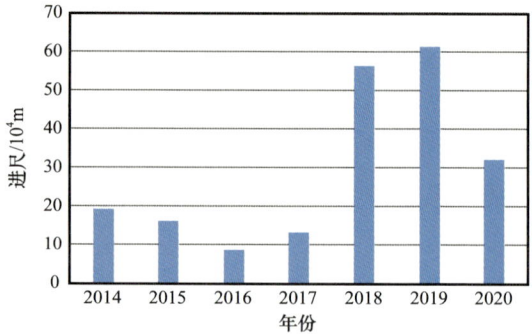
图 8-3-3 威远区块不同年度钻井进尺柱状图

2. 压裂工程实施进度

截至 2020 年底，威远地区已完成压裂平台 47 个，已完成压裂井 334 口，压裂段数合计 7499 段；单井平均主压裂液量 41635m³，单井平均加砂量 2820t（图 8-3-4 和图 8-3-5）。

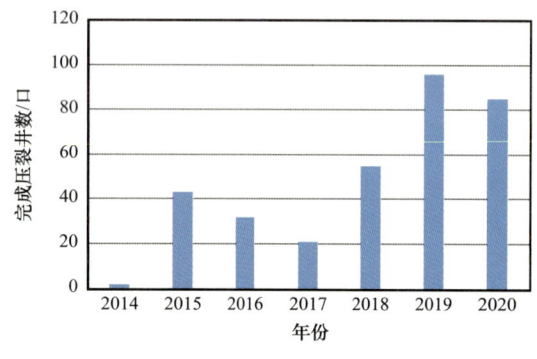
图 8-3-4 威远区块不同年度压裂井数柱状图

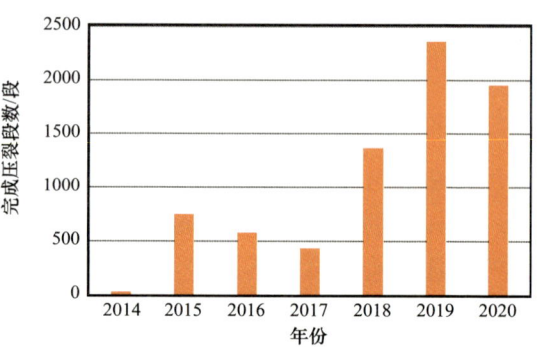
图 8-3-5 威远区块不同年度压裂段数柱状图

三、方案实施效果

威远地区压裂规模同样逐年提升，水平段长度基本保持在 1500m 左右，簇间距逐年减小，用液强度和加砂强度逐年提高。2020 年，单井平均压裂段长 1733m，平均簇间距为 13.2m，平均用液强度 26.47m³/m，平均加砂强度 2.32t/m（图 8-3-6 至图 8-3-9）。

截至 2020 年底，威远地区完成 346 口水平井产量测试，累计测试产量 7260.21×10⁴m³/d，井均测试产量 20.98×10⁴m³/d，单井最高测试产量 80.36×10⁴m³/d。其中，测试产量大于 20×10⁴m³/d 的井共计 171 口，占比 49.4%；测试产量为 10×10⁴~20×10⁴m³/d 的井共计 114 口，占比 32.9%；测试产量小于 10×10⁴m³/d 的井共计 61 口，占比

17.6%（图 8-3-10）。截至 2020 年底，威远地区累计投产井共计 350 口，日产气 $939.87\times10^4m^3$，历年累计产气 $119.68\times10^8m^3$，井均首年日产气 $8.6\times10^4m^3$，单井 EUR 平均为 $0.91\times10^8m^3$。按照威远区块页岩气井划分标准（表 8-3-1），2019—2020 年度 Ⅰ 类 + Ⅱ 类井比例超过 90%。

图 8-3-6　威远水平段长度逐年变化柱状图

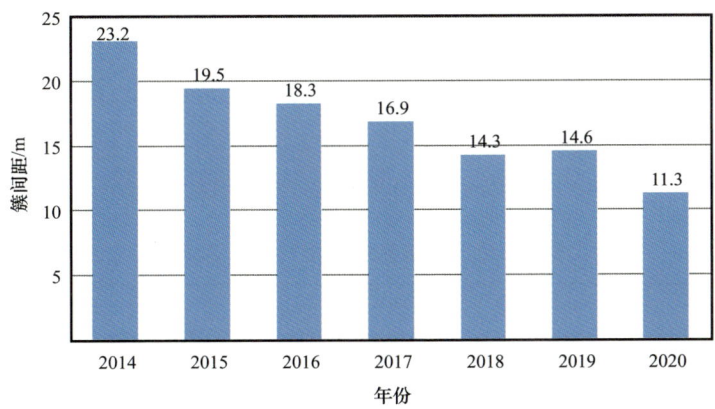

图 8-3-7　威远压裂簇间距逐年变化柱状图

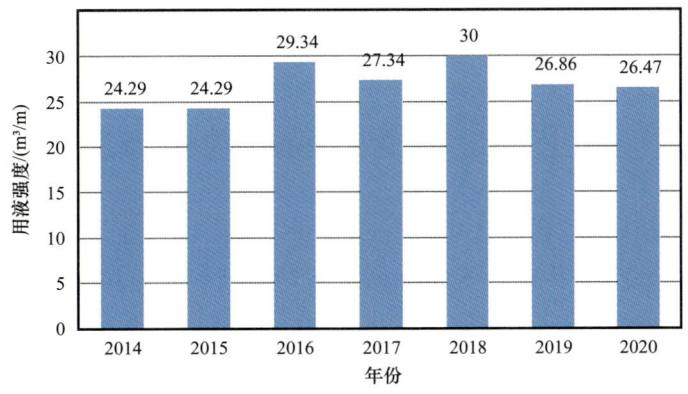

图 8-3-8　威远压裂用液强度逐年变化柱状图

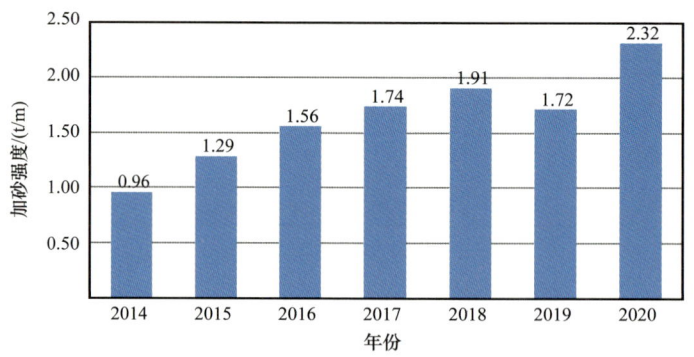

图 8-3-9　威远加砂强度逐年变化柱状图

图 8-3-10　威远地区单井测试产量逐年变化直方图

表 8-3-1　威远区块页岩气井分类标准

分类	第一年平均日产量 /$10^4 m^3$		测试产量 / $10^4 m^3/d$
	W202 井区	W204 井区	
Ⅰ类井	>10	>10	>20
Ⅱ类井	6~10	8~10	10~20
Ⅲ类井	<6	<8	<10

第四节　示范区经济社会效益

根据《中国石油天然气集团公司油气勘探开发投资项目经济评价方法》及相关文件规范，采用现金流量评价方法对示范区页岩气投资项目进行效益分析。示范区 2016—2020 年期间投产井经济效益采用后评价数据，钻井工程投资为实际结算、预结算或预估，地面投资采用单井概算资金。页岩气价格、补贴、税率及其他评价参数按国家（地方）、集团公司现行政策规定执行。

经计算，长宁区块 2016—2020 年投产井的财务内部收益率为 10.24%，威远区块 2016—2020 年投产井的财务内部收益率为 8.78%，均高于中国石油天然气集团有限公司页岩气开发项目基准收益率（8%）。示范区"十三五"期间累计新增产值 367.50 亿元，引领打造了我国天然气开发的西南增长极，累计上缴税金 9.07 亿元，带动地区 GDP 增加 2070 亿元，带动就业岗位 45.5 万个，去冬今春日产量保持在 $3000\times10^4m^3$ 以上，为冬季用气高峰保供做出了重要贡献，经济效益显著。

通过长宁—威远页岩气示范区的建设，建立了海相页岩气勘探开发技术及装备体系，形成了市场化、低成本运作的页岩气效益开发模式，有力地带动了中浅层页岩气的工业化开采，起到了显著的引领示范作用。

2017 年，示范区完成了各项示范任务，建成了集"技术、管理、规模、绿色"为一体的页岩气产业化示范基地。通过引进、消化吸收、自主创新，建立了本土化的页岩气勘探开发 6 大技术系列，关键技术指标和产量大幅提升；通过研究和实践，建立了一套本土化的地质工程一体化高产井培育方法，形成了"室内研究决策 + 现场实时调整"施工新模式，全面推广应用，培育了一批高产井；借鉴北美地区页岩气成功开发理念，吸收国内油气会战经验，形成了川南地区页岩气 5 个"一体化"（一体化组织、一体化研发、一体化保障、一体化实施、一体化协调）的开发模式；示范区建成后，川南地区中浅层页岩气提交探明储量 $0.74\times10^{12}m^3$，累计探明 $1.06\times10^{12}m^3$，年产量由 2017 年的 $30\times10^8m^3$ 增加到 $116\times10^8m^3$；川南中浅层累产页岩气 $314\times10^8m^3$，替代标煤 4176×10^4t，减排二氧化碳 4159×10^4t，为保障国家能源安全和"双碳"目标的实现做出了重要贡献。长宁—威远页岩气示范区的建设对引领我国页岩气高质量发展具有积极意义，对大力提升油气勘探开发力度和建设四川盆地页岩气发展基地具有重要推动作用，社会效益显著。

参 考 文 献

白璟，刘伟，黄崇君，2016.四川页岩气旋转导向钻井技术应用［J］.钻采工艺，39（2）：9-12.
陈波，2018.提高页岩气压裂作业施工质量的技术措施［J］.化工设计通讯，44（1）：43.
陈更生，董大忠，王世谦，等，2009.页岩气藏形成机理与富集规律初探［J］.天然气工业，29（5）：17-21.
陈更生，吴建发，刘勇，等，2021.川南地区百亿立方米页岩气产能建设地质工程一体化关键技术［J］.天然气工业，41（1）：72-82.
陈桂华，肖钢，徐强，等，2012.页岩油气地质评价方法和流程［J］.天然气工业，32（12）：1-5.
陈海力，王琳，周峰，等，2014.四川盆地威远地区页岩气水平井优快钻井技术［J］.天然气工业，34（12）：100-105.
陈华彬，唐凯，陈锋，等，2016.水平井定向分簇射孔技术及其应用［J］.天然气工业，36（7）：33-39.
陈立荣，2018.钻井固废处置利用技术及工程实例［M］.成都：四川科学技术出版社.
陈晓琳，李悦钦，蔡成功，等，2015.微波热解析处理油基泥浆钻屑的可行性研究［J］.化学工程与装备，10：86-87.
陈跃国，王京春，2004.数据集成综述［J］.计算机科学，5：48-51.
范宇，周小金，曾波，等，2019.密切割分段压裂工艺在深层页岩气Zi2井的应用［J］.新疆石油地质，40（2）：223-227.
方春飞，周仕明，李根生，等，2016.井径不规则性对固井顶替效率影响规律研究［J］.石油机械，44（10）：1-5.
冯连勇，邢彦姣，王建良，等，2012.美国页岩气开发中的环境与监管问题及其启示［J］.天然气工业，32（9）：102-105，138.
冯美贵，翁炜，马卫国，等，2019.油基钻屑现场热解析处理技术现状及展望［J］.探矿工程（岩土钻掘工程），46（3）：7-12.
葛洪魁，王小琼，张义，2013.大幅度降低页岩气开发成本的技术途径［J］.石油钻探技术，41（6）：1-5.
葛家理，1982.油气层渗流力学［M］.北京：石油工业出版社.
耿翠玉，乔瑞平，陈广升，等，2016.页岩气压裂返排液处理技术［J］.能源环境保护，30（1）：12-16，56.
关德师，牛嘉玉，郭丽娜，1995.中国非常规油气地质［M］.北京：石油工业出版社：1-121.
郭建春，尹建，赵志红，2014.裂缝干扰下页岩储层压裂形成复杂裂缝可行性［J］.岩石力学与工程学报，33（8）：1589-1596.
韩烈祥，孙海芳，2016.长宁页岩气工厂化钻井模式研究［J］.钻采工艺，39（6）：1-4，128.
何晋越，魏微，党雪霈，等，2020.2019年川渝地区天然气勘探开发进展及2020年展望［J］.天然气技术与经济，14（3）：7-12.
何俊，陈小凡，乐平，等，2009.线性回归方法在油气产量递减分析中的应用［J］.岩性油气藏，21（2）：103-105.
贺秋云，2017.长宁—威远区块页岩气井地面测试流程优化影响因素分析［J］.钻采工艺，40（6）：38-40，55，7.
胡道雄，蒲国强，2015.录井技术手册［M］.北京：石油工业出版社.
胡东风，张汉荣，倪楷，等，2014.四川盆地东南缘海相页岩气保存条件及其主控因素［J］.天然气工业，34（6）：7.
胡文瑞，2013.页岩气将工厂化作业［J］.中国经济和信息化（7）：18-19.

黄维巍，周泽军，何勇，等，2017. 页岩气开发油基钻屑真空热解资源化处理［J］. 环境工程学报，11（8）：4783-4788.

黄志强，徐子扬，权银虎，等，2018. 锤磨热解析处理油基钻井液钻屑的效果评价［J］. 天然气工业，38（8）：83-90.

贾爱林，位云生，金亦秋，2016. 中国海相页岩气开发评价关键技术进展［J］. 石油勘探与开发，43（6）：949-955.

贾承造，赵文智，魏国齐，等，2002. 国外天然气勘探与研究最新进展及发展趋势［J］. 天然气工业（4）：5-9，12.

姜涛，2019. 旋转导向页岩气钻井技术应用研究及其进展［J］. 中国石油和化工标准与质量，39（7）：187-188.

蒋裕强，董大忠，漆麟，等，2010. 页岩气储层的基本特征及其评价［J］. 天然气工业（10）：14-19，120-121.

凯特琳，等，2013. 页岩气开发技术［M］. 上海：上海科学技术出版社，41（6）：1-5.

李昂，石文睿，袁志华，等，2016. 涪陵页岩气田焦石坝海相页岩气富集主控因素分析［J］. 非常规油气，3（1）：27-34.

李大军，杨晓，王小兰，等，2017. 四川盆地W地区龙马溪组页岩气压裂效果评估和产能预测研究［J］. 石油物探，56（5）：735-745.

李海涛，卢宇，谢斌，等，2016. 水平井多段分簇射孔优化设计［J］. 特种油气藏，23（3）：133-135，157-158.

李建秋，曹建红，段永刚，等，2011. 页岩气井渗流机理及产能递减分析［J］. 天然气勘探与开发，34（2）：34-37.

李娟，2009. 不同流态的顶替效率的数值模拟研究［D］. 青岛：中国石油大学（华东）.

李军龙，何昀宾，袁操，等，2017. 页岩气藏水平井组"工厂化"压裂模式实践与探讨［J］. 钻采工艺，40（1）：54-59.

李茜，周代生，彭新侠，等，2018. 生物合成基钻井液在长宁页岩气水平井的应用［J］. 钻井液与完井液，35（4）：5.

李鹬，Hii Kingkai，Todd Franks，等，2013. 四川盆地金秋区块非常规天然气工厂化井作业设想［J］. 天然气工业，33（6）：1-6.

李文阳，邹洪岚，吴纯忠，等，2013. 从工程技术角度浅析页岩气的开采［J］. 石油学报，34（6）：1218-1224.

李武广，钟兵，杨洪志，等，2016. 页岩储层基质气体扩散能力评价新方法［J］. 石油学报，37（1）：88-96.

梁光川，余雨航，彭星煜，2016. 页岩气地面工程标准化设计［J］. 天然气工业，36（1）：115-122.

梁兴，王高成，焦亚军，等，2016. 基于页岩气储层甜点预测的一体化地质建模技术与应用——以昭通国家页岩气示范区为例［C］//SPG/SEG北京2016国际地球物理会议.

廖仕孟，桑宇，宋毅，等，2017. 页岩气水平井套管变形影响段分段压裂工艺研究及现场试验［J］. 天然气工业，37（7）：40-45.

林永学，甄剑武，2019. 威远区块深层页岩气水平井水基钻井液技术［J］. 石油钻探技术，47（2）：21-27.

刘百红，秦绪英，郑四连，等，2005. 微地震监测技术及其在油田中的应用现状［J］. 勘探地球物理进展，28（5）：325-329.

刘成林，李景明，李剑，等，2004. 中国天然气资源研究［J］. 西南石油学院学报，26（1）：9-12.

刘飞，潘登，2016. 长宁—威远构造页岩气井返排流程优化设计和返排特征分析［J］. 油气井测试，25（6）：

12-16,73.

刘合,等,2017.石油工程持续融合技术创新管理与实践[M].北京:石油工业出版社.

刘猛,2017.页岩气钻完井技术[M].上海:华东理工大学出版社.

刘乃震,等,2018.地质工程一体化技术在威远页岩气高效开发中的实践与展望[J].中国石油勘探,23(2):59-68.

刘树根,2014.四川盆地及周缘下古生界富有机质黑色页岩:从优质烃源岩到页岩气产层[M].北京:科学出版社.

刘振武,撒利明,杨晓,等,2011.页岩气勘探开发对地球物理技术的需求[J].石油地球物理勘探,46(5):810-818.

龙胜祥,曹艳,朱森,等,2016.中国页岩气发展前景及相关问题初探[J].石油与天然气地质,37(6):847-853.

龙胜祥,张永庆,李菊红,等,2019.页岩气藏综合地质建模技术[J].天然气工业,39(3):47-55.

马新华,陆家亮,等,2018.中国气田开发丛书.总论[M].北京:石油工业出版社.

马永生,蔡勋育,赵培荣,2018.中国页岩气勘探开发理论认识与实践[J].石油勘探与开发,45(4):561-574.

梅绪东,王朝强,张思兰,等,2017.涪陵页岩气开发主要环境风险分析及对策研究[J].环境科学与管理,42(1):63-66.

孟鼙桥,周伯年,付志,等,2017.勺形水平井在四川长宁页岩气开发中的应用[J].特种油气藏,24(5):165-169.

缪思钰,张海江,陈余宽,等,2019.基于微地震定位和速度成像的页岩气水力压裂地面微地震监测[J].石油物探,58(2):262-271,284.

聂靖霜,2013.威远—长宁地区页岩气水平井钻井技术研究[D].成都:西南石油大学.

潘登,涂教,谢奎,2018.页岩气地面排采作业初期难点与技术对策[J].钻采工艺,41(6):40-42,45,7.

庞东晓,舒梅,韩雄,2019.页岩气试油快速投产技术探讨[J].钻采工艺,42(6):47-49,65,3-4.

乔李华,周长虹,高建华,2015.长宁页岩气气体钻井技术研究[J].钻采工艺,38(6):15-17,6-7.

邱健,段树法,2013.微地震监测技术在阳201-H2井压裂中的应用[J].天然气勘探与开发,36(4):49-53,8.

饶维,刘文仕,黄庆,等,2019.四川页岩气开发压裂返排液和油基岩屑处理处置探析[J].环境影响评价,41(1):15-19.

商辉,翟云娟,汪天也,等,2018.含油钻屑处理技术的研究进展[J].武汉工程大学学报,40(5):473-478.

孙静文,刘光全,张明栋,等,2017.油基钻屑电磁加热脱附可行性及参数优化[J].安全与管理,37(2):103-111.

孙静文,许毓,刘晓辉,等,2016.油基钻屑处理及资源回收技术进展[J].石油石化节能,6(1):30-33.

孙宁,2013.钻井手册[M].北京:石油工业出版社.

唐嘉贵,2014.川南探区页岩气水平井钻井技术[J].石油钻探技术,42(5):47-51.

王兵,王佩洁,祝伟,等,2020.页岩气开发中压裂返排液的水质污染特征研究[J].安全与环境学报,20(1):231-237.

王波,孙金声,申峰,等,2020.陆相页岩气水平井段井壁失稳机理及水基钻井液对策[J].天然气工业,40(4):104-111.

王红岩,刘玉章,董大忠,等,2013.中国南方海相页岩气高效开发的科学问题[J].石油勘探与开发,(5):66-71.

王健, 辛伟, 姬文学, 2017. 页岩气地面工程的标准化 [J]. 天然气工业 (2): 258.

王莉, 于荣泽, 张晓伟, 等, 2016. 中、美页岩气开发现状的对比与思考 [J]. 科技导报, 34 (23): 28-31.

王鹏, 桂志先, 谢宋雷, 等, 2010. 压裂微震数据的快速读取及可视化 [J]. 物探化探计算技术, 32 (2): 149-151, 108.

王元基, 汤林, 班兴安, 等, 2018. 油气田地面工程标准化设计及管理探索与实践 [J]. 国际石油经济, 26 (2): 83-88.

位云生, 王军磊, 齐亚东, 等, 2018. 页岩气井网井距优化 [J]. 天然气工业, 38 (4): 129-137.

吴朝东, 陈其英, 1999. 湘西磷块岩的岩石地球化学特征及成因 [J]. 地质科学 (2): 213-222.

吴庆红, 李晓波, 刘洪林, 等, 2011. 页岩气测井解释和岩心测试技术——以四川盆地页岩气勘探开发为例 [J]. 石油学报, 32 (3): 484-488.

伍贤柱, 2019. 四川盆地威远页岩气藏高效开发关键技术 [J]. 石油钻探技术, 47 (4): 1-8.

谢果, 任虹宇, 2016. 长宁页岩气田钻井技术难点及对策探讨 [J]. 中国石油和化工标准与质量, 36 (6): 45, 47.

谢军, 2018. 长宁—威远国家级页岩气示范区建设实践与成效 [J]. 天然气工业, 38 (2): 1-7.

谢奎, 曾小军, 王雷, 2019. 威远区块页岩气排采除砂工艺分析 [J]. 钻采工艺, 42 (4): 60-63, 10.

谢树成, 殷鸿福, 解习农, 等, 2007. 地球生物学方法与海相优质烃源岩形成过程的正演和评价 [J]. 地球科学: 中国地质大学学报, 32 (6): 727-739.

严伟, 王建波, 刘帅, 等, 2014. 四川盆地焦石坝地区龙马溪组泥页岩储层测井识别 [J]. 天然气工业, 34 (6): 30-36.

杨德敏, 喻元秀, 梁睿, 等, 2019. 我国页岩气重点建产区开发进展、环保现状及对策建议 [J]. 现代化工, 39 (1): 1-6.

杨建民, 刘伟, 熊小伟, 等, 2020. 页岩气井环保型强抑制水基钻井液体系研究与应用 [J]. 钻采工艺, 43 (2): 107-110, 7.

杨建荣, 李世勇, 方晓军, 等, 2018. 含油钻屑热解析处理技术研究 [J]. 绿色科技, 16: 168-170.

杨谋, 唐大千, 袁中涛, 等, 2019. 固井注水泥浆顶替效率评估的新模型 [J]. 天然气工业, 39 (6): 115-122.

姚猛, 胡嘉, 李勇, 等, 2014. 页岩气藏生产井产量递减规律研究 [J]. 天然气与石油, 32 (1): 63-66.

殷晓岚, 付远彬, 2002. 企业数据集成模式的研究 [J]. 计算机工程与应用, 12: 253-255.

雍锐, 常程, 张德良, 等, 2020. 地质—工程—经济一体化页岩气开发井距优化研究——以长宁区块宁209井区为例 [J]. 天然气工业, 42 (7): 42-48.

曾凌翔, 廖刚, 叶长文, 2020. 页岩气平台复杂山地工厂化作业技术 [J]. 钻采工艺, 43 (3): 31-33.

曾小军, 陆峰, 寇双峰, 2016. 四川富顺页岩气藏压裂改造模式及返排工艺分析 [J]. 钻采工艺, 39 (2): 77-79.

张荻萩, 李治平, 苏皓, 2015. 页岩气产量递减规律研究 [J]. 岩性油气藏, 27 (6): 138-144.

张金成, 张连忠, 王甲昌, 2014. "井工厂"技术在我国非常规油气开发中的应用 [J]. 石油钻探技术, 42 (1) 20-25.

张金川, 金之钧, 袁明生, 2004. 页岩气成藏机理和分布 [J]. 天然气工业, 24 (7): 15-18, 131-132.

张金川, 薛会, 卞昌蓉, 等, 2006. 中国非常规天然气勘探雏议 [J]. 天然气工业, 26 (12): 53-56.

张烈辉, 刘沙, 雍锐, 等, 2019. 基于EDFM的致密油藏分段压裂水平井数值模拟 [J]. 西南石油大学学报 (自然科学版), 41 (4): 1-11.

张睿, 宁正福, 杨峰, 2015a. 页岩应力敏感实验研究及影响因素分析 [J]. 岩石力学与工程学报, 34 (S1): 2617-2622.

张睿，宁正福，杨峰，2015b. 页岩应力敏感实验与机理［J］. 石油学报，36（2）：224-231，237.

张小涛，吴建发，冯曦，等，2013. 页岩气藏水平井分段压裂渗流特征数值模拟［J］. 天然气工业，33（3）：47-52.

赵金洲，张桂林，2011. 钻井工程技术手册［M］. 2版. 北京：中国石化出版社.

郑有成，赵志恒，曾波，等，2021. 川南长宁区块页岩气高密度完井+高强度加砂压裂探索与实践［J］. 钻采工艺，44（2）：43-48.

钟涛，2019. 宜昌页岩气缝控体积压裂技术实践与认识［J］. 江汉石油科技，29（3）：43-48.

周浩，汪根宝，李蒙，等，2017. 含油钻屑的热解特性［J］. 环境工程学报，11（12）：6421-6428.

周守为，2013. 页岩气勘探开发技术［M］. 北京：石油工业出版社.

邹顺良，杨家祥，胡中桂，等，2016. FSI产出剖面测井技术在涪陵页岩气田的应用［J］. 测井技术，2016（2）：209-213.

《油气田地面建设标准化设计技术与管理》编委会，2016. 油气田地面建设标准化设计技术与管理［M］. 北京：石油工业出版社.

Curtis J B, 2002.Fractured Shale-gas Systems［J］.AAPG, 86（11）: 1921-1938.

Ding Wenlong, Li Chao, Li Chunyan, et al., 2012. Fracture Development in Shale and its Relationship to Gas Accumulation［J］. 地学前缘（英文版）（1）: 97-105.

Eric S C, James C M, 1989. Devonian Shale Gas Production: Mechanisms and Simple Models［C］. SPE 19311.

German C R, Elderfield H, 1990. Application of the Ce Aanomaly as a Paleoredox Indicator: The Ground Rules［J］. Paleoceanography, 5（5）: 823-833.

Guo J J, Zhang L H, Wang H T, et al., 2012. Pressure Transient Analysis for Multi-stage Fractured Horizontal Well in Shale Gas Reservoirs［J］. Transport in Porous Media, 106（3）: 635-653.

Guo Xusheng, Hu Dongfeng, Li Yuping, et al., 2014.Geological Features and Reservoiring Mode of Shale Gas Reservoirs in Longmaxi Formation of the Jiaoshiba Area［J］. 地质学报（英文版）（6）: 1811-1821.

Jones B, Maning D A C, 1994. Comparison of Geochemical Indices used for the Interpretation of Paleo-redox Conditions in Ancient Mudstones［J］.Chemical Geology, 111（1/2/3/4）: 111-129.

Medeiros F, Kurtoglu B, Ozkan E, 2012. Analysis of Production Data From Hydraulically Fractured Horizontal Wells in Shale Reservoirs［C］. SPE 110848.

Ralph L Stephenson, Simon Seaton, Robert McCharen, et al., 2004. Thermal Desorption of Oil from Oil-based Drilling Fluids Cuttings: Processes and Technologies［R］. SPE 88486: 1-8.

Robinson J, Kingman S, Snape C E, 2010. Microwave Treatment of Oil Contaminated Drill Cuttings-towards a Commercial Scale System［R］. SPE 127064: 1-6.

Tribovillard N, Algeo T J, Lyons T, et al., 2006. Trace Metals as Paleoredox and Paleoproductivity Proxies: An Update［J］. Chemical Geology, 232（1-2）: 12-32.

Viannet Okouma Mangha, Fleur Guillot, M.Sarfare, et al., 2011. Estimated Ultimate Recovery(EUR) as a Function of Production Practices in the Haynesville Shale［R］. SPE 147623.

Wang Fred P, Ursula Hammes, Li Qinghui, 2013.Overview of Haynesville Shale Properties and Production［J］. AAPG Bulletin, 105: 155-177.

Xie Xueying, Michael D Fairbanks, Kevin S Fox, et al., 2012. A New Method for Earlier and More Accurate EUR prediction of Haynesville Shale Gas Wells［R］. SPE 1159273.